现代土木工程仿真计算与建造技术

秦 杰 著

中国建筑工业出版社

图书在版编目（CIP）数据

现代土木工程仿真计算与建造技术/秦杰著．
北京：中国建筑工业出版社，2024.8．—ISBN 978-7-
112-30208-6

Ⅰ. TU

中国国家版本馆 CIP 数据核字第 2024G5Q489 号

本书分为理论研究、试验研究、设计方法、施工技术和应急建筑等五部分内容，系统介绍了当前领域内的研究成果和技术进展。在理论研究部分，书中探讨了锈蚀钢筋混凝土、矿区结构物性能退化、粘钢加固梁等基础理论问题，结合 ANSYS 软件的应用和大坝施工仿真，为读者提供了详细的理论基础和实用方法；试验研究部分通过大量实际试验，如深基坑喷锚网支护、双椭形弦支穿顶张拉成形等，展示了试验设计、实施与分析的全过程，帮助工程技术人员更好地理解和掌握试验方法和结果；在设计方法部分，书中介绍了建筑物改造中的锚筋牛腿技术、预应力设计与施工、钢衬钢筋混凝土压力管道性能等多项关键技术的设计思路和计算方法，为工程设计提供了宝贵的参考；施工技术部分则详细阐述了预应力索拱结构、弦支穿顶结构、大跨度钢结构等施工技术的最新研究成果与应用实例；在应急建筑部分，探讨了大跨度空间悬浮结构和应急指挥高空舱的研究现状，展示了在突发事件中的应急建筑技术。

本书是土木工程和结构工程领域研究人员、工程技术人员及高等院校师生的重要参考书，为推动行业技术进步提供了重要的理论支持和实践指导。

责任编辑：高　悦
责任校对：赵　力

现代土木工程仿真计算与建造技术

秦　杰　著

*

中国建筑工业出版社出版、发行（北京海淀三里河路9号）
各地新华书店、建筑书店经销
北京龙达新润科技有限公司制版
建工社（河北）印刷有限公司印刷

*

开本：787毫米×1092毫米　1/16　印张：35¼　字数：878千字
2024年7月第一版　　2024年7月第一次印刷
定价：**98.00**元
ISBN 978-7-112-30208-6
（43570）

前　言

随着我国经济规模快速发展，过去三十多年我国土木工程行业得到蓬勃发展。时至今日，在建设规模方面，我国已经成为名副其实的土木工程大国；在工程实践方面，我国已经开始步入土木工程强国行列。作为土木工程行业一名从业人员，我由衷地感谢我们的国家提供了如此广阔的平台，也很自豪能够为祖国建设发展贡献自己的力量。在三十二年的学习与工作期间，我和我的师长、同事、师门、学生等共同发表了八十一篇文章，今天集结成册向读者作阶段性汇报，也记录一个普通土木行业从业人员的科技成果足迹。

一九九二年，我从江苏省徐州市第一中学保送至中国矿业大学工业与民用建筑专业学习，一九九六年保送至本校结构工程专业，跟随袁迎曙老师攻读硕士学位。袁老师是国内较早从事混凝土耐久性与工程结构加固技术研究的学者，因此初期研究工作主要基于此领域展开，后来硕士论文围绕煤矿采空区上下部结构共同作用机理与加固技术展开，文集中20世纪90年代的文章主要包含这些研究与工程成果。

一九九九年硕士毕业后，我考入大连理工大学结构工程专业，跟随黄承逵老师攻读博士学位。博士期间，黄老师安排我参与到三峡大坝相关课题研究中，博士论文主要包含混凝土重力坝施工仿真与大直径坝后背管力学性能的研究，同时对钢衬钢纤维自应力混凝土材料与结构性能开展了系列创新研究，文集中此部分论文理论性与学术性相对较强，主要源于博士论文的不同阶段性成果。

二〇〇二年九月我取得博士学位，进入北京市建筑工程研究院工作，同时跟随哈尔滨工业大学沈世钊老师从事博士后研究工作。沈老师指引我推开了空间结构的大门，至今二十二年的时间，虽然工作岗位多次调整，但是对于空间结构，尤其是索结构的相关研究与实践工作从未间断，对于空间结构的热爱也早已厚植于心、笃行于志。文集中索结构、空间结构、钢结构的相关文章都是在这二十二年内发表的，论文包含了仿真计算、设计施工、建造技术、监测检测等，总数量也是文集中最多的。

二〇二一年七月，我有幸回到校园，在筹建中的应急管理大学从事教学和科研工作。作为应急管理部直属高校，学校学科发展以服务我国安全生产、防灾减灾、应急救援为目标。本文集的第五篇命名为"应急建筑"，虽然目前仅有两篇文章，但是应急建筑是随社会发展而生的研究方向，我相信未来一定会迅猛发展，成果必将越来越丰富，期待能够早日集结成册再向各位读者汇报。

此次源于偶然的契机，我有机会将公开发表的文章汇集成册，部分文章我是第一作者，部分文章我是参与作者，每篇文章均有标注。需要说明的是，文集中的文章内容基本未作改动，但是由于文章发表在不同的时间阶段，随着科技的发展，其中有些内容可能存在偏颇甚至谬误之处，还请各位读者明鉴海涵！

由于原始论文跨越的时间段较长，文稿整理非常繁琐，衷心感谢高悦编辑耐心细致的工作，感谢冯得海、刘洋、谭逸飞成书过程中辛苦的付出，没有他们的努力这本文集是无法出版的。

目　录

第一篇　理论研究

第二篇　试验研究

第三篇　设计方法

第四篇　施工技术

第五篇　应急建筑

第一篇

理论研究

锈蚀钢筋混凝土研究现状和方向

摘要： 阐述了锈蚀钢筋混凝土研究的意义，从锈蚀机理、材料和结构性能退化三个方面，总结了国内外锈蚀钢筋混凝土性能研究的成果，并提出了今后的研究方向。

一、锈蚀结构性能研究的意义

根据有关部门统计，到 20 世纪末，我国现有房屋将有 50％进入老化阶段，对这些老化结构如何科学、经济地进行可靠度评价以便合理进行加固、改造以及使用寿命的预测，是当今土木工程等领域重要的研究方向之一。

在大量老化结构中，由于结构腐蚀引起退化所占比例较大，钢筋混凝土结构在腐蚀条件下的安全使用和耐久性（主要是钢筋锈蚀）问题也就摆在人们面前。

据国外专家估计，由混凝土和钢筋混凝土锈蚀造成的经济损失约占国民经济的 1.25％，在美国占 40％，而苏联工业建筑腐蚀造成的损失每年可达固定资产的 16％。

由丹麦公路桥梁协会在 1988—1990 年间对桥梁进行的 90 多次调查表明，桥梁受侵蚀达 50％，而最重要的是由于腐蚀引起隐性破坏导致的间接损失。

美国 20 世纪 60 年代建造的公路桥，由于采用氯盐做防冻剂，到 20 世纪 70 年代已有数万座处于失效状态。

英国建造在海洋及有氯化物介质中的钢筋混凝土锈蚀需要修复的占据 36％。

在日本和英国，由于骨料资源缺乏，比较广泛地使用海砂，因而引起钢筋锈蚀的问题比较严重。冲绳地区 177 座桥梁和 672 栋房屋调查表明，桥面板肋梁损伤率达到 90％以上，校舍等一类民用建筑，损伤率也在 40％以上。

阿拉伯海湾地区国家的钢筋混凝土结构，由于地理环境的影响，大量地过早出现破坏。King Fahd University of Petroleum & Minerals 的研究表明，锈蚀是影响该地区钢筋混凝土结构耐久性最重要的问题。

据悉美国上亿元的腐蚀造成的损失中，与钢筋锈蚀破坏相关者达 40％，仅因早年使用道路防冰盐就使目前 56.7 万座桥中，半数以上遭破坏需修补。已经花费数千亿美元进行 "盐害" 修补工作。到 21 世纪末，至少要花费 400 亿美元。这样巨额的花费，加上间接损失，业已引起美国政府的重视和干预，并于 1991 年 10 月颁布 "基本建设方案"，明确提出与 "盐害" 做斗争，指明要对结构物进行 "全寿命经济分析"，以避免和挽回经济损失。在此期间，美国有关部门拨款 1200 万美元，专用于进行防 "盐害" 对策的研究。欧洲、日本也有类似的情况。

文章发表于《化工腐蚀与防护》1997 年第 3 期，文章作者：贾福萍、秦杰。

钢筋锈蚀现象在我国也较普遍存在，甚至很突出。有调查表明，使用 7～25 年的某海港码头，有 89% 出现钢筋腐蚀问题。连云港某码头使用不到 3 年、湛江某码头使用不到 4 年、宁波某码头使用不到 10 年，均出现梁架顺筋开裂，并着手修补的事例。深圳某些民用建筑，因使用海沙，几年内即发生钢筋腐蚀破坏。腐蚀环境中的工业建筑，钢筋腐蚀现象更为普遍突出。修补、加固的花费巨大，停工停产的间接损失更难以估计。目前还没有定量描述此方面损失的统计数据。此外，我国广大北方地区正运用撒盐化冰雪的老方法，北京市每年冬天至少撒 400～600t 氯盐，主要集中在立交桥及主干道上，现已出现桥上钢筋腐蚀破坏现象并开始修补工作。北京有一些重要建筑物也因早年使用氯盐类防冰剂而使钢筋腐蚀破坏，修补工作一直在进行中。

我国 1981 年 4 月—1981 年 6 月交通部第四航务工程局等单位组成的调查组对海南、湛江、北海等地区 7 个港口的 18 座高桩梁板码头进行了调查。调查结果表明，这 18 座码头中，有不同程度的钢筋腐蚀的有 16 座之多。

根据煤炭部 1996 年对部分矿区生产系统的钢筋混凝土结构建筑的调查报告，因混凝土碳化造成混凝土内钢筋锈蚀，其钢筋锈蚀深度达 20% 以上，结构可靠度大大降低。在工业环境侵蚀下，特别是化工厂、造纸厂、盐厂等在生产过程中产生有害气体等物质对混凝土侵蚀产生钢筋锈蚀的现象相当普遍且较严重。有的厂房屋面钢筋已断裂下垂。由此可见，对现有结构物的鉴定、加固、改造，不仅具有很大的经济意义，而且具有很大的社会意义。

二、国内外研究状况及评述

从上述可知，钢筋混凝土的腐蚀现象日益引起人们的关注，钢筋混凝土广泛应用于各种环境中，大多数结构遭受着恶劣环境的腐蚀。针对这一问题，国内外对此已进行了大量的研究。

1. 钢筋混凝土腐蚀过程及其腐蚀预测途径

混凝土在水化作用时，水泥中的氧化钙生成氢氧化钙使混凝土孔隙液中含有大量的离子 OH^-，其 pH 值一般可达到 12.5～13.5，钢筋在这样的高碱性环境中，表面就形成厚度约 20～100μ 的钝化膜，其成分是 $\gamma\text{-}Fe_2O_3$，钝化膜是一种致密、稳定的共价结构，阻止金属阳极与电解质的接触，使阳极的腐蚀电流变得极小，钢筋的腐蚀过程就难以进行。只有当钝化膜遭到破坏，钢筋才开始腐蚀。

混凝土中钢筋腐蚀破坏过程一般可分为三个阶段：

阶段一，从结构建成到钢筋表面钝化膜破坏，这段时间为 T_0。

阶段二，钢筋开始锈蚀，直到混凝土保护层出现顺筋开裂，这段时间为 T_1。

阶段三，钢筋加速锈蚀直到构件丧失承载力，这段时间为 T_2，根据耐久性要求，构件使用年限必须大于（$T_0 + T_1$）。

第一阶段的主要特征是钝化膜遭到破坏，破坏是由于混凝土的碳化或有害的离子作用（如 Cl^-、Br^-、S^{2-}，其中氯离子的破坏作用最强，且对钝化膜产生局部性破坏，使钢筋表面产生点状腐蚀）。

以混凝土碳化为例，混凝土碳化的原因是大气中的二氧化碳（CO_2）不断地向混凝土内部渗透，并与混凝土中的氢氧化钙反应，生成弱碱性的碳酸钙，故使混凝土碱性降低。

当碳化层发展到钢筋表面，使钢筋表面的高碱环境（pH 值为 12.5～13.5）的 pH 值下降，当 pH 值下降到 11.5 以下时，钝化膜开始不稳定。当降至 9 左右时，钢筋钝化膜就遭到完全破坏。在有水和氧的供给情况下导致钢筋的锈蚀。

当碳化深度达到钢筋表面，则混凝土完全碳化，钝化膜就开始破坏，所以混凝土保护层厚度大小是决定 T_0 的重要因素。

中国建筑科学研究院采用六个分别代表混凝土质量的系数和一个基准系数来表示碳化速率系数，得出了较好的结果[1]。

北京建筑工程学院[2] 通过试验研究和工程调查，提出混凝土碳化程度的测定原理及混凝土碳化方程式，并用酚酞试剂和 X 射线测定混凝土碳化程度。

由于混凝土碳化速率与构件所处的环境情况、气候条件有关，文献［3］研究结果给出了根据混凝土设计强度和按混凝土配合比估算碳化速度系数的计算公式。

西安建筑科技大学[4] 通过自然碳化及相应的加速碳化之间存在的相关性，用人工碳化试验结果，来导出自然碳化速率系数。

文献［5］利用实际工程中测量的混凝土碳化速率系数的数值和 K-S 检验法，对混凝土碳化速率系数的概率分布进行统计分析，为研究混凝土碳化作了初步的工作。

文献［6］根据 FICK 定律，通过简化分析，提出了混凝土腐蚀深度的预测模型，并通过实验室试验和现场测试验证了该模型的可用性。

由于混凝土结构体的复杂性，加之环境条件的变化，所以引起混凝土碳化的因素很多。从混凝土碳化机理看，由碳化引起的结构耐久性失效具有明显的模糊性。文献［7］用模糊数学方法对混凝土因碳化耐久性失效的概率作了初步分析。

第二阶段为钝化膜破坏，钢筋开始锈蚀。钢筋锈蚀产生的氧化物体积膨胀（膨胀比系数为 2.9～3.2），使混凝土保护层顺筋胀裂，顺筋裂缝发生后，钢筋的锈蚀更进一步恶化，最终导致混凝土的大片剥落。

因此，钢筋腐蚀是影响钢筋混凝土结构使用寿命的主要因素。及早地发现并预测其发展速度，对于及时采取防范措施至关重要。而确定 T_1 必须已知钢筋锈蚀速度和钢筋允许锈蚀量。

文献［8］把发生失重与非破损所测综合电流的指标统一起来，建立了对应关系，实现了对结构中钢筋锈蚀量的数学模型；考虑环境条件对锈蚀速度的影响，对锈蚀开裂前后混凝土中钢筋的锈蚀速度进行了预测。

西安建筑科技大学对锈蚀钢筋混凝土结构进行了一系列试验研究，利用发生电化学原理建立定量评价钢筋锈蚀量的数学模型；考虑环境条件对锈蚀速度的影响，对锈蚀开裂前后混凝土中钢筋的锈蚀量进行了预测[9]。

第三阶段为构件锈蚀开裂，直至构件破坏。

钢筋锈蚀极限即钢筋锈蚀至构件不能满足应有的可靠度时的锈蚀量。因此，要确定这个限度，必须研究钢筋锈蚀对构件的危害机理，同时，必须彻底了解锈蚀后钢筋混凝土构件的工作性能：国内外研究者从这两个方面开展了一些研究，但是他们的研究主要着重于实验室试验，研究成果往往是一些定性的结论。

2. 受腐蚀钢筋混凝土（或构件）性能的退化

目前，针对这一课题，主要从材料性能退化和结构构件性能退化两方面进行研究。

（1）材料性能退化

影响腐蚀钢筋混凝土结构或构件力学性能退化的重要因素为：

①锈蚀钢筋力学性能的退化

②钢筋与混凝土之间的粘结性能的退化

锈蚀对钢筋力学性能的影响主要表现在三个方面，即钢筋应力-应变关系特性的改变、极限伸长率的改变和屈服强度的改变。研究表明，锈蚀后钢筋极限伸长率、屈服强度和抗拉强度与钢筋锈蚀程度存在一定的定量关系。当截面损失在 10% 以内时，热轧钢筋还具有明显的屈服点，当锈蚀较严重时，应力-应变特性发生很大变化，没有明显屈服点。当截面损失率小于 5% 时，钢筋的伸长率基本上大于规定最小允许值。当截面损失大于 10% 时，钢筋伸长率小于规定最小允许值。锈蚀钢筋的屈服强度 Y 与局部剩余面积 X 的关系服从线性关系。

根据对工程退役下来的老化构件内锈损钢筋的试验研究，得出了钢筋锈损以后力学性能的变化经规律。由于钢筋腐蚀的不均匀性，使得钢筋腐蚀后的力学性能很难确定，一般采用大批量的试验数据来分析，回归出一些经验性的结果[10]。

对于锈蚀钢筋与混凝土之间的粘结性能，国内外进行了大量研究。

文献 [11] 对钢筋混凝土中钢筋锈蚀对钢筋和混凝土粘结性能的影响作了初步的研究。其研究结果表明，即使是轻微的锈蚀对粘结性能的影响也是非常严重的。

文献 [12] 通过对比试验指出，轻锈钢筋的粘结强度较无锈钢筋提高 36%，文献 [13] 指出，粘结力在锈蚀初期阶段仍有所增加。当锈蚀发展到一定程度后，才出现逐渐降低的趋势，但直至出现沿筋裂缝时，仍不低于未锈蚀时的粘结力。

文献 [12] 采用实验室加速锈蚀的方法，提出了钢筋与混凝土之间粘结应力-滑移关系中特征值的退化情况。

文献 [14] 对暴露于大气中 16 个月的试件进行研究。其屈服强度、极限强度、粘结强度均未受到影响，且粘结应力高于 ACI318-63A 和 BSCP110 所规定的值：

锈蚀所引起的钢筋力学性能退化和粘结性能退化，对结构性能的影响是共同起作用的，并且这两个因素在不同的锈蚀率、不同结构构件形式中，对不同结构的性能指标所起的影响大小均变化[12]。

（2）结构构件性能退化

受蚀钢筋混凝土结构具有不同程度的老化符合损伤现象。对构件承载力的判断是结构可靠度鉴定工作的关键。目前，这方面国内外研究得不多。文献 [15] 对从现场拆除的 10 根受弯构件和 10 根偏压构件进行了承载力试验。文献 [16] 提出了受腐蚀钢筋混凝土结构的计算方法。

文献 [17] 采用浸泡腐蚀和喷洒腐蚀方法，对钢筋混凝土柱和梁进行了腐蚀后，发现梁在刚度和承载力方面均有明显下降。

文献 [18] 的研究表明，当钢筋发生锈蚀时，构件承载力将产生显著下降（该研究中，由不同锈蚀程度引起钢筋混凝土梁承载力的下降，范围是 5%～33%）。同时尽管锈蚀对构件的荷载挠度曲线形式没有影响，但极限挠度下降较大。该研究中构件的耗能能力下降范围是 17%～46%，结构的延性急剧下降。

文献 [19] 为了提出对老化损伤钢筋混凝土构件的承载力和变形参数的计算方法，对受损构件进行了试验分析，并比较了几种近似的计算方法所得结果，最后得出，对受损构件，必须按钢筋锈蚀后的实际面积和强度、并需考虑钢筋和混凝土协调工作性能的降低进行计算。

三、锈蚀结构耐久性研究

对于钢筋混凝土的耐久性研究的目的，主要是在于解决新建结构的耐久性设计和已建结构的耐久性评估问题，同时对于不同耐久性等级的混凝土结构，给出不同的构造措施，在保证结构耐久性的前提下，使工程造价最低。钢筋混凝土结构耐久性的研究包括对结构的耐久性评定和寿命预测两个层次。

1. 耐久性评定

关于混凝土耐久性问题，国外研究始于 20 世纪 40 年代，近十余年发展较快，国内 20 世纪 60 年代也开始着手对混凝土结构碳化和钢筋锈蚀等耐久性问题的研究，混凝土耐久性问题越来越受到国内外土木工程界的关注。第 13 届国际腐蚀大会对于大规模钢筋混凝土结构构件的现场测试和耐久性的评定引起很大的兴趣。

耐久性评定方面，国内外学者进行了一些研究，对于受蚀结构，通过层次分析法，用模糊数学、模式识别、机器学习等方法，结合专家经验，提出一种通用的模糊评估法。对于钢筋混凝土结构（或构筑物）提出一般评估步骤。

清华大学李清富等，从影响混凝土结构耐久性预评估的主要因素及评估模型的建立等方面，对混凝土结构的耐久性进行初步研究[20]。

冶金部建筑研究总设计院，从十个方面对以腐蚀为主要特征的钢筋混凝土结构构筑物耐久性进行评价[21]。

我国的《工业厂房可靠性标准》GBJ 144—94，采用分层分项的评估方法。对子项按损坏程度，由轻微至严重依次分为 A 级、B 级、C 级和 D 级。而结构级别根据结构的抗力（R）和比值 R/r 来确定，因此，评定时必须知道结构和构件的抗力 R。现阶段一般是根据经验进行判断。

日本清水株式会社研究所给出一种对建筑物综合评价的方法。这种方法通过三次调查进行综合评价，避免人为因素的影响，结构严密，条理清楚，调查评价方法系统、可行，在日本应用广泛。

2. 使用寿命预测

文献［22］从理论上对混凝土中钢筋腐蚀的电化学过程，进行定量分析和描述，提出构件腐蚀的物理模型和定量计算结构耐久性的可能性。

文献［23］在对大量试验研究及工程实例分析研究的基础上，提出了判别混凝土构件剩余寿命的两个标准，以混凝土出现沿筋裂缝为耐久性失效的标志，对一般大气条件下钢筋混凝土结构构件剩余寿命进行预测。

因此，由于结构材料环境等各因素影响，结构在经历了一段时间和受到某种自然灾害后，存在不同的损伤现象，我国目前有大量的建筑结构处于带病工作状态，从而降低结构的耐久性，而耐久性下降的主要表现是结构-抗力的降低。钢筋锈蚀是引起结构-抗力降低的主要因素。由文献可看出，目前，国内外介于混凝土碳化与钢筋锈蚀引起的构件性能退化，从防护角度已进行了一系列研究，这方面研究成果较成熟（即对于钢筋混凝土受蚀现象的研究中，对钢筋锈蚀破坏过程的第一阶段研究较多，研究成果也较成熟，即大多数限于材料性能的研究）。而对受腐蚀钢筋混凝土结构的力学性能研究较少。研究锈蚀钢筋性能变化是各个研究方向的关键问题之一，虽对其进行了一些研究工作，取得了一定的进展，但均具有一定的局限性。

四、研究内容

受蚀钢筋混凝土研究内容按学科及影响因素分类，可归纳为材料学科的研究和结构工程学科的研究。

目前，材料学科的研究主要是基于结构的寿命为某一定值而言的，或者说没有充分考虑结构的使用不同，设计寿命也应不同的情况，但由于混凝土结构本身的复杂性及影响因素的不定性，仅通过研究某一单一因素影响下材料的破坏速度来解决混凝土结构耐久性问题是不全面的，应在单因素研究的基础上进行多因素混凝土结构的耐久性的研究。

受蚀混凝土中钢筋锈蚀概率分布应进行调查研究和统计分析，得出其概率统计模型，为进一步研究锈蚀构件性能提供更有力的依据，而锈蚀钢筋力学模型与粘结模型的建立，对锈蚀钢筋混凝土有限元分析具有重要意义。

结构工程学科对混凝土耐久性研究包括抗力效应的研究、抗力效应变化的研究，与材料学科的研究应协调一致，目前，对于两者的具体接口方法还有争议，有待进一步研究。

对于受蚀钢筋混凝土结构耐久性评价方法很多，但大多数局限性或理论性太强，在实际中不能简便易行地进行有效的评价，因而如何有效对受蚀结构耐久性进行合理的评估，是目前土木工程界的热点。

参考文献

［1］ 周氏，等．现代钢筋混凝土基本理论［M］．上海：上海交通大学出版社，1989.

［2］ 曹双寅．受腐蚀混凝土的损伤机理［J］．混凝土，1990，（02）：2-5.

［3］ 邸小云，等．旧建筑物的检测加固与维护［M］．北京，地震出版社，1992.

［4］ 张令茂，江文辉．混凝土自然碳化及其与人工加速碳化的相关性研究［J］．西安冶金建筑工程学院学报，1990，（03）：207-214.

［5］ 高丹盛，张保和．混凝土碳化速率系数概率模型的研究［J］．建筑结构，1993.

［6］ 曹双寅．混凝土腐蚀深度的计算和测定［J］．混凝土及加筋混凝土，1989（01）：6-10.

［7］ 高丹盈，王博．混凝土碳化控制可靠度的模糊概率分析［J］．工业建筑，1993，（03）：46-48＋62.

［8］ 洪乃丰，何鸣．混凝土中钢筋锈蚀率的现场非破损测评方法的研究［J］．工业建筑，1992，（01）：39-43.

［9］ 牛荻涛，等．锈蚀开裂前混凝土中构件锈蚀量的预测模型［J］．工业建筑，1996，（04）：8-10＋62.

［10］ 张平生，卢梅．锈损钢筋的力学性能［J］．工业建筑，1995，（09）：41-44.

［11］ K. Braun, Prediction and Evaluation of Durability of Reinforced Concrete Elements and Structures，4th International Durability of Building Material & Components［C］．Singapore，1987.

［12］ 余索．锈损钢筋混凝土构件的性能研究［D］．徐州：中国矿业大学，1995.

［13］ 李田，刘西拉．砼结构的耐久性设计［J］．土木工程学报，1994，（02）：47-55.

［14］ M. Maslebuddh. Effect of Rusting of Reinforcing Steel in Concrete，Effect of Material，Mix Composition and Cracking ACI［J］．Material-journal，1995（2）.

[15]　郭新海，朱伯龙．受盐酸腐蚀后的钢筋混凝土构件计算 [J]．化工腐蚀与防护，2 (1992)．

[16]　郭新海，朱伯龙．使用条件下腐蚀钢筋混凝土结构的计算 [J]．化工腐蚀与防护，4 (1992)．

[17]　曹双寅，朱伯龙．受腐蚀混凝土和钢筋混凝土的性能 [J]．同济大学学报，1990，(02)：239-242．

[18]　全明研．老化和损伤的钢筋混凝土构件的性能 [J]．工业建筑，1990，(02)：15-19．

[19]　李清富，赵国藩，王恒栋．混凝土结构的耐久性预评估 [J]．混凝土，1995，(01)：54-56．

[20]　洪乃丰．以腐蚀为主要特征的钢筋混凝土结构构件耐久性评价 [J]．化工腐蚀与防护，1987．

[21]　刘西拉，田潄柯．混凝土结构中的钢筋腐蚀及其耐久性计算 [J]．土木工程学报，1990，(04)：69-78．

[22]　王娴明，赵宏延．一般大气条件下钢筋混凝土结构构件剩余寿命的预测 [J]．建筑结构学报，1996，(03)：58-62．

[23]　惠云玲．混凝土结构钢筋锈蚀耐久性损伤评估及寿命预测方法 [J]．工业建筑，1997，(06)：20-23＋44．

矿区生产系统结构物性能的自然退化

摘要：通过对煤矿生产系统结构物现状的调查研究表明，50～60 年代建成的钢筋混凝土结构物已普遍进入"老化期"，结构性能退化严重，对正常生产与人身安全带来很大威胁。对结构性能退化原因进行了分析和试验研究，用具体数据表明了结构性能退化的严重性，并对矿区现有结构物可靠度鉴定、修复和加固提出了具体对策。

钢筋混凝土结构的使用寿命是有一定限度的，使用寿命的长短不仅与混凝土本身的材料有关，而且与周围的自然环境、工业环境有关。钢筋混凝土结构会发生钢筋锈蚀、混凝土开裂与剥落的现象，导致结构的强度、抗震延性及其结构的可靠度下降，这种现象称为钢筋混凝土结构性能的自然退化。

我国矿区大规模建设始于 20 世纪 50 年代，生产系统的结构物大部分为钢筋混凝土。鉴于当时的施工条件，混凝土强度等级较低，密实程度较差。经过 40～50 年的使用，已表现出较为严重的结构性能退化现象。下面从结构性能退化原因、机理、矿区生产系统结构物损害情况及其对策进行分析研究。

1　混凝土的碳化

矿区生产系统结构物发生退化的主要原因是混凝土的碳化。在正常情况下，水化的水泥浆体中存在氢氧化钙，使混凝土呈碱性，其 pH 值约 12～13。在这种强碱性环境下，钢筋表面形成 1 层致密的氧化膜，使钢筋处于钝化状态。但是，当大气中 CO_2 逐渐渗入混凝土以后，与氢氧化钙发生化学反应，生成碳酸钙，使混凝土的碱性下降，这个过程称为混凝土碳化。混凝土的碳化是一个很缓慢的过程，其碳化速度取决于 CO_2 在混凝土中渗透与扩散的速度。当混凝土密实度较差时，混凝土的碳化速度较快。

混凝土碳化深度到达钢筋表面时，钢筋表面的钝化膜遭到破坏。脱钝的钢筋表面与碳化层未达钢筋表面的区域之间将形成 1 个宏电池，产生电位差。如图 1 所示，脱钝的钢筋表面为阳极，碳化层未达钢筋表面部分为阴极。阳极区域的钢筋表面处于活性状态，铁离子进入电解溶液，多余电子向阴极移动，与氧、水生成氢氧离子，氢氧离子（OH^-）与铁离子（Fe^{2+}）生成氢氧化亚铁，进一步氧化生成氢氧化铁，最后生成铁锈。电化学反应如下：

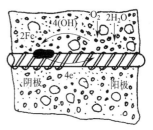

图 1　钢筋电化学反应示意

文章发表于《建井技术》1997 年 12 月第 18 卷增刊，文章作者：袁迎曙、秦杰。

阳极：$Fe \longrightarrow 2e^- + Fe^{2+}$

阴极：$\frac{1}{2}O_2 + H_2O + 2e^- \longrightarrow 2OH^-$

铁锈生成后，其体积是原金属的 $2 \sim 4$ 倍，产生体积膨胀，导致混凝土开裂与剥落。

2 矿区生产系统结构物的自然退化

通过对部分矿务局地面生产系统结构物的调查，20 世纪五六十年代建成的钢筋混凝土结构物混凝土碳化相当严重，大面积混凝土剥落，使其结构性能严重退化，结构可靠度明显下降，对地面生产系统构成了相当大的威胁，严重影响了结构物的正常与安全使用。现将比较典型的结构物受损情况介绍如下。

（1）钢筋混凝土井架。某煤矿生产井架，钢筋混凝土框架结构，建于 1955 年，调查时混凝土强度等级为 C17，混凝土碳化深度为 40mm。破坏情况：混凝土开裂、剥落范围超过 50％；钢筋锈蚀面超过 40％；钢筋断面最大锈蚀量超过 20％。

（2）洗煤厂主厂房。某矿洗煤厂主厂房，钢筋混凝土结构，1979 年建成，调查时混凝土强度等级 C20，混凝土碳化深度 50mm。破坏情况：混凝土开裂、剥落面超过 40％，钢筋锈蚀面超过 30％，钢筋断面最大锈蚀量超过 20％。

（3）原煤仓。某矿铁路车仓，钢筋混凝土结构，1958 年建成，混凝土强度等级 C17，混凝土碳化深度 $29 \sim 38mm$。破坏情况：钢筋锈蚀量最大达 50％，柱、梁钢筋锈蚀引起大量混凝土开裂、剥落。

（4）皮带走廊。某矿上仓皮带走廊，底板混凝土剥落，钢筋外露、锈蚀。沿主筋混凝土开裂，裂缝宽度达 $0.5 \sim 2.0mm$。

（5）洗煤厂转载楼。某矿洗煤厂转载楼，钢筋混凝土框架结构，1958 年建成，调查时混凝土强度等级 C17，混凝土碳化深度为 $28 \sim 40mm$。破坏情况：柱角钢筋锈蚀达 33％，由原直径 $\phi 20mm$ 减小到 $\phi 18mm$，梁主筋断面最大锈蚀量超过 50％。

根据以上调查实例，可以看出：①受损较严重的结构物大部分建于 20 世纪五六十年代；②混凝土强度等级较低，一般在 C20 以下；③钢筋锈蚀面较广，超过结构钢筋的 30％，混凝土大量剥落，导致钢筋锈蚀加剧；④钢筋锈蚀量大，在锈蚀严重的部位，其锈蚀量均超过 20％，最严重的达 50％。钢筋某部位的严重削弱，将影响整个结构的强度；⑤生产系统是一个流水作业的连续生产线，上述结构物是生产线上的关键支承结构，一旦某一环节发生问题，将影响整个生产系统和整个矿区的生产。

3 结构的力学性能退化

3.1 钢筋锈蚀

混凝土碳化引起钢筋锈蚀，其锈蚀程度是不均匀的。由于混凝土的不均匀性，混凝土碳化在一处或几处先达到钢筋表面，使钢筋发生局部锈蚀。混凝土产生的结构裂缝为钢筋表面发生电化学反应创造了有利条件，氧气、水的直接侵入加快了钢筋锈蚀速度。从调查现场来看，钢筋锈蚀基本分为两种类型：①局部锈蚀（坑蚀）。锈蚀面较小，锈蚀深度较大；②均匀锈蚀。锈蚀面较广，锈蚀深度较小，较均匀。

根据以上两种锈蚀情况，对钢筋的力学性能进行了讨论和研究。表 1 表示 $\phi 14mm$ 钢筋无锈蚀、局部锈蚀（最大深度 4mm）、均匀锈蚀（锈蚀深度 0.3mm）3 种情况的拉伸试验结果。由表 1 可见，除钢筋的极限承载力下降以外，最引人注目的是：局部锈蚀引起了延伸率的下降；由于坑蚀的应力集中，钢筋的塑性变形大大减小。

锈蚀钢筋拉伸试验结果 表 1

试件类型	钢筋屈服荷载(kN)	钢筋极限荷载(kN)	延伸率(%)
无锈蚀	36.0	50.0	36.9
均匀锈蚀	35.0	48.7	33.6
局部锈蚀	32.0	44.6	15.94

3.2 锈蚀钢筋与混凝土之间的粘结性能

钢筋混凝土结构的良好工作性能归功于钢筋与混凝土之间良好的粘结性能。当钢筋发生锈蚀以后，其粘结性能受到很大影响。根据试验研究，在钢筋不同锈蚀量下钢筋与混凝土之间粘结性能退化情况如图 2 所示。

（1）钢筋锈蚀形成 1 层结构松散的锈蚀层，锈蚀量越大其锈蚀层越厚。锈蚀层的形成，造成钢筋与混凝土之间的化学粘结力大大减小。

（2）锈蚀层的形成，导致其体积膨胀，混凝土开裂，使混凝土对钢筋的约束力减小，相应导致其粘结力下降。

（3）钢筋锈蚀，使变形肋逐渐消失，其变形肋与混凝土之间的机械咬合力相应逐渐消失。

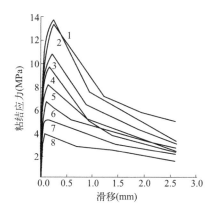

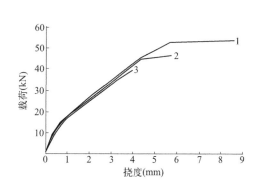

图 2 φ14mm 变形钢筋在混凝土中
拔出试验结果（粘结应力与滑移关系）
1—未锈蚀；2—锈蚀 1%；3—锈蚀 2%；
4—锈蚀 3%；5—锈蚀 4%；6—锈蚀 6%；
7—锈蚀 8%；8—锈蚀 10%

图 3 锈蚀钢筋混凝土梁试验结果
（荷载与挠度关系）
1—未锈蚀；2—锈蚀 5%；
3—锈蚀 10%

3.3 锈蚀后的钢筋混凝土梁

由于钢筋的力学性能退化，以及钢筋与混凝土之间粘结性能的退化，势必影响其钢筋混凝土结构性能的退化。

通过 3 根简支梁的试验，研究了不同锈蚀程度对结构性能的影响（图 3、表 2）。由图 3 和表 2 可看出，钢筋锈蚀引起了钢筋混凝土梁的承载力下降，梁的延性下降。其中梁-3

钢筋锈蚀程度为 10％，其结构破坏形式已由延性变为脆性，在钢筋尚未达到屈服强度时，钢筋在端部发生了粘结破坏。

锈蚀钢筋混凝土梁的试验结果　　　　　　　　　　　　表 2

梁号	锈蚀量(％)	梁承载力(kN)	梁的延性
梁-1	0	54	1.512
梁-2	5	47	1.332
梁-3	10	40	—

通过对钢筋、粘结以及梁的性能研究表明，钢筋的锈蚀直接造成其性能的退化，结构承载力的下降、结构延性的退化直接使结构的可靠度和抗震性能下降。更严重的是，虽然由钢筋锈蚀引起结构性能的退化是逐渐的，但是，由此而造成的破坏却是突然的、无警告的。这种破坏对生产及人身安全构成了极大的威胁。

4　结构物鉴定、加固和修复

根据现有矿区生产系统结构物的现状，大部分结构物的可靠度已下降到安全水平以下，部分结构物已达到危险程度。但是对这些大量的、正在使用的结构物采取拆除重建的可能性很小，唯一的办法是对现有结构物进行可靠度鉴定，并对其进行加固和修复，延长其使用寿命。

具体对策如下：

（1）建立有效的结构物耐久性鉴定方法。耐久性鉴定包括结构物可靠度鉴定以及使用寿命预测。

（2）研制有效的钢筋锈蚀检测仪器，对现有结构内部钢筋的锈蚀进行准确的检测。

（3）研究有效的加固技术。根据矿山结构的特点，研究有效的加固技术，特别要研究快速加固技术，在不停产、少停产的情况下，对结构进行加固。

（4）研究修复、防护材料。修复材料抗碳化能力要强，与老混凝土粘结性能好，收缩小，阻止钢筋锈蚀能力强；防护材料要能对未发生钢筋锈蚀的结构起到防护作用，延长结构使用寿命。中国矿业大学建筑工程学院建筑（结构）物保护课题组已在以上各方面展开了较深入、广泛的研究。保护矿区生产系统结构物不仅是一个技术问题，而且更重要的是要引起各方面的重视，认识到其重要性，从而能尽快对现有矿区结构物进行鉴定与修复，延长其使用寿命。

不同卸载对一般粘钢加固梁正截面弯矩-曲率的影响

摘要：本文通过编制粘结加固梁正截面非线性计算机程序，分析不同卸载对其截面弯矩-曲率的影响，为研究加固构件理论分析提供一定的参考。

1 引言

随着工业与科技的发展，各类社会基础设施建设方兴未艾，我国自20世纪50年代开始建设的建筑物按照设计龄期为五十年计算，已分别进入"老龄期"或"中年期"。由于自然或工业环境的影响，这类建筑物都有一定程度的损伤或老化。到21世纪末，我国现有房屋将有50%进入老化阶段。据统计，我国现有建筑面积近50亿 m^2，其中约有23亿 m^2 需分期分批进行加固。近10亿 m^2 急需维修、加固才能使用。因此，对现有建筑物进行合理评估、维修、加固具有重要的社会意义和经济意义。粘钢加固法在我国虽有一定的应用，但在理论上尚未成熟。在粘结加固受弯构件正截面承载力计算规范中并未明确给出适用条件。在实际中，需加固构件均承受一定应力，粘结钢板前应对被加固构件进行卸载。但在实际的工程中，因受加固形式、荷载类型及作用位置、使用要求等因素的影响，不可能对被加固结构进行完全卸载。因此，本文针对这一情况，编制了粘钢加固梁正截面的弯矩-曲率计算程序，研究了不同卸载对粘钢加固梁性能的影响，为研究构件的结构方法起指导作用。

2 粘钢加固梁正截面承载非线性分析

根据对粘结钢板梁结构性能及其加固方法的研究得知，以一定形式粘结钢板且钢板与混凝土之间粘结情况良好时加固梁可以控制其破坏形式为延性弯曲破坏。故在此前提下，编制粘结加固梁正截面弯矩-曲率计算程序以研究不同卸载对其的影响。

2.1 计算假定

（1）平截面假定

（2）钢筋、钢板的应力-应变关系（适用于软钢）（图1）

当 $\varepsilon < \varepsilon_Y$ $\sigma = E_s \cdot \varepsilon$

当 $\varepsilon_Y \leqslant \varepsilon \leqslant \varepsilon_h$ $\sigma = \sigma_Y$

当 $\varepsilon_h \leqslant \varepsilon \leqslant \varepsilon_u$ $\sigma = \sigma_Y + E_{sl} \cdot (\varepsilon - \varepsilon_h) \ (E_{sl} = 0.01 E_s)$

当 $\varepsilon > \varepsilon_u$ $\sigma = 0$ （2-1）

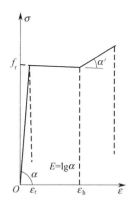

图 1 钢筋、钢板的
应力-应变关系

文章发表于《四川建筑科学研究》，文章作者：贾福萍、吴耀辉、秦杰。

（3）混凝土的应力-应变关系

受压区混凝土按下式计算

当 $\varepsilon_0 \leqslant \varepsilon \leqslant 0$ $\sigma = \dfrac{2\sigma_0 \varepsilon}{\varepsilon_0 + \varepsilon}$

当 $\varepsilon_u \leqslant \varepsilon \leqslant \varepsilon_0$ $\sigma = \sigma_0 \{1 - [200(\varepsilon - \varepsilon_0)]^2\}$

当 $\varepsilon \leqslant \varepsilon_u$ $\sigma = 0.3\sigma_0$ (2-2)

受拉区混凝土按下式计算

当 $\varepsilon \leqslant 0.0001$ $\sigma = f_{ct} \dfrac{2\varepsilon}{\varepsilon + 0.0001}$

当 $0.0001 < \varepsilon \leqslant 0.00015$ $\sigma = f_{ct}$

当 $\varepsilon > 0.00015$ $\sigma = 0$ (2-3)

其中：ε 为正时混凝土受拉；ε 为负时混凝土受压；f_{ct} 为混凝土的极限抗拉强度；σ_0 为混凝土的极限抗压强度；ε_0 为对应于 σ_0 的应变，取为 -0.002；ε_u 为混凝土的极限压应变，取为 -0.0033。

2.2 截面划分

把整个截面划分为许多小条带，如图 2 所示，每一条带的应变为 $\bar{\varepsilon}_{cr} = \bar{\varepsilon} - Z_i \phi$，其中 $\bar{\varepsilon}$ 为中截面应变均值，Z_i 为每一条带至中截面的距离，ϕ 为截面曲率。由混凝土和钢的应力-应变关系可以求得 σ_{cl}、σ_s'、σ_s 和 σ_p。

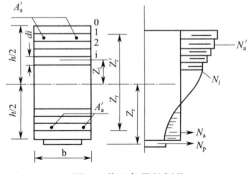

图 2　截面条带的划分

2.3 弯矩-曲率计算

在弯矩-曲率计算中，现有按照下列步骤进行计算：

（1）每次取：曲率 $\varphi = \varphi + \Delta\varphi$；

（2）假定某一规定截面的应变为 $\bar{\varepsilon}$；

（3）求出第 i 个条带的应变的 ε_i；

（4）按钢和混凝土的应力-应变关系求出对应于应变 ε_i 的应力 σ_i；

（5）把各条带的内力加起来检验是否满足截面的平衡条件；

（6）如果不满足，则需修改假定的 $\bar{\varepsilon}$，重复（3）～（5）；

（7）满足平衡条件后，即可求得对应于 φ 的内力矩；

（8）重复（1）～（7）反复循环计算下去。

2.4 计算结果分析

从由计算程序计算所得弯矩-曲率结果（图3、图4）可以看出：

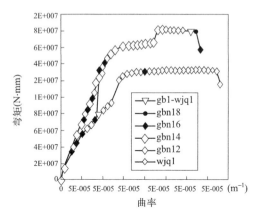

图 3　不同卸载率粘钢梁弯矩-曲率

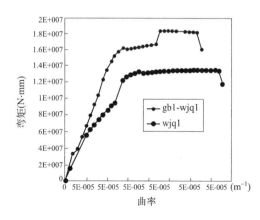

图 4　粘结钢板梁与普通梁弯矩-曲率

（1）粘结钢板梁与普通梁相比，其屈服弯矩和极限弯矩有较大的提高。

（2）无论卸载多少，梁在粘结加固性能良好的前提下，均是钢板先于钢筋达到屈服阶段。这说明粘结钢板后梁内出现内力重分布现象。钢板承受较大的内力使加固梁性能得以较大的改善。

（3）在不同卸载情况下粘结钢板时，钢板仅对局部的弯矩-曲率关系有影响，在接近破坏时，弯矩-曲率关系接近一致。

（4）在不同卸载曲率下，梁在粘结钢板后的极限弯矩都相同，说明卸载量对粘钢加固梁正截面的极限承载力无影响。但各梁的屈服段平台长度稍有不同，即延性不同。

3　小结

（1）在保证梁产生延性弯曲破坏的前提下，粘钢加固梁的极限抗弯承载力仅与钢筋和钢板的截面积有关，而与梁的卸载多少无关。

（2）梁在不同卸载情况下粘钢加固时，卸载量对梁的相对界限受压区高度和最大配筋率有影响，卸载量越大，粘钢加固梁的相对界限受压区高度也越大。

（3）梁在不同程序卸载情况下粘钢板时，钢板仅对局部的弯矩-曲率关系有影响，在接近破坏时，弯矩-曲率关系接近一致。

参考文献

［1］ 卢木. 混凝土耐久性研究现状和研究方向 ［J］. 工业建筑，1997，（05）：2-7＋53.

［2］ 吴耀辉. 粘钢加固梁的试验研究 ［D］. 徐州：中国矿业大学，1997.

［3］ 朱伯龙，董振祥. 钢筋混凝土非线性分析 ［M］. 上海：同济大学出版，1983.

移动地表土与砌体结构共同作用的接触模型

摘要： 以移动地表土与基础底接触界面的剪切变形特征试验为基础，研究了土体移动对基础底面的作用机理，明确了土体移动对基础底面的作用包括剪切与滑动两个过程；提出了土体与基础底面的联结单元的数学与力学模型。通过土体与上部砌体结构共同作用的有限元分析以及相应的模型试验结果比较，验证了所建立的单元模型的可靠性。

在地下开采过程中，地表土将产生下陷与移动。由于地表土的变形，与其相接触的基础底面会随之发生剪切变形与相对错动，从而对基础产生作用力。在移动地表土的作用下，当上下部砌体结构的变形超过了材料的极限变形时，将导致结构开裂。本文将结合地表土移动的特点，研究地基土与基础底界面的接触单元模型，并通过试验结果进行了验证。本文将有助于共同作用分析及建筑物保护的深入研究。

1 移动地表土对基础底面的作用

土与结构材料界面的变形与相互作用是经常遇到的工程问题，也是研究土与上下部结构共同作用的理论问题之一。由于土体与结构材料性能的明显差异，必定引起两种材料变形的不协调，由变形不协调引起的界面剪切变形是产生基础底面作用力的根本原因[1]。

本项目所采用的试验方案结合了土体移动与变形的特点，对移动地表土与基础底面的界面特征进行了研究。有关试验研究的详细内容另文发表，本文仅限于试验结果的讨论。

1.1 试验装置

试验装置如图 1 所示，它将土体分为 2 部分，在竖向悬吊砝码作用下，可使土体向两侧移动；土体上面为混凝土块，用该混凝土块模拟基础。根据工程实际情况，此混凝土块与土体接触按 2 种方法实施。

1）现浇混凝土：模拟砖砌体基础下设素混凝土垫层；

2）预制混凝土块下铺设水泥砂浆：模拟砖砌体用水泥砂浆直接砌筑在土体上。

在研究界面变形特征上，本试验装置具有以下优点：1）减小了接触面，特别是减小了土体移动方向的长度，可近似认为在接触

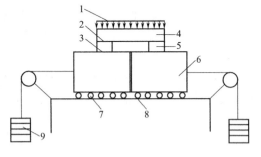

图 1　试验装置

1—均布载荷（砝码加载）；2—环氧树脂粘结；
3—基础与土界面；4—大混凝土块；5—小混凝土块；6—钢盒；7—滚轴；8—钢平台；
9—砝码（逐级加）

文章发表于《中国矿业大学学报》1998 年 12 月第 27 卷第 4 期，文章作者：袁迎曙、秦杰、蔡跃、杨舜臣。

面上的剪应力分布均匀；2）接触面边缘与土体移动边缘有相当间距，消除了土体向外移动时的局部挤压作用；3）在土体移动过程中，能在界面薄弱环节自然形成剪切破坏面。

1.2 界面破坏特征

1）混凝土、水泥砂浆的浆体渗入土体表面，形成一个介于基础与土体之间的过渡层。水泥浆液和土形成的胶结体与基础牢固结合，在基础底面形成了明显高低错落的剪切破坏面。

2）由于错落不平的过渡层作用，其破坏不是发生在同一面上，而是形成一个由若干剪切面组成的破坏层。

3）界面剪切破坏后，在土体继续移动的情况下界面发生滑动。

1.3 界面剪切强度与变形特征

图2与表1为根据试验结果分析得出的一试验界面的剪切特征。

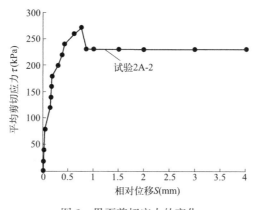

图 2　界面剪切应力的变化

界面剪切特征值　　　　　　　　　　　　　　　　　　　　　　　　　　表 1

试件名称	土体类型	内聚力(kPa)	摩擦角(°)	基础底面压力(kPa)	土体直剪强度(kPa)	基础底面类别	界面抗剪强度(kPa)	摩擦系数	摩擦应力(kPa)	极限剪切变形(mm)
试验 2A-2	黏土	102.0	17.7	150	149.9	现浇混凝土	270.0	1.53	230	0.76

如图2和表1所示，其剪切强度和变形特征如下：1）界面极限剪切应力大于土体直剪强度；2）达到极限剪切强度前，界面剪切变形较小，可近似采用单一剪切刚度；3）界面剪切破坏后，土体继续移动，形成滑动摩擦力。其滑动摩擦应力小于极限剪切强度，但滑动摩擦系数大于1.0。界面剪切破坏后，利用原装置测定滑动摩擦力。摩擦系数的大小主要取决于基础底面水泥浆体对土体的渗透能力。在恒定的法向力作用下，认为滑动摩擦力是不变的，对基础底面形成一个恒定的切向作用力。

1.4 移动地表土对基础底面的作用

地基土的移动对基础底面形成一个与移动方向相反的切向作用力，其作用可分为以下几个过程：1）界面剪切过程：界面剪切应力随相对变形增大而增大；2）界面剪切破坏：界面剪切应力达极限强度；3）界面滑动过程：滑动摩擦力切向作用于基础底面。

2　有限元分析模型

2.1　单元类型与划分

以单元墙体为例，建立有限元分析模型。图3所示的墙体结构有限元分析模型由砖砌体单元、混凝土垫层单元、土体单元和基础底面与土体的接触单元组成。

文献［2］已对砖砌体单元、钢筋混凝土单元、土体单元进行了详细的描述，但文献［2］对接触单元尚缺少深入的研究，因此下面着重介绍基础底面与土体之间的接触单元的性能。

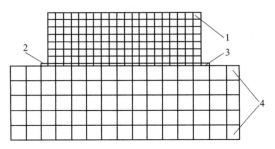

图3　墙体结构有限元分析模型

1—砖砌体单元；2—混凝土单元；3—接触单元；4—土体单元

2.2　接触单元模型

接触单元刚度分为法向与切向刚度[3,4]，其作用分述如下。

1）法向刚度。当法向受压，两面接触时，定义一个较大刚度值；当法向受拉，两面脱开时，法向刚度为零，法向力为零。其数学模式如下：

若 $g \leqslant 0$，　　　　　　　　　　　　$f_n = K_n \cdot g$；

若 $g > 0$，　　　　　　　　　　　　　　$f_n = 0$；

式中：f_n 为法向压力；K_n 为法向刚度；g 为接触间隙，当 $g > 0$ 时表示两面脱开。

2）切向刚度。当接触界面相对变形小于极限剪切变形时，切向应力与相对变形成正比，其比值为切向刚度；当接触界面相对变形大于极限剪切变形时，切向刚度为零，在土体继续移动的情况下，滑动摩擦力与滑动摩擦系数和法向压应力有关。其数学模式如下：

若 $S \leqslant S_{\tau_\mu}$，　　　　$\tau = K_S S$；

若 $S > S_{\tau_\mu}$，　　　　$\tau = \mu f_n$；

式中：τ 为接触界面切向剪应力；K_S 为接触界面切向刚度；S 为接触界面相对位移；μ 为接触界面滑动摩擦系数；S_{τ_μ} 为接触界面极限剪切变形。

根据界面剪切特征试验研究得出的界面切向应力与相对位移发展模式如图4所示。图中所示界面剪切特征的主要参数：τ_μ 为界面极限剪切应力，τ_S 为界面滑动摩擦应力，K_τ 为界面剪切刚度（τ_μ / S_{τ_μ}）。

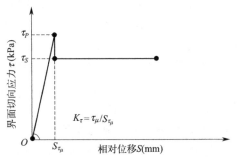

图4　界面切向应力与相对位移发展模式

2.3 接触单元参数的确定

根据移动土与基础底面剪切变形特征的试验结果分析，接触单元数学模式的参数如表 2 所示。

接触单元参数的试验结果　　　　　　　　　表 2

试件组别	地基土类别	基础底面类别	基础底面正压力(kPa)	界面抗剪强度 τ_u(kPa)	滑动摩擦应力 τ_s(kPa)	剪切刚度 K_τ (kPa·mm^{-1})
试验 1A	黏土	现浇混凝土	100	175.0	103.0	224.4
试验 2A			150	253.0	178.0	351.4
试验 3A	黏土	水泥砂浆层	100	135.0	98.0	108.0
试验 4A			150	195.0	150.0	118.9
试验 1A	砂土	现浇混凝土	100	286.0	125.0	1430.0
试验 2A			150	376.7	181.5	1637.8
试验 3A	砂土	水泥砂浆层	100	190.0	181.0	120.3
试验 4A			150	240.0	142.5	133.3

根据上述参数分析，剪切变形特征值的变化规律如下：1）界面极限抗剪强度随基础正压力增大而增大；2）界面极限抗剪强度与土体渗透性有关，高渗透性土体能形成较粗糙的过渡层（水泥浆体与土的胶结体），导致界面极限抗剪强度增大；3）在相同的地基与结构条件下，不同的地基压力具有较接近的滑动摩擦系数值；4）界面剪切刚度与基础底面正压力、土体类别、基础底面类别有关。

3 模型试验

3.1 抗地表变形结构试验台

模型试验在抗地表变形结构模拟试验台（图 5）上进行。该试验台通过底部千斤顶调整、实现地表正（负）曲率变形，通过两侧拉压千斤顶可实现地表拉伸（压缩）水平变形。上部荷载采用杠杆加载，以保持恒定。

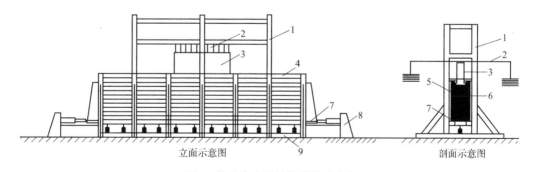

立面示意图　　　　　　　　　　　　剖面示意图

图 5　抗地表变形结构模拟试验台

1—反力架；2—杠杆加载系统；3—结构模型；4—平面应变模型侧壁；5—试验土体；
6—30mm 板式液压囊；7—平面变形加载系统；8—反力墙；9—竖向变形加载系统

3.2 墙体模型试验

墙体模型为实心砖砌体，高 1.0m，长 3.0m，厚 0.12m；采用混凝土垫层，厚0.06m。为了便于试验与分析结果的比较，墙体试验的基本条件与界面剪切模型试验条件相同，包括基底压力、混凝土或水泥砂浆水灰比以及土体性质。模拟试验分为 2 组，一组为土体曲率变形，另一组为土体水平拉伸变形。

图 6 是地表曲率为 $3.7 \times 10^{-3} \, \mathrm{m}^{-1}$ 时模型试验与有限元分析所得的基础底面沉降分布。由图 6 可见，试验结果与分析结果吻合较好。

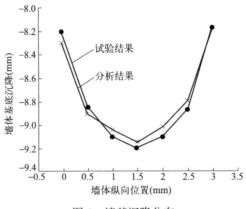

图 6　墙基沉降分布

4　结论

1）在地表移动土的作用下，砌体结构基础的底面产生一组与移动方向相反的作用力，其作用过程包括界面剪切破坏和界面滑动。

2）界面破坏过程中，作用力大小与界面剪切变形成正比，剪切刚度、极限剪切强度与基础底面正压应力、基础底面过渡层的粗糙度有关；界面极限剪切强度大于土体的剪切强度。

3）界面滑动过程中，滑动摩擦力与基础底面正压应力和剪切面粗糙度有关；滑动摩擦应力小于界面极限剪切强度，但滑动摩擦系数一般大于 1.0。

4）界面切向应力与相对变形的发展过程分为剪切与滑动 2 个过程，并可用 2 个线性段来表示。

5）通过分析与模型试验结果的比较，基础界面的接触单元与其他单元一起组成的有限元分析模型能较好地反映实际情况。

6）通过试验得出接触单元数学模式的参数是可行的。由于试验数量有限，尚需通过进一步的系列试验来积累该模型参数的资料。

参考文献

[1]　陈国兴，谢君斐，张克绪 . 土与结构材料界面性状的研究概况 [J]. 世界地震工程，1994，（04）：1-9.

[2]　仲继寿，杨舜臣，肖跃军 . 矿山采动区砖砌体房屋三维有限元模型的建立与分析 [J]. 中国矿业大学学报，1993，（02）：43-50.

[3]　雷晓燕，杜庆华 . 接触摩擦单元的理论及其应用 [J]. 岩土工程学报，1994，（03）：23-32.

[4]　Goodman R E, Taylor R L, Brekke T L. A model for the mechanics of jointed rock [J]. Journal of the Soil Mechanics and Foundations Division，1968，94（3）.

砌体结构与地基共同作用的研究

摘要：为使用大型有限元软件分析砌体房屋与地基共同作用的问题，首先建立了基础与地基土的界面模型。利用大比例室内抗变形试验台进行了一面砖墙在地基土负曲率变形作用下的模拟试验，与有限元软件 ANSYS 分析结果进行比较。结果表明，利用有限元软件进行砌体结构与地基共同作用分析是可行的。

在研究上、下部结构共同作用时，以前主要采用简化模型再计算的方法，因此会产生很大的误差[1,2]。随着计算机技术的发展，大型有限元分析软件的不断成熟，已经可以利用这些软件和先进的工作站系统，对共同作用问题进行较精确的模拟分析。

作者对由于地基土变形（煤炭开采等原因引起的地基土曲率变形、拉压变形）而引起的与上部砌体结构共同作用的问题进行了研究。主要内容有三方面：（1）建立了砌体结构基础与地基土界面的模型，即剪切变形关系，以应用于有限元分析；（2）利用大型抗变形试验台进行了负曲率变形的地基土与一面砖墙共同作用的模拟试验，利用 ANSYS 软件进行模拟分析，验证界面模型和软件的适用性；（3）利用 ANSYS 软件对砌体结构房屋与地基共同作用进行系统分析。

1 地基土与砌体结构基础界面的研究

1.1 试验装置

本次试验是研究在移动地基土作用下土与混凝土界面的特性，在试验装置的设计中借鉴前人的优点[3~5]，并结合本课题的特点，设计了试验装置。图 1 为试验整体装置图。

在两个相互独立的完全相同的钢盒中盛有土，经夯实与钢盒上端平齐，然后在土上现浇混凝土或铺砂浆垫层。在达到强度后，把这一套装置放置于垫有辊轴的钢平台上。辊轴的作用是减少摩擦。法向压力及水平拉力由砝码施加。

在研究界面变形特征上，本试验装置具有以下优点：（1）减少了接触面，特别是减少了土体移动方向的长度，可近似认为在界面上的剪应力分布均匀；（2）界面边缘与土体移动边缘有相当间距，消除了土体向外移动时的局部挤压作用；（3）在土体移动过程中，能在界面薄弱环节自

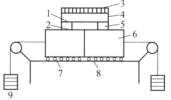

图 1　试验装置

1—环氧树脂胶粘结；2—基础（小混凝土块）与土界面；3—砝码均载加载；4—大混凝土块；5—小混凝土块；6—钢盒；7—辊轴；8—钢平台；9—砝码（逐级施加）

文章发表于《工业建筑》2000 年第 30 卷第 12 期，文章作者：秦杰、袁迎曙、杨舜臣。

然形成剪切破坏面。

在测试位移时，磁性表座与混凝土块固定到一起，可测出插入土体的钢片与混凝土之间的相对位移，由此可测出界面的剪切刚度和极限相对位移值等参数。试验装置各部分尺寸见图2。位移传感器与计算机相连，可自动采集数据，以记录破坏的全过程。

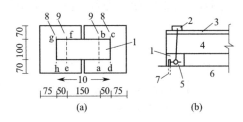

图2 试验测试装置

（a）试验装置平面；（b）界面相对变形测试装置

1—小混凝土块；2—磁性表座；3—钢板；4—大混凝土块；5—位移传感器；

6—土体；7—钢片测点；8—后端测点；9—前端测点；10—土体移动方向

1.2 试验方案设计

本次试验所得界面的参数主要应用于砌体房屋与地基土的共同作用分析，所以，对影响因素作如下考虑。

1.2.1 基础形式

单层或双层砌体结构房屋的基础形式主要有两种：毛石基础和砖基础。其基础与地基土的界面是一层找平砂浆与土的粘结层或一层薄的素混凝土板与土的粘结层。因此，在因素分析时，简化为两种因素，现浇混凝土与土的粘结层和水泥砂浆与土的粘结层。

1.2.2 土的类别

由于黏土和砂土在我国分布较广，经常用作地基土。所以，试验选用黏土及砂土两种。在每次试验完毕，对土体取样，通过土工试验验证土的类型及相应的参数。

1.2.3 法向应力

对于低层砖混结构房屋，基底法向应力范围一般在$100\sim150$kPa。故法向应力选取100kPa与150kPa两种。对于因素确定的每一批试验，均做了3组。

1.3 试验结果

表1为试验结果汇总。

界面试验结果　　　　　　　　　　　　　　　　　　　表1

编号	法向应力 (kPa)	土的类别	界面基础材料	极限抗剪强度 τ_u(kPa)	极限粘结变形 s_u(mm)	剪切刚度 K_s(kPa·mm^{-1})	土样直剪强度 (kPa)
11A	100	黏土	现浇混凝土	160	0.43	372.1	
				170	0.52	326.9	110
				180	0.62	290.3	
11B	150	黏土	现浇混凝土	220	0.65	338.5	
				220	0.66	333.3	170
				220	0.51	431.4	
12A	100	黏土	砂浆垫层	150	0.72	208.3	140
				140	0.70	200.0	

编号	法向应力 (kPa)	土的类别	界面基础材料	极限抗剪强度 τ_u(kPa)	极限粘结变形 s_u(mm)	剪切刚度 K_s(kPa·mm^{-1})	土样直剪强度 (kPa)
12B	150	黏土	砂浆垫层	190	0.87	218.4	160
				200	0.93	215.1	
21A	100	砂土	现浇混凝土	200	0.21	952.4	
				180	0.17	1058.8	120
21B	150	砂土	现浇混凝土	330	0.21	1571.4	
				320	0.25	1280.0	150
22A	100	砂土	砂浆垫层	150	0.77	194.8	120
				160	0.81	197.5	
22B	150	砂土	砂浆垫层	200	0.85	235.3	150
				230	0.93	247.3	

试验发现，当施加水平力的砝码逐级增加时，在最初的几级砝码下，界面几乎没有产生剪切变形。当水平力施加至某一数值，界面的剪切变形会突然增大，此时界面达到其极限抗剪强度，界面发生破坏，其剪切变形很小。然后测定已经破坏的界面的极限滑动摩擦强度，来确定界面在粘结破坏后能够传递的最大摩擦力。图3为根据试验12B所得数据绘出的界面剪切应力与剪切变形之间关系的曲线图。其余试验所得曲线形状与此类似。

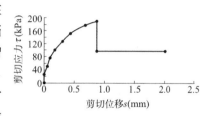

图3　试验12B的剪切应力与剪切位移曲线

对表1和图3进行分析，可以得出以下结论：

（1）界面极限剪切强度随法向应力增大而明显提高；

（2）在法向应力相同条件下，现浇混凝土与土所形成的界面和砂浆垫层与土所形成的界面相比，前者所形成的界面的极限抗剪强度大；

（3）界面达到其极限抗剪强度时，其剪切变形很小；

（4）对于每一批试验，均做了土样的土工试验。结果表明：在相同的法向应力下，土工直剪试验剪切破坏应力小于极限抗剪强度，而与极限滑动摩擦强度数值相近，比之略小。

1.4　界面剪切变形特征

1.4.1　法向刚度

当法向受压，定义一个较大刚度值；当法向受拉，两面脱开时，法向刚度为零，法向力为零。其数学模式如下：

$$若\ g \leqslant 0 \quad f_n = K_n g \tag{1a}$$

$$若\ g > 0 \quad f_n = 0 \tag{1b}$$

其中，f_n 为法向压力；K_n 为法向刚度；g 为接触间隙；当 $g < 0$ 时，表示两面脱开。

1.4.2　切向刚度

当界面相对变形小于极限剪切变形时，切向应力与相对变形成正比，其比值为切向刚度；当界面相对变形大于极限剪切变形时，切向刚度为零。在土体继续移动的情况下，滑动摩擦力与滑动摩擦系数和法向压应力有关，其数学模式如下：

$$若 s \leqslant s_{\tau\mu} \quad \tau = K_s s \tag{2a}$$
$$若 s > s_{\tau\mu} \quad \tau = \mu f_n \tag{2b}$$

其中，τ 为界面切向剪应力；K_s 为界面切向刚度；s 为界面相对位移；μ 为界面滑动摩擦系数；$s_{\tau\mu}$ 为界面极限剪切变形。

根据界面剪切特征试验研究得出的界面剪切应力与变形模式如图 4 所示。图 4 所示界面剪切特征的主要参数：τ_μ 为界面极限剪切应力，τ_s 为界面滑动摩擦应力，K_r 剪切刚度（$\tau_\mu / s_{\tau\mu}$）。

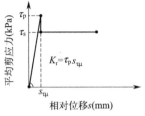

图 4 界面剪应力与变形模式

根据上述参数分析，剪切变形特征值的变化规律如下：（1）界面极限剪切强度随基础正压力增大而增大；（2）界面极限抗剪强度与土体渗透性有关，高渗透性土体能形成粗糙的过渡层（水泥浆体与土的胶结体），导致界面剪切强度增大；（3）在相同的地基与结构条件下，不同的地基压力具有较接近的滑动摩擦系数值；（4）界面剪切刚度与基础底面正压力、土体类别、基础底面类型有关。

2 砖墙体与地基土共同作用的模型试验

大比例抗变形模型试验台主要由：主模型架，竖向和水平向位移施加系统，液压控制系统，侧压控制系统，竖向荷载施加系统，位移和应力测量系统等组成。

该试验台可以模拟以下几种变形产生的附加作用力在地基、基础和上部结构中的传递规律：（1）正（负）曲率；（2）拉伸（压缩）水平变形；（3）正（负）曲率和拉伸（压缩）水平变形共同作用。

模型试验可以测得以下参数：地表下沉、倾斜、曲率、水平位移和水平变形。

本次模型试验的影响因素分别为：地基土变形为负曲率，地基土为黏土，基础形式为现浇混凝土基础，上部结构为一面 1m×4m 的单砖墙。

模型试验所得的参数为地基土表面、砖墙基础的下沉量，共布置 20 个位移传感器。地基土曲率分 5 次施加。

3 ANSYS 模拟分析

有限元分析模型采用实体建模，即所建模型的尺寸与模型试验完全相同，所采用参数与模型试验材料相同。土体四周侧向约束，竖直方向可自由滑动，在土体底部加竖向位移，以形成地基土的负曲率变形。

4 模型试验与计算机模拟结果比较

对模型试验结果与计算机模拟分析结果比较见表 2 所列。

基础的模型试验与计算机模拟分析结果比较　　　　　　　　表 2

地表曲率(mm⁻¹)	分析方法	左端(mm)	左中(mm)	正中(mm)	右中(mm)	右端(mm)	换算曲率(mm⁻¹)
2.15	ANSYS 分析	0.78	0.95	1.01	0.95	0.78	0.11
	模型试验	1.0	1.3	1.4	1.3	1.0	0.2
3.55	ANSYS 分析	1.82	2.12	2.21	2.12	1.82	0.2
	模型试验	2.3	2.6	2.8	2.6	2.3	0.25

续表

地表曲率(mm^{-1})	分析方法	左端(mm)	左中(mm)	正中(mm)	右中(mm)	右端(mm)	换算曲率(mm^{-1})
4.55	ANSYS 分析	2.46	2.80	2.91	2.80	2.46	0.23
	模型试验	3.1	3.5	3.7	3.5	3.1	0.3
5.5	ANSYS 分析	3.14	3.53	3.66	3.53	3.14	0.26
	模型试验	4.0	4.4	4.7	4.4	4.0	0.35
7.6	ANSYS 分析	4.63	5.09	5.23	5.09	4.63	0.3
	模型试验	5.2	5.8	6.1	5.8	5.2	0.45

通过表 2 的比较可得出以下结论：

（1）在相同地表土曲率变形下，砖墙基础曲率小于计算机分析结果，两者相差在20%左右；

（2）计算机分析结果与模型试验结果比较接近，可用 ANSYS 软件进行有限元模拟。

5 结论

（1）通过地基土与基础界面性能试验，建立了界面剪切变形的模型。可描述为两个阶段：第一阶段为粘结阶段，在达到极限抗剪强度之前，界面变形很小；第二阶段为滑移阶段，当界面剪应力大于其抗剪强度，界面破坏，所能传递的剪力降低，进入滑动状态。

（2）在大比例抗变形试验台上进行了一面砖墙与负曲率变形地基土的模型试验，并用大型有限元分析软件 ANSYS 对此模拟分析，界面单元参数取自界面试验。结果表明，模型试验与模拟分析结果相近，验证了界面模型及软件的适用性。

（3）大型有限元分析软件可被应用于砌体结构与地基的共同作用分析中，为此类问题的研究开辟了一条新途径。

参考文献

[1] 宰金珉，宰金璋. 高层建筑基础分析与设计—土与结构物共同作用的理论与应用 [M]. 北京：中国建筑工业出版社，1993.

[2] 董建国，赵锡宏. 高层建筑地基基础—共同作用理论与实践 [M]. 上海：同济大学出版社，1997.

[3] 陈国兴，谢君斐，张克绪. 土与结构材料界面性状的研究概况 [J]. 世界地震工程，1994，（04）：1-9.

[4] 殷宗泽，朱泓，许国华. 土与结构材料接触面的变形及其数学模拟 [J]. 岩土工程学报，1994，（03）：14-22.

[5] 张冬霁，卢廷浩. 一种土与结构接触面模型的建立及其应用 [J]. 岩土工程学报，1998，（06）：65-69.

ANSYS 软件在大坝施工仿真中的应用

摘要： 在混凝土大坝施工仿真计算中，有大量时间是花费在前后处理程序的编制上。针对这种情况，提出了借助大型通用有限元软件 ANSYS 进行前后处理，专业技术人员开发主体计算程序两者相结合的方法，并成功地应用到了三峡电站厂房坝段的施工仿真计算。最后，对我国大型有限元软件开发的前景进行了展望。

1 问题的提出

随着计算机技术的飞速发展和有限元技术的日趋成熟，大型通用有限元分析软件被越来越多地应用于工程中。这种有限元软件一般都有良好的前处理、后处理功能和强大的计算内核，但由于软件开发商更重视软件的通用性，因此软件的专业性能一般不好。例如，对于大坝施工仿真计算，目前尚无专门软件涉及。

从事过大坝施工仿真计算程序开发的研究人员都知道，前处理及后处理的工作非常繁重且容易出错。如果能够把通用软件的前处理及后处理功能与专业技术人员开发的计算程序结合起来，则有事半功倍的效果。

笔者从 1997 年开始使用 ANSYS 软件，最初将其用于建筑结构计算，取得了一些成果[1,2]。在最近一年中，进行了三峡大坝厂房坝段混凝土实时施工仿真计算。在研究过程中，发现将该软件与自主开发的混凝土施工仿真程序相结合，是一种省时、省力的方法，取得了很好的效果。现将其推荐给从事水工建筑物计算程序开发的同行，希望有抛砖引玉的作用。

2 ANSYS 软件简介

ANSYS 公司是由 John Swanson 博士于 1970 年创建的，总部设在美国宾夕法尼亚州的匹兹堡市。ANSYS 软件是融结构、热、流体、电磁、声学于一体的大型通用有限元分析软件。作为 FEA 行业第一个通过 ISO 9001 质量认证的软件，ANSYS 领导着世界有限元技术的潮流，并被全球工业界广泛接受，其 50000 多家用户遍及全世界，其中在中国有500 多家。

该软件具有强大的前处理及后处理功能，它的图形界面和交互式操作大大简化了计算模型的创建过程，同时在计算之前，可通过图形显示来验证模型的几何形状、材料及边界条件；在后处理中，其计算结果可以采用多种方式输出，比如计算结果排序和检索、彩色云图、等值线、动画显示等。笔者曾将 ANSYS 与其他通用软件作过比较，发现其前后处

文章发表于《水利水电技术》2002 年第 33 卷第 4 期，文章作者：秦杰、伏义淑、黄承逵、黄达海、张宇鑫。

理功能优于同类型的软件。

3 ANSYS 在前处理中的应用

笔者对三峡大坝左岸厂房 9 号坝段进行了施工仿真计算。由于厂房坝段包含坝后钢衬钢筋混凝土压力管道，体型比较复杂，尤其是管道与坝体相接部分，建立计算模型时难度较大（图 1）。

另一个困难是笔者在进行施工仿真计算时要考虑大坝混凝土的三维跳仓浇筑和坝后管道混凝土的后浇筑，既要考虑单元的浇筑顺序和单元的合理形状，又要方便程序计算，所以对网格剖分很严格。

在这种情况下，若采用常规的自编程序很难处理，而且对于三维施工仿真计算网格，自己编制程序单元显示可视化功能较差，一旦某个单元剖分出错，是很难发现的，从而会对以后的计算产生致命的影响。而使用 ANSYS 软件建立计算模型时则要简单得多。研究人员可以像操作 CAD 一样方便地进行建模（该软件提供了与 CAD 的接口，可以直接从 CAD 中调用图形，直接建立计算模型），进行体、面、线的布尔运算，从而建立非常复杂的三维计算模型。考虑大坝体型与边界条件对称，为缩小计算规模，选取了结构的一半建立模型。图 2 为 9 号钢管坝段的计算模型与网格划分。从图 2 中可以看出，剖分出的单元网格形状很好。在网格剖分完毕后，可以利用程序提供的单元检查功能对单元进行检验，另外，可视化的模型可以很方便地对各个部位"拆分"检查，以确保数据准确。

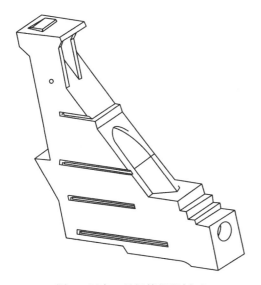
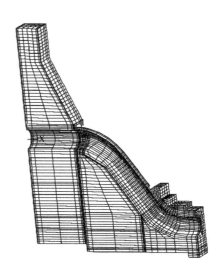

图 1　厂房 9 号钢管坝段剖面　　　　图 2　坝体（包括背管）计算模型及网格划分

本次开发的混凝土施工仿真计算程序成功实现了混凝土三维跳仓浇筑，因此在和自主开发的计算程序接口时，要求 ANSYS 在输出常规的节点信息和单元信息外，还必须使单元具有不同的属性，以便程序识别混凝土入仓时间及相应的边界条件。开发的关键是要确保单元、节点的连续性，处理得当则可以方便地实现有规律、无规律的跳仓浇筑计算。

表 1 为输出节点信息，包括节点编号及 3 个方向的自由度和坐标信息；表 2 为输出单元信息，包括单元的材料和属性、所包含节点的信息，以及仿真计算程序所需的单元浇筑顺序号。

输出节点信息　　　　　　　　　　　　　　　　　　　　　　表 1

节点序号	X 方向约束	Y 方向约束	Z 方向约束	X 坐标	Y 坐标	Z 坐标
1	1	1	0	0.110485395362	−78.780000000000	0.000000000000
2	1	1	0	4.610485395360	−78.780000000000	0.000000000000
3	1	0	1	4.610485395360	−78.780000000000	8.200000000000

输出单元信息　　　　　　　　　　　　　　　　　　　　　　表 2

单元序号	节点 1	节点 2	节点 3	节点 4	节点 5	节点 6	节点 7	节点 8	材料号	单元类型	单元浇筑顺序
1	1	2	4	6	19	13	31	43	4	1	1
2	6	4	3	5	43	31	25	37	1	1	10
3	19	13	31	43	20	14	32	44	2	1	20

4　ANSYS 在后处理中的应用

在大坝施工仿真计算的后处理中，温度（应力）等值线图是一个很重要的输出内容。等值线输出简洁明了，易于识别，但是对于不规则体，比如坝后背管，就无法用等值线表示其温度（应力）分布。

当然，自主开发的仿真计算程序输出数据不能够直接被 ANSYS 读取，需要编制一个数据转换程序，把输出的结果数据转换为 ANSYS 可以识别的格式，由该软件直接读取。完成这个步骤以后，就可以进入 ANSYS 后处理部分，充分利用其任何后处理功能了。

ANSYS 可以根据节点温度值、高斯点应力值画出温度（应力）彩色云图，在图形化界面中，可以从各个不同角度观察温度（应力）在结构中的分布情况和数值大小，同时也可以很方便地检查施工仿真计算结果。彩色温度（应力）云图能够以多种图形格式输出，例如 BMP，JPG，WMF 等。图 3 是坝后背管浇筑完毕时刻坝体和管道的温度场。

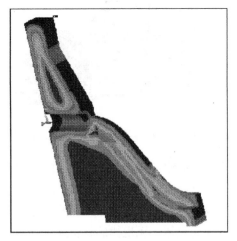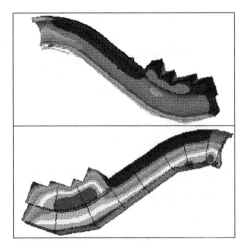

图 3　坝体和管道温度场分布云图

同样，ANSYS 可以画出某个平面的温度（应力）等值线图，完全可以达到自编后处理程序的效果。

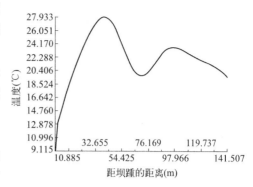

图 4   沿已定义路径温度的分布

另外，ANSYS 还有其他一些很好的后处理功能。例如，若想查看坝体中心线上温度随高度变化情况，不需要我们自己处理数据，然后借助其他的绘图软件画出曲线的方法，而只需在 ANSYS 计算模型中定义一个路径和需要查看的内容，就可以很方便地画出分布曲线。图 4 是温度在定义的某一路径上的分布。

ANSYS 的后处理功能是非常强大的，它基本可以给出用户想要的任何结果。有些功能笔者也在探索之中。

5   结语

经过近一年的实践，笔者认为把 ANSYS 软件与专业技术人员开发的施工仿真计算软件联合应用是一个较佳的结合。我们可以把精力用于施工仿真计算程序的开发，使之日臻完善；而对于前处理和后处理部分，则可使用 ANSYS 软件，花费很少的精力就可以使前后处理达到专业水平。

最后，对于 ANSYS 或者说大型通用有限元软件在施工仿真或水工建筑物上的应用，笔者有以下几点看法。

第一，在施工仿真计算中，为使结果数据能够应用于 ANSYS，中间需要一个转换程序，操作起来不太方便。如果能够把计算模型参数和计算结果数据直接写成 ANSYS 所需要的二进制文件（.rst 或 .rth），则可免去中间环节。此项工作笔者正在进行中。

第二，从施工仿真计算推广开，对于研究人员开发的其他计算程序，都可以借助 ANSYS 作前后处理，这样就有更多精力和更充足的时间进行主体计算程序的开发。

第三，ANSYS 软件的主体计算部分同样是出色的，对于体形复杂的水工建筑物或水工设备，其工况较多，而且含有热、力耦合，使用该软件进行计算，更能显示其优越性。在 1998 和 2000 年的 ANSYS 年会上，已有很多在其他行业应用的成功范例。

第四，对于大坝施工仿真，在 ANSYS 中可以使用单元死活的方法进行处理，国内同行已经做了部分工作，但是还有一些困难，比如混凝土不同龄期弹性模量的处理等。ANSYS 软件提供了与其他程序的接口，从施工仿真计算程序开发角度讲，能够把 ANSYS 作为一个子程序调用，形成施工仿真计算软件包。这是一个努力的方向。

第五，我国迄今还没有一个大型通用有限元分析软件，但同时许多高校、科研院所都有自己很好的计算程序及相应的前后处理程序。如何避免低水平的重复，把优秀的计算程序产业化，以形成我国拥有自主知识产权的有限元软件是一个很大的问题。笔者认为可通过两种途径：一是可以采用与国外大型通用软件开发商合作开发的方式，推出具有专业特色的有限元分析软件，使之更好地服务于工程技术人员；二是由国家组织各高校、科研院所和各大设计院，采用技术入股或其他方式联合开发，结合我国不同的行业规范，推出以有限元理论为基础的、面向工程师的设计软件，这部分工作应该由中国人自己来做，其市场前景是不可限量的。

参考文献

［1］　秦杰.采动区砖混结构房屋双重保护的研究［D］.徐州：中国矿业大学，1999.

［2］　袁迎曙，秦杰，杨舜臣.村镇砖混住宅抗采动变形的结构保护体系研究［J］.中国矿业大学学报，1999，（06）：13-17.

砌体房屋受地表变形的有限元分析

摘要：地表土发生较大变形后，位于其上的砌体房屋将发生破坏。以二层砌体房屋为例，利用大型有限元软件 ANSYS 对其受曲率地表变形进行了模拟分析，明确了其受力机理，对采用不同保护措施后房屋的抗地表变形能力进行了比较，首次提出了预制混凝土窗框保护措施。最后提出了抗地表变形的综合保护措施，可供从事抗地表变形房屋设计的工程师参考。

1 概述

众所周知，地下水抽取、地下煤炭开采等会引起地表变形，从而对上部的建筑物造成损坏。我国是一个村镇下压煤非常严重的国家，超亿吨的省份为 10 个，其中河北省村镇下压煤近 10 亿 t[1]。加之村镇建筑物大多为砌体房屋，其抗地表变形能力较差，所以，在设计此类建筑物时应考虑增设保护措施。然而至今，在我国尚无此类规范可遵循。

以往对抗地表变形砌体房屋保护措施的研究，主要是在现场建造试验房，得到了一些有价值的结论[2,3]。但是，由于现场试验影响因素的复杂性，要得到结构的受力机理很困难，因此现在基本是依据经验来采取保护措施。

随着计算机技术的发展和有限元软件的不断成熟，利用大型有限元软件进行仿真分析被认为是行之有效的[4]。作者使用大型有限元软件 ANSYS（世界上第一个通过 ISO 9001 质量论证的有限元分析软件），对受地表变形作用的砌体房屋在进行了模拟分析，明确了其受力机理；同时也对采用现有保护措施的砌体房屋进行了分析，提出了两种新的抗地表变形砌体房屋的综合保护措施。

2 有限元模型的建立

2.1 模型的建立

考虑到村镇生活水平的提高，以后住宅会逐渐向多层发展，故本次有限元分析所采用的实体为典型的二层三开间砌体房屋，其具体尺寸参见图 1。

利用 ANSYS 进行模拟分析，考虑到上下部结构及荷载的对称性，在建立模型时选取了建筑物实体的一半，模型及网格划分见图 2。

模型上部为砖混结构，开有窗洞及门洞，位置与尺寸见实体图，楼板为预制空心楼板。在一层墙下有地基圈梁，与下面的毛石基础相连，整个基础埋置于地基土中。

2.2 单元选取及边界条件

砖砌体和混凝土基础采用 Solid65 单元。Solid65 是一个八节点、六面体单元。此单元

文章发表于《工业建筑》2002 年第 32 卷第 5 期，文章作者：秦杰、朱炯、黄达海、袁迎曙、杨舜臣。

可模拟脆性材料，在给定拉伸、压缩强度后，具有拉裂、压碎功能；地表土采用 Solid45 单元，此单元为普通的六面体八节点单元。选用的材料模式为 Druker-Prager（DP）模式，可模拟土的性质。

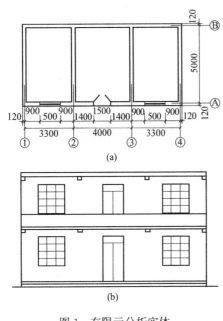

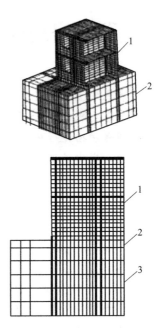

图 1　有限元分析实体

（a）一层平面；（b）南立面

图 2　计算模型及网格划分

1—上部结构（1/2）；2—基础（埋入土中）；3—地基土

当地表土发生变形时，由于基础是埋置于地基土中，地基土要通过基础侧壁传力给基础，因此在它们之间应该设置接触单元；另一方面，现有保护措施之一是在基础与地基圈梁之间设置滑动层，所以在它们之间也应该设置接触单元，实现基础与上部结构之间力的传递。

这两种情况下，对单元的要求是相同的，即竖向和法向都可以传递力，所不同的是参数数值的选取。根据上述要求，选用 ANSYS 软件中 Contact52 单元。Contact52 单元是接触单元，它可以表示两个面接触或分离。此单元由两个刚度（KN 和 KS）、初始间隙（GAP）和初始单元状态（START）定义。

由于实际地表变形是动态的，若要精确模拟是很困难的。所以一般把地表变形简化为两种情况，即正曲率变形或拉伸变形及负曲率变形或压缩变形，本文模拟了正曲率地表变形（房屋基础两端下沉）及负曲率地表变形（房屋基础中部下沉）[1]。

3　模拟分析结果

3.1　无抗地表变形保护措施

为研究上部房屋的受力机理，首先对无抗地表变形保护措施的房屋进行了模拟分析。

3.1.1　正曲率地表变形

由图 3 可见，在地表正曲率变形下，上部房屋出现倒八字裂缝。裂缝首先在第 2 层右下窗角出现，然后又出现在第 1 层右下窗角，随后向窗户左上对角发展。

由模型结果的应力分布图可知，前墙在窗台高度应力复杂，同时也是裂缝出现、发展的区域，因此明确此高度墙体的拉应力分布是必要的。图 4 是地表曲率 0.12×10^{-3} 时，第 1 层窗台高度单元的主拉应力分布图。图中横坐标为单元距离前墙左端距离。

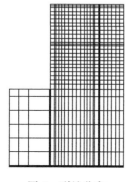

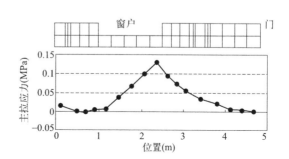

图 3　裂缝分布　　　　　　图 4　第 1 层窗台高度单元主拉应力（地表曲率 0.12×10^{-3}）

3.1.2　负曲率地表变形

当地表变形为负曲率时，上部结构的受力与地表变形为正曲率时相比较截然不同。图 5 为上部房屋破坏的裂缝图。

在负曲率的地表变形下，上部房屋的裂缝依然始于窗角，与正曲率所不同的是，此窗角为左下角。裂缝首先在第 2 层窗角出现，然后在第 1 层窗户左下角出现，随之向窗户对角发展。这样，就形成了负曲率下的正八字裂缝。

图 6 是地表曲率 0.15×10^{-3} 时，第 1 层窗台高度单元的主拉应力分布图。图中横坐标为单元距离前墙左端距离。

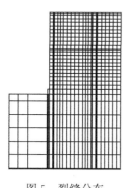

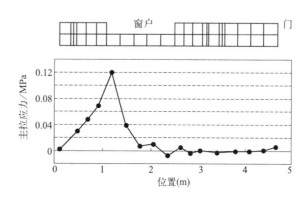

图 5　裂缝分布　　　　　　图 6　第 1 层窗台高度单元主拉应力（地表曲率 0.15×10^{-3}）

3.1.3　讨论

（1）无保护措施的二层砖房抗地表变形能力很差，在地表变形为正曲率及负曲率下，所出现的应力集中不同。地表变形为正曲率时，出现倒八字裂缝，裂缝始于第 2 层左下窗角；地表变形为负曲率时，出现正八字裂缝，裂缝始于第 2 层右下窗角。这和现场试验是完全吻合的[5]。

（2）地表变形为正曲率时，为什么会出现倒八字裂缝，这由图 7 的房屋前墙的变形图可以找到答案。

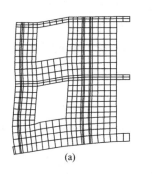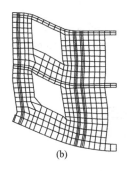

(a)　　　　　　　　　　　(b)

图 7　正曲率地表变形房屋前墙变形（放大 1000 倍）
(a) 窗角开裂前；(b) 窗角开裂后

从出现裂缝前的变形图中可以看出，在正曲率地表变形下，基础左端下沉，使得整个上部结构随之变形，其中，由于窗洞的存在，窗户出现较大的变形，右下及左上窗角由直角变成钝角，所以会出现拉应力集中；当地表曲率继续增大，窗角出现裂缝后，前墙向左的变形增大，但由于第 1 层及第 2 层楼面的拉结作用，左端墙角的竖向拉应力增大。

（3）地表变形为负曲率时，会出现正八字裂缝。其原理与地表正曲率变形相似。

3.2　采取抗地表变形保护措施

现有保护措施主要有以下三种：

（1）窗下加强带

窗下加强带在窗台高度处设置，左、右各伸出窗户一段距离，采用混凝土结构，强度不低于 C15，高度为一砖高，宽度同墙厚。配有纵筋及箍筋。纵筋直径一般为 4～8mm，箍筋直径 4～6mm，间距不大于 30cm。

（2）构造柱和圈梁

在抗地表变形保护措施的研究中，构造柱和圈梁一直受到人们的关注。构造柱和圈梁的设置与一般的砖混结构房屋中的设置基本相同。构造柱设置在房屋的四角，截面采用 240mm×240mm，纵向钢筋宜选取 $4\phi12$，箍筋间距不宜大于 250mm，混凝土强度一般为 C20。圈梁隔层或逐层布置，高度为 240mm 或 120mm，纵筋为 $4\phi8$，最大箍筋间距为 250mm。本次分析模型为二层砖房，所以采用的构造柱为 240mm×240mm，圈梁只设置顶层圈梁，高度为 120mm。

（3）滑动层

滑动层作为一种抗地表变形影响的柔性措施，从一开始被人们发现，就以其价格低廉、抗地表变形效果显著等优点得到普遍应用。现场试验证明，采用滑动层的建筑物，在地表变形下的附加应力明显降低，其抵抗地表变形的能力大大增强。

滑动层通常铺设于基础与基础圈梁之间，在本次有限元模拟分析中，滑动层材料为两层油毡夹滑石粉。

为比较这三种保护措施的效果，分别对单独采用这些措施的房屋进行了抗地表变形分析。图 8 是正曲率地表变形作用下比较图，负曲率作用下与之相似。

从图中可以看出，采取构造柱、圈梁保护措施的二层砖房，其最初出现裂缝的时间与未采取保护措施时相比较没有显著的推迟。这是由于上部砖混房屋在较小的变形下就会出

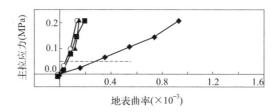

图 8　正曲率下右下窗角单元主拉应力-地表曲率关系
—○—无保护措施；—■—窗下加强带；—▲—构造柱，圈梁；—◆—滑动层

现裂缝，而构造柱、圈梁对小变形约束效果不好，所以不能推迟裂缝出现的时间。

采取窗下加强带保护措施的二层砖房，裂缝出现的时间几乎没有推迟。这是由于窗下加强带只是约束了窗洞下边，而对整个结构的变形控制不起作用，所以，虽然裂缝不会在窗洞下出现，但还会在窗洞其他位置出现。出现裂缝的位置虽然变化，但与无保护措施的房屋保护相比较，出现的时间没有显著的差别。

采取滑动层保护措施的二层砖房，其抗地表变形的能力有显著的增强，能够承担大于 1.0×10^{-3} 的地表曲率。在相同的地表曲率变形下，上部结构的应力峰值降低幅度在 50% 以上，显著推迟了裂缝的出现时间。这是由于基础与地基圈梁之间的滑动层允许二者变形不等，从而减弱由于地表土移动而向上部结构传递的变形，上部结构的附加应力降低推迟了裂缝出现的时间。

因此，抗地表变形保护可从三方面考虑：（1）采取有效措施，减少由于地表土移动产生的附加应力，如滑动层，把部分地表变形消耗在滑动层上，从而降低对上部结构的影响。（2）采用保护措施推迟裂缝的出现，主要在于重点部位的保护。通过无保护措施房屋抗地表变形分析，窗洞是一个重点保护对象，必须采用保护措施。（3）对于地表变形很大的地区，不可能阻止裂缝出现的情况下，为防止房屋的突然倒塌，保持带裂缝房屋的整体性至关重要，需采用构造柱、圈梁等。

4　抗地表变形的砌体房屋综合保护措施的建立

窗洞是砌体结构刚度突变部位，因此也是高应力容易出现的区域，推迟窗洞四周裂缝出现的时间是整个砌体房屋保护的关键。鉴于此，作者比较了三种保护窗洞的方案：（1）窗下通长的混凝土加强带；（2）窗下不通长混凝土加强带；（3）预制混凝土窗框。由图 9 可以看出，预制混凝土窗框具有很好的效果。

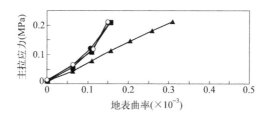

图 9　负曲率地表变形左下窗角单元主拉应力-地表曲率关系
—◆—窗下加强带（不通长）；—■—窗下加强带（通长）；—▲—预制窗框；—○—无保护措施

综上所述，对于二层砌体房屋，针对不同地区提出了两种综合保护措施。对采用这两种综合保护措施的房屋进行了计算，其抗地表变形能力大大提高。

（1）在非抗震区或预计地表变形不是很大的地区，可采用第一种综合保护措施。具体作法为：在基础与基础圈梁之间设置滑动层，滑动层材料为两层油毡夹滑石粉；在一、二层窗洞四周设置 120mm 厚的预制混凝土窗框。

（2）在抗震设防区或预计地表变形较大的地区，采用第二种综合保护措施，即在第一种作法的基础上，在房屋四角布置构造柱，在顶层设置圈梁。

参考文献

［1］ 周国铨．建筑物下采煤．煤炭工业出版社，1983.

［2］ 周国铨，崔继宪．我国抗变形农村房屋下采煤技术［J］．矿山测量，1992，（01）：25-31.

［3］ 仲继寿．采动区砌体结构房屋变形控制设计．煤炭工业出版社，1995.

［4］ 仲继寿．采动区抗变形建筑物三维有限元模型的建立与分析［D］．徐州：中国矿业大学，1989.

［5］ 中国矿业大学采动区抗变形建筑物研究与试验课题组．矿山砖混建筑物抗采动设计要点建议书及编制说明.

三峡大坝混凝土施工实时仿真计算

摘要： 与传统意义上的施工仿真计算相对应，提出了大坝混凝土施工实时仿真计算的概念，完成了相应于混凝土施工三维跳仓浇筑仿真计算程序的开发，并将其应用于三峡大坝左厂9号坝段的仿真计算。结果表明，实时仿真计算结果与坝体内埋设监测仪器实测结果吻合较好，与传统意义上的施工仿真计算相比，它可以更真实地反映出坝体的温度场与应力场，同时有效地对坝体进行实时监测，从而更好地指导混凝土施工。

长江三峡水利枢纽工程包括挡水与泄水建筑物、电站、航运建筑物等几个主要部分。其中挡水建筑物为混凝土重力坝，最大坝高175m。此重力坝属巨型混凝土重力坝，混凝土浇筑总方量达到 $28000000m^3$。为做好大坝混凝土浇筑的温控工作，国内多家单位进行了施工仿真计算，其所使用的基本参数都是基于原定的施工进度、原定的跳仓方案和往年的气象资料等，也可称为传统意义上的大坝混凝土施工仿真。

然而，三峡工程的巨型性和复杂性，使得施工仿真计算所需一些基本参数的准确性难以保证。例如：①大坝的混凝土浇筑进度受到很多因素的制约，包括不可预见的因素，几乎不可能完全按照原定的施工进度进行施工；②大坝混凝土的跳仓方案同样受到施工机械和相邻坝段浇筑进度等诸多因素影响，原定的跳仓方案只能是一个参考方案；③在施工仿真计算中，气温是很重要的参数，但是计算中采用的气温是多年的平均气温，而非大坝混凝土浇筑当天的实测气温。

上述基本参数的偏差无疑会导致施工仿真计算出的温度场和应力场与坝体实际的温度场与应力场存在一定的差别。鉴于此，进行了三峡大坝混凝土实时施工仿真计算。依照坝体实际的浇筑进度、跳仓方式、冷却参数和实际气象资料，通过施工仿真计算的方法，对混凝土浇筑过程进行跟踪计算，真实地反映出坝体现在和将来的温度场与应力场。

1 研究内容与方法

中国长江三峡工程开发总公司非常重视大坝的温度控制工作，在坝体温度监测方面投入了大量的人力和财力，比如，坝体内埋设了许多温度监测仪器，由专人、定时进行数据的采集并汇总。这些温度检测仪器所得结果一方面能够最真实地反映出坝体内部的情况，另一方面对于检验施工设计成果至关重要。如果采用实时施工仿真方法所计算出的结果与实测值接近，那么仿真计算结果的可信度就有了坚实的基础，在不断完善计算程序的同时就可以更好地指导施工。

三峡大坝混凝土施工实时仿真研究包括以下几方面内容：①计算坝体的温度场和应力

文章发表于《大连理工大学学报》2002年5月第42卷第3期，文章作者：秦杰、黄承逵、黄达海、伏义淑。

场；②将计算结果与监测仪器实测数值进行比较，检验计算参数取值的合理性；③根据结果比较，确定大坝混凝土施工实时仿真计算的可行性。

另外，在当前的施工仿真计算程序开发中存在以下两个需要改进的问题：①主体计算部分可以做得很专业，但是，前处理及后处理的工作非常繁重且容易出错，耗费了大量的时间和精力，可效果往往很差；另一方面，国外著名大型有限元软件前处理和后处理都很专业，功能强大，可视性好，但是由于软件开发商更重视软件的通用性，因此其专业性能不好。如果能够把通用软件的前处理及后处理功能与专业技术人员开发的计算程序结合起来，则必有事半功倍的效果。②在进行混凝土施工实时仿真计算时，所使用的程序必须在三维空间实现混凝土跳仓浇筑。只有这样，计算结果才能反映出坝体实际状态。

三峡大坝目前的施工部分包括左非溢流坝段、左岸厂房 12 个坝段、泄洪坝段等，经过比较，选择了位于河床的典型坝段——左厂 9 号坝段（包括钢管坝段和实体坝段两部分）作为分析对象。

2 实时仿真计算过程

2.1 基本理论

2.1.1 求解问题的基本方程

混凝土通常分批分块分层浇筑，其温度场方程为[1、2]

$$\frac{\partial T}{\partial \tau} = a\left(\frac{\partial T^2}{\partial x^2} + \frac{\partial T^2}{\partial y^2} + \frac{\partial T^2}{\partial z^2}\right) + \frac{\partial \theta}{\partial \tau}$$

2.1.2 温度场计算的有限元法

根据变分原理，求解下述泛函的极值，得到方程的解：

$$I(T) = \iiint\limits_{R_i}\left\{\frac{1}{2}\left[\left(\frac{\partial T}{\partial x}\right)^2 + \left(\frac{\partial T}{\partial y}\right)^2 + \left(\frac{\partial T}{\partial z}\right)^2 + \frac{1}{a}\left(\frac{\partial T}{\partial t} - \frac{\partial \theta}{\partial t}\right)T\right]\right\}\mathrm{d}x\mathrm{d}y\mathrm{d}z + $$

$$\iint\limits_{S_{i3}}\frac{\beta}{\lambda}\left(\frac{T}{2} - T_a\right)T\mathrm{d}s = \min$$

2.1.3 水管冷却效果计算的等效热传导方程

在求解水管的冷却效果时，采用了朱伯芳提出的等效负热源方法[3]。考虑了水管冷却效果的混凝土等效热传导方程为

$$\frac{\partial T}{\partial \tau} = a\left(\frac{\partial T^2}{\partial x^2} + \frac{\partial T^2}{\partial y^2} + \frac{\partial T^2}{\partial z^2}\right) + (T_0 - T_w)\frac{\partial \psi}{\partial \tau} + \theta\frac{\partial \psi}{\partial \tau}$$

2.2 基本资料

左厂 9 号坝段为一典型的厂房坝段，图 1 和图 2 分别为钢管坝段和实体坝段的三维图，两者之间设置横缝。

对于实时施工仿真计算，基本资料的收集至关重要，这是一项非常繁琐、工作量巨大的任务，需要与业主、监理单位和施工单位密切合作才能够完成。左厂 9 号坝段于 1999-01-01 开始浇筑，本次实时仿真计算所需资料均收集到 2000-12-31。图 3 为 1999 年和 2000 年三峡坝区的实测温度和三峡坝区（三斗坪镇）根据多年气温拟合出的温度过程线，可以看出两者有明显的差别。

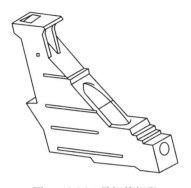

图 1 左厂 9 号钢管坝段

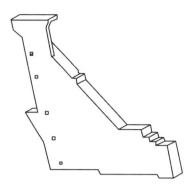

图 2 左厂 9 号实体坝段

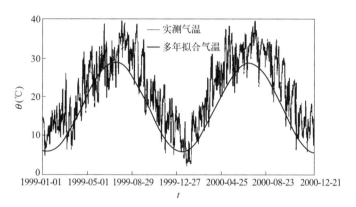

图 3 三峡坝区实测气温和拟合气温

各材料的基本热力学参数取自文献 [4]。

在钢管坝段和实体坝段内均埋设了温度监测仪器，其位置与编号见图 4 和图 5。

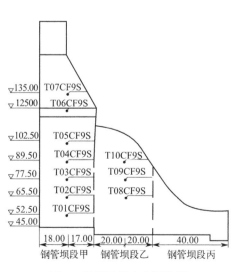

图 4 钢管坝段内监测仪器

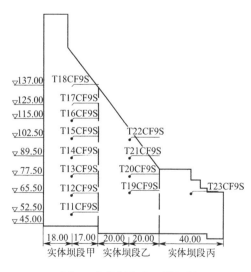

图 5 实体坝段内埋设仪器

钢管坝段和实体坝段均采用跳仓浇筑，截至 2000-12-31，实体坝段与钢管坝段的浇筑时间见表1和表2，其中甲、乙、丙仓面按照两条纵缝进行划分，其位置可参照图4和图5。

钢管坝段各仓面浇筑时间 表1

钢管坝段甲仓面		钢管坝段乙仓面		钢管坝段丙仓面	
浇筑时间	浇筑高程(m)	浇筑时间	浇筑高程(m)	浇筑时间	浇筑高程(m)
1999-06-29	45.00～46.50	1999-05-29	40.00～41.50	1999-02-06	37.00～38.50
1999-07-08	46.50～48.00	1999-06-05	41.50～43.00	1999-02-11	38.50～40.00
1999-08-05	48.00～49.50	1999-06-19	43.00～44.50	1999-02-22	40.00～40.30
⋮	⋮	⋮	⋮	⋮	⋮
2000-01-25	79.00～81.00	2000-03-01	73.00～75.00	2000-09-07	73.80～76.90
2000-02-12	81.00～83.00	2000-03-13	75.00～77.00	2000-09-15	76.90～80.00
⋮	⋮	⋮	⋮		
2000-08-08	101.00～103.00	2000-07-02	94.00～96.00		
2000-08-22	103.00～105.00	2000-07-25	96.00～98.00		
2000-09-24	105.00～106.50	2000-08-18	98.00～100.00	此仓面浇筑完成	
		2000-09-29	100.00～102.00		
		2000-10-12	102.00～104.00		
		2000-11-01	104.00～106.00		
		2000-11-20	106.00～108.00		

实体坝段各仓面浇筑时间 表2

实体坝段甲仓面		实体坝段乙仓面		实体坝段丙仓面	
浇筑时间	浇筑高程(m)	浇筑时间	浇筑高程(m)	浇筑时间	浇筑高程(m)
1999-08-13	45.00～46.50	1999-03-21	40.00～41.50	1999-01-19	37.00～38.50
1999-08-30	46.50～48.00	1999-03-29	41.50～43.50	1999-01-28	38.50～40.00
1999-09-07	48.00～49.50	1999-04-10	43.50～45.50	1999-03-01	40.00～40.30
⋮	⋮	⋮	⋮	⋮	⋮
2000-05-29	91.00～93.00	2000-03-23	86.00～88.00	2000-09-19	79.30～80.70
2000-06-25	93.00～95.00	2000-04-05	88.00～90.00	2000-09-19	80.70
2000-08-05	95.00～97.00	2000-04-15	90.00～92.00	2000-10-08	80.70～82.00
2000-08-28	97.00～99.00	2000-04-30	92.00～94.00		
⋮	⋮	⋮	⋮		
2000-12-10	122.50～124.50	2000-12-03	118.00～120.00		
2000-12-21	124.50～126.50	2000-12-09	120.00～122.00		
		2000-12-16	122.00～124.00		
		2000-12-24	124.00～126.00		

2.3 实体坝段和钢管坝段的计算

本次研究实现了大坝混凝土三维跳仓浇筑，计算规模大，因此在计算过程中作了以下两点简化：①三峡大坝各坝段之间、钢管坝段与实体坝段之间均设置了横缝，因此在计算时可以把两部分分开考虑，即分别计算钢管坝段与实体坝段；②钢管坝段与实体坝段均为对称结构，边界条件也可看成近似对称，建立模型时选取结构的一半。

在整个计算分析中，主体计算采用自主开发的三维有限元施工仿真软件FZFX3D。对于前处理和后处理部分，不采用以往自己开发的软件，而使用著名的有限元软件ANSYS。

实时仿真计算分为两个步骤：第一步，计算体型简单的实体坝段，将计算结果与监测仪器实测结果比较，分析各影响因素，进行比较计算，并确定最终的计算方案；第二步，计算体型复杂的钢管坝段，将计算结果与实测结果对比，总结仿真计算中存在的问题与改进方案。

2.3.1 实体坝段计算

在仿真计算中，边界条件的处理至关重要。因此在进行实体坝段计算时，选取了不同的横缝边界条件，表3为实体坝段计算方案。计算方案1是考虑在实体坝段不断浇筑的过程中，旁边相邻的10号坝段也在同步上升，因此横缝的边界条件处于不断变化中，通过此方案的计算，确定其影响程度。

实体坝段计算方案 表3

计算方案	横缝边界	选用计算模型	计算目的
1	考虑10号坝段跳仓	模型1	计算已浇混凝土实际温度场
2	绝热边界	模型2	将计算所得温度场与方案1所得进行比较,确定横缝边界
3	第三类边界	模型2	将计算所得温度场与方案1、2所得进行比较,确定横缝边界

利用 ANSYS 软件分别建立了实体坝段和钢管坝段有限元模型，见图6和图7沿高度方向每个浇筑层划分一份，在纵缝两侧进行网格加密。

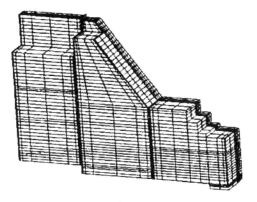
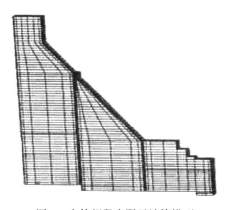

图6　方案1有限元计算模型　　　　　　图7　实体坝段有限元计算模型

按照实体坝段计算方案进行了温度场计算，选出与图4所示监测仪器对应位置的节点，将计算结果与实测数值进行比较。限于篇幅，选出了具有代表性的 T11CF9S 和 T14CF9S，分别示于图8和图9。

经过实体坝段的计算，结合计算结果与实测结果的对比曲线，发现：

（1）计算结果与实测结果相近，验证了自主开发的三维有限元施工仿真软件 FZFX3D 的可靠性和适用性。

（2）FZFX3D 成功实现了混凝土三维跳仓浇筑，图10和图11分别为实体坝段浇筑至1285d 和1789d 的温度场。对比之后发现，考虑混凝土跳仓浇筑以后，坝体内部最高温度值下降，温度场分布也更趋于合理。

（3）借助 ANSYS 软件，很好地解决了前处理和后处理问题，节省了大量的时间。编写很小的转化程序，就可以把 ANSYS 软件的数据与 FZFX3D 的数据进行交换，成功实现两个软件的接口。值得指出的是，借助该软件强大的前处理功能，赋予位于每一个不同浇筑仓位的单元多重属性，根据各单元属性的不同判断其入仓时间，为成功实现三维跳仓浇筑奠定了基础。

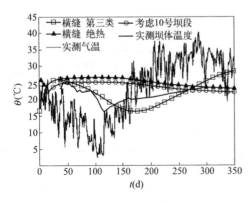

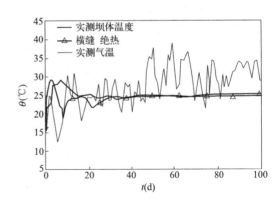

图 8　T11CF9S 实测温度与计算温度对比曲线　　图 9　T14CF9S 实测温度与计算温度对比曲线

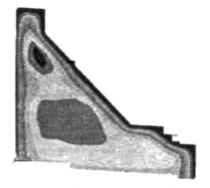

图 10　第 83 个仓位浇筑前坝体温度场（第 1285d）　　图 11　坝体浇筑完毕时温度场（第 1789d）

（4）从图 8 和图 9 以及其他监测点比较曲线可以看出，横缝采用第三类边界条件计算结果在前期与监测结果吻合得很好，相位稍稍滞后，但是在后期与监测结果出现明显偏差；与之相对应，当横缝采用绝热边界时，在前期与检测结果吻合得不好，但在后期吻合较好。因此，在计算中横缝采用绝热边界或第三类边界都是一种简化，实际坝体的横缝边界条件应该是在绝热边界和第三类边界之间变换。

（5）实时仿真计算应使横缝边界在浇筑过程中随混凝土龄期不断变化，但是考虑到计算模型的规模及实现的可行性，最终选用计算方案 2 作为最终计算方案。

2.3.2　钢管坝段计算

经过实体坝段的各计算方案比较，在进行钢管坝段计算时采用横缝绝热边界条件。图 12 为钢管坝段的有限元计算模型，图 13 为 T09CF9S 实测结果与计算结果的对比曲线。由图可以看出计算结果与实测结果吻合得很好。

对钢管坝段进行了温度场与应力场的计算，图 14 是管道浇筑完毕时的温度场，图 15 为此温度场对应的应力场。从应力场分布可以看出，考虑混凝土三维跳仓浇筑以后，高应力区应力集中在纵缝与纵缝之间，大约在中间位置，而纵缝附近的应力较低，充分反映了设置纵缝可降低拉应力的道理。

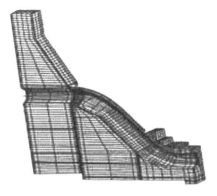

图 12　钢管坝段有限元计算模型

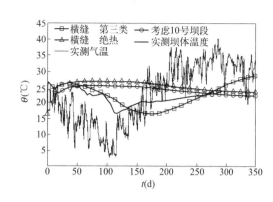

图 13　T09CF9S 实测温度与计算温度对比曲线

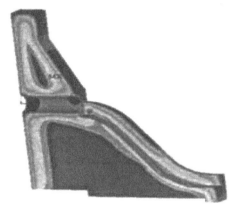

图 14　钢管坝段浇筑完毕坝体温度场

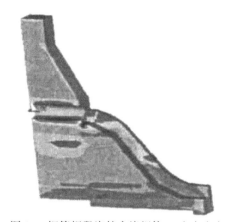

图 15　钢管坝段浇筑完毕坝体 X 方向应力

3　结语

（1）实时仿真计算结果表明，在重大水利工程中，进行大坝混凝土施工实时仿真计算是十分必要同时也是可行的，它可以最真实地反映坝体的温度场与应力场，最有效地对坝体进行实时监控。把混凝土施工实时仿真计算结果与坝体内部监控仪器配合使用，就能够做好大坝的温度控制工作，对施工计划的修改和冷却措施的采取等起到指导作用。

（2）进行混凝土三维跳仓浇筑施工仿真计算程序的开发时，关键在于单元入仓时间的确定和单元、节点的连续性处理，处理得当则可以方便地实现有规律、无规律的跳仓浇筑计算。

（3）在施工仿真计算软件的开发中，可以借助成熟的大型有限元软件精美的前处理和后处理部分，主体计算部分采用自主开发的专业有限元程序。尤其对于体型不规则的水工结构，对单元有特殊要求（比如混凝土大坝三维跳仓浇筑施工仿真计算）等情况。

参考文献

［1］　朱伯芳．大体积混凝土温度应力与温度控制［M］．北京：中国电力出版社，1999，8-9.

［2］　朱伯芳．有限单元法原理与应用［M］．北京：中国水利水电出版社，1998，270-288.

［3］　朱伯芳．朱伯芳院士文选［M］．北京：中国电力出版社，1997，152-162.

［4］　《三峡水利枢纽混凝土工程温度控制研究》编辑委员会．三峡水利枢纽混凝土工程温度控制研究［M］．北京：中国水利水电出版社，2001，26-45.

2008 奥运会羽毛球馆弦支穹顶
预应力张拉模拟施工过程分析研究

摘要： 对于大跨度弦支穹顶结构，预应力张拉施工过程实际上是几何体系由机构（准机构）变为可承担设计荷载的结构体系过程。该类结构体系的安全控制有别于常规结构体系，它需要对结构的设计状态即最终使用状态进行控制，同时应研究预应力张拉施工过程中结构的力学性能，并对结构几何成形过程中的安全性进行控制。本文以 2008 奥运会羽毛球馆弦支穹顶屋盖为研究对象，应用分步一次加载法和单元生死法两种不同的计算方法对弦支穹顶结构的预应力施工进行全过程模拟计算，分析了在预应力施工过程中结构位移、环索内力和径向拉杆内力变化规律，确认了张拉施工过程的安全性；得出分步一次加载法时结构力学响应大于单元生死法时结构力学响应的结论；证明弦支穹顶整体结构设计采用分步一次加载法是偏安全的。

0 引言

弦支穹顶是一种将"刚性"的单层钢网壳和"柔性"的索杆体系组合在一起的新型杂交预应力大跨度钢结构体系。其"刚性"的单层钢网壳在索杆体系未进行预应力张拉并参与共同工作前，由于钢网壳刚度过小而处于准机构状态。因此，预应力张拉施工过程实际上是几何体系由机构（准机构）变为可承担设计荷载的结构体系过程[4-5]。

弦支穹顶结构体系成形过程中经历的初始几何态、预应力态、整个预应力加载过程中的结构受力状态与结构最终设计状态相差甚远。因此该类结构体系的安全控制有别于常规结构体系，它需要对结构的设计状态即最终使用状态进行控制，同时应研究预应力张拉施工过程中结构的力学性能，对结构体系成形过程进行安全控制。本文以 2008 奥运会羽毛球馆弦支穹顶屋盖[1] 为研究对象，应用常规的分步一次加载法和完全模拟施工过程的单元生死法两种不同的计算模型，对弦支穹顶结构预应力施工过程进行了计算和深入的对比分析。分析了在预应力施工过程中结构形状变化特点、内力和节点位移变化规律，检验了施工过程中的结构安全性。

1 预应力张拉施工方案

1.1 预应力张拉方法确定

弦支穹顶结构体系预应力张拉方法主要有三类：张拉径向拉杆、顶升撑杆、张拉环索。张拉方法的确定需考虑：索（杆）调节节点数量、千斤顶及油泵数量、张拉力大小、

文章发表于《建筑结构学报》2007 年 12 月第 28 卷第 6 期，文章作者：张国军、葛家琪、秦杰、王树、王泽强、王敬仁。

预应力损失大小、索（杆）间相互影响程度、预应力损失可控性、同步张拉的可控性、施工周期、材料施工费用等因素，综合比选确定。通过表1对比分析，本工程选用张拉环索施工方法。

1.2 预应力张拉次序的确定

在已选定张拉环索施加预应力方法情况下，预应力张拉次序确定主要包括预应力施加节点数、预应力张拉批次数两部分内容。张拉次序的选定，重点应克服张拉环索方法"张拉力大，预应力损失大"的不利因素，同时应考虑索（杆）张拉节点数及相应千斤顶油泵数量、同步张拉有效控制、施工周期、材料及施工费用等因素，综合比选确定（表2）。

张拉方法对比表 表 1

影响因素	张拉方法		
	张拉径向拉杆	顶升撑杆	张拉环索
索(杆)调节节点数量	最多	多	少
千斤顶及油泵数量	最多	多	少
张拉力	最小	小	大
预应力损失	小	最小	大
索(杆)间相互影响程度	最大	大	小
预应力损失可控性	最难	难	易
同步张拉目标的可控性	最难	难	易
施工周期	最长	长	短
材料及施工费用	最高	高	低
临时支撑对最终受力影响	小	大	最小
适用范围	小型结构	中型结构	大型结构

张拉次序对比表 表 2

影响因素	张拉节点数		张拉批次数	
	多	少	多	少
索调节头数	多	少	不变	
千斤顶及油泵数	多	少	不变	
张拉力大小/批次	无关		小	大
预应力损失大小	小	大	偏小	偏大
索(杆)间相互影响程度	无关		小	大
预应力损失可控性	不利	有利	有利	不利
同步张拉目标可控性	不利	有利	有利	不利
施工临时支撑	无关		长	短
施工周期	无关		长	短
材料及施工费用	高	低	高	低

通过表2对比分析，本工程实际施工选用以下张拉次序：

（1）张拉节点数：第1～3圈4个，第4～5圈2个，见图1。本工程施工检测结果证明本次张拉节点数偏少，造成索撑节点预应力损失比设计取值偏大很多。建议类似工程合理的张拉节点数应为：第1～3圈不少于6个，第4～5圈不少于4个。

（2）张拉批次：预应力分两批次共十步施加，第1批次从外至内依次张拉各环索至70%初应力设计值，第2批次从内至外依次张拉各环索至105%初应力设计值，总共分成十个张拉步进行预应力施工（表 3）。

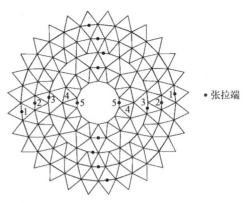

为了更好地实现同步张拉目标，在每级的预应力张拉过程中再次细分为 4～10 小级，在每小级中尽量使千斤顶给油速度同步，在张拉完成每小级后，所有千斤顶停止给油，测量索体的伸长值。如果同一索体两侧的伸长值不同，则在下一级张拉的时候，伸长值小的一侧首先张拉出这个差值，然后另一端再给油。通过每一个小级停顿调整的方法来达到整体同步的效果。

图 1　环索张拉点布置图（数字为索圈编号）

2　张拉施工过程模拟的计算方法

张拉施工模拟计算采用单层网壳及索撑体系一次建模，应用 ANSYS 有限元软件进行计算分析。弦支穹顶的单层网壳部分均视为刚接，其环向杆和径向杆均采用梁单元；弦支穹顶的边缘环桁架上弦杆采用梁单元，下弦杆采用杆单元；环桁架与支撑柱为铰接；撑杆上端采用铰接；环索和径向拉杆采用只拉不压的索单元；悬挑部分采用变截面梁单元。预应力的施加是通过给索单元设置初始应变作为实常数。考虑了在实际张拉施工时单层网壳的临时支撑，计算出临时支撑的竖向刚度，将其在模型中设置为变刚度单元，在受压时给它设定为所计算的支撑刚度，受拉时给其一个极小刚度，脚手架对网壳临时支撑节点构造应满足上述力学模型，实际构造做法见图 2。

本文重点研究张拉顺序对结构力学响应的对比分析，仅计入索撑节点预应力摩擦损失理论取值 2% 的影响。计算时考虑了结构大变形、应力刚化。

图 2　上部钢网壳临时支撑

目前实际工程应用的预应力张拉施工模拟计算方法有两种：常规的分步一次加载法和单元生死法。

2.1　分步一次加载法

工程实际中常规采用的分步一次加载法是按照整体结构计算模型下，对每个施工步当前累积荷载一次性加载，进行结构分析，而不考虑之前的施工加载结构力学响应变化过程的影响。该方法力学概念简单，易于掌握，一般的结构分析软件均能计算实现。

实际上，建筑结构所承担的各类荷载也都不是同时加载的，但结构设计计算的通用办法就是采用一次加载法。与正常结构体系计算原理不同的是，预应力钢结构体系在预应力施加过程中采用分步一次加载法的精度需认真研究确认。

2.2　单元生死法

该方法仍是采用整体结构模型，即一次整体建模。本文所用单元生死法就是采用了单元生死技术和多时间步连续分析技术来模拟整个施工过程的计算方法。张拉最外环（第 1 圈）时，其他各环的索单元处于杀死状态（给该单元设置极小的刚度），不对结构起作用，依次类推，从外向内逐环张拉，逐环激活相应的索单元，张拉到最内环时各环索单元均激活。模拟第1批次逐环张拉，采用单元生死法，直接通过对索单元施加70%的初始设计应变引入预应力；模拟第2批次张拉，通过对索单元施加温度荷载的方法引入其余35%的预应力值，采用多时间步连续分析法，每一步均是在上一步分析的应力、应变基础上进行，从内向外逐环施加温度荷载。加载步骤详见表3。

预应力张拉步骤 表3

张拉批次	张拉步	张拉环索	环索索力张拉值
1	1	第1圈	第1圈环索70%的设计初应力及结构自重与施工荷载作用下的第1圈环索索力计算值
	2	第2圈	第1、2圈环索70%的设计初应力及结构自重与施工荷载作用下的第2圈环索索力计算值
	3	第3圈	第1、2和3圈环索70%的设计初应力及结构自重与施工荷载作用下的第3圈环索索力计算值
	4	第4圈	第1、2、3和4圈环索70%的设计初应力及结构自重与施工荷载作用下的第4圈环索索力计算值
	5	第5圈	各圈环索70%的设计初应力以及结构自重与施工荷载作用下的第5圈环索索力计算值
2	6	第5圈	第1、2、3、4圈环索70%的设计初应力和第5圈环索105%的设计初应力以及结构自重与施工荷载作用下的第5圈环索索力计算值
	7	第4圈	第1、2、3圈环索70%的设计初应力和第4、5圈环索105%的设计初应力以及结构自重与施工荷载作用下的第4圈环索索力计算值
	8	第3圈	第1、2圈环索70%的设计初应力和第3、4、5圈环索105%的设计初应力以及结构自重与施工荷载作用下的第3圈环索索力计算值
	9	第2圈	第1圈环索70%的设计初应力和第2、3、4、5圈环索105%的设计初应力以及结构自重与施工荷载作用下的第2圈环索索力计算值
	10	第1圈	各圈环索105%的设计初应力以及结构自重与施工荷载作用下第1圈环索索力计算值

该方法可以模拟整个施工阶段的结构力学性能，计算精度高，对力学概念要求高，较难掌握，一般的结构分析软件不具有该功能。

3 两种方法计算结果对比分析

为了确保结构施工过程安全，设计采用分步一次加载计算法和单元生死法两种方法进行计算分析。并对结构主要力学响应指标：环索内力、径向拉杆内力、钢网壳起拱值进行了对比分析。

3.1 环索内力对比分析

分别采用分步一次加载计算法和单元生死计算方法进行施工模拟计算后，将环索内力 N_i 随张拉过程变化的计算结果进行对比，如图3所示。经比较可以发现，两种方法计算的索力从最外圈至最内圈，差别越来越大，且单元生死法计算结果均比分步法计算结果偏小：第1圈相差5%以内，第2圈相差15%左右，第3圈相差30%左右，第4圈相差45%左右，第5圈相差近50%左右。但是两种方法计算得到的张拉过程中索力变化趋势基本一致，即在张拉过程中不同圈环索索力的相互影响规律是大致相同的。例如对结构关键受力部位第1圈环索，在第1批次张拉中，第2、3圈环索的张拉对第1圈环索内力影响较大，而第4、5圈环索的张拉对第1圈环索内力影响很小；第2批次张拉时，第5、

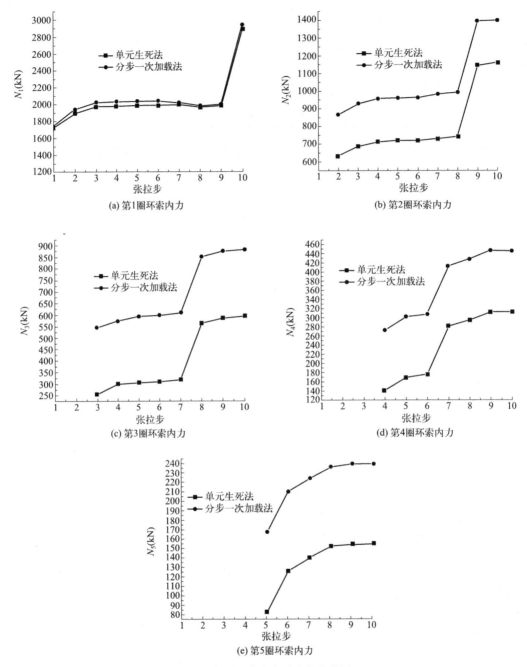

图3 各圈环索内力随张拉变化图

4、3圈环索张拉对第1圈环索内力有所降低，但幅度小于2%。

3.2 径向拉杆内力对比分析

采用两种计算方法进行施工模拟计算，将径向拉杆内力 F_i 计算结果进行对比，第一圈径向拉杆至第六圈径向拉杆内力随张拉过程变化分别如图4所示。其对比结果与环索索力对比结论基本一致，也是由最外圈至最内圈，差别越来越大，且单元生死方法计算结果均比分步一次加载法计算结果偏小，偏小的幅度与环索的规律相当。两种方法计算得到的

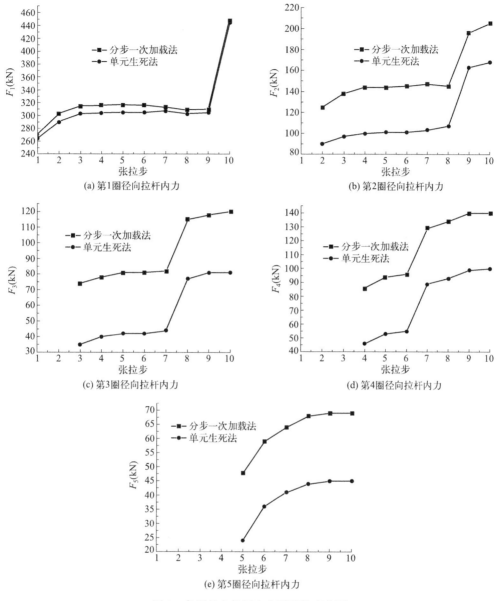

图 4　各圈径向拉杆内力随张拉变化图

径向拉杆力变化趋势基本一致，即在张拉过程中不同圈径向拉杆内力的相互影响规律是大致相同的。

3.3　钢网壳起拱值对比分析

　　采用两种计算方法进行施工模拟计算，将上部钢网壳起拱值 f_i 计算结果进行对比，图 5(a) 为采用两种方法得到的网壳中心点竖向位移 f_0（起拱值）随张拉过程变化对比图，图 5(b)～5(f) 分别为采用两种方法得到的第 1 圈撑杆顶部网壳竖向位移 f_1（起拱值）至第 5 圈撑杆顶部网壳竖向位移 f_5 随张拉过程变化对比图。由图 5 知，两种方法计算得到的结构位移相差在 5% 以内。由于有临时支撑的存在，在张拉之前整个上部钢网壳

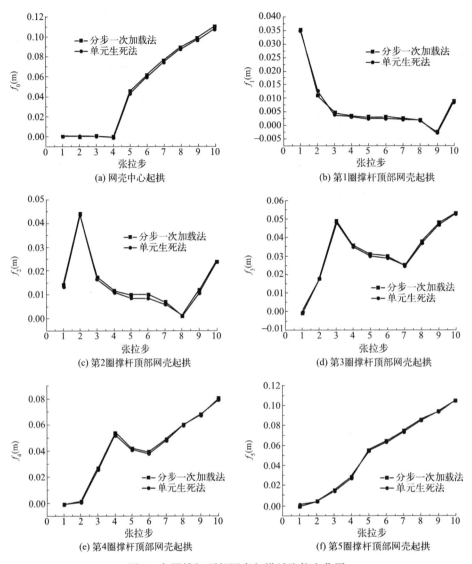

图 5　各圈撑杆顶部网壳起拱随张拉变化图

由满堂红脚手架支撑着，随着张拉的进行网壳逐步脱离临时支撑。其中网壳中心在 4 个张拉步后才开始起拱。

3.4　对比分析小结

通过对两种方法计算的结构主要力学响应（环索内力、径向拉杆内力和钢网壳起拱值）的对比分析，可知分步一次加载法计算所得结构起拱值与单元生死法相比误差在 5% 以内。分步一次加载法计算所得环索、径向拉杆的内力在受力最关键的第 1 圈比单元生死法结果大 5%，在第 2～5 圈以后依次大 15%～50%，其计算内力偏大，对结构设计是偏于安全的。由此可得出如下结论和建议：

（1）两种计算方法对于索撑体系张拉完成状态的内力结果相差较大。为确保实现对弦支穹顶结构施工张拉过程的安全控制，有必要同时采用两种方法进行分析设计。

（2）结构整体安全设计采用的是整体建模一次加载法。对比采用单元生死法计算得出张拉完成后网壳杆件应力图（图6）与分步一次加载法计算所得张拉完成后网壳杆件应力图（图7）可知，分步一次加载法计算所得网壳杆件应力比单元生死法结果稍大；而且通过前文对比分析可知，分步一次加载法计算所得环索、径向拉杆的张拉完成状态下内力比单元生死法结果偏大，因此整体结构设计采用的整体建模一次加载法是偏于安全的。

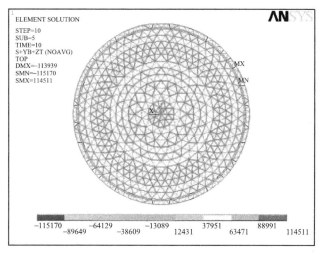

图6 网壳杆件应力云图（单元生死法）

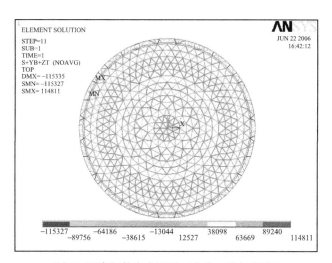

图7 网壳杆件应力云图（分步一次加载法）

（3）本工程对理论分析结果与施工监测结果进行了对比分析，两者总体上基本吻合，验证了模拟预应力施工过程的计算模型和方法的合理正确性。详见文献［2］。

4 预应力张拉施工过程的结构安全性

4.1 结构强度

（1）环索

根据3.2节预应力张拉过程中第1～5圈环索最大设计内力：

$N_1 = 1.4 \times 2938 = 4113.2\text{kN}$，$N_2 = 1.4 \times 1400 = 1960\text{kN}$，$N_3 = 1.4 \times 882 = $

1234.8kN，$N_4=1.4×447=625.8$kN，$N_5=1.4×239=334.6$kN，而第 1～5 圈环索最大设计承载力为：$[N_1]=7122$kN，$[N_2]=[N_3]=2539$kN，$[N_4]=[N_5]=1097$kN，因此预应力张拉全过程环索强度安全。

（2）径向拉杆

根据 3.2 节预应力张拉过程中第 1～5 圈径向拉杆最大设计内力：$F_1=1.4×449=628.6$kN，$F_2=1.4×205=287$kN，$F_3=1.4×120=168$kN，$F_4=1.4×140=196$kN，$F_5=1.4×69=969.6$kN，而第 1～5 圈径向拉杆最大设计承载力为：$[F_1]=1300$kN，$[F_2]=[F_3]=[F_4]=[F_5]=578$kN，因此预应力张拉全过程径向拉杆强度安全。

（3）钢网壳

根据分步一次加载法计算结果（图 7），钢网壳构件在施工过程中最大拉应力为 114.8MPa，最大受压稳定应力为 115.3MPa，满足构件强度要求。

4.2 结构刚度

根据 3.3 节预应力张拉过程中结构最大点位移在第 5 圈撑杆顶部附近，为 114mm，约 1/800，满足规范要求。

4.3 整体稳定性

预应力张拉施工全过程均由脚手架作临时支撑，另外根据结构强度、刚度指标分析，均小于正常使用荷载下指标。据此可以判断，在预应力张拉施工过程中，奥运会羽毛球馆弦支穹顶结构整体稳定性是安全的。

4.4 脚手架的影响

根据 3.3 节分析，钢网壳在完成第 10 步预应力张拉步后，从第 1 圈索对应的钢网壳节点往内全部起拱，产生向上位移，从而脱离临时脚手架，仅在靠近支座环桁架局部区域钢网壳与脚手架有接触，但对脚手架的压力仅为 29kN。脚手架对钢网壳的支承作用，在预应力张拉完成后可以忽略不计。形成弦支穹顶结构体系特有的在施工过程中"脚手架自动卸载"的现象。

5 结论

本文通过对奥运会羽毛球馆弦支穹顶预应力张拉施工过程模拟计算分析，可得如下主要结论：

（1）弦支穹顶预应力大跨度钢结构体系预应力张拉施工过程对结构体系内力有较大影响。采用精确的单元生死法对施工全过程结构力学响应进行计算分析，对确保结构施工过程安全是非常必要的。

（2）采用常规的分步一次加载法进行施工过程模拟计算，对内圈环索内力的计算结果偏大，对外圈环索内力、结构变形的计算结果与精确的单元生死法结果相近。因此整体结构设计时采用一次加载法进行计算，是偏于安全的。

（3）预应力张拉施工全过程模拟计算分析表明本工程结构体系在施工全过程是安全的。

（4）弦支穹顶结构体系的预应力张拉全过程完成后，由于预应力对结构的起拱效应，主体结构将与脚手架逐步脱离，形成了弦支穹顶结构在施工全过程"脚手架自动卸载"的特有现象。一方面要求脚手架对钢网壳的上支承节点构造设计必须保证临时支撑在张拉前可靠受压，预应力张拉过程起拱时无条件脱离。另一方面弦支穹顶结构体系不存在一般大跨度钢结构工程"施工卸载"对结构安全有重大不利影响的因素。

参考文献

[1] 葛家琪，王树，梁海彤，等.2008奥运会羽毛球馆新型弦支穹顶预应力大跨度钢结构设计研究[J].建筑结构学报，2007，（06）：10-21＋51.DOI：10.14006lj.jzjgxb.2007.06.002.

[2] 秦杰，王泽强，张然，等.2008奥运会羽毛球馆预应力施工监测研究[J].建筑结构学报，2007，（06）：83-91.DOI：10.14006lj.jzjgxb.2007.06.011.

[3] 葛家琪，张国军，王树.弦支穹顶预应力施工过程仿真分析[J].施工技术，2006，（12）：10-13.

[4] 秦亚丽，陈志华.弦支穹顶施工方法及施工过程分析[C]//第六届全国现代结构工程学术研讨会论文集.工业建筑（增刊），2006.

[5] 崔晓强，郭彦林，叶可明.大跨度钢结构施工过程的结构分析方法研究[J].工程力学，2006，（05）：83-88.

椭圆平面弦支穹顶静力性能研究

摘要：对上部单层网壳为联方型的椭圆平面弦支穹顶网壳的静力性能进行了计算分析。研究了径向索和环索截面、预应力、布索方式、撑杆长度、矢跨比和截面离心率对结构静力性能的影响，将部分计算结果与试验进行了分析。研究表明，在满足一定条件时，采用较长的撑杆、增大环索面积、提高预应力都能减小结构的竖向位移，改善结构的静力性能。

0 引言

椭圆平面弦支穹顶是弦支穹顶的一种结构形式[1]，由一个单层网壳和下端的撑杆、索组成，见图 1，其中各层撑杆的上端与单层网壳相对应的各层节点径向铰接，下端由径向拉索与单层网壳的下一层节点连接，同一层的撑杆下端由环向箍索连接在一起，使整个结构形成一个完整的结构体系。

1 计算模型

如图 1 所示的上部单层网壳为联方型的椭圆平面弦支穹顶结构，为轴对称结构，承受均布全跨荷载时，布索层的构件受力比较均衡。从实际工程角度考虑，取跨度为：长轴 67m，短轴 51m，矢高 $f=6.56$m，矢跨比为 0.128；杆件均采用圆钢管，网壳杆件截面均采用 $\phi180\times12$，下部索杆张力体系共布置五圈，竖杆高度由外向内为 3.0，3.0，3.0，

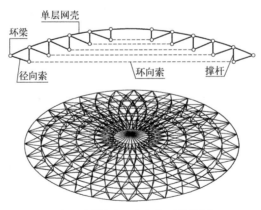

图 1 椭圆平面弦支穹顶结构图

文章发表于《建筑结构》2008 年 2 月第 38 卷第 2 期，文章作者：王泽强、秦杰、李国立、张然、武建勋。

2.5，2.5m，竖杆截面均采用 $\phi89\times10$，径向斜拉索均采用 $\phi5\times37$，环向拉索均采用 $\phi5\times55$。钢管的弹性模量为 $E=2.06\times10^{11}\text{N/m}^2$，索的弹性模量为 $E=1.9\times10^{11}\text{N/m}^2$。

采用大型通用有限元计算软件 ANSYS 为计算工具，对该椭圆平面弦支穹顶模型进行静力分析。网壳节点为刚性节点、竖杆与网壳的连接节点及竖杆与索的连接节点均为铰接。计算模型建立如下：单层网壳采用 Beam188 单元类型，撑杆为 Link180 单元类型，索（包括环索和径向索）采用 Link10 单元。

2　不同参数对结构静力性能的影响

对于椭圆弦支穹顶结构体系来说，参数分析可以提供给结构设计师各种参数对结构受力性能的影响，同时还可以确定各种参数的变化范围，为结构的优化设计提供优化设计的目标和优化约束条件。

在模型静力试验基础上，对椭圆平面弦支穹顶结构在竖向加卸载情况下的静力性能做了深入研究，试验模型如图 2 所示。对影响椭圆平面弦支穹顶的参数进行了详细的研究分析，其中面荷载为 1.0kN/m^2，考察由于索截面、预应力、布索方式、竖杆长度、矢跨比及截面离心率等参数的变化对椭圆平面弦支穹顶静力性能的影响。参数分析时除特殊说明外，约束条件为径向滑动支撑。

图 2　模型试验

2.1　径向索截面对静力性能的影响

径向索截面为 $\phi5\times19$，$\phi5\times31$，$\phi5\times37$，$\phi5\times55$，$\phi5\times61$，$\phi5\times73$（用 1～6 表示），图 3 为径向索截面变化下椭圆平面弦支穹顶结构最大竖向位移、最大水平位移和最大杆件轴力的变化结果。计算结果表明，随着径向索截面的增大，结构的最大竖向位移和水平位移（x，y）都有增大的趋势，增大幅度分别为 2.1%，1.9% 和 1.4%，位移随径向索截面的增大而增大的原因是径向索自重增大造成的。最大杆件内力均有增大趋势，最

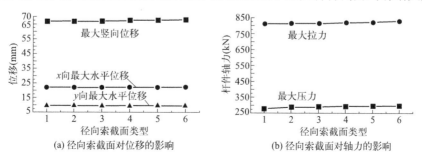

(a) 径向索截面对位移的影响　　(b) 径向索截面对轴力的影响

图 3　径向索截面对结构静力性能的影响

大压力和最大拉力的最大增幅分别为 7.7% 和 2.0%，变化幅度均不超过 8%。总的来说，径向索截面的改变对结构的静力性能影响比较小。

2.2 环索截面对静力性能的影响

环索截面为 $\phi5\times31$，$\phi5\times37$，$\phi5\times55$，$\phi5\times61$，$\phi5\times73$，$\phi5\times85$（用 1～6 表示），图 4 为环索截面变化下椭圆平面弦支穹顶结构最大竖向位移、最大水平位移和最大杆件内力的变化结果。

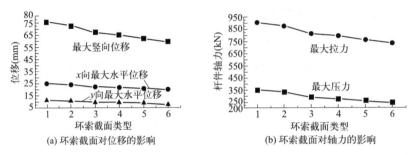

(a) 环索截面对位移的影响　　(b) 环索截面对轴力的影响

图 4　环索截面对静力性能的影响

计算结果表明，随着环索截面的增大，结构的最大竖向位移和水平位移（x，y 向）有减小的趋势，减小幅度分别为 21.9%，20% 和 26.9%，杆件轴力也有减小的趋势，最大压力和最大拉力分别减小为 31.21% 和 18.84%。由此看来环索截面改变对竖向位移、水平位移及杆件轴力影响都比较大，其主要原因是，在保持预应力 F 不变的情况下，当拉索截面增大时，结构产生的初始变形减小，但同时结构抵抗变形的能力增加（环索截面刚度 EA 增大）。初变形减小，说明对支座节点产生的初始水平拉力减小；抵抗变形能力增加，说明在相同竖向荷载作用下，结构竖向位移减小，支座节点水平拉力增大，两种效果刚好相反。因此考察对结构位移及内力影响，决定于环索截面增大时产生的结构初始变形减小和抵抗变形能力增强两种效果哪种占优势，文中的椭圆平面弦支穹顶计算模型，就是后者起主导作用。

2.3 预应力对静力性能的影响

由于第一层环索对结构的位移、内力影响比较大，因此其他层环索轴力不变，只改变第一圈环索轴力，第一圈环索施加预应力值分别为 100，150，200，250，300，350，400kN。图 5 为预应力变化下双椭形弦支穹顶结构最大位移、径向索最大轴力和最大杆件内力的变化结果。计算结果表明，随着施加预应力增大，结构的最大竖向位移和水平位移

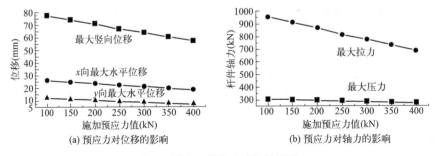

(a) 预应力对位移的影响　　(b) 预应力对轴力的影响

图 5　预应力对静力性能的影响

（x，y 向）有减小的趋势，减小幅度分别为 25.9％，29％ 和 40.7％，杆件轴力也有减小的趋势，最大压力和最大拉力分别减小 10.4％ 和 27.9％。这些都说明预应力变化对整体结构有很大的影响。也就是说适当增大预应力可以改善结构静力性能。

2.4 布索方式对静力性能的影响

改变下部索杆体系的布置圈数，每圈索杆体系的初始预应力的施加同前文，考察连续布索方式和间隔布索方式下结构的静力性能。由于第一圈索对结构影响比较大，所以无论哪种布索方式，都有第一圈索。表 1 列出了布索方式变化下椭圆弦支穹顶结构最大竖向位移、最大水平位移及最大杆件内力的变化结果。计算结果表明，在连续布索情况下，随着下部索杆体系圈数的增加，竖向最大位移反而会变大（圈 1～2 除外）；圈 1～2 布索的竖向最大位移最小，主要原因是下部索杆体系圈数的增加并不能有效地提高结构的整体刚度，但结构自重的增加使结构竖向位移增大了；最大水平位移 x 向变化跟竖向位移变化相差不大，y 向变化不大，其原因跟竖向位移一样。

布索方式变化下位移、杆件内力变化　　　　　　　表 1

布索方式	最大竖向位移(mm)	最大水平位移(mm)		杆件轴力(kN)	
		短轴方向(x 向)	长轴方向(y 向)	最大压力	最大拉力
圈 1	61.32	22.03	10.13	269.03	816.92
圈 1～2	53.56	20.40	9.27	267.33	756.78
圈 1～3	63.16	21.07	9.37	247.64	781.21
圈 1～4	66.19	21.72	9.39	291.13	801.45
圈 1～5	66.82	22.07	9.54	289.13	813.83
圈 1,3	66.49	22.75	10.24	249.55	842.78
圈 1,4	66.71	22.68	10.21	261.12	837.61
圈 1,5	62.90	22.36	10.30	279.61	829.02
圈 1,2,5	55.28	20.73	9.44	278.08	768.56
圈 1,3,5	67.16	23.11	10.41	260.47	855.34

间隔布置方式下，最大竖向位移比较接近，最大杆件内力较连续布置时的稍大；布置圈 1，2，5 索杆时，结构最大竖向位移、最大水平位移和最大杆件内力均为间隔布索方式下最小。由此看来，连续布置圈 1～2 索杆时，结构的静力性能得到较好的改善，下部索杆体系满布，并不能最好地改善结构的受力性能。因此最外两圈索杆同时施加预应力有利于改善椭圆平面弦支穹顶静力性能。

2.5 撑杆长度对静力性能的影响

在其他参数不变的情况下，只改变结构撑杆长度，意味着改变结构的初始预应力分布。分别考察了撑杆长度为 2.5，3.5，4.5，5.5，6.5m 时结构的静力性能。图 6 列出了撑杆长度变化时椭圆平面弦支穹顶结构最大竖向位移、最大水平位移及最大杆件内力的变化结果。计算结果表明，随着撑杆长度的增大，结构最大竖向位移和水平位移（x，y 向）逐渐减小，且减小的幅度分别为 64.6％，71.6％ 和 95.1％，变化很大。杆件内力也是逐渐减小，最大压力和最大拉力减小幅度分别为 45.4％ 和 67.1％，变化也是很大。由此看来，随着撑杆长度的增加，对椭圆平面弦支穹顶影响很大，其受力性能变化很大的原因在于：撑杆长度越长，径向索和撑杆的夹角越小，竖向的抵抗力增大，因而减小整个结构的竖向位移和水平位移。由于竖向分力的增大，网壳杆件的内力也随之减小。

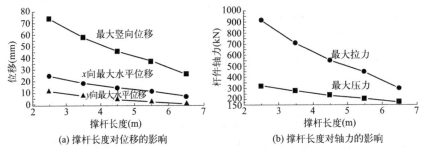

(a) 撑杆长度对位移的影响　　　　　　　　(b) 撑杆长度对轴力的影响

图 6　撑杆长度对静力性能的影响

2.6　矢跨比对静力性能的影响

在其他参数均不变的情况下，只改变上部单层网壳结构的矢跨比，考察了矢跨比为 0.1，0.12，0.15，0.18 和 0.20 时椭圆平面弦支穹顶结构的静力性能。为统一标准，通过改变跨度来改变矢跨比，并且长轴和短轴比值不变。其他杆件截面种类跟上文相同，并且作用面荷载均为 $1kN/m^2$。图 7 分别列出了矢跨比变化下椭圆平面弦支穹顶和单层网壳结构最大竖向位移、最大水平位移及最大杆件内力的变化结果。图中椭圆平面弦支穹顶结构用 ESD 表示，单层网壳结构用 SLRS 表示。

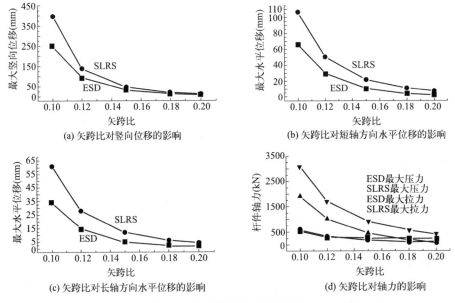

(a) 矢跨比对竖向位移的影响　　　　　　　　(b) 矢跨比对短轴方向水平位移的影响

(c) 矢跨比对长轴方向水平位移的影响　　　　　　　　(d) 矢跨比对轴力的影响

图 7　矢跨比对静力性能的影响

由图 7 可以看出，随着矢跨比的增大，椭圆平面弦支穹顶结构和对应的单层网壳结构最大竖向位移、最大水平位移都逐渐减小，而且两者之间的差距也逐渐减小；无论矢跨比怎样变化，椭圆平面弦支穹顶结构的最大竖向位移和水平位移都要小于单层网壳结构。由图还可以看出，随着矢跨比的增大，椭圆平面弦支穹顶结构和对应的单层网壳结构最大杆件轴力都是逐渐减小的，而且差距逐渐减小；矢跨比较小时，椭圆平面弦支穹顶结构最大压力和拉力都小于单层网壳结构，矢跨比较大时，椭圆平面弦支穹顶结构最大压力大于单层网壳，而最大拉力还是前者大于后者。由此看来，椭圆平面弦支穹顶结构有利于改善矢跨比较小的单层网壳结构的静力性能。

2.7 截面离心率对静力性能的影响

在其他参数均不变的情况下，只改变椭圆平面弦支穹顶的截面离心率。考察了截面离心率 e 为 0.2，0.4，0.6，0.8 时椭圆平面弦支穹顶结构的静力性能，并且将一种特殊情况（离心率为 0 时），即椭圆平面弦支穹顶的单层网壳为圆形也一并考察。离心率 e 为焦距与长轴的比值，$e=c/a$，其中 $c=\sqrt{a^2-b^2}$（a，b 分别为长轴和短轴的一半），当 $e=0$ 时，长轴短轴相等，即单层网壳为圆形。保持长轴为 67m，改变短轴的长度来达到改变离心率的目的。其他杆件截面种类跟上文相同，并且面荷载均为 $1kN/m^2$。图 8 分别列出了离心率变化下椭圆平面弦支穹顶和单层网壳结构最大竖向位移、最大水平位移及最大杆件内力的变化结果。由图可以看出，随着截面离心率的增大，椭圆平面弦支穹顶结构和单层网壳结构最大竖向位移、最大水平位移、最大杆件轴力都逐渐减小，而且两者的差距也是逐渐减小；无论离心率怎样变化，椭圆平面弦支穹顶结构的最大竖向位移和水平位移都要小于单层网壳结构。由此看来，虽然随着离心率增大，结构位移和杆件轴力减小，但是长轴侧的环向索布置容易形成一条直线，不能形成有效的合力。所以椭圆平面弦支穹顶结构有利于改善截面离心率比较小的单层网壳结构的静力性能。

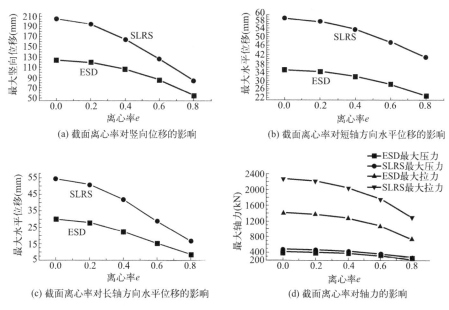

(a) 截面离心率对竖向位移的影响　　　　　(b) 截面离心率对短轴方向水平位移的影响

(c) 截面离心率对长轴方向水平位移的影响　　　　(d) 截面离心率对轴力的影响

图 8　截面离心率对静力性能的影响

3　试验结果与理论分析

由于试验条件等各方面的原因，没有把所有的参数变化对该结构静力性能的影响通过试验来验证，只是把布两圈索杆和布五圈索杆两种布索方式对结构静力性能的影响，通过试验来加以验证。试验模型为：长轴 6.7m，短轴 5.1m，矢高 0.656m，外三层撑杆：0.3m，其他撑杆 0.25m。单层网壳杆件均选用 $\phi18\times1.2$ 的无缝钢管，撑杆选用 $\phi8\times1$ 的无缝钢管。第 1~4 圈环索采用 $\phi5$ 冷拔钢丝，第五圈环索和径向索均采用 $\phi4$ 的冷拔钢丝。钢管的弹性模量为 $E=2.06\times10^{11}N/m^2$，索的弹性模量为 $E=1.9\times10^{11}N/m^2$。两种布索方式的其他条件都相同，试验对模型进行了全跨和半跨加卸载试验，分四级加载。模型测点编号如图 9 所示，试验结果比较如图 10 所示，只对全跨荷载时试验结果进行比较，并且测点是对称布置，取对称两测点平均值；横坐标 1~4 分别表示第一～四级加载。

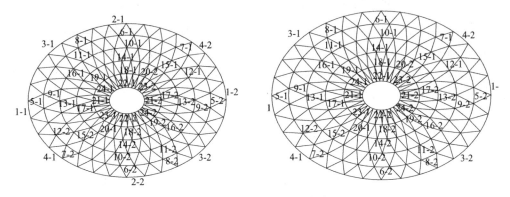

图 9 环向杆和竖向位移测点布置

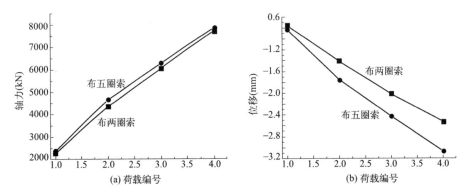

图 10 两种不同布索方式试验结果比较

通过环向杆最大轴力和结构最大竖向位移在两种布索方式下的试验结果可以看出：布两圈索杆时，结构的环向杆最大轴力、最大竖向位移均得到较好的改善，并且节约材料；下部索杆体系满布，并不能最好地改善结构的受力性能，这也证明了上文最外两圈索杆同时施加预应力有利于改善椭圆平面弦支穹顶静力性能的结论。

4 结论

（1）在满足净空要求和撑杆本身稳定的前提下，采用较长的撑杆，可以大幅度地减小椭圆平面弦支穹顶结构的竖向位移，并降低了单层网壳的杆件内力，从而大大改善结构的静力受力性能。

（2）增大环索截面、提高预应力，也可以较大幅度地减小结构竖向位移，降低单层网壳的杆件内力，明显改善结构的静力受力性能。

（3）连续布置1～2圈索杆时，结构的最大竖向位移、最大水平位移和最大杆件内力均得到较好的改善，下部索杆体系满布，并不能最好地改善结构的受力性能。因此最外两圈索杆同时施加预应力有利于改善椭圆平面弦支穹顶静力性能。试验结果也证明了这一结论的正确性。

（4）椭圆平面弦支穹顶结构有利于改善矢跨比较小的单层网壳结构的静力性能，并有利于改善截面离心率较小的单层网壳静力性能。

致谢：试验在北京工业大学结构试验室完成，李振宝、马华、闫维明、崔畔起等老师参与部分试验工作。

参考文献

[1] MAMORU KAWAGUCHI, MASARU ABE, TATSUO HATATO, et al. On a structural system suspend-dome [C]//Proc. of IASS Symposium, Istanbul, 1993：523-530.

[2] 陆赐麟，尹思明，刘锡良. 现代预应力钢结构 [M]. 北京：人民交通出版社，2003.

[3] 刘锡良，韩庆华. 网格结构设计与施工 [M]. 天津：天津大学出版社，2004.

[4] 崔晓强. 弦支穹顶结构体系的静、动力性能研究 [D]. 北京：清华大学，2003.

[5] 张明山. 弦支穹顶结构体的理论研究 [D]. 浙江：浙江大学，2004.

[6] 郭云. 弦支穹顶结构形态分析、动力性能及静动力试验研究 [D]. 天津：天津大学，2004.

[7] 崔晓强，郭彦林. Kiewitt 型弦支穹顶结构的弹性极限承载力研究 [J]. 建筑结构学报，2003，（01）：74-79.

[8] 尹越，韩庆华，谢礼立，等. 一种新型杂交空间网格结构——弦支穹顶 [J]. 工程力学，2001（增刊），772-776.

索网幕墙预应力控制技术

摘要： 索网幕墙是新兴的一种结构形式，预应力施工是索网幕墙工程中最关键的环节之一。对几个典型的索网幕墙工程的预应力施工技术进行研究，得出不同形式索网幕墙的预应力控制方法。

索网幕墙是一种以预应力拉索为支承体系的玻璃幕墙形式，它的优点十分突出，比普通的玻璃幕墙更加美观通透，能创造出很大的建筑空间，近几年的发展十分迅速。然而，索网幕墙作为一种新兴的预应力结构，其施工方法以及相应的规范标准还不健全，工程中都是通过借鉴类似的预应力工程经验。但索网幕墙不仅与其他预应力工程存在差别，而且不同形式的索网幕墙也存在很大差异。本文通过对几个典型工程的研究总结，得出一些不同形式索网幕墙预应力控制方法，希望能给工程人员提供参考。

1 结构形式

索网幕墙的构造形式多种多样，但影响预应力计算和施工的因素主要是边界形式和承力方式。边界形式分为柔性边界和刚性边界，而承力方式包括单向承力和双向承力。单向承力是指只在一个方向布置拉索，或者另一个方向只布置稳定索；双向承力是指两个方向的拉索连接成整体共同受力。根据边界形式和承力方式的不同可以将索网幕墙分为：双向刚性边界索网、单向刚性边界索网、双向柔性边界索网和单向柔性边界索网。但是单向柔性边界索网无论受力性能还是设计施工控制效果都不是太好，因此工程中常见的是另外三种形式：双向刚性边界，如东方文化艺术中心；单向刚性边界，如国贸三期 A 座（图 1）和顺义 T3 办公楼；双向柔性边界，如中石油大厦（图 2）和金融街 F3。

图 1　国贸三期索网幕墙　　　　　图 2　中石油大厦索网幕墙

边界形式是根据边界的变形对索力的影响程度来界定的，一般，索网张拉引起的边界

文章发表于《工业建筑》2008 年第 38 卷第 12 期，文章作者：杜彦凯、仝为民、秦杰、李国立、钱英欣。

变形小于该方向索长的 2/10000 时，可以认为边界为刚性，否则为柔性。如东方文化艺术中心索网边界构件的竖向变形为 4mm，而竖索索长为 30m，二者之比小于 2/10000，所以为刚性边界。

索网形式不同，所适用的计算和施工方法存在差异。

2 设计计算

目前在国内，设计院只负责幕墙的形式和外观，而具体的幕墙设计（包括索网幕墙）是由专业的幕墙公司负责的。索网幕墙通常的设计思路是：幕墙公司根据索网形式建模，通过计算保证索网幕墙满足受力和变形要求，将反力提供给设计院，然后由设计院进行边界构件和主体结构的计算校核。实践证明，这种设计方法对于刚性边界索网是适合的，而对于柔性边界索网则存在问题。

索网的拉力会引起边界构件的变形，而主体结构在荷载作用下产生变形会使索网应力发生变化，柔性边界索网和主体结构是相互影响的整体受力系统，两部分分开计算会造成一定的误差。边界越柔，拉索越短，这种误差越大。对金融街 F3 索网幕墙按分开和整体模型计算的索力最大相差 20%。因此对柔性边界索网，有必要建立整体模型，进行校核计算。

对刚性边界索网，可以假定边界构件为固定支座，建立索网模型进行计算，然后提取支座反力，进行主体结构校核计算。通过东方文化艺术中心和顺义 T3 办公楼的计算表明，此简化计算，误差可以控制在 5% 以内。

对单向刚性边界索网，可以采用更加简化的模型，即建立单索模型，取不同部分风荷载的较大值进行计算，计算结果是偏于安全的。

3 施工过程模拟

索网的张拉主要考虑张拉顺序和张拉分级。一般大面积的索网幕墙拉索数量很多，如中石油大厦主中庭包括东西两片索网幕墙和一个张弦梁采光顶，其中一片幕墙就包括 175 根拉索，而采光顶总共只有 50 根拉索。张拉方案要综合考虑结构受力、施工成本和张拉工期。

张拉顺序，一般情况下，索网由张拉引起的变形在中间位置较大而两边较小，所以以控制索力衰减和结构变形增量为原则，索网张拉顺序应由两边向中间进行，刚性边界索网索力衰减和结构变形都很小，可以根据现场情况选择由一侧向另一侧的张拉顺序。在不同的工程中，对两种张拉顺序进行了对比计算，见表 1。张拉顺序对刚性边界索网的影响很小，对柔性边界索网影响较大。从两边向中间张拉可以大大减小索力的衰减，降低预应力控制难度。

不同张拉顺序对比 表 1

工程名称	由两边向中间张拉		由一边向另一边张拉	
	最大张拉力/kN	最大索力衰减比例/%	最大张拉力/kN	最大索力衰减比例/%
中石油大厦	200	15	202	26
金融街 F3	133	24	141	45
东方文化艺术中心	185	2	185	3
国贸三期	145	2	145	2
顺义 T3 办公楼	202	2	203	4

张拉分级中多级张拉与一级张拉相比，可以有效地降低最大张拉力，减小初始误差，降低张拉风险，缺点是张拉工期和施工成本增加。刚性边界索网可以采取一级张拉，柔性边界索网应视结构变形大小、最大张拉力、施工难度选择分级方式。

4　张拉控制方法

预应力拉索的张拉控制分两种，一种是控制张拉索的索力，即张拉力控制；一种是控制张拉索的伸长量，即伸长值控制。预应力控制的具体方法是：建立有限元模型，根据既定的分级方法和张拉顺序进行张拉过程模拟计算，依次提取每步的张拉力和伸长值，作为张拉施工的依据。由于索网张拉最终的要求一般是索力满足设计范围，因此张拉力控制方法直观明确，而在施工操作中又简单易行，所以是目前预应力张拉最普遍的控制方法。

通过工程实践，刚性边界索网用张拉力控制，效果很好，最终的索力偏差一般可控制在8%以内，而柔性边界索网往往产生较大的索力偏差。出现这种偏差的原因是边界结构的刚度误差。

索网幕墙一般处在主体结构的内部，边界结构通常比较复杂，边界刚度很难准确模拟。而柔性边界索网的索力分布受边界刚度影响很大，边界刚度的误差很大程度地影响张拉模拟计算的准确性。用张拉力控制无法反映出边界变形的影响，而且会将模拟计算的误差放大，造成某些索力偏差很大。如果无法准确模拟出边界刚度，柔性边界索网张拉应采用张拉力和伸长值双控的方法。拉索伸长值包含两部分，拉索本身的伸长和边界的变形。拉索本身伸长量的误差由弹性模量的偏差决定，实测表明此部分误差较小。因此，拉索伸长值与边界变形是直接关联的。边界刚度的误差会使张拉力和伸长值不对应。张拉力和伸长值双控，即当张拉力和伸长值不对应时，取张拉力和伸长值的折中值，控制预应力张拉（在金融街F3工程中即采用了此方法）。

金融街F3工程分东西两片索网幕墙，形式和受力均相同，在预应力张拉施工中有针对性地做了张拉力控制与张拉力和伸长值双控的对比。

东侧幕墙先张拉，采用了张拉力控制的方法，从两边向中间分两级（70%和100%）张拉，竖索编号从南到北依次为 SS1～SS15，见图3，第一级张拉完成后索力分布见表2。可以看出，第一级张拉完成后索力分布不均，两侧和跨中的索力吻合较好，而其他位置尤其是1/3跨处，索力偏差很大。

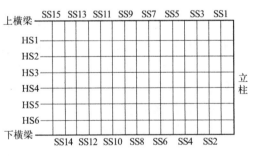

图3　F3索网编号

索力偏差的严重不均给后期的索力调整造成了很大的麻烦。

西侧幕墙后张拉，采用了张拉力和伸长值双控的方法，张拉顺序和分级保持不变。第一级张拉完成后索力分布见表2。对比发现：采用双控的方法，虽然不能消除索力偏差，但可以有效地减小索力偏差值，使索力偏差分布较为均匀，在此基础上可以很容易地调整索力至设计范围。

F3 工程预应力控制方法对比　　　　　　　　表 2

索编号	理论索力（kN）	张拉力控制		张拉力伸长值双控	
		实测索力（kN）	偏差（%）	实测索力（kN）	偏差（%）
SS1	62.8	63.4	−1	61.5	2
SS2	61.6	59.8	3	59.2	4
SS3	60.1	54.7	9	55.3	8
SS4	57.9	49.8	14	52.1	10
SS5	57.1	43.4	24	50.8	11
SS6	56.5	45.2	20	51.5	9
SS7	57.4	51.7	10	53.4	7
SS8	58.6	58.0	1	55.7	5
SS9	54.1	49.8	8	51.4	5
SS10	55.2	46.3	16	50.2	9
SS11	54.3	42.4	22	48.9	10
SS12	52.9	46.5	12	47.6	10
SS13	54.1	47.6	12	51.9	4
SS14	56.7	53.8	5	53.8	5
SS15	61.2	59.4	3	58.8	4

因此，刚性边界索网采用张拉力控制预应力张拉，柔性边界索网的边界刚度计算值可能出现误差，或者在张拉过程中发现存在误差时，应采用张拉力和伸长值双控的方法控制张拉。

5　施工监测

平面索网幕墙一般矢高为零，只有施加预应力，才能抵抗垂直于平面方向的风荷载和地震作用，索网跨度越大需要施加的预应力越大。索网幕墙对主体结构和边缘构件产生的合力是比较大的。例如中石油大厦横向索对两侧主楼产生 16000kN 的水平拉力，竖向索对屋顶桁架产生 14000kN 的竖向拉力。再如金融街 F3，采光顶张弦梁在自身荷载的作用下，下挠 1cm，而在索网幕墙的作用下，下挠超过 3cm。因此预应力张拉施工既关键又存在风险，对张拉过程的全程监测显得尤为必要。监测应主要针对拉索索力、边界变形和钢结构应力。这三部分相互影响，具有一定的对应关系，可以互相校核。在张拉过程中如果实测数据和理论数据相差较大时，应分析误差产生的原因，并采取修正措施。

拉索索力是主要的验收部分，索力监测既是重点也是难点。通过张拉过程中的索力监测，掌握索力变化规律，可以为张拉完成后索力调整提供依据。变形监测既能保证结构安全又能为张拉修正提供依据，应着重测量。布置的测点应尽量模拟出整个边界的变形曲线，反映出变形规律。钢结构应力监测相对于变形监测成本要高，钢结构应力和变形具有比较明确的对应关系，因此应力监测可以主要作为安全监测，监测点可以选取应力较大的位置，应力监测数据应与变形数据相互校核。

索力的监测可以采用平衡式测力仪或动测仪，变形测量宜采用精度较高的全站仪，应力测量可采用振弦式应变计。

对于柔性边界索网，由于张拉过程中索力变化较大，边界变形以及钢结构应力也较大，因此应该适当增加监测频率以及监测点的数量。索力应在张拉初期多监测，并且对全部张拉的拉索都测量，检测索力变化规律。一侧柔性边界的变形测点不宜少于 5 个，跨度越大测点应越多。在变形测量比较充分的情况下，应力测点可适当减少，应主要针对应力较大和应力变化幅度较大的位置监测。

对于刚性边界索网，张拉过程中索力变化较小，可以只监测与张拉索相邻的拉索索力。边界的变形监测可作为安全监测，选择若干变形较大的测点，监测频率也可以适当降低。由索网张拉引起的钢结构应力一般较小，可以不进行应力监测。

6 结论

索网幕墙应根据不同的结构形式选择不同的计算和施工方法，见表 3。

不同形式索网幕墙的计算和施工方法   表 3

方法	双向柔性边界索网	双向刚性边界索网	单向刚性边界索网
计算方法	建立索网以及与之相关的主体结构部分的整体模型计算,考虑主体结构荷载和幕墙荷载组合	假定索网边界为固定支座,建立索网模型,提取支座反力	可在双向刚性边界简化的基础上建立单索模型计算,风荷载取较大值
张拉顺序	应由两边向中间张拉	可由一边向另一边张拉	可由一边向另一边张拉
张拉分级	根据影响程度确定分级	一级	一级
张拉控制	张拉力、伸长值双控	张拉力控制	张拉力控制
索力监测	宜提高监测频率,监测已张拉全部索	只监测同方向相邻索	只监测相邻索
变形监测	柔性边界一侧不少于 5 个测点	选取若干变形较大点监测	选取若干变形较大点监测
应力监测	选取若干应力较大点监测	可不监测	可不监测

参考文献

[1] 陆赐麟，尹思明，刘锡良．现代预应力钢结构［M］．北京：人民交通出版社，2003．

[2] 黄明鑫．大型张弦梁结构的设计与施工［M］．济南：山东科学技术出版社，2005．

[3] 徐瑞龙，秦杰，张然，等．国家体育馆双向张弦结构预应力施工技术［J］．施工技术，2007，(11)：6-8．

国家体育馆安全监测系统研究

摘要： 国家体育馆屋盖结构为双向张弦网格结构体系。为保证屋盖结构在奥运期间和今后正常使用期间安全服役，在屋盖结构系统中引入了永久健康监测系统。该监测系统包括监测仪器、数据采集系统和数据分析与处理软件三部分，可以随时对屋盖结构的受力性能、变形状态进行监测。此外，介绍健康监测系统性能，包括稳定性、抗干扰性和远程监控。并分析钢结构变形、索力和应力监测结果。监测结果表明国家体育馆健康监测系统技术先进，稳定可靠。

国家体育馆为北京 2008 年奥运会重点工程（见图 1），位于北京奥林匹克公园南部，是中心区三大场馆之一。国家体育馆为 2 万座的国家级综合性体育馆，总建筑面积约 8.1 万 m²。国家体育馆从功能上分为比赛馆和热身馆，比赛馆平面尺寸为 114m×144.5m，热身馆平面尺寸为 51m×63m。

国家体育馆下部主体结构采用了钢筋混凝土框架剪力墙结构与型钢混凝土框架钢支撑相结合的混合型结构体系，屋盖采用双向张弦空间网格结构体系。屋盖钢结构如图 2 所示。

图 1　国家体育馆

图 2　屋盖钢结构

1　健康监测目的及意义

由于国家体育馆工程的重要性和结构特点，对其进行健康监测有以下目的和意义。

1）国家体育馆屋盖建成后将成为目前国内外同类结构中跨度最大的双向张弦桁架结构。由于缺少相关研究成果和其他工程应用经验，为确保本工程安全先进和深入研究此类结构在施工过程及正常使用时的受力和变形特点，有必要进行结构健康监测。

2）国家体育馆工程可行性研究报告的专家审查意见、结构初步设计土建机电技术审查组审查意见、屋盖钢结构施工图设计审查意见书和国家体育馆工程屋盖双向张弦网格结构专家论证会专家意见，均提出由于本工程屋盖结构科技含量高，有必要进行整体模型试验和节点试验的建议，同时还提出本工程应在施工和使用过程中加强监测。

文章发表于《施工技术》2009 年 3 月第 38 卷第 3 期，文章作者：秦杰、徐瑞龙、徐亚柯、覃阳、王甦。

3）国家体育馆在奥运会期间担负重要比赛任务，需要在整个奥运会期间尤其是赛时对结构进行安全监测。在结构上布置监测设备，可以随时查看结构受力，从而有效地保证奥运会顺利进行。

4）国家体育馆赛后还需要满足多功能的使用要求，承担重要的纪念性集会和大型文艺、体育演出任务，因而预期吊挂物质量大、分布广、不确定因素多。对结构进行健康监测，则可以监测在设计不可预见的荷载作用下结构的受力情况，从而保证国家体育馆能够长久地为社会服务。

5）国家体育馆工程的设计使用年限为 100 年，基于各类结构材料和保护材料的使用寿命有限，如何保证国家体育馆屋盖双向张弦结构在预期年限内安全服役，也是一个非常重要的课题。因此在使用过程中对重要的结构杆件、钢索进行长期监测（平时定期监测，重要活动时加强监测）是非常必要的，它可使屋盖结构始终处于有序的掌控之中，使用者可以根据构件状态随时调整，必要时进行相应处理，使屋盖结构始终处于健康状态。

2 健康监测系统组成

2.1 健康监测仪器

国家体育馆永久健康监测所使用的监测仪器由锚索测力计、振弦式应变仪和连通式竖向位移计组成。

1）锚索测力计外形如图 3 所示。在现场安装时，锚索测力计安装在缆索端头螺母的下面，缆索的受力通过锚索测力计的读数反映出来。在结构的整个使用期间，缆索的受力始终处于有效监控之中。

图 3　锚索测力计　　　　　　　　　图 4　弧焊型振弦式应变仪

2）图 4 为弧焊型振弦式应变仪外形，将应变仪端块电弧焊或螺栓固定在钢结构表面监测钢结构应变。该仪器标准量程为 $3000\mu_\varepsilon$，灵敏度 $1.0\mu_\varepsilon$。本次永久监测测点 96 个，用于监测网格结构的上弦、下弦、腹杆以及撑杆的应变。

3）对于国家体育馆双向张弦结构，由于预应力成形状态和结构最终受力状态有所差别，因此为全面了解结构变形后的性能，引入连通式竖向位移计（图 5），布置在比赛馆正上方，通过其数值变化可判断结构的宏观受力状态。

图 5　连通式
竖向位移计

2.2 健康监测数据采集系统

2.2.1 数据采集设备

由于建筑物永久健康监测周期与建筑物使用年限匹配，所使用的数据采集设备需要永久地放置在建筑物上，从而对数据采集设备提出了较高要求。鉴于此，国家体育馆永久健康监测使用澳大利亚 DataTaker 系列数据采集仪设备，该设备具有智能化、可编程、尺寸小、工作可靠稳定、使用寿命长、供电方式灵活、数据存储方便、通信方式多样等特点，完全能够满足国家体育馆永久健康监测要求。根据检测现场传感器的类型，选择 DataTaker 数据采集仪型号为 DT615。根据现场布点情况，采用 2 台 DT615 仪器和 4 台 CEM 扩展模块。

2.2.2 电源

可提供 3 种供电方式：①采用高精度 11-24VDC 稳压电源，可为数据采集器及其内部电池和传感器供电；②采用内部电池供电，可自动休眠和进入低耗模式；③采用外部 12V 可充电电池供电。

2.2.3 数据传输方式

可提供 3 种数据传输方式供实际选择。

1）现场通过 RS232 串口直接连接获取数据　用于现场便携式计算机直接通过智能数据采集仪获取数据，当便携式计算机无 RS232 串口时，可配置 USB 转 RS232 串口转换器。主机 RS232 串口通信有如下特点：全双工，300～9600Bps 可调，光电隔离达 500V，双向的 X_{ON}/X_{OFF} 协议，选择高位协议带 16 位 CRC 检查。

2）远程通过 PSTN 公共电话网拨号连接获取数据　用于远程获取现场监测点的数据，通过 PSTN 公共电话网络，需要获取数据时，远程主计算机端拨号连接现场数据采集仪，数据采集仪接受拨叫请求后，数据链路建立完毕，即可进行数据的交换。

3）远程通过 GPRS 手机网络无线数据透明传输获取数据（图 6）　采用 GPRS 无线数据传输终端，可为用户提供高速、永远在线、透明数据传输的虚拟专用数据通信网络，利用手机 GPRS 网络平台实现数据信息的透明传输。支持根据域名和 IP 地址访问中心多种工作模式选择，支持串口软件升级和远程维护，使用方便、灵活。

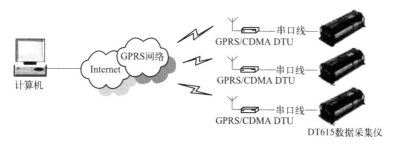

图 6　数据采集方式

2.2.4 保护机箱

由于数据采集设备在建筑物内需放置很长时间，因此需要有可靠措施对数据采集设备进行保护，拟采用的保护措施为防水型机箱。根据测点个数以及现场情况，选择 2 台防水保护机箱，集中放置在一个测试点处。

防水型机箱一般用于固定安装，可以用于室内或室外。机箱内板坚固，配有设备安装螺纹孔及标准 DIN 导轨可供仪器灵活配置。机箱提供一个基础的、功能化的保护机架。机箱主体和门是钢制的，内外都覆盖有坚韧、本身具有抗腐蚀性的粉末涂层。机箱门有聚亚氨酯封条，防止灰尘和雨水进入。机箱门采用铰链设计，可以很容易地进入内部。可以使用多种类型的锁，包括标准类型和钥匙锁类型。

2.3 数据分析与处理软件

数据采集设备的可靠能够保证所得数据准确、稳定，但同时还需要有相应的数据采集软件收集整理数据，显示为可读的数据。DataTaker 智能可编程数据采集器提供许多软件包用于界面控制智能数据采集仪。国家体育馆拟采用的数据采集系统软件为采用工程监测专用的组态软件进行开发的 DTS-BJNIS 监测软件，如图 7 所示。

本监测系统为国家体育馆工程监测提供最好的解决方案，系统性能稳定、可靠性高、测试精度满足要求，在施工和使用阶段可以长时间不间断地对国家体育馆进行监测。可实现主要功能：①操作界面清晰直观，工具条与按钮操作，显示界面可分为主界面和各子界面，各界面间切换灵活；②可实时远程监测国家体育馆的各测点应力参数，可根据需要设定测点数据，对原始数据可进行滤波、计算；③实现 GPRS 网络通信的数据传输，数据采用全透明方式，最大支持 5 个数据中心，支持域名和固定

图 7　国家体育馆数据分析与处理软件

IP 地址访问方式；④数据以各种图形方式显示，包括时程曲线图、x-y 坐标图、模拟图、直方图等形式；⑤数据以数据库形式保存并可进行历史数据查询，还可以直接生成 Excel 或其他形式报表；⑥具有数据越限报警功能，现场即时上传报警信息时，主机会出现明显的报警画面和报警信息，同时还可提供各种声光报警等多媒体提示；⑦能对系统中每一用户进行口令和操作权限管理，能对不同的用户分配不同系统访问、操作权限级别，保障运行系统安全性；⑧实现对系统信息打印的管理功能，提供实时打印、定时打印、随机打印功能，支持对图形、报表、曲线、报警信息、各种统计计算结果等的打印；⑨在线编辑、维护、修改、扩展功能，系统硬件和软件都满足开放性标准要求，满足今后系统在硬件节点增加、数据库容量扩充、系统软件功能增强等方面的要求。

3 监测系统性能

1）系统寿命和稳定性。工作温度 $-45\sim70℃$。并能在恶劣环境下具有很高的稳定性。系统已成功应用于南、北极航线地面臭氧监测、美国太空总署和欧洲宇航局航天项目。系统的各个器件都选用了适用于恶劣环境的高可靠性产品，确保系统的使用寿命和稳定性。

2）抗干扰性。智能可编程数据远程单元通过自身的隔离装置解决了传感器和采集系统的接地回路问题，并具有抗噪声特性，在解决接地回路和抗噪声方面达到世界领先水平。通信串口具有抗 500V 的光电隔离功能，通道之间也有很好隔离。这些性能确保国家体育馆采集信号的精确度。

3）远程监控。通过应用 GPRS 通信技术来实现国家体育馆监测数据自动采集，达到真正的远程监控，可确保通信数据的可靠性和实时性。公用电话网进行远程监控，可作为远程监控的辅助手段，充分保证系统的有效性。

4 监测结果

为了准确描述内力在监测过程中的变化，将监测过程划分为：A——屋面工字钢安装开始（2006-11-04）；B——预应力施工（2006-10-07～2006-10-13）；C——龙骨安装（2006-11-14～2006-11-28）；D——保温安装（2006-11-29～2006-12-17）；E——防水（2006-12-18～2007-01-16）；F——放假（2007-01-17～2007-02-03）；G——玻璃安装（2007-02-04～2007-03-15）；H——脚手架拆除等工作（2007-03-16～2007-07-07）；I——正常使用阶段（2007-07-07～2008-05）；J——奥运前吊顶阶段（2008-05～2008-07）；K——奥运期间使用阶段（2008-08-08～2008-08-24）；L——奥运之后正常使用阶段（2008-08-25～现在）。

4.1 位移监测

D15-J 为结构跨中位移监测点，此测点位于结构中心最高点，其监测曲线如图 8 所示。

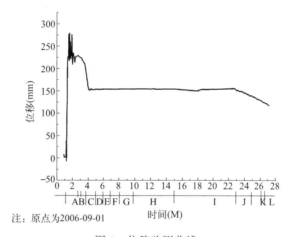

注：原点为2006-09-01

图 8　位移监测曲线

4.2 索力监测

锚索测力计监测⑮轴和①轴的索力如图 9 所示。其中，⑮轴为双索，①轴为单索。

4.3 杆件应力监测

采用振弦式应变计共对⑮、①轴 36 根杆件的 72 个点做了应力监测。每根杆件的测点水平方向对称布置。测点编号如图 10 所示，杆件应力监测如图 11 所示。

4.4 分析结果

钢结构变形、缆索索力、钢结构应力均处于正常范围，没有出现数据突变等异常情况。

1）钢结构变形　在 2006-10-13，结构竖直向上位移 222mm，此时钢结构预应力施工完成，结构张拉后，跨中点位移得到提升。从 2006-11～2007-01，结构位移不断下降，下降位移量为 35mm，这是由于屋面施工，随着结构屋面荷载的增大，屋面中心点位移下降。从 2007-01 开始至今，结构跨中竖向位移变化趋缓。由于结构荷载变化不大，竖向位移变化值较小。

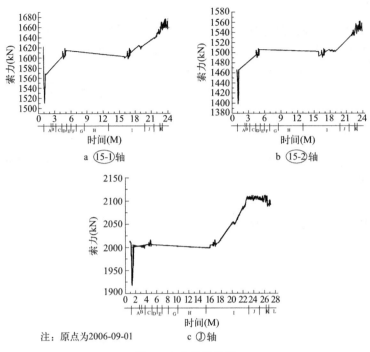

a ⑮-1轴　　　　　　　　　　b ⑮-2轴

注：原点为2006-09-01　　c ⑩轴

图 9　索力监测曲线

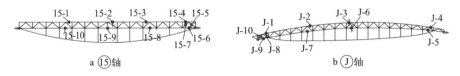

a ⑮轴　　　　　　　　　　b ⑩轴

图 10　测点编号

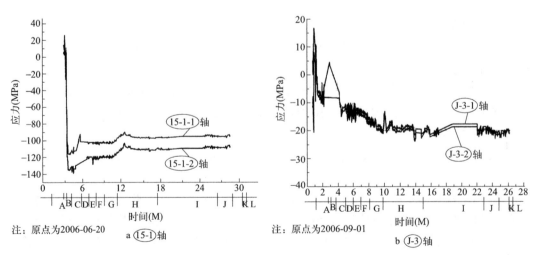

注：原点为2006-06-20　　a ⑮-1轴　　　　　注：原点为2006-09-01　　b ⑩-3轴

图 11　杆件应力监测曲线

2）缆索索力　索力均处于正常范围，随着屋面施工的结束，缆索索力也趋于稳定，变化值较小。

3）钢结构应力　监测得到的大部分钢结构杆件应力较小，不超过 50MPa，少量杆件应力达到 150MPa，均处于正常范围。钢结构应力在 2006-11 随着屋面施工有所变化。屋面施工结束后，结构应力也趋于稳定，监测结果符合实际情况。

5　结语

通过在使用过程中对重要的结构杆件、钢索进行长期监测（平时定期监测，重要活动时加强监测），可使屋盖结构受力状态始终处于有序的掌控之中，使用者可以根据构件状态随时调整，必要时进行相应处理，使屋盖结构始终处于健康状态。

国家体育馆永久健康监测系统技术先进，稳定可靠。该系统在国家体育馆的成功运用模式，可作为今后类似工程实践的参考。

国家体育馆钢屋盖工程设计、施工、科研一体化实践

摘要： 国家体育馆是 2008 年奥运会主要场馆之一，钢屋盖采用双向张弦结构形式，是目前世界上跨度最大的双向张弦结构。国家体育馆钢屋盖的特点是设计和施工都具有极高的创新性，本文对钢屋盖建造过程进行了比较详细的描述，旨在提出一种类似创新性工程的解决方案：即在确定方案阶段就利用科学研究的方法对设计技术和施工技术进行详尽的研究，把设计和施工过程中可能出现的问题解决在方案阶段。国家体育馆实践证明采用设计、施工、科研一体化的思路对此类高难度工程有借鉴意义。

1 国家体育馆简介

北京 2008 年奥运会国家体育馆是北京市重点工程，位于北京奥林匹克公园中心区，与鸟巢、水立方一起组成三大奥运场馆，是奥运中心区三大件之一。国家体育馆为 2 万座席的国家级综合性体育馆，总建筑面积约 8.1 万 m²。2008 年奥运会期间，将举行奥运会体操、手球、排球等比赛，赛后将举办其他国际、国内比赛、大型文艺演出以及其他文化活动。

2 钢屋盖建筑方案

2004 年初，北京市建筑设计研究院以具有中华民族特色的"折扇"风格建筑外形，融"动感与艺术"为一体，把中国扇文化融于体育建筑，其独特的创意使得国人的建筑设计作品在比选中胜出（图 1）。

北京市建筑设计研究院所设计的体育馆从功能上分为比赛馆和热身馆两部分，比赛馆的结构跨度为 144m×114m，热身馆的结构跨度为 63m×51m。为了充分体现科技奥运的理念和节俭办奥运的精神，在满足建筑功能和造型要求的前提下，使结构体系技术先进、安全可靠、经济美观，国家体育馆的下部主体结构采用了钢筋混凝土框架剪力墙结构与型钢混凝土框架钢支撑相结合的混合型结构体系，屋盖采用了造型新颖、技术先进的大跨度空间结构体系-双向张弦桁架结构体系。

图 1　国家体育馆

文章发表于《建筑结构》2009 年 4 月第 39 卷增刊，文章作者：秦杰、徐亚柯、覃阳。

3 钢屋盖拟实施设计方案评价

张弦结构是一种刚柔结合的结构体系，利用刚性杆受压、高强钢索受拉的特点，减小结构用钢量，可以取得优美的建筑效果，并且在支座处刚性压杆的压力和柔性拉索的拉力可以相互抵消，大大减少对下部结构的反力，克服了柔性结构对下部结构巨大拉力，是一种先进的结构体系。但是由于双向张弦结构设计和施工难度极大，当时在国内外应用很少，因此业主组织了相关单位共同对钢屋盖结构体系的可行性进行论证，考虑因素包括结构可行性评价和施工可行性评价。

3.1 结构可行性评价

钢屋盖的结构设计必须满足三个要素：第一符合建筑设计美观的视觉要求；第二有安全可靠的承载能力；第三结构受力体系先进合理，用钢量少，承载能力强。三者的最佳结合，才能被公认为国际领先，设计技术值得研究。

3.1.1 国内外调研

单向张弦结构在结构设计当中与双向张弦结构最为接近，因此首先对单向张弦结构在国内外的研究和应用成果进行调研，然后对双向张弦结构的研究和应用成果进行调研。

在单向张弦结构的研究方面，国内众多高校如哈尔滨工业大学、天津大学、同济大学、浙江大学、东南大学等进行了大量系统的理论研究，某些工程还进行了模型试验研究。所完成的工程有哈尔滨会展中心（跨度 128m）、广州会展中心（跨度 126m）、上海浦东国际机场航站楼（跨度 82.6m）、全国农业展览馆新馆（跨度 77m）等，最大跨度已经达到 128m，应该说在单向张弦结构方面，国内的技术已经成熟。

然而在进行双向张弦结构调研时发现，在双向张弦结构研究方面，国内理论及试验研究较少。北京市建筑工程研究院曾在 2003 年初完成过一个 4m×4m 的双向张弦模型试验，但尺寸较小。

在工程应用方面，在国内仅有一个工程正在施工过程中，其平面尺寸为 40m×40m，为中石油大厦中庭。巧合的是，该工程的设计单位也是北京市建筑设计研究院。

在国外工程中，仅发现一个类似工程，为南斯拉夫贝尔格莱德体育馆（图 2），其平面尺寸为 132.7m×102.7m。由于当时南斯拉夫内战后钢材紧张，因此上弦采用的是混凝土结构。但其受力体系是一个标准的双向张弦结构体系。

根据对国内外双向张弦结构研究和工程情况的调研，调研小组认为国家体育馆钢屋盖从设计上基本可行，原因主要基于以下两点：1）国家体育馆钢屋盖比赛馆平面尺寸为144m×114m，与贝尔格莱德体育馆尺寸相近，已经有成功建设经验；2）作为同一个设计单位的双向张弦结构，中石油大厦中庭工程进展顺利。

3.1.2 模型试验

尽管有类似的工程经验，为确保国家体育馆屋盖双向张弦结构安全先进和顺利实施，深入研究此类型结构在施工过程及正常使用时的受力和变形特点，在"08办"资助下，还进行了大比例模型试验研究（图 3）来检验双向张弦结构的可靠性。

以国家体育馆为原型制作完成了 1：10 模型。通过预应力张拉及静力性能试验，对双向张弦结构的设计和施工中的一些关键问题作了进一步的探索，主要研究内容包括：1）双向张弦结构在预应力施加过程中的力学性能；2）针对双向张弦结构的预应力施加方

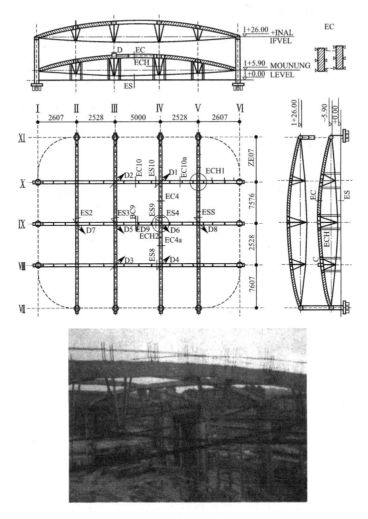

图 2 贝尔格莱德体育馆

案；3）双向张弦结构在各种静力荷载作用下的力学性能；4）在非常规工况下结构的宏观力学性能；5）利用试验模型对施工过程进行模拟，提出对实际工程施工有益的建议。

通过模型试验得出以下主要结论：1）由于双向张弦结构含有纵向拉索和横向拉索，因而与单向张弦结构相比具有显著的双向受力特征，这个特征在预应力施加阶段和静力荷载作用阶段均充分展现；2）在设计恒荷载作用下，结构竖向变形小于规范规定数值，表明双向张弦结构具有很好的刚度，在大跨度结构中有明显的优势；3）在设计活载作用下，有活荷布置和无活荷布置区域的变形相差不大。这充分显示出双向张弦结构力学性能的优越性，双向弦索对半跨活荷作用下桁架的不对称变形有明显的调节作用；4）断索试验表明双向张弦结构不会因某一根索的破断而产生结构的整体坍塌，该结构类型具有很好的可靠性，在对安全性要求较高的公共建筑中有广阔的应用前景。

通过这些结论可以看出，模型试验结果不仅证明了双向张弦结构的可行性，而且证明了双向张弦结构具有极好的可靠性。

3.2 施工可行性评价

由于国家体育馆工程经历了两次建筑方案招标，因此 2005 年 5 月 28 日才破土动工。如按照常规施工方法，看台结构完成后再进行钢屋架安装，则 2006 年底建筑主体就不能实现全面封闭。因此，能否采用双向张弦结构作为钢屋盖结构体系，其施工可行性必须进行论证。北京市"08 办"要求业主必须迅速重视起来，研究创新安装技术，科学调整施工部署，保证工期计划的合理性。

3.2.1 第一阶段

首先对国内已经完工的单向张弦结构的施工方法进行归纳，对采用双向张弦结构的南斯拉夫贝尔格莱德体育馆的施工方法进行研究；然后根据国家体育馆钢屋盖上部和下部结构特点提出可供选择的施工方案；最后经选择和比较提出可能采取的施工方案，进一步进行深化设计。

图 3　国家体育馆模型试验

跨度达到 128m 的哈尔滨会展中心，采用施工方法是：地面组装，多榀累积，整体滑移；每个滑移单元 6～7 榀，约 10150kN，使用 3 台 200t 液压牵引器；滑移方式为直线滑移。

跨度为 126m 的广州会展中心，采用的施工方法是：单榀拼装组成滑移单元（6 榀），一次滑移到位，中间未加支撑；每个滑移单元 10162kN，使用 48 台小车支承。牵引最大距离 180m；滑移方式为直线滑移。

浦东国际机场是我国最早采用张弦结构的工程之一，在 20 世纪 90 年代末完成，在当时的技术条件下采取了先进的施工技术，即采取整体抬吊，液压同步牵引滑移的方法，其牵引最大重量 14000kN，最大牵引距离 200m；滑移方式为直线滑移。

全国农业展览馆新馆跨度为 77m，采用的施工方法为多段吊装，塔架支撑，空中对接，多个工作面同时展开，高空进行预应力张拉。

南斯拉夫贝尔格莱德体育馆屋盖施工方法为：地面拼装，整体提升的方法。

国家体育馆下部结构为混凝土结构，平面形式为矩形，据此根据以往施工经验，提出有可能实现的四种施工方案（图 4～图 7）：

1）满堂红脚手架，空中散拼。这种施工方法的优点是常规施工技术，对吊装设备和施工设备要求较低，缺点是脚手架用量大，工期长，费用高，施工技术含量低。

2）比赛场地上空部分地面拼装，整体提升；看台上空部分空中散拼。这种施工方法的优点是充分利用场地条件，常规脚手架施工技术和整体提升技术结合，缺点是整体提升对技术要求较高，工期较长，中心区域和周边区域对接难度较大。

3）平台拼装，沿纵向累积曲线滑移。这种施工方法的优点是结合了结构特点，避免大面积脚手架，对土建施工影响相对较小。施工方案技术含量高，缺点是曲线累积滑移难度大，对技术和设备要求很高，综合费用可能较大。

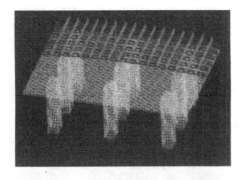

图4 施工方案1

图5 施工方案2

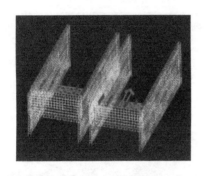

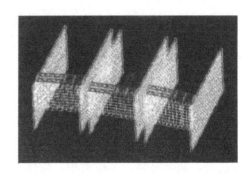

图6 施工方案3

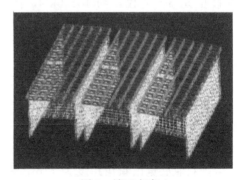

图7 施工方案4

4）平台拼装，沿横向累积直线滑移。这种方案的优点是结合了结构特点，避免大面积脚手架，对土建施工影响相对较小。施工方案技术含量高，避免了难度大的曲线滑移，缺点是需要精心划分钢结构加工、运输、组装单元。对现场钢结构校正、焊接措施要求较高。

根据综合分析比较，认为方案4是适合国家体育馆钢屋盖结构形式的理想方案。原因在于：1）能够保证工期。对土建影响小，能够实现钢屋盖和下部混凝土结构的同时施工；2）能够保证质量。避免了曲线滑移，而采取了国内应用成熟的直线滑移技术；3）能够保证安全。避免了钢屋盖结构的大量高空安装和焊接；4）能够保证造价。避免大量的脚手架，节省了大量的施工措施费。

3.2.2 第二阶段

第二阶段主要工作是对方案4进行深化，从滑移的具体实施方案、预应力施工方案和施工仿真计算等三方面进一步细化，保证方案 4 能够顺利实施（图 8）。

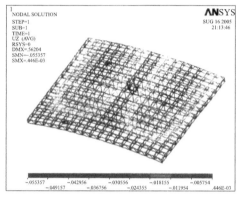

图 8　方案 4 施工仿真计算

2005 年 8 月 18 日，由"08 办"主持召开专家论证会，确定了国家体育馆钢屋盖施工方案："东侧跨内三榀拼装，纵向跨中一条支撑；横向带索累积滑移，双向对称分级张拉"。

4　钢屋盖招标、施工及维护

4.1　招标条件的确定

国家体育馆钢屋盖施工方案确定后，北京市 2008 工程指挥部办公室会同业主单位联合进行钢屋盖施工招标。本次招标有两点与以往招标不同：1）确定了"横向累积滑移技术方案"为实施方案，投标人不得修改此方案；2）在技术标评分部分，有针对性地对涉及"横向累积滑移技术方案"的技术要点进行了强调。

在技术标编写要求部分，有如下对于明确如下描述：

1）在东侧看台，搭设南北向的钢管桁架组装胎架（如果投标人要求在主体结构外，搭设组装胎架，要阐明理由）。

2）在南北两端看台和纵向跨中，（也可利用南、北两端，顶层框架梁作为滑道，但要说明对结构无害的措施）搭设东西向的滑道。其中，跨中滑道的滑轨，应设在纵向拉索的下方。

3）以纵向三榀、横向两跨，为初始组装单元，在组装胎架上完成纵、横向桁架的焊接作业，全熔透焊缝焊接时，杆件不得受力。

4）初始单元焊接组装完毕后，将第一榀纵向桁架，沿横向小步滑出组装胎架。

5）第一榀纵向桁架穿下弦拉索、张拉至初始工况应力，开始横向累计滑移。依此类推，直至钢屋架全部滑移到位。

6）穿（挂）横向索，双向对称张拉，达到设计的使用工况；应力、应变值，符合设计和规范的要求，基本完成钢屋架的安装工程。

7）投标人可按上述"方案概要"，编制投标技术方案。如果，投标人的技术方法可行，设备能力可靠，在保证质量和安全的前提下，能够带横向索滑移，缩短工期者将被优先考虑。

在技术标评分体系中，如序号"2、3、5、6、7"均是对方案所涉及的技术要点有针对性地提出，技术标钢结构安装部分为70分，而这五项就占到了40分，从而保证能够有实力完成此工作的钢结构企业处于优势位置。

4.2 设计调整保证施工

现行建筑结构的设计阶段和施工阶段是分开的，即设计完成后，施工单位按照设计单位的施工图纸施工。由于国家体育馆钢屋盖采用的施工方案为"带索累积滑移"，因此钢屋盖结构在施工阶段受力和建成后的受力有明显不同。因此，设计单位基于"沿短向带索累积滑移-通过张拉钢索自然卸载"的施工方法，同时结合施工过程提出了在结构设计中考虑施工全过程的结构优化设计方法，在设计阶段即把变结构形式、变边界条件的施工过程作为结构优化的工况，与其他常规工况一起参与优化，将施工问题解决在设计阶段。设计单位提供的图纸能够满足结构在施工阶段的受力要求，给整个钢屋盖工程的顺利施工奠定了基础。

4.3 科研成果指导施工

国家体育馆屋盖"带索累积滑移"施工法具有技术先进、对下部结构影响小、省时等优点，但是由于本工程的双向张弦网格结构网格梁刚度较小又张拉携带双向索，因而对钢结构安装、张拉预应力钢索、节点构造等提出了极高的要求，由此引出了一系列的问题和难点亟待解决。如何安排横、纵索的构造与受力关系、如何在施工滑移过程和就位后安装和利用钢索、如何精确地控制预应力张拉力、如何构造各类节点满足施工顺序和受力、变形需要、如何控制杆件安装精度等是累积滑移施工安装方案实施的关键（图9）。

因此针对该钢屋盖所采用的结构体系和累积滑移的施工方案及其一系列具体技术措施，进行了整体模型试验和节点试验。

图9 国家体育馆现场施工照片

同时，对于双向张弦结构在施工过程中对屋盖结构和其支撑结构进行监测是十分必要的。施工期间结构的受力状态与结构成型后有所不同，部分重要杆件在不同工况下发生了变号且幅度较大，同时在滑移过程中的每一步到预应力张拉的每一阶段以及成形后、受荷前结构内力状态必须有可靠的监测手段予以监测，否则结构将处于非常危险的不可控状态。而支撑结构则是保证屋盖主体结构受力状态稳定的前提。因此为保证屋盖结构安全顺利的安装成型，在施工过程中必须对结构和支撑进行施工过程的监测。

在实际施工过程中，以模型试验结果为指导同时进行施工过程的实时监测，保证了结构的顺利实施。

4.4 健康监测保障维护

由于国家体育馆在奥运会期间担负重要比赛任务，需要在整个奥运会期间尤其是赛时对结构进行安全监测；同时按照业主的设想，国家体育馆赛后还需要满足多功能的使用要求，将承担重要的纪念性集会和大型文艺、体育演出任务，因而预期吊挂物重量大、分布广、不确定因素多，基于以上两点，专门开发完成了针对国家体育馆钢屋盖的健康监测系统（图10）。

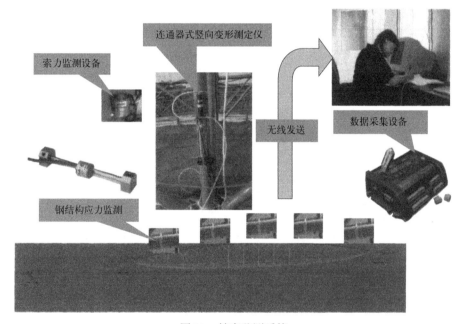

图 10 健康监测系统

国家体育馆钢屋盖监测系统包括硬件和软件。硬件部分：选取了 4 个轴线的 6 根拉索进行索力监测；选取了与索力监测轴线相同的钢结构进行应力监测。共布置测点 102 个，其中索力监测仪器 6 个，钢结构应力监测点 96 个；软件部分开发完成了"国家体育馆健康监测系统"。依靠此系统，可以实现在异地办公室内随时监测国家体育馆钢屋盖的整体受力状态。

5 结语

1) 国家体育馆钢屋盖是世界上跨度最大的双向张弦结构，设计和施工难度极大，但是由于在实施阶段贯彻了设计、施工和科研一体化的思路，国家体育馆工程是奥运会三大主场馆中开始最晚，但是却是完工最早的。在 2007 年 10 率先顺利完成了测试赛，取得了极好的社会效益。

2）设计、施工和科研一体化思路使得国家体育馆钢屋盖工程在工程质量和科研成果方面取得了双丰收。在工程质量方面，钢结构获得全国钢结构金奖，得到了业界的一致好评；在科研方面，施工技术获得了 2007 年度北京市科技进步一等奖，设计成果获得了 2007 年北京市科技进步二等奖。

3）对于创新性很强、可借鉴经验很少的项目，可以尝试采用与国家体育馆钢屋盖工程类似的设计、施工和科研一体化的思路。这样就可以在实施前把问题提前发现，集中优势资源逐一攻关，进入实施阶段就从容很多（图 11）。

图 11　竣工后照片

4）国家体育馆钢屋盖工程基本遵循了设计、施工、科研一体化管理的思路，但是是自发的和无意识的，因此也出现了"亡羊补牢"的情况。如果在工程开始的时候就有明确的思路，可能实施效果会更好。

5）本工程的模式要求项目业主、业主的顾问单位具有较高的技术水平、管理水平和资金支持，同时对设计、总包、监理、分包等单位具有较强的控制和协调能力，否则很难保证工程的顺利实施。

索体的抗弯刚度测定及实用简化

摘要： 提出利用足尺试验实测索体的抗弯刚度，并提出利用实测抗弯刚度和等截面的原则简化为实心截面钢棒的方法，为今后计算应用提供依据。进而，以 15.2mm 公称直径的钢绞线为例，说明了该方法的可行性与实用性。

1 引言

众所周知，索是很多大跨度结构当中的主要承力构件。由于其抗拉性能好，所以工程中主要对其施加预拉力，使其承受外荷载作用。但索并不完全是柔性的，它也具有一定的弯曲刚度。只是因索通常用作受拉构件，所以一般工程中往往忽略掉了其抗弯刚度的特性。索的抗弯性能在索体的曲率变化处最明显，例如吊桥主缆通过塔顶索鞍处、斜拉桥拉索与梁连接处、多跨电缆接头处等都存在索体的局部挠曲，还有些承重索当其矢跨比超过某一限度时，就不再属于单纯的受拉构件了[1]。

一般认为索的刚度包括以下三种：（1）弹性刚度；（2）重力刚度；（3）几何刚度。弹性刚度和重力刚度属于索的轴向刚度；几何刚度则属于垂直于索轴线方向的刚度。弹性刚度服从虎克定律，亦称虎克刚度。索伸长与拉力之间的关系取决于弹性刚度，其大小与索拉力无关。轴向刚度的另一组成部分是重力刚度，当索拥有充分的垂度时重力刚度显示出来，它在很大程度上取决于索的拉力。与索轴相垂直方向上的几何刚度即是通常说的抗弯刚度，它与索拉力和长度都有关，一般比弹性刚度和重力刚度小得多。所以在结构计算当中通常忽略侧向抗弯性能，将索视为只能承受拉力的纯受拉构件。

然而，在某些情况下如频率法识别索体索力中，就会用到索体的抗弯刚度。动测法识别索力的公式如(1)式所示[2]。

$$T = \frac{4\rho L^2 f_n^2}{n^2} - \frac{n^2 EI}{L^2} \tag{1}$$

其中，T 为拉索的索力（N）；L 为索的计算长度（m）；EI 为索的抗弯刚度（N·m²）；ρ 为单位索长的质量（kg/m），f_n 为索的第 n 阶固有频率（Hz）；n 为频率的阶数。

如果只测得索体振动的某一阶频率的情况下，就必须知道索体的抗弯刚度 EI 才能准确地将索力算出。因此，索体的抗弯刚度是个非常重要的参数。然而实际当中，在索厂生产后的交货单上并没有提供索体抗弯刚度的性能指标，而且在各种关于索参数规格表中也没有具体给出这方面的数据。这给实际应用带来诸多不便。

文章发表于《工业建筑》2009 年增刊，文章作者：李宗凯、秦杰、吴金志、张毅刚。

2 索体抗弯刚度的实测及其折算

针对如上问题，本文提出利用足尺试验的方法实测索体的抗弯刚度，从而为计算应用提供依据。实际上，可以通过实测索体挠度的方法来算出索体的抗弯刚度。假定两端支座铰支且等高时自重作用下索体为抛物线，跨中挠度 s 的计算公式为：

$$s = \frac{ql^4}{72EI} \tag{2}$$

式中，s 为跨中挠度（m）；q 为单位长度索体的自重（N/m）。于是有：

$$EI = \frac{ql^4}{72s} \tag{3}$$

因此，只要能够准确实测出跨中挠度 s，就可以计算出索体的抗弯刚度。

进一步，由于索体是多股高强钢丝制成，而通常的有限元计算软件只能定义实心封闭截面的参数，所以实用中还需要将索体折算成实心截面。为保证折算后索体抗弯刚度的准确性。建议采用以下确定的过程和原则：

1. 将索体按等面积原则折算成实心圆形钢棒。因为索体截面更趋近于圆形截面，容易理解圆形钢棒更能反映索的真实特性。

2. 反算实心圆形钢棒的抗弯刚度，如果实测钢绞线抗弯刚度与折算的实心圆形钢棒的抗弯刚度相近，则采取圆形截面的折算方案。

3. 如果实测钢绞线抗弯刚度与按等面积原则折算成实心圆形钢棒的抗弯刚度相差很大，则可采取折算成矩形截面的折算方案，即通过截面积和实测的抗弯刚度反推出实心矩形截面的长和宽，从而确定折算后矩形截面的尺寸。

有了索体的实测刚度和上述折算方法，不同截面参数的索体都可以折算成圆形或方形实心钢棒，如果进一步将不同索体的实测抗弯刚度和折算截面形状及尺寸绘制成表格，以后在用到索体抗弯刚度的有限元建模时，便可以查表选用了。

3 足尺试验测定 15.2mm 钢绞线抗弯刚度

本文针对以上问题，结合现场足尺试验，实测 15.2mm 钢绞线的抗弯刚度，然后按照上述原则折算成实心钢棒，为今后应用提供一定的借鉴。

在现场取一段公称直径为 15.2mm 的钢绞线，将其两端点置于标高处于同一标高的两点，经测量两端点间的水平距离为 9.7m，用细绳在两端点间拉紧一根水平线。将索体中心线与细绳对齐后，用笔在钢绞线上画好标记。然后放松钢绞线，其在自重均布载荷作用下产生向下的挠度。用卷尺量取索体下垂的距离，即可根据测得的挠度值以及其自重反推出索体的抗弯刚度。测量图示见图 1。

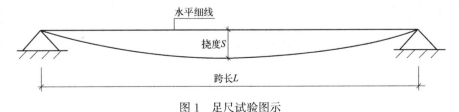

图 1 足尺试验图示

为保证测量数据的可靠程度，共进行 5 次测量试验，每次试验完毕后将钢绞线旋转一定角度以防止由于钢绞线本身的弯曲造成的测量误差，最后取其平均值进行计算。测量结果见表 1。

实测 15.2nm 钢绞绕在自重荷载作用下的挠度及平均值　　表 1

测量次数	1	2	3	4	5	平均值
挠度 s(mm)	406.7	405.4	413.9	414.2	405.3	409.1

公称直径 15.2mm 钢绞线理论单位长度的质量为 1.101kg/m。经测量，9.7m 跨度的钢绞线在自重作用下的挠度为 409.1mm。根据式(3)可得：

$$EI = \frac{ql^4}{72s} = \frac{1.101 \times 9.7^4}{72 \times 0.4091} = 330.826(\text{N} \cdot \text{m}^2) \tag{4}$$

公称直径 15.2mm 钢绞线的截面积为 140mm^2，根据面积相等原则折算成圆形实心钢棒的直径为 13.35mm，折算钢棒截面惯性矩及抗弯刚度可计算如下：

$$I_{折算} = \frac{\pi D^4}{64} = \frac{3.1415926 \times 13.35^4}{64} = 1559.175(\text{mm}^4) \tag{5}$$

$$E_{折算} I_{折算} = 2.06 \times 10^{11} \times 1559.175 \times 10^{-12} = 321.19(\text{N} \cdot \text{m}^2) \tag{6}$$

于是得到刚度比　　　　$$k = \frac{EI}{E_{折算} I_{折算}} = \frac{330.826}{321.19} = 1.03 \tag{7}$$

通过实测，表明直径为 15.2mm 钢绞线的实际抗弯刚度与将其折算成直径为 13.35mm 的实心圆形钢棒的抗弯刚度是相近的，实测二者比值 k 约为 1.03（由于现场试验存在误差，实际可能为 1.00~1.05 之间的数值）。考虑到：由于钢绞线截面的质量分布比实心钢棒更为分散，所以在理论上实际的钢绞线应是比依等面积原则折算成实心圆形钢棒的惯性矩要大一些的。但由于钢绞线在受到外荷载作用时，各根钢丝之间的相互错动与滑移使得弹性模量 E 有所降低，这在很大程度上抵消了上述惯性矩的增大影响，致使此例中最终的折算结果非常相近。因此，直径为 15.2mm 的钢绞线完全可以折算成直径为 13.35mm 的实心圆形钢棒。在以后有限元梁单元建模或是工程计算当中，完全可以进行这样的实用简化。

4　结语

本文提出通过实测的方法测定索体的抗弯刚度，并提出了有限元建模时有效的截面简化方法。结合足尺试验，以直径为 15.2mm 钢绞线为例，实测钢绞线在自重作用下的挠度并计算实测抗弯刚度，按照提出的折算方法最终将索体折算成直径为 13.35mm 的实心圆形钢棒。由于不同的钢绞线或钢索根据实际抗弯刚度折算成实心钢棒后，截面的形状和尺寸会不尽相同，进一步可以制成参考表格，为今后的应用提供方便。

参考文献

［1］　肖恩源. 索的特性结构设计与研究应用［J］. 公路，1997：1-2.
［2］　张小林. 振动频谱法在索力测试中的应用［J］. 甘肃科学学报，2003，(03)：101-104.

弦支结构体系概念与分类研究

摘要： 本文从最早开展弦支结构的研究成果开始，论述国内对此类结构的不同名称，明确给出弦支结构的概念，根据其构成方式及受力机理的不同，将弦支结构分为平面型弦支结构、可分解的空间型弦支结构和不可分解的空间型弦支结构，并给出了部分工程应用实例；结合国内学者在该领域的研究成果，对此类结构的命名和分类进行比较分析，给出目前国内学者可以接受的三种命名分类方案；本文建议将此类结构体系统一称为弦支结构体系，并按照本文的方式进行分类，使此类结构概念分类明确，体系更加系统、完整，以利于此类结构形式的进一步推广、交流和使用。

一、引言

弦支结构是一种高效的大跨度结构形式，国家自然科学基金（50008010）[1]——基于张拉整体概念的弦支结构体系是 2000 年 3 月申请，2001 年获得资助开始系统研究。在此之前，中国博士后科学基金（中博基〔98〕9 号）[2]——张弦穹顶的静力性能研究和天津大学李禄的硕士学位论文——基于张拉整体理论的悬支穹顶的理论与试验分析[3] 在此方面进行了前期探索研究，随后在国家自然科学基金支持和前期探索的基础上，我国学者在该领域方向开展了系统研究[5-10]，近十余年来，发展极其迅猛，已成功应用于我国许多体育场馆、国际会展中心和机场等大跨度工程中。与此同时，国内相关学者也对该结构体系进行了相关研究，对此类结构提出了张弦梁[11-13]、索撑网壳[14]、索承网壳和索托结构等提法。目前此类结构基本体系分类国内尚不明确，本文明确给出弦支结构概念，根据弦支结构各组成要素及受力机理，给出一套系统的体系分类标准，以便对弦支结构体系进行进一步的系统研究。

二、弦支结构的概念

基于张拉整体思想，提出了连续拉索和独立压杆支承各种结构而形成弦支结构的概念，"弦支结构"这个名词就可以充分表达出这种结构的核心构成要素及其之间的关系，即："弦"指弦支结构下部犹如弓弦的拉索（包括钢拉杆）；"支"指弦支结构中间的起到支撑作用的压杆；"结构"是指弦支结构上部的具体结构形式。如上部为梁结构就称为弦支梁；上部为网壳（穹顶）就称为弦支穹顶（图 1）。

三、弦支结构的分类

根据各种弦支结构组成要素、受力机理及传力机制的不同，将弦支结构分为平面型弦支

文章发表于《工业建筑》2009 年增刊，文章作者：陈志华、孙国军、秦杰。

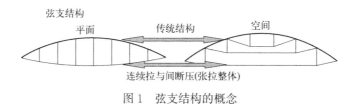

图 1　弦支结构的概念

结构、可分解的空间型弦支结构（平面组合型弦支结构）和不可分解的空间型弦支结构。

（一）平面型弦支结构

平面型弦支结构（图 2）主要有平面弦支梁和平面弦支桁架，对平面弦支梁最早进行研究的是日本大学的 M. Saitoh（斋藤公男）教授，他将其命名为"张弦梁"（日语），而这种结构早在 M. Saitoh 提出前，我国和欧洲一些国家就有类似的结构形式，如：下沉式梁，只是没有进行命名和研究，另外"张弦梁"（日语）在引进我国时，由于未进行缜密分析，直接取其日语"张弦梁"，沿用至今，为了更好地表达结构体系的意思，建议将这种张弦梁结构称为平面弦支梁。平面弦支桁架是在平面弦支梁基础上发展而来，将一个桁架结构（平面桁架和立体桁架）取代梁结构，就形成平面弦支桁架，这使得平面弦支结构的跨度向前发展了一大步。

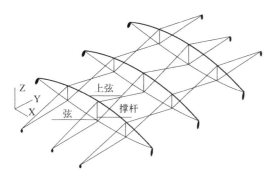

图 2　平面型弦支结构

图 3　迁安文化会展中心

平面型弦支结构在迁安文化会展中心（图 3）、中国国际展览中心（图 4）和南京会展中心（图 5）等多项工程应用。

图 4　中国国际展览中心张弦桁架

图 5　南京会展中心单向张弦梁

(二) 可分解的空间型弦支结构 (平面组合型弦支结构)

可分解的空间型弦支结构又称为平面组合型弦支结构,它是由平面型弦支结构组合形成的一种空间弦支结构,受力机理具有空间特性,如双向张弦结构(图 6)、多向张弦结构(图 7)和辐射张弦结构(图 8)。2008 奥运会乒乓球馆(图 9)就是一种典型的辐射式弦支结构。

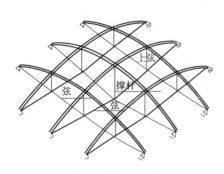

图 6 双向张弦结构

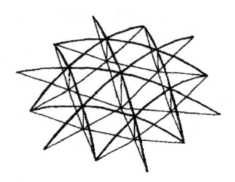

图 7 多向张弦结构

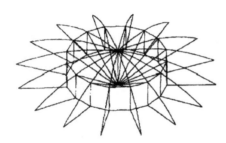

图 8 辐射张弦结构

图 9 2008 奥运会乒乓球馆

(三) 不可分解的空间型弦支结构

不可分解的空间型弦支结构是一种具有空间受力特性的且不能简单分解为平面弦支结构的一种结构形式,最具代表性如弦支穹顶结构。弦支穹顶中找不到成榀的平面弦支结构构件,整体结构呈空间受力体系,受力性能更好,刚度更大,撑杆通过斜索和环索连接。结构较适用于圆形平面。根据上层单层网壳的不同形式,弦支穹顶又可以分为:肋环型弦支穹顶(图 10),施威德勒型弦支穹顶(图 11),联方型弦支穹顶(图 12),凯威特型弦支穹顶(图 13),三向网格弦支穹顶(图 14)及短程线型弦支穹顶(图 15)。

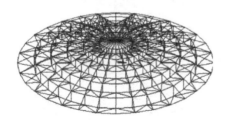

图 10 肋环型弦支穹顶

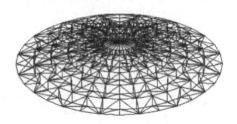

图 11 施威德勒型弦支穹顶

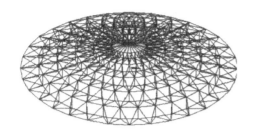

图 12　联方型弦支穹顶

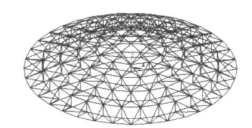

图 13　凯威特型弦支穹顶

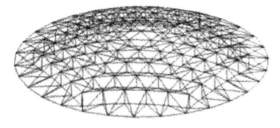

图 14　三向网格弦支穹顶

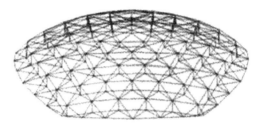

图 15　短程线型弦支穹顶

除了弦支穹顶结构以外，还有几种其他的新型不可分解的空间型弦支结构体系，如弦支筒壳结构（图 16），弦支混凝土楼盖结构（图 17）和弦支网架结构等，其中弦支抽空四角锥网架结构（图 18）是弦支网架结构一种具体形式。

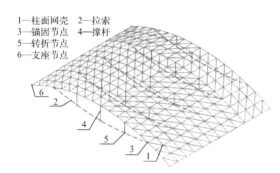

1—柱面网壳　2—拉索
3—锚固节点　4—撑杆
5—转折节点
6—支座节点

图 16　弦支筒壳结构

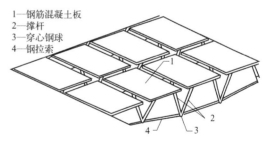

1—钢筋混凝土板
2—撑杆
3—穿心钢球
4—钢拉索

图 17　弦支混凝土楼盖结构

图 18　弦支抽空四角锥网架结构

图 19　东营黄河口物理模型试验大厅

天津保税区商务中心屋盖（图20），安徽大学体育馆（图21），济南奥体中心（图22），常州体育馆（图23）和茌平体育馆（图24）等工程中应用了弦支穹顶结构，东营黄河口物理模型试验大厅（图19）应用了弦支抽空四角锥网架结构。

图 20　天津保税区商务中心屋盖

图 21　安徽大学体育馆

图 22　济南奥体中心

图 23　常州体育馆

图 24　茌平体育馆

四、结论

目前，在此类结构体系研究过程中，国内学者总结提出几种不同的提法，如张弦结构体系的提法和索杆结构体系的提法，前者所描述的"张弦"源于日语，依据不足，并且这种提法并没有完全包含该结构体系的所有构成要素，如中间撑杆要素没有体现。后者索杆仅仅体现出了结构体系构成的元素，并没有体现出元素之间的关系，还有一些索承网壳、索撑网壳和杂交空间网格等，其实都属于同一种弦支结构体系，即不可分解的空间型弦支结构。本文给出目前国内学者可以接受的三种命名分类形式(表1)。

本文研究结构的三种命名分类方案 表1

方案	结构分类	结构名称
(方案一)弦支结构	平面型弦支结构	单向张弦梁、单向张弦桁架
	可分解的空间型弦支结构 (平面组合型弦支结构)	双向张弦梁、双向张弦桁架
		多向张弦梁、多向张弦桁架
		辐射式张弦梁、辐射式张弦桁架
	不可分解的空间型弦支结构	弦支穹顶
		弦支筒壳
		弦支混凝土楼盖
		弦支网架
(方案二)张弦结构	平面型张弦结构	单向张弦梁、单向张弦桁架
	可分解的空间型张弦结构 (平面组合型张弦结构)	双向张弦梁、双向张弦桁架
		多向张弦梁、多向张弦桁架
		辐射式张弦梁、辐射式张弦桁架
	不可分解的空间型张弦结构	弦支穹顶
		弦支筒壳
		弦支混凝土楼盖
		弦支网架
(方案三)弦支结构	平面型弦支结构	单向弦支梁、单向弦支桁架
	可分解的空间型弦支结构	双向弦支梁、双向弦支桁架
		多向弦支梁、多向弦支桁架
		辐射式弦支梁、辐射式弦支桁架
	不可分解的空间型弦支结构	弦支穹顶
		弦支筒壳
		弦支混凝土楼盖
		弦支网架

为了便于学术交流、文化传播和此类体系的进一步发展，建议采用方案三，统一称为弦支结构。本文所提出的弦支结构概念与分类方法思想明确，系统完整，在促使弦支结构体系理论完善、技术成熟等方面起到积极作用。

本文的工作得到了刘锡良教授和沈士钊院士的具体指导，特表感谢。

参考文献

［1］ 李禄．基于张拉整体理论的悬支穹顶的理论与试验分析［D］．天津：天津大学，2000年3月．

［2］ 刘锡良，陈志华．一种新型空间结构-张拉整体体系［J］．土木工程学报，1995，(04)：52-57．

［3］ 陈志华．弦支穹顶结构体系［C］．第一届全国现代结构工程学术研讨会，2001：243-246．

［4］ 陈志华，冯振昌，秦亚丽，等．弦支穹顶静力性能的理论分析及实物加载试验［J］．天津大学学报，2006，（08）：944-950．

［5］ 陈志华，李阳，康文江．联方型弦支穹顶研究［J］．土木工程学报，2005，（5）：34-40．

［6］ 陈志华，秦亚丽，赵建波，等．刚性杆弦支穹顶实物加载试验研究［J］．土木工程学报，2006，（09）：47-53．

［7］ 陈志华，张立平，李阳，等．弦支穹顶结构实物动力特性研究［J］．工程力学，2007，（03）：131-137．

［8］ Chen Z，Li Y. Parameter Analysis on stability of a suspendome［J］． International Journal of Space Structures，2005，20（02）：115-124．

［9］ M. Saitoh. Role of st ring-aesthetics and technology of the beam string structures［A］． Proceeding of the L SA 98 Conference "Light Structures in Arch itecture Engineering and Constructon" ［C］，1998，692-701．

［10］ 刘锡良，白正仙．张弦梁结构受力性能的分析［J］．钢结构，1998，（04）：4-8．

［11］ 白正仙，刘锡良，李义生．新型空间结构形式——张弦梁结构［J］．空间结构，2001，（02）：33-38＋10．

［12］ 李欣，武岳．索撑网壳——一种新型空间结构形式［J］．空间结构，2007，（02）：17-21＋31．

［13］ 刘佳，张毅刚，李永梅．大跨度索承网壳结构分层张拉成形试验研究［J］．工业建筑，2005，（07）：86-89．

［14］ 徐国彬，崔玲．新式索托结构［J］．空间结构，2000，（01）：27-33＋26．

钢纤维自应力混凝土膨胀变形的长期性能研究

摘要： 对不同限制程度下钢纤维自应力混凝土的膨胀变形进行了测量。结果表明：钢纤维自应力混凝土 365d 的膨胀变形变化很小，基本上与 28d 的膨胀变形持平，也就是说自应力损失程度较低，能够满足结构设计所要求的自应力水平。同时，提出了限制变形与钢筋配筋率的指数关系以及钢筋与钢纤维共同作用时自应力混凝土的变形规律。

众所周知，混凝土结构中存在的关于强度及耐久性的很多问题大多来源于混凝土本身较低的抗拉强度，特别是混凝土开裂后带来了一系列裂缝及其控制问题，至今也是土木工程界重点研究的目标之一。钢纤维自应力混凝土是一种新型高性能混凝土，可以显著提高构件或结构的开裂荷载、减小裂缝宽度，可广泛应用于储液池、管道、筒仓等受拉构件中。钢纤维自应力混凝土是将短切钢纤维乱向分布到自应力混凝土中，水泥水化后混凝土膨胀，在钢筋与钢纤维联合限制膨胀作用下混凝土中形成预压应力，从而使混凝土的抗拉强度提高 3.0～6.0MPa。关于这种高性能混凝土的基本力学性能和结构性能已经有了较深入的研究[1-5]。但是，保持稳定的预应力水平是确保整个预应力混凝土结构安全的一个重要环节，对于自应力混凝土来说，膨胀变形是产生自应力的关键所在，混凝土中持久稳定的自应力水平取决于其长期变形性能的稳定性。因此，本文拟对不同限制程度下（4 种配筋率和 3 种钢纤维体积率）钢纤维自应力混凝土试件 1～28d 的膨胀变形进行检测，并对 365d 后的膨胀变形进行测量，为钢纤维自应力混凝土的广泛应用提供理论依据。

1 试验

限制条件是决定自应力混凝土膨胀性能的最重要因素。本文主要研究钢纤维自应力混凝土在钢筋与钢纤维限制下，其膨胀变形随龄期的变化情况。本试验以钢筋的配筋率 φ_s 与钢纤维体积率 φ_f 作为变化参数，设计了 4 种配筋率分别为 0.785%、1.130%、2.010%、4.900%，3 种钢纤维体积率分别为 0，1%、2%共 12 组试件，每组 3 个试件。

1.1 试验原材料及配合比

水泥：石家庄市特种水泥厂生产的 A 型自应力水泥（4.0 级）；钢纤维：浙江嘉兴七星钢纤维厂生产的剪切异型钢纤维，长径比 $l/d=55$；骨料：细骨料为河砂（中砂），粗骨料为石灰岩碎石，粒径 5～15mm；钢材：鞍钢产 II 级螺纹钢；水：自来水。所有试件的混凝土配合比相同，m_w/m_c 为 0.38，水泥、水分别为 600，228kg/m³。试件的 φ_s、φ_f 见表 1。

文章发表于《建筑材料学报》2009 年 10 月第 12 卷第 5 期，文章作者：何化南、秦杰、黄承逵。

			试件 φ_s、φ_f （%）		表 1
No.	φ_s	φ_f	No.	φ_s	φ_f
S010	0.785	0	S012	1.130	0
S110	0.785	1	S112	1.130	1
S210	0.785	2	S212	1.130	2
S016	2.010	0	S025	4.900	0
S116	2.010	1	S125	4.900	1
S216	2.010	2	S225	4.900	2

1.2 试件尺寸

目前，国内外还没有自应力混凝土试件变形测试统一标准。本试验采用 100mm×100mm×550mm 棱柱体试件，试件纵向轴心处放置 1 根钢筋（有 4 种直径），为使钢筋充分发挥作用，在试件两端用厚钢板进行限制，以便使钢筋的拉应力充分传递到混凝土试件上（图 1）。

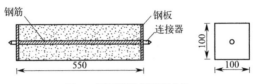

图 1　两端限制配筋试件

1.3 试件养护与测量

钢纤维自应力混凝土早龄期对养护条件要求较高，需要在水中养护 20～28d，以便使自应力混凝土充分发挥其膨胀性能。本试件在室温下水中养护 28d，然后放置在空气中，以考察其长期性能。

试件成型 24h 后脱模，然后测量钢筋受拉后的变形或应变，也就是通常所说的自应力混凝土限制膨胀率 ε_s，再推算出截面中的自应力大小。

采用游标卡尺测量试件中钢筋的伸长量，以脱模后两个铜触头间的长度作为初始长度，再每到一个龄期测量 3 次，计算伸长量和伸长率，伸长率即为钢筋的平均拉伸应变。

2　试验结果及分析

2.1　不同钢纤维体积率的钢纤维自应力混凝土随龄期的变形规律

图 2 为 4 种配筋率下不同钢纤维体积率的钢纤维自应力混凝土限制膨胀率随龄期变化曲线。由图 2 可以看出，当配筋率保持不变时，随着钢纤维掺量的增加，混凝土变形量下降，这是由于钢纤维的存在限制了它的膨胀。钢纤维体积率为 1%、2% 的试件，其变形性能相差不多，这是因为一定配合比的自应力混凝土其有效膨胀变形能是一定的[6]，当钢筋与钢纤维联合作用时，所产生的有效膨胀变形有一个最大值，超过此值时再增加钢纤维掺量，其作用不大。

对比试件 28d、365d 的膨胀变形可以看出，配筋率为 0.785%、1.130% 的试件，其 365d 的膨胀变形比 28d 时略大；配筋率为 2.010%、4.900% 的试件，其 365d 的膨胀变形比 28d 时略小，这是因为较大配筋率下混凝土中的自应力相对较大，导致预压应力所引起的混凝土受压徐变相对也大。从总体趋势看，365d 试件的变形略有增长。所以，自应力混凝土的压应力并未随着时间的推移逐渐丧失。

另外，由图 2 还可以看出，当钢纤维掺量不变时，随着配筋率的增加，自应力混凝土的膨胀变形显著降低。当钢纤维掺量为 1％时，配筋率 4.900％的试件其 28d 的膨胀变形比配筋率 0.785％试件的变形量减小了一半左右。试件 365d 的膨胀变形与 28d 时基本持平，当配筋率较高时（4.900％），其压应力没有显著降低。

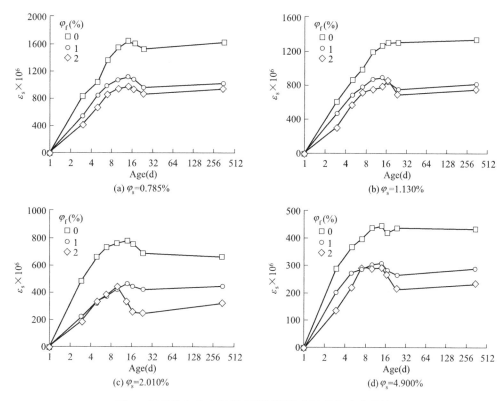

图 2　钢纤维自应力混凝土限制膨胀率随龄期变化曲线

2.2　钢筋与钢纤维的限制对自应力混凝土膨胀变形的影响

文献［1］根据试验结果给出了配筋率与钢纤维体积率对自应力混凝土膨胀变形影响的数学表达式，并明确指出：无论钢筋单独作用还是与钢纤维联合作用都能限制自应力混凝土的膨胀，其膨胀变形随着配筋率或钢纤维体积率的提高而降低。但总的来说，钢筋的作用是主导的，故本文建议采用如下的函数式来表达自应力混凝土膨胀变形与限制程度的关系：

$$\varepsilon_s = \frac{a\left(1-e^{-100\varphi_s/b}\right)}{100\varphi_s} \tag{1}$$

式（1）中：a、b 分别为回归系数。

由式（1）可见，随着限制程度的不断增大，自应力混凝土膨胀变形不断减小并趋于零（刚性限制时）。根据本文 365d 钢纤维自应力混凝土限制膨胀变形测量试验结果，对式（1）

进行了不同钢纤维体积率的非线性回归，结果见表2，回归曲线见图3。

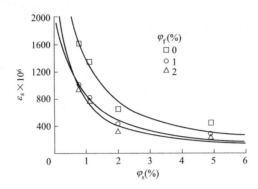

图3 不同钢纤维体积率自应力混凝土的膨胀变形随配筋率变化曲线

不同钢纤维体积率下式(1) 中的系数回归值   表 2

参数	$\varphi_f = 0$	$\varphi_f = 1\%$	$\varphi_f = 2\%$
$a \times 10^6$	1550	997	813
b	0.45	0.49	0.31

3 结论

1. 不同钢纤维体积率、不同配筋率下的钢纤维自应力混凝土，其365d龄期的膨胀变形与28d时基本持平，即在混凝土中形成的预压应力没有明显降低，自应力水平能够得到有效保证，这为钢纤维自应力混凝土在混凝土结构中的有效、安全应用提供了科学依据。

2. 钢筋和钢纤维对自应力混凝土均起限制膨胀的作用，但钢筋的限制作用比钢纤维显著。

3. 自应力混凝土的膨胀变形率随着配筋率的提高而降低，但达到一定配筋率后降低的幅度明显减小，呈降幂指数的发展规律。

参考文献

[1] 何化南，黄承逵。钢纤维自应力混凝土的膨胀特征和自应力计算 [J]. 建筑材料学报，2004，(02)：156-160.
HE Hua-nan, Huang Cheng-kui. Expansive characteristics and self-stress value of self-stressing concrete reinforced with steel bar and steel fiber [J]. Journal of Building Materials，2004，7 (2)：156-160.（in Chinese）

[2] 戴建国. 配筋钢纤维自应力混凝土变形的变形及自应力计算理论 [D]. 大连：大连理工大学，2000.
DAI Jian-guo. Steel fiber reinforced self-stressing concrete [D]. Dalian：Dalian University of Technology，2000.（in Chinese）

[3] 戴建国，黄承逵。钢纤维自应力混凝土力学性能试验研究 [J]. 建筑材料学报，2001，(01)：70-74.
DAI Jian-guo，HUANG Cheng-kui. Research on the basic mechanical properties of steel fiber reinforced self-stressing concrete [J] Journal of Building Materials，2001，4 (1)：70-74.（in Chinese）

［4］ 黄承逵，何化南. 大比尺钢衬钢纤维自应力混凝土圆形管道在内水压下的性能试验研究 ［J］. 水利发电学报，2005，（05）：39-44.

HUANG Cheng-kui，HE Hua-nan. Experimental study of the behaviors of the steel lined steel fiber reinforced self-stressing concrete penstocks under internal water pressure ［J］. Journal of Hydroelectric Engineering，2005，24（05）：39-44.（in Chinese）

［5］ 田稳苓. 钢纤维膨胀混凝土增强机理及其应用研究 ［D］. 大连：大连理工大学，1998.

TIAN Wen-ling. Study on the reinforcing mechanism of steel fiber and its application in expansive concrete ［D］. Dalian：Dalian University of Technology，1998.（in Chinese）

［6］ 吴中伟，张鸿直. 膨胀混凝土 ［M］. 北京：中国铁道出版社，1990.

WU Zhong-wei，ZHANG Hong-zhi. Expansive concrete ［M］. Beijing：China Railway Publishing House，1990.（in Chinese）

基于多频率拟合法与半波法的拉索索力测试方法

提要： 预应力钢结构体系中，拉索无疑是最关键的结构元素，如何对拉索索力进行测试是一个亟待解决的难题。本文提出了多频率拟合法与半波法两种拉索索力测试方法，分三个部分进行了阐述。第一部分通过研究拉索的振动理论，介绍了考虑不同边界条件和索刚度影响下单跨索振动模型的理论求解方法，建立了各种边界条件下索力的计算公式；而后针对预应力钢结构多跨索问题，介绍了预应力索单元的振动理论模型和相应的预应力索单元的刚度方程，提出了由索单元组成任意多跨索振动模型的索力分析方法；接着介绍了根据任意多跨索振动模型建立的特征方程和特征方程解的优化算法，提出了多频率拟合为理论基础的索力与边界参数识别的算法；最后介绍了拉索高阶模态特性，提出了高阶模态振型半波作为等效索振动模型的索力识别方法。第二部分介绍了多频率拟合法索力测试理论及工程应用验证。详细介绍了多频率拟合法的原理、索力分析的优化算法，并通过现场试验和多个实际工程对多频率拟合法的适用性进行了验证；对于半波法，介绍了半波法索力测试理论及方法。介绍了半波法的实现技术、索力分析的精度，并通过现场试验和工程进行了方法验证。第三部分介绍了拉索安全监测系统的实现与开发。对集成索力测试技术研究成果进行了介绍，对进行索力安全计算与分析软件进行了描述。

0 引言

索力控制是张弦结构施工技术中最重要的组成部分，索力状态决定整个结构的安全。保证结构物的安全，就必须采取措施保证拉索处于受控状态。在预应力拉索施工中，每一次索的张拉几乎都会使得先前张拉的索力发生变化。索力的改变会使得结构索力偏离设计值而失控，索力的失控将带来不可知的结构内力分布，甚至造成整个结构的失效。因此索力的精确测量对张弦结构安全至关重要。

目前，工程中采用的索力测量方法有多种：有压力表测试法、传感器读数法、力平衡法、波动法、振动法等。振动法（或频率法）是目前广泛采用索力测量方法，也是其中最有效的一种方法。从当前张弦结构工程应用现状和研究现状来看。对于直径小于 44mm 的细索以及长径比大于 100 的单索，采用振动法手段可以精确地测量索力；但对于长径比小于 100，直径大于 44mm 的短粗拉索现有各种方法都难以进行精确有效的索力测量。这种短粗索在工程中应用占到总量的 80% 以上。目前索力识别理论研究成果主要集中在单跨索方面[1-4]，而更困难的问题是张弦结构中多跨拉索的索力测量问题。张弦结构中撑杆支承的多跨拉索，由于刚性撑杆支承和组成结构构造复杂，其振动表现出复杂的动力行

文章发表于《第十三届空间结构学术会议论文集》，文章作者：秦杰、高政国、钱英欣、王丰。

为，依赖单索振动理论进行张弦结构拉索索力精确识别难以实现，需要考虑张弦结构构造特性研究多撑杆拉索的动力学模型，建立相应的振动理论和索力测量方法。目前多跨索振动理论研究还很少[5]，多跨索索力测量技术问题未见研究成果推出。

因此，本文基于索振动测试理论，提出了用于短粗索和多跨索索力识别多频率拟合法与半波法两种拉索索力测试方法，用以解决张弦结构施工中索力测量的问题。

1 拉索索振动与索力测试理论

1.1 索振动基本方程

忽略垂度与索力变化对振动的影响，预应力拱结构拉索自由振动的基本微分方程为

$$\frac{\partial^2}{\partial x^2}\left(EI\frac{\mathrm{d}^2 y}{\mathrm{d}x^2}\right)+N\frac{\partial^2 y}{\partial x^2}+m\frac{\partial^2 y}{\partial t^2}=0 \tag{1}$$

其中，索拉力为 N，定义为受拉为负；索弯曲刚度 EI；索单位质量为 m；索长度为 l，振动模型如图 1 所示。

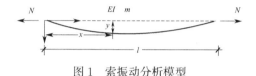

图 1　索振动分析模型

考虑等截面索，EI 不变，采用分离变量法分解方程（1），得到微分方程

$$\ddot{T}(t)+\omega^2 T(t)=0 \tag{2}$$

$$Y^{(4)}(x)+\frac{N}{EI}Y''(x)-\frac{\omega^2 m}{EI}Y(x)=0 \tag{3}$$

方程（2）是简谐振动方程，表明索在时间历程上为简谐振动，圆频率为 ω。方程（3）的通解为（4），为拉索振动形状的表达式。

$$Y(x)=C_1\mathrm{ch}\beta x+C_2\mathrm{sh}\beta x+C_3\cos\gamma x+C_4\sin\gamma x \tag{4}$$

其中，$\gamma=\sqrt{\left(\lambda^4+\dfrac{\alpha^4}{4}\right)^{1/2}+\dfrac{\alpha^2}{2}}$；$\beta=\sqrt{\left(\lambda^4+\dfrac{\alpha^4}{4}\right)^{1/2}-\dfrac{\alpha^2}{2}}$

$\alpha^2=\dfrac{N}{EI}$，$\lambda^4=\dfrac{\omega^2 m}{EI}$

根据不同的索边界条件，可由（4）计算不同的索振动频率方程，建立索力与频率关系公式。如：

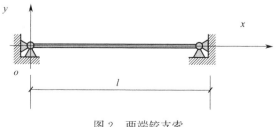

图 2　两端铰支索

两端铰支索（图2）边界条件为 $Y(0)=0$ $Y''(0)=0;Y(l)=0$ $Y''(l)=0$，代入式（4），得到频率方程

$$\sin\gamma l=0 \tag{5}$$

解方程得到根为 $\gamma_n=\dfrac{n\pi}{l}$ $(n=1,2,\cdots\cdots)$，得到频率表达式为

$$\omega_n=\frac{n^2\pi^2}{l^2}\sqrt{\left(\frac{EI}{m}-\frac{Nl^2}{n^2\pi^2 m}\right)} \quad (n=1,2,\cdots) \tag{6}$$

得到两端铰支索索力计算公式为：

$$T=-N=4\frac{mf_n^2 l^2}{n^2}-\frac{EIn^2\pi^2}{l^2} \tag{7}$$

式（7）即为常用的细长单索频率法索力计算公式。

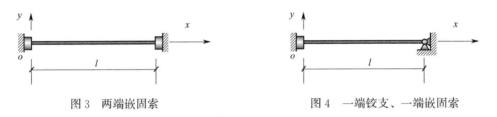

图 3 两端嵌固索　　　　　　　　　　　图 4 一端铰支、一端嵌固索

对于两端嵌固索拉索（图3），采用同样的方法可以计算得到频率方程

$$2\gamma\beta(1-\mathrm{ch}\beta l\cos\gamma l)+(\beta^2-\gamma^2)\sin\gamma l\,\mathrm{sh}\beta l=0 \tag{8}$$

对于一端铰支、一端嵌固索（图4），可以计算得到频率方程

$$\gamma\,\mathrm{sh}\beta l\cos\gamma l-\beta\,\mathrm{ch}\beta l\sin\gamma l=0 \tag{9}$$

由于方程（8）（9）为超越方程，不能解出显式频率表达式。因此难以给出精确的索力计算表达式。但是通过构造近合理的表达式可以近似得到方程（8）（9）的解，很多研究工作基于此展开，得到了特殊边界条件下索力的实用计算公式[6]。

对于两端嵌固索拉索，可近似给出实用公式

$$T=\frac{4f_n^2 m(b_n)^4 l^2}{(a_n)^2}-\frac{\pi^2 EI}{(a_n l)^2} \tag{10}$$

分析可知，$a_n l$ 的物理意义是当振动频率为零时两端固定索第 n 阶失稳计算长度；$b_n l$ 是轴力为零时两端固定索第 n 阶振型等效半波长。因此 $a_n b_n$ 可称作计算长度系数，取值见表1。

计算长度系数　　　　　　　　　　　　　　　表 1

阶次 n	a_n	b_n
1	0.5	0.664178761
2	0.349578	0.40003957
3	0.25	0.285713409
4	0.206778	0.222222241
5	0.166667	0.181818178

1.2 连续多跨索索单元振动理论模型

由于连续多跨索振动复杂，可以将跨间拉索作为分析单元，建立振动理论模型。给出一般索单元模型如图 5 所示。

图 5 索振动分析单元

边界条件为：一端的弯矩和剪力振动频率为 ω，幅值为 M_0、Q_0；转角和挠度振动周期为 ω，幅值为 φ_0、Y_0。将边界条件代入式(4)：

$$Y(0)=Y_0, \quad Y'(0)=\varphi_0, \quad -EIY''(0)=M_0, \quad -EIY'''(0)=Q_0 \tag{11}$$

令 $\beta^*=\beta l$，$\gamma^*=\gamma l$，索的线刚度 $i=EI/l$，得到：

$$
\begin{aligned}
M_A &= i\left(D\varphi_A + E\varphi_B + F\frac{Y_A}{l} - G\frac{Y_B}{l}\right)\\
M_B &= i\left(E\varphi_A + D\varphi_B + G\frac{Y_A}{l} - F\frac{Y_B}{l}\right)\\
Q_A &= -\frac{i}{l}\left(H\varphi_A + G\varphi_B + K\frac{Y_A}{l} - R\frac{Y_B}{l}\right)\\
Q_B &= -\frac{i}{l}\left(G\varphi_A + H\varphi_B + R\frac{Y_A}{l} - K\frac{Y_B}{l}\right)
\end{aligned}
\tag{12}
$$

其中：

$$D=\frac{1}{\Pi}(\beta^{*2}+\gamma^{*2})(\gamma^*\sin\beta^*\operatorname{ch}\gamma^* - \beta^*\cos\beta^*\operatorname{sh}\gamma^*)$$

$$E=\frac{1}{\Pi}(\beta^{*2}+\gamma^{*2})(\beta^*\operatorname{sh}\gamma^* - \gamma^*\sin\beta^*)$$

$$F=\frac{1}{\Pi}\beta^*\gamma^*\left[2\beta^*\gamma^*\sin\beta^*\operatorname{sh}\gamma^* - (\gamma^{*2}-\beta^{*2})(1-\cos\beta^*\operatorname{ch}\gamma^*)\right]$$

$$G=\frac{1}{\Pi}\beta^*\gamma^*(\beta^{*2}+\gamma^{*2})(\operatorname{ch}\gamma^* - \cos\beta^*)$$

$$H=\frac{1}{\Pi}\left[\beta^*\gamma^*(\gamma^{*2}-\beta^{*2})(1-\cos\beta^*\operatorname{ch}\gamma^*) + (\gamma^{*4}+\beta^{*4})\sin\beta^*\operatorname{sh}\gamma^*\right]$$

$$K=\frac{1}{\Pi}\beta^*\gamma^*(\beta^{*2}+\gamma^{*2})(\beta^*\operatorname{ch}\gamma^*\sin\beta^* + \gamma^*\operatorname{sh}\gamma^*\cos\beta^*)$$

$$R=\frac{1}{\Pi}\beta^*\gamma^*(\beta^{*2}+\gamma^{*2})(\beta^*\sin\beta^* + \gamma^*\operatorname{sh}\gamma^*)$$

$\Pi=2\beta^*\gamma^*(1-\cos\beta^*\operatorname{ch}\gamma^*) + (\gamma^{*2}-\beta^{*2})\operatorname{sh}\gamma^*\sin\beta^*$ （式中 $\Pi\neq0$；$\Pi=0$ 时，为两端固定索振动的特征方程）式(12) 可写成一般形式：

$$\begin{cases} K_{11}\Delta_1 + K_{12}\Delta_2 + K_{13}\Delta_3 + K_{14}\Delta_4 = P_1 \\ K_{21}\Delta_1 + K_{22}\Delta_2 + K_{23}\Delta_3 + K_{24}\Delta_4 = P_2 \\ K_{31}\Delta_1 + K_{32}\Delta_2 + K_{33}\Delta_3 + K_{34}\Delta_4 = P_3 \\ K_{41}\Delta_1 + K_{42}\Delta_2 + K_{43}\Delta_3 + K_{44}\Delta_4 = P_4 \end{cases} \tag{13}$$

其中

$\Delta_1 = \varphi_A$；$\Delta_2 = \varphi_B$；$\Delta_3 = Y_A$；$\Delta_4 = Y_B$

$P_1 = M_A$；$P_2 = M_B$；$P_3 = Q_A$；$P_4 = Q_B$

$K_{11} = K_{22} = iD$；$K_{21} = K_{12} = iE$

$K_{13} = -K_{24} = \dfrac{i}{l}F$；$K_{14} = -K_{23} = K_{32} = K_{41} = -\dfrac{i}{l}G$

$K_{31} = K_{42} = -\dfrac{i}{l}H$；$K_{33} = -K_{44} = -\dfrac{i}{l^2}K$

$K_{34} = -K_{43} = \dfrac{i}{l^2}R$

当拉索拉力 $T = 0$ 时，由式(13) 退化为无轴力梁或刚架的振动方程[7]。

1.3 连续多跨拉索的多频率拟合法

建立多跨连续拉索的振动模型，如图 6 所示，可建立如下振动方程：

$$\begin{cases} (Z_{11} + k_1)\Delta_1 + Z_{12}\Delta_2 + Z_{13}\Delta_3 \cdots + Z_{1n}\Delta_n = 0 \\ Z_{21}\Delta_1 + (Z_{22} + k_2)\Delta_2 + Z_{23}\Delta_3 \cdots + Z_{2n}\Delta_n = 0 \\ Z_{31}\Delta_1 + Z_{32}\Delta_2 + (Z_{33} + k_3)\Delta_3 \cdots + Z_{3n}\Delta_n = 0 \\ \cdots \\ Z_{n1}\Delta_1 + Z_{n2}\Delta_2 + K_{n3}\Delta_3 \cdots + (Z_{nn} + k_n)\Delta_n = 0 \end{cases} \tag{14}$$

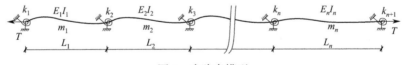

图 6　多跨索模型

其中，刚度系数非零元素有

$Z_{11} = K_{11}^{(1)}$

$Z_{12} = K_{12}^{(1)}$　　　$Z_{21} = K_{21}^{(1)}$　　　$Z_{22} = K_{22}^{(1)} + K_{11}^{(2)}$

$Z_{23} = K_{12}^{(2)}$　　　$Z_{32} = K_{21}^{(2)}$　　　$Z_{22} = K_{22}^{(2)} + K_{11}^{(3)}$

$\cdots$

$Z_{(n-1)n} = K_{12}^{(n-1)}$　　　$Z_{n(n-1)} = K_{21}^{(n-1)}$　　　$Z_{nn} = K_{22}^{(n-1)}$

其中 k_1，k_2，$\cdots k_n$ 为未知约束，建立相应的频率特征方程为

$$\begin{vmatrix} Z_{11} + k_1 & Z_{12} & \cdots & 0 \\ Z_{21} & Z_{22} + k_2 & \cdots & 0 \\ \cdots & \cdots & \cdots & 0 \\ 0 & 0 & \cdots & Z_{nn} + k_n \end{vmatrix} = 0 \tag{15}$$

可写成：

$$f(EI, m, \omega_i, T, k_1, k_2, \cdots, k_n) = 0 \quad (i = 1, 2, 3 \cdots) \tag{16}$$

方程组（16）有未知参数 T，k_i 共 $n+1$ 个。可以通过多阶频率建立对多跨索特性参数的识别。如检测得到频率阶数 s 大于未知参数个数 $n+1$，便可正确识别所有未知参数。在理论上，由于满足频率方程的频率有无穷多个，给定一组频率值有可能由于阶次错位引起的索力识别失真，但错频误差为会使得计算索力明显偏离真实索力，可通过索力初判排除失真的索力。

1.4　任意约束边界索索力识别的半波法理论

由公式（7）铰支边界单跨索索力公式可写为：

$$T = 4m f_n^2 L_n^2 - \frac{EI \pi^2}{L_n^2} \tag{17}$$

其中 $L_n = l/n$ 可被视作 n 阶频率对应的计算长度。

铰支边界约束时两端索各阶频率振动模态对应的频率和振型半波长存在对应关系，即相同的索力条件下，高阶频率与 f_n 振型半波长 $L_n = l/n$ 对应的振动形式，与振长度为 $L_n = l/n$，振动频率为 f_n 的两端铰支单索动力特性完全相同。两固端边界约束时，$a_n l$ 是振动频率为零时两端固定索第 n 阶失稳计算长度；$b_n l$ 是轴力为零时两端嵌固索第 n 阶振型等效半波长。理论上两端嵌固索随着频率阶次的增大，高阶振型的半波越来越逼近铰支索振型半波。同样对于任意边界约束单索，对应的高阶振型的半波也会越来越逼近铰支索振型半波。基于此可建立通过高阶振型的半波识别索力。如图 7 张弦结构中可通过高阶半波长近似计算拉索索力。

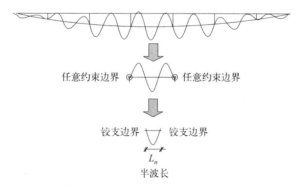

任意约束边界　　任意约束边界

铰支边界　　铰支边界

L_n

半波长

图 7　带撑杆索索力近似识别等价关系

通过分析可以得到高阶振型半波计算索力的精度。如图 8 所示，计算固端边界约束索与铰支边界索高阶振型半波长，得到高阶振型半波长相对差为[8]

$$\rho = \frac{2\Delta L_n}{L_n^0} \times 100\% = \frac{2\left(\dfrac{\cos \gamma_n l/2}{\mathrm{ch}\beta_n l/2}\right)\mathrm{ch}\dfrac{\beta_n}{2}\dfrac{\pi}{\gamma_n}}{\left(\dfrac{\cos \gamma_n l/2}{\mathrm{ch}\beta_n l/2}\right)\dfrac{\beta_n \pi}{\gamma_n}\mathrm{sh}\dfrac{\beta_n}{2}\dfrac{\pi}{\gamma_n} + \pi} \times 100\% \tag{18}$$

其中，$f_n = kf$；$\gamma_n = \sqrt{\left(k^2 \lambda^4 + \dfrac{\alpha^4}{4}\right)^{1/2} + \dfrac{\alpha^2}{2}}$；$\beta_n = \sqrt{\left(k^2 \lambda^4 + \dfrac{\alpha^4}{4}\right)^{1/2} - \dfrac{\alpha^2}{2}}$

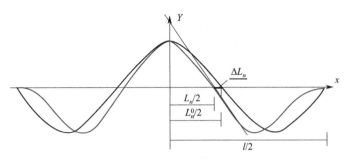

图 8 固端边界约束索与铰支边界索振型

例如：一索长 3m、索力 3600N，线密度 1kg/m 拉索，基频为 10Hz 时，不同阶次 k 半波长误差如图 9 所示。结果可以看出，两端固端约束索超过 3 阶的振型半波与同样索力的两端铰支索振型半波相差不超过 0.1%。根据索力公式，相应的索力相对误差不超过 0.2%。

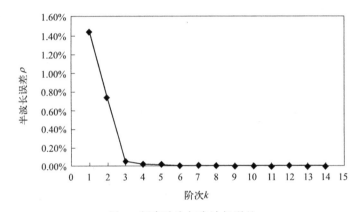

图 9 频率阶次与半波长误差

因此，利用高阶振型半波分析，可建立索力测量的半波法思路：将多跨拉索振动等效为一个任意约束边界拉索形式，再将其等效为一长度为 L_n，频率为 f_n 的单索振动形式，再利用单索振动理论计算索力。半波法的优点是：1）方法适用性强，适于各种拉索形式；2）原理简单，通过等效单索建立索力分析，避免复杂索的建模。技术实施的关键是高阶振型半波的测量。

2 索力测试理论的工程应用验证

2.1 多频率拟合法索力测试技术及验证

采用多频率拟合方式，通过检测多跨索多阶振动频率，即可建立对索力的有效识别。多频率拟合法建立多跨索索力测试的基本过程如下：

（1）建立多跨索振动模型。一个 m 跨 n 个未知约束刚度的带撑杆拉索建立特征方程为

$$f_i(EI,M,\omega_i,T,l_1,l_2,\cdots,l_m,k_1,k_2,\cdots,k_n)=0 \quad (i=1,2,3\cdots)$$

（2）检测试验获得 $n+1$ 个自振频率 ω_i，建立 $n+1$ 个关于索力 T 和 n 个约束刚度

$k_1,k_2,\cdots,k_n$ 为未知量的方程组，设计优化算法模型，建立优化目标函数

$$f_{\text{obj}}=\text{Min}\{\sum|f(EI,m,\omega_i,T,k_1,k_2,\cdots,k_n)|\}$$

（3）采用无约束优化算法，选择初始索力参数，对优化目标函数回归计算 $n+1$ 个未知参数，得到索力 T。

（4）进行识别索力值的正确性验证，得到计算结论。

2.1.1 燕郊试验验证

试验应用动测设备采用朗斯 LC0116T-2 低频 ICP 压电型单轴加速度传感器，采集模块为朗斯 CBook2000—P 型专用动采仪，数据分析软件采用北京东方振动与噪声技术研究所生产的 DASP-V10 工程版专用数据采集及分析软件。试验模型支架结构如图 10、图 11 所示。索线密度取 1.4235kg/m；直径为 15.2mm 钢绞线索弯曲模量取 526.4Nm^2。连续拉索共 4 跨，每跨长 2m。根据试验条件，多频率索力识别模型索边界约束刚度取零值。频率检测和索力识别结果见表 2。加速度响应的自谱分析见图 12。

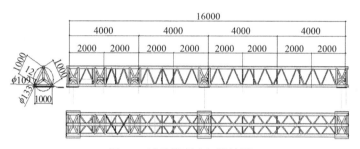

图 10　试验模型支架设计图

图 11　试验模型支架现场图

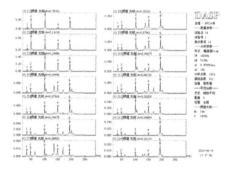

图 12　加速度响应的自谱分析

频率测试及多频率拟合索力优化计算结果　表 2

计算次数	优化初值（kN）	识别索力（kN）	实际张拉力（kN）
1	89.819	89.725	
2	80.000	89.725	90
3	100.000	89.725	

检测频率(Hz)：$f(1)=32.25$；$f(2)=46.5$；$f(3)=63.25$；$f(4)=99.25$；$f(5)=149.5$

从试验检测结果可以看出，不同的索力初值能够优化收敛到真实的索力值。

2.1.2　长沙火车站新站工程试验

长沙火车站新站地处浏阳河畔,站房面积大约13.7万 m^2。屋面采用钢结构桁架,中间部分为张弦梁结构。测试张弦梁各跨索长分别为5441.7、7566.7、7566.7、7566.7、7566.7、5441.7mm。索线密度为18.7kg/m,弯曲模量为139.0208kN·m^2（图13、图14）。频率检测和多频率法索力识别结果见表3。

图13　长沙火车站新站张弦梁　　　　　图14　张弦梁拉索频率测试

频率测试及多频率拟合索力优化计算结果　　　　　　　　　　表3

计算次数	索力初值(kN)	左端支座约束刚度(kN·m^2)	右端约束刚度(kN·m^2)	识别索力(kN)	左端支座识别刚度(kN·m^2)	右端识别刚度(kN·m^2)	实际张拉力(kN)
1	415.534	1.0	1.0	**287.815**	151.412	92.340	300
2	322.956	1.0	1.0	**286.748**	147.336	43.374	

检测频率(Hz):$f(1)=9.00$;$f(2)=10.135$;$f(3)=12.00$;$f(4)=13.56$

从试验检测结果可以看出,多频率拟合法能较为精确地识别真实的索力值。

2.1.3　最高人民法院人民来访接待站工程试验

最高人民法院人民来访接待站工程位于北京市丰台区内。其屋盖是双向张弦梁结构,由上层单层网架和下端的撑杆、索组成。共有7轴横向索和6轴纵向索,两方向的索都由撑竿下部通过,索连接到内外侧撑竿的上下两端。测试7跨索长分别为2.256、2.716、2.703、2.700、2.703、2.716、2.256m,索线密度为3.28kg/m,索弯曲模量为321.00Nm^2（图15、图16）。频率检测和多频率法索力识别结果见表4。

图15　高院人民接待站双向张弦梁结构　　　　图16　张弦梁拉索频率测试

频率测试及多频率拟合索力优化计算结果 表4

计算次数	索力初值 （kN）	左端支座约束 刚度（kN·m²）	右端约束刚度 （kN·m²）	识别索力 （kN）	左端支座识别 刚度（kN·m²）	右端识别刚度 （kN·m²）	实际张拉 力（kN）
1	50.768	1.0	1.0	54.354	3.7976	3.187	55
2	55.317	1.0	1.0	55.386	3.8576	6.026	

检测频率(Hz)：$f(1)=23$；$f(2)=24$；$f(3)=31$

从试验检测结果可以看出，多频率拟合法能较为精确的识别真实的索力值。

2.2 半波法索力测试技术及验证

通过测定高阶振动振型半波，可建立多跨索索力识别的方法。半波法索力测量技术实施过程如下：

（1）选择测量条件好的索跨根据模态识别要求选点布置传感器；

（2）敲击激励，进行时域振动信号采集；

（3）应用时域频变换工具进行时域振动信号变换，识别带撑杆拉索结构高阶自振频率；

（4）根据索不同测点振动信号进行模态识别，计算高阶振型曲线；

（5）根据高阶振型曲线半波长和相应频率计算索力。

燕郊试验验证　试验选用公称直径为15.2mm钢绞线，两锚具之间的长度为8m。钢绞线公称截面积为139mm²，每米理论重量为1.091kg。根据现场实际的条件，钢绞线上布置14个传感器，如图17中1到14所示，部分传感器的在钢绞线上的坐标如表5所示。传感器在钢绞线上的坐标为：1、1.5、2.5、3、3.5、3.6、3.7、3.8、3.9、4.5、5m。频率测试结果见表5。

图17　传感器在钢绞线上布置

频率测试结果 表5

阶次	1	2	3	4	5
频率(Hz)	14.13	30.75	43.63	58.38	72.50

振动信息采样完成后，采用DASP软件对采样数据进行传函分析，再进行模态分析，得到各阶模态振型，分析得到第三阶振型拟合曲线如图18所示。半波法索力计算结果见表6。

半波法索力计算结果 表6

阶次	半波次序	半波长(m)	频率值(Hz)	计算索力值(kN)	实际索力(kN)	误差(%)
3	2	3.1	43.63	103.84	95	9.30
4	2	2.302	58.38	102.25		7.63
	3	2.114	58.38	86.03		9.44
5	2	1.817	72.75	101.31		6.64
	3	1.724	72.75	91.00		4.21
	4	1.833	72.75	103.13		8.56

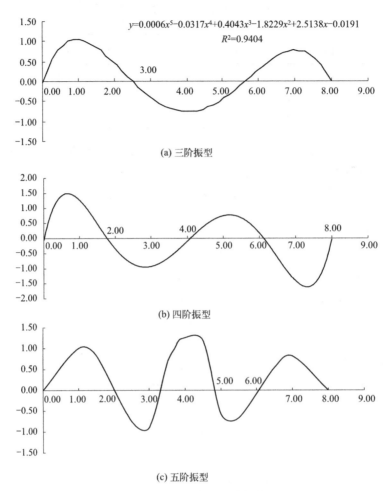

图 18　DASP 软件振型分析结果

　　从计算结果来看，半波法识别索力时随着阶次的提高，识别精度增大。同时 Dasp 模态分析软件进行高阶振型识别精度不足。因此在振型识别问题上需要进一步的工作。

3　拉索安全监测系统的实现与开发

3.1　系统功能设计

　　拉索安全监测系统用以现实预应力钢结构拉索施工过程索力有效监测和控制，是支持预应力施工和索力张拉安全风险评估的数字化平台系统。主要构成如图 19 所示。

3.2　系统硬件集成

　　系统硬件系统主要由传感器、信号采集设备、数据处理工具和激励设备构成。

　　(1) 传感器。动测设备采用朗斯 LC0116T-2 低频 ICP 压电型单轴加速度传感器，响应频率为 $0.05\mathrm{Hz}\sim300\mathrm{kHz}$，有效平稳响应频率约 $0.1\sim230\mathrm{kHz}$，自然频率为 $3000\mathrm{kHz}$，非线性响应不大于 5%，重量为 $220\mathrm{g}$。传感器灵敏度为 $2.5\mathrm{V/g}$，大量程传感器灵敏度为 $25\mathrm{mv/g}$。

　　(2) 信号采集设备。调理模块为传感器专用 cm4016 型调理模块，采集模块为朗斯

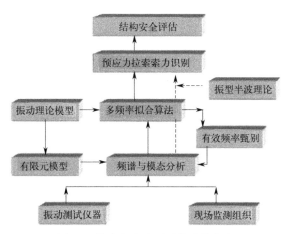

图 19　拉索安全监测系统功能方案

CBook2000-P 型专用动采仪，可同时接受多 16 通道并行输入采集，有效分辨率为 16bit。

智能信号采集处理分析仪是盒式采集仪，与计算机和软件配套使用，可实现对大容量多通道数据进行采集、显示、示波、读数、波形分析、频谱分析、数字滤波、波形的积分和微分、计算分析、存储、打印、拷贝等过程的全自动化。

（3）数据处理工具。数据分析软件采用北京东方振动与噪声技术研究所生产的 DASP-V10 工程版专用数据采集及分析软件。设计功能为：大容量信号示波采样、多踪时域分析、多踪自谱分析、自相关分析、互相关分析、互功率谱分析、传递函数分析等。

3.3　可视化软件系统

基于 Microsoft Visual Studio. Net 平台，采用 C++语言进行索力分析工具的开发。索力识别软件系统主要由单索索力分析模块和多跨索索力分析模块组成，依据多频率拟合优化算法和索力计算成果开发（图 20）。

图 20　软件结构组织

软件主要功能模块包括：简化模型索力计算、任意边界单索索力计算、多跨索索力计算。

（1）简化模型索力计算（图 21）。包括两端简支边界索、一端简支一端嵌固边界、两端嵌固索索 3 种特殊边界拉索的索力计算。

（2）任意边界单索索力计算（图 22）。通过多阶测试频率输入和索基本参数输入计算拉索索力，并识别未知边界条件。

（3）多跨索索力计算（图 23）。通过多阶测试频率数据文件或参数输入及索基本参数输入，采用多频率拟合法计算拉索索力，并识别未知边界条件。

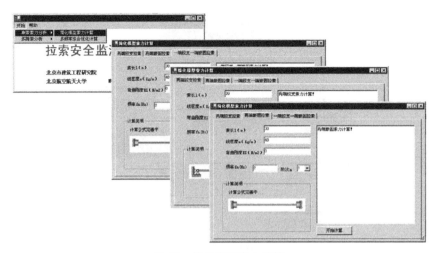

图 21 简化模型索力计算

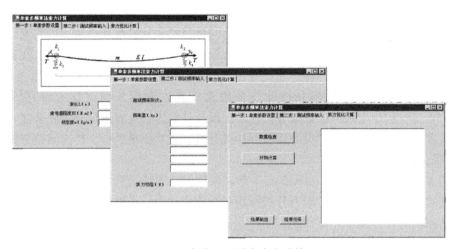

图 22 任意边界单索索力计算

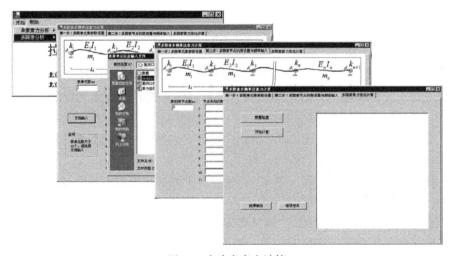

图 23 多跨索索力计算

4 结论

针对预应力钢结构体系中拉索索力测试问题，本文通过拉索的振动理论研究和高阶振型分析提出了多频率拟合法与半波法两种拉索索力测试方法。通过现场试验和多个实际工程，对多频率拟合法和半波法的实现原理、索力计算精度进行了方法验证，结果表明本文研究成果适用于预应力钢结构工程中拉索索力测试。最后介绍了基于索力测试技术研究成果进行的索力安全监测软件设计与开发工作。

参考文献

［1］ H. M. Irvine. Cable Structures［M］. The MIT Press，Cambridge，MA，1981.

［2］ Kim H B，Park T. Estimation of cable tension force using the frequency-based system identification method［J］. Journal of Sound and Vibration，2007，304（3-5）：660-676.

［3］ A. B. Mehrabi，H. Tabatabai. Unified finite difference formulation for free vibration of cables［J］. Journal of Structural Engineering，ASCE 124（11）（1998）1313-1322.

［4］ Ceballos A M，Prato A C. Determination of the axial force on stay cables accounting for their bending stiffness and rotational end restraints by free vibration tests［J］. Journal of Sound and Vibration，2008，317（1）：127-141.

［5］ 吴晓. 多跨连续长索的横振固有频率［J］. 振动与冲击，2005，（04）：127-128＋146.

［6］ Tullini N，Laudiero F. Dynamic identification of beam axial loads using one flexural mode shape［J］. Journal of Sound and Vibration，2008，318（1-2）：131-147.

［7］ 龙驭球，包世华. 结构力学［M］. 北京：高等教育出版社，1996.

［8］ 秦杰，高政国，钱英欣，王丰. 预应力钢结构拉索索力测试理论与技术［M］. 北京：中国建筑工业出版社，2010.

基于频率法的短粗索索力识别公式

摘要： 频率法检测索力是桥梁健康监测的一种常用方法。考虑了短粗拉索的抗弯刚度，利用牛顿迭代法对边界条件为两端固定拉索的自由振动进行分析，建立由频率识别拉索索力的近似公式。并利用有限元法分析得到的拉索的自振频率，对近似公式和相关文献的解进行对比研究。结果表明，近似公式精度较高，对短粗索索力识别的相对误差在 1% 以内。

拉索是悬索结构中受力最重要的组成部分，其安全性能将决定整个结构的安全。索力的变化会引起索结构的内力重分布，甚至引起整个结构的失效，因此为保证结构物的安全，就必须采取措施保证拉索在施工过程和后期使用处于受控状态，索力的正确检测是拉索结构施工和健康监测的关键点。

频率法是最常用的一种索力测量方法[1-2]。对于忽略垂度和弯曲刚度的细长索，通常采用弦振动原理[3]；而对于短粗索，通常采用两端简支受拉直梁的振动理论[3]。香港的青马大桥为公路和铁路两用桥[4]，主跨长 1377m，主索直径达到 1.1m。在进行索力检测时，这种大直径拉索的抗弯刚度效应不能被忽略。文献［1-9］均考虑了抗弯刚度对索力测量结果的影响。工程中的许多短粗索由于边界固端约束强，其振动波形不再是理想的正弦或余弦形式，索力的准确测量需要基于边界固端约束条件的振动理论模型分析建立索力与振动模态的关系，建立工程适用的索力识别公式。

本文考虑了短粗拉索的抗弯刚度，对两端固定拉索进行了理论与数值方面的分析，建立了索力与频率换算的实用公式，并采用有限元法验证了本文公式对索力识别的误差较小，易于在工程应用。

1 实用公式

1.1 基本假定

本文所研究的拉索基于以下基本假定：

1）拉索材料符合线弹性；

2）小垂度，即拉索垂度小于 1/8；

3）拉索的变形符合平截面假定；

4）忽略转动惯量和剪切变形；

5）轴力均匀分布，且轴向受拉时为正；

6）拉索在平面内振动。

文章发表于《工业建筑》2011 年第 41 卷增刊，文章作者：陈召、高政国、秦杰。

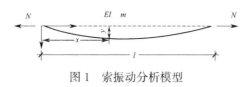

图 1　索振动分析模型

1.2　拉索的自由振动和近似公式分析

拉索振动分析模型如图 1 所示，其中 EI 为拉索的抗弯刚度、l 为拉索跨度、m 为拉索线密度、N 为拉索的轴力和 y 为拉索平面内距端部长度为 x 的横向位移。根据伯努利-欧拉梁理论，其面内竖向运动控制方程为[3]：

$$EI\frac{\partial^4 y(x,t)}{\partial^4 x}-N\frac{\partial^2 y(x,t)}{\partial x^2}+m\frac{\partial^2 y(x,y)}{\partial t^2}=0 \tag{1}$$

采用分离变量法，令 $y(x,t)=Y(x)\cdot T(t)$ 代入式（1），两边同时除以 $Y(x)$ 并将方程左边的第三项移到方程右边，可以得到：

$$\frac{EI}{m}\frac{Y^{(4)}(x)}{Y(x)}-\frac{N}{m}\frac{Y''(x)}{Y(x)}=-\frac{T(t)}{T(t)} \tag{2}$$

求解式（2），等式右边是关于时间的函数，由等式左边可以得到拉索的振动位移表达式为：

$$Y(x)=C_1\mathrm{ch}\gamma x+C_2\mathrm{sh}\gamma x+C_3\cos\beta x+C_4\sin\beta x \tag{3}$$

$$\left.\begin{array}{l}\gamma=\sqrt{\left(\lambda^4+\dfrac{\alpha^4}{4}\right)^{1/2}+\dfrac{\alpha^2}{2}}\\[2mm]\beta=\sqrt{\left(\lambda^4+\dfrac{\alpha^4}{4}\right)^{1/2}-\dfrac{\alpha^2}{2}}\\[2mm]\alpha^2=\dfrac{N}{EI},\lambda^4=\dfrac{\omega^2 m}{EI}\end{array}\right\} \tag{4}$$

两端固定拉索的边界条件：

$$\begin{array}{ll}Y(0)=0 & Y'(0)=0\\ Y(l)=0 & Y'(l)=0\end{array} \tag{5}$$

由式（3）和式（5）可以得到：

$$2(\gamma l)(\beta l)(1-\mathrm{ch}\gamma l\cos\beta l)+\left[(\gamma l)^2-(\beta l)^2\right]\cdot\sin\beta l\,\mathrm{sh}\gamma l=0 \tag{6}$$

式中，γl，βl 为 αl 和 $(\lambda l)^2$ 的函数，由式（4）得：

$$\gamma l=\sqrt{\left((\lambda l)^4+\frac{(\alpha l)^4}{4}\right)^{1/2}+\frac{(\alpha l)^2}{2}}$$

$$\beta l=\sqrt{\left((\lambda l)^4+\frac{(\alpha l)^4}{4}\right)^{1/2}-\frac{(\alpha l)^2}{2}} \tag{7}$$

设：$\xi=\alpha l=\sqrt{\dfrac{T}{EI}}$，$\zeta=(\lambda l)^2=\omega\sqrt{\dfrac{m}{EI}}l^2$，将式（6）改写为：

$$f(\xi,\zeta)=2\gamma l(\xi,\zeta)\beta l(\xi,\zeta)[1-\mathrm{ch}\gamma l(\xi,\zeta)\cdot\cos\beta l(\xi,\zeta)]$$
$$+[\gamma l(\xi,\zeta)^2-\beta l(\xi,\zeta)^2]\sin\beta l(\xi,\zeta)\mathrm{sh}\gamma l(\xi,\zeta)=0 \tag{8}$$

这是一个超越方程，需要数值方法求解。通过牛顿迭代法[10] 建立 ξ 与 ζ 的关系，前 19 阶 ξ 与 ζ 的关系如图 2 所示。

ζ 是关于频率的无量纲参数，而 ξ 是综合评价拉索的索力、抗弯刚度和长度对拉索自由振动影响程度大小的无量纲参数。当 ξ 较小（低应力的短粗索）时，拉索的振动接近于无轴力直梁的振动，图 2 中 $\xi=0$ 处对应无量纲参数 $\zeta=\omega_n\sqrt{\dfrac{m}{EI}}l^2$，即拉索圆频率 $\omega=\omega_n$（ω_n 为无轴力直梁第 n 阶自由振动圆频率）；而当 ξ 较大（高应力的细长索）时，拉索的振动趋向于弦振，理论上当 $\xi=\infty$ 时，拉索的振动几乎不受边界条件和抗弯刚度的影响，此时拉索圆频率 $\omega=\omega_n'=\dfrac{n\pi}{l}\sqrt{\dfrac{T}{m}}$（$\omega_n'$ 为弦的第 n 阶自由振动圆频率）。

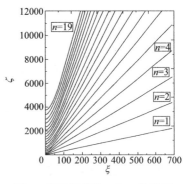

图 2　无量纲参数 ξ 与 ζ 的关系

文献 [5] 研究了一阶和二阶索力识别的近似公式，具有一定的精度。本文根据计算曲线的特征构造第三、四阶的近似公式如下：

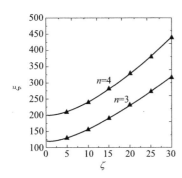

图 3　近似解与精确解的对比

$$\zeta_8=\begin{cases}121\sqrt{1+\dfrac{\xi^2}{151}} & 0\leqslant\xi\leqslant24\\[2mm]\sqrt{9112+(3\pi\xi)^2}+18.8 & \xi>24\end{cases}\quad(9)$$

$$\zeta_4=\begin{cases}200\sqrt{1+\dfrac{\xi^2}{236}} & 0\leqslant\xi\leqslant29\\[2mm]\sqrt{27750+(4\pi\xi)^2}+25 & \xi>29\end{cases}\quad(10)$$

式中：ζ 的下标表示阶数。当 ξ 在上述范围内变化时，ζ_8 的近似解与精确值的相对误差在 0.3% 以内，ζ_4 的近似解与精确值的相对误差在 0.2% 以内。近似解与精确解的关系如图 3 所示。

2　精度分析

本文通过建立两端固定拉索的模型，采用有限元法分析拉索的自振频率，对近似公式（9）、式（10）索力和抗弯刚度的识别精度进行了验证。

对具有不同 ξ 的 7 根拉索进行有限元分析，拉索的物理参数如表 1 所示，其中拉索的弹性模量 $E=180000\text{MPa}$，直径 $D=100\text{mm}$，线密度 $m=61.261\text{kg/m}$。由有限元法得到拉索前四阶的自振频率如表 2 所示。

	拉索的物理参数			表 1
索号	$T(\text{kN})$	$EI(\text{kN}\cdot\text{m}^2)$	$l(\text{m})$	ξ
1	500	883.573	10	7.523
2	1000	883.573	20	21.277
3	2000	883.573	50	75.225
4	4000	883.573	100	212.77
5	6000	883.573	200	521.18
6	8000	883.573	300	902.7
7	10000	883.573	500	1682.1

拉索的前四阶自振频率 f_n（Hz）　　　　　　　　表 2

索号	一阶	二阶	三阶	四阶
1	6.5067	15.164	27.080	42.531
2	3.5590	7.3504	11.557	16.336
3	1.8564	3.7275	5.6156	7.5330
4	1.2917	2.5842	3.8785	5.1754
5	0.78707	1.5743	2.3616	3.1492
6	0.60534	1.2107	1.8161	2.4216
7	0.40594	0.81189	1.2179	1.6238

采用公式（9）和式（10）及相关文献的理论对表 1 拉索的索力进行识别，其中文献[5]、简支的直梁理论和弦振动理论采用基频进行索力识别，识别的结果如表 3 所示。

索力识别结果（kN）　　　　　　　　表 3

索号	1	2	3	4	5	6	7
精确值	500	1000	2000	4000	6000	8000	10000
式(9)	495 (−1.0%)	999.1 (−0.1%)	2001.8 (0.09%)	4.011 (0.28%)	6025.6 (0.43%)	8045.6 (0.57%)	10072 (0.72%)
式(10)	496 (−0.8%)	1001.9 (0.19%)	2001.7 (0.09%)	4011.2 (0.28%)	6025.7 (0.43%)	8045.9 (0.57%)	10071.2 (0.71%)
文献[5]	488 (−2.4%)	997.8 (0.22%)	1989.2 (0.54%)	4004.5 (0.11%)	6.021 (0.35%)	8042 (0.54%)	10069 (0.69%)
简支的直梁理论	950.2 (90%)	1219.7 (22%)	2107.7 (5.39%)	4087.7 (2.2%)	6071.8 (1.2%)	8081.3 (1.0%)	10095 (0.95%)
弦振动	1037.5 (108%)	1241.5 (24.2%)	2111.2 (5.6%)	4088.5 (2.2%)	6072 (1.2%)	8081.4 (1.0%)	10095 (0.95%)

注：括号内为相对误差值，相对误差＝（近似值－精确值）/精确值。

由表 3 可以看出，本文近似公式（9）和式（10）对索力识别的相对误差的绝对值在 1% 以内。在 ξ 较小时具有很高的精度，在 ξ 较大时与文献[5]的识别精度比较接近，因此适用于各种型号拉索的索力识别。文献[5]对于低应力的短粗索（例如 $\xi=7.523$ 时）索力的识别精度较低。简支的直梁理论比弦振动理论精确一些，两者都适用于 ξ 值较大时（$\xi>210$ 时）的索力识别，即适用于高应力细长索的索力识别，因为此时拉索受边界条件和抗弯刚度的影响较低，其振动波形是理想的正弦或余弦形式；对于低应力的短粗索（例如 $\xi=7.523$），简支的直梁理论和弦振动理论对索力识别的相对误差太大（90% 和 108%）。

3 结语

本文针对短粗索测量精度差的问题，利用数值方法建立了索力与频率关系的近似公式，并采用有限元法进行了短粗拉索的自由振动分析，利用有限元分析得到的拉索频率对本文公式和相关理论进行了对比研究，结果表明：本文公式对索力识别的相对误差在 1%

以内，适用范围大且简单易用，可供相关的工程应用参考。

参考文献

［1］ Casas J R. A Combined Method for Measuring Cable Forces：The Cable-Stayed Alamillo Bridge, Spain［J］. Structural Engineering International，1994，4（3）：235-240.

［2］ Russell J C，Lardner T J. Experimental Determination of Frequencies and Tension for Elastic Cables ［J］. Journal of Engineering Mechanics，ASCE，1998，124（10）：1067-1072.

［3］ Byeong Hwa Kima，Taehyo Park. Estimation of Cable Tension Force Using the Frequency-Based System Identification Method［J］. Journal of Sound and Vibration，2007，304（3-5）：660-676.

［4］ Marcelo A Ceballos，Carlos A. Prato Dynamic Analysis of Large-Diameter Sagged Cables Taking into Account Flexural Rigidity［J］. Journal of Sound and Vibration，2002，257（2）：301-319.

［5］ Zui H，Shinke T，Namita Y. Practical Formulas for Estimation of Cable Tension by Vibration Method［J］. Journal of Structural Engineering，ASCE，1996，122（6）：651-656.

［6］ 任伟新，陈刚. 由基频计算拉索拉力的实用公式［J］. 土木工程学报，2005，（11）：26-31.

［7］ 苏成，徐郁峰，韩大建. 频率法测量索力中的参数分析与索抗弯刚度的识别［J］. 公路交通科技，2005，（05）：75-78.

［8］ 孟少飞，杨睿，王景全. 一类精确考虑抗弯刚度影响的系杆拱桥索力测量新公式［J］. 公路交通科技，2008，（06）：87-91＋98.

［9］ 朱卫国，申永刚，项贻强，等. 梁拱组合体系桥柔性吊杆索力测试［J］. 中南公路工程，2004，（01）：21-23＋36.

［10］ 颜庆津. 数值分析［M］. 北京：北京航空航天大学出版社，2006.

气肋式薄膜充气帐篷梁单元力学性能影响因素研究

摘要： 为了解气肋式帐篷梁单元的力学性能及其影响因素，基于有限元软件 ABAQUS 的流体腔模块对梁单元开展了数值模拟研究，获得不同工况下梁单元的位移结果，分析梁单元膜面厚度、截面尺寸、材料弹性模量、内部气压对其力学性能的影响。研究结果表明，材料厚度小于 0.5mm 时，梁单元会发生面外弯曲变形，厚度大于 0.5mm 后抗弯扭刚度提高，变形不超过 10mm；梁单元截面直径小于 300mm 时会发生明显的面外弯曲，而截面直径超过 300mm 时，虽然有变形增大的趋势，但位移与截面直径的比值处于 4%～8% 之间；弹性模量对梁单元力学性能的影响具有明显的分段点，当材料弹性模量小于 200MPa 时，梁单元无法有效抵抗变形，而当弹性模量大于 200MPa 时，梁单元的变形在 10mm 附近波动，因此建议梁单元在满足变形要求的情况下，可选用弹性模量较小的材料；内部气压过小将无法抵消梁单元自重影响，而过大的气压又会引发面外弯曲及失稳，故建议内部气压取值在 10～50kPa 之间。

0　引言

当自然灾害、疫情、战争等突发事件发生时，应急救灾建筑的快速改造和搭建尤为重要[1-2]。帐篷作为临时性密闭场所，可以为受灾人员和医疗、通信设备提供适宜的环境和有效的防护，是防震救灾以及战时状态的重要应急物资[3-4]。传统刚性骨架帐篷存在重量大、不便于收纳与运输等问题[5]，而气肋式膜结构帐篷主要以充气管为承重构件，具有质轻、灵活性高、扩展空间大等特点，安装时只需要将构件运至现场然后进行充气即可，非常便于运输和搭建，适用于抗震救灾、抗疫方舱医院、野战医院等应急建筑[6-7]。

将气肋式膜结构帐篷通用化、集成化，可以有效提高应急救援效率，而气肋是膜结构帐篷的主要力学单元，对其力学性能的分析尤为重要。

1　研究现状

气肋式帐篷主要以 PVC、TPU 等织物膜材作为封闭气腔的膜面材料，将空气充入气腔内，利用内部气压向膜面引入预应力从而使其具有刚度，如图 1 所示[8]。在材料层面，膜材是典型的非线性、各向异性材料，日本的日野吉彦等[9] 采用塑性理论导入当量应力概念，进行分区线性化以处理膜材非线性问题，并确

图 1　气肋式膜结构帐篷

文章发表于《建筑结构》2023 年 6 月第 53 卷增刊 1，文章作者：王腾飞、于洋、秦杰。

定膜材料的弹性模量。倪佳女、倪静等[10-11]研究了建筑膜材膜材双轴拉伸性能，测定其经、纬向抗拉强度、撕裂强度、单轴弹性模量、双轴弹性模量、泊松比、剪切模量等力学参数。

结构层面，中村田丰[12]设计了由16根弯曲状气肋并排组合而成的气肋式富士馆，结构最大高度为31.5m。在正常使用状态下，各个气肋内的内气压保持在10kPa；在暴风雨等极端天气来临时，可以将内气压增大至25kPa，提高结构的整体刚度并增强结构抵抗外荷载的能力。梁昊庆等[13]研究了内气压对三种形式张弦气肋梁结构基本力学性能的影响，拟定合理的气压值。GUO等[14]对研究了一个组合气肋分别在竖向荷载和横向荷载下的荷载-位移曲线及失效模式，并考虑施加荷载方式的影响。龚景海等[15]对气肋拱及气肋梁体系进行了荷载分析，给出结构变形图、膜面应力等计算结果。

在气肋式应急帐篷方面，李雄彦等[16]对气承式和气肋式膜结合而成的气密式充气帐篷进行数值模拟研究，分析了蒙皮膜面内压、气肋内压、长宽比、结构高度和跨度等参数对结构受力性能的影响。焦志伟等[5]设计了正四棱锥形和球形2种典型的气肋式膜结构，研究其空间利用率和占地面积利用率，并分析了球形充气帐篷结构在不同风荷载下的稳定性，提出优化设计建议。

本文对气肋式帐篷梁单元力学性能的影响因素进行研究，分析梁单元的膜厚度、弹性模量、截面尺寸、内部气压四个设计参数对其力学性能的影响。

2 有限元模型设定

2.1 基本假设

对气肋式帐篷梁单元开展受力性能分析是进行气肋式帐篷结构分析的基础，由于影响气肋式帐篷梁单元受力性能的因素较多，为了简化分析，本文的数值模型采取以下假定：1）梁单元两端均采用固接边界，即限制两个侧面在 xyz 方向位移；2）梁单元所用的材料近似为线弹性；3）仅考虑梁单元在内部气压和自身重力作用下的受力性能，不考虑其他附加荷载。

2.2 参数选取

根据气肋式帐篷梁单元长度大、截面小、重量轻的特点，本文设置梁单元长度为6000mm，选取了不同厚度、不同弹性模量、不同截面尺寸、不同内部气压四个参数，开展受力性能影响因素研究。

其中，厚度参数依据实际TPU膜的常用厚度选取了0.1、0.3、0.5、0.7、1.0、1.2、1.5、2.0、3.0mm；截面尺寸依据直径的不同，选取了100、200、300、400、500mm；弹性模量参数依

图2 梁单元的有限元模型

据实际TPU膜进行设定，分别为50、100、200、300、500、700、1000MPa；内部气压分别取为2、5、8、10、20、30、40、60、80、100kPa。

2.3 有限元模型

利用有限元软件ABAQUS对气肋式帐篷梁单元的受力性能影响因素开展参数化分析。其中，梁面的TPU膜选用只能承受面内张力，不能承受法向应力的M3D4R膜单元；梁单元内气压的模拟则基于流体腔模块，即在封闭空间内充入理想状态的气体，腔内各点具有相同的温度和压力。有限元模型如图2所示。

3 模拟结果分析

利用有限元软件 ABAQUS 分别研究了各种参数对梁单元受力性能的影响。

3.1 TPU 膜厚度的影响

为探究 TPU 膜厚度对气肋式帐篷梁单元受力性能的影响，本小节在算例设置时，将 TPU 的弹性模量设为 300MPa，截面直径设为 300mm，内部气压设为 30kPa，膜面厚度设置为 0.1～3.0mm。

图 3 是不同厚度梁单元在施加重力荷载和内部气压后的位移云图，图 4 是对应的位移-厚度曲线图。从图 4 可知，当厚度小于 0.5mm 时，随着厚度增加结构变形有明显减小，而当厚度大于 0.5mm 时，梁单元的变形变化不大。从位移云图可对该现象做出如下分析，厚度 0.1mm 时截面抗弯扭刚度较差，在气压作用下梁单元发生弯曲失稳（图 3a）。而随着厚度增加，抗扭刚度提升，弯曲失稳现象不再出现（图 3b、图 3c），梁单元变形在 10mm 之内。

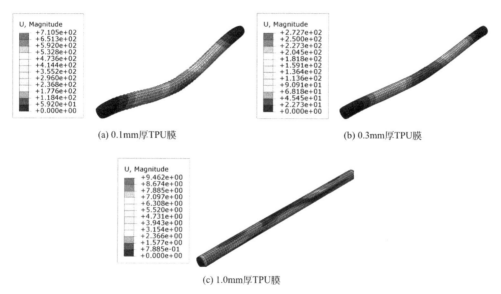

图 3 厚度对梁单元影响的位移云图（mm）

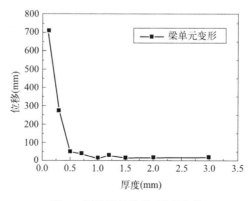

图 4 梁单元的位移-厚度曲线

3.2 TPU 膜截面尺寸的影响

为探究 TPU 膜截面尺寸对气肋式帐篷梁单元受力性能的影响，本小节在算例设置时，将 TPU 的弹性模量设为 300MPa，膜面厚度取为 1mm，内部气压设为 30kPa，截面直径设置为 100～500mm。

图 5 是不同截面直径梁单元在施加重力荷载和内部气压后的位移云图，图 6 是对应的位移-截面直径曲线图。从图 6 可知，截面直径较小时，梁单元的抗弯扭刚度较小，在直径 100mm 时梁单元会发生明显的面外弯曲，而随着直径的增加，截面刚度逐渐增大，面外失稳情况逐渐消失，梁单元变形逐渐减小。随着截面直径的继续增加，虽然梁单元的变形有变大的趋势，但位移与截面直径的比值关系均处于 4%～8% 之间，如图 6 所示。由此可知，若想获得较小的梁单元变形，不宜选择较大和较小的截面直径。

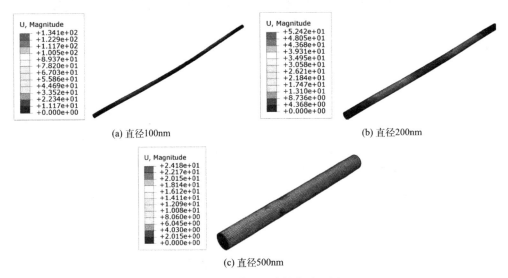

(a) 直径100nm   (b) 直径200nm

(c) 直径500nm

图 5　截面直径对梁单元影响的位移云图（mm）

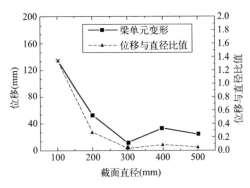

图 6　梁单元的位移-截面直径曲线

3.3 TPU 膜弹性模量的影响

为探究 TPU 膜弹性模量对气肋式帐篷梁单元受力性能的影响，本小节在算例设置时将 TPU 膜的直径设为 30mm，膜面厚度取为 1mm，内部气压设为 30kPa，弹性模量设置为 50～1000MPa。

图 7 是不同弹性模量 TPU 膜的梁单元在施加重力荷载和内部气压后的位移云图，图 8 是对应的位移-弹性模量曲线图。从图 8 可知，弹性模量对变形的影响规律与厚度影响相近。当弹性模量较小时，结构变形较大，这是由于梁单元发生了面外弯曲变形；而随着弹性模量逐渐增加，梁单元的变形逐渐减小，在 10mm 附近波动，如图 8 所示。这表明，若想限制梁单元的变形，无需选择过大弹性模量的材料，可选择满足变形要求的最小弹性模量材料。

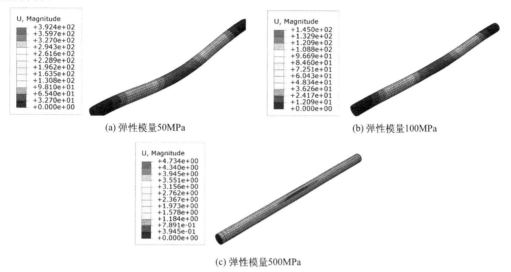

(a) 弹性模量50MPa   (b) 弹性模量100MPa

(c) 弹性模量500MPa

图 7 弹性模量对梁单元影响的位移云图（mm）

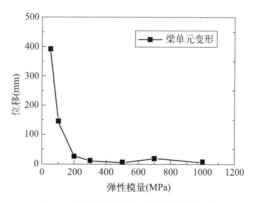

图 8 梁单元的位移-弹性模量曲线

3.4 梁单元内部气压的影响

为探究内部气压对气肋式帐篷梁单元受力性能的影响，本小节在算例设置时，将 TPU 膜的直径设为 30mm，膜面厚度取为 1mm，弹性模量设为 300MPa，内部气压设置为 2～100kPa。

图 9 是不同内部气压的梁单元在施加重力荷载和内部气压后的位移云图，图 10 是对应的位移-内部气压曲线图。气压与梁单元的刚度呈现强相关关系。从图 10 可知，当气压较小时，随着气压的增加，梁单元的变形逐渐增大，这个过程中梁单元刚度逐渐增加；当内部气压大于 10kPa 后，随着气压逐渐增加，梁单元的变形逐渐减小，这是由于气压的

增大逐渐抵消了材料自重引发的变形；而随着内部气压从 40kPa 继续增加，梁单元的变形再次逐渐增大。参考图 9 中位移云图在 40kPa 和 100kPa 的结果可知，大气压作为荷载作用于梁单元后，受限于材料自身的厚度、弹性模量、截面尺寸，梁单元的刚度无法抵抗大气压而引起面外弯曲变形。因而，在进行气肋式帐篷设计时，不应一味地追求较大的内部气压。

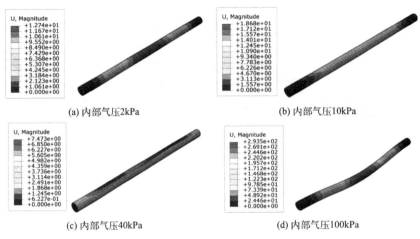

(a) 内部气压2kPa   (b) 内部气压10kPa

(c) 内部气压40kPa   (d) 内部气压100kPa

图 9　内部气压对梁单元影响的位移云图/mm

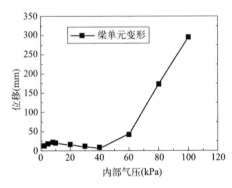

图 10　梁单元的位移-内部气压曲线

4　结语

本文以气肋式帐篷使用的梁单元为研究对象，基于有限元分析软件 ABAQUS 的流体腔模块，围绕厚度、截面直径、弹性模量和内部气压四个参数开展了梁单元受力性能影响因素的研究。得到主要结论如下：

（1）较小的材料厚度、较小的截面直径、较低的材料弹性模量都会导致梁单元自身的抗弯扭刚度不足，进而出现面外弯曲。

（2）梁单元内填充小气压时，虽然结构变形较小，但无法提供足够的刚度抵抗外界荷载，而过大的气压又会使梁单元自身发生面外弯曲失稳，因此，在进行气肋式帐篷设计时，建议根据厚度、材料弹性模量、截面直径，以及需承担的荷载来选取合理的内部气压。

（3）为了气肋式帐篷在实际的应急救援场景建造中能最大化地发挥作用，兼顾便携性和良好的结构性能，其梁单元的材料厚度建议选取1mm左右，截面直径300mm，选用材料的弹性模量不低于200MPa，内部填充气压不小于10kPa。

参考文献

［1］ 倪锋，张悦，薛亮，等．汶川地震灾后农村自建临时过渡住房案例调研［J］．建筑学报，2010，（09）：125-130.

［2］ FÉLIX D，BRANCO J M，FEIO A. Temporary housing after disasters：a state of the art survey［J］. Habitat International，2013，40136-141.

［3］ 张宗兴，衣颖，吴金辉，等．帐篷式移动生物安全实验室设计及在新型冠状病毒检测中的应用［J］．医疗卫生装备，2020，41（02）：1-5.

［4］ 江晨，施旭艳．"速生"的建筑——以帐篷为主的快速搭建建筑的使用研究［J］．华中建筑，2010，28（10）：69-72.

［5］ 焦志伟，王克琛，于源，等．气肋式薄膜充气帐篷结构设计及力学分析［J］．塑料，2022，51（03）：137-142＋155.

［6］ 沈世钊．膜结构——发展迅速的新型空间结构［J］．哈尔滨建筑大学学报，1999，（02）：11-15.

［7］ Mollaert M，Dimova S，Pinto A，et al. Prospect for European Guidance for the Structural Design of tensile membrane structures：support to the implementation，harmonization and further development of the eurocodes［M］. Luxembourg：Publications Office of the European Union，2016.

［8］ 万宗帅．新型充气膜混合结构形态分析及受力性能研究［D］．哈尔滨：哈尔滨工业大学，2020.

［9］ 日野吉彦，石井一夫．膜構造解析におけろ材料非線性の評價［C］．東京：膜構造研究論文集，1994，8：35-49.

［10］ 倪佳女．PVC膜材力学性能试验研究［D］．上海：同济大学，2009.

［11］ 倪静，罗仁安，陈有亮，等．建筑膜材料在双轴拉伸作用下的特性［J］．工程力学，2009，26（06）：100-104.

［12］ Pauletti Ruy Marcelo De Oliveira. Some issues on the design and analysis of pneumatic structures［J］. International Journal of Structural Engineering，2010，1（3/4）：217-240.

［13］ 梁昊庆，董石麟．内气压对三种形式张弦气肋梁结构基本力学性能的影响［J］．建筑结构，2014，44（10）：66-72.

［14］ GUO X，LI Q，ZHANG D，et al. Structural behavior of an air-inflated fabric arch frame［J］. Journal of Structural Engineering，2016，142（2）：4015108.1-4015108.1.

［15］ 龚景海，李中立，宋小兵．气承与气肋组合式充气膜结构的研究与应用［J］．空间结构，2013，19（01）：72-78.

［16］ 李雄彦，黄浩楠，薛素铎，等．气密式充气帐篷结构受力性能研究［J］．空间结构，2021，27（04）：50-55＋49.

张弦金属薄板空间结构模型试验研究

摘要： 基于大跨空间结构"围护＋结构"合二为一的设计理念，提出"张拉金属薄板空间结构"体系。金属薄板具有强度高、面内刚度大的特点，但其面外刚度较弱，对于大跨空间结构，在面外荷载作用下金属薄板变形控制难度大。因此，通过对金属薄板施加面内预应力提高其面外刚度，同时将索结构与预应力金属薄板结构相结合，构成新的"张拉金属薄板空间结构"体系，实现围护与结构在大跨空间结构设计上的统一。进行了平面尺寸为 6m×4.5m 的张弦金属薄板空间结构的模型试验，研究了该结构金属薄板间的连接、预应力施加、结构成形过程、静力加载特性等，并将试验结果与数值模拟结果进行了对比，最后对采用新结构体系的工程实例进行了数值分析。结果表明，张弦金属薄板空间结构体系在成形后具有良好的力学性能，能够充分发挥围护与结构相统一的优点，在各类大跨度料场封闭工程中具有广泛的应用前景。

1 张弦金属薄板空间结构形式的提出

1.1 膜结构的形式及受力特点

随着建筑织物膜材的迅速发展，越来越多的工程项目采用膜结构体系[1-4]。目前广泛应用的膜结构可分为骨架式[5]、充气式[6-7] 和张拉式[8-10] 等（图 1）。骨架式膜结构中膜材大多数情况下只是作为围护构件；张拉式膜结构是由拉索、钢构件和膜材共同组成的受力体系，在这种体系中，膜材作为受力构件，同时也作为围护构件，是一种高效的受力体系。充气膜结构中的膜材既作为受力构件也是围护构件。

膜结构虽然可以充分发挥膜材的抗拉性能，但其限制条件是膜材必须在受拉预应力作用下才具有足够的强度和承受荷载的能力，同时膜材还有许多不可避免的缺点，如膜材强度较低、抗撕裂能力差；弹性模量很低，在荷载作用下会产生较大变形容易发生皱褶；目前使用的大多数膜材都是不可再生的[11-12]，因此膜结构也具有突出的环保问题。

1.2 索结构的形式及受力特点

根据结构形式和受力特点，索结构可分为单层悬索体系、双层悬索体系和含劲性构件的悬索体系三种类型[13]。单层悬索体系分为平行布索、辐射式布索和索网等几种形式，其中索网结构主要由承重索和稳定索构成，具有更好的整体稳定性。双层悬索结构主要由上凸的稳定索、下凹的承重索和中间连接连系杆（拉杆或撑杆）组成，也可称为索桁架（图 2）。辐射式布置的双层索系在圆心处要设置受拉内环，双层索一端锚挂于内环上，另一端锚挂在周边的受压外环上（图 3）。悬索结构虽然能够充分发挥高强钢索的受拉性能，但是该结构体系只是结构的骨架，没有任何围护作用，需要额外的覆盖材料作为围护。

文章发表于《建筑结构》2024 年 2 月 29 日网络首发，文章作者：秦杰、冯得海、曹伟、吴金志、张毅刚、钱英欣。

(a) 骨架式膜结构

(b) 充气式膜结构

(c) 张拉式膜结构

图 1　典型的膜结构类型

图 2　双层悬索结构示意图

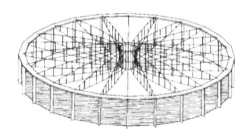

图 3　辐射式双层悬索结构

1.3　张弦金属薄板结构的可行性

结合膜结构以及悬索结构中以膜材面内拉力或索的拉力抵抗外荷载的特点，本文利用金属薄板更高的抗拉强度以及金属薄板自身的围护作用，结合目前较为成熟的预应力施工技术，提出一种"围护＋结构"合二为一的预应力结构体系，称为张拉金属薄板空间结构体系。该结构体系中施加预应力后的板材不仅起到围护作用，同时也是整体结构的受力构件。张拉金属薄板空间结构体系共有四种类型，分别为张弦金属薄板空间结构（图4）、斜拉金属薄板空间结构、悬索金属薄板空间结构和索承金属薄板空间结构。本文主要对张弦金属薄板空间结构进行研究。

2　薄板间连接节点试验

2.1　试验方案

2.1.1　试验情况

根据该结构体系的构成可知，板与板之间的连接是本结构安全的关键，通过何种连接工艺使得板材连接处达到与母材等强是关键的问题。本文在薄板间连接处采用氩弧焊连接

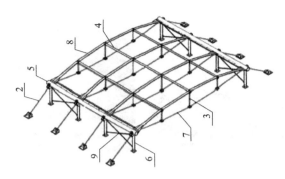

图 4　张弦金属薄板空间结构体系

2—斜拉索；3—撑杆；4—横梁；5—边梁；6—钢柱；7—张拉索；8—厚板带；9—柱间交叉支撑

工艺，并通过破断试验来检验该连接工艺是否可以使预选板材达到等强。图 5 为现场试验装置，数据采集设备与电脑相连，可以实时显示拉力数据和储存数据。

2.1.2　试验板材及试件命名原则

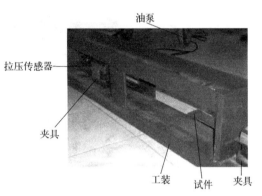

图 5　现场试验装置

试验采用彩涂板，彩涂板的牌号为 TS250GD＋Z，厚度为 1.0mm。板材具体的力学性能参数见表 1。加工完成的氩弧焊试件如图 6 所示。板材的编号规则如下：T 为板材类型，这里代表彩涂板；10 指厚度为 1.0mm；连接方式：Y 代表氩弧焊，X 代表斜焊缝，F 代表缝焊；M 代表材板条，无加工。例 T-10-Ya 代表采用氩弧焊连接的 1.0mm 厚彩涂板 a 试件。

板材的力学性能参数　　　　　　　　　　　　　　　　　　表 1

板材	牌号	屈服强度/MPa	抗拉强度/MPa	断后伸长率/%
彩涂板	TS250GD＋Z	250	330	17-19

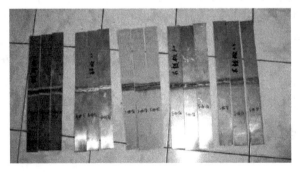

图 6　氩弧焊试件

2.1.3　试验操作工艺流程

在安装试件之前，先将采集设备与拉压传感器和位移计的导线相连，再将电脑与采集设备的数据输出端相连，并调试好采集软件。另外，将油泵与读数仪连接好，同时，利用油管将油泵与千斤顶相连。试件安装流程如下：1）在工装外面将试件的一端与左端的夹具（在工装内的夹具）相连，并进行预紧。2）将拉压传感器与带有试件的左侧夹具相连。3）再将连接好的试件、夹具及拉压传感器一同放入试验装置内部，同时，将试件的另一端通过试验装置的预留通道，与试验装置右侧的夹具相连，并进行预紧，安装中尽量保持试件对中，这样可避免试件平面内受弯而形成撕裂。4）将钢绞线一端穿过试验装置预留圆孔，另一带有螺纹的端头与拉压传感器相连。5）将千斤顶穿过在试验装置外面的钢绞线，然后开动油泵进行张拉试验。6）试件破断后拆除试件，进行下一个试验。

2.2　试验结果

直焊缝试件破断力数据及破坏情况如图7、图8所示。从试验结果看，该种板材的实际破断力均要高于计算破断力，并且有2个试件的破坏位置在母材处，另1个先在焊缝处裂开，后延伸至母材断裂。

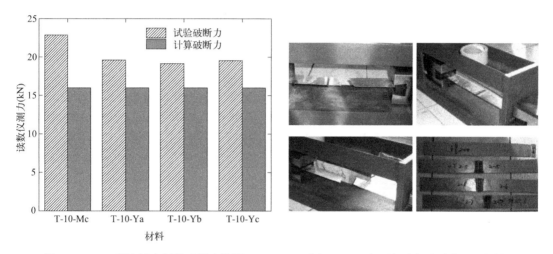

图7　1.0mm彩涂板直焊缝破断力数据　　　图8　T-10氩弧焊直焊缝试件及破坏情况

斜焊缝试件破断力数据及破坏情况如图9、图10所示。从试验结果看，该种板材的实际破断力均要高于计算破断力，并且破坏位置均出现在母材处。

根据直焊缝和斜焊缝试件的试验结果对比可知：在采用氩弧焊工艺前提下，斜焊缝试件的破断力高于直焊缝和母材，因此应采用斜焊缝的连接方法。

3　张弦金属薄板空间结构成形过程模拟及模型试验研究

对于研究较为成熟的索穹顶结构，其施工方法有很多，如逐步张拉斜索法、逐步张拉纵向张拉索法、交替张拉斜索和纵向张拉索法、顶升撑杆法、直接张拉金属薄板法。参考类似结构，张弦金属薄板空间结构最终选择逐步张拉纵向张拉索法进行施工。

逐步张拉纵向张拉索是先将斜拉索按照计算长度进行安装固定，然后对纵向张拉索进行张拉的方法。该方法缺点为：在工程实际中，结构的高度普遍较高，而采用逐步张拉纵向张拉索法时，需要将张拉设备搬运到纵向索节点的位置，处于高空作业，危险性高、操作不方便。但是当结构的高度不是很高时，可以采用该种方法。

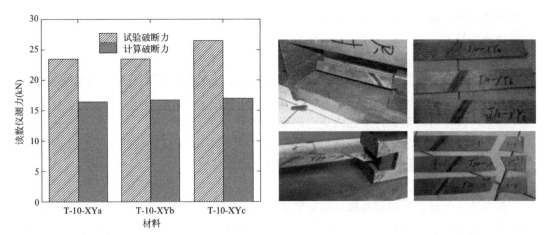

图 9　1.0mm 彩涂板斜焊缝破断力数据　　　　图 10　T-10 氩弧焊斜焊缝试件及破坏情况

3.1 张弦金属薄板结构成形过程模拟

3.1.1 模型建立

建立张弦金属薄板结构有限元模型如图 11 所示。模型由上部屋盖结构与下部支撑结构组成，上部结构参数为：跨度为 6m，柱间距为 1.5m，撑杆共有 3 根，间距为 2m，矢高为 0.4m，矢跨比为 1/15，垂度为 0.3m，垂跨比为 1/20，中间薄板厚度为 0.2mm，下面为张拉索，用于施加预应力。下部结构参数为：跨度为 9m，柱高 1m。结构构件名称与截面尺寸见表 2。其中索采用的是 MIDAS Gen 软件中只受拉的索单元，横梁、边梁、柱子和底梁采用梁单元，撑杆和柱间交叉支撑选用的是桁架单元。底部边界条件为铰接。

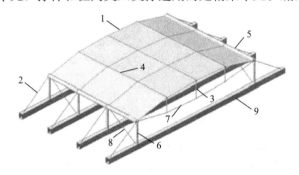

图 11　有限元模型

1—金属板；2—斜拉索；3—撑杆；4—横梁；5—边梁；6—钢柱；7—张拉索；8—柱间交叉支撑；9—底梁

结构构件名称与截面尺寸　　　　　　　　　　　　　　　　表 2

名称	截面类型	尺寸(mm)
横梁	空心圆	$\phi60\times3.5$
边梁	空心圆	$\phi159\times6$
撑杆	空心圆	$\phi32\times3$
柱子	空心圆	$\phi89\times5$
底梁	箱形	$\square200\times160\times8$
索	实心圆	13.4
柱间交叉支撑	实心圆	16

3.1.2 结构成形过程模拟

结构成形过程模拟的目的是通过模拟各种不同的张拉顺序，计算出施工过程中结构内力的变化情况及其规律，以实现对结构预张拉过程的有效控制。对于图 11 的张弦金属薄板结构，通过逐步张拉纵向张拉索法对模型进行施工过程分析，模拟计算采用考虑几何非线性的有限元法。

张拉过程为：1）按照图纸下料，并将加工完成的节点及各个构件进行组装连接。2）将斜拉索调整为成形态所需要的长度，而纵向张拉索的长度比成形态的长度要长 60mm。3）通过拧紧螺母，对纵向张拉索进行张拉，采用两端同时张拉的方法，第一次将各个张拉端的螺母拧紧 6mm。4）重复步骤 3，再进行四次张拉，两端共拧紧行程 60mm，最终达到成形状态。

利用 MIDAS Gen 对上述施工过程进行有限元模拟，得到张拉完成后板内的应力、张拉索索力、斜拉索索力和其他构件应力分别如图 12～图 15 所示。由图 12～图 15 可知，张拉后板内应力最低约 20MPa 左右，向横梁两侧逐渐增加。对于张拉索，索力在两端较大，中部较小。中部两根斜索的索力比外侧两根斜索的索力大。达到成形态时索应力最大出现在斜拉索处为 262.6MPa，而钢绞线的抗拉强度为 1860MPa，结构安全性较好。底梁在达到成形状态时最大应力为 111.7MPa，而底梁选用的是 Q235 钢材，同样具有良好的安全性。

mides Gen
POST-PROCESSOR
PLN STS/P_T STRS
SIG-EFF 上洲

61.37
57.62
53.87
50.12
46.37
42.62
38.87
35.12
31.37
27.62
23.87
20.12

图 12 张拉后板内等效应力值（MPa）

mides Gen
POST-PROCESSOR
TRUSS FORCE
只受拉/只受压

24311.14
24284.33
24257.52
24230.71
24203.90
24177.10
24150.29
24123.48
24096.67
24069.86
24043.05
24016.24

图 13 张拉后张拉索内力值（N）

图 14　张拉后斜拉索内力值（N）

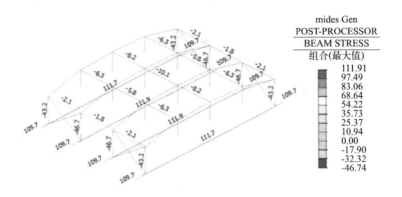

图 15　张拉后梁单元应力值（N）

　　结构的位移变化和位移见图 16、图 17。从图 16 可以看出，在成形的过程中，结构的位移变化相对较平稳，但在张拉的第 2 步结构的位移变化较为明显，即结构的起拱较明显。由图 17 可以看出，结构由开始张拉到张拉成形，结构起拱值为 87.9mm，同时位移变化趋势基本相同。

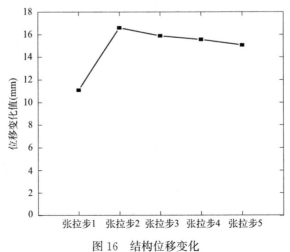

图 16　结构位移变化

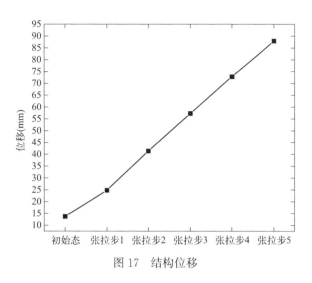

图 17　结构位移

3.2　张弦金属薄板结构模型成形过程

为了确定上述结构成形方法的正确性，对该结构的成形过程进行模型试验研究。模型试验时金属板厚 0.2mm，在与杆件连接部位进行局部加厚（2mm），薄板与边梁的连接示意图和实物图分别如图 18 所示，薄板与横梁的连接示意图和实物图分别如图 19 所示。

图 18　薄板与边梁的连接

图 19　薄板与横梁的连接

3.2.1　测点布置

（1）索力

索力的测量主要有两种方法：一种是通过布置拉压传感器，另一种是通过弓式索力测力计。本试验高度低，索长较短，选用体积小、重量轻、便于携带的弓式测力计，测力精

131

度可控制在 3% 左右。每张拉到一个阶段，对所有索段的索力进行一次测试，直到张拉成形为止。

（2）撑杆

采用应变片测量撑杆的应力值，将应变片布置在撑杆上。选取四根撑杆，每根撑杆上对称布置 2 个应变片，共 8 个应变片（图 20）。

（3）板面

用应变片测量板面的应力值，将应变片布置在板面上。由于金属板是重点研究对象，同时，板材是一个面，单纯布置一个方向的应变片不能够有效地反映板面的应力分布情况。因此试验时选择两条板带，分别布置多个测点（图 21），每个测点上布置 1 个双向应变花，分别为 x 向、y 向。

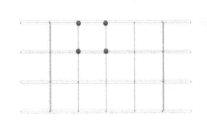

图 20　撑杆测点布置

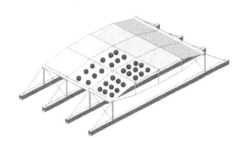

图 21　板面测点布置

（4）边梁与横梁

用应变片测量边梁与横梁的应力值，将应变片置于梁上。如图 22 所示，在边梁上选取 4 个点，每个点布置 4 个应变片，共布置 16 个应变片。在横梁上同样选取 4 个点，每个点布置 3 个应变片，共布置 12 个应变片。

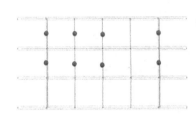

图 22　边梁与横梁测点布置

3.2.2　成形过程及数据处理

（1）成形过程

根据前文的成形过程模拟方案，对模型进行成形试验。具体过程如下：1）第一步，模型安装完毕后，将数据线连接至采集设备，应变片贴置对应位置，见图 23（a）。2）第二步，调整斜拉索到计算需要长度，见图 23（b）。3）第三步，调整张拉索的长度，即张拉索外伸端长度满足计算长度，见图 23（c）。4）第四步，采用两端张拉的方法，拧紧张拉索螺母，使每端螺母行距为 6mm，张拉后记录索力数据、位移数据和应力数据，见图 23（d）。5）第五步，重复第四步，直至两端张拉索螺母行距为 60mm，见图 23（e）。

（2）数据处理

对模型试验得到的索力及位移进行数据处理。图 24 为索标号，模型中有两种索，一种为斜拉索，一种为纵向张拉索，所以，命名上直接采用斜拉索 X 号，张拉索 X 号。图 25 为位移点标号。本文采用逐步纵向张拉索法，将张拉过程中索力的模拟数据与实际试验数据进行对比，见图 26、图 27。对于位移数据进行处理，比较每次张拉前后两次测量的高度差与计算位移差值，结果见图 28。竖向总位移对比见表 3。

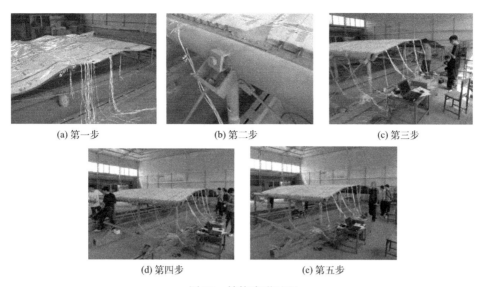

(a) 第一步   (b) 第二步   (c) 第三步

(d) 第四步   (e) 第五步

图 23　结构成形过程

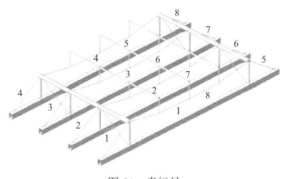

图 24　索标号

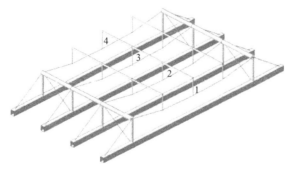

图 25　位移点标号

从图 26、图 27 可以看出，在成形状态下，张拉索和斜拉索模型试验测得的索力值整体趋势与模拟的索力值吻合得比较好，但是，个别张拉步的索力值存在误差。张拉索的索力值实际值与计算值相差较大的为 1 号张拉索的第四步和 2 号张拉索第一步和第五步，误差分别为 15％、20.9％和 23％，其他步索力值的误差均在 10％以内；斜拉索的索力值实

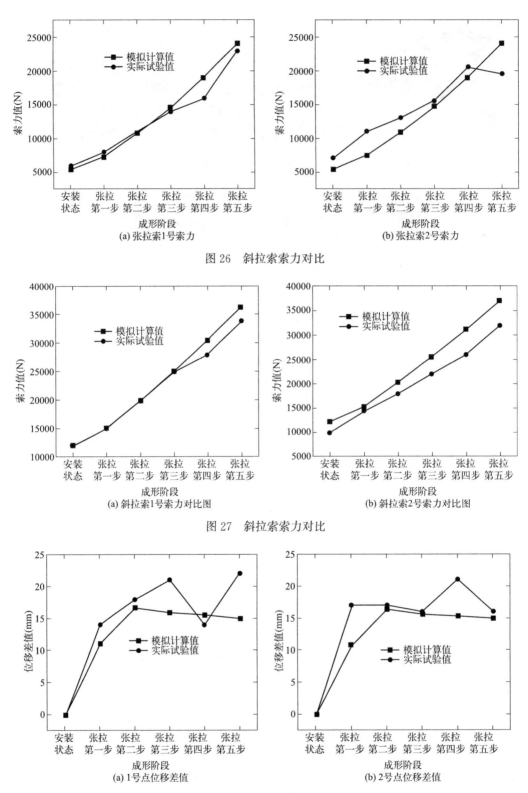

(a) 张拉索1号索力 (b) 张拉索2号索力

图 26 斜拉索索力对比

(a) 斜拉索1号索力对比图 (b) 斜拉索2号索力对比图

图 27 斜拉索索力对比

(a) 1号点位移差值 (b) 2号点位移差值

图 28 点位移差值对比

际值与计算值相差较大的是 2 号斜拉索的第三步、第四步和第五步，误差分别为 15.9%、19.6% 和 15.7%，最小的斜拉索误差为 10% 以内。对于误差产生的原因有很多，其中，主要原因是来源于构件的加工误差，因为材料的下料均是按照计算模型给出的，但是在构件的加工过程中，无法做到百分之百的精确，难免会产生加工误差，同时，该模型的体积较小，所以加工误差对于模型的影响更大。

从图 28 可以看出，个别张拉阶段的位移与设计值偏差较大，有的误差超过了 31.4%，但总体变化规律基本相同。从表 3 可以看出，整个结构的最终成形的总位移与设计值吻合很好，最大的误差为 6.9%，这说明在施工成形完成后，结构的最终成形态与设计的成形态基本相同，达到了设计目的。

总位移对比（mm）   表 3

点位	1 号点	2 号点
模拟计算值	87.928	85.643
实际试验值	90	92
误差	−2.3%	−6.9%

由对比结果可知，结构成形后索力值及位移值基本达到设计状态。结构具有良好的几何形态和合理的结构刚度。

4 张弦金属薄板结构静力分析

4.1 荷载计算与组合

对结构进行静力分析时主要考虑恒荷载、活荷载和风荷载。

(1) 恒荷载。主要为整体结构的自重。

(2) 活荷载主要为屋面活荷载，按照屋面水平投影面施加，大小为 $0.5kN/mm^2$。

(3) 风荷载考虑左风情况，风荷载标准值按下式确定：

$$\omega_k = \beta_z \mu_s \mu_z \omega_0 \tag{1}$$

式中：ω_k 为风荷载标准值，kN/m^2；ω_0 为基本风压，kN/m^2；μ_s 为风荷载体型系数；μ_z 为风压高度变化系数；β_z 为高度 z 处的风振系数。

μ_s 按照规范[14] 取值为 −0.6；按结构顶点高度为 20m、地面粗糙度 B 类，则 μ_z = 1.25；参考大跨钢结构及膜结构工程，β_z 取为 1.6，基本风压按照北京市 50 年重现期的基本风压，ω_0 = $0.45kN/m^2$。

(4) 预应力即结构张拉成形施加的预应力。

(5) 荷载组合考虑以下三种：荷载组合 1，自重＋全跨活荷载＋预应力；荷载组合 2，自重＋半跨活荷载＋预应力；荷载组合 3，自重＋风荷载＋预应力。

4.2 模型数值分析

采用 MIDAS Gen 软件中建立张弦金属薄板结构有限元模型，并进行数值分析，得到三种荷载组合下位移计算结果，见表 4（位移值以未施加预应力时的初始状态为基准），索力计算结果见表 5。

三种荷载组合下位移值（mm） 表 4

点位	1 号点	2 号点	3 号点	4 号点
荷载组合 1	84.466	81.907	81.907	84.466
荷载组合 2	85.967	83.487	83.487	85.967
荷载组合 3	92.231	90.432	90.432	92.231

三种荷载组合下张拉索、斜拉索索力（N） 表 5

点位	张拉索索力								斜拉索索力							
	1号点	2号点	3号点	4号点	5号点	6号点	7号点	8号点	1号点	2号点	3号点	4号点	5号点	6号点	7号点	8号点
荷载组合 1	25829	26553	26553	25829	25829	26553	26553	25829	31959	31086	31086	31959	31959	31086	31086	31959
荷载组合 2	24824	25270	25270	24824	24810	25255	25255	24810	34065	33636	33636	34065	33850	33977	33977	33850
荷载组合 3	20271	19259	19259	20271	20271	19259	19259	20271	39358	41585	41585	39358	39358	41585	41585	39358

4.3　数据对比

静力荷载模型试验只做了荷载组合 1 和荷载组合 2，将模型试验数据与模拟数据进行对比，见图 29、图 30。试验结果与理论结果吻合较好，个别值误差较大，可能是因为试验过程中荷载是通过悬挂沙袋施加，无法做到对均布荷载完全准确的模拟；拉索、板面受力比较均匀，结构整体受力性能良好；结构在荷载作用下位移比较小，说明结构整体刚度较大。

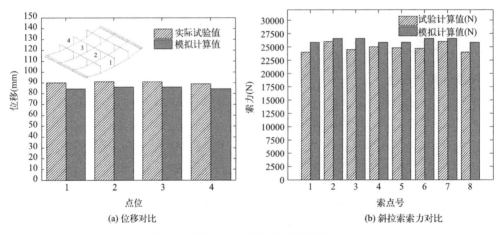

图 29　荷载组合 1 下斜拉索位移及索力

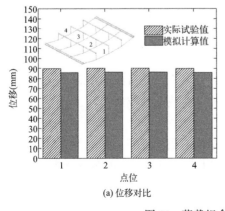
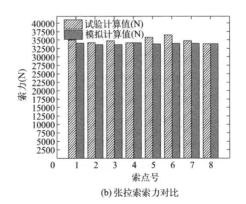

图 30　荷载组合 2 张拉索位移及索力

5 工程实例分析

5.1 工程概况

本项目为某煤棚，平面尺寸为 120m×300m，柱间距为 30m，上部采用厚度为 3.5mm 的金属薄板，工程实例图见图 31。计算时取 60m 长度为一个计算单元，计算单元三维图见图 32。结构构件截面情况见表 6。

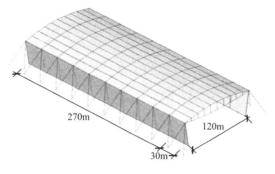

图 31 工程实例图

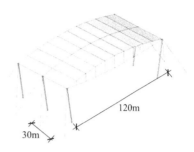

图 32 计算单元三维图

结构构件名称与截面尺寸 　　　　　　　　　　　表 6

名称	截面类型	尺寸(mm)
横梁	空心圆	$\phi299\times10$
边梁	空心圆	$\phi351\times10$
撑杆	空心圆	$\phi273\times6.5$
柱子	空心圆	$\phi1300\times15$
索	实心圆	103

5.2 荷载计算与组合

对工程实例进行静力分析时主要考虑恒荷载、活荷载和风荷载。恒荷载主要为整体结构的自重。活荷载主要为屋面活荷载，按照屋面水平投影面施加，大小为 0.5kN/m^2。风荷载标准值根据式（1）计算。基本风压按照北京市 50 年重现期的基本风压，$\omega_0=0.45$kN/m^2；μ_s 按照规范取值为 -0.6；按结构顶点高度为 50m、地面粗糙度为 B 类，则 $\mu_z=1.62$；参考大跨钢结构及膜结构工程，β_z 取 1.6。预应力即结构张拉成形施加的预应力。荷载组合考虑两种组合，荷载组合 A：自重+全跨活荷载+预应力，荷载组合 B：自重+风荷载+预应力。

5.3 计算结果

5.3.1 竖向位移

结构各荷载组合下的竖向位移见图 33。按照钢结构设计规范[15] 要求，张弦结构位移控制为 $L/250$ 为 480mm，结构在两个荷载组合下的竖向位移均满足要求。

5.3.2 应力分析

结构各荷载组合下的索应力见图 34。拉索选用钢绞线的抗拉强度为 1860MPa，由图可知两个荷载组合下索最大应力分别为 889MPa 和 781MPa，均满足要求。

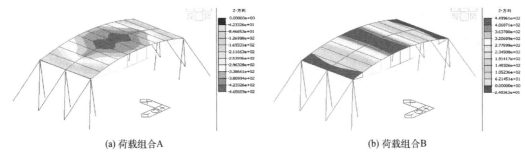

(a) 荷载组合A　　　　　　　　　　　　　　　(b) 荷载组合B

图 33　结构竖向位移（mm）

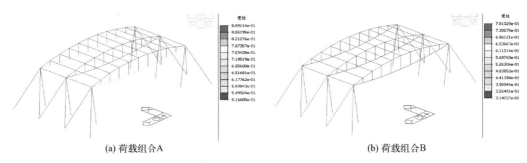

(a) 荷载组合A　　　　　　　　　　　　　　　(b) 荷载组合B

图 34　结构索应力（MPa）

6　结论

（1）通过破断试验可知，对于板与板之间的连接，应选用氩弧焊斜焊缝的方式，该连接方式加工完成的金属薄板破断力大，可以满足板材连接处与母材等强的要求。

（2）结构成形过程中和静力加载时的索力、位移等的试验值与模拟值吻合较好。结构成形后具有良好的几何形态和结构刚度，在静力荷载作用下能够满足规范要求。

（3）工程实例分析结果表明，该结构体系在位移与索应力方面均表现良好，对于大跨度干煤棚等封闭工程非常适用。

参考文献

［1］张胜，甘明，李华峰，等 . 绍兴体育场开合结构屋盖设计研究［J］. 建筑结构，2013，43（17）：54-57＋15.

［2］北京市建筑设计研究院，北京纽曼帝莱蒙膜建筑技术有限公司 . 首都国际机场 T3 航站楼南线主收费站，北京，中国［J］. 世界建筑，2009，（10）：97-103＋96.

［3］高树栋，李久林，邱德隆，等 . 国家体育场（鸟巢）PTFE 膜结构关键施工技术［J］. 建筑技术，2010，41（10）：932-936.

［4］张其林 . 膜结构在我国的应用回顾和未来发展［J］. 建筑结构，2019，49（19）：55-64.

［5］王乐 . 骨架支承式膜结构雷达罩整体稳定性研究［D］. 哈尔滨：哈尔滨工业大学，2019.

［6］成新兴，张超，牛国平，等 . 大跨度充气膜结构形态分析方法研究［J］. 西安建筑科技大学学报（自然科学版），2021，53（03）：344-349＋378.

［7］白叶飞，赵淋涛，康晓龙，等 . 蒙中地区充气膜结构和传统结构体育馆热环境对比［J］. 西安建筑科技大学学报（自然科学版），2022，54（01）：18-26.

［8］ 刘书贤，左潇宇，路沙沙，等．预应力张拉膜结构节点破坏分析及试验研究［J］. 建筑结构，2020，50（05）：93-98.

［9］ 向阳，张峰．岳阳机场航站楼膜结构的设计与施工［J］. 空间结构，2020，26（03）：75-83.

［10］ 张兰兰，马冲，曹原，等．张拉膜结构的结构刚度及其对结构性能的影响［J］. 建筑结构，2017，47（21）：25-29.

［11］ 贾碧原，宗兰，陈德根．国内外充气膜结构发展研究综述［J］. 江苏建材，2018（03）：19-22.

［12］ 黄帅，蔚向远，袁华超，建筑膜材料力学性能研究［J］. 四川水泥，2017（04）：294.

［13］ 张其林．建筑索结构的应用现状和研究进展［J］. 施工技术，2014，43（14）：19-22.

［14］ 中国建筑科学研究院．建筑结构荷载规范：GB 50009—2012［S］. 北京：中国建筑工业出版社，2012.

［15］ 中冶京诚工程技术有限公司．钢结构设计标准：GB 50017—2017［S］. 北京：中国建筑工业出版社，2018.

第二篇

试验研究

移动土与基础接触面性能试验研究

摘要： 接触面变形的研究主要是接触面的本构关系和接触面单元的研究，本文通过试验得出了移动土与基础接触面剪应力与变形的关系，分析了接触面的破坏机理，提出了接触面的有限元分析模型。根据实验中接触面的破坏情况，本文建议采用有厚度单元，此厚度随法向应力增加而增加。

0 引言

在研究地基土与上部结构共同作用时，不可避免地要涉及土与结构材料的接触界面问题。比如，由于煤炭开采而形成的采空区上部的地表土会产生很大的变形，此变形作用于建筑物基础，会在接触面上产生很大的剪应力。这是由土与结构材料存在巨大差异而导致两者的变形不协调引起的。因此，在有限元分析时，需在土与结构物之间加上联结单元。

接触面变形的研究，主要包含两个方面：一是接触面的本构关系，尤其是剪应力和剪切变形之间的关系；一是接触面单元，它是有限元计算中用以模拟接触面变形的一种特殊单元[1]。对于接触面的本构关系，目前国内外普遍采用的是 Clough 和 Duncan 等人所提出的剪应力与剪切变形关系的双曲线模型[2]。采用的单元是无厚度的 Goodman 单元[3]。本文通过试验提出一种剪应力与剪切变形的关系，并对有限元分析中采用的接触单元的特性提出了见解。

1 接触面性能试验

1.1 试验装置

对于界面性能的试验，以往主要采用直剪试验，该方法具有简便、直观的特点，但界面上剪应力分布的不均匀性又使其结果的可信度降低。本次试验借鉴了直剪试验的一些特点，但缩小了界面尺寸，使得剪应力分布比较均匀。试验装置见图 1。

图 1 为试验整体装置图。在两个相互独立的完全相同的钢盒中盛有土，经夯实与钢盒上端平齐，然后在土上现浇混凝土或铺砂浆垫层。在达到强度后，把这一套装置放置于垫有辊轴的钢平台上。辊轴的作用是减少摩擦。法向压力及水平拉力由砝码施加。

该试验装置的典型之处在于上部试件的形状及测试手段。此试件尺寸较小，混凝土与土体的接触面沿土体移动方向长度较短，接触面上的剪应力分布比较均匀。在测试位移时，磁性表座与混凝土块固定到一起，可测出插入土体的钢片与混凝土之间的相对位移，由此可测出接触面的剪切刚度和极限相对位移值等参数。位移传感器与计算机相连，可自

文章发表于《工程兵工程学院学报》1999 年第 14 卷第 2 期，文章作者：秦杰、张华、朱炯。

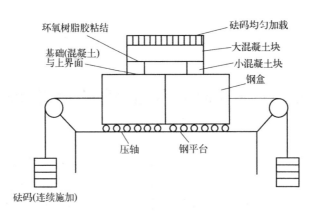

图 1　试验整体装置图

动采集数据，以记录破坏的全过程。

1.2　试验方案设计

　　本次试验所得接触面的参数主要应用于采空区移动地表土与上部砌体结构房屋共同作用分析。目前，位于采空区的大部分地区是农村、市郊，其建筑结构形式主要为单层或双层砌体结构房屋，其基础形式大致有两种：毛石基础和砖基础。其基础与地基土的接触面是一层找平砂浆与土的粘结层或一层薄的素混凝土板与土的粘结层。因此，在因素分析时，简化为两种因素，现浇混凝土与土的粘结层和砂浆与土的粘结层。另外考虑的因素是土的类型与法向压力。土选用黏土与砂土两种，法向压力为100kPa与150kPa两种。在每次试验完毕，对土体取样，通过土工试验验证土的类型及相应的参数。

1.3　试验结果及分析

　　对于因素确定的每一批试验，均作了若干组。部分试验结果见表1。

移动土与基础接触面部分试验结果　　　　　　　　　　　　表 1

编号	法向应力 (kPa)	土的类别	接触面基础材料	极限粘结应力 τ_n (kPa)	极限粘结变形 S_n (mm)	剪切刚度 K (kPa/mm)	极限相对变形 (‰)	极限滑摩应力 τ_s (kPa)	直剪试验 (kPa)
Test11A	100	黏土	现浇混凝土	160	0.43	372.1	8.6	100	110
				170	0.52	326.9	10.4	70	
				180	0.62	290.3	12.4	110	
Test11B	150	黏土	现浇混凝土	220	0.65	338.5	13	130	170
				220	0.66	333.3	13.2	160	
				220	0.51	431.4	10.2	100	
Test12A	100	黏土	砂浆垫层	150	0.72	208.3	14.4	90	140
				140	0.70	200	14	70	
Test12B	150	黏土	砂浆垫层	190	0.87	218.4	17.4	100	160
				200	0.93	215.1	18.6	95	
Test21A	100	砂土	现浇混凝土	200	0.21	952.4	4.2	100	120
				180	0.17	1058.8	3.4	100	

续表

编号	法向应力(kPa)	土的类别	接触面基础材料	极限粘结应力 τ_n(kPa)	极限粘结变形 S_n(mm)	剪切刚度 K(kPa/mm)	极限相对变形(‰)	极限滑摩应力 τ_s(kPa)	直剪试验(kPa)
Test21B	150	砂土	现浇混凝土	330	0.21	1571.4	4.2	120	220
				320	0.25	1280	5	140	
Test22A	100	砂土	砂浆垫层	150	0.77	194.8	15.4	40	120
				160	0.81	197.5	16.2	80	
Test22B	150	砂土	砂浆垫层	200	1.25	160	25	120	150
				230	1.21	190.1	24.2	110	

图2、图3分别为土的类型不同（黏土、砂土），而其他条件均相同时接触面剪切应力与变形之间的关系。

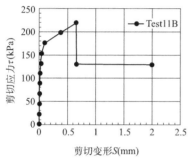

图2　Test11B $\tau \sim S$ 曲线

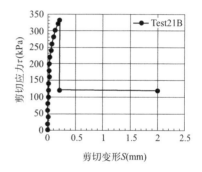

图3　Test21B $\tau \sim S$ 曲线

图4（a）是一个简化的现浇混凝土与土所形成的接触面。对于现浇混凝土，与土体相嵌的不仅有由于水泥浆渗透而形成的"齿"，还有混凝土骨料在土体内的嵌入，所形成的接触面是凸凹不平的。当剪应力作用于接触面后，土与混凝土会发生相对位移，如图4（b）所示。粗骨料和由于水泥浆渗入而形成的"齿"会挤压土体，形成所谓的销栓作用。当剪应力增大，部分"齿"会破坏，其销栓作用丧失，当剪应力增大到粗骨料的销栓作用丧失时，此时的剪应力为极限剪应力。由于混凝土骨料间、水泥浆与骨料之间连接牢固，破坏面不会发生在混凝土内，而只能发生在强度较低的土体内，形成的破坏面是凸凹不平的。砂土与黏土相比较，前者具有更大的摩擦角，故其极限剪应力更大。

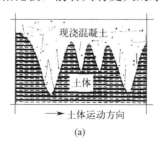
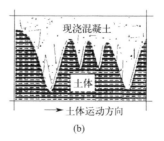

（a）　　　　　　　　（b）

图4　简化的现浇混凝土与土体形成的接触面

图 5、图 6 分别为基础与土接触材料不同（现浇混凝土、砂浆垫层），其他条件均相同时接触面的剪应力与变形的关系。

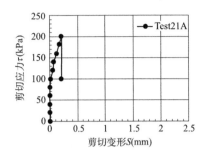 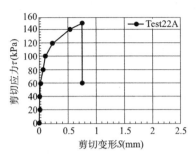

图 5　Test21A $\tau \sim S$ 曲线　　　　　　图 6　Test22A $\tau \sim S$ 曲线

对于砂浆垫层与土形成的接触面，破坏机理与现浇混凝土相似。不同之处在于接触面处无粗骨料的销栓作用，而且砂浆与水泥浆相比渗透性能要差，所形成的"齿"会较短，相对比较整齐，但销栓力较小，如图 7（a）所示。在剪应力作用下产生滑移时，如图 7（b）所示，"齿"会挤压土体，相当于许多小销栓，当剪应力不断增加，销栓作用力逐渐丧失，而不像现浇混凝土所形成的接触面，在粗骨料销栓作用丧失后，会很快破坏。所以，相比较而言，砂浆垫层所形成的接触面在达到极限剪应力前有较大的相对位移。

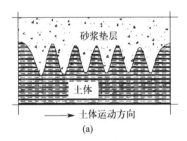 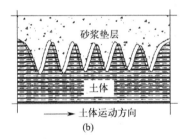

图 7　简化的砂浆垫层与土体形成的接触面

根据前述接触面的破坏机理，不难解释试验的一些现象和由此得出的结论：

（1）在接触面法向应力较大时，接触面处粗骨料或水泥浆、砂浆所形成的"齿"的销栓作用会显著加强，所以极限剪应力会明显增大；

（2）现浇混凝土与水泥砂浆相比较，由于粗骨料的嵌入深度及本身的硬度使得其销栓破坏力较大，由此得出的极限剪应力更大；

（3）砂土与黏土相比较，砂土的摩擦角大，所以在接触面受到近乎直剪的剪应力时，砂浆接触面的极限剪应力要大于黏土的极限剪应力。

1.4　接触单元特性

在利用有限元分析移动土与上部结构共同作用时，必须恰当地描述移动土与基础之间的接触单元。此单元在法线方向表现为各向异性，即接触面受压时变形很小，强度很大；但其受拉强度很低；在切线方向，通过试验可以看出，接触面的破坏过程是从粘结状态转变为滑移状态。所以，对于接触面的力学模型，可采用图 8 所示。

在接触面剪应力达到极限剪应力 τ_u，之前，可认为 τ 与 S（S 为土与基础相对位移，即接触面变形）是线性关系；当 τ 到 τ_u 后，接触面破坏，破坏后的接触面传力完全靠摩擦力，在法向应力不变的情况下，摩擦剪应力不再变化，而位移一直在增长。在 τ 达到 τ_u 前，τ 与 S 变化的斜率定义为接触面的剪切刚度 K，即：$K=\tau_u/S_u$。

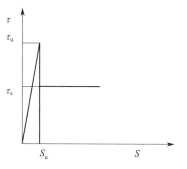

对于接触面的力学模型，可用下式表达：

$$\tau = \begin{cases} K \cdot S & 0 < S \leqslant S_u \\ \tau_f & S > S_u \end{cases}$$

图 8　接触面理想 $\tau \sim s$ 曲线

式中：K 为接触面剪切刚度（kPa/mm）；S 为接触面变形值（mm）；τ_u 为接触面极限摩擦应力（kPa）；S_u 为接触面破坏前的最大变形（mm）。

2　主要结论

（1）移动土与基础接触面在破坏前剪应力与变形基本呈线性关系，在破坏后，接触面传力主要靠土与接触面之间的摩擦力，承载力会突然降低，变形也会突然加大；

（2）在分析接触面破坏机理时，粗骨料及水泥浆、砂浆与土体之间会相互渗透、相互嵌入，现浇混凝土、砂浆垫层、黏土、砂土及不同法向压力下接触面所表现的不同承载力和变形值与之关系密切；

（3）接触面的剪切刚度与土的性质、基础材料、法向应力等因素有关，由于土工试验本身的离散性较强，其数值很难定量；

（4）对于有限元分析中选用模型，根据试验中接触面的破坏情况，本文建议采用有厚度单元，此厚度随法向应力增加而增大；

（5）由于土工试验影响因素的复杂性，本次试验只能得出较肤浅的定性结论，距离定量分析还有许多工作要做。

参考文献

［1］殷宗泽，朱泓，许国华 . 土与结构材料接触面的变形及其数学模拟［J］. 岩土工程学报，1994，（03）：14-22.

［2］Clough，G. W. and J. M. ，Duncan. Finite Element Analysis of Retaining Wall Behavior［J］. ASCE，1971，97（12）.

［3］Goodman，R. E. et al. A Model for the Mechanics of Jointed Rock［J］. ASCE，1968，94（3）.

深基坑喷锚网支护的试验研究

提要： 对某康复中心深基坑喷锚网支护工程中的锚杆的抗拔试验装置、加载和试验结果及锚杆的应变观测进行了详细的介绍，简要地分析了试验结论，可供同类型支护工程参考。

一、工程概况

按照设计要求，某康复中心建设工程深基坑支护拟采用施工速度快、成本低的喷锚网支护法，但鉴于该技术在我国的应用较晚（始于 20 世纪 90 年代），尚无实际规范可循，加之基坑北边坡毗邻有一栋七层砖混结构物（图 1）这一施工现场的特殊性，因此建设方基于既能保护北侧既有建筑物的安全及新建项目施工的顺利进行，又能为今后类似支护工程积累实践经验的双重目的，要求对边坡开挖过程及其开挖后的稳定性进行连续监测。经多方协作共拟了监测方案和内容，最终确定采用锚杆静力抗拔试验和电阻应变仪观测的联合方案。

二、试验内容

（一）锚杆静力抗拔试验

1. 试验装置。试验装置如图 2 所示，反力架由两根硬木及穿心工字钢组成。由于锚杆工程的横、竖间距均为 1.2m，故硬木支承布置在以锚杆为圆心、半径为 0.7m 的范围以外。对锚杆的施力是通过液压油泵实现的，施力大小由油泵表盘读数换算而得。

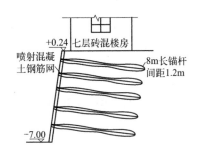

图 1 边坡位置及支护剖面图

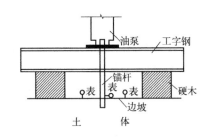

图 2 锚杆静力试验装置

2. 施加荷载。锚杆静力抗拔试验的荷载施加可分为三个过程：加载、恒载、卸载，如图 3 所示。加载时每级荷载为设计荷载的 10%，每级间的间歇时间取决于锚杆变形的

文章发表于《建筑结构》1999 年 5 月第 5 期，文章作者：秦杰、韩维刚、王继刚、李靖华。

发展情况，即变形基本停止以后，才可以加下一级荷载。加载后，每隔 5min 测读一次变位数值，每级荷载内观测记录不少于三次。只有连续三次百分表读数累计变形量不超过 0.1mm，稳定后才可加下一级荷载。当荷载施加到设计荷载后，应恒定不变超过 12h，观察锚杆及周围土体变形是否稳定。卸载分级为加荷的 2～4 倍，即按设计荷载的 20% 分级卸载。每次卸载后隔 10min 观测记录一次变形

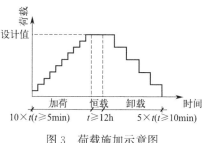

图 3 荷载施加示意图

量，同级荷载下观测至少三次。荷载全部卸除后再测读三次，即读完残余变形值后，试验才告结束。

3. 试验结果及分析。通过对两个典型位置的锚杆的抗拔力试验可以看出，抗拔力超过设计值，锚杆及周围土体的变形很小，在恒载段变形基本恒定不变，完全达到设计要求。

（二）锚杆的应变观测

1. 试验装置。根据现场的实际情况，共制作三根试验锚杆，置入边坡的典型位置（图 4）进行施工全过程监测，即从基坑开挖到回填土结束。待试验锚杆放入钻孔，注浆完成以后，有个别应变片失灵。三根试验锚杆有效测点及编号如图 5 所示。

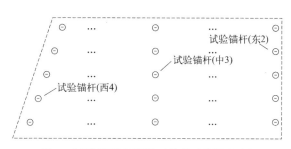

图 4 试验锚杆布置图（垂直于边坡方向）

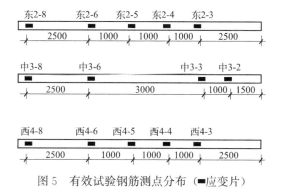

图 5 有效试验钢筋测点分布（■应变片）

2. 数据采集。由于本次试验数据采集时间长，故采用静态电阻应变仪采集。

3. 试验结果及分析。通过长达一个月的数据采集，取得了大量数据。现对第二排及第四排的锚杆受力分别进行分析。

图 6 为东 2 锚杆上三个应变片在整个基坑开挖过程中的应变变化情况。可以看出，东

2-4 应变片的应变明显大于东 2-3 及东 2-5 的应变，由此判断边坡的主裂面通过东 2-4 应变片附近。由图中还可发现，在基坑开挖完成以后，锚杆的应变有所降低，说明支护措施是安全的。图 7 为西 4 锚杆上三个应变片的变化情况。同理可判断边坡的主裂面通过西 4-5 附近。

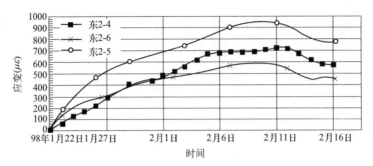

图 6 东 2 试验锚杆应变-时间图

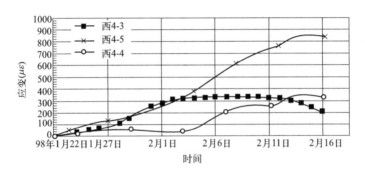

图 7 西 4 试验锚杆应变-时间图

三、结论

通过本次现场试验，有以下几点结论：1) 此边坡的滑移线大致如图 8 所示，与理论滑移线有所区别；2) 本次试验锚杆试验量偏少，没能比较精确地描述滑移线的位置；3) 对于现场试验，应充分考虑现场条件的复杂性，布置锚杆及应变片时应有一定的富余；4) 对于目前设计理论尚不成熟的喷锚网支护法，应对整个开挖过程进行监测，以确保施工安全。

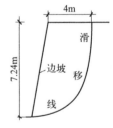

图 8 滑移线形状

参考文献

[1] 曾宪明，等．岩土深基坑喷锚网支护法原理．设计．施工指南［M］．上海：同济大学出版社，1997.

两种布索方式对双椭形弦支穹顶
静力性能影响的试验研究

摘要： 双椭形弦支穹顶是弦支穹顶结构的一种新型结构形式，它综合了单层网壳结构和索穹顶结构的优点。为进一步研究不同布索方式对双椭形弦支穹顶结构静力性能的影响，对一长轴 6.7m，短轴 5.1m 的双椭形弦支穹顶结构，对影响该结构静力性能的两种布索方式进行了分析，结合试验数据，得出了布两圈索杆时，结构的最大竖向位移、最大环向杆轴力均得到较好的改善，下部索杆体系满布，并不能最好地改善结构的受力性能。

日本法政大学的川口卫（M. Kawaguchi）和阿部优（M. Abe）等学者立足于张拉整体的概念，将索穹顶的一些思路应用于单层球面网壳，形成了一种崭新的结构形式——弦支穹顶（Suspen-Dome）结构[1-3]。该结构是由一个单层网壳和下端的撑杆、索组成见图 1 所示。其中各层撑杆的上端与单层网壳相对应的各层节点径向铰接，下端由径向拉索（Radial Cable）与单层网壳的下一层节点连接，同一层的撑杆下端由环向箍索（Hoop Cable）连接在一起，使整个结构形成一个完整的结构体系[1,4]。

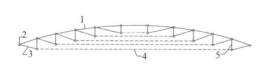
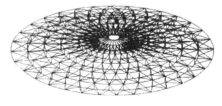

图 1 双椭形弦支穹顶结构

1—单房网壳；2—环梁；3—径向索；4—环向索；5—撑杆

1 计算及试验模型

结构如图 1 所示，上部单层网壳为联方型的双椭形弦支穹顶结构，跨度为：长轴 $2a = 6.7$m，短轴 $2b = 5.1$m，矢高 $f = 0.656$m，矢跨比取为 $f/(2b) = 0.128$；杆件均采用圆钢管，网壳杆件截面均采用：$\phi18 \times 1.2$，下部索杆张力体系共布置 5 圈，竖杆高度由外向内为：0.3、0.3、0.3、0.25、0.25m，撑杆截面均采用：$\phi8 \times 1$，第一至四层环索采用 $\phi5$ 冷拔钢丝，第五层环索和径向索均采用 $\phi4$ 的冷拔钢丝。为制作和加载方便将单层网壳最内层纬向杆件采用高 60mm，厚 6mm 的钢板。钢管的弹性模量为 $E = 2.06 \times$

文章发表于《工业建筑》2006 年第 36 卷增刊，文章作者：王泽强、秦杰、李国立、陈新礼。

10^{11}Pa，索的弹性模量为 $E=1.9\times10^{11}$Pa。

网壳节点为刚性节点、竖杆与网壳的连接节点及竖杆与索的连接节点均为铰接。计算模型建立如下：单层网壳采用 Beam188 单元类型，撑杆为 Link180 单元类型，索（包括环索和径向索）采用 Link10。初始预应力采用加温差的方法来施加，分析过程均考虑体系的几何非线性。

2 两种布索方式对结构静力性能的影响

布索方式分析就是在其他参数不变的情况下，只改变布索的圈数，考察结构受力性能随之变化而变化的情况[5,6]。布索方式分析可以提供给结构设计师布索方式对结构受力性能的影响；同时布索方式分析还可以确定最优的布索方式，为结构的优化设计提供优化设计的目标。本文分析了在其他条件都相同时，布两圈索杆和布五圈索杆的两种布索方式下对结构静力性能的影响。本文分析了全跨加载和半跨加载在两种布索方式下最外层环向杆轴力和竖向位移的变化，环向杆编号和节点编号如图2所示。荷载标准值取为：1.8kN/m²，前两级加载量为 200N，后两级加载量为 150N，分四级加载结束，卸载时，每一级卸载相当于两级加载值，即第一次卸载到 400N，第二次卸载到 0N。试验以等效节点荷载代替均布荷载，约束条件为径向滑动支撑，见图3。

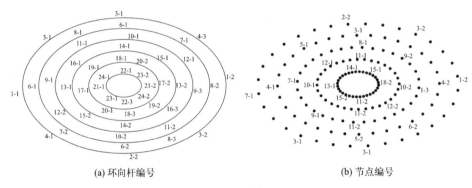

(a) 环向杆编号　　　　　　　　　　(b) 节点编号

图 2　测点布置

由于结构是关于长、短轴对称的，所测环向杆和节点竖向位移的数值都是可取对称构件的平均值，构件编号可用如下表示：1号构件是由 1-1 和 1-2 的平均值所得，2号构件是由 2-1 和 2-2 的平均值所得，依次类推。四级加载和两级卸载，分别用数字 1、2、3、4、5、6 来表示。

2.1 最外层环向杆轴力分析比较

1) 全跨荷载时环向杆轴力比较（取部分杆件进行比较，以下相同）

由图4看出，两种布索方式的环向杆轴力相差不大，而且随着荷载的增加环向杆轴力差距逐

图 3　试验实景

渐减小，试验结果也证明了这一点。表1为两种布索方式在全跨加载情况下理论计算的最

大轴力比较：变化率为两种布索方式下环向杆最大轴力（表1）之差除以两圈索时环向杆最大轴力。

	环向杆最大轴力			表1
荷载编号	1	2	3	4
两圈索时环向杆最大轴力(N)	2078	5533	8124	10715
五圈索时环向杆最大轴力(N)	2207	5687	8318	10968
变化率(%)	6.21	2.78	2.39	2.36

由表1可以看出在全跨荷载作用下，布两圈索杆时环向杆最大轴力比布五圈索杆时要小，但相差较小，并且随着荷载的增大两者的差距也越来越小，最大相差6.21%，最小相差2.36%。

2）半跨荷载作用时环向杆轴力比较

由图5看出，与全跨加载时相似，环向杆轴力相差不大，而且随着荷载的增加环向杆轴力差距也没有多大变化，试验结果也证明了这一点。表2为两种布索方式在半跨加载情况下理论计算的最大轴力比较：变化率为两种布索方式下环向杆最大轴力之差除以两圈索时环向杆最大轴力。

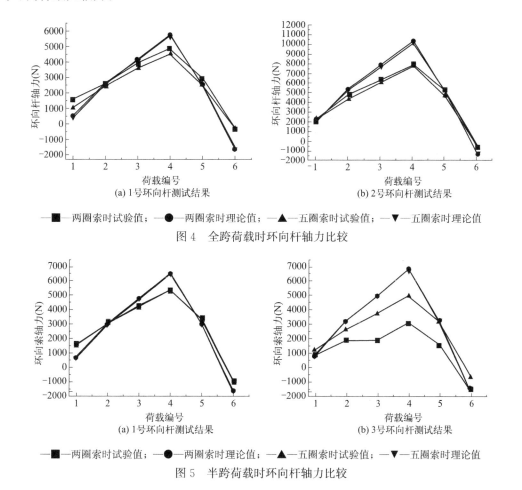

(a) 1号环向杆测试结果　　　　(b) 2号环向杆测试结果

──■──两圈索时试验值；──●──两圈索时理论值；──▲──五圈索时试验值；──▼──五圈索时理论值

图4　全跨荷载时环向杆轴力比较

(a) 1号环向杆测试结果　　　　(b) 3号环向杆测试结果

──■──两圈索时试验值；──●──两圈索时理论值；──▲──五圈索时试验值；──▼──五圈索时理论值

图5　半跨荷载时环向杆轴力比较

由表 2 可以看出在半跨荷载作用下，布两圈索杆时环向杆最大轴力比布五圈索杆时要小，且相差较小，并且随着荷载的增大两者的差距也越来越小，最大相差 7.25％，最小相差 1.13％。

由以上分析可以看出，最外圈环向杆轴力在两种布索方式下相差很小，而且随着荷载的增加，这种差距也越来越小；布两圈索杆时环向杆最大轴力比布五圈索杆时要小。

	环向杆最大轴力			表 2
荷载编号	1	2	3	4
两圈索时环向杆最大轴力(N)	1407	4228	6344	8460
五圈索时环向杆最大轴力(N)	1509	4328	6442	8556
变化率(%)	7.25	2.37	1.54	1.13

2.2 两种布索方式下竖向位移比较

1) 全跨荷载作用时结构竖向位移比较

由图 6 看出，两种布索方式下结构竖向位移相差较大，试验结果也证明了这一点。表 3 为两种布索方式在全跨加载情况下理论计算的最大竖向位移比较：变化率为两种布索方式下结构最大竖向位移之差除以两圈索时结构最大竖向位移。

由表 3 可以看出：在全跨荷载作用下，布两圈索杆时最大竖向位移比布五圈索杆时要小；且最大竖向位移相差比较大，最大相差 37.07％，最小相差 15.64％，随着荷载的增加这种差距会有所减小。

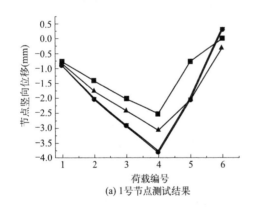
(a) 1号节点测试结果

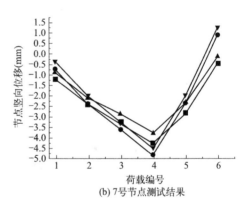
(b) 7号节点测试结果

—■—两圈索时试验值；—●—两圈索时理论值；—▲—五圈索时试验值；—▼—五圈索时理论值

图 6　全跨荷载时节点竖向位移比较

	节点最大竖向位移			表 3
荷载编号	1	2	3	4
两圈索时结构最大竖向位移(mm)	−1.729	−3.958	−5.663	−7.411
五圈索时结构最大竖向位移(mm)	−2.370	−4.783	−6.649	−8.570
变化率(%)	37.07	20.84	17.41	15.64

2) 半跨加载作用时竖向位移比较

由图 7 看出，随着荷载的增加，两种布索方式的结构竖向位移相差不断减小，试验结果也证明了这一点。表4为两种布索方式在半跨加载情况下理论计算的最大竖向位移比较；变化率为两种布索方式下结构最大竖向位移之差除以两圈索时结构最大竖向位移。

由表4可以看出：在半跨荷载作用下，布两圈索杆时最大竖向位移比布五圈索杆时要小，随着荷载的增加，结构最大竖向位移相差不断减小，最大相差36.83%，最小相差3.59%。

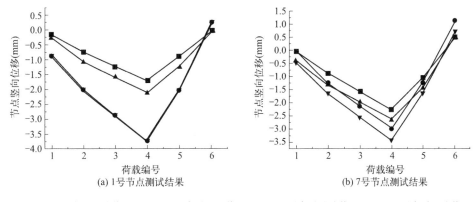

(a) 1号节点测试结果　　　　(b) 7号节点测试结果

—■—两圈索时试验值；—●—两圈索时理论值；—▲—五圈索时试验值；—▼—五圈索时理论值

图7　半跨荷载时节点竖向位移比较

节点最大竖向位移　　　　　　　　　　　　　　　　表4

荷载编号	1	2	3	4
两圈索时结构最大竖向位移(mm)	−1.382	−3.435	−4.975	−6.515
五圈索时结构最大竖向位移(mm)	−1.891	−3.830	−5.287	−6.749
变化率(%)	36.83	11.50	6.27	3.59

3　结论

1）布两圈索杆时，环向杆最大轴力比五圈索杆时要小，最外圈环向杆轴力相差不大，但这种差距随着荷载的增大逐渐减小；

2）布两圈索杆时，结构最大竖向位移比五圈索杆时要小，结构竖向位移相差较大，但这种差距随着荷载的增大逐渐减小；

3）布两圈索杆时，结构的最大竖向位移、最大环向杆轴力均得到较好的改善，下部索杆体系满布，并不能最好地改善结构的受力性能，因此布两圈索杆时，有利于改善双椭形弦支穹顶静力性能。

参考文献

[1] 陆赐麟，尹思明，刘锡良. 现代预应力钢结构 [M]. 北京：人民交通出版社，2003.

[2] 尹越，韩庆华，谢礼立，等. 一种新型杂交空间网格结构——弦支穹顶 [J]. 工程力学，2001（增刊）：772-776.

[3] Mamoru Kaw aguchi，Masaru Abe，Tatsuo Hatato，et al. ON a Structural System "Suspend-Dome"

[C]//Proc. of IASS Symposium. Istanbul：1993. 523-530.

[4] 刘锡良，韩庆华. 网格结构设计与施工 [M]. 天津：天津大学出版社，2004.

[5] 崔晓强. 弦支穹顶结构体系的静、动力性能研究 [D]. 北京：清华大学，2004.

[6] 张明山. 弦支穹顶结构体的理论研究 [D]. 杭州：浙江大学，2004.

[7] 郭云. 弦支穹顶结构形态分析、动力性能及静动力试验研究 [D]. 天津：天津大学，2004.

环形椭圆平面弦支穹顶的环索和支承条件
处理方式及静力试验研究

摘要： 环形椭圆平面弦支穹顶是弦支穹顶结构的一种新型结构形式，它综合了单层网壳结构和索穹顶结构的优点。本文结合一长轴 67m，短轴 51m 的环形椭圆平面弦支穹顶结构，通过有限元计算软件 ANSYS 对该结构环索处理和支承条件进行了分析，并对其缩比模型进行了静力试验研究，全面考察了该结构在不同的荷载工况下的静力性能，得出了一些对工程设计有意义的结论。

0　引言

日本法政大学的川口卫（M. Kawaguchi）和阿部优（M. Abe）等学者和工程师立足于张拉整体的概念，将索穹顶的一些思路应用于单层球面网壳，于 1993 年形成了一种崭新的结构形式——弦支穹顶（Suspen-Dome）结构。环形椭圆平面弦支穹顶是弦支穹顶的一种结构形式，由一个单层网壳和下端的撑杆、索组成，见图 1。其中各层撑杆的上端与单层网壳相对应的各层节点径向铰接，下端由径向拉索与单层网壳的下一层节点连接，同一层的撑杆下端由环向箍索连接在一起，形成一个完整的结构体系。

本文对环形椭圆平面弦支穹顶结构中环索和支承的处理方式进行了分析，在此基础上进行了模型试验，对该结构的静力性能进行了研究。

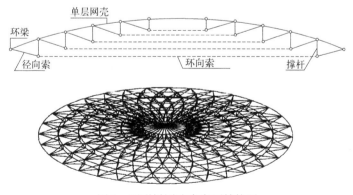

图 1　环形椭圆弦支穹顶结构图

文章发表于《空间结构》2006 年 9 月第 12 卷第 3 期，文章作者：王泽强、秦杰、李国立、徐瑞龙、张然、陈新礼。

1 计算模型

上部单层网壳为联方型的环形椭圆平面弦支穹顶结构，从实际工程角度考虑，本文取跨度为：长轴 $2a=67\mathrm{m}$，短轴 $2b=51\mathrm{m}$，矢高 $f=6.56\mathrm{m}$，矢跨比：$f/2b=0.128$；杆件均采用圆钢管，网壳杆件截面均采用 $\phi180\times12$，下部索杆张力体系共布置五圈，竖杆高度由外向内为 $3.0\mathrm{m}$、$3.0\mathrm{m}$、$3.0\mathrm{m}$、$2.5\mathrm{m}$、$2.5\mathrm{m}$，竖杆截面均采用 $\phi89\times10$，径向斜拉索均采用 $\phi5\times37$，环向拉索均采用 $\phi5\times55$。钢管的弹性模量为 $2.06\times10^{11}\mathrm{N/m^2}$，索的弹性模量 $1.96\times10^{11}\mathrm{N/m^2}$。

本文采用大型通用有限元计算软件 ANSYS 为计算工具，对该环形椭圆平面弦支穹顶进行分析。网壳节点为刚性节点，竖杆与网壳的连接节点及竖杆与索的连接节点均为铰接。计算模型建立如下：单层网壳采用 Beam188 单元类型，撑杆为 Link180 单元类型，索（包括环索和径向索）采用 Link10。初始预应力采用加温差的方法来施加，分析过程均考虑体系的几何非线性。

2 环索处理分析

对于环索处理方式，通常有以下两种方法：非滑动环索和滑动环索，如图 2 所示。前者是在节点卡住或断开连接，后者就是节点处每圈环索未断开，环索可滑动。为了更好地研究不同环索处理方式对环形椭圆平面弦支穹顶受力性能的影响采用渐变加载方式，将两种处理方式进行比较。荷载采用 $0.25\mathrm{kN/m^2}$、$0.5\mathrm{kN/m^2}$、$0.75\mathrm{kN/m^2}$、$1.0\mathrm{kN/m^2}$、$1.25\mathrm{kN/m^2}$、$1.5\mathrm{kN/m^2}$，且作用于上弦节点上，方向为竖直向下，采用径向滑动铰支，其他条件都相同。

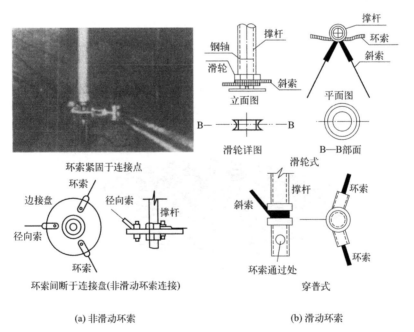

(a) 非滑动环索　　　　　　　　(b) 滑动环索

图 2　非滑动环索和滑动环索

表1给出了两种情况下的索力比较，可以看出环索在两种处理方式下，径向索索力相差不大，滑动环索时最大索力较大；环索索力在滑动环索时，最大索力较小，并且同一圈环索索力分布比较均匀，因此在同样的拉索截面条件下，这种连接方式能更有效地分担荷载。换言之，若承担相同的荷载，采用滑动环索连接方式所需的拉索截面可降低。

最外圈径向索和环索索力变化范围比较　　　　　　　　　　　表1

荷载(kN/m²)		径向索(kN)		环索(kN)	
		滑动环索	非滑动环索	滑动环索	非滑动环索
0.25	最大值	57.31	52.11	300.53	310.31
	最小值	20.41	22.79	300.37	287.91
0.5	最大值	65.09	59.64	341.39	352.43
	最小值	23.19	25.58	341.16	327.81
0.75	最大值	72.94	67.22	382.66	395.03
	最小值	25.99	28.42	382.33	367.93
1.0	最大值	80.88	74.85	424.35	438.13
	最小值	28.83	31.31	423.92	408.19
1.25	最大值	88.89	82.54	466.47	481.76
	最小值	31.69	34.25	465.92	448.80
1.5	最大值	96.99	90.29	509.04	525.93
	最小值	34.59	37.24	508.36	489.77

3　支承条件分析

环形椭圆平面弦支穹顶结构支承一般有两种：径向滑动铰支和固定铰支。为了更好地研究该结构在加载过程中结构的受力特点，采用渐变加载方式，并与相应的单层网壳进行比较。荷载与上文相同，预应力施加在环索上，由外向内分别为250kN、200kN、150kN、100kN、20kN。

3.1　径向滑动铰支

结构采用径向滑动边界时，环形椭圆平面弦支穹顶结构的竖向位移在整个承载过程中都比相应的单层网壳结构竖向位移要小，如表2所示。主要原因就是结构在预应力布索层的作用下产生了和竖向荷载作用相反的初始变形。此外，最外圈环向杆轴力也得到了大幅度的降低，如表3所示，表中轴力为本圈的最大值。

径向滑动铰支承条件下的最大竖向位移　　　　　　　　　　表2

荷载(kN/m²)	0.25	0.5	0.75	1.0	1.25	1.5
弦支穹顶挠度(mm)	31.61	43.12	54.87	66.82	78.97	91.42
单层网壳挠度(mm)	32.50	46.86	80.61	98.13	116.16	134.72

径向滑动铰支承条件下的第一圈环向杆轴力　　　　表 3

荷载(kN/m²)	0.25	0.5	0.75	1.0	1.25	1.5
弦支穹顶环梁轴力(kN)	289.70	463.21	637.91	813.83	991.03	1170.00
单层网壳环梁轴力(kN)	437.15	673.54	1160.00	1400.00	1650.00	1910.00

3.2 固定铰支

如表 4 所示，在固定铰支承边界条件下，环形椭圆平面弦支穹顶结构和与其对应的单层网壳结构的竖向位移经历了一次转变过程。荷载水平比较低时，弦支穹顶的竖向位移大于与其对应的单层网壳，当超过一定的荷载水平时，弦支穹顶的竖向位移则小于对应的单层网壳。这与径向滑动条件下的变化规律是不同的。这说明当竖向向下的荷载增大时，布索层减缓了结构变形的增长速度。如表 5 所示，布索层的作用虽然使弦支穹顶的水平支座推力小于单层网壳，但是比径向滑动条件下布索层对环梁轴力的降低效果要差。

固定铰支承条件下的最大竖向位移　　　　表 4

荷载(kN/m²)	0.25	0.5	0.75	1.0	1.25	1.5
弦支穹顶挠度(mm)	12.95	13.12	13.36	13.60	13.83	16.98
单层网壳挠度(mm)	9.43	13.15	17.02	20.95	24.96	29.4

固定铰支承条件下的支座水平推力　　　　表 5

荷载(kN/m²)		0.25	0.5	0.75	1.0	1.25	1.5
统支穹顶水平推力(kN)	沿长轴方向	84.13	124.97	168.51	210.66	252.79	294.89
	沿短轴方向	48.04	79.14	112.26	145.38	179.25	215.56
单层网壳水平推力(kN)	沿长轴方向	117.74	159.32	200.83	242.27	283.64	324.94
	沿短轴方向	120.21	159.72	199.53	238.56	278.12	317.71

通过上述结构水平支座推力和节点位移的比较，说明环形椭圆平面弦支穹顶在径向滑动条件下能够更好地发挥其优良性能。

4　模型试验及分析

4.1　模型设计

试验模型是在计算模型的基础上按照 1:10 进行缩比的。杆件均采用圆钢管，单层网壳杆件均选用 $\phi18\times1.2$ 的无缝钢管，撑杆选用 $\phi8\times1$ 的无缝钢管，第一至四层环索采用 $\phi5$ 冷拔钢丝，第五层环索和径向索均采用 $\phi4$ 的冷拔钢丝。

4.2　测点布置

测点布置如图 3、图 4 所示。

4.3　试验加载方案

试验为分级加载静力不破坏试验，以结构实际承受荷载值为加载总值。荷载标准值取为 1.8kN/m²，试验以等效节点荷载代替均布荷载，按每个上弦节点分担椭球壳表面积比例将均布荷载分配到各上弦节点上。根据试验室条件分级加载，前两级加载量为 200N，后两级加载量为 150N，分四级加载结束。卸载时每一级卸载相当于两级加载值，即第一

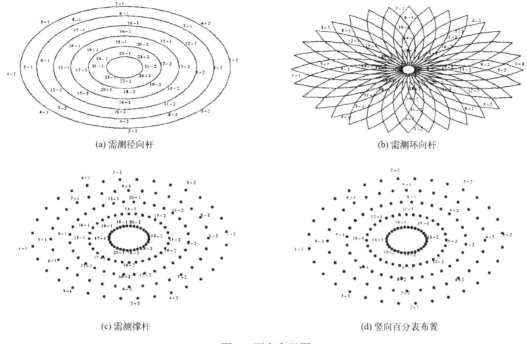

(a) 需测径向杆   (b) 需测环向杆

(c) 需测撑杆   (d) 竖向百分表布置

图 3　测点布置图

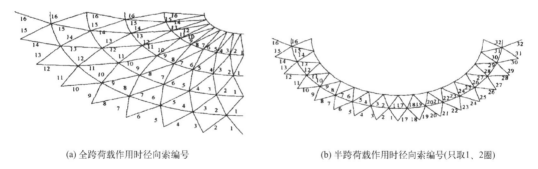

(a) 全跨荷载作用时径向索编号   (b) 半跨荷载作用时径向索编号(只取1、2圈)

图 4　径向索布置图（只取四分之一）

次卸载到 400N，第二次卸载到 0N。图 5 为模型加载图。

4.4　试验结果及其分析

　　由于结构是关于长、短轴对称的，所以在张拉成形过程中，所测环向杆、径向杆、撑杆及节点竖向位移的数值都是取对称构件的平均值，构件编号可用如下表示：1 号构件是由 1-1 和 1-2 的平均值所得，依次类推。径向索在全跨荷载作用时只取四分之一来研究，半跨荷载作用时取二分之一来研究。四级加载和两次卸载用数字 1～6 来表示。本文只取全跨荷载作用时的结果进行分析。

4.4.1　轴力与荷载的关系

　　图 6 表明弦支穹顶杆件轴力试验值与理论值的走势基本一致，随着外荷载的增加，杆件轴力呈线性增加；在卸载过程中，随着荷载的减小，杆件内力也随之减小，并且也基本呈线性递减。具体变化规律如下：

（1）环向杆在全跨竖向荷载作用下，最大拉力在第一层环向杆的短轴处，最大压力在最内层环向杆的短轴处。

（2）径向杆在全跨竖向荷载作用下均为轴向压力，并且最大压力一般在第二、三层径向杆。

（3）撑杆大部分为轴向压力，由第一层撑杆向第二层撑杆轴力逐渐减小；同一层撑杆中，长轴附近撑杆轴力比较大，在长轴处的撑杆轴力最大，撑杆轴力由长轴向短轴逐渐减小，且在短轴处的撑杆轴力最小。

图 5 模型试验加载图

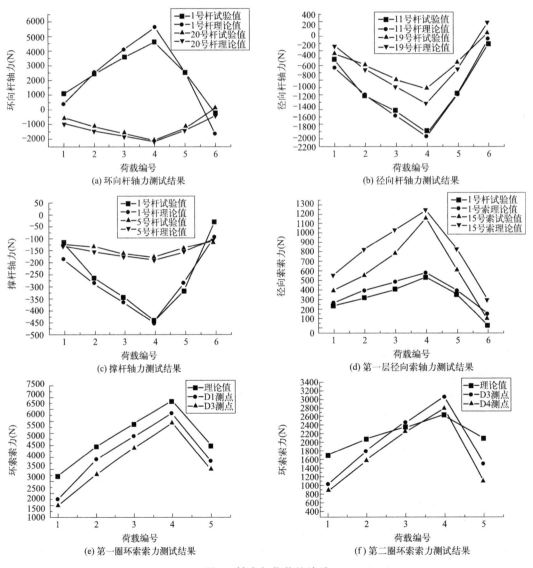

图 6 轴力与荷载的关系

（4）径向索在全跨竖向荷载作用下，长轴方向附近轴力比较大，在短轴附近轴力比较小；与同一根撑杆相连接的两根径向索，索长较短的轴力较大，索长较长的轴力较小；径向索轴力最大值一般在长轴附近的径向索上，径向索轴力最小值一般在与长轴和短轴呈45°角附近的径向索上。

4.4.2 节点位移与荷载的关系

图 7 表明节点竖向位移试验值与理论值的走势基本一致，随着外荷载的增加，竖向位移呈线性增加；在卸载过程中，随着荷载的减小，竖向位移也随之减小，并且基本也是呈线性递减；卸载过程中结构有一定的残余位移，这是加载过程中的非弹性变形的累积结果，如节点处的非弹性吻合变形、杆件的松弛与徐变等。

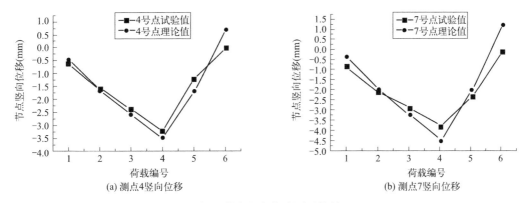

(a) 测点4竖向位移   (b) 测点7竖向位移

图 7　节点竖向位移测试结果

5　结论

（1）滑动环索和非滑动环索两种连接方式对环形椭圆平面弦支穹顶的环索轴力有着非常大的影响。在同样的拉索截面条件下，滑动环索连接方式能更有效地分担荷载。

（2）布索层的作用虽然使环形椭圆平面弦支穹顶在固定铰支时的支座水平推力小于单层网壳，但是比径向滑动条件下布索层对环梁轴力的降低效果差，因此采用径向滑动边界能更好地发挥环形椭圆平面弦支穹顶的优点。

（3）模型试验中结构构件应力与节点位移的试验值与理论值的走势基本一致。随着外荷载的增加，杆件内力和节点竖向位移均呈线性增加；在卸载过程中，随着荷载的减小，构件内力和节点竖向位移也近似线性递减。

（4）在卸载结束后，试验模型没有完全回到原来的状态，这是因为在加载过程中结构的非弹性性能导致了杆件应力的残余，卸载过程中结构有一定的残余位移，如节点处的非弹性吻合变形、杆件的松弛与徐变等。

参考文献

[1]　陆赐麟，尹思明，刘锡良 . 现代预应力钢结构［M］. 北京：人民交通出版社，2003.

[2]　刘锡良，韩庆华 . 网格结构设计与施工［M］. 天津：天津大学出版社，2004.

[3]　崔晓强 . 弦支穹顶结构体系的静、动力性能研究［D］. 北京：清华大学，2003.

[4]　崔晓强，郭彦林，叶可明 . 滑动环索连接节点在弦支穹顶结构中的应用［J］. 同济大学学报（自然

科学版），2004，32（10）：1300-1303.

［5］ 张明山. 弦支穹顶结构体的理论研究［D］. 杭州：浙江大学，2004.

［6］ 郭云. 弦支穹顶结构形态分析、动力性能及静动力试验研究［D］. 天津：天津大学，2004.

［7］ 窦开亮. 凯威特弦支穹顶结构的稳定性分析及弦支穹顶的静力试验研究［D］. 天津大学，2004.

［8］ 李禄. 基于张拉整体理论的悬支穹顶结构的理论和试验分析［D］. 天津：天津大学，2000.

［9］ 席根喜，徐国彬. 张拉整体结构的静动力特性与实验研究［C］. 第九届空间结构学术论文集，2000. 430-437.

［10］ Mamoru Kaw aguchi，Masaru Abe，Tatsuo Hatato，et al. On a structural system "suspend-dome"［C］. Proceedings of IASS Symposium，1993：523-530.

国家体育馆双向张弦结构预应力施工模型试验研究

摘要： 通过模型试验研究了国家体育馆屋盖双向张弦结构的预应力施加方法。从索力大小、钢结构应力和竖向位移及其变化幅度等方面对比分析了两种张拉方法的优缺点。最后得出适合国家体育馆的预应力施工方案，所得结论对双向张弦结构预应力施工方法具有实际借鉴意义。

国家体育馆位于北京奥林匹克公园南部，是北京 2008 年奥运会中心的三大场馆之一。体育馆分为热身馆和比赛馆两部分，其中比赛馆钢屋盖（144.5m×114m）采用新颖的结构形式——双向张弦空间网格结构。建成后将成为世界上跨度最大的双向张弦结构，也是国内第一座采用这种结构类型的体育场馆。

张弦结构是一种受力高效的结构形式，能够充分利用拉索的高强度并通过撑杆的支撑作用增加结构的承载能力和竖向刚度，其设计和施工的关键因素是拉索预应力的大小及其施工方法的选择。

单向张弦结构的预应力施工方法，可以在地面进行张拉，然后通过吊装或滑移使结构整体就位[1-2]；也可以在钢结构就位后再进行张拉。可以说，只包含单榀桁架的单向张弦结构的施工方法比较灵活。但是对双向张弦结构而言，其下部拉索两向交叉，索力相互影响较大，可选择的张拉方式较少，张拉也比较困难，所以制定合理的张拉方案就显得非常重要。

为此，按 1：10 几何缩尺设计制作了国家体育馆屋盖钢结构模型，通过模型试验研究了两种不同的张拉方案，根据试验结果确定了其中的一种为实际工程张拉方案以指导预应力施工。

1 模型设计

1.1 钢结构和索的设计

根据模型试验缩尺理论[3]，确定缩尺比例为 1：10。模型跨度 14.5m×11.4m，上弦杆 $\phi42\times2$，下弦杆为 $50mm\times30mm\times2mm\times2mm$ 矩形钢管，腹杆 $\phi22\times2$，撑杆 $\phi22\times1.5$。试验模型三维及平面见图 1、图 2。索采用高强钢丝，具体规格见表 1。

图 1 三维试验模型

文章发表于《工业建筑》2007 年第 37 卷第 1 期，文章作者：秦杰、徐瑞龙、覃阳。

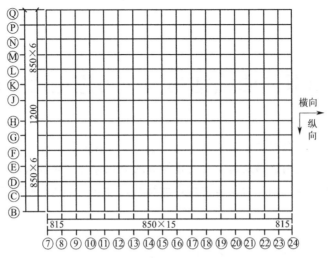

图 2　模型试验平面示意

钢索规格　　　　　　　　　　　　　　　　　　　　　　　　　　　　　　　　表 1

钢索(mm)	轴号
$\phi 5\times 8$	⑭、⑮、⑯、⑰、⑱
$\phi 5\times 5$	⑫、⑬、⑲、⑳
$\phi 5\times 4$	Ⓕ、Ⓖ、Ⓗ、Ⓙ、Ⓚ、Ⓛ、⑪、㉑
$\phi 5\times 3$	Ⓔ、Ⓜ、⑨、⑩、㉒

1.2　节点设计

索杆结构设计的关键在索杆节点以及索头固定端节点的构造方式。合理的节点设计首先应该满足强度的要求，其次还要具有传力明确、构造简单、便于加工等特点。本着这种设计原则，模型试验在国家体育馆实际节点的基础上做了简化，如图 3、图 4 所示。

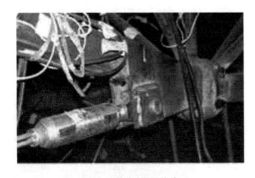

图 3　索头锚固节点

图 4　索杆节点

通过试验可以看出，节点的设计完全能够满足试验要求，在传力途径上跟实际节点具有相似性，能够起到模拟实际节点受力的效果。

1.3　支座处理

支座的处理方法对于张弦结构的影响比较大。仅就张拉过程而言，一般的支座处理方法是使结构一端水平可滑或两端水平可滑。只有这样整个张弦结构才能形成一个自平衡体系，张弦的效果才能体现出来。按照设计院要求，本次试验采用两端可滑的支座处理方法，但是考虑到支座摩擦、试验安全性等方面的原因，改进后的支座处理方法见图5。其下部采用两块方形钢板，钢板中间填上两块涂抹黄油的玻璃钢，以减小摩擦力。

2 施加预应力

预应力张拉方案在 ANSYS 有限元软件分析的基础上确定为两种：1）一次张拉到设计值的100%（分7步进行）；2）分50%、80%、100%三次张拉到设计值（分21步进行）。预应力张拉方案1中索的张拉顺序为：1）轴⑨，轴㉒，轴Ｅ，轴Ｍ；2）轴⑩，轴㉑，轴Ｆ，轴Ｌ；3）轴⑪，轴⑳，轴Ｇ，轴Ｋ；4）轴⑫，轴⑲，轴Ｈ，轴Ｊ；5）轴⑬，轴⑱；6）轴⑭，轴⑰；7）轴⑮，轴⑯。预应力张拉方案2的张拉顺序按预应力张拉方案1进行首尾循环两次。预应力的施加都在钢结构制作完毕、索全部穿完后进行。另外，在张拉之前必须对索进行预张拉，即确定结构的初始状态，避免有些索在张拉时仍处于松弛状态，对以后的张拉不利。

图5 支座构造方法

图6 索力测试仪

2.1 张拉方法及数据采集

索力测试是预应力施工中最重要的参数，因此必须有可靠的措施保证测试索力的准确性。在选择索力测试方法时，主要考虑三个因素：1）模型试验时，试验模型内部空间非常紧凑，因此索力测试仪器体积应小；2）模型索索力较小，最大索力不超过20kN，因此索力测试仪器精度要高；3）由于索的总数为22根，因此测试速度要快。综合考虑上述因素，确定采用如图6所示索力测试仪，该仪器可直接卡在被测试索上，能随时读取索力值的大小。张拉过程采用索力和索的伸长值两个参数进行控制，但以索力控制为主，这与实际工程的要求是一致的。

另外，数据采集设备功能强大，可以连续、分次采集并实时绘出应力变化曲线，满足不同工况下试验对于数据采集的需要，如图7所示。

图7 数据采集系统

2.2　索力

根据计算，结构在自重和恒载作用下跨中位移为零时的索力大小即为所施加预应力的大小。从施工角度而言，拉索一次张拉（方案 1）到设计值比较有利：既可以缩短工期，又能够降低成本。但是如果所有索都同时张拉，需要 44 个张拉点，这无疑给施工带来巨大困难。所以实际施工过程中往往进行分步张拉（方案 2），即一次张拉某几根索，直到所有索张拉完毕。但是由于索的分步张拉，各索索力在张拉过程中存在相互影响，导致索力最终值与理论设计值存在差异。而对于结构整体的承载能力而言，只有最终索力是有意义的。索力过大会使结构节点、杆件等部位受力增大而造成安全隐患，索力过小直接导致结构承载能力的下降。根据理论分析和施工经验，张拉方案的选择无疑会对索力最终值产生影响。所以选择张拉方案的目的在于：在分步张拉的前提下，尽量减小实际索力最终值与理论索力最终值的误差。

鉴于此，试验过程中着重考察了两种张拉方案的索力最终值，以期寻找一种科学可靠的张拉方法使实际索力最终值尽量靠近理论索力最终值。表 2 给出了索力最终值的比较。

索力最终值比较　　　　　　　　　　　　　　　　表 2

轴号	理论值(kN)	方案 1(kN)	方案 2(kN)	方案 1 误差(%)	方案 2 误差(%)
⑨	14.1	13.4	13.6	−5.14	−3.72
⑩	14.0	13.7	15.2	−2.33	8.36
⑪	14.9	11.7	16.0	−21.64	7.15
⑫	17.5	22.3	18.6	27.52	6.36
⑬	18.6	21.8	19.6	16.93	5.13
⑭	20.4	12.6	21.0	−38.19	3.02
⑮	20.6	21.3	20.7	3.41	0.50
⑯	21.0	22.0	21.6	4.73	2.82
⑰	20.6	19.3	22.0	−6.29	6.82
⑱	20.4	23.1	21.5	13.30	5.45
⑲	17.8	22.3	18.6	25.31	4.52
⑳	17.6	21.8	18.6	24.21	5.98
㉑	16.4	17.2	17.0	4.88	3.66
㉒	14.7	13.6	15.5	−7.55	5.36
Ⓔ	14.6	15.1	15.1	3.33	3.33
Ⓕ	14.0	15.6	14.9	11.71	6.70
Ⓖ	16.5	17.8	16.7	8.17	1.48
Ⓗ	16.5	17.2	17.2	4.41	4.41
Ⓙ	16.5	21.0	16.6	27.48	0.77
Ⓚ	16.5	11.2	16.8	−31.94	2.09
Ⓛ	14.0	14.6	14.4	4.55	3.11
Ⓜ	14.6	14.4	15.0	−1.46	2.65

由表 2 可以看出，方案 1 与理论值的误差较大，最大误差绝对值可达 38.19%，而方

案 2 仅为 8.36%。所以从索力最终值考虑，分步张拉显然比一次张拉要更为理想。从张拉设备的角度考虑，实际工程的最大索力超过 2000kN，一次张拉比较困难，而分步张拉显然可以降低张拉对设备的要求。

2.3 钢结构应力

分步张拉过程中有可能造成局部钢结构应力过大，特别是在设计索力很大的情况下，甚至可能造成局部杆件的屈曲或强度破坏。所以有必要选择应力较大的杆件考察张拉过程中钢结构应力的大小以及变化范围。下面以一根下弦杆节点 1 为例说明钢结构应力的大小变化情况。

由图 8 可以看出：1) 试验值与理论计算值较为吻合，变化趋势明显一致；2) 由于张拉过程是在模拟自重加载以后进行的，所以张拉前杆件有一定初拉力，随着张拉的进行，下弦杆由受拉变为受压；3) 两者的应力变化都在控制范围之内，不会对结构造成危害。

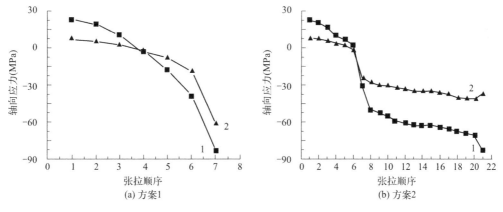

图 8 下弦杆节点 1 应力比较
1—计算；2—试验

上弦杆、腹杆和撑杆的应力变化也都在控制范围之内，一般都小于理论计算值，所以在钢结构应力方面，两种张拉方案都没有对结构造成任何不利影响。

2.4 竖向位移

张拉过程中位移大小及其变化趋势也是非常重要的控制参数，尤其是向上的起拱值。如果起拱值过大，则有可能导致整体结构向上的弯曲变形；起拱值过小，则加载过程中竖直向下的位移会偏大，从而造成结构承载能力的下降。

由于支座摩擦的存在，两种张拉方案的竖向位移大小远小于理论值，其位移变化在同一范围内且趋势比较平缓，说明位移变化对于不同张拉方案不是特别敏感。所以单就位移而言，两种张拉方案区别不大（图 9）。

2.5 中滑道受力

国家体育馆钢屋盖采用带索累积滑移的施工方案，为保证结构在滑移过程中的受力和变形，在结构中间布置了一道中滑道。因此，在预应力张拉时，是否能够通过预应力施加使得屋盖钢结构脱离中滑道以实现结构的主动卸载，需要通过预应力张拉模型试验给出明确的结论。

模型试验时按照实际工程的位置设置了中间的滑道支撑。在模拟中滑道支撑的钢管上

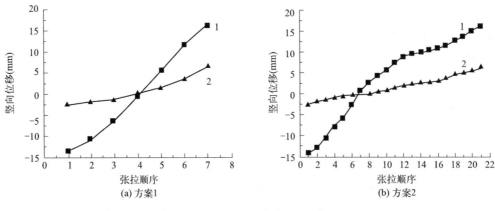

图 9　节点 1 竖向位移变化比较
1—计算；2—试验

串联了压力传感器，通过压力传感器的数值变化就能看出结构是否能够主动脱离中滑道和何时脱离中滑道。

在模型制作时，轴Ⓒ，轴Ⓓ，轴Ⓔ，轴Ⓕ，轴Ⓗ，轴Ⓚ，轴Ⓛ，轴Ⓝ，轴Ⓟ九个横向轴上布置了压力传感器。通过监测压力传感器数值可以发现，在张拉过程中，两种张拉方案均实现了结构与中滑道的脱离。图 10 为采用预应力张拉方案 2 时，模拟滑道支撑钢管与张拉过程的曲线。

从图 10 可以明显看出，随着张拉的进行，滑道压力逐渐减小，说明钢结构慢慢向上起拱，并逐渐脱离滑道。在张拉到第 11 步时，已经有滑道压力减小到零；在张拉到第 18 步时，所有滑道压力都已经减小到零，钢结构此时已完全脱离了滑道。

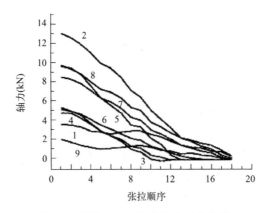

图 10　张拉过程中滑道轴力变化曲线
1—轴Ⓟ；2—轴Ⓝ；3—轴Ⓛ；4—轴Ⓚ；5—轴Ⓗ；6—轴Ⓕ；7—轴Ⓔ；8—轴Ⓓ；9—轴Ⓒ

3　结论

1）双向张弦结构中预应力张拉是最关键的施工工序之一。两个方向的拉索在预应力施加过程中相互影响，在制定施工方案时必须进行充分考虑。2）模型试验结果表明，采用两种张拉方案均能够满足施工要求。但采用一次张拉到位时预应力拉索的应力损失相对较大，对设备要求相对较高，因此，拟采用预应力张拉方案 2 作为实际预应力施工方案。
3）模型试验结果表明，在预应力施加过程中，屋盖钢结构能够和中滑道自动脱离，避免了屋盖钢结构的被动卸载。4）预应力钢结构模型试验对模型设计、钢结构构件选型、钢结构焊接、预应力施加等方面提出了较高的要求。本次预应力张拉模型试验经过精心设计，达到了试验目的，为实际工程提供了具有操作性的结论，试验结果与理论计算也比较接近。5）本次预应力张拉模型试验的模型尺寸达到 $14.5\text{m}\times11.4\text{m}$，是国内少见的大尺寸模型试验。由于其尺寸较大，因此能够更真实地反映预应力张拉过程中拉索和钢结构的性能。本文模型试验方法和结论对双向张弦结构设计、施工和研究均具有重要的参考价值。

参考文献

［1］ 秦杰，沈世钊. 预应力索拱结构施工技术与试验研究［J］. 工业建筑，2006，（05）：91-94.

［2］ 陈荣毅，董石麟. 大跨度张弦钢桁架的预应力施工［J］. 空间结构，2003，（02）：61-63.

［3］ 李忠献. 工程结构试验理论与技术［M］. 天津：天津大学出版社，2004.

国家体育馆双向张弦结构节点设计与试验研究

摘要： 国家体育馆屋面结构体系采用双向张弦网格结构，作为一种全新的结构体系，其节点的外形和受力更加复杂，设计过程具有很大的难度。介绍了国家体育馆撑杆上、下端及拉索端部节点的设计过程；对撑杆下端节点和拉索之间的抗滑移性能做了验算，并完成了足尺抗滑移试验。所提出的节点做法以及相关的试验数据可供类似工程参考。

1 概述

国家体育馆与鸟巢、水立方是 2008 年奥运会的三大场馆。国家体育馆由比赛馆和热身馆两部分组成（图 1）。两个馆的屋顶平面投影均为矩形，其中比赛馆平面尺寸 114m×144m，热身区平面尺寸为 51m×63m，整个屋顶投影面积约为 23700m²。屋面结构为双向张弦空间网格结构，其上弦为由正交桁架组成的空间网格结构，下弦为相互正交的双向拉索。结构横向为主受力方向，因而其下弦采用双索，纵向采用单索，网格平面尺寸为 8.5m。

屋面桁架的上弦采用圆钢管，下弦采用矩形钢管，桁架杆件的连接采用常规的焊接球节点和相贯焊接点。撑杆的上、下端节点和拉索的端部节点比较复杂，下面对这些节点的设计过程予以介绍。

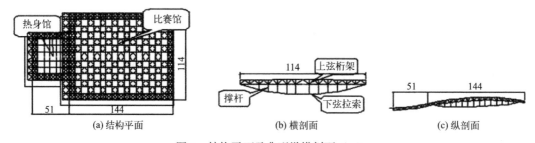

(a) 结构平面　　　　　　　　(b) 横剖面　　　　　　　　(c) 纵剖面

图 1　结构平面及典型纵横剖面（m）

2 撑杆上端节点的设计

撑杆上端与桁架下弦矩形钢管相连。由于下弦拉索沿两个方向布置，所以在施工过程中或者在以后的使用状态下，当荷载情况有所变化时，撑杆有可能沿两个方向发生转动，因而要求撑杆上端与矩形钢管的连接节点具有双向转动能力。根据这一要求，考虑了以下两种节点方案：

文章发表于《工业建筑》2007 年第 37 卷第 1 期，文章作者：秦杰、陈新礼、徐瑞龙、覃阳、徐亚柯、李振宝。

方案1（图2）的设计原理源自机械设计中的向心关节轴承，本方案能承受径向荷载和任一方向较小的轴向荷载，沿双向均具有一定的转动能力。

方案2主要由件①、件②、件③三部分组成（图3）。件①和件③之间为球面接触，所以撑杆可以沿任何方向转动。在实际施工中，为了减小球面之间的摩擦力，在件①和件③之间增加了一层很薄的聚四氟乙烯板。方案2的缺点是不能承受拉力，但对于本工程来说，撑杆在工作状态下始终承受压力，所以方案2的受力性能满足要求。

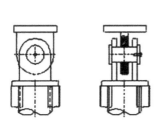

图2 撑杆上端结点（方案1）

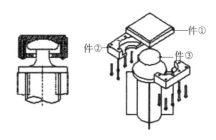

图3 撑杆上端节点（方案2）

对两个方案的建筑效果和受力性能进行比较，发现方案1在两个方向上的视觉效果差别较大，并且当撑杆产生转动后，可能导致部分节点板平面外受力；而方案2则有效地克服了这方面的缺陷，在建筑外观和受力性能上均优于方案1，所以选择方案2作为最终的设计方案。

3 撑杆下端节点的设计

撑杆下端与张弦网格结构的下弦钢索相连，纵向为单索，横向为双索。最初的节点设计方案如图4所示，钢索分上下两层，纵向索在上，横向索在下，采用3块夹板将拉索固定、夹紧，夹板上端与撑杆进行焊接。下弦节点方案1虽然看起来很简洁，实际上却不可行。因为下弦拉索不是直线（横向索是圆弧线，纵向索是空间曲线），导致每个节点撑杆与下弦拉索的交角均不相同。若通过制作上的调整使节点适应拉索的不同夹角，就会导致节点的种类过多，节点的制作和安装将变得非常困难，因此必须对其予以改进。

改进的方法之一是使节点和撑杆之间具有一定的转动能力，将节点与撑杆之间的焊接连接改为球面连接（方案2），如图5所示。

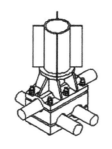

图4 撑杆下端节点（方案1）

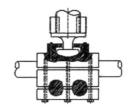

图5 撑杆下端节点（方案2）

经改进后，节点具有各个方向的转动能力，能适应不同的拉索角度，但由于每个节点实际上都是倾斜的，显得很凌乱，对建筑效果有一定的影响。另外，当节点产生倾斜后，节点的合力点也会偏离撑杆的轴线，导致撑杆偏心受力，因此方案 2 也不是一个理想的方案。

对此节点改进的另外一种思路是使拉索和节点之间具有一定的转动能力以适应不同的拉索角度。根据这一思路，设计了方案 3，其内部构造和安装完成后的整体效果如图 6 所示。方案 3 的原理是首先采用两个钢半球将钢索夹紧，再用上、中、下三个圆形夹板将钢球夹紧，夹板与钢球之间为球面接触，利用夹板和钢球之间的转动能力来调节拉索的角度，夹板和撑杆之间的连接采用焊接连接。在施工过程

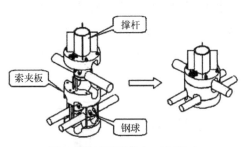

图 6　撑杆下端节点（方案 3）

中，可以通过在球体表面涂抹黄油来减小钢球和夹板之间的摩擦力。

对于单个节点，方案 3 的构造显得很复杂，但对于整个体育馆，采用方案 3 却可以对节点的种类进行统一，大大减少节点的种类，为节点的制作和安装带来极大的方便。通过以上分析，方案 3 可以满足各方面的要求，建筑效果和受力性能均好于其他两个方案，因此选择方案 3 作为撑杆下端节点最终的设计方案。

4　拉索端部铸钢节点的设计

拉索端部铸钢节点要承受来自拉索的拉力，节点的受力很大，同时由于节点处相交的杆件较多，节点的受力非常复杂，因此在进行拉索端部节点的设计时，首先要保证节点的强度满足要求。另外，由于节点的外形和内部构造均很复杂，在进行节点设计时，还要考虑拉索的安装和预应力的施加。

节点的强度可以通过两个措施来保证：对节点受力复杂的关键区域采用增加壁厚、设置加劲肋等方式来提高节点的强度；建立实体模型，利用有限元分析软件对节点的受力性能进行细致的分析，根据分析结果对节点的设计进行改进，控制节点的整体应力水平在合理安全的范围之内。为保证在施工过程中拉索能够顺利地穿过铸钢节点进行安装和张拉，可以采用三维建模软件建立起整个节点的三维模型，并在虚拟空间中模拟拉索的安装和张拉过程。

拉索端部节点主要有两种类型：横向双索节点和纵向单索节点，其外形和内部构造分别如图 7 和图 8 所示。

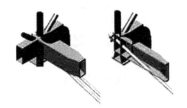

图 7　横向索端部节点

图 8　纵向索端部节点

5 撑杆下端节点拉索和钢球之间的抗滑移验算与试验

5.1 抗滑移验算

对于撑杆下端节点，由于撑杆的方向垂直于地面，而不是垂直于拉索，这样撑杆的轴向压力会在节点处对拉索产生一个切向力，根据整体计算结果，每根钢索的切向力最大值

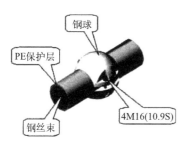

图9 钢球与拉索连接示意

可达到35kN。钢球与拉索的连接如图9所示，两个半球之间靠4个M16高强螺栓夹紧，切向力主要靠钢球和拉索之间的摩擦力来抵抗。为了保证钢球与拉索之间不产生滑动，要求钢球与拉索PE层之间、PE层与拉索内部钢丝束之间的摩擦力能够抵抗切向力的作用。

由于切向力较大，并且缺少相应的数据和经验来判断摩擦力的大小能否抵抗切向力的作用以及PE的抗剪强度能否满足要求，因此对钢球与拉索之间的抗滑移性能和PE的抗剪强度进行验算。在计算过程中，将钢球与拉索PE层之间、PE层与钢丝束之间的摩擦系数取为0.2，PE的抗剪强度约为2.5MPa。根据计算结果，钢球与拉索PE层之间、PE层与钢丝束之间的抗滑移承载力能够达到70kN（大于35kN），PE内部的剪切应力为1.3MPa（小于2.5MPa），节点的抗滑移性能和PE的抗剪强度能够满足设计要求。

5.2 抗滑移试验

模型试验的目的是得到钢球与拉索PE层之间、PE层与钢丝束之间抗滑移承载力的准确数值，对节点的抗滑移性能做出准确的评价。试验装置如图10所示，拉索试件如图11所示。

图10 试验装置

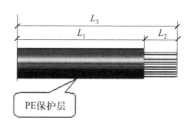

图11 拉索试件示意

根据拉索规格和PE保护层的长度不同，将拉索试件分为三种类型，每种类型试件的数量为9个，详细的试件参数在表1中列出。

拉索试件参数　　　　　　　　　　　　　　　　　　　表1

类型	索体规格(mm)	L_1(mm)	L_2(mm)	L_3(mm)	数量(段)
1	$\phi 5 \times 367$	300	50	350	9
2	$\phi 5 \times 367$	203	97	300	9
3	$\phi 5 \times 253$	213	92	305	9

将三种类型试件的试验结果数据绘成曲线，如图 12 所示。

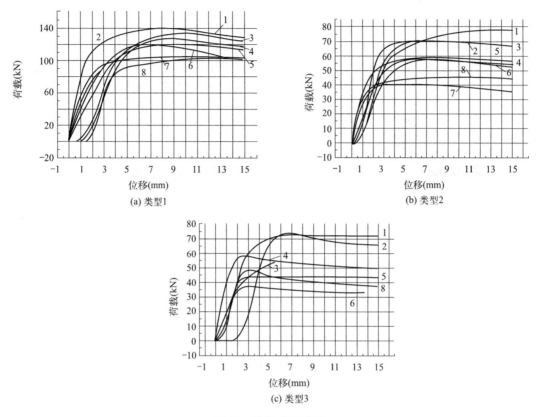

图 12 荷载-位移曲线

1—1 号试件；2—2 号试件；3—3 号试件；4—4 号试件；5—5 号试件；6—6 号试件；7—7 号试件；8—平均值

从图 12 可以看出：类型 1 开始滑动时的平均荷载大于 100kN，类型 2 开始滑动时的平均荷载大于 50kN，均大于计算的切向力 35kN，类型 3 开始滑动时的平均荷载大于 40kN，但是类型 3 对应的拉索规格为中 $\phi 5 \times 253$，实际的切向力比 35kN 小很多。

试验过程中，滑动面均发生在 PE 保护层和其内部的钢丝束之间，说明钢球与 PE 接触面之间的摩擦力比较大。

通过比较类型 1 和类型 2 的荷载—位移曲线可以看出，PE 保护层和其内部的钢丝束之间的摩擦力与 PE 保护层的长度有很大关系，PE 保护层的长度越长，抗滑移承载力越大。

将试验结果和计算结果进行比较可以看出，计算所得出的抗滑移承载力是偏于安全的。计算结果和模型试验的结果均表明，钢球与拉索 PE 层之间、PE 层与钢丝束之间的摩擦力比较大，节点的抗滑移性能满足要求。

6 结语

1）国家体育馆屋面结构体系为双向张弦空间网格结构，作为一种全新的结构体系，其设计和施工过程与以往的单向张弦结构有很大不同，节点的外形和受力更加复杂，设计过程中需要考虑的因素更多，需要兼顾节点的建筑效果、受力性能、制作方法、防腐处理、安装和施工工艺等各方面，设计过程中涉及多方面的专业知识，具有很大的难度。

2）对于外形和内部构造比较复杂的节点，必须使用三维建模软件进行实体建模，以保证其尺寸的准确，并模拟安装过程。

3）对于受力复杂且受力较大的节点，必须利用有限元软件，采用实体单元对节点的受力性能做细致的分析，以保证节点的强度满足要求，必要时还需要做节点的模型试验。

参考文献

［1］ 陆赐麟，尹思明，刘锡良 . 现代预应力钢结构［M］. 北京：人民交通出版社，2003.

［2］ 日本钢结构协会 . 钢结构技术总览——建筑篇［M］. 北京：中国建筑工业出版社，2003.

双椭形弦支穹顶张拉成型试验研究

摘要：双椭形弦支穹顶是弦支穹顶结构的一种新型结构形式，它综合了单层网壳结构和索穹顶结构的优点。通过对一长轴 6.7m、短轴 5.1m 的双椭形弦支穹顶进行模型试验，用有限元计算软件 ANSYS 对结构成型过程进行了全过程跟踪计算，重点分析了张拉过程中，结构变形、结构内力变化规律，从而验证张拉成型理论方法的正确性、可行性。

日本法政大学的川口卫（M. Kawaguchi）和阿部优（M. Abe）等学者和工程师立足于张拉整体的概念，将索穹顶的一些思路应用于单层球面网壳，于 1993 年形成了一种崭新的结构形式——弦支穹顶（Suspen-Dome）结构。

双椭形弦支穹顶是弦支穹顶的一种结构形式，该结构是由一个单层网壳和下端的撑杆、索组成。其中各层撑杆的上端与单层网壳相对应的各层节点径向铰接，下端由径向拉索（Radial Cable）与单层网壳的下一层节点连接，同一层的撑杆下端由环向箍索（Hoop Cable）连接在一起，使整个结构形成一个完整的结构体系（图1、图2）。

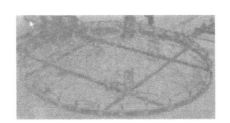

图 1 双椭形弦支穹顶结构图

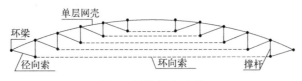

图 2 结构简化示意

由于双椭形弦支穹顶的预应力是多次施加的，在张拉索的过程中后批张拉的索一定会对前一批张拉的索产生影响，使前批张拉索产生应力松弛，即随着不同批次的索的张拉，施工张拉应力要随之改变。为此，通过结构模型张拉成形试验研究分析，并与理论结果相对比，以验证理论计算的正确性。

文章发表于《建筑技术》2007 年 5 月第 38 卷第 5 期，文章作者：李国立、王泽强、秦杰、徐瑞龙。

1 模型设计测点布置

1.1 模型设计

结构如图 1 所示，上部单层网壳为联方型的双椭形弦支穹顶结构，从实际工程角度考虑，本文取跨度为长轴 $2a=6.7$m，短轴 $2b=5.1$m，矢高 $f=0.656$m，矢跨比取 $f/2b=0.128$；外三层撑杆 0.3m，其他撑杆 0.25m。杆件均采用圆钢管，单层网壳杆件均选用 $\phi18\times1.2$ 的无缝钢管，撑杆选用 $\phi8\times1$ 的无缝钢管。第一至四层环索采用 $\phi5$ 冷拔钢丝，第五层环索和径向索均采用 $\phi4$ 的冷拔钢丝。

本文采用大型通用有限元计算软件 ANSYS 为计算工具，对该双椭形弦支穹顶模型张拉成形进行全过程跟踪分析。网壳节点为刚性节点，竖杆与网壳的连接节点及竖杆与索的连接节点均为铰接。计算模型单层网壳采用 Beam188 单元类型，撑杆为 Link180 单元类型，索（包括环索和径向索）采用 Link10。

1.2 测点布置

测点布置如图 3 所示。

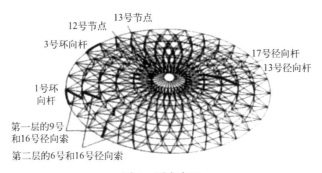

图 3　测点布置

2 张拉成型试验

（1）安装单层网壳。将单层网壳拼装成型，同时将撑杆按照要求焊接，并将支座焊接牢固。将网壳置于环梁上。

（2）安装下部索结构。安装径向索和环索后，在需测网壳杆件、撑杆、径向索和环索上粘贴应变片，用吊车将网壳吊起离环梁 10cm，通过旋转径向索上的螺母和环索上的花兰螺母，将其拧紧，测试网壳杆件应变、径向索和环索应变，此时即为结构在放样态的读数。

（3）将网壳慢慢放下，测试网壳杆件应变、径向索和环索应变，此时为结构在自重态的读数。

（4）通过旋转环索上的花兰螺母，在第一层环索上施加预应力，调整环索索力直至达到 1600N。测试单层网壳杆件应变、撑杆应变、径向索和环索应变及节点竖向位移和水平位移，此时为结构在张拉完第一层环索后的读数。

（5）其他层索重复（4）的过程，将第二至第五层环索施加预应力为 1360、1040、720、400N，最后进行的读数即为预应力平衡态的读数。

3 张拉成型试验结果及理论分析

由于结构为长短轴对称，所以在张拉成型过程中，所测环向杆、径向杆、撑杆及节点竖向位移的数值都是可取对称构件的平均值，构件编号可用如下表示：1 号构件是由 1-1 和 1-2 的平均值所得，依次类推。径向索只取 1/4 来研究，张拉第一至第五圈环索用 1～5 来表示。

3.1 环向杆轴力变化（取一部分杆件，以下相同）

由图 4 可看出，在张拉过程中，环向杆轴力试验结果与理论计算结果变化趋势一致。最大轴向压力为第一层环向杆长轴附近的杆件，最大轴向拉力为与所张拉环索相对应的环向杆长轴附近的杆件。在张拉过程中，如果环向杆原来为轴向拉力的，轴向拉力值将会变小，部分杆件会变为轴向压力；如果环向杆原来为轴向压力的，轴向压力值将会增大；张拉某一层环向索时，通过径向索和撑杆与该层相连接的两层环向杆轴力有很大的变化，而对其他层环向杆轴力影响比较小。

3.2 径向杆轴力变化

由图 5 可看出，在张拉过程中，径向杆轴力试验结果与理论计算结果变化趋势一致。在张拉过程中，径向杆轴力由轴向压力逐渐变为轴向拉力，当变为轴向拉力后，轴力值不断增大。

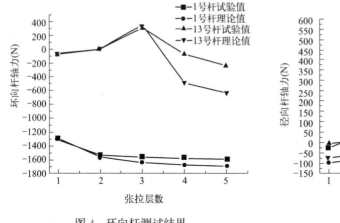

图 4 环向杆测试结果

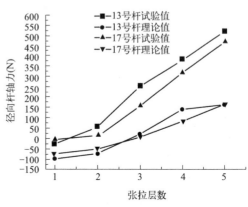

图 5 径向杆测试结果

3.3 撑杆轴力变化

由图 6 可看出，在张拉过程中，撑杆轴力试验结果与理论计算结果变化趋势一致。在张拉过程中，撑杆轴向压力逐渐增大；张拉某一层环向索时，与该环向索相连接的撑杆轴力有很大的变化，而对其他层环向杆轴力影响比较小。

3.4 节点竖向位移变化

由图 7 可看出，在张拉过程中，节点竖向位移试验结果与理论计算结果变化趋势一致。在张拉过程中节点竖向位移，由原来的负值逐渐变为正值，而且正值逐渐变大，上层节点变化比较大；张拉某一层环向索时，与该环向索相连接的撑杆上节点竖向位移会明显变大，以该层节点为界，在此之前节点竖向位移会减小，在此之后的节点竖向位移将会增大。

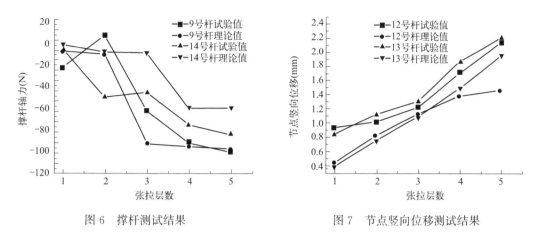

图6 撑杆测试结果　　　　　　　　　　　图7 节点竖向位移测试结果

3.5 径向索索力的变化（取前两圈径向索）

由图8可看出，各层径向索在长轴附近的索力比较大，在短轴附近的索力比较小；在张拉过程中，径向索索力试验结果与理论计算结果变化趋势基本一致。随着张拉的进行，径向索索力不断增大；张拉某一层环向索时，与该环向索相连接的径向索索力将会明显变大，其他层径向索索力增加比较小。

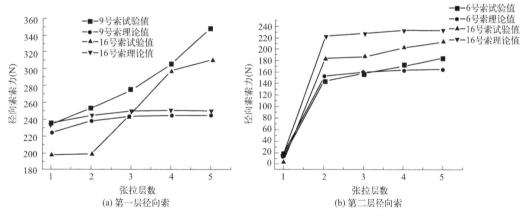

(a) 第一层径向索　　　　　　　　　　　(b) 第二层径向索

图8 径向索索力测试结果

4 结论

（1）理论计算数据与试验数据反映的规律基本一致，通过试验验证了理论分析的正确性，证明了这种张拉成形的方法是可行的。

（2）张拉某一层环索时，对通过径向索和撑杆与该层相连接的两层环向杆轴力、径向杆轴力影响比较大，而对其他层杆件轴力影响比较小；与该层环索相连的径向索索力及通过撑杆与环索相连的节点竖向位移影响比较大，对其他层影响比较小。

（3）每次张拉结束后，环向杆最大轴向压力为第一层环向杆长轴附近的杆件，最大轴向拉力为与所张拉环索相对应的环向杆长轴附近的杆件；径向杆最大轴向压力在长轴与短轴45°角附近的杆件；撑杆轴力大部分都为轴向压力，并且撑杆在长轴附近的杆件轴力比较大；各层径向索在长轴附近的索力比较大，在短轴附近的索力比较小。

（4）网壳结构在受荷后环向杆件一般会受很大的拉力，径向杆件会受很大压力，而在张拉成形过程中，张拉前环向杆原来为轴向拉力的，拉力值将会变小，部分杆件会变为轴向压力，张拉前环向杆原来为轴向压力的，轴向压力值将会增大；径向杆轴力由轴向压力逐渐变为轴向拉力，当变为轴向拉力后，轴力还不断增大。这是一种积极的应力储备，可以很大程度上抵消由荷载产生的环向杆和径向杆内部的应力，从而增强结构的承载力。

（5）在张拉过程中，撑杆轴向压力和径向索索力逐渐增大；节点竖向位移由原来的负值（向下）逐渐变为正值（向上），而且正值逐渐变大，且上层节点变化比较大，为以后结构受荷将产生向下的位移做了很好的储备位移，可以很大程度抵消由荷载产生向下的竖向位移。

参考文献

［1］ 陆赐麟，尹思明，刘锡良. 现代预应力钢结构［M］. 北京：人民交通出版社，2003.

［2］ 刘锡良，韩庆华. 网格结构设计与施工［M］. 天津：天津大学出版社，2004.

［3］ 崔晓强. 弦支穹顶结构体系的静、动力性能研究［D］. 北京：清华大学，2003.

［4］ 张明山. 弦支穹顶结构体的理论研究［D］. 杭州：浙江大学，2004.

［5］ 刘佳. 索承网壳分层张拉成形方法及施工过程内力理论与试验研究［D］. 北京：北京工业大学，2004.

［6］ 郭云. 弦支穹顶结构形态分析、动力性能及静动力试验研究［D］. 天津：天津大学，2004.

［7］ Mamoru Kawaguchi，Masaru Abe，Tatsuo Hatato，Ikuo Tatemichi，et al. Hiroyuki Yoshida and Yoshimichi Anma，ON A STRUCTURAL SYSTEM "SUSPEND-DOME"，Proc. of IASS Symposium，Istanbul，1993：523-530.

国家体育馆双向张弦结构静力性能模型试验研究

摘要：以国家体育馆比赛馆为原形，制作了 1∶10 结构试验模型。通过模型试验研究了双向张弦结构的力学性能。试验内容包括不同顺序的张拉方法和不同加载方案，测试了在张拉和加载过程中钢结构应力和拉索索力的变化情况，从横向拉索索力、纵向拉索索力、钢结构应力和结构变形等 4 方面详细研究了结构的性能。对双向张弦结构性能特点进行了总结，提出了一些对后续研究工作有益的结论。

张弦结构是由上弦钢性压弯构件和下弦柔性拉索通过撑杆联系起来以共同承担荷载的一种预应力结构体系，是一种介于刚性结构和柔性结构之间的半刚性结构。这种结构体系材料利用率高、钢材用量省、结构刚度大、稳定性强，因而日益受到人们的青睐。北京奥运场馆的建设极大地推进了我国大跨度张弦结构应用水平，结构形式由简单的单向张弦结构发展成为双向张弦结构、多向及辐射状张弦结构，同时在建筑物跨度、结构体系复杂程度、施工技术及节点构造方面均有较大突破。

作为奥运会三大场馆之一的国家体育馆屋盖结构热身馆部分采用双向张弦结构，其平面尺寸达到 114m×144.5m，在同类结构中为世界之最。由于跨度大、结构布置复杂，该体系的设计和预应力施工均具有很高的科技含量（图 1）。

图 1 国家体育馆张弦屋盖施工现场

目前国内外学者对预应力双向张弦结构在设计理论和施工方法方面已经进行了比较系

文章发表于《力学与实践》2008 年 6 月第 30 卷第 3 期，文章作者：秦杰、覃阳、徐亚柯、李振宝。

统的研究，对这种结构体系的受力性能、施工方法与步骤有了比较深入的认识，对于双向张弦结构的模型试验方面也已经做了一些探索性的研究工作。但总的说来，目前的研究工作还不够充分，其中还有一些问题没有很好地解决，一些结论还没有达成共识，研究的广度和深度有待于进一步加强。

鉴于国内外的研究状况以及国家体育馆的重要性，以国家体育馆为原型制作完成了1∶10模型。通过预应力张拉及静力性能试验，对双向张弦结构的设计和施工中的一些关键问题作进一步的探索，主要研究内容包括：（1）双向张弦结构在预应力施加过程中的力学性能；（2）针对双向张弦结构的预应力施加方案；（3）双向张弦结构在各种静力荷载作用下的力学性能；（4）在非常规工况下结构的宏观力学性能；（5）利用试验模型对施工过程进行模拟，提出对实际工程施工有益的建议。

1 模型设计与制作

1.1 模型设计

试验模型以国家体育馆和原形，以1∶10的比例进行缩尺。

国家体育馆屋盖上弦为正交空间网格结构，杆件种类及布置均比较复杂。网格结构上弦面内所有杆件及腹杆为圆管，圆管截面范围为$\phi159\times6\sim\phi480\times24$，采用无缝钢管；网格下弦面内所有杆件为矩形管，截面范围为$350\times200\times8\times8\sim450\times275\times25\times20$，采用轧制或焊接管；上弦节点采用焊接球，直径范围为$D500\times18\sim D700\times35$，直径大于600mm时采用碗形节点；下弦采用相贯节点。标准网格单元如图2所示。撑杆为圆管，截面为219×12。撑杆的最大长度为9.248m。张弦屋盖下弦钢索采用挤包双护层大节距扭绞型缆索，索体单束型号为$\phi5\times109\sim\phi5\times367$。双向索体和撑杆布置如图3所示。

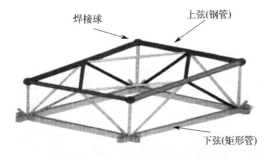

图2 上弦空间网格标准示意图

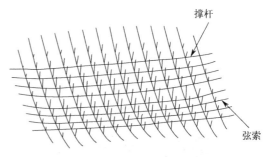

图3 双向索体与撑杆布置图

根据物理缩尺和力学分析，确定模型试验用各杆件尺寸见表1。

试验模型杆件   表1

构件	截面	构件	截面	
桁架上弦杆	圆管$\phi42\times2$	桁架下弦杆	矩形钢管$50\times30\times2\times2$	
桁架腹杆	圆管$\phi22\times2$	撑杆	圆管$\phi22\times1.5$	
索体型号	$\phi5\times8$	$\phi5\times5$	$\phi5\times4$	$\phi5\times3$

根据相似理论，模型材料密度须为原形的10倍，但实际钢材的密度是相同的。试验采用铺设钢板和沙袋来模拟增加的自重，如图4所示。另外，原结构弦索端部为钢铸件，为模拟铸钢件的重量，在相应位置施加配重块，如图5所示。

图 4　桁架模型自重模拟　　　　　　　　图 5　集中荷载自重模拟

为检验试验模型对原形的相似程度，采用 ANSYS 有限元程序分别对模型和原形进行分析，并作对比。采用 $3kN/m^2$ 的检验荷载，结果见表 2。

桁架内力和变形相似比　　　　　　　　　　表 2

参数	应力极值(受压/受拉)(MPa)					竖向位移(mm)
	东南跨	东北跨	西南跨	西北跨	全跨	
原形	−234/150	−186/151	−234/149	−198/151	−234/151	204.1
模型	−180/142	−180/142	−218/168	−218/168	−218/168	19.5

表 2 中数据表明，模型基本能够反映原形的应力分布规律，模型竖向位移与原形缩尺后差别很小，说明两者变形接近，刚度相似性较好。

1.2　模型加工与制作

试验模型的制作顺序为：先加工纵向桁架，再加工横向桁架，最后焊接撑杆、装索。模型桁架先在构件加工厂进行纵榀的下料与拼装，与此同时在试验室进行模型支座的制作，然后将在工厂加工完成的纵榀桁架运进试验室进行吊装定位，吊装完毕后通过焊接横向杆件进行整体空间的组装。图 6 为桁架加工过程中的照片。

图 6　模型加工过程

2　加载方案

2.1　预应力施加方案

在施工过程中，如果可能的话，所有拉索同时张拉是比较有利的，这样既可以缩短工期，又避免了索力之间的互相影响。但实际上由于拉索的数量较多，如果所有拉索同时张拉，需要大量的张拉设备和施工人员，各张拉点之间的同步协调也非常困难，所以实际施工往往是分步进行张拉。但是分步张拉会导致索力在张拉过程中相互影响，使得索力的最终张拉值与理论值存在差异。根据理论分析和施工经验，实际工程一般采用分步张拉进行预应力施工，通过选择合理的施工方法和施工顺序来尽量减小索力的最终张拉值与理论值之间的差异。

在 ANSYS 理论分析的基础上，对于本实验模型，选择两种预应力施加方案进行比较：（1）方案 1：1 级（7 步）张拉到设计值的 100%；（2）方案 2：分 50%，80%，100%3 级（21 步）张拉到设计值。拉索轴线编号如图 7 所示。

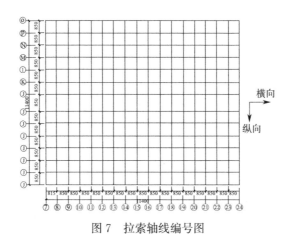

图 7　拉索轴线编号图

方案 1 采取每步张拉 4 根索方案。张拉顺序如下：第 1 批次为 9 轴、22 轴、E 轴和 M 轴；第 2 批次为 10 轴、21 轴、F 轴和 L 轴；第 3 批次为 11 轴、20 轴、G 轴和 K 轴；第 3 批次为 12 轴、19 轴、H 轴和 J 轴；第 4 批次为 13 轴、18 轴；第 5 批次为 14 轴和 17 轴；第 6 批次为 15 轴和 16 轴。

方案 2 采取的第 1 轮张拉顺序与方案 1 相同，第 2 轮从第 6 批次张拉至第 1 批次完成。

试验过程中着重考察了两种张拉方案的索力最终值，以期寻找一种科学可靠的张拉方法使实际索力最终值尽量靠近理论值。

2.2　静力性能试验

国家体育馆屋面荷载标准值：恒载 $1.5kN/m^2$，活载 $0.5kN/m^2$。模型试验首先模拟这部分荷载，采用与模拟自重相同的方法，在桁架上表面均匀施加沙袋。模拟荷载不考虑分项系数，直接按照荷载标准值施加沙袋。在荷载达到 $2.0kN/m^2$ 后，如果结构没有出现破坏，继续施加荷载至 $4.0kN/m^2$，即达到设计荷载标准值的 2 倍时停止加载，此时沙袋总重约 $80×10^3kg$，试验加载结束。

2.2.1　恒载

恒载为满跨加载。考虑到加载的可操作性，分 3 级加载，每级加载 0.5kN/m²，沿桁架纵向从跨中向两端交替对称施加（图 8）。每级荷载加完后，结构持荷达到 15min 后，再按同样步骤进行下级荷载施加。

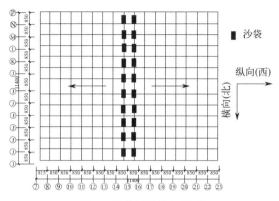

图 8　恒载每级施加示意

2.2.2　活载

为充分研究试验模型在不同活载分布下的受力性能，活载加载按照 3 种方式进行，首先是 1/4 跨加载，其次是半跨加载，最后是全跨加载。其中，半跨加载分纵向和横向半跨两种。加载区域和顺序如图 9 所示。

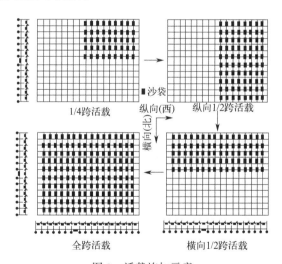

图 9　活载施加示意

2.2.3　吊挂荷载

作为一个多功能场馆，国家体育馆在演出活动中，可能会在屋盖中央产生一些吊挂荷载。试验模拟吊挂荷载 0.5kN/m²，施加区域选取中间 4 轴（图 10）。

2.2.4　超载

为了解实验模型的最大承载力，在吊挂荷载施加后，继续增加荷载，直至面荷载达到 4.0kN/m²，即超越荷载标准值 2.0kN/m²。超越荷载施加分 4 级，每级 0.5kN/m²。

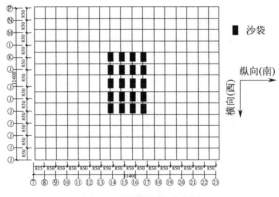

图 10 吊挂荷载示意图

总结以上恒载、活载和超载的加载顺序可用图 11 表示。

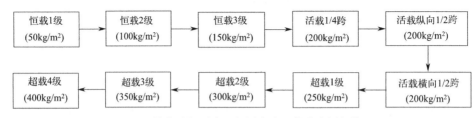

图 11 荷载施加顺序（括号内为面荷载为累加值）

2.3 断索模拟试验

由于国家体育馆是奥运核心区的重点工程，因此按照设计要求需考虑在突发事件下结构的性能。按照顺序分 4 步对受力最大的 15 轴、16 轴、H 轴和 J 轴 4 个轴线拉索模拟失效工况，考察结构是否突然坍塌。

3 试验结果及分析

3.1 预应力施加试验结果及分析

3.1.1 索力

为了对两种张拉方案的索力进行比较，绘出了所有拉索的索力变化曲线。图 12 是有代表性的两条索力变化曲线（H 轴和 15 轴索力变化曲线）。

从图 12 可以看出，两种张拉方案的最终索力大体相当，只是方案 1 索力分 7 步变化到最终值，方案 2 分 21 步变化到最终值。另外，通过对两种方案的所有最终索力进行分析，发现方案 1 的最终索力与理论值的误差较大，最大误差绝对值可达 38.19%，而方案 2 的最终索力误差仅为 8.36%，所以从索力最终值上来看，分 3 级张拉显然比 1 级张拉要更为理想；从张拉设备的角度考虑，1 级张拉索力比较大（实际工程的最大索力超过 200×10^3 kg），而分 3 级张拉索力要小一些，从而降低对张拉设备的要求。

3.1.2 结构变形

为了分析实验模型在张拉过程中的变形规律，给出了有代表性的两条变形曲线。如图 13 所示。

从图 13 可以看出：两种张拉方案的位移变化规律是一致的，张拉完成后的最终起拱

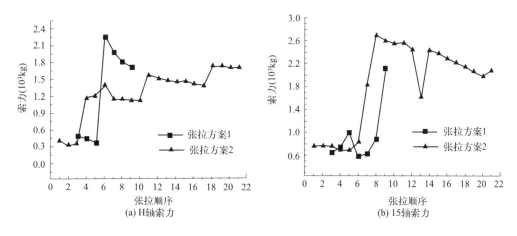

图 12　索力变化趋势

值也基本相等，单就位移而言，两种张拉方案区别不大；两种张拉方案的竖向位移均远小于理论值，其变化趋势也比理论值平缓，经分析认为这是由于实验模型的支座摩擦力较大，与计算模型中假定的滑动支座差别所致。

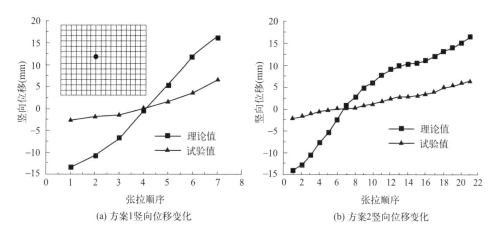

图 13　竖向位移变化比较

3.1.3　钢结构应力

在预应力施工过程中，由于索力分布的不均匀，可能会导致部分杆件的应力过大。为保证张拉过程的安全，选取部分应力变化较大的杆件，结合理论分析的结果，考察其在张拉过程中的应力变化规律及变化范围是很有必要的。

在试验过程中，选取了一些有代表性的杆件，包括网格结构的上弦、下弦、腹杆以及网格结构与拉索之间的部分撑杆。根据其应力变化规律并与理论计算值进行比较可以看出：（1）应力试验值与理论计算值的大小及其变化规律比较吻合；（2）两者的应力变化都在控制范围之内，结构在张拉过程中是安全的。

3.2 静力性能试验结果及分析

3.2.1 索力

图 14 为 9~22 轴横向索从恒载（1.5kN/m²）到超载 4 级（4kN/m²）的索力变化规律。

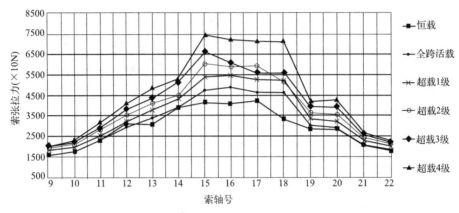

图 14　横索内力变化和分布

从图 14 可以看出：（1）越靠近结构中部索力越大，中间 15、16、17 轴横向索力最大，且数值基本相同；（2）随着荷载的增加，索力逐渐增大，结构中部横向索力的增幅明显大于结构端部横向索力的增幅，说明对于双向张弦结构，越靠近结构中部，拉索对于结构的变形和受力所起的作用越大。

图 15 给出了 E~M 轴纵向索从恒载（1.5kN/m²）到超载 4 级（4kN/m²）的索力变化规律。

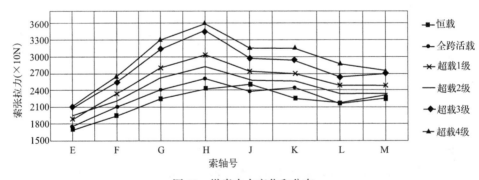

图 15　纵索内力变化和分布

从图 15 可以看出：（1）由于结构的纵向拉索不是规则的圆弧，所以索力的分布不像横向索那么有规律，但基本上还是结构中部的索力大于结构两边的索力；（2）随着荷载的增加，索力逐渐增大，结构中部索力的增幅大于两边索力的增幅，但差别没有横向索那么大；（3）纵向索力明显小于横向索力，说明对于本工程来说，结构以横向受力为主。

在实验中还考察了不同活荷载分布对索力的影响，经过分析发现：活荷载只是对其分布区域的索力影响比较明显。但总的来说，由于活荷载在整个荷载中所占比例不大，索力变化对于不同的活荷载分布不是很敏感。

3.2.2 结构变形

为方便在曲线中表现结构的变形规律，首先对荷载的施加顺序进行编号，如表3所示。

荷载施加顺序 表3

荷载施加	恒载			活载				超载				
	1级	2级	3级	1/4跨	纵向1/2跨	横向1/2跨	全跨	吊挂	1级	2级	3级	4级
编号	1	2	3	4	5	6	7	8	9	10	11	12

图16是结构中部4个节点在荷载施加过程中的竖向位移变化曲线，横坐标为上表中的荷载施加顺序编号，纵坐标为节点的位移值。

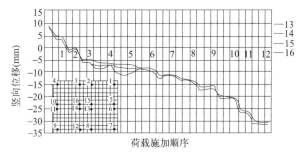

图16 结构中部竖向位移变化曲线

从图16可以看出：（1）在预应力施加完成之后，屋面恒载施加之前，结构中部向上起拱，起拱值约7mm；（2）在屋面恒载第2级施加完成后，结构中部的挠度接近于零，恒载施加完毕后，结构中部挠度约为6mm，在超越荷载施加完毕后，结构中部挠度达到31.87mm，为跨度的1/358，说明结构具有很好的刚度；（3）随着荷载的增加，结构的挠度逐渐增大，且二者之间基本上呈现线性变化关系。

3.2.3 钢结构应力

为了进一步了解结构在静力荷载下的受力性能，选取了网格结构的部分上弦、下弦、腹杆以及部分撑杆，并对这些杆件在荷载施加过程中的应力变化规律进行考察。图17给出了两条有代表性的应力变化曲线。

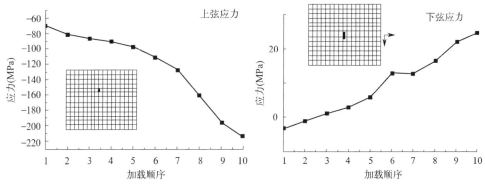

图17 应力变化曲线

经过对应力数据进行分析，可得以下结论：（1）网格结构的上弦杆件大部分为受压杆件，压应力随着荷载的增加而增加；（2）下弦杆件在结构中部为拉应力，在结构周边，由于受到拉索的影响为压应力，应力数值随着荷载的增加而增加；（3）腹杆的应力分布没有明显的规律性，但大部分腹杆的应力不大，说明腹杆的截面一般取决于杆件的长细比；（4）屋盖结构上弦与下弦之间的撑杆为受压构件，压应力随着荷载的增加而增加，但应力数值很小。

3.3　断索试验结果及分析

从图18曲线可以看出，随着4根受力最大的拉索相继失效，结构没有出现整体坍塌的情况。其中部13点和16点坚向位移曲线基本呈现线性降低，反映出双向张弦结构具有很好的空间作用，结构自适应能力强。

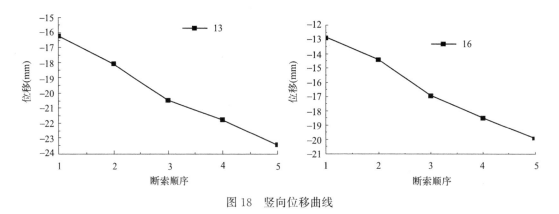

图18　竖向位移曲线

4　结论

本文以国家体育馆屋面预应力钢结构为原型，通过模型试验的方法研究了双向张弦结构的预应力施加方法和静力性能，得出以下主要结论：

（1）由于双向张弦结构含有纵向拉索和横向拉索，因而与单向张弦结构相比具有显著的双向受力特征，这个特征在预应力施加阶段和静力荷载作用阶段均充分展现；

（2）在对双向张弦结构施加预应力的过程中，不同轴线的拉索索力互相影响很大。试验表明，分步张拉是比较有效的方案，同时张拉步骤细化会减小最终的张拉损失；

（3）在静力荷载作用下，双向张弦结构桁架上弦受压，跨中杆件内力要明显大于角部杆件，横向杆件明显大于纵向杆件；桁架下弦杆件在跨中始终受力很小；

（4）在设计恒荷载作用下，结构竖向变形小于规范规定数值，表明双向张弦结构具有很好的刚度，在大跨度结构中有明显的优势；

（5）在设计活载作用下，有活载布置和无活载布置区域的变形相差不大，这充分显示出双向张弦结构力学性能的优越性，双向弦索对半跨活载作用下桁架的不对称变形有明显的调节作用；

（6）断索试验结论表明双向张弦结构不会因某一根索的破断而产生结构的整体坍塌，该结构类型具有很好的可靠性，在对安全性要求较高的公共建筑中有广阔的应用前景。

参考文献

［1］ 陆赐麟，尹思明，刘锡良. 现代预应力钢结构［M］. 北京：人民交通出版社，2003.

［2］ 日本钢结构协会。陈以一，傅攻义译. 钢结构技术总览——建筑篇［M］. 北京：中国建筑工业出版社，2003.

［3］ 刘锡良，白正仙. 张弦梁结构受力性能的分析［J］. 钢结构，1998，（04）：4～8. ［Liu Xiliang，Bai Zhengxian. Analysis of mechanics behaviour of beam string structure. *Steel Construction*，1998，13（4）：4～8（in Chinese）］

大比尺马蹄形钢衬钢筋混凝土压力管道试验研究

摘要： 以三峡大坝背管压力管道为原形，按照 1：10 进行几何缩尺，制作了内径达 1.24m 的钢衬钢筋混凝土压力管道。使用新型内水压力施加方法，进行了模型试验，掌握了钢衬钢筋混凝土压力管道在内水压力作用下的工作机理。通过与同系列模型试验的比较，对钢衬钢筋混凝土压力管道模型试验有了进一步的认识。最后针对常规钢衬钢筋混凝土压力管道，参照相关领域研究成果，比较选择了符合试验结果的初裂荷载计算公式、裂缝间距最大缝宽计算公式以及管道强度设计公式，以供设计使用。

钢衬钢筋混凝土压力管道自从 20 世纪 70 年代开始在我国应用，已经完成了大小模型试验数十个，这些模型试验对于明确此种压力管道的破坏机理、推广及其应用至关重要。

模型试验作为混凝土结构研究的一个重要手段，可以最明确地模拟实际结构的受力及破坏情况[1~5]。对比以往模型试验可以看出，除了我国第一个使用钢衬钢筋混凝土压力管道的东江水电站中的压力管道大模型试验和三峡水电站压力管道 1：2 大比尺模型试验外，其余的模型尺寸都较小。不同比尺的压力管道，其承载力试验结果可能和原形比较接近，但是裂缝分布及裂缝形态差别较大。

国家在 "七五" 及 "八五" 攻关期间，针对三峡水电站钢衬钢筋混凝土压力管道进行了 1：31 及 1：2 模型试验。为使本文的研究结果具有可比性，以三峡压力管道为原形，按几何缩尺 1：10 制作，内径将达到 1.24m，和已经完成的管道试验相比，属于大型模型试验。

模型试验主要有以下两个目的：一是研究管道在内水压力作用下的起裂荷载、极限荷载、应力分布、裂缝分布及其形态等；二是针对常规钢衬钢筋混凝土压力管道，建立有限元计算模型，对试验进行模拟，为下一步进行有限元计算，复核管道设计公式奠定基础。

1 模型试验试件制作

对于钢衬钢筋混凝土压力管道，一般布置在大坝下游面，管道混凝土在大部分坝体混凝土浇筑完成之后才进行浇筑，它们之间通过键槽相连，两者共同受力（图 1）。对于每一个坝段，管道与相连坝体截面形状如图 2 所示。

根据以往研究人员的经验，在试件制作时，图 2 中的大坝部分可以去掉，同时把管道下半部分向下延伸一段长度，管道呈现马蹄形状。这种简化后与实际管道的截面结构形式相差不多。

文章发表于《水利与建筑工程学报》，文章作者：何化南、秦杰、黄承逵。

图 1　含引水压力管道坝段示意图　　　　　　图 2　压力管道断面

试验所用水泥为大连小野田水泥厂生产的 525 号普通硅酸盐水泥，水灰比为 0.48；钢筋采用鞍钢生产的 Φ12 Ⅱ级螺纹钢，屈服强度为 330MPa；钢板采用 Q235，厚度为 3mm，屈服强度为 240MPa；粗骨料为石灰石碎石，骨料粒径为 5～20mm。拌合水为日常饮用水。

模型尺寸及模型结构详见图 3。三峡水电站压力管道采用的钢衬为 16Mn 钢板，此模型试验采用的是普通 A3 钢板，在屈服强度上有所降低。按模型与原形含筋率一致的原则配置钢筋，由于 1：10 的模型试件尺寸还是相对较小，如果按照原形三层配置钢筋，则钢筋的直径会非常小，裂缝分布和形态差别会较大，因此在制作时，保证配筋率不变的情况下，模型试验的钢筋分两层布置，均为 3φ12。

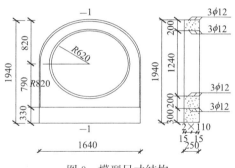

图 3　模型尺寸结构

在管道混凝土浇筑之前，钢筋与钢衬的关键位置均粘贴了钢筋应变片，以观察管道应力分布。应变片位置与编号见图 4；对于混凝土，试验加载前在其上表面和侧面相应位置粘贴了混凝土应变片，用以监测混凝土变形情况；另外，在管道的四周布置了 5 块百分表，用于量测试件在内水压作用下的变形情况，图 5 给出了百分表及混凝土应变片位置与编号。

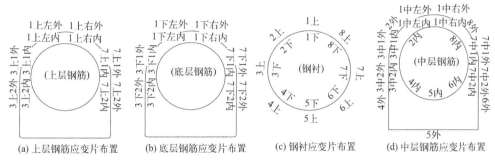

(a) 上层钢筋应变片布置　　(b) 底层钢筋应变片布置　　(c) 钢衬应变片布置　　(d) 中层钢筋应变片布置

图 4　应变片布置图

根据以往的试验结果，管道顶部与左右两腰是主裂缝出现的位置。因此，为监测这三个关键截面钢材应力，如图4所示，这些截面的上下三层钢筋应变片布置较密，且位置相互交错，这样就相当于在截面左右附近连续布置了间距为5cm左右的6片应变片，基本可以覆盖裂缝可能出现的位置，从而达到监测内水压作用下钢材应力变化的目的。试验结果证明，此种做法是很有效的。

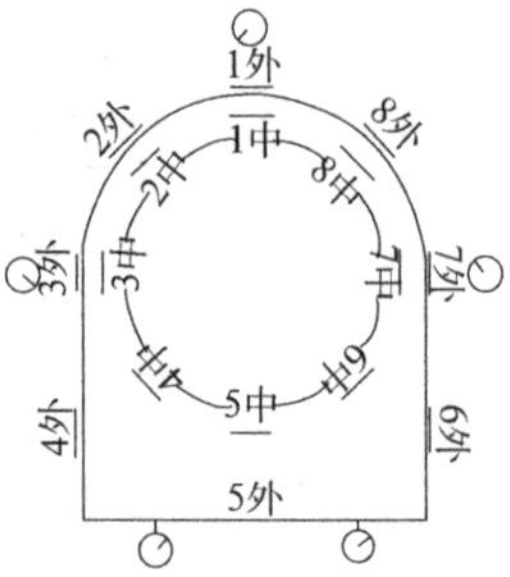

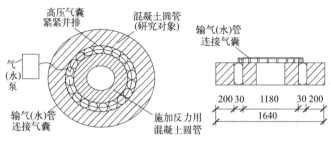

图5 混凝土应变片与百分表布置

2 模型试验加载装置设计

压力管道内水压试验对加载设备的要求很高，尤其对于大尺寸的模型试验，是公认难度很大的一类试验。经过对以往内水压试验加载方法的分析和比较，最终采用了一种新型加载方式。加载方案的思路见图6。

图6 设想加载方案

此种加载方式的特点是靠特殊定制的块状胶囊，其高度比待测试件略低，宽度较小（图7），图8为实物图。这些块状胶囊沿试件与反力墩形成的空腔顺向布置，胶囊之间用胶管串联，通过手压水泵逐级加载。

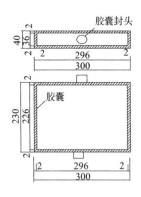

图7 块状胶囊尺寸

图8 特制块状胶囊照片

这种加载方法的优点之一是省时，避免了采用液压钢枕需要细石混凝土的限制；如果某个胶囊出现了破坏，可以及时进行更换。但是此种加载方法的难点是块状胶囊的密封。由于块状胶囊本身的变形量非常大，其密封的问题就比较突出。

经过比较与选择，最终确定的密封方法是使用上下钢盖板对试件进行密封。图9为试验装置及上下钢盖板的加工图。上下盖板均为空心钢圆环，其内边缘卡在反力墩边缘，外边缘卡在模型试件内边缘上，这样，就由模型试件、反力墩、上盖板、下盖板形成一个密闭的空腔，块状胶囊放置在空腔内，用胶管依次串联，通过充水使块状胶囊膨胀，从而对模型试件施加内水压力。上下钢盖板之间使用钢螺栓相连，在反力墩内部预先留有螺栓孔，钢螺栓从螺栓孔穿入，连接上下钢盖板。实践证明，这套装置可靠性较好，尤其是拆卸都很方便。图10为试验装置照片。

图 9   试验加载装置及加工图

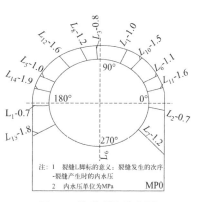

图 10   试验装置照片

3   模型试验结果及分析

3.1   模型初裂荷载及初裂位置

内水压通过手压水泵逐级施加，在正式加载之前，预先反复加载 3 次，使模型试件与加载设备进行自调整，并检查数据采集系统与百分表读数是否正常。正式加载时，以 0.1MPa 为一级，每级荷载持荷 3min。施加的最终内水压为 2.2MPa。

管道裂缝分布图（图 11）。压力管道的初裂荷载为 0.7MPa，第 1 条裂缝首先在管道两腰，即 0°和 180°附近出现，裂缝一裂即穿；第 2 条裂缝 0.8MPa 时出现在 90°断面；在内水压达到 1.0MPa 时第 3 条裂缝和第 4 条裂缝同时出现，分别位于 75°和 140°断

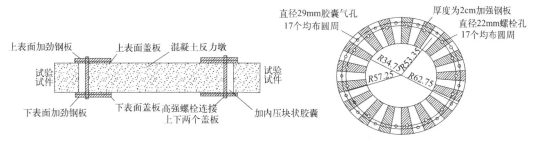

图 11   管道裂缝分布图

面。随着内水压的不断增大，裂缝出现的部位开始分散，在管道上半部分分布较密，下半部分分布较疏，缝宽随内水压升高发展迅速。当内水压达到 1.9MPa 左右裂缝基本出齐。共出现 14 条贯穿裂缝，其中上半部分 11 条，下半部分 3 条，上半部分裂缝的间距约为 20cm。

3.2 模型混凝土开裂后钢材应力状态

从试件的裂缝分布可以看出，管道裂缝主要集中在上半部分，而裂缝最先出现的180°断面、0°断面、90°断面，其裂缝宽度和钢材应力的发展速度很快，是管道设计的控制截面。因此，针对此3条裂缝附近的钢材应力随内水压的变化以及缝宽的变化进行了深入的研究。

如前所述，根据以前的试验情况，在进行试件制作时，在其180°断面、0°断面、90°断面附近有针对性地增加了钢筋测点，以捕捉裂缝附近的钢材应力分布情况，并判断试件的极限承载力。

图12～图15为管道0°断面、180°断面内外层钢筋随内水压变化的情况。从图中可以看出，在混凝土开裂前，即内水压相对较低时，钢筋的压力分布比较均匀。当混凝土开裂以后，处于裂缝附近的钢筋应力随内水压的增加急剧上升。对于0°断面和180°断面，当内水压达到1.7MPa时，0°断面内层钢筋首先屈服；内水压继续增加时，相邻的位置应力继续增长，直至内水压达到2.1MPa时，0°断面内外层钢筋全部屈服。通过监测到的钢衬应力可以发现，钢衬在此时也达到了屈服。因此，当内水压达到2.1MPa时，管道达到了极限状态。

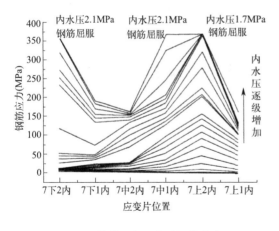

图12　管道0°断面内层钢筋应力

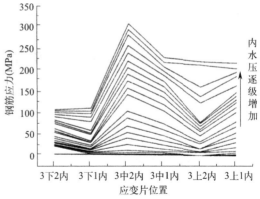

图13　管道180°断面内层钢筋应力

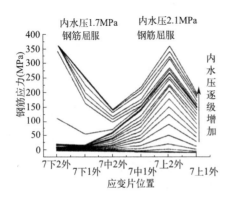

图14　管道0°断面外层钢筋应力

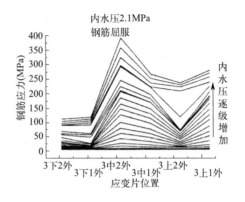

图15　管道180°断面外层钢筋应力

图 16 和图 17 是管道 90°断面钢筋应力随内水压升高应力变化曲线。此断面是应力梯度较大的一个断面，当内水压达到 1.5MPa 时，内层钢筋就已经屈服，而外层钢筋也在内水压达到 2.1MPa 时屈服。

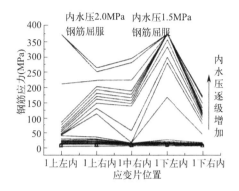

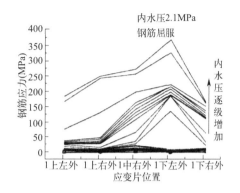

图 16　管道 90°断面内层钢筋应力　　　　图 17　管道 90°断面外层钢筋应力

对比内层钢筋和外层钢筋应力随内水压力升高的曲线可以看出常规钢衬钢筋混凝土压力管道出现裂缝的特点。图 16 显示 1 下左内很可能是裂缝通过的位置，与之相对应的是图 17 曲线显示，1 下左外的钢筋应力水平也明显高于相邻的钢筋应力，这说明裂缝是沿径向开展，且是一裂即穿。

3.3　管道结构的极限承载力

由 0°断面、180°断面、90°断面裂缝处的钢筋应力分布可以看出，对于钢衬钢筋混凝土压力管道，其最终承载能力如何，要看这三个关键断面的钢材应力发展情况。因此，选取了这三个断面钢材应力的沿断面的分布情况，由此来判断管道结构的最终承载能力。

从图 18 和图 20 两个水平断面的钢材应力分布随内水压变化曲线可以看出，混凝土开裂后开始时外部钢筋的应力要稍大于内部钢筋，这是由于管道在腰部水平断面偏心受拉的原因，但是随着内水压的增大，内部钢筋的应力超过外部钢筋。当内水压达到 1.7MPa时，内部钢筋首先屈服，当内水压达到 2.1MPa 时，0°断面的外筋与钢衬同时达到屈服。此时，管道达到了结构的第一极限状态。

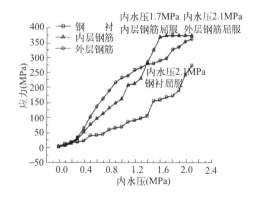
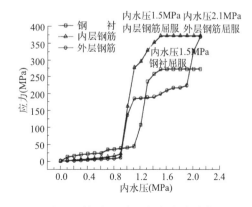

图 18　管道 0°断面钢材应力分布　　　　图 19　管道 90°断面钢材应力分布

图 19 是 90°断面钢材应力分布，从钢材应力分布可以看出，由于 90°断面应力梯度很

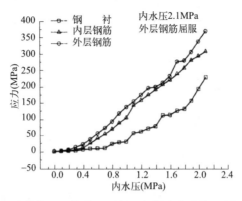

图 20　管道 180°断面钢材应力分布

大，因此，当混凝土开裂以后，钢材的应力迅速增大。当内水压达到 1.5MPa 时，内层钢筋和内钢衬同时屈服。这时，外筋应力增长的速度较快，也在内水压达到 2.1MPa 左右达到屈服。

当内水压增加到 2.2MPa 时，结构的变形已经显著加大，考虑试验安全因素，内水压没有继续施加，整个试验结束。

3.4　模型径向变形与裂缝发展

图 21 是管道径向变形曲线，从图中可以看出，管道两腰 0°断面和 180°断面的径向位移要大于顶部 90°断面。

从位移曲线可以看出，在钢衬钢筋混凝土压力管道开裂之前，其变形很小，这说明结构的整体刚度较大。随着内水压力的增加，管道出现裂缝，而且裂缝沿径向向外一裂即穿。在这种情况下，管道混凝土对内水压力已经没有贡献，整个结构的刚度由钢筋与钢衬决定，其刚度大大小于开裂之前。管道在外包混凝土开裂以后径向位移增大很多，就是结构刚度降低的宏观反应。

由图 22 三个断面的裂缝宽度随内水压增加的曲线对比可以看出，当内水压达到 1.2MPa 左右时，0°断面的裂缝就达到了 0.3mm，这也表现出常规钢衬钢筋混凝土压力管道一旦出现裂缝，裂缝缝宽会发展很快，而且会达到一个较大的数值。

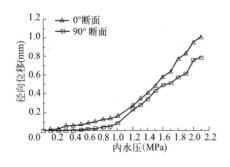

图 21　径向变形曲线

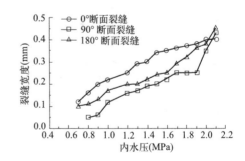

图 22　裂缝缝宽随内水压的变化分布曲线

3.5　模型其他断面钢材应力发展

钢衬钢筋混凝土压力管道的受力特点是，在正常使用荷载下，外包混凝土会出现裂缝。因此，需要对带裂缝管道内部钢材应力分布情况进行更全面的了解。图23～图27分别为管道不同角度的应变片测量结果。图23与图24为管道对称的两个角度钢材应力随内水压变形情况。从图中可以看出，在内水压较低时，钢衬的应力要远大于钢筋的受力，这可能与钢衬与混凝土之间存在初始间隙有关，还有一个可能是此处管道裂缝没有跨过应变片。

图25与图26为管道下半部分对称的两个角度钢材应力随内水压变化曲线。由于这两个角度，外侧钢筋应变片粘贴的位置是在外部，因此，其受力一直很小，直到315°断面出现了裂缝，钢筋的应力才增大。总的看来，钢材的应力水平不是很高。

图27为管道270°断面钢材应力随内水压变化的情况，这一个很值得关注的曲线。当内水压达到1.5MPa时，钢衬已经达到屈服，随之，内层钢筋应力迅速增大。1.5MPa的内水压正是管道顶部90°断面钢衬与内部钢筋屈服时的内水压力，也就是说，对于管道来说，其顶部钢材屈服会直接诱使底部钢材应力的增长，因为此时，管道底部出现了一条通向坝体的裂缝。

图28给出了MP0试验完毕的照片。

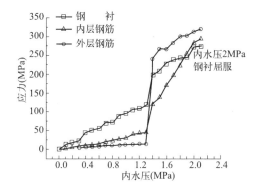

图23　管道45°断面钢材应力分布

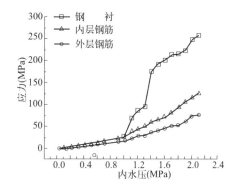

图24　管道135°断面钢材应力分布

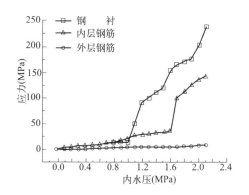

图25　管道225°断面钢材应力分布

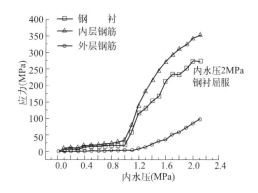

图26　管道315°断面钢材应力分布

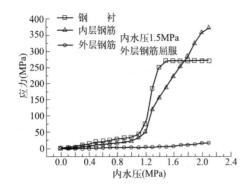

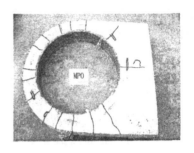

图 27　MP0 管道 270°断面钢材应力分布　　　　图 28　试验完毕照片

4　钢衬钢筋混凝土压力管道设计方法

钢衬钢筋混凝土压力管道采用的是整体设计方法，其设计公式已有相应规范。在此类管道的设计中，钢材用量设计是一方面，另外一方面就是裂缝的计算，本节将根据模型试验结果对实用设计公式进行校核，以供设计人员直接使用。

4.1　钢管壁厚及环向配筋设计

由于钢衬钢筋混凝土压力管道允许外包混凝土在正常使用荷载下出现开裂，因此在进行钢材用量设计时相对比较简单，现行《水电站压力钢管设计规范》NB/T 35056 给出的钢管壁厚及环向钢筋设计公式为：

$$pr = \frac{tf_s}{\gamma_0 \psi \gamma_d} + \frac{t_3 f_y}{\gamma_0 \psi \gamma_{db}} \tag{1}$$

式中，p 为内水压力设计值；r 为钢管内半径；t 为钢管壁厚；t_3 为环向钢筋折算厚度，等于单位长度范围内钢筋截面积除以单位长度；f_s 为钢板强度设计值；f_y 为钢筋抗拉强度设计值；γ_0 为结构重要性系数；ψ 为设计状况系数；γ_d 为管型结构系数；γ_{db} 为坝后背管中钢筋结构系数，可取 $\gamma_{db} = \gamma_d$；本文进行的钢衬钢筋混凝土压力管道试验，可用此公式来进行验证。即把内水压力设计值改为内水压力极限值，钢材应力均使用钢材的屈服强度，则方程两边应该是相等的。

由 MP0 试验可知，当内水压力达到 2.1MPa 时，管道 0°断面钢材全部屈服，则

$$p \cdot r = 2.1 \times 0.62 = 1.30 \text{MPa} \cdot \text{m} \tag{2}$$

根据材料试验，钢管屈服强度 f_s 为 240MPa，钢筋屈服强度 f_y 为 330MPa，则

$$t \cdot f_s + t_3 \cdot f_y = 0.003 \times 240 + 0.0026 \times 330 = 1.46 \text{MPa} \cdot \text{m} \tag{3}$$

将公式（2）与公式（3）计算结果进行比较，可以得出

$$p \cdot r \approx t \cdot f_s + t_3 \cdot f_y$$

这说明了模型试验结果与实际的设计用公式比较吻合，在实际工程中可以采用（1）式进行设计。

4.2　裂缝间距及最大裂缝缝宽计算

钢衬钢筋混凝土压力管道是带裂缝工作的一种结构，因此为保证结构的耐久性，必须对裂缝缝宽进行验算。经过综合分析有关学者关于裂缝研究的成果，针对钢衬钢筋混凝土

这种特定的水工结构形式，最终确定的裂缝计算方法为应用较为普遍的方法：裂缝间距计算公式采用 CEB-FIP 规范规定，最大缝宽计算方法采用 DL/T 5057—1996 规范。

4.2.1 裂缝间距计算

欧洲混凝土委员会（CEB）和国际预应力混凝土协会（FIP），在大量试验的基础上，于 1978 年提出的钢筋混凝土结构平均裂缝间距公式具有一定的通用性，已被广泛采用。该公式反映了混凝土的保护层厚度、钢筋直径、配筋率、钢筋粘接性能、结构受力特性等因素对平均裂缝间距的影响。该公式为

$$l_{cr} = 2(C + \frac{S}{10}) + K_1 K_2 \frac{d}{\rho_{et}} \tag{4}$$

式中，C 为混凝土保护层厚度；S 为钢筋间距（在管道中指沿管轴线方向环筋间距）；d 为钢筋直径；ρ_{et} 为有效配筋率。$\rho_{et} = \frac{A_s}{A_{et}}$，其中 A_s 为钢筋面积，A_{et} 为混凝土面积；K_1 为钢筋粘接性能系数，$K_1 = 0.4$（变形钢筋）；$K_1 = 0.8$（光圆钢筋）；K_2 为构件拉应力分布影响系数，在管道中经对照大量结构模型试验试算，建议 K_2 取 0.25，相当于原公式的轴拉构件取值。

由模型试验结果知，管道共出现 14 条贯穿裂缝，其中上半部分 11 条，下半部分 3 条，上半部分裂缝的间距约为 200mm。

由裂缝间距计算公式（4）对 MP0 管道进行计算：

$$l_{cr} = 2(C + \frac{S}{10}) + K_1 K_2 \frac{d}{\mu_{et}}$$
$$= 2 \times (30 + \frac{110}{10}) + 0.4 \times 0.25 \times \frac{12}{0.0113} = 188mm$$

由公式计算得到裂缝间距为 188mm，而实测为 200mm，两者吻合得较好。

4.2.2 裂缝间距计算

《水工混凝土结构设计规范》DL/T 5057—1996 中给出，对于矩形截面受拉、偏心受压构件，按荷载效应的短期组合（并考虑部分荷载的长期效用的影响）及长期组合的最大裂缝宽度 w_{max} 可按下列公式计算：

$$w_{max} = \alpha_1 \alpha_2 \alpha_3 \frac{\sigma_{ss}}{E_s}(3c + 0.10 \frac{d}{\rho_{te}}) \tag{5}$$

$$w_{max} = \alpha_1 \alpha_2 \alpha_3 \frac{\sigma_{sl}}{E_s}(3c + 0.10 \frac{d}{\rho_{te}}) \tag{6}$$

由（5）可以看出，在构件几何形状及材料特性确定的情况下，最大裂缝缝宽和截面内钢筋应力是一个线性关系，可简化为

$$w_{max} = \sigma_{ss} \cdot \xi \tag{7}$$

$$\xi = \alpha_1 \alpha_2 \alpha_3 \frac{1}{E_s}(3c + 0.10 \frac{d}{\rho_{te}}) \tag{8}$$

式中，ξ 是只与构件几何形状及材料特性有关的系数。

对于钢衬钢筋混凝土压力管道，从受力上严格来说属于小偏心受拉构件，但由试验可以看出，内层与外层钢筋应力差别不大，可以简化为轴心受拉构件进行分析。受力特性反

映在计算公式中，差别就在于公式中的钢筋应力 σ_{ss} 计算方法不同。

经分析可以看出，当计算轴心受拉与小偏心受拉时，两个公式的目的都是要求出截面上钢筋的较小拉应力，而通过 MP0 试验可以直接得到截面的较小的钢筋应力，因此可以采用按轴心受拉情况进行计算，应力采用截面上数值较小的钢筋应力。

根据模型试件 MP0 的几何形状及材料特性，可以求得

$$\xi = \alpha_1 \alpha_2 \alpha_3 \frac{1}{E_s}(3c + 0.10\frac{d}{\rho_{te}}) \tag{9}$$

$$= 1.3 \times 1.0 \times 1.5 \times \frac{1}{210000} \times (3 \times 30 + 0.10 \times \frac{12}{0.03})$$

$$= 1.21 \times 10^{-3}\,\text{mm/MPa}$$

则
$$w_{max} = \sigma_{ss} \cdot \xi = 1.21 \times 10^{-3}\sigma_{ss} \tag{10}$$

根据上式可以画出一条直线，即给定 σ_{ss}，就可以求出 w_{max}；另一方面，根据试验结果，同样可以划出指定截面上钢筋应力与裂缝缝宽的实测曲线。将这两条曲线进行对比，就可以看出所选用的裂缝公式是否适用。

图 29～图 31 分别为试验 MP0 管道 0°、90°和 180°断面钢筋应力与裂缝缝宽关系曲线，其中横坐标为钢筋应力，纵坐标为裂缝缝宽。

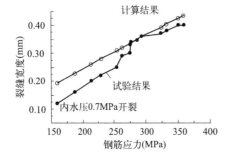

图 29　0°断面裂缝缝宽试验与计算结果对比

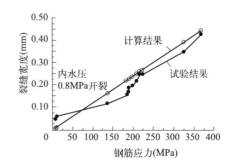

图 30　90°断面裂缝缝宽试验与计算结果对比

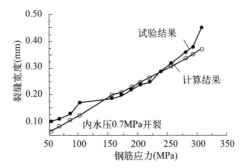

图 31　180°断面裂缝缝宽试验与计算结果对比

由三个关键截面裂缝缝宽与计算结果对比曲线可以看出，采用公式计算出的裂缝缝宽与模型试验结果比较接近，这说明了 DL/T 5057—1996 中裂缝宽度计算公式对于钢衬钢筋混凝土压力管道计算是适用的，关键是要把裂缝断面的钢筋应力计算准确。

5 结语

通过模型试验和设计方法的研究，可有以下几点结论：

（1）管道的初裂荷载为 0.7MPa，裂缝首先出现的位置是在 0°和 180°，然后在管道 90°顶部出现。

裂缝均一裂即穿；从裂缝的分布来看，管道上半部分裂缝分布较密，下半部分分布较疏。在内水压力达到 1.8MPa 时，裂缝基本出齐。最大缝宽为 0.42mm。

（2）在内水压力达到 1.7MPa 时，管道腰部 0°断面内部钢筋首先屈服；在内水压力达到 2.1MPa 时，此断面钢材全部屈服；由三个关键断面的钢筋应力分布可以看出，在裂缝出现的位置，钢筋的压力明显增大，钢筋首先屈服点在裂缝附近。

（3）管道腰部 0°断面钢材达到屈服以后，并没有丧失承载力，内水压力可以继续向上施加。反映出此种结构良好的整体性能。

（4）给出了钢衬钢筋混凝土压力管道钢衬及环向钢筋设计公式，并通过模型试验验证了其正确性；给出了钢衬钢筋混凝土压力管道初裂荷载计算公式、裂缝间距计算公式、最大缝宽计算公式，通过与模型试验结果的比较，验证了公式的适用性和可靠性。

参考文献

[1] 吴汉明，伏义淑，杨学堂，等．大型平面结构模型试验地面约束问题研究 [J]．武汉水利电力大学（宜昌）学报，1997（04）：31-35．

[2] 伏义淑，吴汉明，杨学堂，等．三峡电站压力管道结构模型制作及试验研究 [J]．武汉水利电力大学（宜昌）学报，1998，（01）：14-20．

[3] 龚国芝，张伟，伍鹤皋，等．钢衬钢筋混凝土压力管道外包混凝土的裂缝控制研究 [J]．岩石力学，2007，（01）：51-56．

[4] 董哲仁，夏朴淳，沈星原，等．超高水头钢衬钢筋混凝土明管结构试验及非线性分析 [J]．水利学报，1993（07）：18-27．

[5] 电力工业部西北勘测设计研究院．水工混凝土结构设计规范：DL/T 5057—1996 [S]．北京：电力出版社，1997．

钢纤维增强微膨胀混凝土长期限制变形的试验研究

摘要： 对不同限制程度下钢纤维增强微膨胀混凝土的限制膨胀变形进行了测量。结果表明，经过 3 年和 5 年后，当膨胀剂掺量很低时，膨胀变形回缩很大；当膨胀剂掺量达到一定程度时，混凝土的长期膨胀变形变化很小，基本上与试件 90d 的变形持平，也就是说膨胀变形损失较低，能满足结构设计对增强或补偿收缩作用的要求。

0 前言

在普通钢筋混凝土中掺入一定量的膨胀剂，使得混凝土发生膨胀变形补偿收缩并能有一定自应力产生（一般在 1MPa 以下），即通常称的微膨胀混凝土（或补偿收缩混凝土）。将钢纤维乱向分布到膨胀混凝土中，可以使钢纤维的增强增韧效应与膨胀混凝土的补偿收缩作用耦合，从而制造出抗裂性和韧性均优良的复合材料。对于钢纤维增强补偿收缩混凝土而言，要保证其良好的力学性能，膨胀变形的稳定性是重要的环节。也就是混凝土发生膨胀后随时间变化，变形没有明显地回缩，或者即使回缩但数值不是很大并最终能处于一个稳定的变形范围。已有的研究表明，钢纤维膨胀混凝土在早龄期具有很好的性能，但是对其长期性能的研究目前较少。对于钢纤维增强膨胀混凝土构件来说，材料的长期性能至关重要，如果其长期性能得不到保证，就会导致结构实际受力状态与设计受力状态不符，从而危及结构的安全。

本文通过试验，分别对 3 年和 5 年龄期的钢纤维膨胀混凝土试件进行了变形测定，给出了微膨胀混凝土的长期变形性能，为此种结构的设计提供了依据，也为微膨胀混凝土的推广与应用奠定了一定的基础。

1 3 年龄期的试件变形试验研究

3 年龄期微膨胀混凝土试件共 28 组，136 个。试验从混凝土脱模后开始计算龄期，记录了 1～992d 试件的变形值。

1.1 试验原材料

水泥：52.5 级普通硅酸盐水泥。

膨胀剂：UEA 膨胀剂。

钢纤维：鞍山产剪切平直型（简称 P 型）、上海产哈瑞克斯型（简称 H 型）、比利时产佳密克丝牌（简称 B 型）。

文章发表于《混凝土与水泥制品》2009 年 4 月第 2 期，文章作者：何化南、秦杰、黄承逵。

骨料：细骨料为河砂（中砂），粗骨料为石灰岩碎石，粒径 5～15mm。

钢筋：$\phi 12$ Ⅱ 级螺纹钢。

1.2 试件尺寸

膨胀混凝土变形测量目前国内外还没有统一的标准，本文试验采用 100mm×100mm×550mm 棱柱体试件。微膨胀混凝土试件一般分为两种：一种为不配钢筋形式（图 1），一种为配筋形式（图 2）。通过测量试件两端铜端头之间距离的变化，来观察试件的变形情况。对于配筋形式的试件，为使钢筋充分发挥作用，在试件两端用厚钢板进行限制，以使钢筋的拉应力充分传递到混凝土试件上。

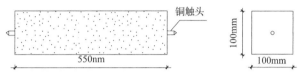

图 1　两端自由无配筋试件

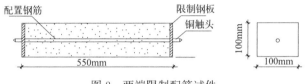

图 2　两端限制配筋试件

1.3 混凝土配合比

本次试验的膨胀混凝土试件考虑的可变因素包括：2 种不同的配筋率 ρ_s（0%、1.13%）；4 种不同的 UEA 掺量（0%、8%、12%、16%）；4 种钢纤维体积率 ρ_f（0%、1%、2%、3%）；3 种钢纤维类型（P 型、B 型、H 型）。水泥用量 400kg/m³，水灰比 0.45，减水剂掺量 1%。

1.4 试件测量

试件成型 24h 后脱模，开始测量，并由此计算龄期。本次试验的试件变形测量分为两种，一种是没有钢筋限制的自由端试件，另外一种是有钢筋约束的限制试件。对于如图 1 所示的第一种试件，通过游标卡尺直接测量两端的膨胀伸长值；而对于图 2 所示的第二种试件，采用游标卡尺测量试件中的钢筋的伸长量，以脱模后的两个铜触头间的长度作为初始长度（原长），每到一个龄期测量 3 次两触头之间的距离，计算伸长量和伸长率，伸长率即为钢筋的平均拉伸应变。

1.5 结果分析

3 年龄期掺加 UEA 膨胀剂的试件，是在水中养护 28d 后，放置在室内环境，观察其变形的变化。下面以 P 型纤维的试件进行试验结果分析。

1.5.1 钢纤维体积率 ρ_f 为一定值，配筋率 ρ_s、UEA 掺量变化时的膨胀变形

图 3 所示的是钢纤维含量 ρ_f 为一定值，配筋率 ρ_s、UEA 掺量改变时试件的变形曲线。从图 3 可以看出，对于配有钢筋的试件，当不掺加钢纤维时，3 年龄期变形有所下降，数值基本保持在零左右；对于纤维掺量稍高的试件，配筋率为零的试件 3 年龄期变形

有所下降，但是对配有钢筋的试件，在 3 年左右时间时，试件基本不再回缩。

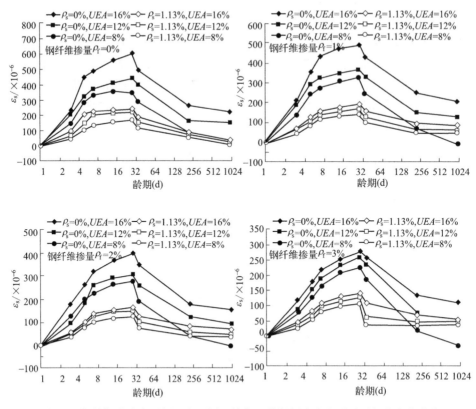

图 3　3 年龄期微膨胀混凝土在不同配筋率下的限制膨胀变形随时间的变化曲线

比较这些曲线可以发现，对掺有膨胀剂的试件，尽管有钢纤维或者钢筋的存在，其 3 年龄期后的有效变形已经很小。所以，对于掺有 UEA 膨胀剂的混凝土，补偿收缩应该是其应有的作用，而不是产生自应力。

1.5.2　配筋率 ρ_s、UEA 掺量为一定值，钢纤维含量 ρ_f 变化时的膨胀变形

图 4 为配筋率 ρ_s 与 UEA 掺量为一定值，钢纤维体积率变化时试件的变形曲线。从图 4 可看出，对于 UEA 掺量较低的试件，其 3 年期的变形出现了回缩现象，也就是说早期的膨胀变形要小于后期的收缩与徐变变形；当 UEA 掺量达到 16% 时，3 年期的变形回缩较小，可以达到补偿收缩的效果。无论配筋与不配筋的试件，随着钢纤维含量的增加，试件变形量均下降，但对于 3 年期的变形，钢纤维含量越高的试件，其后期的回缩量越小，尤其对于配筋试件而言。

1.5.3　钢纤维种类不同对膨胀变形的影响

对于掺有 UEA 膨胀剂的试件，考虑了四种不同的钢纤维类型，试验结果见图 5。从图 5 可以看出，钢纤维种类不同，其变形曲线稍有不同，但变化规律基本相同。相比较而言，H 型钢纤维的约束能力稍强一些。

2　5 年龄期的试件变形试验研究

5 年龄期微膨胀混凝土试件共 28 组，120 个。试验从混凝土脱模后开始计算龄期，记

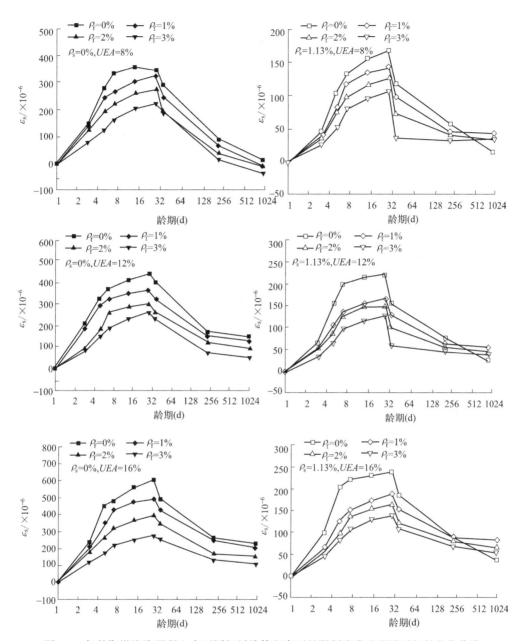

图4 3年龄期微膨胀混凝土在不同钢纤维体积率下的限制膨胀变形随时间的变化曲线

录了1～1777d试件的膨胀变形值。

2.1 原材料与配合比

水泥：52.5级普通硅酸盐水泥。

钢纤维：鞍山产剪切平直型。

钢筋：$\phi 12$ Ⅱ级螺纹钢。

外加剂：UEA膨胀剂、DK-5型减水剂。

骨料：细骨料为河砂（中砂），粗骨料为石灰岩碎石，粒径5～15mm。

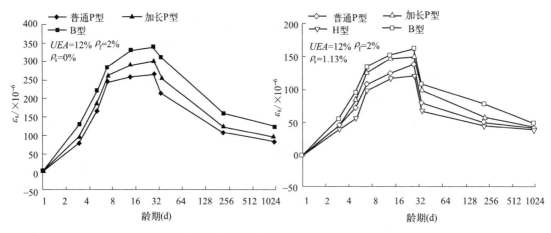

图5 3年龄期不同钢纤维类型微膨胀混凝土试件的变形曲线

试件的形式和尺寸与3年龄期一样，水泥用量为400kg/m³，水泥：砂：石＝1：1.98：2.42，水灰比0.45，减水剂掺量1%。

本次试验的膨胀混凝土试件考虑的可变因素包括：2种不同的配筋率ρ_s（0%、1.13%）；4种不同的UEA掺量（0%、8%、12%、16%）；4种钢纤维体积率ρ_f（0%、1%、1.5%、2%）。

2.2 试验结果分析

2.2.1 钢筋配筋率ρ_s与UEA掺量一定时，不同钢纤维体积率ρ_f下膨胀变形随时间的变化规律

图6为UEA含量为12%，ρ_f变化的配筋与不配筋试件的变形曲线。从图6可以看出，随着钢纤维含量的增加，试件的变形减小。5年龄期时，试件均出现明显的收缩现象。

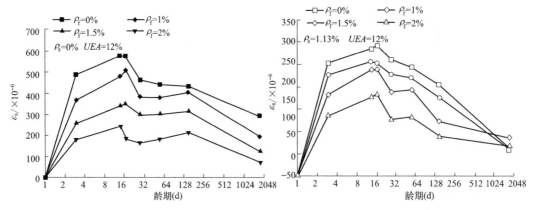

图6 UEA含量为12%，ρ_s和ρ_f变化时微膨胀混凝土试件的变形曲线

对于配筋率为1.13%的试件，其5年龄期时的变形与钢纤维的含量相关性较小，与半年时测试结果相比有明显的收缩，不过钢纤维含量高的试件收缩量较小，且试件最终变形基本维持在某一近似水平。

图7为当试件的UEA掺量为16%，其配筋率与钢纤维含量变化时试件的变形曲线。

从图 7 可以看出，配有钢筋的试件变形量显著下降。从 5 年龄期时的变形上看，均出现较大的回缩，且没有配筋的试件最终变形量要大于配筋的试件。

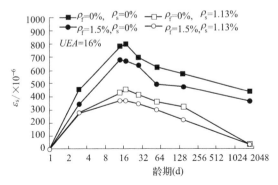

图 7　UEA 含量为 16%，ρ_s 和 ρ_f 变化时试件的变形曲线

2.2.2　当钢纤维体积率 ρ_f 一定，ρ_s 和 UEA 含量变化时微膨胀混凝土限制膨胀变形随时间的变化规律

图 8 为试件的钢纤维掺量为 1.5%，配筋率与 UEA 含量变化时的曲线。从图 8 可以看出，UEA 掺量增加，试件的变形量增长比较明显，从 5 年龄期时的变形量来看，不配筋、UEA 含量高的试件其最终变形量较大，而一旦配有钢筋，其最终的变形维持在较低的水平。

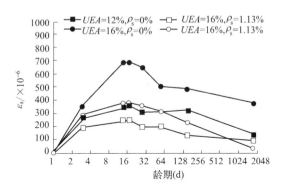

图 8　ρ_f 为 15%，ρ_s 与 UEA 含量变化时的曲线

3　结论

（1）当 UEA 掺量较低时，即使掺加钢纤维，微膨胀混凝土试件 3 年龄期的变形也有明显下降，呈现回缩的趋势；当 UEA 掺量较高时，在掺有钢纤维，尤其是配有钢筋的情况下，其回缩量很小，可以认为基本没有回缩，因此可以使用三个月龄期时试件的变形量作为时间最终的变形量。

（2）5 年龄期的 U 形试件，当 UEA 掺量较低时，其变形量基本收缩到原长，甚至个别试件回缩到比原长更小；但当 UEA 掺量较高时，其变形已经基本稳定在较高的水平。

参考文献

［1］　吴中伟，张鸿直．膨胀混凝土［M］．北京：中国铁道出版社，1990.

［2］　吴中伟．补偿收缩混凝土［M］．北京：中国建筑工业出版社，1979.

［3］　薛均轩，吴中伟．膨胀和自应力水泥及其应用［M］．北京：中国建筑工业出版社，1980.

［4］　田稳苓．钢纤维膨胀混凝土增强机理及其应用研究［D］．大连：大连理工大学，1998.

［5］　孙伟，张召舟，高建明．钢纤维微膨胀混凝土特性的研究［J］．混凝土与水泥制品，1994，（05）：14-17.

［6］　 Idorn. GM. Expansive mechanisms in concrete［J］. Cement and Concrete Research，1992（22）：1039-1046.

［7］　Garboczi，E. J. Stress，Displacement，and Expansive Cracking Around a Single Spherical Aggregate under Different Expansive Conditions［J］. Cement and Concrete Research，1997（4）：495-500.

限制下钢纤维自应力混凝土的长期变形试验研究

摘要： 钢纤维自应力混凝土是具有较高抗拉强度的高性能混凝土，其中稳定的自应力水平是保证混凝土高性能及构件安全性的关键所在，钢纤维自应力混凝土必须具有长期稳定的膨胀变形性能。该文从影响钢纤维自应力混凝土试件膨胀变形的因素入手，在不同钢纤维类型和纤维体积率、不同自应力等级、不同配筋率条件下，分别对 3a 龄期与 5a 龄期钢纤维自应力混凝土试件的膨胀变形性能进行试验研究。结果表明，钢纤维自应力混凝土试件的长期变形值基本维持在试件 90d 左右的变形值，能够保证结构长期使用下的自应力稳定性。在结构设计时，可参照试件 90d 左右的变形值进行设计。

0　前言

本文的研究背景是基于水电站中钢衬钢筋混凝土压力管道，在工作内水压下带裂缝工作的外包混凝土的裂缝宽度大多都超过规定限值的现状，提出将外包混凝土采用钢纤维自应力混凝土，通过钢筋和钢纤维联合约束自应力混凝土（具有较高膨胀能的膨胀混凝土）的膨胀变形，进而在管道环向形成预压应力，提高管道的环向开裂荷载，从而可以推迟或避免管道在使用荷载下开裂。并且由于钢纤维在混凝土开裂后参与一定受力和阻止裂缝扩展，可以一定程度上减小了裂缝宽度，使压力管道在正常使用情况下混凝土不开裂或开裂的裂缝很小。钢纤维自应力混凝土这种新型的高性能混凝土复合材料的优良基本力学性能在已有的研究得到了验证。采用钢纤维自应力混凝土作为钢衬钢筋混凝土压力管道的外包混凝土，可以明显地改善管道的受力性能，提高管道的耐久性，是一种很有生命力的结构形式[1~3]。

采用膨胀能力较大的自应力水泥配制混凝土，水泥水化后混凝土膨胀，在钢筋和钢纤维的约束下，膨胀受到限制钢筋受到张拉，从而在混凝土截面形成预压应力（又称为自应力），自应力值可达 3.0~6.0MPa。就像机械张拉预应力混凝土一样，较小的预应力损失或者是长期稳定的预应力水平是保证预应力混凝土能够有效地工作的重要前提，钢纤维自应力混凝土作为一种预应力混凝土同样需要长期稳定的自应力水平以保证结构实际受力状态与设计状态相符，确保结构能正常使用。因为试验周期较长，目前对钢纤维自应力混凝土的长期性能的研究较少，特别是对钢纤维自应力混凝土的膨胀变形性能随时间的发展规律几乎没有研究，本文重点就是在试验基础上讨论钢纤维自应力混凝土的限制膨胀变形随龄期发展状况，分析在整个膨胀过程中混凝土变形的发展规律。

试验方法为：分别对 3a 龄期、5a 龄期的试件钢纤维自应力混凝土试件进行了测定，

文章发表于《水利与建筑工程学报》2010 年 6 月第 8 卷第 3 期，文章作者：何化南、秦杰、黄承逵。

给出了钢纤维自应力混凝土与配筋钢纤维自应力混凝土的长期变形性能,为此种结构的设计提供了依据,也为钢纤维自应力混凝土的推广与应用奠定基础[4,5]。

1 3a龄期的试件变形试验研究

3a龄期的钢纤维自应力混凝土试件分为14组,共52个试件。试验从混凝土脱模后开始计算龄期,记录了1～987d试件的变形值。

1.1 试件材料

水泥:石家庄市特种水泥厂生产的A型自应力水泥,分3种自应力等级为3.0级、4.0级,5.0级。

钢纤维:鞍山产剪切平直型(简称P型),长度为32.1mm,长径比为53.6;上海哈瑞克斯公司产铣削型(简称H),长度为32.5mm,长径比为34.5;上海贝卡尔特公司产钢纤维(简称B型),长度为30.5mm,长径比为54。

骨料:细骨料河沙为中砂,粗骨料为石灰岩碎石,粒径5～15mm。

钢筋:鞍山产Ⅱ级螺纹钢。

水:日常饮用水。

1.2 试件尺寸

膨胀混凝土或者自应力混凝土变形测量目前国内外还没有统一的标准,本文试验采用100mm×100mm×550mm棱柱体试件。自应力混凝土变形试件一般分为两种:一种为不配钢筋形式(图1),一种为配筋形式(图2)。通过测量试件两端铜端头之间距离的变化,来观察试件的变形情况。对于配筋形式的试件,为使钢筋充分发挥作用,在试件两端用厚钢板进行限制,以使钢筋的拉应力充分传递到混凝土试件上。

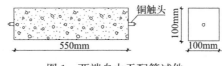

图1 两端自由无配筋试件

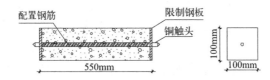

图2 两端限制配筋试件

1.3 试件编号和配合比

本次试验考虑了钢筋配筋率 ρ_s,钢纤维体积率 ρ_f,以及自应力等级3种因素对自应力混凝土的长期变形性能的影响。参数设计包括:2种不同的配筋率0与1.13%;3种不同的自应力等级3.0级、4.0级与5.0级;4种不同的钢纤维体积率0、0.5%、1.5%、2.5%;4种钢纤维类型包括P型、加长P型、B型、H型。试件具体情况见表1。试件成型后在水中养护至28d,然后放置在空气中,以考察其长期变形性能。

试验用钢纤维几何参数

表 1

钢纤维代号	产地及品种	平均长度 L_f (mm)	等效直径 D_f (mm)	长径比 (L_f/D_f)
P	鞍山产剪切平直型	32.13	0.600	53.55
P 长	鞍山产剪切平直型(长)	40.00	0.640	62.50
J	嘉兴产异混高强剪切型	32.82	0.522	47.60
B	比利时产贝卡尔特	30.50	0.565	54.00
H	上海产哈瑞克斯	32.50	0.942	34.50

1.4 试件测量

试件成型 24h 后脱模,开始测量,并由此计算龄期。本次试验的试件变形测量分为两种,一种是没有钢筋限制的自由端试件,另外一种是有钢筋约束的限制试件。对于如图 1 所示的第一种试件,通过游标卡尺直接测量两端的膨胀伸长值;而对于图 2 所示的第二种试件,采用游标卡尺测量试件中钢筋的伸长量,以脱模后的两个铜触头间的长度作为初始长度(原长),每到一个龄期测量 3 次两触头之间的距离,计算伸长量和伸长率,伸长率即为钢筋的平均拉伸应变。本文测量的钢筋受拉后的变形或应变,也就是通常所说的自应力混凝土限制膨胀率 ε_s,这是计算自应力数值的重要前提条件。

1.5 试件结果分析

成型后,混凝土初期变形增加很大,膨胀显著,20d 以后变形趋于稳定,膨胀增长不再显著,甚至部分试件出现变形回缩现象,这主要是因为此时已经在混凝土中形成了较大的自应力,对混凝土产生压缩变形,并且混凝土本身的收缩与徐变也对膨胀有所影响,但总体上这些对预应力的损失影响不是很大。另外,从经过 3a 的自然放置后,混凝土的膨胀变形与养护期的变形相比,非但没有显著下降,说明了经过长期的自然环境的正常使用下,钢纤维自应力混凝土的膨胀稳定性是安全可靠的,自应力水平是可以得到有效保证的。

1.5.1 钢纤维体积率 ρ_f 为一定值,自应力等级 λ,配筋率 ρ_s 变化时的膨胀变形

3a 龄期的试件其配筋率只有两种,一种是不配钢筋的,另外一种是配筋率为 1.13%。图 3 为 P 型钢纤维自应力混凝土试件,在钢纤维体积率 ρ_f 为一定值,自应力等级 λ 变化的配筋与不配筋时试件的变形曲线。从曲线中可以看出,在无钢筋限制,钢纤维限制也不强的情况下,试件的自由变形很大,变形值随着自应力水泥等级的提高而提高。但是当配有钢筋时,试件的变形会显著下降。

图中曲线的最后一点就是 3a 龄期时试件的变形应变。可以看出,对于使用自应力等级达到 3 级以上水泥的无钢筋限制试件,其 3a 龄期时的试件没有出现明显回缩现象,有个别试件的变形还有少许的提高;对于有钢筋限制的试件,大部分有少许的收缩,但是数值很小。

1.5.2 自应力等级 λ,配筋率 ρ_s 为一定值,钢纤维体积率 ρ_f 变化时的膨胀变形

图 4 为 P 型钢纤维自应力混凝土试件,当自应力等级 λ,配筋率 ρ_s 为一定值,钢纤维含量 ρ_f 变化时试件的变形曲线。从图中可以看出,对于不配筋试件,当钢纤维掺量增加时,其变形值下降,即使掺量仅有 0.5%,也可以使其变形下降 50% 左右,而以后随着钢纤维含量增加试件的变形下降量没有这么迅速。对于配有钢筋的试件,随着钢纤维含量的增加,变形减小,但是减小的幅度较小。配筋试件在 3a 龄期其变形量基本与 3 个月左右时的变形持平。

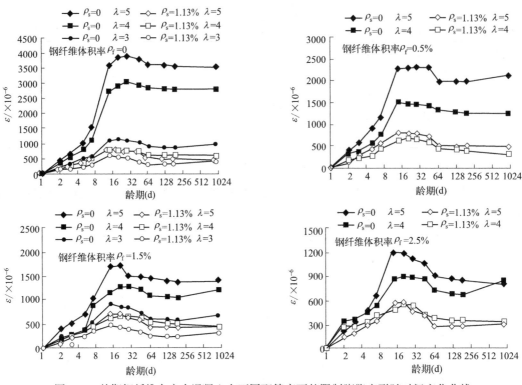

图 3　3a 龄期钢纤维自应力混凝土在不同配筋率下的限制膨胀变形随时间变化曲线

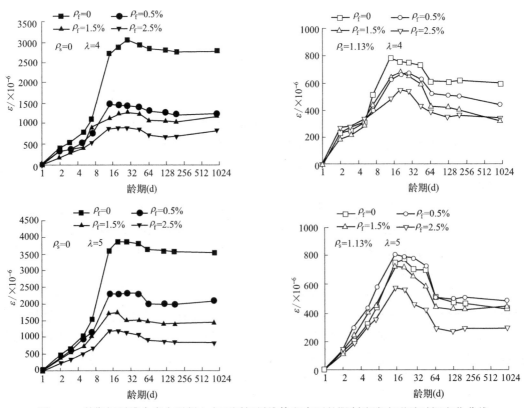

图 4　3a 龄期钢纤维自应力混凝土在不同钢纤维体积率下的限制膨胀变形随时间变化曲线

1.5.3 钢纤维种类不同对膨胀变形的影响

图 5 为配筋率为 0 与配筋率为 1.13% 的试件变形曲线，这些试件所使用的钢纤维种类不同，主要包括 4 种不同的钢纤维。从试件的变形来看，它们之间的差别不是很大，尤其是对于有钢筋限制的试件。

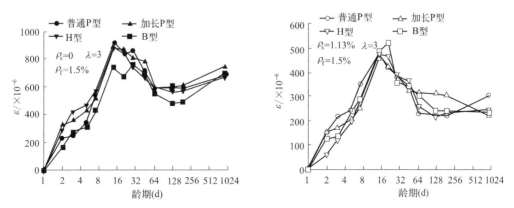

图 5　3a 龄期不同钢纤维类型自应力混凝土的限制膨胀变形随时间变化曲线

2　5a 龄期的试件变形试验研究

5a 龄期的钢纤维自应力混凝土试件分为 12 组，共 36 个试件。试验从混凝土脱模后开始计算龄期，记录了 1～1777d 试件的膨胀变形值。

2.1　试验材料

5a 龄期试件使用的原材料与 3a 龄期使用的原材料有所不同，主要是自应力水泥的品种不同，采用的是湖南冷水滩特种水泥厂生产的 45kg 级硫铝酸盐自应力水泥（自应力等级为 3.0 级）。钢纤维采用 4 种类型，分别为鞍山产剪切平直型（简称 P 型）、嘉兴产异混高强剪切型（简称 J 型）、上海产哈瑞克斯型（简称 H 型）、比利时贝卡尔特公司产佳密克丝牌（高强钢丝带钩）钢纤维型（简称 B 型）。细骨料河砂为中砂，粗骨料碎石为石灰岩，粒径 5～15mm。拌合水为日常饮用水。试件的形式和尺寸与 3a 龄期试件一样，如图 1 和图 2 所示。

2.2　试件编号和配合比

本次试验考虑了钢筋配筋率 ρ_s 和钢纤维体积率 ρ_f 对自应力混凝土的长期变形性能的影响。参数设计包括：2 种不同的配筋率 0 与 1.13%；4 种不同的钢纤维体积率 0、1.0%、1.5%、2.0%；4 种钢纤维类型包括 P 型、J 型、B 型、H 型。试件具体情况见表 2。

<table>
<tr><td colspan="7" align="center">5a 龄期试件编号与混凝土配合比</td><td align="right">表 2</td></tr>
<tr><td>自应力
等级</td><td>试件
编号</td><td>配筋率
（%）</td><td>钢纤维
掺量(%)</td><td>试件
编号</td><td>配筋率
（%）</td><td>钢纤维
掺量(%)</td><td>混凝土
配合比</td></tr>
<tr><td rowspan="4">3</td><td>S0</td><td>0.0</td><td>0.0</td><td>S0L</td><td>1.13</td><td>0.0</td><td>纤维：P</td></tr>
<tr><td>S1</td><td>0.0</td><td>1.0</td><td>S1L</td><td>1.13</td><td>1.0</td><td>水泥用量：564kg/m³</td></tr>
<tr><td>S2</td><td>0.0</td><td>1.5</td><td>S2L</td><td>1.13</td><td>1.5</td><td>水灰比：0.45</td></tr>
<tr><td>S3</td><td>0.0</td><td>2.0</td><td>S3L</td><td>1.13</td><td>2.0</td><td>灰集比：1：2.88</td></tr>
</table>

续表

自应力 等级	试件 编号	配筋率 （%）	钢纤维 掺量（%）	试件 编号	配筋率 （%）	钢纤维 掺量（%）	混凝土 配合比
3	SH1	0.0	1.0	SH2	0.0	1.5	钢纤维：H、J、B
	SJ1	0.0	1.0	SJ2	0.0	1.5	水泥用量：564kg/m³
	SB1	0.0	1.0	SB2	0.0	1.5	水灰比：0.45
							灰集比：1∶2.88

2.3 试验结果分析

2.3.1 钢筋配筋率 ρ_s 一定时，不同钢纤维体积率下膨胀变形随时间变化规律

图 6 为自应力水平为 3.0 级时，配筋与不配筋试件随钢纤维含量的不同试件的变形曲线。从图中可以看出，对于不配筋试件，没有掺钢纤维时，5a 龄期时试件的回缩量比较大；而掺有一定量钢纤维的试件，回缩量较小。

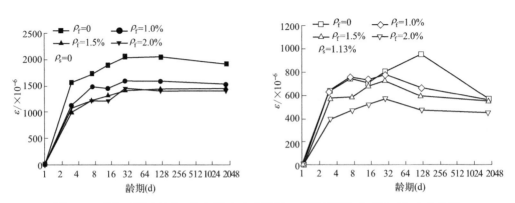

图 6 5a 龄期不同配筋率下钢纤维自应力混凝土的限制膨胀变形随时间变化曲线

2.3.2 不同钢纤维类型的自应力混凝土限制膨胀变形随时间变化规律

图 7 为掺有不同种类的钢纤维时，试件的变形曲线。从图中可以看出，对于配有 1% 钢纤维的试件，4 种不同类型的钢纤维限制效果相差不多；但是对于掺有 1.5% 钢纤维的试件，可以看出有比较明显的差别，其中哈瑞克斯（H 型）限制能力最强，而 P 型则较差。

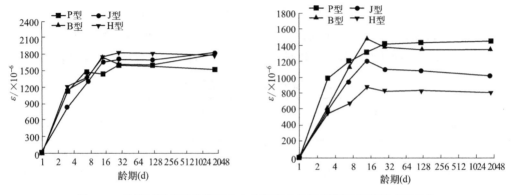

图 7 5a 龄期不同钢纤维类型自应力混凝土的限制膨胀变形随时间变化

3　结论

通过本文的研究，得出如下一些结论：

（1）钢纤维自应力混凝土试件 3a 龄期时的变形量与 3 个月龄期时试件的变形量相差不多，虽然配筋试件有少许的回缩，但回缩量数值很小，可以认为钢纤维自应力混凝土试件的长期变形与 3 个月龄期时的变形量相当。

（2）钢纤维自应力混凝土 5a 龄期试件，当掺有钢纤维时，无论是否配筋，其回缩量都较小；但对于不掺钢纤维的无配筋试件，其回缩量比较大。

（3）钢纤维自应力混凝土试件的长期变形值基本维持在试件 90d 左右的变形值。因此，在实际设计时可参照试件 90d 左右的变形值进行设计。

（4）试验表明，采用钢纤维自应力混凝土作为钢衬钢筋混凝土压力管道的外包混凝土，其长期稳定的膨胀变形为这种高性能材料性能的发挥提供了可靠的保障。

参考文献

［1］　何化南，黄承逵.配筋钢纤维自应力混凝土的抗拉强度计算［J］.建筑材料学报，2002，（01）：32-36.

［2］　戴建国.配筋钢纤维自应力混凝土的变形及自应力计算理论［D］.大连：大连理工大学，2000.

［3］　戴建国，黄承逵.钢纤维自应力混凝土力学性能试验研究［J］.建筑材料学报，2001，（01）：70-74.

［4］　黄承逵，何化南.大比尺钢衬钢纤维自应力混凝土圆形管道在内水压下的性能试验研究［J］.水利发电学报，2005，（05）：39-44.

［5］　田稳苓.钢纤维膨胀混凝土增强机理及其应用研究［D］.大连：大连理工大学，1988.

大比尺钢衬钢筋混凝土马蹄形压力管道改性试验研究

摘要：为从根本上解决常规钢衬钢筋混凝土压力管道因运行期的裂缝过宽而带来的结构耐久性问题，采取将常规混凝土改性为高性能的钢纤维混凝土或钢纤维自应力混凝土的方法。以某水电站全背坝面管为原形，以 1：10 缩尺制作了钢衬钢筋钢纤维混凝土压力管道模型和钢衬钢筋钢纤维自应力混凝土压力管道模型。试验结果表明，改性为钢纤维混凝土的压力管道表现出很好的限裂能力，其初裂荷载有一定的提高，管道裂缝宽度显著下降；改性为钢纤维自应力混凝土的压力管道表现出很好的抗裂能力，管道的初裂荷载有了大幅度的提高，钢材的性能也得到了较充分的利用。模型试验的结果显示了改性钢衬钢筋混凝土压力管道良好的应用前景。

0　前言

钢衬钢筋混凝土压力管道是一种新型的水电站结构物，在国内外已经有了较为深入的理论研究和实际应用，取得了良好的使用效果和经济效益[1-3]。钢衬钢筋混凝土压力的设计原则是钢衬与外包混凝土共同承载，为充分发挥钢材的材料强度，管道在正常使用荷载下允许混凝土径向开裂，钢衬与钢筋承受内水压下产生的环向拉应力。然而，混凝土开裂却带来了管道的耐久性问题，除了内水压外，其他各种因素作用都能够使外包混凝土的裂缝宽度超出规范的限值，进而在长期运行下对管道结构安全性造成不利影响[4]。

为了保证能联合承载，势必要采取一系列措施和方法来解决混凝土裂缝过宽的问题。现今常用两种途径是限裂方法和"补裂"方法[5]。限裂就是通过新工艺，新材料或构造措施等来减小裂缝宽度；"补裂"是在裂缝出现后，采用涂刷防护材料等填充裂缝区域。无论怎样，还是应该从裂缝出现后尽可能控制其发展，把危险控制在最初的状态，因此管道裂缝控制原则是以主动限制裂缝为主，以被动"补裂"为辅。

本文重点介绍采用具有优良抗裂性能的改性的混凝土材料作为钢衬钢筋混凝土压力管道外包混凝土时整个管道在内水压下的受力性能。所采用的材料分别为钢纤维混凝土和钢纤维自应力混凝土。钢纤维加入混凝土后，能提高混凝土抗裂能力 30％左右；自应力混凝土引入混凝土外包层后，能够使结构中钢筋和混凝土均产生预应力，从而提高混凝土的抗裂和抗拉能力。对于混凝土抗裂能力的改善，这两种材料使得管道混凝土在设计荷载下不开裂或者开裂后在纤维或预应力的作用下裂缝宽度显著降低，文献［6-9］中已经对这两种高性能材料在钢衬钢筋混凝土圆形管道应用进行了模型试验，并论证了其优良的抗裂

文章发表于《岩土力学》2010 年 9 月第 31 卷第 9 期，文章作者：何化南、秦杰、董伟、黄承逵。

性能。本文也通过模型对比试验的方法，研究钢衬钢纤维混凝土和钢衬钢纤维自应力混凝土两种马蹄形管道的全过程受力性能，考察钢纤维与自应力在管道裂缝控制上的特点及其优越性，为这些改性材料在钢衬钢筋混凝土压力管道应用和管道耐久性研究奠定基础。

1 模型试验制作

本次进行了 3 个大比尺的模型试验，以某水电站碾压混凝土重力坝下游面压力管道 1：10 的相似比缩尺进行模型制作。3 种管道分别称之为钢衬钢筋钢纤维混凝土压力管道（试验编号 MP1）、钢衬钢筋钢纤维自应力混凝土压力管道（MZ1）和普通钢衬钢筋混凝土压力管道（MP0）。试验所用材料情况为 525 号普通硅酸盐水泥和 A 型硫铝酸盐自应力水泥；剪切异型钢纤维，长径比 $l/d=50$，长度 $l=32mm$，等效直径 $d=0.64mm$；各试件均钢筋为 $\phi12mm$ II 级螺纹钢，实测的屈服强度为 370MPa；钢衬钢板为 Q235，厚度均为 3mm，实测的屈服强度平均值为 260MPa；各试件水灰比都为 0.38；粗骨料采用石灰石碎石，粒径为 5～20mm。

配筋率和配筋形式相同，如图 1 所示。管道内直径为 1240mm，混凝土壁厚 200mm，试件高 250mm。模型试件的钢筋沿壁厚从内向外分 2 层布置，均为 $3\phi12mm$，配筋率为 1.35%。

以往的试验结果表明，管道顶部与左右两腰是主裂缝出现的位置，因此，在这些截面的 3 层钢筋上交错布置了较密的应变片以观察钢筋应力发展情况。同时，在此处的钢衬内表面也粘贴一定数量的应变片。

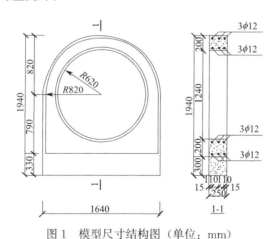

图 1 模型尺寸结构图（单位：mm）

2 模型试验加载装置设计

经过对以往内水压试验加载方法的分析和比较，最终采用了一种新型水囊加载方式，见图 2。这种特制的块状胶囊，因其厚度薄（0.5mm）和弹性模量低，在加载过程中抗压近似地认为压力表读数即为内水压值。将这 17 块胶囊沿试件与反力墩形成的空腔顺向布置再由交管把各胶囊串联起来。最后，通过上下 2 块钢盖板密闭试件后，形成密闭空腔，即可经手压水泵逐级加载。试验结果表明这套装置可靠性较好，并且拆卸方便。

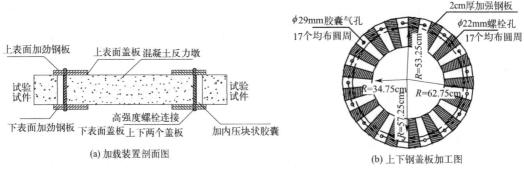

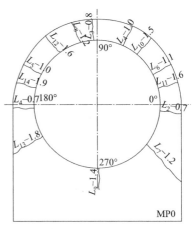

(a) 加载装置剖面图   (b) 上下钢盖板加工图

图2　试验加载装置及加工图

3　普通钢衬钢纤维混凝土压力管道试验结果分析

3.1　模型初裂荷载及初裂位置

图3为管道裂缝分布图（图中裂缝 L 脚标表示裂缝发生的次序；一后数字表示裂缝产生时的内水压MPa）。内水压增加到0.7MPa时，管道首先开裂并且一裂即穿，裂缝出现在管道两腰，即0°和180°附近出现；随着荷载增加到0.8MPa时，在管道的90°断面处出现第2条裂缝；当内水压达到1.0MPa时，分别在75°和140°处同时产生了第3条裂缝和第4条裂缝。随着内水压的不断增大，裂缝不断出现，在管道上半部分分布较密，下半部分分布较疏。当内水压达到1.9MPa左右时，不再有新的裂缝产生，至此共出现14条贯穿裂缝，上半部分裂缝的间距约为20cm。

图3　管道裂缝分布图（单位：mm）

3.2　裂缝宽度发展情况

图4为3个方向上断面的裂缝宽度随内水压增加的变化规律。由图可以看出，当内水压达到1.2MPa左右时，0°断面的裂缝就达到了0.3mm，说明在管道正常工作内水压下管道基本处于开裂状态，且裂缝宽度数值已经很大，接近或超过了规范的裂缝宽度限值。

4　钢衬钢纤维混凝土压力管道试验结果分析

4.1　模型初裂荷载及初裂位置

钢衬钢纤维混凝土压力管道的初裂荷载为1.1MPa，位置在管道180°断面和90°断面。第2条裂缝出现在管道0°断面，内水压为1.2MPa；当内水压增加到1.3MPa时，2条裂缝分别出现在管道45°断面和135°断面，以后随着每一级荷载的增加，几乎都有新的裂缝出现。

4.2　模型混凝土开裂后钢材应力状态

试验结果表明，随着内水压的增加，钢筋应力逐级增长。在管道180°断面，当内水压达到1.5MPa时，外层钢筋屈服。对于0°断面，内层钢筋在内水压达到2.2MPa时应力

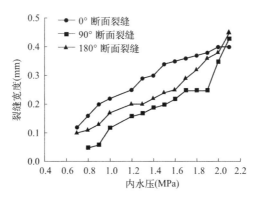

图 4　裂缝宽度随内水压变化曲线

值很高，接近屈服。由于钢纤维的存在使得管道外包混凝土裂缝向多点发展，裂缝在径向发展不一定是近似的直线，而是有可能出现弯曲的现象。这对管道的整体工作是很有好处的，可以避免常规钢衬钢筋混凝土管道出现裂缝以后刚度即迅速降低的情况，提高了结构的延性。

管道 90°断面是应力梯度较大的一个断面，随着内水压力的增大，裂缝断面的应力不断增强。但是由于外层钢筋应变片有两片损坏，因此没有捕捉到裂缝处的钢筋应力。在管道 90°断面，内层钢筋的应力要大于外层钢筋，这和此截面应力梯度较大有关。钢纤维的存在虽然使得截面的应力分布相对平缓，但是一旦管道开裂以后，钢纤维是不能阻止应力重新分配的，而只能是限制裂缝宽度的开展。

4.3　管道结构的极限承载能力

为确定管道的极限承载能力，选取了 3 个断面裂缝处钢材应力分布随内水压变化曲线，如图 5 所示。从图中的曲线可以看出，0°断面和 180°断面钢材应力较大，但当内水压达到 2.2MPa 时，钢材应力没有全部屈服。从图 9 内外筋应力的比较可以看出，掺有钢纤维的钢衬钢筋混凝土应力管道，其裂缝开展有一个过程，并不是一裂即穿。因为内筋应力在出现裂缝以后应力迅速增长，但是外筋的应力却还保持在相对较低的水平，只有当裂缝向外扩展时，外筋的应力才迅速增长。

4.4　模型径向变形与裂缝发展

图 6 为模型试件的裂缝分布图。从图中可以看出，掺有钢纤维的钢衬钢筋混凝土压力管道裂缝条数增加，缝宽变小，在管道周圈分布比较均匀，与管道上半部分比较，下半部分出现的裂缝稍疏一点。当内水压达到 2.1MPa 时，管道上半部分裂缝共 14 条，裂缝间距约为 170mm；下半部分裂缝为 10 条，裂缝间距约为 230mm。

钢衬钢筋钢纤维混凝土压力管道的裂缝分布充分显示了钢纤维的作用，钢纤维乱向分布于混凝土以后，提高了混凝土的抗裂能力，引导裂缝向多点发展。这样就降低了混凝土裂缝的宽度，提高了结构的耐久性。

图 7 为 MP1 的 3 个断面处裂缝宽度随内水压变化增长趋势，从裂缝宽度的数值可见，裂缝宽度始终维持在较低的水平，同时这 3 个断面的裂缝宽度相差不多，尤其是内水压较大时裂缝宽度基本相同。当内水压增大到 2.2MPa 时，裂缝的宽度仍然没有超过 0.2mm，这充分反映了掺有钢纤维以后，其限裂作用非常明显。

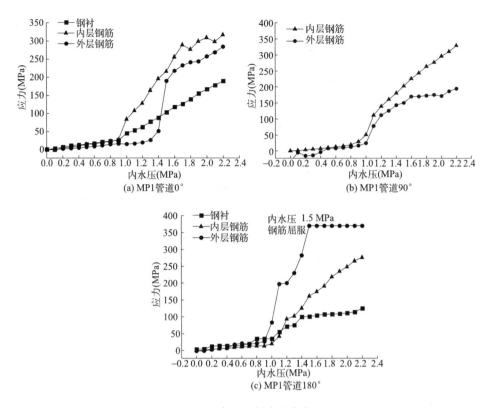

图 5 断面钢材应力分布

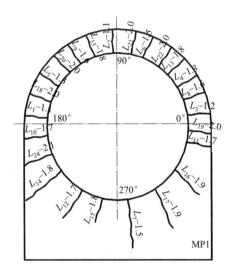

图 6 MP1 裂缝分布图（单位：mm）

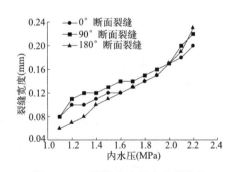

图 7 MP1 裂缝宽度随内水压变化

4.5 模型其他断面钢材应力发展

对掺有钢纤维的压力管道，其裂缝分布更密集、更均匀，除了 3 个控制断面外，模型其他断面的钢材应力分布是很值得关注的。

对于管道对称的 45°断面、135°断面的钢材应力分布，当内水压达到 2.0MPa 时，其中一个断面的钢衬首先发生了屈服，这两个断面的钢筋应力相差不多，内筋和外筋基本同步增长。最终钢筋应力在 200MPa 左右。

5 钢衬钢筋钢纤维自应力混凝土压力管道试验分析

自应力混凝土对养护条件的要求很高，最好浸水养护，但由于此模型试件的尺寸较大，且需要进行 28d 自应力发展过程监测，因此最终采用的养护方法是埋砂养护。方法是把整个模型试件用细砂埋起来，然后向定时向细砂上泼水，使细砂始终处于饱和状态，然后用塑料薄膜把细砂连同试件一起封闭起来。依靠细砂的保水作用，始终使试件表面保持湿润状态。这样养护的效果要比水养差，但是从自应力发展过程来看，整体效果还很好。

值得说明的是，由于钢衬钢筋钢纤维自应力混凝土压力管道在承受内水压力之前，混凝土有预压应力，钢筋内部有预拉应力，因此，图中出现的钢筋应力绝大部分不是从 0 开始，其初始值就是根据应变片量测到的钢筋初始预拉应力。

5.1 模型初裂荷载及裂缝分布

钢衬钢筋钢纤维自应力混凝土压力管道的初裂荷载为 1.6MPa，裂缝首先在 0°断面和 90°断面出现。当内水压力增加至 1.7MPa 时，180°断面出现了第 2 条裂缝，同时在 0°断面附近又出现了 1 条裂缝；随后的两级荷载没有新的裂缝出现，但是当内水压力增加至 2.0MPa 和 2.1MPa 后管道出现了大面积的开裂，两级荷载下共出现了 9 条裂缝，接近总裂缝条数的 1/2；内水压力最终加至 2.85MPa，内水压力为 2.5MPa 时裂缝基本出齐。MZ1 管道出现的裂缝 20 条，上半部分 12 条裂缝，平均间距为 190mm，下半部分 8 条裂缝，平均间距为 280mm。图 8 为裂缝稳定后的较为均匀的整体分布。

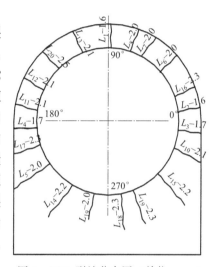

图 8 MZ1 裂缝分布图（单位：mm）

5.2 模型混凝土开裂后钢材应力状态

对于管道两个水平断面（0°断面和 180°断面）的内层钢筋与外层钢筋随内水压力升高下的应力分布情况是：当内水压力达到 1.85MPa 时，0°断面的内层钢筋首先达到屈服；当内水压力达到 2.2MPa 时，外层钢筋屈服。内水压力增加的过程中 180°断面的内层钢筋也达到了屈服，此时的内水压力为 2.0MPa；当内水压力为 2.2MPa 时，外层钢筋也出现了屈服的现象。

内水压不断升高时 0°断面和 180°断面裂缝附近的钢筋不断屈服，内水压力达到 2.8MPa 后，这两个断面的内层钢筋与外层钢筋已经屈服。

对于管道顶部 90°断面处，当内水压力达到 2.2MPa 时，内层钢筋屈服；随着内水压力的增大，当内水压力达到 2.85MPa 时，外层钢筋也达到屈服，此时内层钢筋又有一个位置出现了屈服。90°断面钢筋这时已经丧失了承载能力。

5.3 管道结构的极限承载能力

为考察压力管道的整个受力过程，与前面的管道试验结果相对应，同样选取了管道具有代表性意义的 0°断面、90°断面、180°断面（图 9）附近钢材应力作为研究对象，观察它们在内水压力作用下的应力增长情况。从图中可以看出，0°断面由于其外层钢筋的自应力较大，因此在内水压力比较低时，内层钢筋的应力要低于外层钢筋。但当内水压力超过0.8MPa时，内层钢筋的应力超过了外层钢筋的应力，最终在内水压力达到1.85MPa时首先屈服，此断面的钢材在内水压力2.8MPa时丧失承载力，90°断面内层钢筋一直保持较大的应力，内水压力达到2.2MPa时屈服，随之钢衬也达到屈服强度。内水应力达到2.85MPa时外筋屈服，此时管道90°断面丧失承载能力。

图9(c)为管道180°断面钢材应力分布随内水压力升高的变化曲线。从图中可以看出，当内水压力达到2.0MPa时，内层钢筋屈服。当内水压力达到2.7MPa和2.8MPa时，钢衬与外层钢筋相继屈服，此时管道180°断面丧失承载能力。从图中曲线还可以看出，较低的内水压力时钢衬的应力增长速度较快，这与钢衬与混凝土之间的间隙有关。

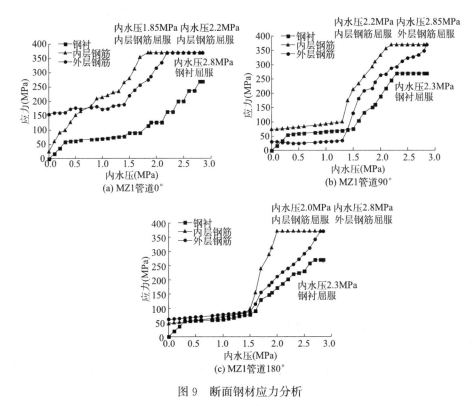

图9　断面钢材应力分析

5.4　模型裂缝宽度发展

图10为管道裂缝宽度随内水压力变化曲线。裂缝宽度的发展并不迅速，内水压为2.2MPa时，裂缝宽度不超过0.3mm，但内水压力超过2.2MPa时，由于0°断面内层钢筋与外层钢筋全部屈服，裂缝宽度急速增加；内水压力达到2.6MPa时，0°断面裂缝宽度超过了1.0mm，其他两个断面的裂缝宽度也超过了0.3mm。

5.5　模型其他断面钢材应力发展

对管道其他断面如对称的225°断面、315°断面、270°断面的钢材应力分布进行了记录，结果显示内层钢筋与外层钢筋均有一定的初始预拉应力，钢衬在承担早期的内水压力，钢衬初期应力的发展主要是由钢衬与混凝土之间的间隙决定，而间隙大小并不均匀。

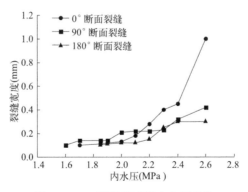

图 10 MZ1 裂缝宽度随内水压变化

可能是材料不均匀，另一个原因是试件的形状，它决定了沿管道内圆周间隙大小。

6 结论

（1）将普通混凝土改性为钢纤维混凝土的管道模型 MP1，其初裂荷载为 1.1MPa，比采用普通混凝土的提高了 0.4MPa。在同量级内水压力作用下，其裂缝宽度降低了 50% 左右，充分显示了钢纤维在限制裂缝宽度上的作用。

（2）将普通混凝土改性为钢纤维自应力混凝土的管道模型 MZ1，管道外包混凝土出现裂缝时的内水压力为 1.6MPa，比采用普通混凝土的模型管道初裂荷载提高了 0.9MPa。

（3）MP1 和 MZ1 模型试验表明，钢衬钢筋钢纤维混凝土压力管道限裂能力明显增强，钢衬钢筋钢纤维自应力混凝土压力管道则有优良的抗裂能力，弥补了常规钢衬钢筋混凝土压力管道的缺点，在工程应用上有很好的前景。

参考文献

［1］ 伍鹤皋，生晓高，刘志明 . 水电站钢衬钢筋混凝土压力管道［M］. 北京：中国水利水电出版社，2000.

［2］ 董哲仁 . 钢衬钢筋混凝土压力管道设计与非线性分析［M］. 北京：中国水利水电出版社，1998.

［3］ 编辑委员会 . 苏联钢衬钢筋混凝土压力管道设计与施工［M］. 北京：中国水利水电出版社，2002.

［4］ 伏义淑，吴汉明，杨学堂，等 . 三峡电站压力管道结构模型制作及试验研究［J］. 武汉水利电力大学（宜昌）学报，1998，（01）：14-20.
FU Yi-shu，WU Han-ming，YANG Xue-tang，et al. Model making and testing of large scale planar structure of penstocks of the three gorges hydroelectric station［J］. Journal of Wuhan University of Hydraulic and Electric Engineering/Yichang，1998，20（1）：12-18.

［5］ 龚国芝，张伟，伍鹤皋，等 . 钢衬钢筋混凝土压力管道外包混凝土的裂缝控制研究［J］. 岩土力学，2007，（01）：51-56.
GONG Guo-zhi，ZHANG Wei，WU He-gao，et al. Study on crack control of concrete wall of steel lined reinforced concrete penstocks［J］. Rock and Soil Mechanics，2007，28（1）：51-56.

［6］ 何化南，黄承逵 . 钢衬钢纤维自应力混凝土压力管道裂缝宽度的计算［J］. 水利学报，2008，（08）：988-993.
HE Hua-nan，HUANG Cheng-kui. Method for calculating crack widths of steel lined steel fiber rein-

forced self-stressing concrete penstocks [J]. Journal of Hydraulic Engineering, 2008, 52 (8): 988-993.

[7] 黄承逵，何化南. 大比尺钢衬钢纤维自应力混凝土圆形管道在内水压下的性能试验研究 [J]. 水力发电学报，2005，(05): 39-44.

HE Hua-nan, HUANG Cheng-kui. Experimental study of the behaviors of the steel lined steel fiber reinforced self-stressing concrete penstocks under internal water pressure [J]. Journal of Hydroelectric Engineering, 2005, 24 (5): 39-44.

[8] 何化南，黄承逵，张涛. 钢衬钢纤维自应力混凝土压力管道抗裂性能研究 [J]. 大连理工大学学报，2006，(02): 257-261.

HE Hua-nan, HUANG Cheng-kui. Research on cracking-resistant capacity of steel-lined steel fiber reinforced self-stress ing concrete pen stock [J]. Journal of Dalian University of Technology, 2006, 46 (2): 257-261.

[9] 何化南. 钢衬钢纤维自应力混凝土新型复合管道性能和计算理论研究 [D]. 大连：大连理工大学，2002.

斜拉金属薄板空间结构成形试验研究

摘要： 斜拉金属薄板空间结构是一种新型的预应力空间结构，将金属薄板以受拉构件的形式应用于结构中，既可充分发挥金属板材的抗拉强度，又可以将受力构件与围护构件合二为一。以斜拉金属薄板空间结构为背景，提出了 4 种适合该结构的施工成形方法。为了进一步验证施工成形方法的可行性，并确定最优的施工成形方法，对实际工程进行1∶10 的缩尺，采用模型成形试验和有限元软件模拟对比初始态位移变化来确定最优的施工成形方法；再以最优施工成形方法为参照组，对比另外 3 种施工成形方法在结构构件中产生的应力值，对比 3 种方法的优劣。结果表明：张拉斜索法是最优的施工成形方法，不仅相对于初始态位移变化较小，而且施工便捷。另外 3 种施工成形方法，若为了控制应力变化，则选择顶升钢柱法；若为了施工便捷，则选择张拉背索法；直接张拉薄板法不推荐使用。

0 引言

随着我国进入高质量发展阶段，国内对各行业环保和低碳的要求越来越高，传统工业生产领域常用的临时装卸料场和永久露天料场均需全部封闭，因而国内近年建设了大量大跨度料场封闭工程[1-5]。但目前大多数料场封闭工程结构类型过于单一，网壳结构和张弦结构占据 90% 以上。对于跨度超过 300m 的临时和永久料场工程结构，网壳结构已不宜使用，张弦结构体系的经济性也随跨度增加变得越来越差，而且料场内有效使用空间的比例会降至 60% 以下。因此，目前亟需研究适宜跨度超过 300m 的超大跨度临时和永久封闭料场工程结构体系，并且同时具备安全性好、造价低、施工周期短、地域适用性强等优点，满足我国环保与低碳的高质量发展要求。

为此本文提出了一种斜拉金属薄板空间结构体系，目前国内外对于该结构体系的设计理论和施工成形技术研究相对较少。为了有利于此结构体系在实际工程中的推广应用，了解该结构体系的成形过程，本文制作了 1∶10 的缩尺模型，并通过模型试验和数值模拟的方法对该结构的施工成形方法进行了研究。

1 斜拉金属薄板空间结构

1.1 斜拉金属薄板空间结构的提出

1.1.1 悬膜屋盖结构

类似结构最早出现在苏联彼得格勒的"彼得格勒体育比赛馆"（图 1）和莫斯科的

文章发表于《建筑结构》2022 年 12 月第 52 卷第 23 期，文章作者：秦杰、刘聪、曹伟、吴金志、惠存、江培华。

"莫斯科奥林匹克中心运动场"（图2）[6-7]。北京工业大学陆赐麟教授在其撰写的书中对此有较详细的介绍，并将此种结构称为悬膜屋盖结构[8]。

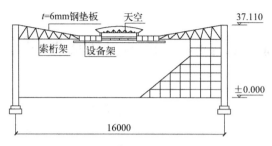

图1　列宁格勒体育比赛馆结构示意图

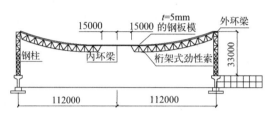

图2　莫斯科奥林匹克中心运动场结构示意图

1.1.2　拱形金属波纹屋面

随后，一种拱形金属波纹屋面广泛应用于建筑结构中[9]。它是通过特色的加工工艺将金属薄板带压成槽形板带，然后用自动锁边机将槽形板带连接成整体（图3）。由于钢板与结构中的悬挂系统在一起受力，结构能充分发挥钢材的抗拉强度，而

图3　拱形金属波纹板

薄钢板又起到承重和围护的双重作用。与柔性索膜系统相比，该结构具有更好的刚度和形状稳定性。

1.1.3　考虑薄膜效应与蒙皮效应的结构

对于极薄的薄板，当不考虑弯曲刚度而只考虑面内刚度时，它是一个薄膜。蒙皮效应是指覆盖材料（屋面板、墙板）利用自身刚度和强度对建筑整体刚度的增强作用。金属薄板在其自身平面内具有较大的拉伸和剪切强度，不因肋的作用在屈曲荷载范围内失去稳定性。随着人们对薄膜效应和蒙皮效应的深入研究，陈大好[10]发现钢板与薄膜共同参与结构受力，可较好地提高结构的整体刚度，改善结构的受力性能。考虑蒙皮效应和薄膜效应的空间结构（图4）能充分发挥板材的性能。

1.1.4　预应力张拉金属薄板结构

2008年北京建筑工程研究院提出预应力张拉金属薄板结构体系，该结构体系类似于悬索结构，用金属薄板代替双层悬索体系上部的稳定索，通过直接或者间接给板施加预应力使结构成形。根据下弦杆的不同可分为索-板结构（图5）和梁-板结构（图6）。

1.1.5　斜拉金属薄板空间结构

基于上述几种结构的优点，提出了一种新的结构体系即张拉金属薄板空间结构体系。根据上部索结构的形式，分为斜拉金属薄板空间结构、悬索金属薄板空间结构和索承金属

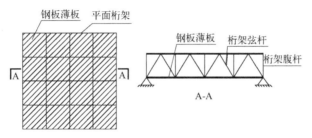

图4　考虑蒙皮效应和薄膜效应的正交方管桁架试验模型

薄板空间结构。本文主要对斜拉金属薄板空间结构进行研究，结构主要是由上部索结构、底部的金属薄板结构与中间的钢柱组成。结合了悬索桥的结构理念，通过上部拉索将整个结构拉起，这样可以大大增加下部结构的内部空间。通过直接或间接的办法对金属薄板施加预应力，使得金属薄板以受拉构件的形式应用于结构中，既可充分发挥钢材的抗拉强度，又可以将受力构件与围护构件合二为一。具体模型见图7。

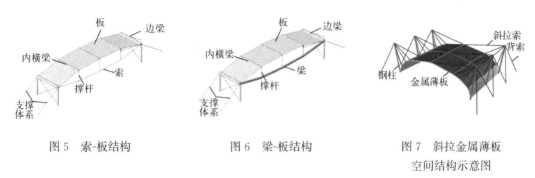

图5　索-板结构　　　　　　图6　梁-板结构　　　　　图7　斜拉金属薄板
空间结构示意图

1.2　斜拉金属薄板空间结构的特点

1.2.1　选材特点

传统大跨度封闭结构的围护材料通常选用的是膜结构，但膜结构在实际使用中，面临以下几个方面的问题：膜材的强度低易破坏[11]、容易发生皱纹、存在严重的环保问题[12]。而对于料场永久封闭工程，根据其介于建筑物与构筑物之间的特点，在满足基本舒适性与功能性要求的前提条件下，突破传统结构体系围护结构与受力体系分别设计的思路，选用比膜材料强度和刚度高得多的金属薄板作为围护材料[13]。

1.2.2　技术特点

整个结构受力体系由钢结构构件（钢柱）、预应力拉索（斜拉索、背索）和预应力金属薄板三部分共同组成。其中钢结构构件主要作为受弯构件和受压构件，预应力拉索和预应力金属薄板作为受拉构件。对金属薄板施加预应力是本结构的关键，只有对薄板施加了预应力，才能够使其具备一定刚度和抵抗外荷载的能力，才能在屋面体系设置中跨越较大跨度，使预应力金属薄板结构体系具备较好的经济性。

1.2.3　体系特点

斜拉金属薄板空间结构体系属于预应力空间结构技术领域，是对现有预应力空间结构体系的丰富和拓展。它作为一种新型建筑结构体系，其结构形式与现代预应力空间结构体系有所不同。在斜拉金属薄板空间结构体系中，金属薄板既作为封闭工程的围护结构，同时也是受力结构。将索结构体系与施加预应力的金属薄板结合，形成新的结构体系，该体系同时具有索结构体系全张拉的特点和围护受力相统一的特点，克服超大跨度空间结构面临的弯矩过大、反力过大等难题，能够安全经济地跨越300m以上跨度。

2 成形试验设计

2.1 模型设计

考虑试验目的和现有条件，设计了一个单跨两榀的结构模型。结构模型由斜拉索（XLS）、背索（BS）、钢柱（GZ）和金属薄板（BB）组成。斜拉索和背索均采用钢绞线，钢柱采用 ϕ180×5 空心钢管，金属薄板采用厚度为 1mm 的铝合金板。试验模型的立面、平面、正视标号、俯视标号示意图见图 8，实物图见图 9。

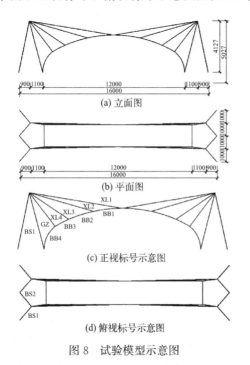

图 8 试验模型示意图

图 9 试验模型实物图

2.2 节点设计

金属薄板中间位置需要连接两端的斜拉索，为了保证该节点的安全，选用 4 根 M12×45 的螺栓与 2 块厚度为 6mm 的索夹，其构造见图 10。由于金属薄板过薄，强度较低，不能直接对板进行张拉，所以在金属薄板边部设置上、下夹板，上、下夹板采用 M16 螺栓夹紧金属薄板，两侧附加夹板，方便其张拉。张拉过程中，通过节点传力给夹板，夹板带动金属薄板，实现张拉。在夹板两侧设置 L63×4 角钢，方便金属薄板板边与地面连接，具体构造见图 11～图 13。

3 成形试验

如图 14 所示，斜拉金属薄板空间结构的具体施工成形步骤为：1）金属薄板平铺在地面，安装上、下夹板；按照施工图纸在指定位置钻孔，安装螺栓，此时螺栓不要拧紧，方便后续调试；安装各拉索节点索夹。2）安装钢柱，挂背索，索头行程调到最大，对侧采用手拉葫芦紧固，做好临时支撑。3）固定背索，当钢柱达到正确位置后，将背索与地面固定，形成一个稳定的结构。4）安装斜拉索和工装索，将斜拉索一端与钢柱节点连接，另一端垂挂空中。5）金属薄板移至对应水平投影位置，为悬挂金属薄板做准备。6）将金属薄板中部节点与斜拉索连接，再往两端依次挂斜拉索。7）固定金属薄板底部。8）开始张拉。

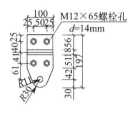

图 10　中间板与斜拉索连接部分构造图

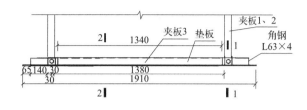

图 11　铝合金板底部构造图

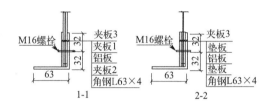

图 12　金属薄板底部断面图

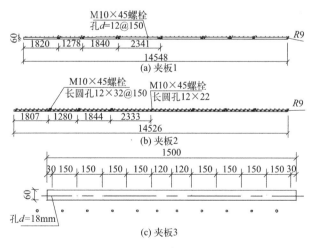

图 13　夹板构造图

限于篇幅，试验研究结果另文详述。

4　有限元模拟

4.1　模型介绍

在 MIDAS Gen 软件中建立斜拉金属薄板空间结构的有限元模型如图 15 所示。结构

(a) 安装夹板、钻孔　　　　(b) 安装钢柱、挂背索

(c) 固定背索　　　　(d) 安装斜拉索和工装索

(e) 移动金属薄板　　　　(f) 安装斜拉索

(g) 固定金属薄板底部

图 14　斜拉金属薄板施工成形过程

跨度为 12m、进深 1.5m，钢柱高度为 4.2m，背索向外 2m。结构构件的截面尺寸和材料参数见表 1。斜拉索和背索单元采用只受拉的索单元，钢柱采用桁架单元，板采用板单元，支座采用固定铰支座。

结构构件的截面尺寸和材料参数　　　　　　表 1

构件名称	材料	截面尺寸(mm)	弹性模量(kN/m²)
BS	钢绞线	$\phi 18$	1.6×10^8

构件名称	材料	截面尺寸(mm)	弹性模量(kN/m²)
XLS1	钢绞线	$\phi14.4$	1.6×10^8
XLS2	钢绞线	$\phi10.5$	1.6×10^8
XLS3	钢绞线	$\phi9.8$	1.6×10^8
XLS4	钢绞线	$\phi11.4$	1.6×10^8
GZ	Q345	$\phi180\times5$	2.06×10^8
BB	铝合金	1500×1	7×10^7

图15　有限元模型

4.2　施工成形模拟

候国华[14]对预应力张拉金属薄板结构体系的施工成形方法进行研究,其选用的方法为逐步张拉纵向张拉索法,此方法先将斜拉索按照计算长度进行安装固定,然后对纵向张拉索进行张拉。最终通过试验与模拟的数据,验证施工方法的可行性,但在成形过程中板面出现了一些褶皱。后续刘倩[15]为了解决褶皱这一不利现象,采用张拉斜索法、纵索斜索交替张拉法、直接张拉薄板法和顶升撑杆法等对结构的成形过程进行了有限元模拟,最终得出减小薄板褶皱的对策为调整索力和双向张拉。根据上述研究,最终选择对斜拉金属薄板结构体系分别采用张拉斜索法、张拉背索法、直接张拉薄板法和顶升钢柱法4种方法进行有限元模拟。预应力值通过对模型构件施加初始应变来实现。初始应变的数值以模型成形态各点坐标与初始态各点坐标变化最小为标准。

(1) 张拉斜索法

在MIDAS Gen软件中采用对索单元施加初拉力的方法仅对斜索施加预应力。考虑各斜拉索横截面面积的不同,对4种斜拉索XL1、XL2、XL3、XL4分别施加对应初始应变值为0.0066、0.0099、0.0099、0.007的预应力。

(2) 张拉背索法

在MIDAS Gen软件中采用对索单元施加初拉力的方法仅对背索施加预应力。对背索施加对应初始应变值为0.0049的预应力。

(3) 直接张拉薄板法

该方法是指通过缩短薄板的长度,使斜拉索和背索受力,背索又使钢柱受力,最终将力通过钢柱传至地面。本文直接张拉薄板法是通过在MIDAS Gen软件中对薄板进行降温的办法来施加的，对薄板施加对应初始应变值为 0.016 的预应力。

（4）顶升钢柱法

该方法是指通过增加钢柱的长度，进而使斜拉索和背索受力，斜拉索又使板受力，最终将力通过背索传至地面。本文顶升钢柱法是通过在 MIDAS Gen 软件中对钢柱进行升温的办法来增加钢柱的长度，对 4 根钢柱施加对应初始应变值为 0.004 的预应力。

4.3 模拟结果

通过 MIDAS Gen 软件对结构的 4 种施工成形方法进行模拟，根据结构的位移变化来判断是否找形完毕。节点标号示意图见图 16，结构构件标号见图 8(c)。

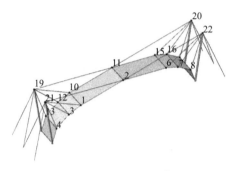

图 16 节点标号示意图

4.3.1 位移变化

对本文的斜拉金属薄板空间结构进行施工成形模拟分析，将得到的位移计算结果与模型初始态位移差值对比见图 17。从各点的 X、Y 和 Z 向位移与初始态位移差值可以看出：

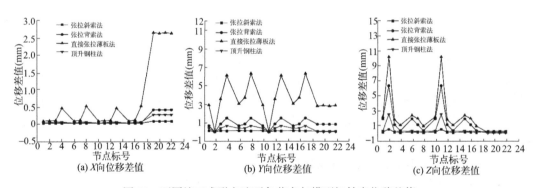

图 17 不同施工成形方法下各节点与模型初始态位移差值

（1）4 种施工成形方法中采用张拉斜索法各点 X、Y 和 Z 向位移与初始态位移最为接近，其次是顶升钢柱法，最后是张拉背索法和直接张拉薄板法。根据这个结果可判定张拉斜索法是 4 种施工成形方法中最优的施工成形方法。

（2）直接张拉薄板法中节点 4、8、13 和 17 的 X 向位移变化趋势与其他 3 种方法不同，原因是该模型是单榀精细化模型，当对底部板直接施加 Y 向预应力时，由于板发生较大变形，会产生一个较大的 X 向的力，导致 X 向位移变大。

（3）4 种施工成形方法各点 Y 向和 Z 向位移差值变化趋势基本相同。

4.3.2 应力变化

根据上节位移变化情况可知最优的施工成形方法为张拉斜索法。将张拉斜索法作为参照组，对比另外 3 种施工成形方法的构件应力情况，见图 18。从图 18 中各构件的应力值与应力差值可以看出：其他 3 种施工成形方法中应力值与张拉斜索法最吻合的是顶升钢柱法，差值可以控制在 1‰～8‰ 之间，最小值位于 XLS1 为 1.26‰，最大值位于 XLS2 为 7.62‰；其次是张拉背索法，差值可以控制在 4‰～10‰，最小值位于 XLS1 为 4.61‰，最大值位于 XLS4 为 9.51‰；最差的是直接张拉薄板法，差值控制在 25‰～30‰，最小值位于 XLS2 为 25.77‰，最大值位于 XLS1 为 28.8‰。各构件应力变化最稳定的也是顶升钢柱法，变化范围稳定在 25MPa 以内。

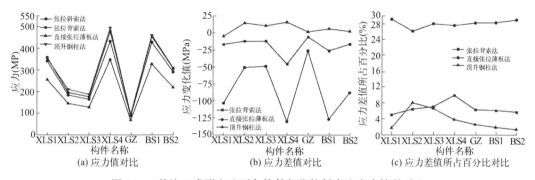

图 18　3 种施工成形方法下各构件与张拉斜索法应力情况对比

5　结论

本文对提出的斜拉金属薄板空间结构进行了施工成形试验和数值模拟，对比 4 种施工成形方法得出：4 种施工成形方法中最适合斜拉金属薄板空间结构的方法为张拉斜索法，该方法在许多工程项目中被应用，有位移容易控制、施工难度低且速度快等优点。其次由另外 3 种施工成形方法与张拉斜索法对比可知：顶升钢柱法与张拉背索法构件应力情况与张拉斜索法较为吻合，其中顶升钢柱法应力情况控制更好，但是施工难度高、不方便，张拉背索法情况与其相反。后续将对该结构进一步开展模型试验，并对金属薄板上的应力进行研究。

参考文献

[1]　王树，黄季阳，刘鑫刚，等．大跨度煤场封闭结构预应力体系研究［J］．建筑结构学报，2022，43（05）：51-61.

[2]　张金龙，苏宁，彭士涛，等．双跨柱面干煤棚风荷载干扰效应研究［J］．建筑结构，2020，50（S2）：201-208.

[3]　李煜照．大跨度料场封闭结构现状与面临的主要问题［C］．《工业建筑》2018 年全国学术年会论文集（下册），2018：452-455.

[4]　闫翔宇，陈志华，乔文涛，等．大跨度门式刚架与弦支筒壳复合钢结构体系的应用研究［J］．工业建筑，2010，40（03）：107-110＋127.

[5]　朱黎明，杜文风，王龙轩，等．某大跨度干煤棚网壳结构设计及优化研究［J］．建筑结构，2019，49（02）：12-15＋28.

［6］ 陆赐麟.1980 奥林匹克运动会的主要建筑物及其结构特点［J］.北京工业大学学报，1982（03）：119-131.

［7］ 陆赐麟.国外大型体育建筑结构的发展与趋向［J］.建筑结构学报，1983（05）：71-77.

［8］ 陆赐麟，尹思明，刘锡良.现代预应力钢结构（修订版）［M］.北京：人民交通出版社，2007.

［9］ 高福聚，刘锡良.金属拱形波纹屋盖工程设计刍议［J］.工业建筑，2001，31（7）：54-57.

［10］ 陈大好.钢板薄膜效应和预应力撑杆柱的理论分析、试验研究与应用［D］.南京：东南大学，2004.

［11］ 贾碧原，宗兰，陈德根.国内外充气膜结构发展研究综述［J］.江苏建材，2018（03）：19-22.

［12］ MENG DEAN，ZHAO XUZHE，ZHAO SHENGDUN，et al. Effects of vibration direction on the mechanical behavior and microstructure of a metal sheet undergoing vibration-assisted uniaxial tension［J］. Materials Science & Engineering A，2018，743：472-481.

［13］ 田晨巍.预应力钢结构技术创新研究［J］.居舍，2019（08）：41-42.

［14］ 侯国华.预应力金属薄板结构体系节点性能及模型试验研究［D］.北京：北京工业大学，2011.

［15］ 刘倩.预应力金属薄板结构成形中的褶皱成因及对策研究［D］.北京：北京工业大学，2013.

建筑空间结构通用模型试验平台

摘要： 为研究不同索结构形式拉索索力识别测试方法，满足不同类型空间结构模型试验的需要，开发了一种建筑空间结构通用模型试验平台，该模型试验平台包含主体结构及其增强装置和平台位移监测系统，主体结构采用正放四角锥螺栓球网架结构，增强装置为双向布置预应力拉索。利用有限元软件 MIDAS Gen 对各类结构进行了模拟计算分析，该模型试验平台变形在合理范围内，应力分布较均匀，整体稳定性良好。

0 前言

大跨度空间结构因具有受力合理、自重轻、造价低廉、造型优美、结构类型丰富等优点，在建筑结构中发展迅速，应用越来越广泛。目前各国对空间结构的发展尤为重视，已然成为衡量一个国家建筑技术水平的标志之一。

国家速滑馆是 2022 年北京冬奥会的标志性场馆，其长轴跨度 198m，其屋面是单层双向正交马鞍形索网屋面。空间结构按形式主要可分为薄壳结构、网架结构、网壳结构、悬索结构和膜结构五大类[1]。将预应力技术应用在传统的空间结构中，形成的预应力空间结构体系是发展最为迅速的空间结构体系之一[2]。

索结构是对拉索施加预应力技术的预应力空间结构体系，近年来已有大量应用。拉索作为索结构中主要的受力构件之一，施工阶段的索力控制，建成后的索力状态对整个结构都有重要的影响，关乎整个建筑结构的安全。拉索索力是反映实际受力状态的重要参数，索结构的拉索索力检测是空间结构中重要的研究方向。对于新型的空间结构，缩尺的模型试验是重要的研究手段之一。

为研究不同索结构形式下预应力拉索索力问题以及网架结构、张拉薄板结构、膜结构等其他空间结构体系，提出并开发了一种施工简易、连接方便、试验场地要求小、结构更换简单、性价比高的通用模型试验平台。

1 试验平台概况

建筑空间结构通用模型试验平台（以下称试验平台），由地面承载垫板、支座、网架结构、连接节点、平台增强装置和平台位移监测系统构成（图 1）。

其中地面承载垫板为橡胶垫，用于承受试验平台的整体重量，也可起保护地面的作用。支座是承载和支撑整个试验平台的构件，支座上部为十字筋板与网架结构连接，下部为圆钢

文章发表于《建筑技术》2022 年 11 月第 53 卷第 11 期，文章作者：秦杰、张发强、柳锋、刘枫、张强。

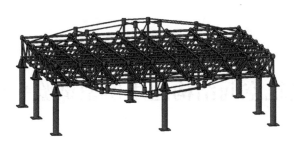

图 1　通用模型试验平台轴测图

管放在地面承载垫板上。网架结构是由螺栓球、网架杆件和高强度螺栓连接组成的整体结构，网架杆件可分为上弦杆、腹杆、下弦杆；螺栓球分上弦球、下弦球。连接节点可分为下弦螺栓球与索力测试实验的连接节点，上弦螺栓球与空间结构试验模型的连接节点。

平台增强装置是索力测试试验结构的一种，为双向张弦结构，可增强试验平台的整体刚度，减小平台的位移变化。

平台位移监控系统为电子设备监测，用于测量试验中平台的位移变化，整合试验对象和平台位移数据，以减小试验结果误差。

2　试验平台设计

2.1　支座设计

支座由上部连接十字筋板和下部圆钢管构成。十字筋板根据螺栓球的尺寸设计为弧形，横向和纵向共布置 4 块十字筋板，其顶端组成球窝状，网架结构的下弦螺栓球通过焊接与其连接，十字筋板下端与圆钢管上端分别焊接一块钢板，两块钢板通过螺栓连接；圆钢管下端焊接一块钢板，钢板放置在地面承载垫板上。

2.2　网架设计

网架结构由螺栓球、网架杆件和螺栓组成，通过螺栓连接网架杆件和螺栓球，组装成完整的结构体。其中用于拉索索力识别试验的网架长 9m、宽 6m、高 0.6m，共计 158 个螺栓球节点和 560 根杆件；用于空间结构模型试验的网架长 16m、宽 8m、高 0.9m。网架结构坐落在支座上部，螺栓球与连接节点均采用螺栓连接，下弦螺栓球预留螺栓孔，上弦螺栓球预留螺纹通孔，下弦球螺栓孔和上弦球螺纹通孔与实验结构节点采用高强度螺栓连接。

下弦螺栓球通过节点可连接拉索，用于完成不同索结构类型的索力测试实验；上弦螺栓球通过节点可与空间结构试验模型连接，用于完成各类空间结构模型试验，在上弦螺栓球位置，通过螺杆及液压千斤顶装置可进行空间结构加载试验。

2.3　节点设计

2.3.1　索力识别连接节点

拉索索力识别试验中拉索与下弦螺栓球通过耳板相连接，耳板设计为折形板，角度根据拉索与水平面的夹角确定。耳板上开两处圆孔，一孔用销轴与拉索的索头连接，另一孔用螺栓与螺栓球连接。

在拉索的中间位置存在撑杆，撑杆上部与螺栓球采用螺栓连接，撑杆下部与拉索采用索夹连接。拉索、撑杆与网架结构均采用螺栓连接。根据索长、拉索耳板尺寸、撑杆长度，对拉索、耳板、撑杆进行更换，可完成不同类别预应力索结构形式的拉索索力识别试验。

2.3.2 空间结构试验模型连接节点

空间结构试验模型连接节点，采用长度可穿出螺栓球的高强度螺栓连接，节点下部为水平连接钢板，连接钢板中心开孔，高强度螺栓从孔中穿出，通过螺母紧固。水平连接钢板的上部与一块竖直钢板通过焊接连接。竖直钢板与空间结构连接，在高强螺栓处挖孔，以避开螺母。

2.4 平台增强装置设计

试验中模型试验平台因试验对象的加载会产生变形，平台增强装置与试验对象反向布置，可为试验平台提供强度和支撑力。

平台增强装置为拉索索力识别试验中的双向张弦梁结构，由拉索、撑杆和节点组成，如图 2 所示。

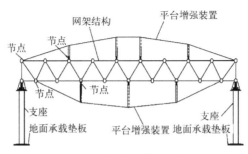

图 2 平台增强装置示意

拉索分横向和纵向，通过节点十字连接，节点于撑杆一端通过索夹连接，撑杆另一端连接试验平台的网架结构的螺栓球。

平台增强装置可安装在试验平台的上侧或下侧，其中进行拉索索力识别试验时，平台增强装置布置于模型试验平台上侧。

进行空间结构模型试验时，平台增强装置布置在试验平台的下侧。其连接方法和网架结构平台与拉索索力识别试验的节点连接方法相同。

2.5 平台位移监控系统设计

平台位移监测系统利用电子定位设备，布置在需监测的网架螺栓球位置，通过电子定位设备的坐标移动，监测试验平台发生的位移。

3 试验用途

3.1 拉索索力识别试验

拉索索力识别对拉索及整个结构体系的可靠性评估具有重要的意义。

本试验平台基于频率法索力识别研究开发，可通过不同的组装方式模拟多种大跨空间结构，以检测不同空间结构体系下的索力，如单向张弦梁结构、双向张弦梁结构、弦之穹顶结构、平面索网结构、马鞍形索网结构、吊索结构。拉索索力识别试验如图 3 所示。

张弦梁结构是一种上弦为刚性构件、中间为受压撑杆和下弦为柔性拉索组成的预应力自平衡混合空间结构。在试验平台下弦螺栓球布置连接好撑杆，其中中间的撑杆长度大于

图 3　拉索索力识别试验构造示意

两侧撑杆，拉索通过耳板与螺栓球连接，撑杆处利用索夹夹紧，即可模拟单向张弦梁结构，再通过连接正交拉索，即可模拟双向张弦梁结构。

弦支穹顶结构主要由上部刚性层结构和下部张拉索杆体系两大部分组成[3]。模拟弦支穹顶结构，将等长度的撑杆环绕试验平台中心布置连接，撑杆下部拉索通过索夹连接形成环向索，螺栓球与撑杆下部连接的拉索形成径向索。

平面索网结构属于张拉结构体系，一般由正交布置或斜交布置的拉索张拉后组成，由纵向拉索主要承担应力，横向拉索起到稳定性，使整个体系达到平衡的状态[4]。

在试验平台下部按矩形布置连接好等长的撑杆，正交布置连接拉索，索与索之间利用索夹固定，即可模拟平面索网结构，将等长的撑杆换成不同长度的撑杆，即可模拟马鞍形索网结构。

3.2　空间结构模型试验

进行结构模型试验，可了解所设计的结构内部各种现象和规律，与计算机模拟相比，由于结构模型试验不受简化假定的影响，能更准确地反映结构的各种物理现象和规律[5]。

空间结构模型与试验平台的螺栓球通过节点和高强度螺栓连接，改变连接节点，即可在模型试验平台上部完成多种空间结构模型试验，如斜拉索结构（图 4）、网架结构、膜结构、悬索结构、网壳结构。

(a) 成形前　　　　　　　　　　　　　(b) 成形后

图 4　斜拉索空间结构模型试验

在网架结构的上弦螺栓球对应位置设置拉压千斤顶（图5），还可为空间结构模型进行加载试验。拉压千斤顶装置布置在上弦螺栓球下方，与螺栓球对应，顶拉螺杆从螺栓球的通孔中穿出，其上端与空间结构模型屋面构件连接，下端与拉压千斤顶连接。通过液压油泵统一控制拉压千斤顶的升降，顶拉螺杆跟随升降，模拟结构屋面受到的压力和吸力，以实现模型加载试验。

使用液压油泵控制千斤顶，便于控制加载等级。千斤顶采用大量程、小吨位千斤顶。对不同空间结构模型，也可单独使用螺杆、千斤顶进行加载。

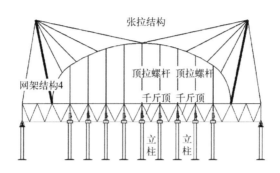

图5　斜拉索结构施加荷载示意

4　有限元计算

利用 MIDAS Gen 软件进行有限元计算，对单向张弦梁、双向张弦梁、弦支穹顶、平面索网、马鞍形索网5种拉索索力识别试验进行了模拟。其中网架杆件所用材料为 Q235，截面尺寸为 $\phi48\times3.5$ 和 $\phi60\times3.5$，单元类型为桁架单元。拉索采用 $\phi15.2$ 型钢绞线，单元类型为只受拉的索单元。共计14个支座，约束条件为固定铰支，所用材料为 Q235，截面尺寸为 $\phi219\times6$。

（1）模拟单向张弦梁结构。对拉索施加 100kN 的预应力。

（2）模拟双向张弦梁结构。对拉索施加 80kN 的预应力。

（3）模拟弦支穹顶结构。对拉索施加 70kN 的预应力。

（4）模拟平面索网结构。对拉索施加 70kN 的预应力。

（5）模拟马鞍形索网结构。对拉索施加 70kN 的预应力。

通过有限元软件的模拟计算可以看出，试验平台的变形主要在网架中心处，结构整体的刚度良好，应力分布较均匀，结果见表1。

对斜拉索空间结构模型试验进行了模拟计算。其中网架杆件所用材料为 Q235，截面尺寸为 $\phi48\times3.5$。共计18个支座，约束条件为固定铰支，所用材料为 Q235，截面尺寸为 $\phi219\times6$。

计算结果显示，网架的最大变形为 3.64mm，出现在网架两侧与上部空间结构拉索连接节点处，应力最大值为 181.78MPa，分布在两侧与上部空间结构的连接处，总体的应力分布较均匀，结构整体的稳定性良好。

拉索索力识别试验计算结果　　　　　　　　　　　表1

序号	结构类型	索预应力(kN)	网架位移最大值(mm)	索应力最大值(MPa)	网架应力最大值(MPa)
1	单向张弦梁	100	7.35	445.79	162.52
2	双向张弦梁	80	9.04	416.13	160.13
3	弦支穹顶	70	4.43	317.21	99.66
4	平面索网	70	7.28	376.12	150.25
5	马鞍形索网	70	6.16	393.16	111.87

5　特点分析

（1）场地适应性强。试验平台可采用多个支座承载主体网架结构，支座下放置橡胶垫，无需与地面锚固，能够适用不同场地。

（2）运输安装方便。网架结构杆件长度小，质量小，搬运及运输方便，采用螺栓连接，安装无需机械设施辅助。

（3）结构更换简单。连接节点设计为螺栓连接，无需机械设施辅助即可完成不同结构更换。

（4）通用性强。通过撑杆及拉索的不同组合方式，可满足不同索结构拉索索力识别试验，与不同空间结构模型连接可完成多种空间结构模型试验。

6　结束语

（1）建筑空间结构通用模型试验平台场地适应性强、运输安装方便、结构更换简单、通用性强，适合一般高校实验室的科学研究及教学。

（2）利用有限元软件计算分析，验证了建筑空间结构通用模型试验平台多种类型试验的可行性。

（3）空间结构种类繁多，发展迅速，未来在建筑空间结构通用模型试验平台的通用性上仍需进一步研究。

参考文献

[1] 董石麟，赵阳.论空间结构的形式和分类[J].土木工程学报，2004，（01）：7-12.
[2] 董石麟.预应力大跨度空间钢结构的应用与展望[J].空间结构，2001，（04）：3-14.
[3] 石开荣，郭正兴，罗斌，等.弦支穹顶结构概念的延伸及其分类方法研究[J].土木工程学报，2010，43（06）：8-17.
[4] 严冬.单索幕墙技术在工程中的应用[D].青岛：青岛理工大学，2016.
[5] 王星，陈磊，暴伟，等.大型空间结构整体模型静力试验方法研究[C].中国钢结构协会结构稳定与疲劳分会第17届（ISSF—2021）学术交流会暨教学研讨会论文集，工业建筑杂志社，2021.
[6] 熊雄.建筑结构设计优化方法及应用探讨[J].江苏建材，2022（04）：55-57.

张弦结构索力测试方法与工程试验研究

摘要：在索振动频率和索力计算理论研究的基础上，提出针对短粗索和多跨索的多阶频率索力测试方法。多阶频率法有两种算法，一种基于优化算法，一种基于有限元法。基于优化算法的多阶频率法，通过实测不少于未知参数个数的多阶频率，对建立的考虑弯曲刚度的振动频率超越方程进行优化求解，可以确定任意弹性边界条件拉索的索力。基于有限元法的多阶频率法，通过建立多跨索振动模型，利用计算表格代替优化算法操作选择最接近真实值的索力，可以对复杂索结构进行分析。通过黄河口模型试验厅和农业展览馆两个实际工程，分别对基于优化算法和基于有限元法的多阶频率法的适用性进行验证。结果表明，提出的多阶频率法可以将索力偏差控制在 10% 以内，满足工程应用的精度要求，可以为张弦结构索力测试和施工技术研究提供技术支撑和参考。

0 引言

近年来我国城市化建设规模不断扩大，张弦结构由于体态轻盈、受力合理、造型优美以及通透性良好等优点，被大量应用于机场、车站、体育场馆等大跨空间结构中[1-4]，是现代城市建设中极具发展前景的一种绿色环保的结构形式。

张弦结构体系复杂、杆件众多，如何对其进行有效的监测与检测并获得索力等力学性能参数一直是比较困难但又亟需解决的问题。工程中可采用的索力测量方法包括：压力表测试法、压力传感器测试法、频率法、力平衡法、波动法和磁通量法等。经过工程实践证明，频率法是目前最常采用[5]，也是当前工程应用最有效的方法之一。频率法是通过检测拉索的各阶自振频率，然后根据自振频率和索力之间的关系确定索力的一种方法，该方法可以便捷且精确地识别细长索的索力。对于张弦结构，由于刚性撑杆支承形成的多跨索振动行为复杂，基于现有单跨索振动理论直接采用频率法难以实现精确的索力识别[6-11]。因此，迫切需要研究张弦结构振动理论和振动特性，建立带撑杆多跨索体系的动力学模型以及相应的索力测量方法。为此，本文基于索振动测试理论，提出了用于短粗索和多跨索索力识别的多阶频率索力测试方法，并通过一系列试验对方法的有效性进行验证。

1 多阶频率法原理及算法

本文提出的多阶频率法有两种算法，一种基于优化算法，一种基于有限元法。

1.1 基于优化算法的多阶频率法

根据多跨索振动频率方程[5]，建立如下方程组：

文章发表于《建筑结构》2023 年 10 月第 53 卷第 19 期，文章作者：秦杰、鞠竹、柳明亮、吴金志。

$$\begin{cases} f(EI,m,\omega_1,T,k_1,k_2,\cdots,k_n)=0 \\ f(EI,m,\omega_2,T,k_1,k_2,\cdots,k_n)=0 \\ \cdots \\ f(EI,m,\omega_n,T,k_1,k_2,\cdots,k_n)=0 \end{cases} \tag{1}$$

式中：EI 为拉索弯曲刚度；m 为线密度；T 为索力；ω_1、$\omega_2\cdots\omega_n$ 分别为第 1、2$\cdots n$ 阶自振频率；k_1、$k_2\cdots k_n$ 分别为第 1、2$\cdots n$ 个约束刚度。

由方程组（1）可知，在弯曲刚度、线密度已知的情况下，只要能够获得拉索足够阶数的自振频率（不少于未知参数个数），就可以建立约束刚度和索力的 n 个方程，从而对未知参数进行识别。因此，基于优化算法的多阶频率法是通过建立多跨索振动模型进行多跨索的索力识别，其基本算法原理过程如图 1 所示。

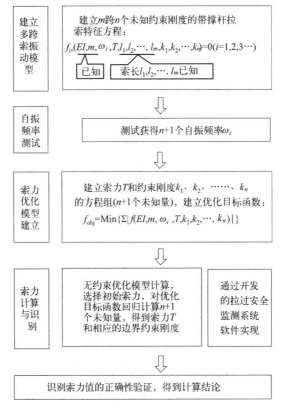

图 1　基于优化算法的多阶频率法原理图

由图 1 可知，采用基于优化算法的多阶频率法需要利用多跨索的多阶自振频率进行索力和约束刚度的识别，所以需要建立多跨索频率的测试方案，如图 2 所示。通过在拉索上布置精密传感器，采集拉索在激励下的振动信号，经过频谱分析，确定拉索的各阶自振频率。索力识别的其他参数 m、l、EI 通过测量和计算得到。根据已知参数，采用课题组基于优化算法的多阶频率法开发的拉索索力分析工具"拉索安全监测系统"[12] 可得到拉索索力。

1.2　基于有限元法的多阶频率法

基于有限元法的多阶频率法基本原理及算法如图 3 所示。首先采用有限元分析软件建立

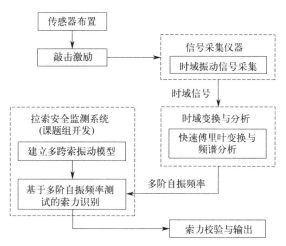

图 2 基于优化算法的多阶频率法实施流程图

多跨索的有限元模型，并在有限元模型上施加一组可能的索力，然后分别进行每个索力值下的多跨索模态分析。去掉整体结构参与振动以及振动方向不符合激励方向的振型和相应的计算自振频率（简称计算频率），将剩余计算频率作为有效计算频率。将实测频率值 f'（检测方法同 1.1 节）与各索力下分析得到的有效计算频率值进行对比，找出与各阶实测频率值最接近的对应有效计算频率值 $\bar{f}_j$（每个索力值找出一组），计算各阶频率差的最小二乘法值 $V_i = \sum_{j=1}^{k=n} (\bar{f}_j - f'_j)^2$，其中 n 为实测频率的阶数。将计算结果在表格中进行汇总，从中选择出最小二乘值的最小值 $\min V_i$，将其所对应的索力作为最终识别出来的索力。

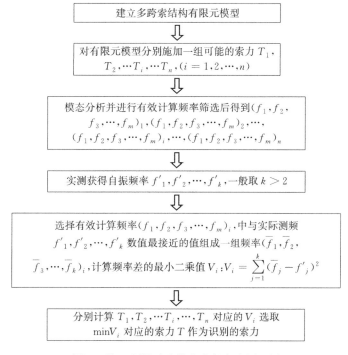

图 3 基于有限元法的多阶频率法原理图

基于优化算法和有限元法的多阶频率法各自具有优势，见表 1，可以根据不同的计算需要进行选择使用。

多阶频率法两种实现方法对比　　　　　　　　　　　　　　　　　　表 1

方法名称	优点
优化算法	利用课题组开发的索力分析工具,可以方便地获得单跨索和多跨索的索力
有限元法	可以对复杂索结构进行分析

2　张弦结构工程试验

2.1　黄河口模型试验厅索力测试

2.1.1　工程概况

黄河口模型试验厅位于山东省东营市，建筑面积 $45333m^2$，为黄河口模型试验基地的核心组成部分[13]。试验厅由海域 A 厅、海域 B 厅及河道厅这三部分组成。海域部分平面呈扇形，屋盖为三维曲面，跨度 148m；河道部分跨度 24m，长约 100m，试验厅整体效果图如图 4(a) 所示。

(a)效果图　　　　　　　　(b) 屋顶轴测图

图 4　黄河口模型试验厅

进行索力测试的海域 B 厅屋面为张弦网壳组合结构，径向沿轴线布置焊接球节点张弦桁架结构，环向则结合主桁架的上弦节点，设置环向焊接球网架[14]。张弦网壳组合结构支承于下部型钢混凝土排架结构上，如图 4(b) 所示。径向的 8 榀张弦桁架布置相同。

2.1.2　测试方案

在工程的径向张弦桁架结构中，由于第 5 榀桁架中间跨越一个安全通道，便于测试，并且装有锚索计，所以选择该榀桁架进行索力测试。其下弦拉索规格为 $\phi7\times337$，直径为 140.6mm，长度为 149.7m，线密度为 106.4kg/m，抗弯刚度为 3951.660kN·m^2，拉索共 16 跨，索段分布如图 5 所示，各跨长度见表 2。

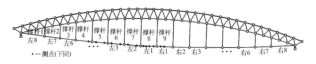

图 5　黄河口模型试验厅索段分布及测点布置

第五榀桁架索段尺寸（m）　　　　　　　　　　　　　　　　　　表 2

左 1/右 1	左 2/右 2	左 3/右 3	左 4/右 4
8.839	8.832	8.818	8.797
左 5/右 5	左 6/右 6	左 7/右 7	左 8/右 8
8.768	8.733	8.691	12.564/12.826

为了防止遗漏某阶频率，实际测试时采用多个测点的测试方法。具体操作方法为：在被测结构上布置多个传感器，在多个不同位置分别敲击被测结构，将多次测试结果进行对比分析，以确定被测结构的自振频率。

测试采用的仪器设备见表 3，测点布置如图 5 所示，在多跨索撑杆 4 至撑杆 6 的两侧、撑杆 7 的左侧各布置 1 个垂直方向传感器，撑杆 7 和撑杆 8 之间布置 4 个垂直方向传感器，撑杆 8 和撑杆 9 之间靠近撑杆 8 一侧布置 2 个垂直方向传感器，共 13 个传感器。现场频率测试照片如图 6 所示。

检测所需仪器设备　　　　　　　　　　　　　　表 3

功能	仪器设备
动测设备	朗斯 LC0116T-2 加速度传感器
采集模块	朗斯 CBook2000-P
数据分析软件	DASP-V10 工程版

(a) 张弦桁架结构　　　　　　　(b) 传感器布置

图 6　黄河口模型试验厅频率测试照片

2.1.3　现场测试

先用激振器扫频，激振器布置在右 1 索段，sp1、sp2 为扫频，扫频范围为 1~50Hz，间隔 $\Delta f = 1Hz$，采集频率为 1024Hz。sp1 的时间间隔 $\Delta t_1 = 0.5s$，sp2 的时间间隔 $\Delta t_2 = 1s$。然后分别在多跨索的左 1 和左 8 跨进行敲击，每跨敲击 5 次，并进行频率采集。加速度响应自谱分析如图 7~图 11 所示（左 1 跨）。经过分析，得到拉索前 5 阶自振频率见表 4。

黄河口模型试验厅频率测试结果　　　　　　　　表 4

阶次	1	2	3	4	5
频率(Hz)	9.88	22.38	41.13	64.25	95.13

2.1.4　索力计算

（1）优化算法

采用开发的索力分析工具"拉索安全监测系统"，根据工程第 5 榀桁架实际情况，建立 16 跨拉索等效模型。输入各跨的索长、抗弯刚度、线密度，以及分析得到的前 5 阶自振频率，初始索力设为 2500kN，将索力和桁架两端部约束作为识别参数，采用优化算法进行索力识别，如图 12 所示。将初始索力设置为 3000kN，其他参数不变，再次进行索力识别，两次索力识别的结果见表 5。由表 5 可知，计算得到的索力平均值为 2678kN，与锚索计测得索力值 2673kN 基本一致。

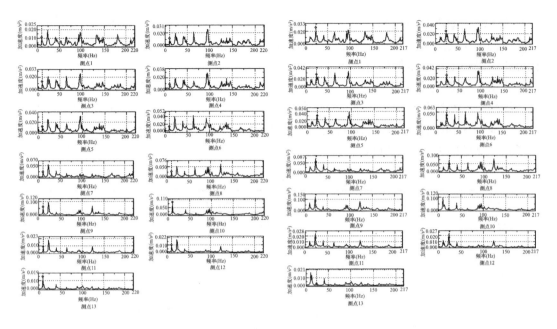

图 7　黄河口模型试验厅第 1 次
敲击加速度响应自谱分析

图 8　黄河口模型试验厅第 2 次
敲击加速度响应自谱分析

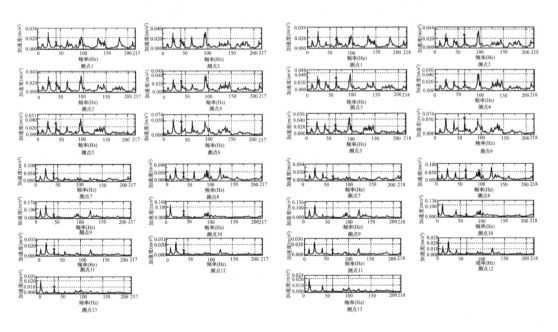

图 9　黄河口模型试验厅第 3 次
敲击加速度响应自谱分析

图 10　黄河口模型试验厅第 4 次
敲击加速度响应自谱分析

黄河口模型试验厅索力计算结果　　　　　　　　　　　　　　表 5

优化初值(kN)	识别索力(kN)	约束刚度 k_1(kN·m²)	约束刚度 k_2(kN·m²)
2500	2676	176.253	542.318
3000	2679	182.654	501.352

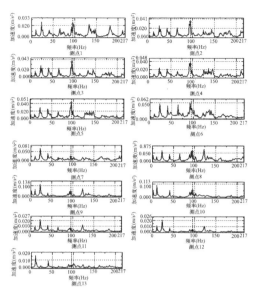

图 11　黄河口模型试验厅第 5 次敲击加速度响应自谱分析

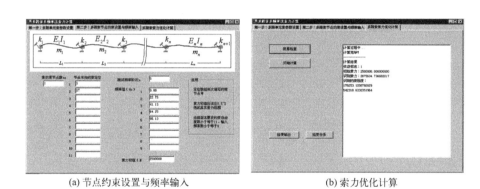

(a) 节点约束设置与频率输入　　　　　　(b) 索力优化计算

图 12　多跨索优化算法索力识别

（2）有限元法

建立第 5 榀张弦桁架的有限元模型，如图 13 所示，拉索和撑杆分别采用 beam188 单元、link10 单元，张弦桁架两端按照固定约束条件考虑。在模型上分别施加可能的索力值：2050、2344、2637、2930、3223kN。在不同的索力值下，分别进行模态分析。

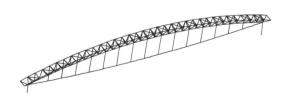

图 13　黄河口模型试验厅第 5 榀张弦桁架有限元模型

为了使有限元软件计算得到的频率值和实测的各阶频率能够进行匹配，需要保证有限元分析得到的频率能够覆盖所有实测频率的范围。根据实测得到的频率范围，确定有限计算的频率阶数。由于工程中实测得到的最大频率为第 5 阶频率 95.13Hz，有限元分析需要计算出前 250 阶频率才能覆盖此频率范围。

在有限元分析得出的频率中筛选出有效计算频率。比如，图 14 中所示的第 11 阶振型对应的频率即为有效计算频率。

根据有限元分析结果，筛选出各个索力下与各阶实测频率对应的有效计算频率进行汇总，见表 6，并分别计算出各频率差的最小二乘值。由表 6 可知，最小的最小二乘值为 0.26，对应计算索力 2637kN。根据基于有限元法的多阶频率法可以判定索力为 2637kN，与锚索计测得的索力 2673kN 误差为 1.3%，满足工程应用精度要求。

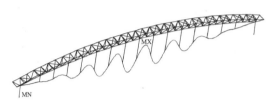

图 14　第 5 榀张弦桁架第 11 阶振型

第 5 榀张弦桁架索力有限元法计算结果　　　　　　　　　　表 6

计算索力 T_i(kN)		2050	2344	2637	2930	3223
计算索力对应的有效计算频率 $\bar{f}_j$(Hz)	实测频率 $f'_j=9.88\text{Hz}$	9.99	9.69	9.83	9.96	10.11
	实测频率 $f'_j=22.75\text{Hz}$	23.28	22.29	22.45	22.59	22.72
	实测频率 $f'_j=41.13\text{Hz}$	40.92	41.72	41.27	41.81	41.34
	实测频率 $f'_j=64.25\text{Hz}$	63.55	63.85	63.97	64.10	65.40
	实测频率 $f'_j=95.13\text{Hz}$	94.85	94.82	94.86	94.85	94.81
$V_i=\sum\limits_{j=1}^{k=5}(\bar{f}_j-f'_j)^2/H_z^2$		0.91	0.85	0.26	0.60	1.53

2.2　农业展览馆工程索力测试

2.2.1　工程概况

农业展览馆位于北京市东三环北路农展桥东侧，长 152.5m，宽 86m，展厅面积 13000m²，屋盖为大跨度张弦桁架结构，采用 11 榀张弦桁架通过连系桁架、刚性系杆和拉条连系起来，如图 15 所示。相邻张弦桁架间距 12m，联系桁架采用倒三角形的管桁架，弦杆规格为 $\phi299\times10$，腹杆规格为 $\phi95\times6$，刚性系杆采用冷弯薄壁型钢方钢管，规格为 $350\times250\times5$[15]。

图 15　农业展览馆外形图

2.2.2 测试方案

由于屋盖西侧第 2 榀张弦桁架装有锚索计,所以选择该榀桁架进行索力测试。桁架下弦拉索规格为 $\phi 5 \times 163$,跨度为 77m,抗弯刚度为 263kN·m^2,直径为 85mm(裸索直径为 70.6mm),线密度为 26.9kg/m。拉索共 9 跨,两边对称,索段分布和每跨长度如图 16 和表 7 所示。

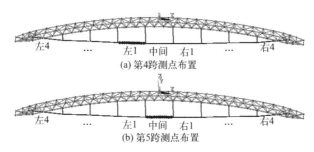

(a) 第4跨测点布置

(b) 第5跨测点布置

图 16 农业展览馆索段分布及测点布置

农业展览馆索段尺寸(m)				表 7
左 1/右 1	左 2/右 2	左 3/右 3	左 4/右 4	中间
8.460	8.426	8.369	9.042	8.472

测试分两次进行,第一次传感器布置在左 1 跨,见图 16(a),第二次传感器布置在中间跨,见图 16(b),两次测试均布置 12 个竖向加速度传感器。测试所用仪器设备等见表 3。现场频率测试照片如图 17 所示。

(a) 传感器高空安装   (b) 锚索测力计

图 17 农业展览馆现场频率测试照片

2.2.3 现场测试

用皮锤敲击索体,记录加速度响应时程。对各个加速度响应做自谱分析,得到拉索的前 5 阶自振频率见表 8。

农业展览馆频率结果(Hz)					表 8
阶次	1	2	3	4	5
左 1 跨	12.313	25.500	38.875	57.375	76.125
中间跨	12.375	25.625	38.495	57.925	75.775

2.2.4 索力计算

(1)优化算法

采用"拉索安全监测系统"，输入索长、抗弯刚度、线密度，以及分析得到的前 5 阶自振频率，设初始索力 900kN，分别进行左 1 跨和中间跨的索力识别计算，如图 18 所示。

由图 18 可知，左 1 跨和中间跨识别得到的索力值 T 分别为 1134、1138kN，采用锚索计测量得到的索力值为 1057kN，索力误差分别为 7.3% 和 7.7%。由计算结果可知，基于优化算法的多阶频率法可以将计算索力误差值控制在 10% 以内。

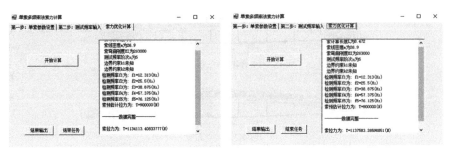

(a) 左1跨索力计算　　　　　　　　(b) 中间跨索力计算

图 18　单跨索优化算法索力计算

（2）有限元法

建立农业展览馆张弦桁架的有限元模型，如图 19 所示，拉索和撑杆采用的单元类型、端部约束条件同黄河口模型试验厅工程。在模型上分别施加可能的索力值：1000、1050、1100、1150、1200kN。

现场实测的最大频率值为 76.125Hz（左 1 跨），有限元模型需要计算出前 120 阶频率才能够覆盖所有实测频率的范围。

筛选有效计算频率值，计算各阶频率差的最小二乘法值 $V_i = \sum\limits_{j=1}^{k=5} (\overline{f}_j - f'_j)^2$，有限元法索力计算的结果见表 9。由表 9 可知，最小二乘值的最小值为 1.68，对应计算索力 1050kN，与锚索计测量得到的索力值 1057kN 偏差较小。

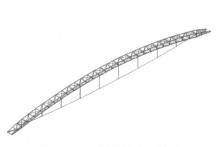

图 19　农业展览馆第 2 榀张弦桁架有限元模型

农业展览馆索力有限元法计算结果　　　　　　　表 9

计算索力 T_i(kN)		1000	1050	1100	1150	1200
计算索力对应的有效计算频率 $\overline{f}_j$(Hz)	实测频率 f'_j=12.313Hz	12.50	12.81	13.11	13.41	13.69
	实测频率 f'_j=25.500Hz	25.24	25.54	26.14	26.73	27.30
	实测频率 f'_j=38.875Hz	37.67	38.33	39.01	39.89	40.74
	实测频率 f'_j=57.375Hz	56.07	57.45	58.0	60.12	56.03
	实测频率 f'_j=76.125Hz	74.22	75.06	75.87	77.57	79.23
$V_i = \sum\limits_{j=1}^{k=5} (\overline{f}_j - f'_j)^2 / H_z^2$		6.92	1.68	3.17	13.33	20.05

3 结论

针对预应力钢结构体系中拉索索力测试问题，本文基于拉索的振动理论提出了多阶频率法拉索索力测试方法。通过试验对该方法的实现原理、索力计算精度进行了方法验证，结果表明，本文研究成果适用于预应力钢结构工程中拉索索力测试。

需要说明的是采用多阶频率法进行拉索索力测试时，必须准确建立拉索体系的振动模型才能通过频率进行索力的精确识别。由于多跨拉索索段组成和约束的复杂性，使得整体振动频率特性复杂，后续将基于本文方法，开展拉索局部振动和索力关系的研究，通过局部索振动进行索力识别。

参考文献

［1］ 秦杰，高政国，钱英欣，等．预应力钢结构拉索索力测试理论与技术［M］．北京：中国建筑工业出版社，2010．

［2］ 鞠竹，柳明亮，孙国军，等．空间结构振动特性与参数识别［M］．北京：中国建筑工业出版社，2022．

［3］ 李璐．张弦结构在景德镇游泳馆中的应用建筑结构［J］．建筑结构，2021，51（S2）：335-339．

［4］ 周国军，刘中华，俞福利，等．温州机场张弦结构非张拉建立预应力施工技术［J］．建筑钢结构进展，2022，24（03）：105-112．

［5］ 秦杰，高政国，钱英欣，等．基于多频率拟合法与半波法的拉索索力测试方法［C］．第十三届空间结构学术会议，深圳，2010：857-869．

［6］ KIM B H，PARK T. Estimation of cable tension force using the frequency-based system identification method［J］. Journal of Sound and Vibration，2007，304（3-5）：660-676.

［7］ ZHANG S H，SHEN R L，WANG Y，et al. A two-step methodology for cable force identification［J］. Journal of Sound and Vibration，2020，472：115201-115201.

［8］ 王振，闫伟，张刚，等．基于振动频率与自适应模糊神经网络的索力计算研究［J］．计算机应用与软件，2021，38（10）：53-60．

［9］ FOTI F，GEUZAINE M，DENOEL V. On the identification of the axial force and bending stiffness of stay cables anchored to flexible supports［J］. Applied Mathematical Modelling，2021，92 798-828.

［10］ 岳武．复杂边界条件下拉索索力识别方法研究［D］．重庆：重庆交通大学，2020．

［11］ 田厚斌．基于多阶频率拟合法监测短粗拉索索力的研究与应用［D］．西安：长安大学，2014．

［12］ QIN J，JU Z，LIU F，et al. Cable force identification for pre-stressed steel structures based on a multi-frequency fitting method［J］. Buildings，2022，12（10）：1689-1689.

［13］ 孟祥瑞，杨大彬，吴金志，等．黄河口模型试验厅海域厅 A 网架结构设计研究［J］．建筑结构，2009，39（S1）：83-85．

［14］ 卢清刚，耿笑冰，李文峰，等．黄河口模型试验厅新型张弦网壳组合结构设计［J］．建筑结构，2013，43（10）：11-15．

［15］ 郭海山，郭剑云，李盛举．全国农展馆新馆 77 米跨张弦桁架钢结构技术［J］．建设科技，2005（16）：44-45．

第三篇

设 计 方 法

建筑物改造中的锚筋牛腿技术

摘要: 结合建筑物改造工程实例,在现有钢筋混凝土柱上采用锚筋技术附加钢筋混凝土短牛腿,用以支承增设的钢筋混凝土现浇楼面。通过实验室的试验研究,探明了附加牛腿的破坏机理,明确了该工程的设计计算方法。

因建筑使用功能的变化,一栋钢筋混凝土框架结构的建筑大厦内原二层共享空间部分需增设一层楼面。本工程通过用结构胶泥将钢筋锚固在原钢筋混凝土的框架柱上,并增设短牛腿的方法来支承新增的楼面结构。附加楼面采用现浇钢筋混凝土楼板,其楼面梁搁置在短牛腿上。经过多年的实际使用,完全能满足使用要求。

图 1 为增设楼面的结构平面布置图,图 2 为钢筋混凝土柱的附加牛腿-A。为保证采用锚筋技术附加钢筋混凝土短牛腿的可靠性,对其结构性能进行了一系列的试验研究。

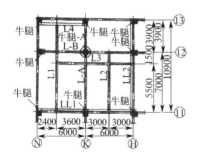

图 1 增设楼面的结构平面

图 2 附加牛腿-A

1 锚筋的拔出试验

1.1 结构胶泥的主要性能

采用由中国矿业大学研制的结构胶泥(HPSR-2 型),其主要成分为环氧树脂、水泥、建筑砂及各种助剂;外观呈灰黑色,可塑,不粘手;抗压强度＞75MPa,抗拉强度＞10MPa,固化时间为 3h,承受外载时间为 24h。

1.2 锚筋的拔出试验

锚筋拔出试验在大体积混凝土挡土墙上进行,其混凝土强度为 C25。锚筋为变形II级钢,分别为 $\phi12$,$\phi14$,$\phi16$mm;混凝土孔洞直径为 $2d$(d 为锚筋直径),孔深为 $12d$。施工先在混凝土体上钻孔,并清洁孔洞;在孔洞中填实胶泥;插入钢筋,并达到孔洞底部,确保胶泥与混凝土、钢筋紧密结合。施工完毕 24h 后,进行拔出试验。采用穿孔油压千斤顶进行拉

文章发表于《建筑结构》1998 年 9 月第 9 期,文章作者:袁迎曙、秦杰、袁广林、吴庆安、姜利民。

拔，用荷载传感器测定拉力。钢筋全部拔断，胶泥与混凝土、钢筋粘结完好无损。

2 附加短牛腿的结构性能试验

2.1 试件设计

（1）预制钢筋混凝土柱，截面为 250mm×250mm，长度为 1800mm；

（2）在柱的中部按设计预留孔洞，待龄期达 3 个月后，用结构胶泥将钢筋埋置在孔洞中；

（3）对附加牛腿部分的柱表面进行凿毛处理，并按设计浇筑短牛腿。

试件分成三组，分别记为 C-1，C-2 和 C-3（图 3）。每组进行三根柱的试验，各组试验柱的基本特性见表 1 所列。

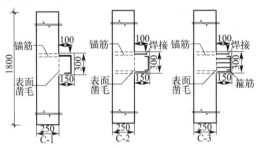

图 3　附加牛腿试验柱

各组试验柱基本特性　　　　　　　　　　　　　　　　　表 1

试件	牛腿受压区钢筋	牛腿受拉区钢筋	箍筋	混凝土强度（MPa）	
				柱	牛腿
C-1	无	2Φ12	无	26.4	25.3
C-2	2Φ12	2Φ12	无	26.4	25.3
C-3	2Φ12	2Φ12	3Φ8	26.4	25.3

2.2 结构性能试验

试验装置如图 4 所示，为方便加载，试件水平方向搁置，油压千斤顶加载，由压力传感器、钢筋应变片和动态应变仪通过计算机自动采集数据。

试件 C-2 的破坏形态见图 5；牛腿部分钢筋应变与牛腿荷载关系分别见图 6、图 7。

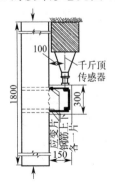

图 4　试验装置

图 5　试件 C-2 的破坏形态

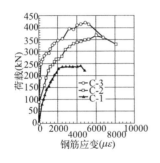
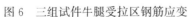

图 6　三组试件牛腿受拉区钢筋应变

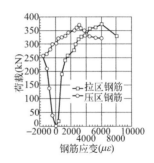

图 7　试件 C-2 牛腿受拉、受压区钢筋应变

2.3　试验结果分析

（1）试验短牛腿平均开裂荷载为 122kN，在牛腿与柱交界处出现微小垂直荷载。受拉区钢筋屈服前，裂缝发展缓慢，有明显受压区存在；新旧混凝土接触面粘结良好。

（2）牛腿主裂缝基本在牛腿与柱交接面处发展，试验过程中未发现斜裂缝，未发现锚筋处粘结破坏。

（3）牛腿的受压区钢筋与箍筋能提高结构的承载能力，C-1 柱牛腿的极限承载能力最低，C-3 柱牛腿的极限承载能力最高。

（4）牛腿受拉区钢筋始终处于受拉状态，并达到屈服强度；受压区钢筋前一阶段处于受压状态，待受拉区钢筋屈服以后转为受拉。

3　附加短牛腿的破坏机理

根据试验结果分析，其牛腿的破坏机理如下：

1）桁架机理

牛腿受拉区钢筋屈服前，受拉与受压区明确，钢筋应变与裂缝发展均符合一般牛腿桁架机理模型。

2）混凝土剪摩机理[2]

受拉区钢筋屈服后，由混凝土的剪摩擦和受压钢筋的销栓作用使牛腿继续承担外荷载。在剪摩机理作用下，牛腿上部裂缝逐渐沿交接面向受压区发展，受压钢筋开始受拉，直至屈服（图 8）。由混凝土剪摩机理所产生的结构抗力为

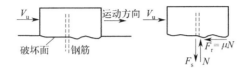

图 8　混凝土的剪摩机理

$$V_\mathrm{u} = F_\mathrm{r} = \mu N = \mu f_\mathrm{y} A_\mathrm{vf}$$

式中，μ 为破坏面摩擦系数，f_y 为钢筋屈服强度，A_vf 为钢筋面积。

3）水平箍筋作用

钢箍不仅具有抗剪与约束混凝土横向变形作用，在受拉区钢筋屈服以后，钢箍能提高混凝土的剪摩擦作用。

4）极限承载能力

短牛腿极限承载能力为桁架机理与混凝土剪摩擦机理的抗力之和。桁架机理所产生的抗力为：

$$P_{u1} = A_s f_y h_0 / a$$

式中，A_s，f_y 为钢筋面积与屈服强度；h_0 为受拉钢筋相应的牛腿有效高度；a 为牛腿顶面集中力至柱边距离。

混凝土剪摩擦机理所产生的抗力为：

$$P_{u2} = \mu A'_s f_y \qquad （取 \mu = 1.0）$$

因剪摩机理是在受拉区钢筋屈服以后产生的，在 P_{u2} 中不考虑受拉区钢筋的作用，则附加短牛腿极限承载能力为：

$$P_u = P_{u1} + P_{u2} = A_s f_y h_0 / a + \mu A'_s f_y$$

5）C-2 试件复核

已知条件：$A_s = A'_s = 226 \text{mm}^2$，$f_y = 390 \text{MPa}$，$a = 100 \text{mm}$，$h_0 = 275 \text{mm}$。计算得

$$P_{u1} = 226 \times 390 \times 275 / 100 = 242385 \text{N} = 242 \text{kN}$$

$$P_{u2} = 226 \times 390 = 88140 \text{N} = 88 \text{kN}$$

极限承载能力：$P_u = P_{u1} + P_{u2} = 330 \text{kN}$。

实测受拉钢筋屈服时：$P_y = 270 \text{kN}$（相当于 P_{u1}）；极限荷载：$P_u = 320 \text{kN}$。与计算结果相比，是相当接近的。

4 设计构造与计算

通过试验研究，本工程采取以下设计构造与计算方法：

（1）采用 HPSR-2 型结构胶泥，牛腿混凝土强度均为 C30，锚筋采用二级钢，锚固长度为 $15d$；

（2）受拉与受压区均配置受力钢筋，受压钢筋直径、数量与受拉钢筋相同；

（3）附加短牛腿 $a/h_0 = 1/3$，牛腿与原柱交接面需凿毛处理，牛腿顶面附加插筋与楼面梁连接；

（4）短牛腿水平箍筋与原结构主筋焊接，取 $\phi 8@150$，全高配置，不配置弯起钢筋；

（5）为控制裂缝发展，不考虑受压钢筋和混凝土剪摩的影响，附加短牛腿强度计算公式和截面尺寸验算按一般牛腿（规范推荐公式）进行。

参考文献

[1] 混凝土结构设计规范. 中国建筑工业出版社，1989.

[2] Kenneth Leet. Reinforced Concrete Design. McGraw-Hill Book Company，1982.

喷锚网技术在深基坑支护中的应用研究

摘要：喷锚网技术与其他支护方法相比具有施工安全、施工速度快、支护造价低等优点。本文详细介绍了某康复中心深基坑喷锚网支护技术及现场监测试验情况，提出了几点有益的结论，可供同类型工程参考。

0 引言

某康复中心设计为地下二层，地上十五层，为筒中筒结构。由于此拟建工程与其北侧一既有七层砖混结构房屋相距很近（图 1）。所以，在进行基坑开挖时，已建房屋下地基土应力将释放，从而使边坡和上部房屋处于不稳定状态。因此，对于此基坑周围边坡的处理，东、西、南三边坡可自然放坡，但北边坡必须支护。

1 支护方案

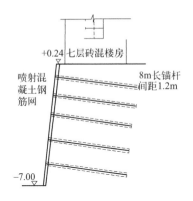

图 1 边坡位置及支护剖面图

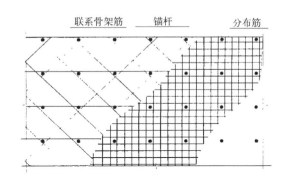

图 2 锚杆、联系骨架筋、分布钢筋关系图
（垂直于边坡方向）

目前深基坑支护的方法很多，如钢板桩、钢筋混凝土灌注桩、地下连续墙等。但经综合考虑并与各方协商，最终选定喷锚网支护法。此方法与其他方法相比的优点表现在[1]：（1）施工安全；（2）施工速度快，开挖一层，支护一层；（3）支护造价低，与其他支护方法相比可节约 50% 以上等。本工程的支护方案参见图 1、图 2。

喷锚网支护由锚杆、喷射混凝土、钢筋网三部分组成。

锚杆：主要承受倾覆力，它一方面将不稳定土体与稳定土体结成一体，另一方面置换

文章发表于《工程兵工程学院学报》1999 年第 14 卷第 1 期，文章作者：秦杰、薛以冠、王继刚。

了土层中的一部分土壤，从而改善了土的性质，提高了土的内聚力，锚杆通过砂浆与土层共同形成了一道重力型挡土墙，变荷载为承载结构。

喷射混凝土：为封闭基坑边坡土体，防止土体风化和脱落并和钢筋网共同作用，提高土体的整体性和稳定性。

钢筋网：钢筋网与喷射混凝土共同作用，形成一整体，将土的侧压力转移到锚杆上。

2 喷锚网支护施工工艺

喷锚网支护用于基坑开挖的做法从上到下分步开挖，每一步开挖完成后，立即在裸露边坡上按设计位置钻孔，放置锚杆，注浆，待砂浆强度达到 70% 以后，挂钢筋网，放置联系骨架筋，将钢筋网、联系骨架筋与锚杆通过结点焊接到一起，然后喷射混凝土、养护。基本达到强度后可进行下一层的开挖。

土方开挖：土方必须分层开挖，严格做到开挖一层、支护一层，上一层未支护完，不得开挖下一层；

钻孔：钻孔可用洛阳铲，可根据工程设计的不同要求，选择不同直径的洛阳铲；锚孔直径为 $\phi150$，倾斜度为 15°。

锚杆的制作与放置：锚杆采用 $\Phi25$ 高强螺纹钢筋来保证有足够的抗拔力和砂浆握裹力；锚杆应设置对中支架，支架设置为沿锚杆轴线方向每隔 1.8m 设置一个对中支架；

注浆：水泥采用 425 号普通硅酸盐水泥，细骨料选用粒径小于 2mm 的中细砂，水灰比为 0.5，并按水泥用量的 0.05% 掺入早强剂；注浆压力不小于 0.5MPa。

钢筋网的铺设：根据设计要求，铺设钢筋网，锚杆之间用联系骨架筋作为加强筋；联系骨架筋与锚杆之间点焊连接，以形成一整体。

喷射混凝土：喷射混凝土的配比按设计要求，水泥：砂：石子重量比为 1：1.5：2，水灰比为 0.4，其最大骨料直径不大于 15mm，按水泥用量的 4% 掺入速凝剂；喷射时，喷头处的工作风压以保持在 0.10～0.12MPa 为宜，喷头与受喷面尽量垂直，并保持在 0.8～1.0m 的距离。

3 检验和监测

3.1 锚杆静力抗拔试验

试验装置如图 3 所示，反力架由两根硬木及穿心工字钢组成。由于锚杆工程的横、竖间距均为 1.2m，故硬木支承布置在以锚杆为圆心、半径为 0.7m 的范围以外。对锚杆的施力是通过液压油泵实现，施力大小由油泵表盘读数换算而得。锚杆静力抗拔试验的荷载施加可分为三个过程：加载、恒载、卸载。加载时每级荷载为设计荷载的 10%，每级间的间歇时间，取决于锚杆变形的发展情况，即变形基本停止以后，才可以加下一级荷载。加载后，每隔 5 分钟测读一次变位数值，每级荷载内观测记录不少于三次。只有连续三次百分表读数之累计变形量不超过 0.1mm，稳定后才可加下一级荷载。当荷载施加到设计荷载后，应恒定不变，超过 12h，观察锚杆及周围土体变形是否稳定。

卸载分级为加荷的 2～4 倍，即按设计荷载的 20% 分级卸载。每次卸载后隔 10 分钟观测记录一次变形量，同级荷载下观测至少三次。荷载全部卸除后，再测读三次，即读完残余变形值后，试验才告结束。

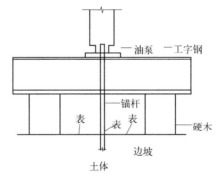

图 3　锚杆静力试验装置

通过对处于两个典型位置的铀杆的抗拔力试验可以看出，抗拔力超过设计值，锚杆及周围土体的变形很小，在恒载段变形基本恒定不变，完全达到设计要求。

3.2　锚杆的应变观测

根据现场的实际情况，共制作三根试验锚杆，置入边坡的典型位置（图 4）进行施工全过程监测，即从基坑开挖到回填土结束。

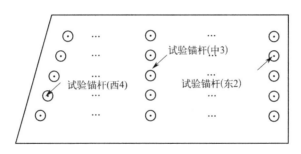

图 4　试验锚杆布置图（垂直于边坡方向）

待试验锚杆放入钻孔，注浆完成以后，有个别应变片失灵。三根试验锚杆有效测点及编号如图 5 所示。

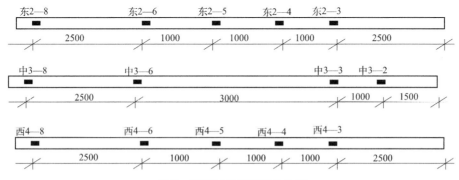

图 5　有效试验钢筋测点分布

由于本次试验数据采集时间较长，故采用静态电阻应变仪进行数据的采集。通过长达一个月的数据采集，取得了大量的数据。现对第二排及第四排的锚杆受力分别进行分析。

图 6 为东 2 锚杆上三个应变片在整个基坑开挖过程中的应变变化情况。从图中可以看

出，东2—4应变片的应变明显大于东2—3及东2—5的应变，由此判断边坡的主裂面通过东2—4应变片附近。由图中还可发现，在基坑开挖完成以后，铀杆的应变有所降低，说明支护措施是安全的。图7为西4锚杆上三个应变片的变化情况。同理可判断边坡的主裂面通过西4—5附近。

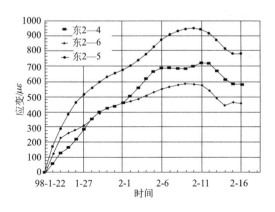
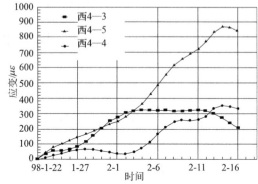

图6 东2试验锚杆应变-时间图 　　　　　图7 西4试验锚杆应变-时间图

4 结语

喷锚网支护作为一种新兴的支护方法，具有其他支护方法所不具备的优点，有很强的实用性；本次试验锚杆试验量偏少，没能比较精确地描述滑移线的位置；对于现场试验，应充分考虑现场条件的复杂性，布置锚杆及应变片时应有一定的富余；对于目前设计理论尚不成熟的喷锚网支护法，应对整个开挖过程进行监测，以确保施工的安全性。

参考文献

[1] 曾宪明，等．岩土深基坑喷锚网支护法原理·设计·施工指南［M］．上海：同济大学出版社，1997.

村镇砖混住宅抗采动变形的结构保护体系研究

摘要：以二层三开间砖混结构住宅为研究对象，在地表土移动对基础底面的作用机理研究成果基础上，对地表发生采动变形，特别是曲率变形的情况，采用有限元方法分析了无抗采动结构保护措施建筑物的破坏机理，以及现有抗采动变形措施的保护作用与机理。在分析结果基础上，提出了以经济、安全为目的的抗地表采动变形的结构保护体系。

随着农村经济的发展，村镇建筑特别是农家住宅正在向小康水平迈进。住宅标准以及住宅小区的规划已提到议事日程上来。但是，我国相当比例的煤层分布在村镇地区，村镇建设和煤炭工业发展的矛盾日益严重。为了缓和矛盾，使国民经济与人民生活水平得到持续发展，如何保证采动区建筑物的安全使用是一个十分重要的课题。该课题必须从地下和地上两方面着手，即地下改进采煤工艺，控制地表移动量，地上增加建筑物抗采动变形能力。本论文的研究目的是以经济、安全为目标，提高建筑物抗采动变形的能力，研究对象是砖混结构二层三开间住宅。其建筑物平面图如图1所示。

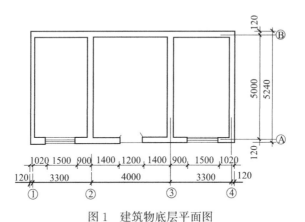

图 1　建筑物底层平面图

在地表移动土与基础交界面相互作用模型研究基础上[1]，利用有限元结构分析软件（ANSYS）对所确定的建筑物在地表移动情况下进行模拟分析。通过模拟分析，研究现有抗采动变形措施的保护作用与机理，提出适合村镇建筑经济有效的结构保护体系。

1　有限元分析模型

根据所确定的建筑物分析对象，考虑到上下部结构及荷载的对称性，在建立模型时选取了建筑物实体的一半，有限元模型的网格分割见图2。

文章发表于《中国矿业大学学报》1999年11月第28卷第6期，文章作者：袁迎曙、秦杰、杨舜臣。

上部结构为砖混结构，开有窗洞及门洞，砖砌体与钢筋混凝土（圈梁构造柱等）分别采用砖砌体单元和混凝土单元，钢筋混凝土楼板近似认为是刚性体。当地基圈梁与基础交界面设置滑动层时，采用滑动层接触单元。地基土与基础接触界面采用接触界面单元，考虑地表移动和基础相互作用，在 ANSYS 软件单元库中选择相应单元，并输入所确定的单元参数。

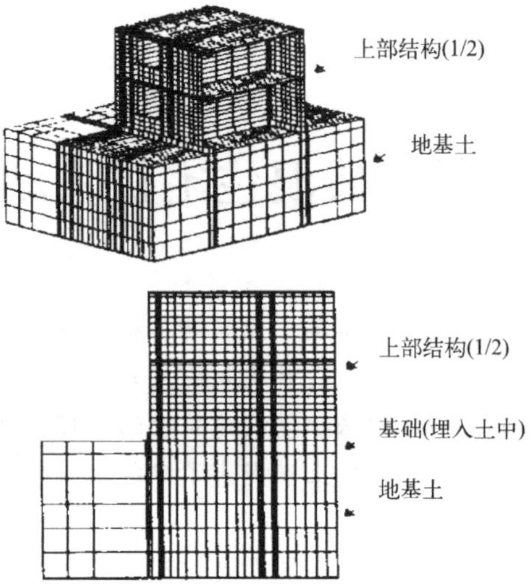

上部结构(1/2)

地基土

上部结构(1/2)

基础(埋入土中)

地基土

图 2　分析模型及网格划分

2　无抗采动结构保护措施的房屋抗采动变形能力

针对上述确定的分析对象，对无抗采动结构保护措施的房屋进行抗变形分析，重点分析地表的曲率变形。

2.1　正曲率地表变形

在地表正曲率变形下，裂缝首先在二层右下窗角出现，然后又出现在一层右下窗角，随后向窗户左上对角发展，房屋整体出现倒八字裂缝形式。

图 3 表示了窗户右下角单元的主拉应力随地表曲率的变化。在地表曲率达到 0.13×10^{-3} m^{-1} 左右时，二层窗户右下角单元开裂。在相同的地表曲率变形下，二层窗角的主拉应力值要大于一层窗角的主拉应力。

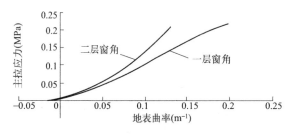

图 3　主拉应力随地表曲率的变化

2.2　负曲率地表变形

在负曲率地表变形下，裂缝首先在二层窗角出现，然后在一层窗户左下角出现，逐渐向窗户对角发展，形成了负曲率下的正八字裂缝。

图 4 为不同地表曲率变形下，一层前墙窗台高度处墙体单元主拉应力分布。从图中可以看出，在地表负曲率变形下，主拉应力最大值出现在窗口左下角，当地表曲率变形到左下角单元开裂时，应力向门洞转移，一层门框位置拉应力大幅度上升。

2.3　建筑物破坏机理

1）在地表正曲率或负曲率变形下，应力集中点出现在窗角，产生斜向开裂裂缝。地表变形为正曲率时，建筑物出现倒八字形裂缝，裂缝始于二层左下窗角；地表变形为负曲率时，建筑物出现正八字形裂缝，裂缝始于二层右下窗角。

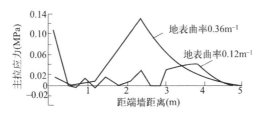

图 4　不同地表曲率下一层窗台高度拉应力分布

2）以地表正曲率变形为例，从放大的结构变形图（图 5）中可以看出：

a. 从基础端部下沉，使上部结构随之变形。由于窗洞对墙体的削弱，窗口出现较大的变形，右下及左上窗角由直角变成钝角，所以会出现拉应力集中。

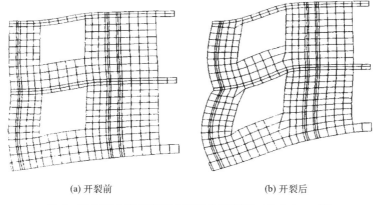

(a) 开裂前　　　　　　　　　　　　　(b) 开裂后

图 5　地表正曲率变形下上部结构变形图（放大 1000 倍）

b. 当地表曲率继续增大时，窗角出现裂缝，前墙弯曲变形增大。由于一层及二层楼面的拉结作用，左端墙角的竖向拉应力增大。

c. 从变形图中还可看出，门洞变形较小，主要原因是窗洞与门洞之间的纵墙和内横墙的存在减弱了变形的进一步扩展，起到了保护作用，避免了门洞的破坏。

3）当地表发生负曲率变形时，根据图 6 所示，随地表变形曲率增大，基础中部下沉随之增大。窗角墙体开裂后，前墙刚度进一步削弱，门洞变形增大，门边主拉应力随之剧增。

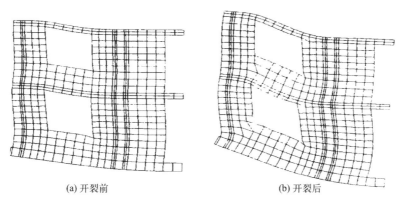

(a) 开裂前　　　　　　　　　　　　　(b) 开裂后

图 6　地表负曲率变形下上部结构变形图（放大 1000 倍）

3 抗采动结构措施的保护作用与机理

现有抗采动保护措施主要有柔性及刚性两种[2]。柔性保护措施主要是设置滑动层、设置缓冲沟等；刚性保护措施主要有设置构造柱和圈梁、设置窗下加强带等。这些保护措施在现场试验房中已得到应用，但现场试验测定与收集的试验数据有限，对所采取的措施的保护作用与机理缺乏较深入的认识。本文主要考虑了滑动层、构造柱和圈梁、窗下加强3种保护措施。为研究某一种措施的抗采动机理，采取单一保护措施进行分析。

3.1 窗下加强措施

3.1.1 窗下加强带

窗下加强带采用混凝土材料，强度等级为 C20，左、右各伸出窗框 240mm，高度为 240mm。分析结果以正曲率地表变形为例。

图 7 为地表正曲率变形下窗角出现裂缝后一层及二层前墙变形图。由于窗下加强带只是加强了窗洞底部，不能减小窗洞的变形，对整个结构的变形影响甚微。对于正曲率变形，裂缝首先出现在加强带与窗洞右边交界处，这样，裂缝一旦出现，就会由于加强带整体变形导致裂缝垂直向下发展。

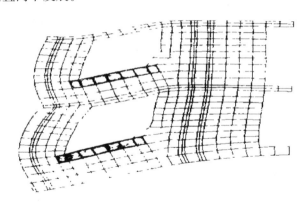

图 7　正曲率下结构变形（已开裂）

因此，采用窗下加强带后，虽然裂缝出现的位置发生变化，但裂缝出现的时间几乎没有推迟。

3.1.2 钢筋混凝土窗框加强

根据无保护措施建筑物的破坏机理，并针对窗下加强带的分析结果，本文提出了窗口四周采用预制混凝土窗框的加固措施。混凝土框厚度为 120mm。其目的是使应力集中出现在强度较高的预制混凝土窗框内，推迟裂缝的出现。

如图 8 所示，在地表正曲率变形下，窗下墙随基础移动，在窗角产生应力集中，由于预制窗框较高的强度，裂缝不会出现。当地表变形继续增加，窗洞得到钢筋混凝土框的加强，墙体刚度相应增大．由地表移动产生的墙体变形较小，能承受较大的地表变形。

3.2 构造柱和圈梁

分析模型采用房屋四角设置的 240mm×240mm 构造柱，仅在顶层屋面板下设圈梁一道，高度为 120mm。

图 9 为地表正曲率变形下前墙右窗边从基础顶部到二层屋顶所有节点的水平位移比较

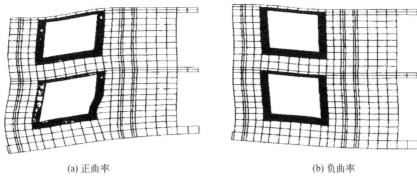

(a) 正曲率　　　　　　　　　　　　　　　　(b) 负曲率

图 8　采用预制窗框上部结构变形

图。从图中可以看出，构造柱、圈梁能减小水平位移，但减小数值较小。

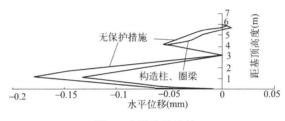

图 9　水平位移比较

根据分析结果，由于砖砌体开裂应变很小，构造柱、圈梁不能推迟裂缝出现，但是，它的存在能够限制裂缝的进一步发展。

3.3　滑动层

滑动层的设置能明显减少建筑物的地震反应[3]。同理，设置滑动层后也可大大提高建筑物抗地表变形能力。

在有限元模拟分析中，滑动层材料为两层油毡夹滑石粉。根据滑动层性能试验结果，其摩擦系数为 0.224，切向刚度为 0.164MPa/mm。根据分析结果，采用滑动层保护措施后，建筑物的抗变形能力明显增强，可承受 1～1.2 级地表曲率变形而不出现裂缝；与无保护措施房屋相比，应力峰值降低 50% 以上。图 10 为相同的正曲率变形下，位于窗洞右边框从基础顶部到二层房顶所有节点水平位移图。从图中可以看出，采用滑动层后，上部变形大大减小。

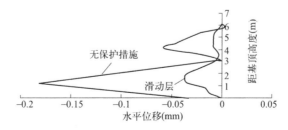

图 10　正曲率下水平位移

4 综合保护措施研究

本着安全、经济的原则，在以上各项保护措施的作用与机理研究基础上，提出了综合保护措施。具体做法是：在基础与基础圈梁之间设置滑动层，滑动层材料为两层油毡（夹滑石粉），窗洞设置120mm厚的预制混凝土窗框。分析结果以正曲率地表变形为例。

图11为综合保护措施与采用其他保护措施的抗变形能力比较图，从图中可以看出，采用综合保护措施后，地表曲率值达 $1.5 \times 10^{-3} \, \mathrm{m}^{-1}$ 时，裂缝出现在基础左端，上部结构没有破坏。

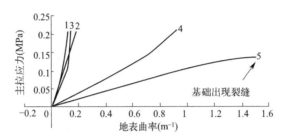

图11 不同保护措施右下窗角单元主拉应力-地表曲率关系
1—无保护措施；2—窗下加强带；3—构造柱、圈梁；4—滑动层；5—综合保护措施

5 结论

1）地表变形后，无保护措施的建筑物易在门窗洞角区域引起应力集中，门窗洞位于建筑物两端时更为严重，最后形成八字形裂缝。

2）窗下加强带对提高建筑物抗变形能力的作用甚微，由本文提出的设置钢筋混凝土框能明显加强墙体刚度，抵抗洞口应力集中，从而提高了建筑物抗变形能力。

3）由于砖砌体开裂应变甚小，圈梁、构造柱的设置不能延迟墙体开裂，但是，在墙体大变形情况下，圈梁、构造柱能起到约束作用。

4）基础顶面设置滑动层能明显减小地表移动变形对建筑物的影响。

5）从经济、安全的目标出发，根据以上各种保护措施的作用与机理分析结果，对村镇砖混结构住宅提出了一种综合保护体系——窗（门）洞口用钢筋混凝土框加强，基础圈梁下设置滑动层（两层油毡夹滑石粉）。

参考文献

[1] 袁迎曙，秦杰，蔡跃，等．移动地表土与砌体结构共同作用的接触模型［J］．中国矿业大学学报，1998，（04）：6-9.
[2] 周国栓，崔继亮，刘广容，等．建筑物下采煤［M］．北京：煤炭工业出版社，1983.
[3] 楼永林，王敏权，苏志奇．多层砖房底部滑移减震研究［J］．建筑结构学报，1994，（01）：24～31.

深基坑喷锚网支护技术

摘要：详细介绍了某康复中心深基坑喷锚网支护技术，以供搞同类型工程的人员参考。

1 工程概况

某康复中心地下 2 层，地上 15 层，为筒中筒结构。由于该工程与其北侧一既有 7 层砖混结构房屋相距很近（图 1），所以，在进行基坑开挖时，已建房屋下地基土应力将释放，从而使边坡和上部房屋处于不稳定状态。因此，对于此基坑周围边坡的处理，东、西、南三边坡可自然放坡，但北边坡必须支护。

2 支护方案

目前深基坑支护的方法很多，如钢板桩、钢筋混凝土灌注桩、地下连续墙等。但经综合考虑并与各方协商，最终选定喷锚网支护法。此方法与其他方法相比的优点表现在[1~5]：（1）施工安全；（2）施工速度快，开挖一层，支护一层；（3）支护造价低，与其他支护方法相比可节约 50％以上等。本工程的支护方案参见图 1、图 2。

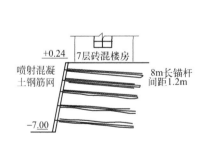

图 1　边坡位置及支护剖面

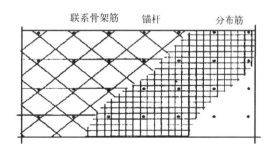

图 2　锚杆、联系骨架筋、分布钢筋关系
（垂直于边坡方向）

喷锚网支护由锚杆、喷射混凝土、钢筋网三部分组成。

（1）锚杆

主要承受倾覆力。一方面将不稳定土体与稳定土体结成一体；另一方面置换了土层中的一部分土壤，从而改善了土的性质，提高了土的内聚力。锚杆通过砂浆与土层共同形成了一道重力型挡土墙，变荷载为承载结构。

（2）喷射混凝土

文章发表于《四川建筑科学研究》2001 年 3 月第 27 卷第 1 期，文章作者：秦杰、朱炯、李靖华。

为封闭基坑边坡土体，防止土体脱落并和钢筋网共同作用，提高土体的整体性和稳定性。

（3）钢筋网

与喷射混凝土共同作用，形成一整体，将土的侧压力转移到锚杆上。

3　喷锚网支护技术设计[6~9]

喷锚网支护技术的关键在于工程地质勘察报告提供的岩土参数，即土体的重力密度 γ、土体的内摩擦角 ϕ、土体的内聚力 c。

3.1　支护结构的荷载

根据不同的土层可进行分层计算，考虑地面活荷载、降水因素的影响。

主动土压力：$E_a = 1/2 \cdot \gamma \cdot H^2 \cdot tg^2(45° - \phi/2)$

地面附加荷载：$E = \gamma \cdot H + Q$

Q——上部活荷载

3.2　锚杆长度计算

锚杆长度＝自由段长度（L_f）＋锚固段长度（L_m）

L_f 根据被加固边坡的可能滑切面深度、状态和锚固设计位置来确定。据模型试验得出经验公式：L_f 一般取 $0.3H$；$L_m = FBK/\pi D\tau_u$。式中，F 为锚杆的设计荷载；B 为锚杆间距；K 为安全系数；D 为钻孔直径；T_u 为锚杆体与土体的极限摩阻力。

3.3　滑动稳定性验算

$$G = B \cdot H \cdot tg(45° - \frac{\phi}{2}) \cdot (q + \frac{1}{2}H \cdot \gamma)$$

$$F_1 = F\cos(45° + \frac{\phi}{2}) + [F\sin(45° + \frac{\phi}{2}) + G\cos(45° + \frac{\phi}{2})] \cdot \mu$$

$$F_2 = G\cos(45° + \frac{\phi}{2})$$

式中，F 为各排锚杆抗拔力之和；μ 为土体滑动面的摩擦系数，一般取 0.3。

滑动稳定性的要求：$\frac{F_1}{F_2} > 1.2$。

滑动稳定详见图 3。

3.4　倾覆稳定性验算

倾覆稳定安全系数 $K = \frac{W}{H \cdot Za} > 1.5$

$$W = B \cdot b^2 \cdot (H\gamma + q)$$

$$E_a = \frac{1}{2} \cdot \gamma \cdot H^2 \cdot tg^2(45° - \frac{\phi}{2})$$

式中，b 取 6m。

倾覆稳定详见图 4。

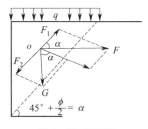

图 3 滑动稳定

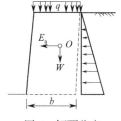

图 4 倾覆稳定

需要说明的是，目前国内关于此方面的设计理论尚不成熟，有许多是根据经验设计[10]。

4 喷锚网支护施工工艺

喷锚网支护用于基坑开挖的做法如图 5 所示。即从上到下分步开挖，每一步开挖完成后，立即在裸露边坡上按设计位置钻孔，放置锚杆，注浆，待砂浆强度达到 70% 以后，挂钢筋网，放置联系骨架筋，将钢筋网、联系骨架筋与锚杆通过结点焊接到一起，然后喷射混凝土、养护，达到强度后可进行下一层的开挖。

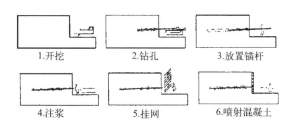

1.开挖　2.钻孔　3.放置锚杆　4.注浆　5.挂网　6.喷射混凝土

图 5 喷锚网支护施工顺序

4.1 土方开挖

（1）土方必须分层开挖，严格做到开挖一层，支护一层，上一层未支护完，不得开挖下一层。

（2）开挖要到位，不得欠挖，严禁超挖。

4.2 造孔

（1）钻孔可用洛阳铲，设备简单，施工方便，可根据工程设计的不同要求，选择不同直径的洛阳铲。

（2）开挖出的边坡人工修整后，根据设计要求，定出孔径，作出标记。

（3）锚孔直径为 $\phi150$，倾斜度为 15°。

（4）选孔时发现水量较大时，要预留导水孔。

4.3 锚杆的制作与放置

（1）锚杆采用 $\phi25$ 高强螺纹钢筋来保证有足够的抗拔力和砂浆握裹力。

（2）锚杆应设置对中支架，支架设置为沿锚杆轴线方向每隔 1.8m 设置一个对中支架。

（3）安放锚杆时，应防止杆体扭压、弯曲。

（4）采用底部注浆时，注浆管应随锚杆一同放入锚孔，注浆管头部距孔底应有 5cm

的距离。

4.4　注浆

（1）水泥采用 425 号普通硅酸盐水泥，细骨料选用粒径小于 2mm 的中细砂，水灰比为 0.5，并按水泥用量的 0.05％掺入早强剂。

（2）注浆压力不小于 0.5MPa。

4.5　钢筋网的铺设

（1）根据设计要求，铺设钢筋网，锚杆之间用联系骨架筋作为加强筋。

（2）联系骨架筋与锚杆之间点焊连接，以形成一整体。

4.6　喷射混凝土

（1）喷射混凝土所用水泥、水及砂子的规格要求与注浆材料相同。

（2）喷射混凝土的配比按设计要求，水泥：砂：石子重量比为 1：1.5：2，水灰比为 0.4，其最大骨料直径不大于 15mm，按水泥用量的 4％掺入速凝剂。

（3）喷射时，喷头处的工作风压以保持在 0.10～0.12MPa 为宜，喷头与受喷面尽量垂直，并保持在 0.8～1.0m 的距离。

（4）喷射混凝土接槎，应斜交搭接，搭接长度一般为喷射厚度的 2 倍以上。

（5）喷射混凝土终凝后 2h 应浇水养护，保持混凝土表面湿润，养护期不少于 7d。

5　检验和监测

现场监控量测是喷锚网设计与施工的重要内容。通过现场施工中对基坑边坡的监测，要掌握边坡的稳定状态、安全程度和支护效果，为设计和施工提供信息，以便随时修改支护参数和施工方案。同时，监控量测还可以作为检验和评价边坡最终稳定性的依据。

由于本工程北侧毗邻一七层砖混结构房屋，从安全考虑，进行了以下的现场检验和监测，详见文献［11］。

（1）锚杆静力抗拔试验

对位于边坡典型位置的 3 根锚杆进行了静力抗拔试验，试验结果显示，锚杆的抗拔力与变形值均满足设计要求。

（2）锚杆应力监测

共制作 3 根试验锚杆，在锚杆上均匀布置应变片，对锚杆的应力进行基坑开挖全过程监测。结果表明，在基坑开至基坑底部时，锚杆的应力已基本维持不变。证明支护措施是安全的。

（3）7 层砖混房屋的监测

由于此工程的特殊情况，对康复中心北侧砖混房屋的沉降及转角也进行了全过程的监测，至基坑开挖完成，沉降及转角在允许范围以内。此项工作以后将定期进行，以确保建筑物的安全。

参考文献

［1］ 曾宪明，等 . 岩土深基坑喷锚网支护法原理·设计·施工指南［M］. 上海：同济大学出版社，1997.

［2］ 孔超，孙万升 . 烟台市文化宫大厦深基坑喷锚支护［J］. 施工技术，1997，（01）：16-17.

［3］ 王增忠，等 . 深基坑喷锚网支护技术的应用研究［J］. 建筑施工，1997，（4）.

［4］ 胡建林，钟映东 . 深基坑土钉支护技术［J］. 建筑施工，1997，（04）：13-14.

［5］ 陈肇元，等 . 深基坑开挖的土钉支护技术（一）［J］. 地下空间，1995，15（4）.

［6］ 陈肇元，等 . 深基坑开挖的土钉支护技术（二）［J］. 地下空间，1996，16（1）.

［7］ 王增忠，等 . 深基坑喷锚网支护的试验研究［J］. 地下空间，1996，16（4）.

［8］ 史耀宇，金宝宏，张祖绵 . 喷锚网支护边坡［J］. 宁夏工学院学报，1997，（04）：52-54.

［9］ 申金生 . 喷锚网支护技术在深基坑工程中的应用［J］. 中州建筑，1997，（02）：49-51.

［10］ 宋二祥，等 . 深基坑开挖的土钉支护技术（三）［J］. 地下空间，1996，16（2）.

［11］ 秦杰，等 . 深基坑喷锚网支护的试验研究［J］. 建筑结构，1999，（05）：18-19.

钢纤维自应力混凝土压力管道自应力计算方法

摘要： 钢纤维自应力混凝土能大幅度提高压力管道的抗裂承载力。然而钢筋、钢纤维和自应力混凝土相互作用以及管道形状的影响使得混凝土的自应力计算很复杂。本文根据弹性力学理论，提出了不同截面形状（圆形和马蹄形）钢纤维自应力混凝土压力管道的自应力计算方法，并通过应变测量试验来验证，计算结果和试验结果符合良好。

自应力混凝土广泛应用在输水、输气工程中，但实际施工中所能达到的自应力值较低，自应力混凝土还只能应用在中、小口径中的中、低压力管，这在一定程度上限制了自应力混凝土的用途和发展。把钢纤维加入到自应力混凝土压力管中充分利用两者的优良性能，较大幅度地提高了混凝土的抗拉强度和管道抗裂承载力，特别是将这种新材料应用到大坝背管中，能够改善背管的开裂性能，具有重要的实际意义。钢筋和钢纤维同时限制自应力混凝土的膨胀，虽然进一步提高了混凝土管道抗裂能力，但也使自应力混凝土管道设计变得十分复杂。本文针对不同形状的钢纤维自应力混凝土管道，主要是圆形和马蹄形，提出相应的自应力计算方法，并用试验来验证计算结果。

1 试验简介

试验材料采用石家庄市特种水泥厂生产的 A 型硫铝酸盐自应力水泥，性能及技术指标详见石家庄市特种水泥厂企业标准 Q/STSJ 06—1998。纤维为浙江嘉兴七星钢纤维厂提供的异形钢纤维，长径比 $l/d=55$，$l=32$mm，$d=1.56$mm。试验的配合比见表1。

试验配合比（单位：kg/m³）　　　　　　　　　　　　　　表1

水	水泥	砂	石子	纤维
288	600	588	882	78(156)

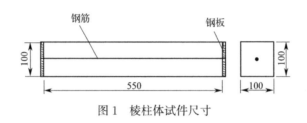

图1　棱柱体试件尺寸

文章发表于《水利学报》2003 年 7 月第 7 期，文章作者：何化南、黄承逵、秦杰。

本文首先进行了 12 组单向限制棱柱体小试件的试验。试件尺寸为 $100\text{mm} \times 100\text{mm} \times 550\text{mm}$，如图 1 所示。设计了 4 种配筋率 0.785%、1.13%、2.01%、4.91%，3 个纤维体积率 0%、1%、2%，共 12 组试件，每组包含 3 个试件。20℃室温水中养护 28d。其次，制作了一个圆管和一个马蹄管，在管道内的钢筋上预埋电阻应变片测量钢筋的受拉应变。图 2 为管道尺寸和配筋示意图。纤维体积率为 1%，配筋率为 1.35%。管道采用钢模板成型，室温 20℃中覆盖砂子养护 28d。

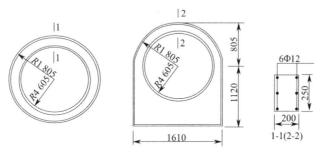

图 2 管道尺寸和配筋示意

2 一维限制条件下线性理论的自应力计算

钢筋和钢纤维是两种限制方式，对自应力混凝土的膨胀变形起着不同程度的限制。两者联合下的限制膨胀，钢筋的限胀是主要的。对于给定的自应力混凝土，钢筋限制下的试件膨胀变形和配筋率有着密切的关系。很多试验表明，限制程度越大，限制膨胀率越小，反之，则限制膨胀率越大。当配筋率增大到某一数值后，限制膨胀率下降趋于平缓，并给出相应的计算关系式，如多项式表达式，指数表达式等[1~3]。本文根据一维限制的棱柱体试件的试验结果，自应力混凝土的限制膨胀率 ε_s 和配筋率采用如下函数关系：

$$\varepsilon_s = \frac{a(1 - e^{-x/b})}{x}, x > 0 \tag{1}$$

式中：x 为限制配筋率百分数的分子，a、b 为回归系数。

钢纤维加入能够和钢筋联合有效地限制混凝土膨胀变形，并且还可以在非钢筋方向上产生限制作用，改善在自由方向膨胀所引起的混凝土力学性能降低，其限制变形大小随纤维的特征参数的提高而降低，但钢筋的限胀作用是主要的。因此同样可以采用式（1）来表示两者联合限制下的膨胀率 ε_{fs}，回归系数列于表 2，曲线如图 3 所示。

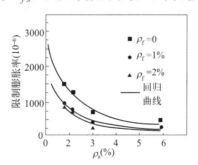

图 3 不同纤维含量自应力混凝土的限制变形随配筋率变化曲线

回归系数			表 2
回归系数	钢纤维体积率(%)		
	$\rho_f=0$	$\rho_f=1$	$\rho_f=2$
a	1603	931	702
b	0.56	0.49	0.22

如图 1 所示充分限制的配筋率为 ρ_s 的自应力混凝土棱柱体试件，试件截面积 A_c，原长度为 l，限制变形 l_0，钢筋的弹性模量和截面积分别为 E_s 和 A_s。于是混凝土膨胀后自应力计算可由截面内力平衡得：

$$A_c \sigma_z = A_s E_s \frac{l-l_0}{l} \tag{2}$$

$$\sigma_2 = \rho_s E_s \varepsilon_s \tag{3}$$

前面已经分析 ε_s 是配筋率 ρ_s 的函数，由试验确定。这是以仅以钢筋限制自应力混凝土时通常所采用的自应力值算法。

有钢纤维的情况下，钢纤维和钢筋对混凝土的限制变形有耦合作用，但作用机理比较复杂，难以确定各自的影响，因此这里忽略钢筋对钢纤维所产生自应力的影响，仅考虑钢纤维对钢筋的影响作用。建议采用如下公式计算配筋钢纤维自应力混凝土的自应力值。

$$\sigma_{fs,c} = \rho_s E_s \varepsilon_{fs} + 0.303 \mu \rho_f \frac{l}{d} f_{cu} \tag{4}$$

式中：ε_{fs} 含义同前；μ 为纤维和基体的摩阻系数，和纤维种类有关，不同纤维的取值参考文献［4］本次试验取 0.14；ρ_f，$\frac{l}{d}$ 分别为纤维体积率和长径比；f_{cu} 为钢纤维自应力混凝土的立方体抗压强度，通过测量该值和素混凝土的抗压强度相差不大。

式(4)第二项就是钢纤维所产生的自应力[4]。

3 钢纤维自应力混凝土圆管的自应力计算

前面介绍了单向限制条件下的钢纤维自应力混凝土初始自应力的计算，但这种计算方法应用到管道计算中就显得过于简单。事实上由于管道曲率的影响，在管道截面上自应力不是均匀分布，而是由内到外呈梯度变化。为简化计算，可将管道的环向钢筋等效为钢管，则自应力混凝土压力管是由中空混凝土管和钢管组成多层套管结构，按照弹性热应力理论来模拟分析平面应变状态下管道的自应力[5]。图 4 为极坐标下的管道应力、应变分析简图。

式(5)～式(7)列出混凝土各点的平衡方程、应力和应变关系以及应变和位移的关系[6]。

$$\frac{d\sigma_r}{dr} + \frac{\sigma_r - \sigma_\theta}{r} = 0 \tag{5}$$

式中：σ_r 为径向应力；σ_θ 为环向应力；r 为管道半径。

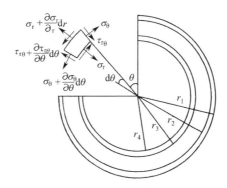

图 4　钢纤维自应力混凝土压力管计算单元应力分析

$$\left.\begin{array}{l}\varepsilon_r=\dfrac{(1-\mu_c^2)}{E_c}\left(\sigma_r-\dfrac{\mu_c}{1-\mu_c}\sigma_\theta\right)+(1+\mu_c)\varepsilon_f;\\[3mm]\varepsilon_\theta=\dfrac{(1-\mu_c^2)}{E_c}\left(\sigma_\theta-\dfrac{\mu_c}{1-\mu_c}\sigma_r\right)+(1+\mu_c)\varepsilon_f\end{array}\right\}\tag{6}$$

式中：ε_r，ε_θ 分别为径向应变和环向应变；μ_c，E_c 分别为自应力混凝土的波松比和弹性模量；ε_f 为自应力混凝土有效膨胀应变。

$$\varepsilon_r=\frac{\mathrm{d}u}{\mathrm{d}r},\varepsilon_\theta=\frac{u}{r}\tag{7}$$

式中：u 管道径向位移。

由式（5）～式（7）可以得到径向位移的微分方程如下：

$$\frac{\mathrm{d}^2u}{\mathrm{d}r^2}+\frac{1}{r}\frac{\mathrm{d}u}{\mathrm{d}r}-\frac{u}{r^2}=\frac{1+\mu_c}{1-\mu_c}\frac{\mathrm{d}\varepsilon_f}{\mathrm{d}r}\tag{8}$$

解微分方程得到自应力混凝土径向位移、径向应力和环向应力如下：

$$u=\frac{1+\mu_c}{1-\mu_c}\frac{1}{r}\int\varepsilon_f r\,\mathrm{d}r+C_1r+\frac{C_2}{r}\tag{9}$$

$$\sigma_r=\frac{E_c}{1+\mu_c}\left(-\frac{1+\mu_c}{1-\mu_c}\frac{1}{r^2}\int\varepsilon_f r\,\mathrm{d}r+\frac{C_1}{1-2\mu_c}-\frac{C_2}{r^2}\right)\tag{10}$$

$$\sigma_0=\frac{E_c}{1+\mu_c}\left(-\frac{1+\mu_c}{1-\mu_c}\varepsilon_f+\frac{1+\mu_c}{1-\mu_c}\frac{1}{r^2}\int\varepsilon_f r\,\mathrm{d}r+\frac{C_1}{1-2\mu_c}+\frac{C_2}{r^2}\right)\tag{11}$$

式（9）～式（11）中：C_1，C_2 为积分常数。

钢管中各点的平衡方程、径向位移和径向应力方程式如式（12）～式（14）[6]。

$$\frac{\mathrm{d}^2u}{\mathrm{d}r^2}+\frac{1}{r}\frac{\mathrm{d}u}{\mathrm{d}r}-\frac{u}{r^2}=0\tag{12}$$

$$u=C_{s1}r+\frac{C_{s2}}{r}\tag{13}$$

$$\sigma_r=\frac{E_s}{1-\mu_s^2}\left[C_{s1}(1+\mu_s)-C_{s2}\frac{1-\mu_s}{r^2}\right]\tag{14}$$

式中：μ_s、E_s 分别为钢筋的泊松比和弹性模量；C_{s1}、C_{s2} 为积分常数。

这样可由边界条件确定上述的积分常数。边界条件为：在管道的内外表面处径向应力为零；各层混凝土和钢管接触面的径向应力和径向位移相等。通过解方程组确定积分常数后，代入到式(9)~式(14)中，就可以得到在钢筋限制作用下混凝土各点的自应力值。

对于普通自应力混凝土管，自应力混凝土有效膨胀应变 $\varepsilon_f = \left(1 + \dfrac{E_s}{E_c}\rho_s\right)\varepsilon_s$，单向限制试件的钢筋限制膨胀应变 ε_s 按照表 2 和式(1)取值，ρ_s 是配筋率。对于钢纤维自应力混凝土管，混凝土有效膨胀率 $\varepsilon_f = \left(1 + \dfrac{E_s}{E_c}\rho_s\right)\varepsilon_{sf}$，这里 ε_{sf} 含义同前，同样根据表 2 和式(1)取值。这样，就计算出了钢筋限制所产生的自应力。另外由钢纤维产生的自应力假设在截面上各点分布均匀，取 $0.303\mu\rho_f\dfrac{l}{d}f_{cu}$。于是两者之和构成了钢纤维自应力混凝土管总的自应力。

本次试验管道的配筋率 ρ_s 为 0.0135，混凝土的弹性模量 $E_c = 36000\text{MPa}$，钢筋的弹性模量 $E_s = 196000\text{MPa}$。首先按一维线性理论计算管道中钢筋产生的自应力，由式(1)计算 $\varepsilon_{sf} = \dfrac{931 \times (1 - e^{\frac{-1.35}{0.49}})}{1.35} = 645 \times 10^{-6}$，$\varepsilon_f = \left(1 + \dfrac{E_s}{E_c}\rho_s\right)\varepsilon_{sf} = 692 \times 10^{-6}$，则 $\sigma_{cp,s} = \varepsilon_{sf}E_S\rho_s = 1.71\text{MPa}$。钢纤维产生的自应力 $\sigma_{cp,f} = 0.303\mu\rho_f\dfrac{l}{d}f_{cu} = 1.52\text{MPa}$，则总的自应力是 3.23MPa。

图 5　圆管自应力分布

用弹性理论计算本次试验圆形试件的自应力。其计算结果见图 5。可见由于曲率的影响，管道的自应力沿截面分布由外向内逐渐增大，并且相应的自应力值比单向限制时有所提高。

为了验证计算，表 3 列出了钢筋应力和应变的计算结果与试验所测的钢筋应力和应变的对比，两者吻合较好，并且钢筋变形相对于一维限制条件有所增长。

钢筋应力和应变的计算结果与试验结果对比　　　　表 3

钢筋位置	计算结果		试验结果	
	应力(MPa)	应变($\times 10^{-6}$)	应力(MPa)	应变($\times 10^{-6}$)
内层钢筋	160.55	756.2	143.1	730.3
外层钢筋	162.97	737.6	136.2	695.2

4　钢纤维自应力混凝土马蹄管的自应力计算

管道因为使用功能的要求和周围环境条件的影响，其形状有可能不是规则的圆形，例如水利工程中常用的马蹄形管，这种形状上的变化使自应力的计算很难像圆管那样得到弹性解析解，因此建议，以圆管的弹性理论基础，采用有限元数值方法来计算这种形式管道的自应力值。下面以马蹄形管为例，介绍不规则形状管道的自应力计算。

　　管道尺寸见图 1，配筋率为 1.35％。同样也是把钢筋等效为钢管。用有限元软件 ANSYS 进行分析，建立模型后进行网格剖分，把有效膨胀作为温度荷载加到混凝土单元上，就计算得出在钢筋限制所产生的自应力值，再加上钢纤维产生的自应力，就得到了管道上各点的总的自应力值。混凝土管道各点的计算自应力值如图 6 所示。因管道对称，取二分之一表示。从计算结果中可以看出，管道腰部的自应力内、外分布趋于均匀，而在顶端存在应力梯度。这主要是因为管道下部对腰部的应力分布产生的影响比对顶部大一些。

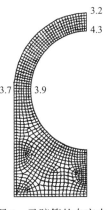

图 6　马蹄管的自应力计算结果

　　腰部内、外钢筋计算应变分别为 745×10^{-6} 和 747×10^{-6}，试验测得分别为 731.5745×10^{-6}、777×10^{-6}。顶部内外钢筋计算应变分别为 735×10^{-6} 和 756×10^{-6}，试验测得分别为 687×10^{-6}、677.5×10^{-6}。可见，形状的不同导致了自应力的分布和大小的变化，从而就使结构和构件的开裂荷载也有相应的改变。

5　结论

　　自应力是钢纤维自应力混凝土提高抗裂能力重要因素，因此对于不同钢纤维自应力混凝土结构的自应力确定是十分重要的。通过理论分析计算和试验研究总结了不同构件或结构的自应力计算方法。单向限制下的试件，可以根据混凝土的限制变形，由截面平衡条件得出自应力值。圆管的膨胀是一个二维问题。其计算方法是根据单向限制条件下得出的有效膨胀变形，采用温度模式，求解弹性力学基本方程得到自应力的解析解。对于不规则管，例如马蹄管，依托圆管的弹性理论，利用有限元数值方法来确定管道中自应力。

参考文献

［1］ 杨瑞珊，张量，霍卫民，等．硫铝酸盐自应力混凝土压力管［J］．混凝土与水泥制品，1995，(03)：26-31.

［2］ 吴中伟，张鸿直．膨胀混凝土［M］．北京：中国铁道出版社，1990.

［3］ 田稳苓，黄承逵．钢纤维增强自应力混凝土压力管自应力计算［J］．混凝土与水泥制品，1999，(02)：36-39.

［4］ 戴建国．配筋钢纤维自应力混凝土的变形及自应力计算理论［D］．大连：大连理工大学，2000.

［5］ Kawakami M，Gamski K，Tokuda H，Kagaya M. Chemical Prestress and Strength of Reinforced Concrete Pipes Using Expansive Concrete［J］．Materials and Structures，1989，22：83-90.

［6］ S. 铁摩辛柯．材料力学［M］．北京：科学出版社，1979.

［7］ 戴建国，黄承逵．钢纤维自应力混凝土力学性能试验研究［J］．建筑材料学报，2001，(01)：70-74.

国家大剧院水池结构预应力设计与施工

提要： 国家大剧院的水池结构属于超长结构，对超长水池结构的温度应力问题，除考虑了在配筋中增加普通温度钢筋，在混凝土材料中添加微膨胀剂和设置后浇带解决混凝土的收缩徐变等几种措施外，主要是采用了预应力的方法控制变形和抑制裂缝的产生。介绍了国家大剧院超长水池结构温度应力的计算、预应力的设计和施工要点。

1 工程概况

1.1 水池概况

国家大剧院的建筑效果是一个巨大的椭圆形金属和玻璃组成的巨型钢球壳，浸泡在一个近 4 万 m² 的椭圆形混凝土水池中，见图 1，中间椭圆形部位为大剧院的主体结构部分。水池的平均深度仅为 45cm，水池实际由 8 个独立的水池 22 个区格组成，整个水池与下面的基础连接成整体。在水池的南、北地下通廊处各有两根大梁，整个水池通过这四根梁连接成整体，通廊的上面是由钢结构和玻璃组成的透明池底。水池的总盛水量约为 2 万 t。水池底板的混凝土板厚为 680mm，混凝土等级为 C40。该工程结构施工图设计是由北京建筑设计院负责，预应力工程由北京市建筑工程研究院参与设计与施工。

国家大剧院的水池结构属于超长结构，水池结构的外平面轮廓尺寸为 255m×260m，

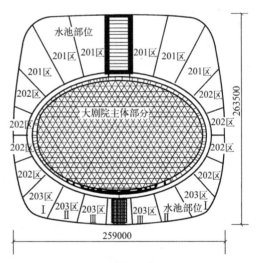

图 1 大剧院水池平面示意图

在该水池的结构设计中，水荷载对结构受力的影响是次要的，对结构主要的影响是超长水池结构受温度变化作用的影响。对于国家大剧院这样的标志性建筑，要控制大面积的混凝土水池结构不产生大的混凝土裂缝，不开裂漏水，是水池结构设计的关键。

1.2 大剧院水池下部结构

大剧院水池结构的上面全部暴露在大气中，受日照和季节及年平均温度变化的影响较大。水池底板的下面则处在复杂的约束状态下。水池下面各部位的使用功能不同，部分水池的下面有停车场，汽车和人行通道，部分下面有设备和公用设施用房。所以部分水池的

文章发表于《建筑结构》2006 年 9 月第 36 卷第 9 期，文章作者：仝为民、秦杰、刘季康。

下面是地下车库的顶板，部分水池靠剪力墙和桩支撑（图2）。为达到使水池结构尽量可以产生自由滑移，在水池底部的支撑体系设计上尽可能多地采用了可滑动支座。桩与水池采用可滑动支座连接，部分剪力墙与水池也采用可滑动支座，在约束集中的地下车库和部分区域的竖向结构与水池底板则以固接的方法连接，控制水池的整体位移。

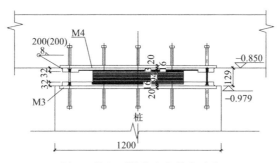

图 2　桩上可滑移支座节点示意

2　水池结构预应力设计原则

在水池结构整体抗变形设计中采用了"抗"与"放"相结合的概念。抗的方法是在水池底板中施加预应力，约束水池底板的温度变形。放的方法是采用滑动支座，将水池底板与下面的基础和结构部分适当分开，减小下面结构对水池变形的约束。

在大剧院水池结构设计中采用了概念设计和有限元应力分析相结合的方法对此部分结构进行分析计算。概念设计是指在设计中对于水池结构的温度应力的宏观分析，参照了文[1]、[3] 和一些有关温度应力和水池设计方面的工程技术资料，同时也根据一些采用预应力的方法控制超长结构温度应力工程的实践经验，进行对照分析。采用 ANSYS 有限元程序可对结构的各种约束状态进行模拟计算，通过量化分析来印证宏观分析，找出薄弱环节。

采用部分预应力的概念。施加预应力的目的是通过预压应力降低混凝土产生裂缝时的拉应力，而不是消除混凝土板中的拉应力，水池局部位置的混凝土仍可能产生细微裂缝。

3　水池结构的温度应力计算方法

3.1　温度应力计算参数

1. 影响水池结构温度应力大小的因素

温度应力是由于结构所处周围环境温度变化而自身的变形受到约束产生的。年平均气温变化对水池结构的温度应力影响是主要的，其次是混凝土施工季节和时间对结构的影响。对于日平均温度变化及温度骤变等其他因素的影响，因为水池常年盛有大量的水，水对日温度变化起到了缓冲和调节的作用，而且水池的混凝土表面还要做防水处理，这些都对调节和缓冲温度变化的影响起到了有利的作用。混凝土施工时间对结构产生温度应力大小的影响是至关重要的，但水池的混凝土施工时间却又是难以准确确定的。因国家大剧院工程浩大，对施工进度的影响因素很多，且施工时间是流水式的，水池的每个部位的浇注时间是不同的。因此对施加预应力的大小有一定的影响。

2. 年平均温度变化参数的确定

年平均温度变化系数对温度应力的计算和施加预应力值的大小至关重要。查阅《北京市观象台历史气象信息》按照北京地区夏季最高的平均温度是 25℃，冬季的最低平均温度是 −5℃，年平均温差是 30℃；极端最高温度是 39.5℃，极端最低温度是 −18.3℃。由北京市建筑设计研究院提供的国家大剧院南区水池温度应力计算原始数据资料，水池最高温度 37.1℃，最低温度 −17.1℃，温差达 54.2℃。在设计中，考虑到结构的重要性，采用了北京市建筑设计研究院提供的年温度变化数据。

3. 混凝土浇注施工的季节对温度应力的影响

因面积较大，水池施工采用分区域施工，水池的混凝土浇注时间是在四季。无法通过选择浇注时间来控制水池温度变形，只有通过控制后浇带的浇注时间，也就是超长结构的闭合时间来决定预应力张拉时间。

4. 混凝土的弹性模量取值

在计算短期温度应力时，混凝土的弹性模量可不加调整或轻微调整，但计算年温度应力时，则必须进行较大的调整，否则计算的温度应力值与实际情况有较大的出入。这是因为在计算年温度应力时温差变化十分缓慢，混凝土结构中的应力、应变变化也十分缓慢，混凝土中的微裂缝使各种应变能充分发生，在年温度变化下，会产生更大的变形。计算混凝土年温差应力时弹性模量的取值为抗压弹性模量的 0.5 倍，即 $1.625 \times 10^4 \text{N/mm}^2$。

3.2 温度应力的有限元计算方法

根据设计图纸，从 AutoCAD 直接转换到 ANSYS 进行计算，仅对局部进行了简化，这样可减少对整个结构受力的影响。其边界条件为水池下剪力墙及桩高 7m，在剪力墙及桩底部固支。对装有可滑移支座的剪力墙和桩顶建模时，利用这些部位节点的竖向位移变形协调，而释放其水平位移。分析中采用了板壳元模型（二维）和实体元模型（三维）。板壳元模型是分析模拟在年平均温度变化中，水池结构的可能最大应力和变形。实体元模型是分析模拟在日照温度和骤变温度条件下，由表面产生温度梯度下结构的应力和变形状态。有限元模型（局部）见图 3。

建模过程中，水池的板壳元采用 Shell63，实体元采用 Solid45，水池下面支撑体系中的剪力墙采用 Shell63，桩和柱采用 Beem188。C40 混凝土弹性模量 $E_c = 3.25 \times 10^4 \text{N/mm}^2$，泊松比取 0.2。有限元计算主要结果见表 1，温度应力的主拉应力矢量见图 4。

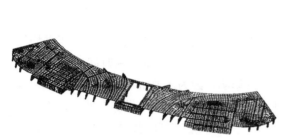

图 3　203A 区有限元实体模型

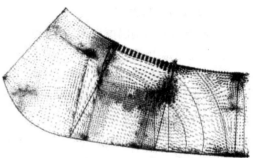

图 4　203 区主拉应力矢量图

不同温度场中温度应力计算值与预应力控制值　　　　表 1

模型种类	温度分布	水池区域	温度应力计算结果与预应力控制值(MPa)				施加位置
			环向		径向		
			计算	控制	计算	控制	
板壳模型（混凝土浇筑时气温为30℃）	冬季水池均布−17℃	Ⅰ区	1.0	1.5	1.0	1.0	水池底板均布
		Ⅱ区	5.0	3.5	3.0	1.5	
		Ⅲ区	6.0	3.5	5.0	1.5	
	夏季水池均布37℃	Ⅰ区	<1.5	1.5	<1.5	1.5	
		Ⅱ区	<1.5	1.5	<1.5	1.5	
		Ⅲ区	<1.5	1.5	<1.5	1.5	
实体模型	冬季池顶−17℃，池底20℃	Ⅰ区	4.0	1.5	4.0	1.5	水池底板上部
		Ⅱ区	6.0	3.5	6.0	3.5	
		Ⅲ区	7.0	4.5	5.0	2.5	
	夏季池顶50℃，池底20℃	Ⅰ区	3.0	1.0	3.0	1.0	水池底板下部
		Ⅱ区	2.5	1.0	2.5	1.0	
		Ⅲ区	2.5	1.0	2.5	1.0	

4　水池结构预应力设计和施工

4.1　水池结构预应力设计

1. 无粘结预应力和有粘结预应力的选择

在已往的超长结构设计中，如果使用预应力方法，通常都是采用无粘结预应力形式，因为无粘结预应力施工方便，依靠锚具产生的平均压应力也能够起到约束裂缝产生的作用。但在大剧院水池工程中，采用了有粘结预应力，虽然给施工带来了一些不便，但从其受力性能上讲，有粘结预应力比无粘结预应力有着更可靠的抗裂性能。

2. 预应力筋的布筋形式

由于水池结构呈椭圆形，预应力筋的分布形状应与结构的温度受力形式相一致，在通过 ANSYS 有限元分析后，根据主应力线的形状（图4）和可施工的条件，将预应力筋的布置形式确定下来。由于池底板厚680mm，要想均匀地将预应力施加在整个断面上，靠过去单层布置预应力筋的方法，达不到均匀受力的效果，在经过实体元分析后，考虑到整个水池结构上表面的温度变化要大于水池结构下表面的，因此在大剧院水池底板中采用了双层双向的预应力布筋方法。使预应力筋在板中形成了两层网，上层预应力网的密度略大于下层预应力网的密度，两层预应力网均匀地布置在厚680mm的混凝土板中，更有效地控制混凝土水池板的变形。局部布筋平面见图5。水池边缘预应力筋张拉端节点见图6。

3. 平均压应力值的确定

预应力到底应该施加多少，才能保证结构不产生有害裂缝，也不付出较大的经济代价是分析的要点之一。根据以往的经验，在板中能够产生1.5MPa的平均压应力就足可以控制温度裂缝的产生，通常情况下最低为0.7MPa。但采用有限元分析发现，计算温度应力经过调整后数值仍较大，按照通常的方法，不足以控制裂缝的产生，其结果见表1。考虑

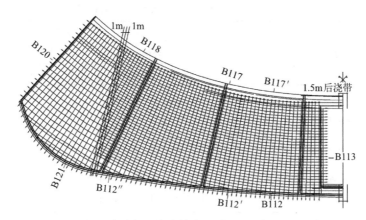

图 5　水池板预应力筋布置平面（局部）图

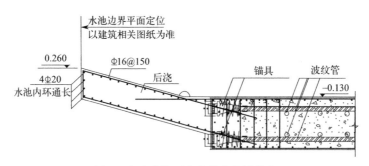

图 6　水池边缘预应力筋张拉端节点

到大剧院水池的重要性，为安全起见适当调高了池板中的预应力平均压应力值，将预应力平均压应力值控制在 2.0MPa 以内。同时由于水池底板下面的约束条件不同，在嵌固区和滑动区域施加不同的预应力值。

4.2　水池结构预应力施工

在厚 680mm 的板中布置两层四排预应力筋，施工难度很大。预应力施工前必须做好施工组织设计，提前考虑到施工中可能出现的各种问题和解决方案，施工中主要遇到下面几个问题：

（1）预应力波纹管的定位问题，波纹管在水池板内沿环向平面是呈曲线布置，径向则是放射形直线布置，为保证波纹管的定位准确，采用全站仪定点，分层铺放波纹管施工的方法控制波纹管的位置。

（2）在厚 680mm 的水池板内铺设四层波纹管（图5），预应力矢高控制马镫制作采用 Φ18 钢筋，且用量非常大，为尽量减少马镫用量，将预应力矢高控制马镫与上铁马镫合二为一，沿预应力波纹管的铺设位置均匀铺放在板内。

（3）水池板结构普通钢筋直径通常为 Φ18～Φ22 的钢筋、间距在 200mm 左右，并且下面的剪力墙和柱子钢筋在水池板中收头，板中钢筋密集，影响了波纹管的通过，为切实保证波纹管的通道通畅，严防波纹管破漏，采取了严格的管理措施，使每根波纹管的铺设施工责任到人。

（4）在水池边缘预应力张拉端有粘结锚具不能外露，部分张拉端的喇叭管会重叠在一起，既不方便张拉，也影响混凝土的局部承压的安全和稳定性，因此预应力张拉端设计改在板端部，确保张拉端之间留有一定的空间，部分水池边缘的混凝土以及水池分隔区边缘混凝土采用二次浇注方法施工，同时也起到封堵锚具的作用。

（5）有粘结预应力筋张拉，采用大千斤顶主拉和小千斤顶补拉的方法施工，由于水池分隔区混凝土采用二次浇注的方法施工，但此处的钢筋非常密集，没有大千斤顶的张拉工作空间，故采用一端用大千斤顶张拉到设计值后，再在另一端分隔区采用小千斤顶补拉的方法进行张拉。

（6）由于相当数量的波纹管灌浆长度超过50m，灌浆施工时为保障灌浆密实，采用分段连续接力式灌浆法确保浆体在波纹管内密实。

（7）预应力筋采用1860级 ϕ15.2低松弛钢绞线，张拉端采用夹片式锚具，锚固端采用挤压锚具。预应力筋张拉控制应力为 $0.70f_{ptk}$，施工时超张拉3%。

5　结语

国家大剧院水池结构为超长混凝土结构，其规模在国内外都十分罕见，没有类似工程经验可供借鉴，最终在结构设计时采用了预应力技术。在设计过程中，使用有限元软件进行了温度场和应力场计算，与温度应力概念设计互为补充，完成了国家大剧院水池结构的预应力设计，取得了预期的结果。由于温度应力的复杂性和国家大剧院水池结构的独特性，可供研究、总结和改进的地方还很多，在以后的工程中应不断完善、创新，使混凝土超长结构的预应力设计方法更科学、更实用。

参考文献

［1］　刘兴法．混凝土结构的温度应力分析［M］．北京：人民交通出版社，1991.
［2］　王铁梦．工程结构裂缝控制［M］．北京：中国建筑工业出版社，1997.
［3］　樊小卿．温度作用与结构设计［J］．建筑结构学报，1999，（02）：43-50.
［4］　中国建筑科学研究院．混凝土结构设计规范：GB 50010—2002［S］．北京：中国建筑工业出版社，2002.

2008 奥运会羽毛球馆索撑节点预应力损失分析研究

摘要： 2008 奥运会羽毛球馆弦支穹顶结构采用张拉环索的方式施加预应力，环索与撑杆相连的索撑节点的设计、构造与施工是保证环索实现预应力有效传递的关键技术。本文分析了索撑节点的几何构造，对预应力摩擦损失的计算方法进行了研究。利用 ANSYS 对环索和索撑节点进行了带摩擦的非线性接触有限元分析，并通过实际施工监测数据反算了预应力损失，将设计计算结果与实测数据分析结果进行了对比，并分析了预应力损失值偏大的原因。对张拉环索的弦支穹顶索撑节点提出如下建议：索撑铸钢节点的加工制作应采用精密加工，确保节点几何尺寸严格满足设计要求；索撑节点构造应进行改进，减小环索张拉时的预应力损失；在加强加工制作精度和施工质量控制的情况下，建议索撑节点预应力损失设计取值为 $5\%\sim6\%$ 左右。

0 引言

弦支穹顶是一种将刚性的单层网壳和柔性索杆体系组合在一起的新型杂交预应力空间结构体系。通过索撑体系引入预应力，减小了结构位移，降低了杆件应力，抵消了结构对支座的水平推力，提高了结构整体稳定性。预应力的有效施加和传递是实现该结构体系设计的最重要技术。2008 奥运会羽毛球馆比赛馆采用弦支穹顶结构，用张拉环索的方式进行施加预应力，环索与撑杆相连的索撑节点的设计、构造与施工是保证环索实现预应力有效传递的关键技术[1]。

1 索撑节点几何构造设计

1.1 几何设计

本文将环索转折处的撑杆下节点称之为索撑节点。索撑节点的几何设计应确保索体光滑通过节点，避免在节点内部及节点端部对索体形成"折点"。这是实现索体顺利滑动以及有效传递预应力目标的必要条件。索撑节点设计采用铸钢节点，共设置 5 圈环索，从外到内第 1 至 3 圈环索均等间距设置了 28 个索撑节点，第 4、5 圈环索均等间距设置了 14 个索撑节点。因此第 1、2、3 圈环索被等分成 28 段，相邻两段环索夹角为：$180°-360°/28=167.14°$；第 4、5 圈环索被等分成 14 段，相邻两段环索夹角为：$180°-360°/14=154.29°$。

索撑节点铸钢件如图 3 所示。其中最外圈索撑节点铸钢件平面图见图 1，其中与环索接触的索撑节点内壁曲线由 AB、BC、CD 三段组成，BC 为圆弧，AB 和 CD 均为与 BC 相切的直线段，其延长线夹角为 167.14°，第 2、3 圈索撑节点同理。

文章发表于《建筑结构学报》2007 年 12 月第 28 卷第 6 期，文章作者：王树、张国军、张爱林、葛家琪、秦杰。

最内圈索撑节点铸钢件平面图见图 2，其中索撑节点与环索接触的内壁曲线由 AB、BC、CD 三段组成，BC 为圆弧，AB 和 CD 均为与 BC 相切的直线段，其延长线夹角为 154.29°，第 4 圈索撑节点同理。

由以上分析可知，所有环索在索撑节点转折处夹角均与铸钢节点内壁夹角相同，且在 BC 段光滑过渡，因此索撑节点几何设计不存在拐点现象，可以保证索体的光滑移动。

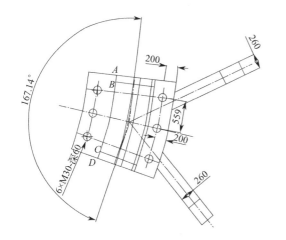 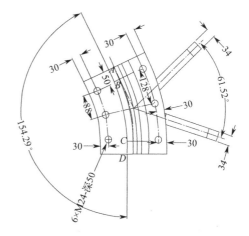

图 1　最外圈下节点铸钢件平面图　　　　图 2　最内圈索撑节点铸钢件平面图

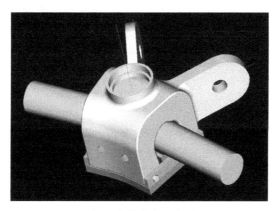

图 3　索撑节点示意图

1.2　构造设计

索撑节点的构造设计应确保预应力张拉过程中索体与节点间的摩擦力最小，进而减小预应力损失；同时要求预应力张拉完成后索体与铸钢节点间卡紧，保证正常使用过程的整体结构稳定性。索撑节点构造设计见图 4、图 5。

预应力张拉阶段，由于钢夹片内侧有刻痕增大与索体间摩擦，外侧光滑且与聚四氟乙烯片相接触，而聚四氟乙烯片的摩擦系数仅为 0.03，远小于钢夹片与索体之间的摩擦系数。理论上张拉时钢夹片和聚四氟乙烯板之间产生相对滑移，而钢夹片和索体间没有相对滑移，将索体与节点接触面间理论摩擦系数由 0.3 减为 0.03，因此可以大幅度减小预应力损失。

图 4　索撑节点底部构造图

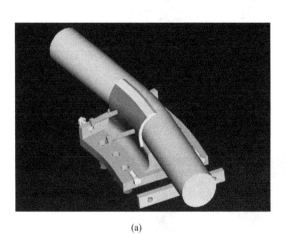

(a)

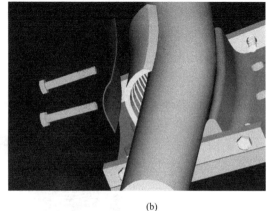

(b)

图 5　索撑节点内部装配图

预应力张拉完成后，通过侧面 2 个螺栓与底板 6 个螺栓将索体与铸钢节点卡紧，使索不可滑动。

2　索撑节点预应力损失理论计算分析

2.1　带摩擦的接触非线性有限元分析

为分析索撑节点处索体与铸钢节点接触面间的相互作用，对索撑节点和环索进行了带摩擦的接触非线性有限元分析[2]。在此以受力最大的最外圈铸钢节点进行计算分析。

分析软件为通用有限元分析程序 ANSYS，选用的单元为三维实体单元 SOLID45，接触单元 CONTA173 和目标单元 TARGE170。环索经过索撑节点处弯曲形状与下节点内壁曲线曲率一致，经过圆 BC 段后，为直线段，索与索撑节点内壁初始状态为刚刚接触。根据设计值施加的荷载分别有径向拉杆拉力和环索轴力，对与撑杆连接的面施加了撑杆方向的位移约束。根据施工监测滑移数据，对环索一端施加了轴向位移 0.022m，并对该端施加了与撑杆平行方向的位移约束。其分析模型、有限元划分、接触单元及接触分析结果如图 6～图 11 所示。

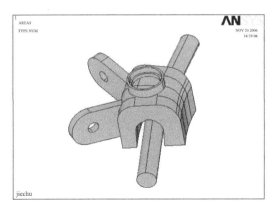

图6　分析模型

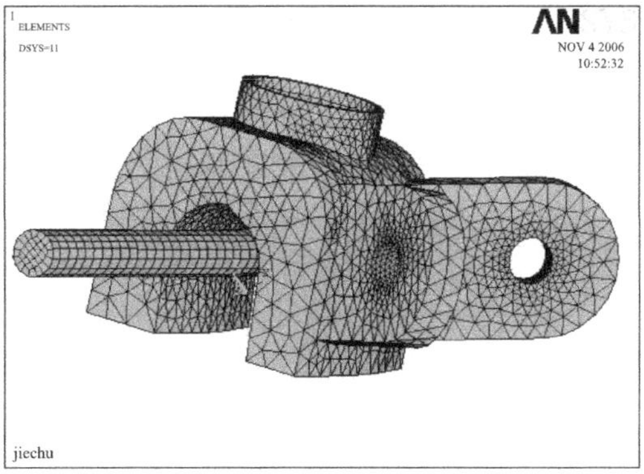

图7　有限元网格划分

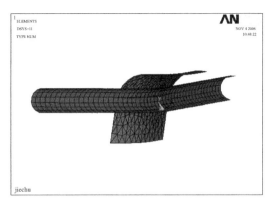

图8　接触单元

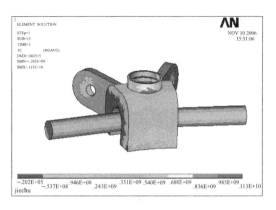

图9　第一主应力图

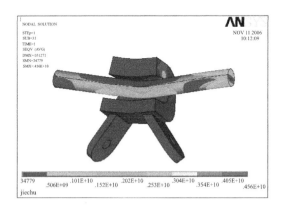

图10　等效应力图

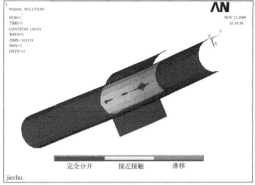

图11　接触对状态图

通过计算，当摩擦系数取 $\mu=0.03$ 时，环索两端的轴力之差为 23.7kN，即经过此节点预应力损失为 0.85%。当摩擦系数取 $\mu=0.3$ 时，环索两端的轴力之差为 184.6kN，即经过该节点预应力损失为 6.6%。

2.2 根据摩擦力学理论计算

假定索为柔性，可以直接利用公式 $F=N\mu$（摩擦力＝正压力×摩擦系数）计算摩擦力：

（1）通过钢拉杆计算压力：$N=2\times430\times\cos(76.15°/2)\times\sin76.54°=658.4\text{kN}$，

当摩擦系数取 $\mu=0.03$ 时，$F=658.4\times0.03=19.8\text{kN}$，则摩擦损失为 0.71%。

当摩擦系数取 $\mu=0.3$ 时，$F=658.4\times0.3=197.52\text{kN}$，则摩擦损失为 7.1%。

（2）通过环预应力计算压力：$N=2\times2800\times\sin((180°-167.17°)/2)=627.1\text{kN}$，

当摩擦系数取 $\mu=0.03$ 时，$F=627.1\times0.03=18.81\text{kN}$，则摩擦损失为 0.67%。

当摩擦系数取 $\mu=0.3$ 时，$F=627.1\times0.3=188.14\text{kN}$，则摩擦损失为 6.7%。

2.3 本工程施工图设计时索撑节点预应力损失取值

（1）按节点构造完全符合设计要求，索体与索撑节点间的摩擦系数为 0.03 时，有限元分析和摩擦力学分析两种方法对节点预应力损失的计算值基本吻合，约为 0.85%。

（2）按节点构造完全不符合设计要求，加工的钢夹片面与索撑节点内壁曲面不能吻合，张拉时变为夹片与索撑节点之间的咬合，聚四氟乙烯片失去效果，此时索体与索撑节点间的摩擦系数约为 0.3 甚至更大，有限元分析和摩擦力学分析两种方法对节点预应力损失的计算值基本吻合，约为 7%。

（3）考虑到本工程加工制作安装的复杂性，节点构造可能会部分失效，因此施工图设计时（2005 年 11 月）设计计算取用索撑节点预应力损失为 $2\%\sim3\%$。

3 索撑节点预应力损失施工后实际监测数据分析

根据施工方确定的张拉方案，外三圈每圈设 4 个油压千斤顶张拉端，内两圈设 2 个张拉端（如图 12 所示）。为了监测张拉过程中施加的预应力，每个张拉端处都跟油泵一起配备一个油压传感器，可以直接读出该张拉点的预应力值，但它只能够在张拉阶段监测张拉端预应力，索体自身由于外包 PE 护层，无法直接测得其他部位的预应力。因此，施工阶段预应力损失无法直接进行实测。本工程依据不同的实测数据采用两种方法对预应力损失进行计算分析。

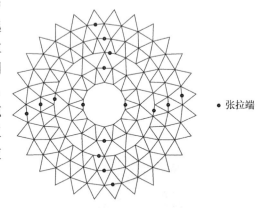

• 张拉端

图 12 张拉点布置图

3.1 依据径向拉杆实测内力的计算分析

为了满足在千斤顶撤去后仍能够监测出预应力的大小，在径向钢拉杆和撑杆上布置振弦应变计监测其应力变化。由于索撑节点受力平衡，可以根据环索法向和切向两个方向受力平衡方程推导出，通过径向拉杆内力求相应环索预应力的计算方法如式（1）、式（2）。

$$T_1=\frac{F_1\sin(\beta-\alpha)+F_2\sin(\alpha+\beta)}{\sin\beta}\cdot\sin\gamma \tag{1}$$

$$T_2=\frac{F_1\sin(\alpha+\beta)+F_2\sin(\beta-\alpha)}{\sin\beta}\cdot\sin\gamma \tag{2}$$

其中，T_1、T_2 分别为索撑节点两端环索的预应力；F_1、F_2 分别为索撑节点两根径向拉杆内力；α 为邻环向索之间夹的角；β 为两根径向拉杆在水平面上投影间相夹的角；γ 为径向拉杆与竖向撑杆（竖向撑杆垂直于水平面）的夹角。

由以上计算式（1）、式（2）可以根据径向拉杆监测数据计算索撑节点两端预应力之差，即 $T_1 - T_2$，从而可以得到索撑节点处的预应力损失。按张拉完成后径向拉杆监测数据计算的索撑节点预应力损失见图 13。

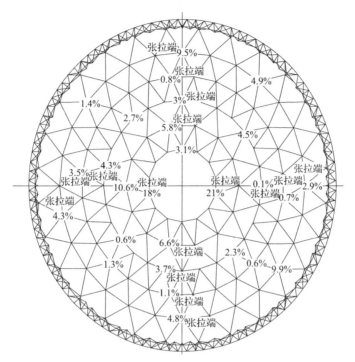

图 13 根据索撑节点两侧环索预应力计算预应力损失

3.2 依据实测环索张拉伸长值的计算分析

在预应力张拉施工时测量了各张拉点环索张拉伸长值，通过测得的环索伸长值与理论伸长值进行比较，可以计算各圈预应力损失，详见文献［3］。各索撑节点预应力损失差异较大，最大损失高达 21％，由于监测点的数量有限，无法知道所有索撑节点的预应力损失。根据环索张拉伸长量的分析，各圈每个索撑节点平均预应力损失约为 8％～10％。

3.3 索撑节点预应力损失依据施工实测数据的分析结论

根据对施工实测数据分析，在去掉个别明显"失真"数据之后，经有关方多次研讨论证，最终确定 1～5 圈索撑节点平均预应力损失依次为 9％、9％、9％、10％和 10％，据此进行主体结构调整设计。

4 结语

（1）索撑铸钢节点的加工制作必须采用精密加工，确保节点几何尺寸严格满足设计要求。本工程索撑节点预应力损失值大于聚四氟乙烯滑片完全失效的理论计算值，说明实际节点不仅构造失效，节点几何尺寸亦未能符合设计要求，误差过大（图 14），钢夹片曲面与索撑节点内壁不能吻合，在节点区域内形成弯折。而折点的出现是造成聚四氟乙烯滑片损坏失效的主要原因，同时弯折应力加大了预应力损失。

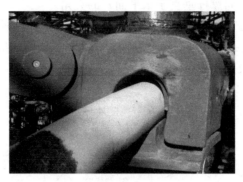

图14 实际工程索撑节点

（2）索撑节点构造中滑块接触方式应进行改进。本次采用聚四氟乙烯片和钢夹片均具有可动性，且长度不足。当张拉时由于索体滑动和转动造成钢夹片错位，致使聚四氟乙烯片损坏，索体被钢夹片卡住，局部索体甚至直接与铸钢节点接触。减小摩擦系数的构造措施有待从材料、设计、加工制作、施工等有关方面进一步研究。

（3）索撑节点预应力损失的设计取值。尽管按理论设计计算索撑节点预应力损失小于1％，但由于弦支穹顶索撑节点加工制作安装的高度复杂性，在施工图设计时取2％～3％依然偏小。本工程索撑节点实际加工制作过于粗糙，误差过大，致使预应力损失达到8％，必须加以调整，这是以后实际工程中应严格控制的。在加强加工制作工艺精度和施工质量控制的情况下，建议索撑节点预应力损失设计取值为5％～6％。

（4）预应力钢结构的特点之一就是建设施工过程中及全寿命使用过程中可能产生预应力损失，研究2008奥运会羽毛球馆新型弦支穹顶结构索撑节点摩擦力对预应力损失的影响具有重大理论意义和工程应用价值。理论分析与工程实践证明，索撑节点是关键构件，必须确保加工精度，同时必须对施工过程及全寿命使用过程中的预应力损失进行监控，预应力损失影响结构安全时，必须及时进行预应力补偿。

参考文献

［1］ 葛家琪，王树，梁海彤，等.2008奥运会羽毛球馆新型弦支穹顶预应力大跨度钢结构设计研究［J］.建筑结构学报，2007，（06）：10-21＋51.

［2］ Garrido J A，Foces A，Paris F. An incremental procedure for three dimensional contact problems with friction［J］.Computer and structures，1994，50（2）：201-215.

［3］ 秦杰，王泽强，张然，等.2008奥运会羽毛球馆预应力施工监测研究［J］.建筑结构学报，2007，（06）：83-91.

［4］ 葛家琪，张国军，王树.弦支穹顶预应力施工过程仿真分析［J］.施工技术，2006，（12）：10-13.

老山自行车馆预应力技术综合应用及监测

摘要： 老山自行车馆主场馆结构为"车辐式"环形无缝钢筋混凝土框架结构，其预应力范围广、预应力配筋形式多样、节点设置要求高等原因导致施工困难。介绍了预应力环梁、预应力柱及多种张拉端节点构造等关键施工技术，并对梁进行温度应力监测，对监测结果进行回归分析。

老山自行车馆位于北京市石景山老山风景区，国家体育总局自行车击剑管理中心西侧。结构主体由主体场馆和裙房组成，总建筑面积 33320m² （图1）。主场馆为3层（局部4层）圆形建筑，最大投影直径为 149.536m，高 35.270m。场馆1层为功能用房，包括运动员区、媒体区、贵宾及官员区等；2层为周长 250m 的椭圆形木质赛道、内场及附属功能用房；3层为观众看台区，局部4层为设备用房；裙房部分为单层建筑，作为运动员公寓以及奥运期间媒体转播区。

主场馆结构为"车幅式"环形无缝钢筋混凝土框架结构，外环轴线直径 126.4m，周长 397m。主体框架内场、赛道、综合区、看台错落布置（图2）。主馆屋面为圆形的双层球面钢网壳结构，采用"人字摇摆式"向外倾斜钢柱，铰接支承于下部外环框架柱上。该工程设防烈度为8度，主体建筑抗震构造措施按9度考虑。

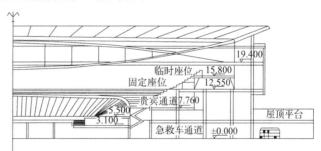

图1　自行车馆建筑效果　　　　　图2　自行车馆结构剖面示意

1　预应力技术特点

预应力技术在本工程中得以充分应用，预应力筋用量达 160 余 t。本工程中预应力技术的应用有以下特点。

1）预应力技术应用范围广　施加预应力的部位包含赛道梁、看台倒 L 形悬挑梁、环形梁、径向大跨度梁、楼板、变标高环形墙、大偏心柱等，几乎囊括了所有常见的混凝土

文章发表于《施工技术》2008 年 5 月第 37 卷第 5 期，文章作者：周黎光、仝为民、郝捷峰、杜彦凯、吕李青、秦杰、王丰。

构件形式。

2）预应力配筋形式多样　在环形梁、径向大跨度梁等设计中采用了预应力筋与普通钢筋混合配筋共同承担荷载的设计方式。在赛道梁和看台倒 L 形悬挑梁中，预应力筋主要发挥主动受力平衡荷载的作用，提高构件的刚度和抗裂性能。在部分框架柱中施加预应力来平衡柱端悬臂梁传递的弯矩。在环形梁、变标高环形墙和部分楼板中考虑到整个结构的温度应力效应，配置了一定数量的温度预应力筋，预应力筋起到"预压"混凝土，控制混凝土有害裂缝的作用。

3）结构体系复杂，预应力节点设置要求很高　本工程根据实际的施工条件，采用了多种张拉端节点形式，包括梁侧张拉、柱顶张拉、梁内预留槽张拉，板上张拉、板下张拉、梁端内藏式张拉端、有粘结变无粘结张拉端等多种类型，几乎包含了所有预应力张拉端的构造形式。其中"有粘结变无粘结张拉端"还成功申请了发明型专利技术。

4）有许多特殊的技术环节需要处理　如有粘结预应力筋在斜梁斜柱复杂节点中的铺设、预应力筋与大型钢埋件的关系处理、有粘结预应力筋在分段浇筑的混凝土柱中的施工等关键施工工艺。

5）对混凝土工程进行了大型温度应力监测试验　监测周期长达 1 年半，测点共计 93 个，共进行 173 次数据采集，积累了大量的温度应力监测资料，为确保奥运场馆的正常使用和今后温度应力设计理论的提高提供了试验基础。

2　预应力施工难点及处理措施

预应力施工是本工程施工中的难点和重点，关于有粘结和无粘结预应力筋铺设与双控张拉、灌浆等标准施工工艺，本文不再赘述，以下就预应力施工过程中解决的主要问题加以阐述。

2.1　环梁施工要点

2.1.1　预应力筋分段搭接方法

在闭合环形梁中布置预应力筋必须合理解决分段搭接的问题。搭接的方式要满足受力连续、张拉连续、搭接区域避免配筋过度等要求。

长椭圆形环梁的预应力筋全长分为 8 段，有 2 种搭接方式：①在直线与弧线段交接的后浇带处按图 3(a) 的方法分段搭接；②在弧线与弧线段交接处按图 3(b) 的方法分段搭接。

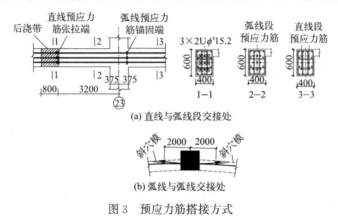

图 3　预应力筋搭接方式

圆形环梁中有粘结预应力筋为单跨锚固、单跨张拉，其搭接方式如图 4 所示。

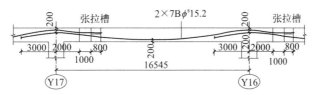

图 4　圆形环梁有粘结预应力筋搭接方式

圆形环梁中无粘结预应力筋的布置参考了筒仓类结构中预应力筋的布置方法。相邻层的预应力筋张拉端按逆时针方向错跨布置。以标高 6.930m 环梁 YKL-1 为例：该梁中环向无粘结预应力筋配置 4×4 束。如果在同一截面进行简单搭接，那么该截面将有 8×4 束无粘结预应力筋，加上本已有的有粘结预应力筋，该区间截面平均压应力将超过 7.0MPa。从受力分析来看，该区间截面的压应力超过了 4.0～6.0MPa 的常规范围，有必要采取措施，减少该区间预应力筋数量。经过优化，环形温度筋每圈分为 6 段，每段 4 跨，包角为 60°，同层每圈错跨布置，两端张拉。这样，每个张拉端截面只有 4 束无粘结预应力筋，在搭接区域内，预应力筋总数减少了 12 束，不仅使平均压应力控制在常规范围内，使环向应力比较均匀，而且大大方便了张拉端布置，更有利于保证张拉质量和安全。具体搭接方式如图 5 所示。

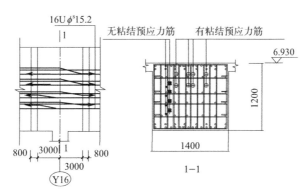

图 5　圆形环梁无粘结预应力筋搭接方式

2.1.2　封闭环梁张拉端形式

本工程环梁最小直径≥100m。经查阅资料，在公共建筑中，尚没有类似工程做法。在筒仓类结构中，虽有内槽口、外槽口、扶壁柱等环形结构预应力张拉方式，但框架结构受力与之有着本质区别，其做法也不能直接套用。在设计之初，曾设想在梁两侧设张拉端，但在曲梁内侧无法实现，而且标高 6.930m 处环梁 YKL-1 截面宽度为 1400mm，外侧面直接是建筑室外，建筑要求不允许张拉端外露。经反复考虑，最终确定在受力较小的梁体两侧开槽，有粘结和无粘结预应力筋均在槽内张拉。预应力筋张拉后，再将槽口用混凝土封闭。开槽后的梁体截面由矩形变为工字形。经设计验算复核，对槽口部位采取配筋加强措施。

由于槽口尺寸不能满足有粘结预应力筋张拉端承压板布置要求，为方便张拉，将有粘结预应力筋在伸过支座截面后，改变为无粘结预应力张拉端。该段无粘结预应力筋需要现场制作，为此专门组织进行攻关，经反复试验，最后达到无粘结预应力筋质量要求。此外，预应力筋在张拉端处有弯折，张拉时将产生侧向崩力。经计算，在该部位设置了 U 形防崩筋。

2.1.3 环梁预应力筋张拉时间

环梁预应力筋张拉要结合环境温度、后浇带、其他径向梁预应力筋张拉以及钢网壳安装进度等统一安排。总体张拉部署如下：

1）在混凝土浇筑 2 个月后，浇筑第 1 批后浇带。

2）在第 1 批后浇带混凝土达到设计强度后，张拉径向梁预应力筋和部分环梁预应力筋。

3）在混凝土浇筑 6 个月后，当环境温度为 5～10℃时，浇筑第 2 批后浇带混凝土，将整个结构闭合。钢网壳结构也要求在此期间闭合。

4）待第 2 批后浇带混凝土达到设计要求后，从 2 层到 1 层逆向张拉各层环梁预应力筋。

2.1.4 环梁预应力筋张拉顺序

环梁要求整体均匀建立预应力。环梁预应力筋张拉采取整圈分级张拉方法。第 1 次由外向内，先张拉 YKL-1、YKL-2 中的有粘结预应力筋，然后张拉赛道各圈无粘结预应力筋至 50% 控制应力。第 1 次张拉完成后，再由内而外顺序张拉 YKL-2、YKL-1 中的无粘结预应力筋至 100% 控制应力。张拉时，温度应力筋无须进行 1.03 倍超张拉，只要达到设计张拉控制应力即可。

以标高 6.930m 大环梁 YKL-1 为例说明具体张拉顺序。YKL-1 中配置 16 束无粘结预应力筋，分为 4 组，每组 4 束，每组每圈分为 6 段，6 段预应力筋应同时对称张拉。每束预应力筋采取一端张拉，一端补拉的方式进行，各组各圈预应力筋张拉后，按逆时针顺序错跨到下一圈预应力筋，再进行整体对称张拉。如此进行，直到全部预应力筋张拉完毕。

2.2 有粘结预应力混凝土柱施工要点

在赛道外侧最高点处有 6 根现浇预应力混凝土框架柱，柱内预应力筋均采用有粘结预应力筋。按照设计要求，预应力筋的张拉端全部设在柱子顶部，预应力筋的固定端锚固在相应的柱基础内（图 6）。

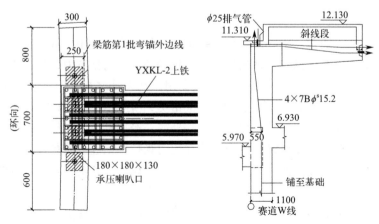

图 6 有粘结预应力柱和悬挑梁示意

2.2.1　柱预应力筋铺设

1）当柱子阶梯形的基础施工至基础顶面下 500mm 或其以下部位时，即是预应力筋锚固端的起始位置。土建可先按常规施工方法把柱、地梁的普通钢筋骨架基本绑扎成形。

2）把组装好的每一束预应力筋的锚固端一侧按设计位置逐束插入基础内，随之插入 φ12 螺纹架立筋，用钢丝将锚固端、架立筋与基础内其他钢筋绑扎架立牢固。在锚固端以上 1m 左右的位置将预应力筋按每孔束数分别临时固定。每孔内和各孔之间的预应力筋的锚固端要上下分 2 排布置，同排内的预应力筋锚固端要向四周散开布置。同排、上下排之间锚固端不能互相叠置。

3）当锚固端固定好以后，按孔道位置逐孔穿入波纹管，此阶段波纹管无需全部穿入，仅需和柱预留筋同高即可。其他部分在基础施工完成后随上部柱一同施工。

4）对波纹管以外甩出的预应力筋，每一束都套上一根软塑料套管，用防水胶带将两端封住。为方便基础施工，在柱预留筋上绑扎 4 根约 6m 的架立杆，将甩下的预应力筋分组绑扎在架立杆上。

5）波纹管穿入后，在波纹管底部安装灌浆管，并将灌浆管一直引出基础顶面 500mm。

2.2.2　柱预应力筋锚固端处理

由于框架柱中部分孔道的预应力筋需要锚入基础内，而基础施工恰逢冬期施工，为了尽量减少混凝土外加剂对预应力锚固体系的侵害，提高锚固节点的耐久性，对框架柱中锚入基础内的预应力筋做了特殊处理，即采用环氧树脂建筑结构水泥胶对预应力锚固端露出波纹管的部分进行防护（图 7）。具体做法如下：

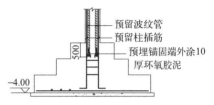

图 7　柱中预应力锚固端预制做法示意

1）按每根框架柱预应力筋的设计长度加上预留张拉长度后进行下料。

2）将每束预应力筋按锚固体系要求分别进行固定端安装。

3）将环氧树脂用表面活性剂制成水溶性树脂乳液，然后与水泥、砂等一起拌合，形成环氧胶泥。

4）把环氧胶泥均匀涂抹在预应力固定端外表面，涂抹厚度≥20mm。

5）环氧胶泥硬化后，即可按常规施工方法进行框架柱预应力筋的铺设、混凝土浇筑等工序施工。

2.2.3　柱预应力筋张拉和灌浆

柱预应力筋的张拉端设在 2 层柱的顶部，在张拉悬臂梁之前应先张拉柱预应力筋。张拉应按孔道对称分级进行。在悬臂梁预应力筋张拉完成后，柱与梁一同灌浆。灌浆时应通过灌浆管从下往上顶灌，并用自重沉浆法从上部进行二次补浆。

2.3　张拉端节点的处理

张拉端做法种类繁多是本工程的特点之一。张拉端节点的构造设计始终是预应力施工中的重要环节。张拉端做法的优劣将直接影响到预应力筋的铺设、节点的安装、预应力筋张拉的效果以及张拉锚固体系的受力性能和可靠性。为此，本工程根据不同的预应力体系，不同的安装条件共采用了 6 类节点做法。

1) 有粘结外露式 外露式节点是有粘结预应力筋张拉端的一种标准做法。它的优点在于不会对原有构件的混凝土造成削弱，受力合理，安装方便。但是外露式节点往往要突出构件表面150~200mm，因此该类节点应用会受到建筑物外立面的装饰做法的限制。节点做法如图8所示。

2) 有粘结内藏式 内藏式节点是将喇叭口、锚具等组件通过一定的模具，埋设在混凝土构件内部的一种做法。这种张拉端节点受力合理，经过张拉封堵后锚和预应力筋不会凸出构件表面，不影响外立面的装饰。但是，这种节点需要有较大的安装空间，因此常常用于钢筋相对疏松或不允许使用外露式节点的地方。如本工程中在悬挑梁端部、梁侧和柱顶均采用了这种节点做法，如图9所示。

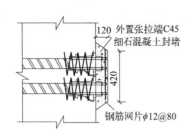

图 8 有粘结外露式做法示意

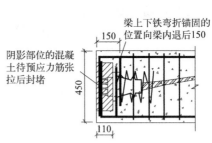

图 9 有粘结内藏式做法示意

3) 梁内预留槽 梁内预留槽张拉节点是专门为封闭环形构件设计的张拉端。这种节点可以将多个张拉端节点设置在同一个张拉槽内，张拉封堵后节点不外露（图10）。本工程中环梁内全部使用的是该种做法，张拉槽内可以布置有粘结预应力筋张拉端、无粘结预应力筋张拉端以及有粘结预应力筋和无粘结预应力筋混合的张拉端。

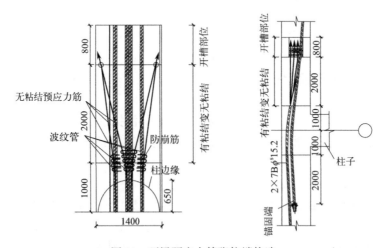

图 10 环梁预应力筋张拉端构造

4) 无粘结内藏式 该种节点采用一种专用的穴模来实现张拉端节点内藏做法（图11）。穴模有直穴模和斜穴模之分。直穴模适用于钢绞线与张拉端构件表面垂直的情况，斜穴模适用于钢绞线与张拉端构件表面有一定角度的情况（如预应力筋斜向从梁侧张拉的情况）。

5）无粘结板上张拉端和无粘结板下张拉端　这两种节点形式类似，多用于楼板中无粘结预应力筋张拉端。它是由杯套管、承压板、螺旋筋等部件组成。特点是布置灵活，不需要预留张拉孔洞或张拉槽，可以保证张拉时混凝土连续完整，张拉端不外露，施工方便等。

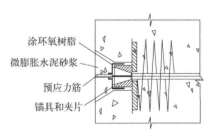

涂环氧树脂
微膨胀水泥砂浆
预应力筋
锚具和夹片

图 11　无粘结内藏式做法示意

6）有粘结变无粘结（单锚、群锚）　这种节点是一项发明型专利技术，专门为解决有粘结预应力张拉端节点施工困难而设计的。通过这项技术可以使有粘结预应力筋在张拉端局部变化为无粘结预应力筋，从而张拉端便可采用无粘结预应力筋张拉端的做法。这样既充分地发挥了有粘结预应力筋受力性能好的优点，又发挥了无粘结预应力筋张拉端节点布置灵活、施工方便的特点。本工程中，在许多钢筋密集无法布置有粘结预应力筋张拉端节点的区域采用了这项专利技术，在满足原有力学性能的基础上方便了施工。

2.4　预应力筋在斜梁斜柱复杂节点中的处理措施

本工程混凝土结构体系复杂，梁柱关系多为斜向交叉。梁柱构件尺寸、相交角度很不规则。这给预应力施工造成了很大的困难，尤其是梁柱节点钢筋密集的地方。针对本工程的这一特点，在施工中主要采取了以下措施来保证复杂梁柱节点预应力的施工：①对梁柱钢筋的规格、直径、排布进行优化，从设计方面减少施工的难度；②在预应力施工前做详细的放样工作，对普通钢筋和预应力筋综合调整，必要时对钢筋的施工次序进行调整；③制作专门的卡具，按照节点放样的尺寸对柱钢筋进行限位，保证波纹管顺利通过。通过上述措施使得预应力施工顺利进行。

2.5　预应力筋与大型钢埋件位置关系处理

本工程中支承钢结构屋面的摇摆柱下节点落在 6.930m 标高预应力环梁上。在摇摆柱和环梁的交汇处钢筋十分密集，铸钢支座埋件体积庞大，埋件的锚筋、普通钢筋以及预应力筋抢位严重。为使预应力波纹管顺利通过该区域，同时减小预应力孔道对框架柱截面的削弱，在节点区使用了扁波纹管技术。该技术的使用缩小了预应力孔道的尺寸，为钢埋件的准确定位创造了条件（图12）。

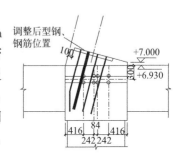

调整后型钢、钢筋位置
+7.000
+6.930
416　84　416
242　242

图 12　钢埋件做法示意

3　温度应力监测

3.1　监测设备

经过对国内外测试仪器的调查，选用 BGK-4200 埋入式振弦应变计进行混凝土温度和应变的测量，用 BGK-408 读数仪进行数据采集工作。

BGK-4200 型应变计可以同时监测测点部位的温度和应变，具有极好的长期稳定性，特别适于在恶劣环境中的长期监测，监测期设计年限为 50 年。

3.2　监测仪器布置

测点的布置一方面要保证能够采集足够的数据进行分析，另一方面要尽可能地做到节约高效。经过各方商讨，确定如下的测点布置方案：

　　按照结构受力的不同，分别在环梁、柱及后浇带部位布置若干测点。考虑到结构的对称性，取整个结构的1/4为监测范围，即竖向从标高−0.300m地梁开始至标高13.030m混凝土结构部分，平面 Y18 ～ Y24 轴的范围（表1）。

各结构部位监测点设置统计　　　　　　　　　　　　表1

序号	部位名称	监测点数量	应变计数量	应变计总数
1	外环1300mm柱	3	4	12
2	−0.300m标高地梁	3	4	12
3	4.890m标高梁	3	4	12
4	5.970m标高梁	3	4	12
5	6.930m标高梁 YKL-1	3	5	15
6	6.930m标高梁 YKL-1后浇带	3	2	6
7	6.930m标高梁 YKL-2	3	4	12
8	13.030m标高梁	3	4	12
9	合计	24	31	93

　　在宽度≤600mm的梁内，每个观测点布置4个应变计；在宽度＞600mm的梁内，每个观测点布置5个应变计（图13）。在梁截面形心布置的应变计同时输出应变和温度两种数据，用来监测混凝土内的温度应力和构件内部的温度。在梁两侧的2个应变计同时输出应变和温度两种数据，用来监测混凝土侧向的温度应力和构件侧面的温度。在梁上下两侧布置2个应变计，同时输出应变和温度两种数据，主要用来监测施工过程中构件在常规荷载作用下的受力状况和温度变化。

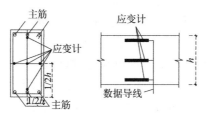

图13　梁内应变计位置示意

3.3　部分数据分析结果

　　对6.930m标高处环梁YKL-1共进行了19次数据采集，监测工作持续了近5个月。通过预埋的传感器主要收集到了材料的温度以及模数，通过专门的标定公式，来反映构件在不同阶段的温度、应力水平。

　　目前，整个监测试验的数据采集整理工作已经完毕，后续还要进行大量的数据回归整理、相应工况的有限元模拟计算以及比较分析研究。部分回归分析成果如图14所示。

4　结语

　　老山自行车馆是预应力混凝土技术综合应用的典型工程，具有较高的施工难度。预应

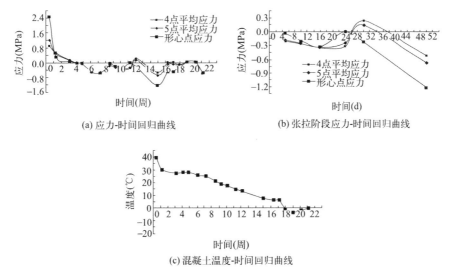

图 14 标高 6.930m 处梁 YKL-1、Y21-2 区段回归分析

力技术用于提高构件承载能力、控制构件刚度和裂缝、控制结构温度应力、平衡柱端偏心弯矩等多个方面。针对工程的特点和难点施工中采取了多种技术手段，实践证明本工程预应力技术的应用是成功的。

初期的监测试验结果表明，环梁的拉应力水平控制在设计范围之内，预应力的张拉会在构件截面内产生显著的压应力，能够起到"预压"混凝土的作用。

参考文献

[1] 徐瑞龙，秦杰，张然，等. 国家体育馆双向张弦结构预应力技术 [J]. 施工技术，2007，(11)：6-8.

大跨度预应力钢结构施工仿真软件开发

摘要： 基于大跨度预应力钢结构施工仿真的概念、重要性，介绍施工工艺仿真和施工力学仿真软件开发的全过程，包括施工过程形式化表示、施工路径编辑、施工工艺仿真的实现以及视频软件的输出。将开发完成的施工仿真软件应用于实际工程，取得了良好的效果。通过对大跨度预应力钢结构施工仿真，精确计算施工过程中的结构内力、变形等，指导实际施工，保证结构施工过程中及结构使用期的安全。

大跨度预应力钢结构是由高强度、抗腐蚀、抗疲劳钢索与各种形式空间钢结构组合而成的一种新型结构形式。在成型前整体结构的弱刚度性，其几何形态和整体刚度的建立与施工过程密切相关，因此与常规建筑物相比，针对大跨度预应力钢结构进行施工仿真是必不可少的。

大跨度预应力钢结构施工仿真主要包括施工工艺仿真和施工力学仿真。大跨度预应力钢结构的施工仿真可以将大跨度预应力钢结构施工过程表达得十分直观、清楚，还可以对施工过程中的结构内力、变形等进行精确计算，指导实际施工，保证结构施工过程中及结构使用期的安全。

在钢结构施工行业，三维仿真建模目前应用的领域主要集中在大跨度、结构复杂的空间结构中，其主要原因是它的直观性可以很方便地表达出平面视图不能表达出的视角。为方便进行施工力学仿真计算分析，本文以 ANSYS 为平台进行了二次开发，进行大跨度预应力钢结构力学仿真计算分析，以完成施工力学仿真计算过程。

1 施工工艺仿真软件开发

1.1 开发内容及目标

1.1.1 钢结构快速三维建模

1）钢结构三维模型的研究 通过分析和研究钢结构的结构特点及其参数定义形式，建立三维钢结构（包括各杆件轴线）的计算机表示方法，包括杆件轴线、型材截面参数及其实体模型件间的关系描述等。

2）DXF 轴线文件的读取和转化 在掌握 DXF 轴线文件的数据格式的基础上，设计和开发 CATIA 系统从 DXF 文件中提取轴线数据，生成和显示钢结构轴线模型的算法。

3）轴线的交互定义和生成 基于 CATIA V5 系统，开发钢结构中各杆件轴线的交互定义功能，包括轴线端点的定义和输入、轴线间关系的建立等。

4）杆件属性管理 各杆件除了其轴线外还包含相关的材料信息，如型材类型、截面尺寸和方位角等。为方便杆件的三维造型和未来的施工工艺分析，需要对这些属性参数进

文章发表于《施工技术》2009 年 3 月第 38 卷第 3 期，文章作者：秦杰、吕学政、付琰、张磊、李宗凯。

行有效地组织和管理。

5) 杆件实体造型参数的计算　根据杆件轴线及其相互间的关系，计算杆件实体造型所需的长度、端面角和局部坐标系等参数。

6) 杆件实体造型　根据 CAA 接口提供的函数，设计和开发杆件实体造型算法。

7) 整体钢结构实体造型　在杆件实体造型的基础上，研究整个钢结构的三维实体造型。

8) 型材库管理和开发　研究和开发钢结构中常用的各类型材参数库及其使用界面等。

1.1.2　施工过程模拟

1) 施工状态及过程模型的研究和建立　着重针对施工过程模拟的需要，研究施工单元、路线、目标和环境间各种关系，建立相应的计算机表示方法。

2) 状态计算及状态模型的生成　计算施工单元在施工路线上各典型位置的位置姿态矩阵，应用此矩阵确定和显示当前施工单元的空间范围。

3) 单体和累积滑移过程模拟方法的研究和开发。

4) 定位和组装变换　根据施工目标基准计算施工单元的目标位置姿态矩阵，并对其实施准确变换。

5) 施工过程模拟视频文件的输出。

1.1.3　实现目标

以 CATIA V5 系统为平台，开发大跨度预应力钢结构施工工艺仿真系统。应用此系统，实现如下主要目标：①从 AutoCAD 系统的 DXF 文件中提取钢结构中各杆件的轴线及其截面信息；②在 CATIA 平台系统上提供交互方式定义和建立钢结构轴线模型；③根据给定的规则，进行轴线间的自动拼接和重端点的处理；④依次按照各杆件的轴线及其对应的型材类型和规格，自动生成各杆件的实体模型，从而建立整体钢结构的三维实体模型；⑤指定结构单元及其施工路线，动态模拟该单元的吊装过程（输出独立的视频文件），包括目标位置的准确安装；⑥单体和累积滑移等过程的模拟以及动画视频文件的输出。

1.2　施工工艺仿真软件实现

首先对施工过程进行计算机建模，给出施工过程的形式化表示方法；然后详细介绍施工路径编辑、施工对象姿态计算等关键技术；最后介绍施工工艺仿真的实现以及仿真动画的视频文件输出。

1.2.1　施工过程的形式化表示

施工过程一般包含施工对象、施工路径以及施工顺序等要素。应用面向对象的方法，抽象出施工过程建模中用到的基本术语有：施工对象（construction object）、运动基点（basic point）、路径点（path point）、路径段（path segment）、路径（path）、轨迹（track）以及可执行路径（executive path）等。整个施工过程完全可用一条可执行路径来表示。图 1 清楚地描述了上述构成关系。应用面向对象的方法，采用 C++ 类的形式分别对路径、轨迹以及可执行路径等进行描述。

1.2.2　施工路径编辑的实现方法

施工路径编辑是施工工艺仿真中最关键的部分，其目的在于解决多个施工对象同时以不同方式运动时的运动次序安排问题，以满足较复杂的施工过程仿真。本软件开发采用字符串编辑及解析的方法来实现施工路径的编辑。

1) 施工路径分解及路径段字符串的生成　首先，将所有的施工路径分解为一系列路

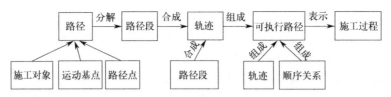

图 1　施工过程的形式化表示

径段，然后用字符串表示相应的路径段，字符串包含了相应路径段的所有完整信息。

2）路径段的顺序安排及合并　路径段的合并是指根据施工要求将不同施工路径中的路径段组合起来，以达到不同施工路径同时运行的目的。安排解决各个路径段生成轨迹的先后顺序问题。

图 2 是本项目开发的施工路径编辑对话框，其中左边的选择列表显示的是所有施工路径分解成的路径段，右边的选择列表列出的是由路径段

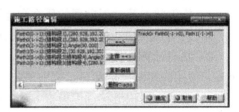

图 2　施工路径编辑对话框

生成的轨迹。通过交互的方式，可以将所有路径段根据实际施工顺序逐步生成轨迹。

3）字符串解析及轨迹的生成　一条轨迹也可用相应的字符串来表示。

1.2.3　施工对象的姿态计算以及可执行路径的生成

一个物体在三维空间的位置姿态可用一个 4×4 的矩阵来表示，如图 3 所示。

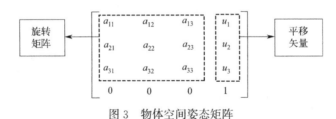

图 3　物体空间姿态矩阵

物体的空间运动，包括平移、旋转以及平移旋转复合运动，都可用姿态矩阵相乘来实现。例如，让物体向 z 轴平移单位距离 10，则先构造平移矢量 $(u_1, u_2, u_3) = (0, 0, 10)$，然后构造平移运动变换矩阵：

$$T_t = \begin{bmatrix} 1 & 0 & 0 & 0 \\ 0 & 1 & 0 & 0 \\ 0 & 0 & 1 & 10 \\ 0 & 0 & 0 & 1 \end{bmatrix}$$

最后得到物体向 z 轴平移后的位置姿态矩阵 $T = T_t T_0$，其中 T_0 表示物体平移之前的姿态矩阵。

施工仿真过程中，需要逐个计算各个施工对象运动时的姿态矩阵。实际的施工过程是连续的，用计算机来模拟时必须进行离散化，即用插值方法计算施工对象在关键运动位置的姿态矩阵。对于平移和旋转运动，一般每隔一定距离或一定角度计算一个运动位置的姿态矩阵。由一个或多个路径段合成一条轨迹的过程是所有施工对象在路径段中各个运动位置的姿态矩阵计算过程。可执行路径实质上是一系列施工对象姿态矩阵的集合。

1.2.4 施工工艺仿真的实现以及视频文件的输出

在可执行路径生成的基础上，可以对施工过程进行仿真。在仿真过程中，需要设定一个定时器，定时器的时间到事件（time out event）促使施工对象按指定路径进行运动，即从当前位置姿态变换到下一个位置姿态，定时器的时间间隔可用来调节施工对象运动的速度。可执行路径的执行过程：①把施工对象的初始姿态矩阵赋给施工对象，使其到达仿真起始位置；②在定时器时间到事件的促使下，使施工对象从当前位置姿态变换到下一个位置

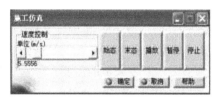

图 4　施工过程仿真控制面板

姿态；③随着时间的推移，反复进行位置姿态的有序变换，直到施工对象最终运动到达目标位置，实现整个施工过程的仿真。本项目开发的施工过程仿真控制面板如图 4 所示。

为保存用户设定的施工仿真过程，本项目提供了将可执行路径转变为 CATIA 系统的重放（replay）功能，在结构树 Application 子目录下生成的重放。重放是 CATIA 系统的一种仿真动画形式，用户可在施工仿真过程重放中实施干涉检查。利用 CATIA 系统自身的功能将重放转变为施工仿真过程的动画视频文件。

1.3 施工工艺仿真软件应用

整个仿真软件按功能可分为钢结构三维快速建模和施工仿真。使用本次开发的软件进行了国家体育馆施工工艺仿真，其中包括单体滑移和累积滑移两种方法，如图 5 所示。

(a) 单体滑移　　　　　　　　　　　　　(b) 累积滑移

图 5　国家体育馆施工工艺仿真

2　施工力学仿真软件开发

2.1　作用和意义

施工力学仿真具体作用：验证张拉方案的可行性，确保张拉过程的安全；给出每张拉步钢索张拉力的大小，为实际张拉时张拉力值的确定提供理论依据；给出每张拉步结构的变形及应力分布，为张拉过程中变形及应力监测提供理论依据；根据计算出来的张拉力大小，选择合适的张拉机具，并设计合理的张拉工装等。

二次开发是在现有软件平台上开发出适用于专业工程技术人员运用的软件。借助原有软件，开发出针对具体情况的专业软件。二次开发周期短、耗费少、效率高，在结构设计过程中可以快速有效地进行分析；尤其是参数化的建模、求解和结果分析，更便于结构设计人员对含有不同参数同一结构的性能进行对比。很多软件都具备此功能，具体到 AN-SYS 软件，它有专门的语言以供二次开发人员使用，包括 UIDL、APDL 等。本次二次开发主要通过这两种语言进行。

2.2 ANSYS 二次开发

2.2.1 二次开发工具介绍

1) UIDL 语言　UIDL（user interface design language）语言主要是用来定制 AN-SYS 的界面（graphical user interface，GUI），它包括主菜单、对话框、拾取框及帮助。UIDL 开发出的界面使 ANSYS 软件的使用者更易于掌握，而且其功能强大，基本可以满足所有二次开发人员的需要。

2) APDL 语言　APDL（ANSYS parametric design language）是 AN-SYS 的参数化设计语言，通过循环、分支、宏等完成各种复杂计算。APDL 主要用在优化设计或者自适应网格划分中。用户可以利用程序设计语言将 ANSYS 命令组织起来，编写出参数化的用户程序，从而实现有限元分析的全过程，即建立参数化的 CAD 模型、参数化的网格划分与控制、参数化的材料定义、参数化的荷载和边界条件定义、参数化的分析控制和求解以及参数化的后处理。

图 6　开发相应
结构菜单

2.2.2 针对张弦结构的二次开发

1) 针对张弦结构的平面张弦和空间张弦结构的 3 种形式（弦支穹顶结构、双向张弦结构和单向张弦结构），进行 ANSYS 二次开发的一些有益尝试。主要是通过在 ANSYS 左侧的菜单栏里，开发出相应结构的菜单，如图 6 所示，其中前 3 个菜单都包含该结构的建模、求解和结果处理，最后一个菜单包含以上 3 种结构的简单的经济性能分析。其中前 3 个菜单中子菜单的功能相似，只是建模上、赋值上有所差异。其级联菜单、实常数和界面级联菜单如图 7 所示。

2) 为了使该软件更易于操作，便于工程人员设计时对比分析其经济性能指标，在原有程序的基础上，开发了张弦结构的简单优化功能，如图 8 所示。

图 7　级联菜单、实常数和界面级联菜单 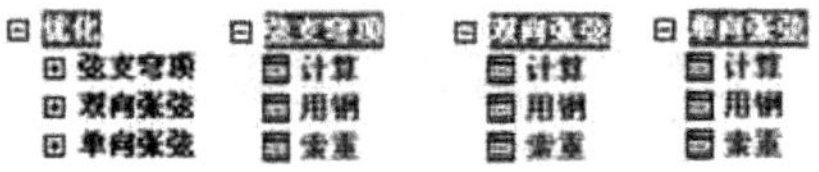　　　　图 8　经济性能菜单

以弦支穹顶为例，单击计算，出现如图 9 所示对话框。输入跨度和矢跨比（图 9a）后，单击 OK，程序会自动进行计算分析，包括各种单元、实常数、截面、边界条件、索力、荷载等。求解完毕后，单击用钢量，将出现如图 9(b) 所示对话框，点击 OK，程序会弹出计算所得的用钢量，方便计算人员分析跨度、矢跨比和用钢量三者之间的最优组合关系。

(a) 计算　　　　　　　　　　(b) 用钢量

图 9　用钢量计算

3 结语

1）三维快速建模部分很好地解决从 AutoCAD 软件数据 DXF 文件到 CATIA 系统的一个转化过程，使得在提取钢结构信息的基础上，可以在 CATIA 系统中自动和快速地生成整个建筑钢结构三维实体模型。施工工艺仿真部分允许用户在建筑钢结构快速三维建模（整体和局部）的基础上，根据施工实际要求，通过施工路径的交互选择及编辑，生成钢结构施工过程仿真。并针对单体滑移和累积滑移，分别开发专用的相应施工仿真程序，尽量减少用户的交互操作。施工过程仿真可以较真实地反映实际的施工过程，清晰地表达设计要求的施工工艺，并通过观察和测量等手段对施工工艺进行评价和优化。

2）运用 ANSYS 进行二次开发，在编制程序的过程中，除 ANSYS 外，需要使用相关辅助软件进行，另外必须使用界面语言和函数语言相互对应；二次开发出的软件，无论是在软件界面上还是参数化方面，都有了比较清晰的框架，并通过实例也说明，该程序已经基本实现张弦结构的仿真计算，但还有很大的提升空间。

3）大跨度预应力钢结构施工仿真软件开发的功能比较方便而且简单，方便施工人员和结构设计人员的施工分析、仿真计算及对比分析。

参考文献

［1］ 陆赐麟，尹思明，刘锡良 . 现代预应力钢结构（修订版）［M］. 北京：人民交通出版社，2007.
Lu Cilin，Yin Siming，Liu Xiliang. Modern prestressed steel structures（modified）［M］. Beijing：China Communications Press，2007.（in Chinese）

［2］ 秦杰，等 . 国家体育馆双向张弦结构节点设计与试验研究［J］. 工业建筑，2007，（01）：12-15.
Qin Jie. Design and experimental study on the joints of National Gymnasium［J］. Industrial Construction，2007，37（1）.（in Chinese）

［3］ 高恒 . 大跨预应力张弦结构的试验研究及其 ANSYS 二次开发［D］. 北京：北京航空航天大学，2006.

中国国际展览中心预应力
立体管桁架屋盖结构设计及施工监测

提要： 中国国际展览中心工程（一期）为 8 个主展馆，各展馆平面均为 71m×172m 的矩形，分别由 10 榀倒三角形预应力立体管桁架构成屋盖体系，桁架跨度 70.2m。桁架下弦为方钢管，其余杆件均为圆钢管，预应力索穿于下弦杆内，支座采用铸钢单向铰支座。结构设计中进行了屋盖结构静力性能分析、单榀桁架出平面稳定验算、屋盖中震弹性验算、结构在罕遇地震作用下的弹塑性变形验算；进行了单榀桁架断索及单榀桁架失效等极端工况下屋盖体系的抗连续倒塌验算。研究结果表明结构各项性能满足规范要求，并具有良好的静、动力受力性能。在施工各阶段，分别在两个展馆内各选择了两榀桁架的杆件应力及节点位移进行了施工全过程监测，监测结果表明结构的最终位移、杆件应力变化规律与理论分析结果基本符合。

1 工程概况

中国国际展览中心工程位于北京顺义天竺空港工业开发区西侧，东邻首都国际机场，西南侧为温榆河生态走廊，总规划用地面积 155.5 公顷。一期工程由南区 8 个主展馆，南综合楼，南、北、东、西四个登录厅及动力中心等部分组成，总建筑面积 24.6 万 m^2（图 1）。

新建的八座展馆平面均为 71m×172m 的矩形，屋架跨度为 70.2m，柱距 18m，端跨柱距 21m（图 2）。其中 1 号、2 号馆为综合馆，屋面高度（至桁架上弦）21.5～25m；3 号～8 号馆为普通馆，屋面高度为 18.5～22.5m，每两个展馆由一 43m×37m 矩形平面连接体连接，构成一个 U 形单元。

工程建筑结构安全等级为一级，设计使用年限 50 年，抗震设防类别为乙类，8 度抗震设防烈度（0.20g，第一组），设计采用基本风压取值 0.50kN/m^2（100 年），基本雪压取值 0.45kN/m^2（100 年），屋面活荷载 0.50kN/m^2，屋面围护体系 0.20kN/m^2，设备吊挂荷载 0.50kN/m^2。

2 结构体系及屋盖结构平面布置

展馆主体结构采用钢筋混凝土框架结构，基础形式采用柱下独立基础，考虑到工程所在地土质条件较差，采用 CFG 桩进行人工复合地基处理。

展馆屋盖采用倒三角形立体预应力管桁架，三角形桁架横截面尺寸为 4.0m×4.5m（跨中）至 4.0m×3.5m（支座），跨高比 15.6；桁架上弦和腹杆采用圆钢管，下弦采用方钢管，预应力索布于桁架下弦杆内。屋盖平面结构体系布置如图 3 所示，沿屋盖纵向于立体桁架支座处通长布置 2 道次桁架，沿屋盖四周布置上弦水平支撑（设张紧装置）。为加强屋盖纵向刚度、有效地传递山墙水平风荷载，在屋盖纵向两端跨桁架间 1/3 跨处布置两道纵向次桁架，在中间各榀桁架 1/3 跨处相应位置布置通长纵向拉杆，在桁架上弦上部各节点处（间距 3.9m）沿纵向通长布置□500×250×6 连续檩条。

图 1　新国展一期鸟瞰图　　　　　　　　图 2　展馆屋盖内景

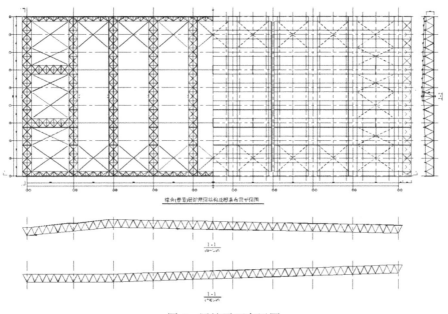

图 3　展馆平面布置图

3　结构分析

3.1　结构受力分析

在结构设计过程中，首先对单榀桁架进行弹性分析，以初步选定杆件截面和索的预张力值。具体计算原则：（1）先按不加预应力计算，控制各杆件应力比不大于 1.05，以保证在不考虑预应力条件下杆件应力小于强度标准值，但不控制挠度。（2）按加预应力进行计算，预应力度控制在最大标准荷载组合作用下桁架挠度不大于 1/400，桁架主要杆件在各荷载基本组合作用下应力比小于 0.85。

初步确定各桁架杆件截面及预张力值后，我们对钢屋盖及下部混凝土框架进行整体建模计算。采用振型分解反应谱法对结构的水平、竖向地震作用计算。对各类工况考虑屋盖整体的空间协同工作。计算荷载工况包括：考虑恒荷载 D、活荷载 L（包括半跨活荷 $L_{1/2}$）、风荷载（w_x、w_y）及屋面风吸力（w^{roof}）等一般荷载组合共 39 种工况；考虑水平地震作用（Q_x、Q_y）、双向地震（Q_{xy}）作用及其与竖向地震（Q_z）共同作用的荷载组合共 18 种工况及用于挠度验算的荷载标准组合等共 58 种荷载组合对钢屋盖各类杆件截面进行调整。

所得各杆件截面如下：端部两榀桁架杆件上弦杆为 $\phi 377 \times (13 \sim 15)$，下弦杆为 $\Box 350 \times (14 \sim 16)$；中间各榀桁架上弦杆为 $\phi 351 \times (11 \sim 15)$，下弦杆为 $\Box 350 \times (14 \sim 16)$，桁架斜腹杆为 $\phi 140 \times 4.5 \sim \phi 245 \times 8$ 四种，各类杆件均采用 Q345B 钢材。索预张力分别为 1023kN 和 923kN。

计算结果表明，展馆桁架杆件尺寸主要由桁架变形控制，通过在下弦施加预应力桁架刚度明显提高，桁架下弦内力明显减小，斜腹杆除支座附近外内力均较小。结构整体刚度较好，前 1～3 阶振型及周期详见图 4。

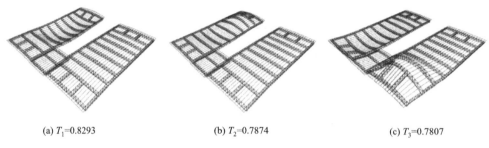

(a) T_1=0.8293　　　　(b) T_2=0.7874　　　　(c) T_3=0.7807

图 4　结构自振周期及振型

3.2　单榀桁架出平面稳定验算

主馆屋盖体系中，仅在两端开间桁架跨中布置两道纵向次桁架，中间六榀桁架仅有支座处通长布设的纵向次桁架，桁架中段通过布置屋面连续檩、上弦水平撑及下弦柔性系杆等纵向支撑体系构造保证其出平面稳定。为保证其安全性，对一标准柱距内单榀桁架进行了非线性屈曲分析。计算模型仅考虑桁架支座处纵向次桁架的作用，按一阶弹性屈曲模态分布考虑跨度 1/300 的初始缺陷，计算所得结构非线性屈曲荷载-位移（出平面）曲线如图 5 所示，结构变形如图 6 所示。由计算结果可知，在标准荷载作用下该榀桁架支座反力 R_z 为 1030kN，在临界荷载作用下支座反力为 2690kN，可得单榀桁架出平面失稳安全系数 $K = 2.61$，参考网壳结构设计要求 $K \geqslant 2.5$，中间各榀桁架能够保证出平面稳定。

3.3　屋盖结构的中震弹性验算

考虑到工程重要性，我们对屋盖结构进行了中震弹性验算。计算中采用材料强度设计值，地震作用组合项中不考虑温度影响，不考虑构件抗震承载力调整系数的有利影响。计算参数取值依据安评报告，取中震 $\alpha_{max} = 0.49$，$T_g = 0.4s$，结构阻尼比 $\zeta = 0.035$。屋盖结构各类杆件最大应力比计算结果详见表 1。

如计算结果所示，在中震作用下仅有少数斜腹杆应力超过材料强度设计值，最大值为 223N/mm^2，小于材料（Q345B）强度标准值。可见在中震作用下钢屋盖整体仍处于弹性工作状态，从而保证屋盖体系在较大地震作用下仍具有一定的承载能力。

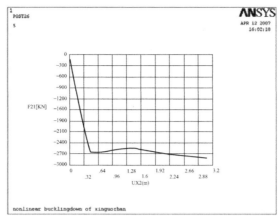

图 5　单榀桁架荷载-位移（出平面）曲线

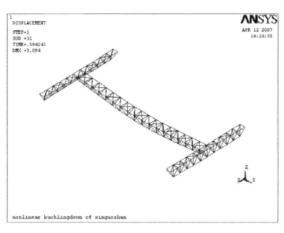

图 6　单榀桁架出平面失稳

中震弹性验算杆件最大应力比　　　　　　　　　　　　　　　　　表 1

方法	上弦杆	下弦杆	斜腹杆	索
振型分解 反应谱法	0.954	0.875	1.038	0.358

3.4　结构在罕遇地震作用下的弹塑性变形验算

结构横向受力体系类似于高大空旷的钢筋混凝土排架结构，根据规范要求需进行罕遇地震作用下的弹塑性变形验算。由于规范提供的简化计算方法对本工程不适用，故采用SAP2000 对结构进行了弹塑性时程分析，计算中在排架柱柱脚处设 PMM 铰以考虑其弹塑性变形影响。考虑到整体计算耗时问题，我们忽略屋盖整体空间协同工作的有利影响，取一榀排架（柱高 19.5m）进行计算。采用安评报告提供的 3 条人工地震波（50 年超越概率 2%）进行计算，计算中取罕遇地震加速度 $A_m = 400gal$。考虑到罕遇地震作用下结构整体可能出现较大变形，桁架下弦内预应力索可能失效，因此计算中不再考虑预应力索对结构刚度贡献，仅考虑索自重荷载。

在 3 条地震波作用下，排架结构右侧柱脚处均出现塑性铰，结构产生较大的水平位移（图 7）。地震作用反应最大的一条地震波作用下的柱顶节点水平位移时程曲线如图 8 所示，由图可见该节点在 2.5s 处产生最大水平位移为 67mm，弹塑性层间位移角为 1/291，远小于 1/30 的规范限值，满足规范要求。

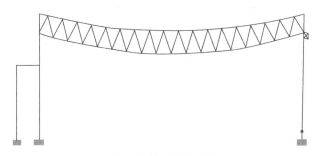

图 7　结构弹塑性变形

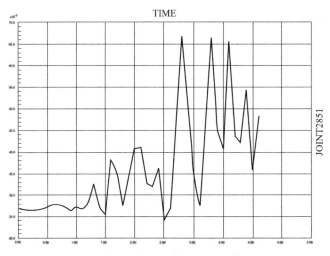

图 8　柱顶节点位移时程曲线

3.5　断索及抗连续倒塌验算

为保证结构在极端状态下的安全性，还进行了某榀桁架预应力拉索失效及某榀桁架失效等两种特殊工况的抗连续倒塌验算。在断索验算中，选择了承担荷载投影面积最大的（24）轴桁架，仅考虑恒＋活荷载基本组合作用，不考虑地震及风荷载作用，计算结果详表 2。可见由于拉索失效，下弦拉力由下弦杆全部承担，应力增长达 40%，接近钢材强度设计值。

（24）轴桁架断索时在 1.35 恒＋0.98 活荷载组合下杆件最大应力比　　　表 2

部位	正常工作态	断索状态	应力比增加
上弦杆	0.72	0.79	9.7%
下弦杆	0.65	0.91	40%

在单榀桁架失效验算中，同样选择（24）轴桁架失效，其所承担的自重及屋面荷载由

其余桁架承担，仅考虑屋盖自重及设备吊挂等恒荷标准值作用，不考虑屋面活荷、地震及风荷载作用，钢材强度采用标准值。具体计算结果详表 3。由计算结果可知，在（24）轴桁架失效后，相邻（23）轴桁架部分靠近支座处的斜腹杆屈服，上、下弦杆应力比增加近一倍，相应索应力比也有一定增加。

（24）轴桁架失效后相邻（23）桁架在恒荷作用下杆件最大应力比　　表 3

状态	上弦杆	下弦杆	支座斜腹杆	索
正常状态	0.334	0.276	0.307	0.18
(24)轴桁架失效后	0.787	0.542	1.252	0.22

分析（23）轴桁架支座附近斜腹杆屈服原因，主要是由于（24）轴桁架失效，导致（23）轴桁架左右两侧承担荷载面积差异明显而受扭，由于支座处纵向次桁架的侧向约束作用，桁架所受附加扭矩在支座附近的斜腹杆中产生相当大的轴向附加压（拉）力，导致部分斜腹杆屈服。考虑到该榀桁架的上、下弦杆及索等主要受力构件的应力均低于材料强度标准值，（23）轴桁架仍具有一定承载能力，屋盖不会发生连续倒塌的情况。

除上述设计计算及验算内容外，还对桁架相贯节点承载力及桁架端部索锚固节点承载力进行了验算，均满足设计要求。

4　施工全过程监测实验

对于预应力管桁架，下弦管内索的预张力值是否达到设计要求直接影响桁架的实际受力性能，本工程中对索的张拉采用一地面初张、高空分阶段张拉、分次补张的施工方案，以保证索预张力值的建立。为深入研究预应力管桁架在各张拉阶段直至主体封顶后各杆件内力变化及结构各控制节点位置，分别在 3 号、4 号展馆内各选择了两榀桁架（预张力值分别为 923kN 和 1023kN），进行了杆件内力及结构位置施工全过程监测，图 9 为监测钢桁架吊装过程照片。杆件应力测量采用 BGK 4000 振弦式应变计，竖向位移测量采用全站仪，支座节点处水平位移采用百分表测量。

图 9　屋架吊装施工　　　　　　图 10　屋架上弦杆测点振弦式应变计布置

杆件应力监测包括：每榀桁架上弦杆跨中、下弦杆跨中和端部、支座处斜腹杆等共

13 根受力较大杆件的应力监测，每根杆件两侧对称布置两个应变计，合计 26 个监测点，图 10 为屋架上弦杆测点处安装振弦式应变计现场照片。桁架位移监测点包括：①桁架下弦两端及跨中六等分点布置竖向监测点，总计 5 个竖向位移监测点位；②桁架张拉过程中、支座固定前的支座水平位移监测点分别布置在桁架两端，总计 2 个水平监测点。

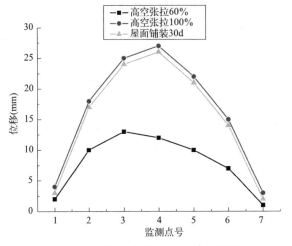

图 11　4 号馆 2 号梁竖向位移变形图

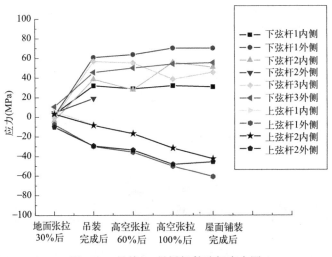

图 12　3 号馆 23 号梁杆件弦杆应力图

　　监测数据采集分为 6 个阶段：①地面零应力状态；②地面 30% 张拉应力；③高空 60% 张拉；④高空 100% 张拉；⑤屋面板铺装完毕；⑥屋面铺装完毕后 30d。监测工作历时 3 个月，其间少量振弦式应变计受损，数据无法采集，但采集的大部分数据仍然有效，图 11 为 4 号馆 2 号梁竖向位移变形图，图 12 为 3 号馆 23 号梁杆件弦杆应力图。通过监测数据整理及与相应理论分析数据比较，结构的最终位移、杆件应力变化规律与理论分析基本符合。

5 结论

工程中屋盖设计采用了预应力立体管桁架，预应力索穿过桁架下弦杆，有效地提高了桁架整体竖向刚度，同时减小了桁架下弦杆截面尺寸，更好地满足了建筑美观要求。在满足规范各项要求的前提下，对钢屋盖结构体系及各类杆件进行了深入的优化设计并取得较好的效果，理论用钢量 $60\text{kg}/\text{m}^2$，取得较好的经济效益。

由于本工程较为重要，本文对单榀桁架的出平面稳定进行了验算，对屋盖整体进行了中震弹性验算及大震弹塑性变形验算，并进行了单榀桁架断索和单榀桁架失效等极端工况下屋盖体系的抗连续倒塌验算，上述各项验算结果表明结构整体具有良好的强度和刚度保证。结合本工程施工过程，在两个展馆内共选择 4 榀桁架进行了杆件应力及结构位移的施工全过程监测实验，验证了结构相关数值分析结果，并为今后同类工程设计提供了数据资料。

参考文献

[1] 北京市建筑设计研究院. 建筑结构专业技术措施 [M]. 北京：中国建筑工业出版社，2007.

北京工人体育场体外预应力加固方法研究

摘要： 1986 年北京工人体育场经第一次改造后，经过长期使用以及在温度应力的作用下，部分斜梁在梁、柱节点附近存在裂缝，因此采用了体外预应力加固技术对其再次改造，以增加斜梁的抗裂能力和强度。对北京工人体育场看台斜梁采用体外预应力加固的结构体系，确定施加预应力大小的计算原则，转向块的设计以及施工过程和施工工艺进行介绍，表明了体外预应力加固方法的优越性。

1 工程概况

北京工人体育场建于 1959 年，占地面积 35 万 m^2，建筑面积 8 万 m^2，是当时著名的十大建筑之一。北京工人体育场是中国最大的体育场之一，其建筑为椭圆形混凝土框架结构，南北长 282m，东西宽 208m，有 24 个看台，可容纳观众 65000 人（图 1）。

北京工人体育场在 1986 年进行了第一次改造，其看台斜梁由于加固增大了实际荷载，并且考虑 7 度抗震设防的要求，但是经过长期使用以及在温度应力的作用下，部分斜梁在梁、柱节点附近存在裂缝，且裂缝大多出现在后期加设有钢支撑区域旁，裂缝主要表现为斜向裂缝，如图 2 所示。为了解决看台斜梁在正常使用极限状态下的抗裂能力以及强度问题，采用体外预应力技术对梁进行加固。

图 1　北京工人体育场

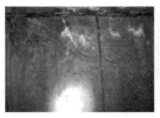

(a) 45梁

(b) 46梁

图 2　看台斜梁梁侧斜裂缝

文章发表于《工业建筑》2008 年第 38 卷第 12 期，文章作者：司波、秦杰、钱英欣、李国立、徐瑞龙。

2 工体体外预应力结构体系

将预应力筋束布置在主体结构外部即为体外预应力混凝土结构或体外预应力钢结构。体外预应力索主要由：1）钢绞线束；2）外套管；3）转向块；4）锚具；5）防护系统等组成。工体体外预应力索主要是由无粘结钢绞线束组成，无粘结钢绞线束采用直径为15.2mm的无粘结束。钢绞线的外保护套管采用高密度聚乙烯管（俗称 PE 管），在套管内灌注防腐油脂。本工程转向块采用钢结构构造，锚具使用普通的夹片锚，考虑在工作阶段动荷载作用下所产生的疲劳和温度变形作用下的反复荷载，使用了能保证在低应力状态下能够防止松锚的装置，即在锚具的后端加了一个防松的盖板。

3 张拉力的确定

为了减小斜梁的弯矩，预应力钢绞线束应沿斜梁两侧对称分布，布置曲线如图 3 所示。本工程采用 Midas Gen 软件对单榀框架结构进行了分析。

工程所在地区的场地土为Ⅲ类，抗震设防烈度为 7 度，设计地震分组为第一组，设计基本地震加速度 0.1g。屋面荷载标准值选取如下：屋面恒载 $5.4kN/m^2$；屋 面 活 载 $3.0kN/m^2$（左侧悬挑 $4.0kN/m^2$），基本风压 $0.45kN/m^2$。

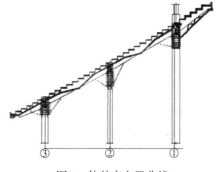

图 3 体外束布置曲线

初始预张力对斜梁的内力和变形都影响较大，如何合理地确定所施加的预应力大小是结构设计中的一项重要内容，确定的原则应使钢支撑区域的弯矩在各种工况下为较小值，这样方可确保该区域不产生裂缝。

结构分析分别选取了预应力大小为 200、300、400、500、600kN，考虑以下 5 种静力荷载组合：组合 1，1.0 恒载+1.0 活载+1.0P_S（钢绞线束张拉力）；组合 2，1.2 恒载+1.4 活载+1.0P_S；组合 3，1.0 恒载+1.4 活载+1.4×0.7W_L（左风）+1.0P_S；组合 4，1.0 恒载+1.4 活载+1.4×0.7W_R（右风）+1.0P_S；组合 5，1.2 恒载+1.4×0.5 活载+1.3 地震作用。

经计算比较分析确定，张拉力为 400kN，斜梁一侧的张拉力为 200kN。

4 钢绞线束根数的确定

确定完钢绞线束的张拉力后，就需要确定张拉控制应力，从而计算预应力筋的根数。

按《混凝土结构设计规范》GB 50010—2002 来计算体外预应力筋的各项应力损失。其中，混凝土收缩、徐变引起的应力损失 σ_{15} 的计算需要考虑既有结构的特点。因为 GB 50010—2002 提供的混凝土收缩、徐变引起的预应力损失计算公式，是基于新建结构而得出的，对于加固结构一般都有几年或几十年的在役期。研究表明：原有结构的收缩、徐变在长期的使用过程中，绝大部分已经完成。因此该项的应力损失较小，而且精确计算非常困难。在现阶段仍可按设计规范计算，然后对计算值进行折减。为了安全起见，根据加固时结构的在役期，可折减 20%～30%。

采用体外预应力进行加固，其有效预应力计算公式如下：

$$\sigma_{pe}=\sigma_{con}-\sigma_{l2}-\sigma_{l4}-\sigma_{l5} \tag{1}$$

式中：σ_{pe} 为有效预应力；σ_{con} 为张拉控制应力；σ_{l2}、σ_{l4}、σ_{l5} 分别为预应力各项损失值。

在 GB 50010—2002 中规定张拉控制应力对于后张拉预应力混凝土结构宜控制在 $(0.4\sim0.7)f_{ptk}$，而对于体外预应力结构，由于钢绞线束位于结构的外面，所处环境较复杂，并且高应力将使疲劳性能、抗火性能降低。参照《预应力钢结构技术规程》CECS 212：2006 中的规定：拉索强度设计值不应超过索材标称破断力的 $40\%\sim55\%$，重要索降低，次要索取高值。取张拉控制应力为 $0.3f_{ptk}$。

则钢绞线束的根数 n 为：

$$n=\frac{N_p}{\sigma_{pe}A_{pl}} \tag{2}$$

式中：N_p 为张拉力；A_{pl} 为单根钢绞线的截面积。

经计算选取 3 根抗拉强度为 1860MPa，ϕ15.2 的无粘结钢绞线组成钢绞线束。

5 转向块的设计

体外预应力的转折位置必须借助于转向块来改变钢绞线束的方向，对于体外预应力的转向块，应根据具体结构的构造情况而定，既可做成钢筋混凝土块体、横肋、竖肋式构造，也可做成钢结构构造。但在加固时均必须做"植筋"生根，进行专门设计计算。转向块不仅担负着钢绞线束转向的任务，并且要使预加力顺利地传递到被加固结构主体上的重要连接部件，因而在设计时尤应注意传力的各个构造细部和力学分析，同时也必须注意施工操作上的方便和可操作性。综合考虑，本工程转向块采用钢结构构造。

两边钢绞线束的张拉预应力为 400kN，单边钢绞线束的预应力为 200kN，满荷载时约为 230kN。按悬臂梁的计算公式：

$$\sigma=M/W \tag{3}$$

分别对转向块节点图 4 中的 A—A、B—B、C—C、1—1 和 2—2 截面进行计算，同时对高强螺栓的抗剪强度、抗拉强度及混凝土局部压应力进行了验算，均满足要求。

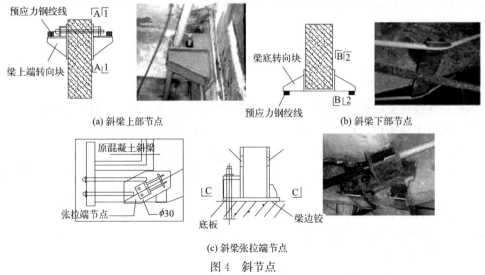

(a) 斜梁上部节点　　　　　　　　(b) 斜梁下部节点

(c) 斜梁张拉端节点

图 4　斜节点

6 施工与监测

6.1 施工流程图

本工程体外预应力的施工流程如图 5 所示。

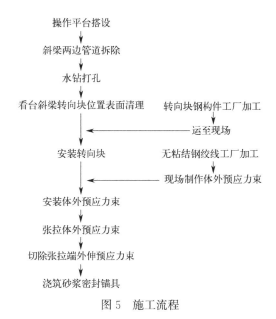

操作平台搭设

斜梁两边管道拆除

水钻打孔

看台斜梁转向块位置表面清理 ← 转向块钢构件工厂加工

运至现场

安装转向块 ← 无粘结钢绞线工厂加工

现场制作体外预应力束

安装体外预应力束

张拉体外预应力束

切除张拉端外伸预应力束

浇筑砂浆密封锚具

图 5 施工流程

6.2 工体体外预应力的施工技术要点

1) 北京工人体育场始建于 1959 年，由于当时施工技术的局限性，造成各榀看台斜梁的尺寸以及同一榀斜梁的各处断面尺寸与图纸相差较大，而体外束应保持沿斜梁两侧对称布置，应尽量避免有垂直于斜梁表面方向的分力，因此转向块钢构件应按现场实际情况进行放样加工，对于相差较小的截面，可采用打磨混凝土表面厚度的方法进行处理。

2) 水钻打孔时，应严格保证孔位的准确性和垂直度，严禁切断梁、柱的主筋。转向块的孔洞应参照斜梁上水钻开的孔洞进行放样加工，以保证两侧转向块顺利安装。

3) 张拉时采用 1 台油泵带 2 台千斤顶同时张拉斜梁两侧的体外束。由于本工程体外预应力束的折线较多，为了减少预应力的损失，先在下端张拉并锚固，再在上端补足张拉力后进行锚固。

6.3 施工监测

为了监测结构在使用过程中，体外预应力的变化，在两个轴线的斜梁上端节点安装了锚索计对预应力进行长期监测。张拉过程中的监测结果与理论计算张拉值见表 1。

由表 1 可以看出，监测结果与理论计算值相差较小，满足设计及相关规范要求。

	实测值与理论值				表 1
张拉程度	实测应力（MPa）				理论应力（MPa）
	左㉔轴	右㉔轴	左㉕轴	右㉕轴	
20％张拉力	86.7	90.7	97.2	95.8	95.7
100％张拉力	446.0	504.6	471.4	457.6	478.6

7 结语

在北京工人体育场改造工程中,各种加固方法基本都被运用,例如粘钢、碳纤维、灌浆料、加支撑、阻尼器等。体外预应力作为其特有的形式被运用,其优势在于:1)体外索结构的本质是使预应力索置于结构的体外,故其构造可以比较自由和使结构布置更趋合理;2)由于钢绞线的强度高,当需要拉杆承受较大内力时,材料面积也不需要很大,施工起来比较方便;3)端部锚固有现成的夹具可以利用,安全可靠,不需现场焊接,适用范围广;4)钢绞线的柔性好,很容易形成设计形状,施工方便;5)由于钢绞线长,可以采用连续跨加固,加强了结构的整体性;6)施工速度快,而且不受气温影响;7)大梁加固后对房屋净高影响不大;8)由于原有大梁的强度可以充分利用,而且只需要对大梁本身进行加固,柱子和基础可以不加处理,所以加固费用比较低。

参考文献

[1] 李晨光,刘航.体外预应力技术在工程加固改造中的应用[J].施工技术,1999,(02):32-34.
[2] 楼铁炘,秦从律,郭乙木,等.体外预应力混凝土梁的分析方法研究[J].自然科学进展,2004,(11):65-69.
[3] 王景全,孙宝俊,付修兵,等.体外预应力加固方法与软件设计——简支梁加固[J].工业建筑,2005,(01):79-81.

金沙遗址采光屋顶预应力悬索结构设计与施工

摘要： 金沙遗址采光屋顶采用预应力悬索结构，结构形式新颖。基于 ANSYS10.0 对该结构进行了结构设计及找形分析，确定了悬索结构的结构选型和构件截面及要施加的预应力值。在此基础上，对结构施工阶段和正常使用阶段的全过程受力性能进行了研究分析，并结合现场实测结果，分析了预应力张拉完成及玻璃安装完成后两种状态下的钢索索力差异，并提出了此类结构的设计方法和施工方法，可供类似工程参考。

1 工程概况

成都金沙遗址博物馆位于成都市城西金沙遗址路 2 号，属遗址类博物馆，是国务院公布的第六批全国重点文物保护单位。总建筑面积约 $38000m^2$ 主要由遗迹馆、陈列馆、文物保护中心、生态环境园林区、游客接待中心等部分组成。采光屋顶预应力悬索结构部分属于陈列馆的采光屋顶，其跨度约为 23m，结构图见图 1。

2 悬索结构的设计方案

2.1 结构选型

按照业主要求，该采光屋顶要在屋面展示出太阳神鸟的图样，因此结构上选用了悬索结构形式。这种结构形式比较简洁，特别是中间部分更加轻盈、现代化，再配上太阳神鸟图案，结构更加美观，建筑效果比较好；结构用钢量比较小，受力合理。

该工程采用结构形式为悬索结构，屋顶平面近似圆形，直径约为 23m，矢高为 2m。上层索网和下层索网之间通过不锈钢撑杆相连，中间设置一个不锈钢内环梁和三圈环索，整体结构通过径向拉索与外环梁相连接，形成一个稳定的受力体系。径向索有上、下两层，均有 24 根，采用索型为 Brugg Spiral Strand 1×61 型，$\phi 26$，强度等级 1450MPa，固定端采用 Open Swaged Socket 不锈钢，调节端采用 Turnbuckle with Open Socket 不锈钢。环向索采用索型为 Brugg Spiral Strand 1×61 型，$\phi 20$，强度等级 1450MPa，索端采用 Open Swaged Socket 不锈钢的压接头，索端连接处采用调节套筒。内环梁采用 $200mm \times 200mm \times 20mm$ 的方形梁，上下钢梁通过 $\phi 73mm \times 5mm$ 的圆钢管连接。结构平面和三维图如图 1 所示。

2.2 节点设计

结构钢索相关节点主要有 4 种类型：第 1 种类型为上层径向索、上层环索及撑杆的连接；第 2 种类型为下层径向索、下层环索及撑杆的连接；第 3 种类型为内环梁节点；第 4

文章发表于《工业建筑》2008 年第 38 卷第 12 期，文章作者：王泽强、秦杰、李国立、陈新礼、葛家琪。

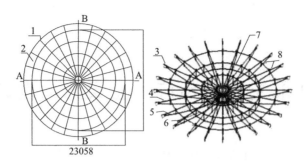

图 1 悬索结构平面和轴测图

1—拉索耳板定位点；2—环梁轴线；3—拉索耳板；4—上层径向索；5—下层径向索；6—环向索；7—内环；8—撑杆

种类型为径向拉索与外环梁的连接。采光屋顶屋面悬索结构所有撑杆及节点配件均采用不锈钢，节点构造简洁明快、精致美观，构造形式采用一字形和十字形两种。为满足建筑设计要求，撑杆上节点玻璃屋面与索网之间的连接采用与点支玻璃幕墙相同的方式：在每个不锈钢撑杆的位置都伸出一个驳接爪，用以支持上面的玻璃。第 1 和 2 种类型节点形式如图 2 所示。由于钢索索头尺寸给定，为满足受力和构造形式需要，在径向索与内外环梁采用耳板连接，并在耳板两侧附加两块焊接补强板，见图 3。

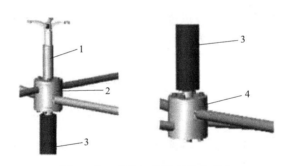

图 2 第 1 和第 2 种类型节点形式

1—玻璃连接件；2—上节点；3—撑杆；4—下节点

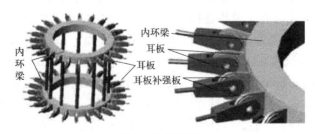

图 3 内环节点

2.3 预应力取值

对于悬索结构，预应力施加的目的在于对其结构变形和内力进行控制。设计时以控制恒载作用下结构的变形和内力为原则，经过大量的计算对比，最终确定预应力：上层径向索索力约为 180kN，下层径向索索力约为 25kN，上层环向索索力约为 45kN，下层环向索索力约为 15kN。

3　悬索结构有限元计算方法

3.1　有限元计算模型

本工程采用有限元计算软件 ANSYS10.0 对结构整体进行力初始张拉形态及荷载组合工况的非线性有限元计算。计算采取整体建模，使用 Beam188 模拟内环梁，Link10 模拟钢索，Link180 模拟撑杆。为了更好地模拟施工计算过程，考虑了实际张拉施工过程中临时支撑的存在，并且根据 Combin39 本身的特性，采用 Combin39 模拟内环梁支撑单元，通过初应变的方法来施加预应力。计算模型见图 4。并采用 Midas Gen 对各种计算工况进行校核。

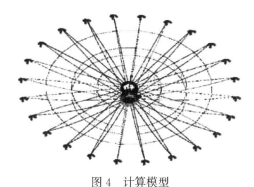

图 4　计算模型

3.2　荷载工况及工况组合

3.2.1　施工顺序

金沙遗址采光屋顶预应力悬索结构施工采用搭设满堂脚手架高空施工的方法完成，具体施工工序为：

1）张拉前，将内环梁搁置在脚手架上，并进行简单的固定，由于屋顶平面是倾斜的，所以内环梁的位置很难准确定位。通过径向钢索定长对内环梁进行准确定位，对称同步安装径向索，同时将对应的撑杆安装完成，将撑杆按照预先标记的位置进行暂时固定；按照标记的位置由内向外进行环向索的安装，安装结束后，固定撑杆节点。

2）通过张拉径向索来达到施加预应力的目的，整体分为三级张拉，分别为张拉到设计张拉力的 30％、70％、100％。在张拉前将各种类型的钢索调到初始位置，并且每次同时对称张拉 4 根径向索。最后根据监测结果，微调索力最终达到设计力的要求。

3）安装屋面玻璃及相关装饰构件。

3.2.2　基本工况

1）恒荷载：结构自重（程序计算）；玻璃重量：1.0kN/m^2。

2）活荷载：$L=0.5\text{kN/m}^2$。

3）风荷载：$w_k=1.2\times1.0\times0.8\times0.3=0.3\text{kN/m}^2$。

3.2.3　荷载组合

考虑实际施工阶段和正常使用阶段结构受力状态，按以下荷载工况组合进行计算分析。

组合 1：1.0（结构自重）＋1.0 预应力

组合 2：1.0（结构自重＋玻璃重量）＋1.0 预应力

组合 3：1.0（结构自重＋玻璃重量）＋1.0 活荷载＋1.0 预应力

组合 4：1.2（结构自重＋玻璃重量）＋1.4 活荷载＋1.0 预应力

组合 5：1.0（结构自重＋玻璃重量）＋1.0 风荷载＋1.0 预应力

组合 6：1.0（结构自重＋玻璃重量）＋1.4 风荷载＋1.0 预应力

4 悬索结构有限元计算结果分析

4.1 结构变形

经过计算分析，各种工况作用下结构最大竖向挠度如图 5（a）所示；预应力施加完成后，中间内环梁最大挠度与荷载关系如图 5（b）所示。

经过对结构变形计算分析，可以得出如下结论：

1）由图 5（a）可以看出，结构最大挠度在预应力施加完成后，向上最大挠度为 82mm，在玻璃安装完成后，即在荷载组合 2 时，结构向上最大挠度为 53mm，为跨度的 1/434，加上屋面活荷载后，结构向上挠度变为 38mm，为跨度的 1/605，结构的变形满足规范要求。

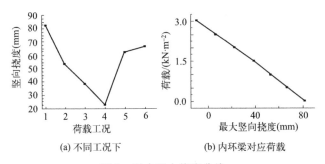

(a) 不同工况下　　　(b) 内环梁对应荷载

图 5　最大竖向挠度曲线

2）由图 5（b）可以看出，悬索结构的最大竖向挠度与荷载基本呈线性关系，随着荷载增大，结构向上挠度越来越小。

4.2 结构应力

各种工况作用下，上下层径向钢索应力如图 6 所示。

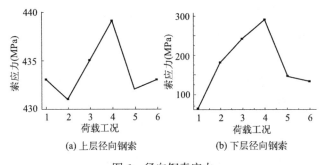

(a) 上层径向钢索　　　(b) 下层径向钢索

图 6　径向钢索应力

经过对结构应力计算分析，可以得出如下结论：

1）由图 6（a）可以看出，在荷载变化时，上层径向索应力变化很小，最大变化量为

8MPa；而由图 6（b）可以看出，在荷载变化时，下层径向索应力变化比较大，最大变化量为 225MPa。由此看来，预应力施加完成后，荷载变化对上层径向索应力影响比较小，而下层径向索应力影响比较大。

2）在以上 6 种荷载组合条件下，钢索应力以上层径向索应力最大，最大为 439MPa，而钢索的强度等级为 1450MPa，钢索的承载力安全系数为 3.3，所选择的钢索截面满足安全性能要求。

5 施工监测结果分析

5.1 预应力张拉完成后

张拉过程中，通过油泵带动的千斤顶施加预应力，水准仪观测结构特征点标高，并采用了索力测定仪和油压传感器两种方法来监控钢索索力。径向索最终索力与目标预拉力比较见表 1，钢索编号如图 7 所示。

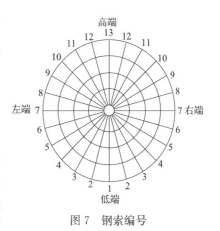

图 7　钢索编号

钢索最终索力与目标预拉力比较　　　　　　　　表 1

径向索编号	上层径向索索力			下层径向索索力		
	目标预拉力(kN)	最终索力(kN)	变化率(%)	目标预拉力(kN)	最终索力(kN)	变化率(%)
1	180	177.4	1.4	19	20.6	8.4
2	180	179.6	0.2	20	20.3	1.5
3	180	182.5	1.4	21	23.0	9.5
4	180	183.7	2.1	23	24.9	8.3
5	180	188.7	4.8	24	24.4	1.7
6	180	188.5	4.7	26	26.1	0.4
7	180	184.3	2.4	26	24.5	5.8
8	180	178.7	0.7	26	27.1	4.2
9	180	181.1	0.6	25	25.2	0.8
10	180	183.2	1.8	23	21.6	6.1
11	180	187.4	4.1	22	23.5	6.8
12	180	183.4	1.9	21	22.1	5.2
13	180	180.6	0.3	20	21.5	7.5

注：钢索编号见图 7。

由于技术准备比较充分，因此张拉结束后，径向索最终索力值与目标预拉力值相差比较小，上层径向索张拉预拉力误差控制在 5% 以内；下层径向索索力比较小，因此其张拉预拉力误差都控制在 10% 以内。

5.2 屋面玻璃安装完成后

玻璃安装完成后，通过索力测定仪进行钢索索力监测。监测完成后的钢索索力见表 2。

玻璃安装完成后径向索索力 表 2

径向索编号	上层径向索索力			下层径向索索力		
	实测值(kN)	理论值(kN)	变化率(%)	实测值(kN)	理论值(kN)	变化率(%)
1	160.4	171.9	6.7	54.3	58.7	7.5
2	162.0	172.1	5.9	56.2	59.5	5.5
3	163.7	171.9	4.8	63.3	67.1	5.7
4	160.2	173.0	7.4	63.5	69.5	8.6
5	160.0	174.5	8.3	67.3	70.9	5.1
6	162.3	176.4	8.0	69.7	72.1	3.3
7	164.3	178.2	7.8	71.6	72.1	0.7
8	175.7	180.2	2.5	66.3	71.5	7.3
9	178.5	182.0	1.9	64.3	70.2	8.4
10	171.5	183.8	6.7	65.5	68.1	3.8
11	173.7	185.1	6.2	62.0	66.3	6.5
12	176.6	186.1	5.1	59.0	64.9	9.1
13	179.8	186.4	3.5	58.8	64.5	8.8

注：表注同表 1。

玻璃安装完成后，径向索索力实测值比理论值要小，可能是因为实际玻璃重量比理论计算的 1.0kN/m 要小而造成的。但是实测值与理论值相差都在 10% 以内，满足规范和设计的要求。

6 结论

1) 该工程采用结构形式为悬索结构，结构形式比较新颖，采用瑞士进口钢索，使整体结构形状及尺寸与建筑造型协调一致，充分满足了建筑功能的要求。

2) 利用 ANSYS 有限元软件可以对悬索结构进行找形计算、荷载分析，并且能够模拟张拉施工过程，精度在允许范围内。

3) 设计中以控制恒载作用下的结构变形和内力为原则，通过有限元计算进行参数分析，并且依据大量的参数分析，并结合相关工程经验综合确定各种构件型号及预应力值；钢索索力和结构变形为悬索结构设计和施工中最关键的两个控制因素。

4) 预应力施工过程中采用了合理的张拉方法，分级对称张拉；并且采用了两种监控索力的方法，保证施工过程安全顺利完成。施工完成后，索力和变形等满足相关规范及设计要求。

5) 通过最终索力与目标预张力的比较及屋面玻璃安装完成后索力比较可以看出，前者最终索力与目标预张力相差比较小，后者索力相差也在 10% 以内，这也证明了本工程结构设计和施工方案是合理的。

参考文献

[1] 刘晟，苏旭霖，陆平，等．上海源深体育馆预应力张弦梁设计计算 [J]．建筑结构，2006，36 (S1)：269-272.

[2] 张同亿，何维，肖自强．北京中关村软件园"光盘"结构设计 [J]．建筑结构，2005，(11)：57-59.

哈尔滨万达茂室内滑雪场雪道基层抗滑移能力及破坏模式研究

摘要： 通过对哈尔滨万达茂室内滑雪场雪道基层进行抗滑移试验，研究雪道基层的极限剪切强度、构造层间的相对变形、破坏模式和剪切模量，对试验结果进行分析，结合剪切承载力试验及破坏模式提出相关建议，可供类似工程参考。

1 工程概况

哈尔滨万达茂项目位于哈尔滨市松北新区，包括室内步行商业街、娱乐楼、超市、室内滑雪场、室内滑冰场、电影乐园等业态。总建筑面积 33.7 万 m^2，室内滑雪场 7.70 万 m^2，滑雪场平面尺寸长 487m，跨度从 150m 渐变到 90m。内设 6 条不同坡度的雪道，适合不同水平的滑雪爱好者，最长的雪道 500m，垂直落差 100m，可同时容纳 1500 人滑雪，是世界规模最大的室内滑雪场（图 1）。

图 1 哈尔滨万达茂滑雪场整体效果图

2 试验目的

室内滑雪场雪道基层做法比较复杂，其由预埋防结露暖管、防水层、保温层、水泥砂浆保护层以及混凝土层等多种结构材料和粘结材料组成（图 2），由于雪道的最大倾角为 25.44°，超过 25°，雪道基层会产生较大的下滑力，同时在制冷造雪初期以及室外常年温差的变化下，主体结构的楼面与雪道基层间会产生较大的变形。在雪道下滑力作用下，基层各构造层是否会产生滑移破坏，在计算主体结构与雪道基层的相对变形时，基层的剪切模量如何取值，目前相关的研究和试验数据还较少。

本试验研究了雪道基层抗滑移能力、破坏模式以及剪切模量，为工程设计和施工提供必要的参考。

- 500厚雪层
- 125厚C40混凝土
- 20厚1:3水泥砂浆保护层
- 4厚SBS防水卷材
- 30厚1:3水泥砂浆保护层
- 150厚保温层
- 1.5厚聚氨酯防水涂料刷2遍
- 20厚防水及1:3水泥砂浆保护层
- 叠合楼板内预埋防结露暖管

雪面设计标高

图 2 雪道基层做法

文章发表于《建筑技术》2016 年 12 月第 47 卷第 12 期，文章作者：吴耀辉、朱鸣、秦杰、李素超。

3　试验设计

3.1　试件设计及制作

本次试验中的试件采用与现场相同的施工工艺制备，自下而上依次浇筑或者粘接，在混凝土养护 10d 后运至实验室进行试验准备。试件尺寸为 1000mm×1000mm×785mm，共制备了 4 个剪切极限承载力测试试件，其编号为 LS-1、LS-2、LS-3 和 LS-4。

3.2　抗滑移能力试验设备及方法

采用 MTS 液压伺服作动器沿水平方向进行加载，加载方式为位移控制，作动器的作用点在构造层顶层（即 125mm 厚混凝土层），方向平行于雪道基层楼面。开始为慢速加载，加载速率为 0.01mm/s，以消除荷载的动力效应，当剪切承载力降低且在试件某层出现明显滑移后，提高加载速率至 0.05mm/s，直至试件发生完全剪切破坏。

在雪道基层楼面试件端部各保温层和混凝土层中部布设 4 个线性差动电感式位移计（LVDT），在水泥砂浆保护层内埋设 5 个拉线式位移传感器连接线，用于量测相邻层的相对变形，实时记录各构造层的变形量和作动器出力。根据测量结果绘制雪道基层楼面试件的剪切力-变形曲线，得到每个试件的剪切屈服力和剪切破坏力。

取 4 个试件的剪切破坏力平均值作为雪道基层楼面的极限剪切承载力，根据每个试件各构造层的变形集中位置及滑移产生位置，综合 4 个试件的破坏情况，确定雪道基层楼面的剪切破坏模式。

3.3　雪道基层弹性模量测试

在试验过程中，在保温层和水泥砂浆保护层（磨平）上分别粘贴了应变花（0°型，45°型，90°型，）用于测量和计算不同材料的剪切模量，应变采用泰斯特动态应变仪采集。为消除温度引起应变的影响，在试验现场的无应力状态水泥砂浆和保温板试件上粘贴应变补偿片。

应变与剪切力、位移同步测量，测量后根据剪切应变计算公式 $\gamma_{xy} = 2\varepsilon_{45°} - (\varepsilon_{0°} + \varepsilon_{90°})$ 获得。

4　试验结果及分析

4.1　极限剪切强度

实验室内的试验为水平加载，而现场雪道存在 25.44° 的倾角，为考虑雪道基层、保温层以及上部雪载在其平行楼面方向原有的剪切作用，计算上述荷载对楼面的剪力 $F_s = 5.46kN$，即试验测得的剪切承载力不应小于 5.46kN。

试验时按照试件 LS-1～LS-4 的次序依次进行，在进行 LS-1 试验时，当剪切力达到 5.46kN 时暂停加载，检查试件各部分的变形和粘接情况，因此出现了剪切力突变的情况，造成这种现象的原因主要是试件中存在两层高分子材料（聚氨酯防水层和 SBS 防水卷材），这两种材料存在应力松弛效应，当位移保持不变时，其内部应力会降低，等再次加载时，其应力又恢复至之前的水平。

当变形量达到 1.41mm 时，LS-1 的剪切力达到极值 10.53kN，之后再继续加载的过程中，剪切力不断下降，试件在聚氨酯防水层发生滑动，且随着结构层位移的增加不断增加。当加载至 30mm 时，LS-1 的剪切力约为 6.5kN，并趋于平缓。

LS-2 与 LS-3 剪切力-变形曲线较为相似，试件的抗剪承载力明显低于 LS-1，分别为 6.45kN 和 7.11kN，对应的屈服位移为 1.93mm 和 1.74mm。在加载至 8mm 时，将试验机的加载速率从 0.01mm/s 提高至 0.05mm/s，此时试件的剪切强度又有所回升，但最大值基本与第一次屈服点相当。

LS-4 的剪切极限承载力达到 9.32kN，对应的屈服位移为 3.05mm。与 LS-1～LS-3 试件相比，LS-4 的剪切刚度非线性较强，随着变形的增加刚度逐渐降低。在 LS-4 试件加载至 22mm 的过程中加载速率保持为 0.01mm/s，因此其曲线较为光滑。当变形量为 22mm 时，剪切力约为 6.0kN。

由 LS-1～LS-4 四个试件的剪切力-变形曲线可看出，四个试件的初始刚度不一致，但屈服以后的强度衰减规律较为相似，这说明当接触面发生破坏之后，抗剪承载力主要由上、下两层材料界面间的摩擦力提供。

雪道基层楼面抗剪承载力试验结果见表 1。从表 1 可知，尽管四个试件得到的剪切承载力差别较大，但均高于设计剪切承载力 5.46kN。LS-1 和 LS-4 的剪切承载力分别高出设计值 92.8% 和 70.1%，LS-2、LS-3 的剪切承载力相对较低，分别高出设计值 18.1% 和 30.2%。

4.2 各构造层之间相对变形

通过试验测得的各构造层之间的变形，可以看出在加载过程中各交界面之间的变形大小和相对滑移。试验发现，LS-1、LS-4 试件各构造层的变形情况与 LS-2 相似，而 LS-3 的 SBS 防水卷材层出现异常。

雪道基层楼面抗剪承载力试验结果 表 1

试件名称	极限剪切承载力(kN)	屈服位移(mm)	等效抗剪刚度(kN/mm)	极限剪切承载力平均值(kN)
LS-1	10.53	1.41	7.45	
LS-2	6.45	1.93	3.34	8.35
LS-3	7.11	1.74	4.16	
LS-4	9.32	3.16	2.95	

注：屈服位移为承载力下降起始点对应的位移，等效抗剪刚度为加载初始线性段的斜率。

图 3 给出了在加载过程中 LS-2 和 LS-3 试件各构造层之间的相对变形随时间的变化曲线。

在加载过程中，两保温层之间以及保温层与上层砂浆之间的变形较小，保温层与底层砂浆之间由于产生滑动而导致变形较大。此外，SBS 防水卷材层的变形量要比保温层与上层砂浆之间的相对变形值大，说明其抗剪刚度较低。图 3(a) 与图 3(b) 的差异之处在于 SBS 防水卷材层的变形，对于 LS-3 试件，在加载初期某个阶段内，SBS 防水卷材产生了较大变形量，且速率较快，这并不完全是 SBS 防水卷材自身的变形，而可能是 SBS 防水层与水泥砂浆保护层之间产生了微小的滑移，随着剪切荷载的增加，由于保温层下部的聚氨酯层相对更为薄弱而出现滑移，SBS 防水卷材层的滑移趋于停止，其变形曲线在后续的加载过程中出现波动。

4.3 雪道基层剪切破坏模式及承载力差异分析

试验过程通过在地面安装录像机记录了整个加载过程中雪道基层楼面的剪切变形过程

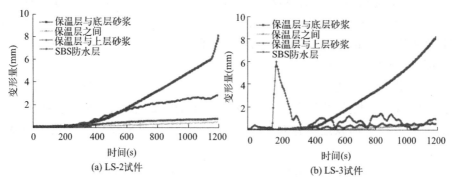

图 3　加载过程各构造层相对变形随时间的变化曲线

（图 4），频率录像的结果与图 3 反映的结果一致：加载初期，雪道楼面各构造层之间粘接良好，剪切力与变形成正比；随着剪切荷载的增加，保温层下部的聚氨酯层首先发生粘接破坏，并产生滑移，从而导致剪切刚度下降，承载力降低。随着滑移的增大，剪切承载力将由聚氨酯层的摩擦力提供。

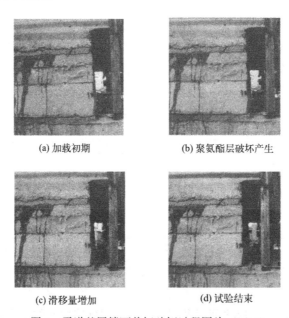

图 4　雪道基层楼面剪切破坏过程图片（LS-4）

为探究造成聚氨酯层破坏以及各试件抗剪承载力不同的原因，在全部试验结束后，打开所有试件的破坏面（图 5），结果发现，全部试件的破坏面位于聚氨酯构造层，但 4 个试件的破坏形态也有所差异。

通过现场查验及比对聚氨酯构造层的破坏情况可发现以下特点。

（1）LS-1 与 LS-4 试件的破坏面情况比较相似：聚氨酯防水层厚度涂抹相对均匀，有效粘接面积大，破坏时大部分交界面被撕裂。LS-2 与 LS-3 的破坏情况比较相似：氨酯防水层厚度涂抹不太均匀，有效粘接面积小，破坏时有相当比例的交界面还处于较光滑状态，说明其对抗剪承载力贡献较小，破坏时很快分离。

| (a) LS-1 | (b) LS-2 |

| (c) LS-3 | (d) LS-4 |

图 5　各试件在聚氨酯构造层处的破坏面照片

（2）LS-2 与 LS-3 试件剪切承载力比 LS-1、LS-4 低的原因与在水泥砂浆保护层上涂刷聚氨酯时不全面有关，LS-2 与 LS-3 试件的边缘区域均未能有效涂抹聚氨酯胶（或边缘由于试件不平整而流淌，导致聚氨酯胶变薄），使其有效承载面积降低，边缘效应较明显。若按 LS-2 每边聚氨酯有效长度为 LS-4 的边长的 95% 计算，其抗剪承载力将降低 10%。

（3）S-2、S-3 试件中聚氨酯的厚度较 S-1、S-4 大，可能与抗剪承载力较低有关（或易导致薄厚不均）。试验后裁剪的各试件聚氨酯厚度见表 2。

聚氨酯厚度　表 2

试件	LS-1	LS-2	LS-3	LS-4
最厚位置处是否不小于 1.5mm	是	是	是	是
随机厚度 1(mm)	0.84	0.92	0.93	0.65
随机厚度 2(mm)	0.71	1.22	0.92	0.60
平均值(mm)	0.775	1.07	0.925	0.625

按施工工艺要求，聚氨酯的厚度不小于 1.5mm，涂抹两遍，试件中聚氨酯防水层（单层）的厚度最厚处均不小于 1.5mm。根据随机在两个位置处裁剪的聚氨酯层的厚度测量结果来看，LS-1 与 LS-4 试件中的聚氨酯防水层厚度较薄，平均值分别为 0.775mm 和 0.625mm，而 LS-2 和 LS-3 试件中聚氨酯防水层厚度分别为 1.070mm 和 0.925mm。

雪道基层楼面的破坏主要集中在聚氨酯构造层，该层的构造做法比较复杂，至少包含 4 道主序：（1）下部水泥砂浆保护层与聚氨酯层粘接；（2）两层聚氨酯层粘接；（3）聚氨酯层与聚苯板胶粘剂粘接；（4）聚苯板胶粘剂与保温板粘接。根据破坏界面的情况来看，聚氨酯层与聚苯板胶粘剂之间的破坏面积最大，涂刷的两层聚氨酯膜之间也出现了局部错动，而聚氨酯层与水泥砂浆之间、聚苯板胶粘剂与保温层之间均未出现明显的破坏面。因此，可以得出聚氨酯层构造做法中各粘接面的强度从低到高依次为：聚氨酯层与聚苯板胶粘剂＜两层聚氨酯膜＜聚氨酯层与水泥砂浆，聚苯板胶粘剂与保温层。

4.4　保温板的剪切模量测量与计算

通过剪切力随时间的变化曲线与保温板剪应变时程的对比可知，试验采集的应变数据正确，计算时取 1200s 前的 5 个峰值点对应的剪应力、剪应变数据进行计算，可以得到保温板的剪切模量平均值为 37.74MPa。

4.5　水泥砂浆保护层的剪切模量测量与计算

同保温板剪切模量的测量计算过程一致，可以得到水泥砂浆的剪切模量平均值为 144.83MPa。

5　试验结论

（1）制备的 4 个试件极限剪切承载力均满足设计值要求，最大超出设计值 92.8%，最小超出设计值 18.1%。

（2）全部 4 个试件的破坏均发生在聚氨酯防水构造层，具体表现为：聚氨酯层与聚苯板胶粘剂之间的交界面先达到承载力，之后粘接面失效而发生滑移，最终导致楼面水平剪切破坏；滑移过程中的剪切承载力不低于 5.0kN。

（3）聚氨酯层构造做法中各粘接面的强度从低到高依次为：聚氨酯层与聚苯板胶粘剂＜两层聚氨酯膜＜聚氨酯层与水泥砂浆，聚苯板胶粘剂与保温层。

（4）保温层的剪切模量约为 37.74MPa，水泥砂浆保护层的剪切模量约为 144.83MPa，由于剪切模量差异明显，加载初期，变形主要集中在保温层上。

6　设计及施工建议

针对雪道楼面基层的剪切承载力试验及破坏模式，提出相关建议如下。

（1）提高雪道楼面基层的抗剪承载力首先需要重点考虑聚苯板胶粘剂与聚氨酯膜之间的粘接性能。

（2）建议在施工过程中保证聚氨酯防水层均匀涂抹，使之与聚苯板胶粘剂及水泥砂浆充分粘接，以防止局部受力而导致承载力降低；两层聚氨酯膜之间的粘结力较弱，局部位置出现错动，如果工序允许，建议在施工过程中一次涂刷完成。

（3）SBS 防水卷材上表面有一层薄膜，导致其与上部水泥砂浆保护层之间的粘结面可能是剪切破坏过程的第二薄弱环节，在保证施工质量的前提下建议采取适当措施来提高二者的粘接强度。

参考文献

[1]　朱跃武，游启洪，高芳胜，等．剪切（芯样双剪）法检测混凝土抗压强度 [J]．建筑技术，2014，45（03）：212-214.

斜拉金属薄板空间结构参数化建模研究

摘要： 参数化技术因其在建筑建模效率上的高效性和对复杂空间结构的适应性，逐渐成为建筑设计不可或缺的超级工具。以 Rhinoceros 平台的 Grasshopper 软件为基础，结合斜拉金属薄板空间结构的建模过程，给出参数化建模在大跨张拉薄板空间结构建模中的基本应用思路，实现 MidasGen 软件直接模拟计算结构在不同工况下的静力性能。实例说明参数化建模不仅可以大大提高模型修改的速度，并且可以实时预览参数调整效果，对诸如 AutoCAD 等其他建模软件二次开发具有较大的参考价值。算例成果表明使用参数化建模可实现 Rhinoceros 几何模型与 MidasGen、3D3S 计算模型数据交换，模型几何尺寸与材料属性不需要二次调整修改，有效提高设计师工作质量和工作效率。

0　引言

随着时代的发展，临时性大跨度建筑因其施工快捷，重复利用的优势被越来越多地应用于各个领域中，但现有的临时大跨度建筑多为三角桁架结构，其构件多且结构复杂、强度欠佳，不便于临时搭建与简化施工[1]，基于此本文提出了一种斜拉金属薄板空间结构。该结构的特点是可以直接或者间接对金属薄板施加预应力，使金属薄板以受拉构件的形式应用于结构中，既可充分发挥钢材的抗拉强度，又可以将受力构件与围护构件合二为一，并且结构节点较少、方便施工和受力合理。类似结构最早出现在苏联列宁格勒的"列宁体育综合体"和莫斯科的"奥林匹克体育综合体"[2-3]。北京工业大学陆赐麟教授在其撰写的书中，对此有较详细的介绍，并将此种结构称为悬膜屋盖结构[4]。而后北京市建筑工程研究院提出了一种索-板结构，该结构首次将预应力引入金属薄板中，本文分析的结构就是基于此研究基础提出。

为了有利于此结构的研究开发和在实际工程中的成功运用，充分发挥可视参数化建模模型修改便捷、能够即时查看程序生成模型等优点[5]，所以选择用 Rhinoceros 平台的 Grasshopper 插件采用参数化建模方式来生成该结构模型。同时为了验证参数化是否可以与有限元软件互导和对这种结构体系静力性能有所了解，选择用 MidasGen 和 3D3S 软件模拟结构体系在不同工况下的静力性能变化。

1　参数化介绍

参数化设计（ParametricDesign）是一种建筑设计方法。该方法的核心思想是把建筑设计的所有元素都变成某个函数的变量，然后通过改变函数，使人们能够获得不同的建筑

文章发表于《建筑结构》2022 年 6 月第 52 卷增刊 1，文章作者：刘聪、秦杰、惠存、李国宁。

设计方案[6]。Rhino 全称"Rhinoceros"，中文译名犀牛是一款强大的专业 3D 造型软件[7]。Grasshopper（简称 GH）是犀牛软件中的一个插件，通过各种"运算器"来实现软件中大部分的几何运算功能，图 1 为基本操作界面。

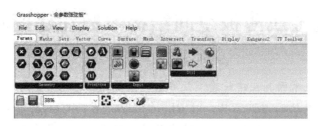

图 1　基本操作界面

2　斜拉金属薄板结构

图 2 为斜拉金属薄板结构效果图，主要由上部索结构和下部板和钢柱组成，下面介绍整体结构参数化建模过程和成果输出。

2.1　参数化控制

可调控的重要参数及调整思路见表 1。

可根据不同的跨度要求快速建立并调节模型。其中可手动选择张拉节点、拉索形态，

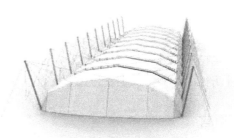

图 2　斜拉金属薄板结构效果图

用于自定义调节与优化，借助复制与阵列命令，可快速得到多榀结构单元。同时可快速且准确实现模型调整，对科研与实际生产具有一定价值。

参数化思路　　　　　　　　　　　　　　　　　　　　　　　　表 1

序号	步骤	说明
1	结构跨高与跨长	圆弧绘制依据
2	张拉节点数量	圆弧划分数量(含给定点位置)
3	张拉板数量	同上
4	张拉索数量	同上
5	张拉节点位置	圆弧划分节点(含给定点位置)
6	张拉板短边长度	划分节点距离
7	张拉板长边长度	复制距离
8	承重索间距	复制距离
9	钢柱倾斜情况	倾斜角度或顶点位置指定
10	背索位置	与钢柱夹角或锚点位置指定及复制距离

2.2　参数化建模过程

技术路线图见图 3。

此斜拉金属薄板结构的逻辑过程如下：

（1）通过三心圆曲线的绘制得到结构面，并得到板体短边；

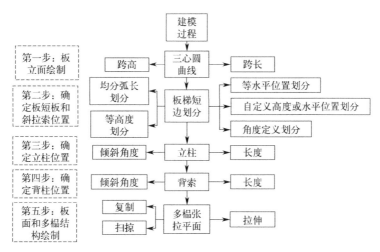

图 3　技术路线图

（2）对板短边可采用不同方法划分得到斜拉索位置，具体划分方法有均分弧长划分、等高度划分、等水平位置划分、自定义高度或水平位置划分、角度定义划分；

（3）以板短边最底部点为起点，通过长度与旋转角度为控制因素得到钢柱；

（4）以板短边最底部点为起点，通过 X、Y 方向长度或钢柱与背索的夹角为控制因素得到背索；

（5）通过将斜拉索确定节点与钢柱顶部节点连接得到斜拉索；

（6）将钢柱、拉索、背索、张拉板短边线、张拉点数据进行整合，并以所得点为作为参考进行复制，可得深度方向的多组单元。将复制前后的张拉点相连，可确定张拉板长边。将长短边对应分组，进行扫掠，所得平面即为单块张拉板。

2.2.1　三心圆曲线

主立面轮廓采用三心圆为主体结构。通过 GH 编写程序，进行三心圆的绘制。本次以 xz 平面作为跨长平面，y 轴方向作为进深方向。于 xz 平面通过寻找中线、角平分线、寻找垂足、拾取线长、指定圆心画圆、量取角度、旋转、截取圆弧及镜像等命令流，以高度与跨度为控制参数，可建立如下用户电池见图 4、图 5。具体流程为繁琐的初级电池组堆砌过程，部分如下。

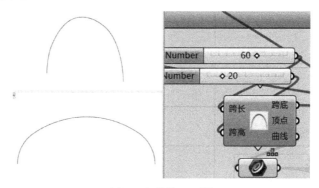

图 4　参数化三心圆

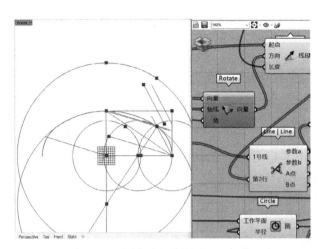

图 5　三心圆电池组编写过程（部分）

以 xz 平面为跨所在平面，以坐标 0 点作为起点，向 x 轴正方向移动 1/2 跨长，可获得跨底位置；向 y 轴正方向移动跨高，可获得跨顶位置；同时两方向移动对应距离，可获得参考长方形的顶点，将跨底与跨顶相连，并分别做该连线与长方形两边的角平分线，（GH 中暂时通过测量角度差、绘制射线、旋转 1/2 角度做出），取得两角平分线交点；过该点做跨底和跨顶点连线的垂线，该垂线交 z 轴与 x 轴于两点；以 x 轴交点为圆心和以交点与跨底点距离为半径，垂线角度为控制角度画弧，该段弧为三心圆下半部分；以 z 轴交点为圆心和以交点与跨顶点距离为半径，垂线角度为控制角度画弧，该段弧为三心圆上半部分；将两部分合并，结果就为半跨三心圆，进行镜像，可得出全部三心圆。

本方法所绘制三心圆，整个过程中的角度与长度信息均由跨高与跨长两个参数确定，故而可修改这两个参数，获得标准三心圆。

2.2.2　板体短边划分

单块板体为长方形，其短边在立面方向以三心圆切线方向进行排布，可利用参数化建模中将三心圆进行分段，划分思路如下。

（1）均分弧长划分

利用线段等分，将三心圆弧分为所需份数，得到一系列张拉节点位置，利用多段线将其依次连接，得到斜拉点位置。每段线条即为张拉板的短边。同时导出板的短边长度，可随长度需求合理调整分段数。示意图见图 6。

图 6　均分弧长划分示意图

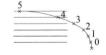

图 7　等高度划分示意图

（2）等高度划分

利用现有的 xz 平面内的三心圆，以及 GH 所提供的 xy 平面，可在弧线上得出所需高度的张拉点。如进行 z 轴方向的等分，即以跨高和分段数作为条件，利用阵列命令生成一组数列，并以此数列为索引将 xy 平面进行复制得到等高平面，平面与弧线的交点即为张拉点位。示意图见图 7。

（3）等水平位置划分

用 yz 平面，则可在弧线上得出所需水平位置的张拉点。如进行 x 轴方向的等分，即以跨长和分段数作为条件，利用阵列命令生成一组数列并以此为索引将 yz 平面进行复制得到跨长方向的等水平距离平面，平面与弧线的交点即为张拉点位。示意图见图 8。

（4）自定义高度或水平位置划分

以上文等高度划分方式为基础，可根据自身要求与工程经验，赋予所需的点位高度数列，确定点位位置。同时可以等水平位置划分方式为基础，赋予所需水平坐标，确定点位位置。示意图见图 9。

将张拉点与钢柱直接相连，可获得拉索，同时可导出拉索长度，供设计参考。

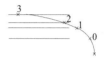

图 8　等水平位置划分示意图　　　　图 9　自定义高度或水平位置划分示意图

（5）角度定义划分

通过钢柱顶点与跨底和跨顶点的夹角进行等角度划分，也可获得张拉节点位置。通过参数化量取该夹角，并以所需分段数为条件，可将夹角划分为多个夹角。以钢柱顶点与偏转角度为条件进行旋转，可获得夹角相等的多条射线，射线与弧线交点为分段位置。示意图见图 10。

图 10　角度定义
划分示意图

2.2.3　钢柱与背索

钢柱向外侧倾斜，可通过以跨底为起点，用所需长度截取给定倾斜角度得到。也可指定钢柱顶点与跨底的水平和竖直距离进行定位。前者以跨底为起点，做 z 轴正方向参考线，并用旋转命令让其于 xz 平面旋转给定角度，随后以该方向为向量偏移跨底点到所需长度，则钢柱顶点位置可确定；后者则直接向 x 轴与 z 轴方向偏移跨底点，偏移后该点为钢柱顶位置。示意图见图 11。

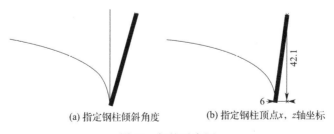

(a) 指定钢柱倾斜角度　　　　(b) 指定钢柱顶点x，z轴坐标

图 11　钢柱示意图

背索底部位置可通过沿 x 轴方向平移跨底位置，后沿 y 轴正负两侧同时进行移动得到。也可通过钢柱与背索的夹角进行定义；后者需要以钢柱顶点为起点，沿着 z 轴负方向的射线作为参考线，先后将其沿 yz 平面与 zx 平面旋转所定义的角度，并取与 xy 平面

的交点，再分别取两组交点的 x 与 y 坐标，进而得出背索的相交点。示意图见图 12。

2.2.4 多榀张拉平面

其余各空间平面的位置即进深，由设计需求决定，以进深与分段数为条件，可相除得出 y 方向跨深，即可作为张拉板长度。以首个 xz 平面为基准点，以可利用阵列命令得到一组数列，以此为索引将任一位置点进行复制可得到跨深方向等距离的一组位置点。将钢柱、拉索、背索、张拉板短边线和张拉点数据进行整合，并以所得点作为参考进行复制，可得进深方向的多组单元。将复制前后的张拉点相连，可确定张拉板长边。将长短边对应分组，进行扫掠，所得平面即为单块张拉板。以短边线法方向为方向，输入所需距离将各平面进行拉伸，可确定带有厚度的张拉板。具体见图 13。

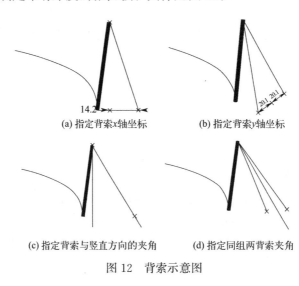

(a) 指定背索 x 轴坐标   (b) 指定背索 y 轴坐标

(c) 指定背索与竖直方向的夹角   (d) 指定同组两背索夹角

图 12　背索示意图

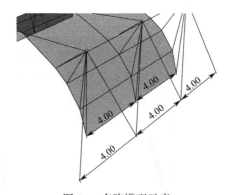

图 13　多跨模型示意

相邻两组背索共用地面的同一位置，故其 y 方向坐标可由单个跨深确定。

3　成果输出

基于参数化的简便性目前提出可实现的三个成果：

（1）利用 Rhino 及 GH 所建立的模型，可导出 dxf 文本，其中包含线段与面域。这可以省去 Midas 及 3D3S 等软件中繁琐的建模过程。

（2）利用 Rhino 及 GH 所建立的模型，可导出 dxf 文本对模型进行分层，利用 Midas Gen 及 3D3S 等软件自带的导入功能可直接将材料与截面属性输入，进一步省去了软件中赋予材料和截面属性的时间。具体界面可见图 14、图 15。

图 14　Midas Gen 导入界面

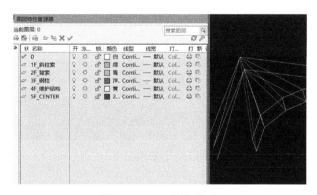

图 15　3D3S 导入界面

（3）利用 Rhino 及 GH 所建立的模型，可导出 Midas Gen 软件内文本 mgt 格式，可将模型尺寸、材料、属性、边界条件和荷载一体导入。实现 Rhino 与 MIdas Gen 软件之间完全的互通，这使得有限元软件仅仅起到一个计算的作用，其他过程均可在 Rhino 软件中完成。

3.1　结构模型静力性能分析

通过 Midas Gen 软件和 3D3S 软件对结构进行不同工况下的静力性能分析来验证结构体系参数化设计的可行性。

3.2 荷载设计

针对斜拉金属薄板结构的荷载设计应按照有关规范选取并组合，需要考虑永久荷载、可变荷载和荷载效应组合。

永久荷载包括：金属薄板的自重、给拉索施加的预应力。

可变荷载包括：屋面活荷载、风荷载、雪荷载。

风荷载：按照建筑结构荷载规范[8] 中规定，表达式为：

$$w_k = \beta_z \mu_s \mu_z w_0 \tag{1}$$

式中：w_k 为风荷载标准值（kN/m^2）；β_z 为高度 z 处的风振系数；μ_s 为风荷载体型系数；μ_z 为风压高度变化系数；w_0 为基本风压（kN/m^2）。

雪荷载：按照建筑结构荷载规范[8] 中规定，表达式为：

$$s_k = \mu_r s_0 \tag{2}$$

式中：s_k 为雪荷载标准值（kN/m^2）；μ_r 为屋面积雪分布系数；s_0 为基本雪压（kN/m^2）。

3.3 工况组合

（1）1.3 自重＋1.3 预应力＋1.5×1 风荷载。

（2）1.3 自重＋1.3 预应力＋1.5×1 活荷载。

（3）1.3 自重＋1.3 预应力＋1.5×1 风荷载＋1.5×0.7 活荷载。

3.4 模型概括

（1）模型介绍

选用等高度划分的逻辑方法，确定了计算模型的尺寸。整体结构共 1 跨，2 榀，下部结构跨度为 12m，进深 1.5m，钢柱高度为 4.2m，背索向外 2m。具体见图 16。

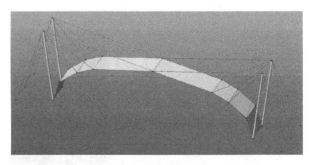

图 16 计算模型图

（2）截面尺寸介绍

各试件的截面尺寸见表 2。

截面尺寸 表 2

单元	材料	尺寸(mm)	弹性模量(kN/m^2)
拉索	钢绞线	15.2	1.6×10^8
背索	钢绞线	15.2	1.6×10^8
钢柱	HRB335	114×5	2.06×10^8
板	铝合金	1	7×10^7

（3）单元类型

拉索和背索单元采用只受拉的索单元，钢柱采用桁架单元，板采用板单元。

（4）支座类型

采用固定铰支座。

3.5　计算结果

Midas Gen 软件工况组合 3 条件下的挠度和应力图，见图 17、图 18。

(a) 钢柱　　　　　　　　　　　　　　　　　　(b) 索

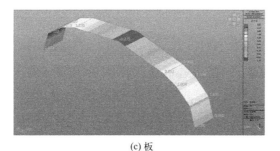

(c) 板

图 17　钢柱、索和板挠度（mm）

(a) 钢柱　　　　　　　　　　　　　　　　　　(b) 索

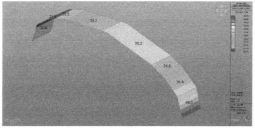

(c) 板

图 18　钢柱、索和板应力（MPa）

由图可知：

（1）结构最大挠度最大位于板左侧由下往上第二个节点处为 2.52mm。

（2）钢柱处于受压状态，应力最大值为 80.6MPa。拉索最大应力为 204.4MPa，出现在背索处。板面最大应力为 49MPa，出现在板面与地面接触位置。

3D3S 软件在工况组合 3 条件下的挠度和应力图，见图 19、图 20。

 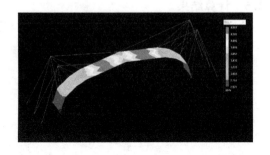

图 19　模型挠度（mm）　　　　　　　　图 20　模型应力（MPa）

4　结论

利用 Rhinoceros 平台的 Grasshopper 插件对斜拉金属薄板结构进行参数化建模，再将此模型转换为 dxf 格式导入 Midas Gen 软件中进行有限元计算后。得出以下结论。

（1）利用 Rhinoceros 平台的 Grasshopper 插件编制了斜拉金属薄板结构快速建模工具，程序结构简单，运行速度快，能实时预览参数调整效果，可有效提高结构工程师的工作效率。

（2）静力计算显示，斜拉金属薄板结构变形较大的位置主要出现在板左侧由下往上的位置，应力较大点为背索和板与地面接触的位置。

（3）计算结果表明，参数化建模与有限元软件之间互相导入的方法是可行的，但现阶段只能做到成果输出中的前两种。第三种由于有限元软件数据不可知等因素，导致该方法还未走通，还需进一步地研究。

参考文献

[1]　向达，张力，黄子镇．临时大跨度屋架结构的新型设计与搭接研究［J］．工业，2016，（8）：163-164.

[2]　陆赐麟．1980 奥林匹克运动会的主要建筑物及其结构特点［J］．北京工业大学学报，1982，（03）：119-131.

[3]　陆赐麟．国外大型体育建筑结构的发展与趋向［J］．建筑结构学报，1983，（05）：71-77.

[4]　陆赐麟，尹思明，刘锡良．现代预应力钢结构（修订版）［M］．北京：人民交通出版社，2007.

[5]　刘凯，陈翔，颜涛．基于 Grasshopper 参数化设计的异形空间网架结构建模新方法及结构比选［J］．建筑结构，2018，48（21）：81-83.

[6]　朱鸣，王春磊．使用犀牛软件及 Grasshopper 插件实现双层网壳结构快速建模［J］．建筑结构，2012，42（S2）：424-427.

[7]　张群力，周平槐，何银丰，等．基于软件 Rhino 的异形建筑几何造型方法［J］．浙江建筑，2013，30（03）：15-19.

[8]　中国建筑科学研究院．建筑结构荷载规范：GB/50010—2012［S］．北京：中国建筑工业出版社，2012.

第四篇

施工技术

预应力索拱结构施工研究

摘要： 某办公楼改扩建工程在原结构顶部增加一层钢结构加层，屋顶采用新颖的预应力索拱结构形式。本文使用 ANSYS 软件对预应力索拱进行了施工仿真计算，分析预应力索拱结构在施工期间具有较强的非线性特性，根据仿真计算结果指导实际施工过程。同时，文中还详细介绍了预应力索拱结构的施工技术，包括钢索张拉技术、应力监控技术等。

1 概况

1.1 工程概况

某办公楼改扩建工程位于北京市建国门附近，原结构为五层混凝土框架结构。建筑改造拟在原结构顶部新增加一层钢结构会议厅。新增的屋顶建筑造型为拱形，结构类型为钢弧梁预应力索拱结构。北京市建筑设计研究院负责整体钢结构设计，北京市建筑工程研究院承担了预应力索拱结构屋顶的预应力及钢索设计和预应力索拱施工任务。图 1 为加层结构的平面布置图。

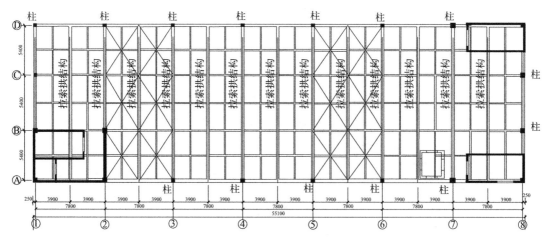

图 1　加层结构平面布置图

如图 1 所示，加层屋顶结构跨度为 16.8m，纵向由 13 榀预应力索拱结构组成，间距均为 3.9m。每榀预应力索拱结构由组合焊接 H 型钢拱形梁和两根预应力钢索组成，两拱脚与加层钢柱连接部分采用可滑动橡胶支座连接。图 2 为所采用预应力索拱结构图。

文章发表于《第八届后张预应力学术交流会论文》2004 年，文章作者：秦杰、李国立、李继雄、李建国、刘向阳。

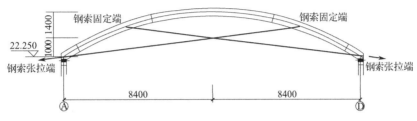

图 2　预应力索拱结构图

1.2　预应力索拱结构简介

作为一种建筑与美学和谐统一的结构形式，从公元前二世纪古罗马人使用砖石材料创造拱券结构至今，拱一直受到建筑师的青睐。但是，拱是具有侧推力的结构，拱脚处往往产生较大的水平推力。

为降低甚至消除此拱脚推力，目前工程界有效的方法是使用钢索将两拱脚相连。结构形式为钢索与钢拱架组合，称为"预应力索拱结构"。预应力索拱结构几种主要形式如图 3 所示。[1] 本文所涉及的预应力索拱结构形式与图 3 中(f) 相似。

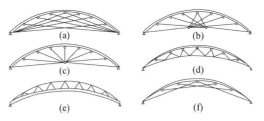

图 3　预应力索拱结构几种形式

2　预应力索拱施工仿真计算

2.1　仿真计算目的

对预应力索拱结构进行施工仿真计算，需要解决以下技术问题：

①预应力索拱结构在钢索张拉之前刚度很差，不能够承担设计荷载，因此若要进行承载力计算，首先需要计算钢索张拉完成后的状态；

②预应力索拱结构是一种几何非线性较强的结构形式，钢索的张拉会使结构几何形态及应力产生较大的变化，因此需要进行施工仿真计算验算合理的预应力度；

③通过施工仿真计算，可以模拟预应力索拱结构在不同施工阶段的力学性能，从而确定相应的施工方法和施工顺序。

施工仿真计算需要回答两个问题：1）钢索预应力的控制；2）钢索预应力的建立是否需要分步张拉。

施工仿真计算采用有限元计算软件 ANSYS8.0，按实际结构尺寸建立有限元计算模型，其中钢梁选用 Beam188 单元，钢索采用 Link8 单元，钢索预应力通过设置初始应变的方法施加，图 4 为计算模型。在计算中考虑结构大变形及应力刚化效应，按照四种工况对预应力力索拱结构各个阶段进行计算。四种工况分别为 1）预拉力；2）预拉力＋恒荷载（标准值）；3）预拉力＋恒荷载＋集中力（标准值）；4）预拉力＋恒荷载＋集中力＋活载（设计值）。

2.2　仿真计算结果

施工仿真计算确定了钢索初始预拉力为 73KN，其预应力确定原则是预应力钢索平衡

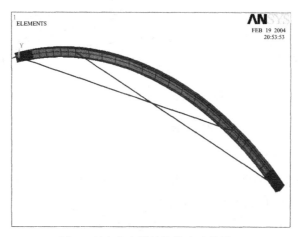

图 4　预应力索拱结构仿真计算模型

恒荷载标准值，即恒荷载作用下弧形钢梁尺寸与原始尺寸基本相同。表 1 为计算结果汇总。

施工仿真计算结果汇总　　　　　　　　　　　　　　　　　表 1

计算工况	变形位移（mm）		钢索拉力（kN）	型钢最大应力（MPa）			
	水平(右支座)（相对于柱轴线）	竖向（拱顶）		钢索固定端		拱顶	
				上翼缘板	下翼缘板	上翼缘板	下翼缘板
预拉力	−35.2	+45.3	73	−30.8	+47.3	+64.8	−84.5
预拉力＋恒荷载(标准值)	+3.6	−4.1	215	−52.2	+24.7	−12.7	−41.2
预拉力＋恒荷载＋集中力(标准值)	+8.8	−11.1	234	−73.8	+33.7	−24.1	−35.6
预拉力＋恒荷载＋集中力＋活载(设计值)	+19.6	−24.6	273	−99.5	+50.7	−47.0	−24.0

从计算结果可以看出，型钢梁应力在施工和使用各个阶段均没有超过设计值；钢索在设计荷载作用下的拉力将达到 273kN，钢索拉力有较高的安全储备。

2.3　施工方法的确定

根据施工仿真计算结果确定施工方法如下：1）钢索张拉控制拉力为 73kN，在施工时使用压力传感器以确保张拉力的准确；2）钢索在施工现场一次张拉至 73kN，然后吊装就位，不进行二次张拉。

3　预应力索拱施工技术

3.1　钢索设计及加工

钢索是预应力索拱结构的关键组成部分，其材料选取、长度确定按结构计算和耐久性要求有以下几个特点：

①由预应力钢索最大承载拉力及安全系数确定钢索类型为 $\phi 5 \times 31$，材料标准强度为 1670MPa。考虑防火及防腐性能选择镀锌钢丝和外包双层 PE 保护层。

②预应力钢索一端为锚固端，一端为张拉端。锚固端为叉耳式，张拉端为带螺扣的钢拉杆。张拉时借助螺扣设计张拉设备，张拉完成后使用双螺母进行永久锚固（图5）。

③在设计叉耳尺寸时要进行抗剪和局部承压验算，特别注意与型钢拱架耳板尺寸匹配，防止出现叉耳安装不上或者安装后叉耳无法转动的情况。

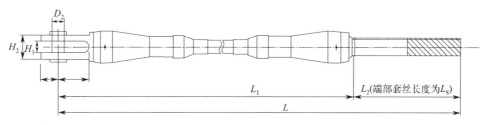

图5　钢索加工图

④本工程钢索张拉端设计长度较大，主要是由于张拉端要穿过拱脚处的上下翼缘板。

⑤钢索长度确定要遵循应力下料的原则。对于本工程下料长度过短，则螺扣数目不满足张拉要求；下料长度过大，则需要张拉完毕后进行机械切除，导致费工费料。

3.2　钢索张拉技术

钢索张拉包括两方面内容，一方面为张拉装置设计和加工，一方面为钢索张拉应力监测。

对于预应力钢结构，需要针对具体工程设计专用的张拉设备。本工程索设计的张拉设备如图6所示。

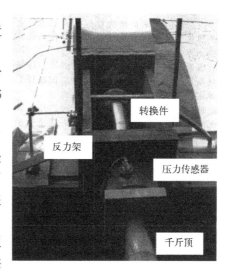

图6　张拉设备组装照片

张拉装置由四部分组成：

①转换件。由于钢索张拉端所带的钢拉杆直径为$\phi56$，因此在钢拉杆与张拉用钢绞线之间设计了转换件。在张拉时，通过转换件将千斤顶拉力传递到钢拉杆，实现对钢索施加预应力。

②反力架。反力架为钢板焊接成的一种类似板凳的稳定结构，可以把张拉钢索的反力传递到钢拱梁上，实现张拉体系的自平衡。

③应力传感器。采用60t压力传感器，数值监测采用DH3818数据采集一起，通过监测压力传感器读数控制预应力索的张拉力。

④千斤顶。内置前卡式YCN-23张拉钢绞线用千斤顶，通过张拉钢绞线来对钢索施加预应力。

本工程设计的张拉设备操作灵活、组装简便，可供类似工程预应力张拉参考。

3.3　施工监测

为避免预应力索拱结构在张拉时变形较大，因此在预应力钢索张拉过程中对结构变形和钢索应力进行现场实体监测。具体做法是：选取了一榀索拱结构在钢结构加工厂进行了张拉试验，安装位移传感器和应力传感器，实时监测结构的变形及应力，包括钢弧梁的侧向变形等。试验过程在此不再赘述。

试验结果表明，按照原施工方案进行预应力钢索张拉，没有出现结构变形和应力超限的情况，监测结果与施工仿真计算吻合较好。因此，在进行其余各榀索拱结构施工时，重点进行钢索拉力监测，不再进行变形监测。

4 结语

通过本工程预应力索拱结构的施工仿真计算和施工技术研究，有以下几点结论：

① 作为一种比较新颖的结构形式，预应力索拱结构对施工提出了较高的要求，要求施工单位不仅具有相关的施工技术，而且应该具有较强的计算能力以准确把握结构在施工各阶段的力学性能。

② 本工程预应力钢索张拉试验表明，ANSYS 施工仿真计算结果与现场实测结果吻合较好，为施工仿真计算指导施工提供了依据。同时，仿真计算结果将直接决定施工方法与施工技术的选用。

③ 与常规结构施工不同，无论是本文所述的预应力索拱结构，还是其他预应力钢结构，在施工时均需要配备结构变形、应力监测设备，这是保证施工合格的最基本要素。

④ 随着预应力钢结构被越来越多的建筑师和结构工程师认识和接受，预应力钢结构工程会越来越多地出现。但是由于预应力钢结构对施工技术要求高，施工过程力学问题复杂，因此需选择技术实力强的专业技术院所进行施工，以保证预应力钢结构这种先进的结构形式在我国健康、持续地发展。

参考文献

[1] 陆赐麟，尹思明，刘锡良. 现代预应力钢结构 [M]. 北京：人民交通出版社，2004.

[2] 白义奎，佟国红，姜传军，等. 预应力拉索拱结构在日光温室骨架设计中的应用 [J]. 钢结构，2002，(03)：14-15.

[3] 刘航，李晨光，李占军. 拉索拱结构的预应力施工 [J]. 钢结构，2001，(01)：23-24.

预应力索拱结构施工仿真与施工技术研究

摘要： 某办公楼改扩建工程是在原结构顶部增加 1 层钢结构加层，屋顶采用预应力索拱结构形式。使用 ANSYS 软件对预应力索拱进行了施工仿真计算，分析预应力索拱结构在施工期间具有较强的非线性特性，根据仿真计算结果指导实际施工过程。还介绍了预应力索拱结构的施工技术，包括钢索张拉技术、应力监控技术等。

某办公楼改扩建工程位于北京市建国门附近，原结构为 5 层混凝土框架结构。建筑改造拟在原结构顶部新增加 1 层钢结构会议厅。新增的屋顶建筑造型为拱形，结构类型为钢弧梁预应力索拱结构。北京市建筑设计研究院负责整体钢结构设计，北京市建筑工程研究院承担了预应力索拱结构屋顶的预应力及钢索设计和预应力索拱施工任务。加层结构的平面布置如图 1 所示。

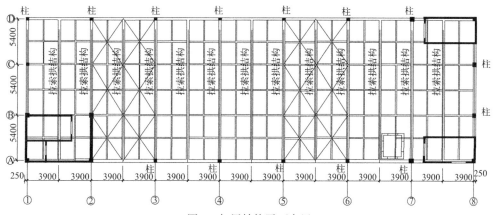

图 1　加层结构平面布置

加层屋顶结构跨度为 16.8m，纵向由 13 榀预应力索拱结构组成，间距均为 3.9m。每榀预应力索拱结构由组合焊接 H 型钢拱形梁和 2 根预应力钢索组成，两拱脚与加层钢柱连接部分采用可滑动橡胶支座连接。预应力索拱结构如图 2 所示。

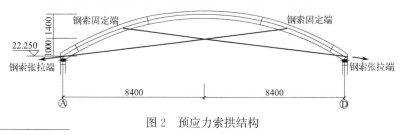

图 2　预应力索拱结构

文章发表于《施工技术》2004 年 11 月第 33 卷第 11 期，文章作者：秦杰、李国立、李继雄、李建国、刘向阳。

1　预应力索拱结构简介

拱是具有侧推力的结构，拱脚处往往产生较大的水平推力。为降低甚至消除拱脚推力，目前工程界有效的方法是使用钢索将两拱脚相连。结构形式为钢索与钢拱架组合，称为"预应力索拱结构"。预应力索拱结构主要形式如图 3 所示[1]。本文所涉及的结构形式与图 3(f) 相似。

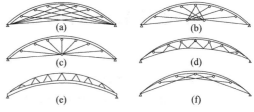

图 3　预应力索拱结构主要形式

2　预应力索拱施工仿真计算

2.1　仿真计算目的

（1）预应力索拱结构在钢索张拉之前刚度很差，不能够承担设计荷载，因此若要进行承载力计算，首先需要计算钢索张拉完成后的状态。

（2）预应力索拱结构是一种几何非线性较强的结构形式，钢索的张拉会使结构几何形态及应力产生较大的变化，因此需要进行施工仿真计算验算合理的预应力度。

（3）通过施工仿真计算，可以模拟预应力索拱结构在不同施工阶段的力学性能，从而确定相应的施工方法和施工顺序。

施工仿真计算需要注意 2 个问题：①钢索预应力的控制；②钢索预应力的建立是否需要分步张拉。

施工仿真计算采用有限元计算软件 ANSYS8.0，按实际结构尺寸建立有限元计算模型，其中钢梁选用 Beam 188 单元，钢索采用 Link 8 单元，钢索预应力通过设置初始应变的方法施加（图 4）。在计算中考虑结构大变形及应力刚化效应，按照 4 种工况对预应力索拱结构各个阶段进行计算。4 种工况分别为：①预拉力；②预拉力＋恒荷载（标准值）；③预拉力＋恒荷载＋集中力（标准值）；④预拉力＋恒荷载＋集中力＋活载（设计值）。

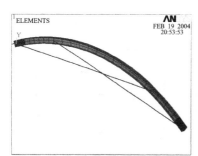

图 4　预应力索拱结构仿真计算模型

2.2　仿真计算结果

施工仿真计算确定了钢索初始预拉力为 73kN，其预应力确定原则是预应力钢索平衡恒荷载标准值，即恒荷载作用下弧形钢梁尺寸与原始尺寸基本相同。计算结果见表 1。

施工仿真计算结果　　　　　　　　　　　　　　　　　表 1

计算工况	变形位移(mm)		钢索拉力(kN)	型钢最大应力(MPa)			
	水平(右支座)（相对于柱轴线）	竖向（拱顶）		钢索固定端		拱顶	
				上翼缘板	下翼缘板	上翼缘板	下翼缘板
预拉力	−35.2	+45.3	73	−30.8	+47.3	+64.8	−84.5
预拉力＋恒荷载（标准值）	+3.6	−4.1	215	−52.2	+24.7	−12.7	−41.2
预拉力＋恒荷载＋集中力（标准值）	+8.8	−11.1	234	−73.8	+33.7	−24.1	−35.6

续表

计算工况	变形位移（mm）		钢索拉力（kN）	型钢最大应力（MPa）			
	水平(右支座)(相对于柱轴线)	竖向(拱顶)		钢索固定端		拱顶	
				上翼缘板	下翼缘板	上翼缘板	下翼缘板
预拉力＋恒荷载＋集中力＋活载(设计值)	＋19.6	−24.6	273	−99.5	＋50.7	−47.0	−24.0

从计算结果可以看出，型钢梁应力在施工和使用各个阶段均没有超过设计值；钢索在设计荷载作用下的拉力将达到 273kN，钢索拉力有较高的安全储备。

2.3 施工方法的确定

根据施工仿真计算结果确定施工方法如下：①钢索张拉控制拉力为 73kN，在施工时使用压力传感器以确保张拉力的准确；②钢索在施工现场一次张拉至 73kN，然后吊装就位，不进行二次张拉。

3 预应力索拱施工技术

3.1 钢索设计及加工

钢索是预应力索拱结构的关键组成部分，其材料选取、长度确定按结构计算和耐久性要求有以下特点：

（1）由预应力钢索最大承载拉力及安全系数确定钢索类型为 $\phi 5mm \times 31$，强度为 1670MPa。考虑防火及防腐性能选择镀锌钢丝和外包双层 PE 保护层。

（2）预应力钢索一端为锚固端，一端为张拉端。锚固端为叉耳式，张拉端为带螺扣的钢拉杆。张拉时借助螺扣设计张拉设备，张拉完成后使用双螺母进行永久锚固（图 5）。

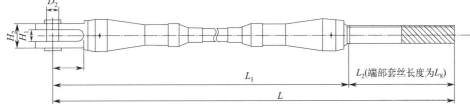

图 5　钢索加工示意

（3）在设计叉耳尺寸时要进行抗剪和局部承压验算，特别注意与型钢拱架耳板尺寸匹配，防止出现叉耳安装不上或者安装之后叉耳无法转动的情况。

（4）本工程钢索张拉端设计长度较大，主要是由于张拉端要穿过拱脚处的上下翼缘板。

（5）钢索长度确定要遵循应力下料的原则。对于本工程，下料长度过短，则螺扣数目不能满足张拉要求；下料长度过大，则需要张拉完毕后进行机械切除，导致费工费料。

3.2 钢索张拉技术

钢索张拉包括两方面：①张拉装置设计和加工；②钢索张拉应力监测。

3.2.1 张拉设备

对于预应力钢结构，需要针对具体工程设计专用的张拉设备。张拉设备由 4 部分组成：

（1）转换件　由于钢索张拉端所带的钢拉杆为 $\phi56mm$，因此在钢拉杆与张拉用钢绞线之间设计了转换件。在张拉时，通过转换件将千斤顶拉力传递到钢拉杆，实现对钢索施加预应力。

（2）反力架　钢板焊接成的一种类似板凳的稳定结构，可以把张拉钢索的反力传递到钢拱梁上，实现张拉体系的自平衡。

（3）应力传感器　采用 60t 压力传感器，通过监测压力传感器读数控制预应力索的张拉力。

（4）千斤顶　内置前卡式 YCN-23 张拉钢绞线用千斤顶，通过张拉钢绞线来对钢索施加预应力。

3.2.2 施工监测

为避免预应力索拱结构在张拉时变形较大，因此在预应力钢索张拉过程中对结构变形和钢索应力进行现场实体监测。具体做法是：选取 1 榀索拱结构在钢结构加工厂进行张拉试验，安装位移传感器和应力传感器，实时监测结构的变形及应力，包括钢弧梁的侧向变形等。

试验结果表明，按照原施工方案进行预应力钢索张拉，没有出现结构变形和应力超限的情况，监测结果与施工仿真计算吻合较好。因此，在进行其余各榀索拱结构施工时，重点进行钢索拉力监测，不再进行变形监测。

4 结论

（1）本工程预应力钢索张拉试验表明，ANSYS 施工仿真计算结果与现场实测结果吻合较好，为施工仿真计算指导施工提供了依据。同时，仿真计算结果将直接决定施工方法与施工技术的选用。

（2）与常规结构施工不同，无论是预应力索拱结构，还是其他预应力钢结构，在施工时均需配备结构变形、应力监测设备，这是保证施工合格的最基本要素。

（3）作为一种新颖的结构形式，预应力索拱结构对施工提出了较高的要求，要求施工单位不仅具有相关的施工技术，而且应该具有较强的计算能力以准确把握结构在施工各阶段的力学性能。需选择技术实力强的专业队伍施工。

参考文献

[1] 陆赐麟，尹思明，刘锡良．现代预应力钢结构 [M]．北京：人民交通出版社，2004．

[2] 白义奎，佟国红，姜传军，等．预应力拉索拱结构在日光温室骨架设计中的应用 [J]．钢结构，2002，（03）：14-15．

[3] 刘航，李晨光，李占军．拉索拱结构的预应力施工 [J]．钢结构，2001，（01）：23-24．

国家体育馆双向张弦钢屋盖施工技术

摘要： 国家体育馆钢屋盖为双向张弦桁架结构，桁架跨度 114m×144.5m。经过 1：10 模型试验及大量的仿真分析和方案论证，施工中采用了地面分段组装，高空整榀拼装，纵向桁架横向带索累积滑移，滑移到位后进行双向预应力索分级对称张拉的施工工艺。

国家体育馆是北京 2008 年奥运会三大主场馆之一，奥运期间将主要进行体操比赛、手球决赛，残奥会进行轮椅篮球比赛。其建筑由比赛馆、热身馆组成，比赛馆可容纳观众约 1.8 万人，总建筑面积 80890m^2，地下 1 层、地上 4 层。

屋盖平面投影为 2 个矩形，纵向长 195.5m，横向宽 114m，分别覆盖比赛馆和热身馆，其中比赛馆尺寸为 114m×144.5m，热身馆尺寸为 51m×63m，屋面呈南高北低的波浪形曲线，结构最高点标高 42.454m（图 1）。

比赛馆钢屋盖结构形式为单曲面双向张弦桁架钢结构，其上层为正交正放的平面桁架（横向 18 榀，纵向 14 榀），网格间距 8.5m，结构高度为 1.518～3.973m。其中上弦、腹杆采用无缝圆钢管，节点为焊接球，下弦采用矩形管，铸钢节点连接，桁架材质为 Q345C。下层为钢撑杆及双向预应力空间张拉索网，横向 14 榀，纵向 8 榀带索，横向为双索，纵向为单索，钢索采用挤包双护层大节距扭绞型缆索，强度等级 1670MPa，$\phi5×109～\phi5×367$；撑杆为 $\phi219mm×12mm$ 的钢管，最长 9.248m。桁架通过 6 个三向固定球铰支座和 54 个单向滑动球铰支座支承在周边劲性钢筋混凝土柱顶。钢屋盖（包括热身馆）投影面积 22788m^2，重约 3000t。钢屋盖典型剖面如图 2 所示。

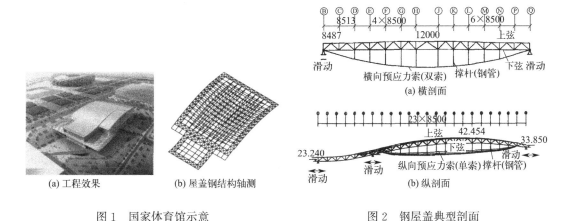

图 1　国家体育馆示意
(a) 工程效果　(b) 屋盖钢结构轴测

图 2　钢屋盖典型剖面
(a) 横剖面　(b) 纵剖面

文章发表于《施工技术》2006 年 11 月第 35 卷增刊，文章作者：杨郁、王甦、成会斌、崔岜、秦杰。

1 钢屋盖特点

屋盖钢结构为双向张弦预应力空间结构体系，具有用材省，承载力高，结构稳定性好等特点，但在国内是首次应用。因为屋面为曲面造型，使桁架下弦纵向支座呈竖曲线状布置；桁架节点构造复杂、种类多，除球节点、相贯节点外，下弦采用了大量复杂的铸钢节点；撑杆上端与网格结构的下弦采用万向球铰节点连接、下端与索采用带钢球的夹板节点连接。万向球铰节点为机加工件，索夹节点为锻件，索端节点采用铸钢件。

2 施工方案比选

钢屋盖结构的创新性，为安装带来新的课题。工程的具体情况是比赛馆四周有多层看台，看台结构是主体劲性钢筋混凝土框架的一部分，已先期施工；另外工期紧，施工总体安排需要组织立体交叉施工，因此要求屋盖、屋面施工方案必须能最大限度地减少对其他后续分项工程的影响。为此，对 3 种方案进行比选。

2.1 高空散装方案

在屋盖高度搭设支撑及操作脚手架，根据吊装设备能力将屋盖结构分成小榀单元，吊至高空拼装的方法施工简单，质量容易保证，尤其对于双向结构更易保证各向桁架的拼装精度和质量。但由于本工程有地下室，空间高度大，四周有看台，所以架子的搭设、楼板的支顶不仅很困难，而且工程量庞大；满堂脚手架也不利于交叉施工，高空散装方案会严重影响工期和成本。

2.2 整体提升方案

整体提升与散装方法相比，可以减少脚手架及拼装平台的高度，减少高空作业量，加快施工进度，提高安全度。但地面低拼装平台的搭设同样因周边看台结构的存在而受限制变得很困难，且很难做到一次拼装到位提升，于是需要较多的高空补拼。此方案脚手架照常存在，同时仍需要部分高空拼装。

2.3 高空滑移方案

在跨端设高空拼装平台，然后将屋盖逐步滑移到位的方案，对吊装设备要求不高，不需要满堂脚手架，缩小了高空作业范围，安全性也较好，且能最大限度地减少对屋盖下面施工作业面的影响，为交叉施工创造有利条件。但滑移方法因本工程的特殊性而有两种方法可选择：

1）纵向滑移　组拼的滑移单元跨度小，附属工作所占比例小，效益好。但本工程因为纵向支座标高呈竖曲线分布，所以沿纵向滑移就变成了曲线滑移，如此只能是单榀滑移，由于该屋盖是双向结构，所以滑移到位后另一方向的结构补拼也将是非常困难的。所以此方法难以实施。

2）横向滑移　即以纵向（144.5m）为跨度方向组装、滑移。滑移跨度大，滑移次数少，附属工作所占比例高，从效益上看似乎不合算，但可以解决本工程遇到的特殊情况，滑移轨道变成了水平、直线，可以由逐条滑移改为累积滑移。在平台上能先组成双向结构，滑移时更接近设计状态；减少了滑移后的高空作业量，达到了减少对其他工序的影响，能组织交叉施工的目的。

3 技术路线确定

综合分析体育馆结构特点、现场条件及工期、成本等因素，经过反复论证，多方案比较，最终选定了纵向桁架沿横向累积滑移，然后张拉的技术路线。即：纵向桁架先在地面分段拼装，然后在高空组装平台上拼成整榀；组拼 2 榀后开始拼装节间横向桁架构成滑移单元；向前滑移一个柱距。依次往复，逐跨组装纵、横向桁架，逐跨推进，直至滑移到位。最后进行预应力索张拉。

4 主要分项技术方案

4.1 高空拼装平台设计

本拼装平台有两点别于通常作法：①拼装平台放在了结构内部（东侧）；②平台宽 21m，能满足 3 榀纵向屋盖的拼装要求。其设计思路为：

1）尽管在结构内侧搭设平台难度大，但因为桁架的预应力索撑杆最长达 9.248m，其底标高低于框架结构框架梁，如在结构外侧拼装则混凝土结构滑移前不能施工到位，需在滑移后补做，如此互相制约影响工期。

2）为保证横向桁架拼装质量需要加宽平台。本工程桁架在高空拼装平台上组拼时是七点支撑，滑移时是三点支撑。横向桁架不像纵向桁架那样可以在拼装平台一次拼装成型，而是在滑移过程中逐节间逐步拼装而成。如果出现横向桁架前节间已受力变形，后节间再拼装的状况，横向桁架（且为主跨）的拼装质量不能保证。增加平台宽度保证 3 榀纵向桁架同时在平台上，可以使横向桁架在前一节间没有发生变位时拼装后一节间，如此能较好地提高横向桁架的整体质量。高空拼装平面如图 3 所示。

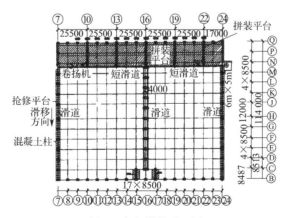

图 3 高空拼装平面图

4.2 带索滑移

为最大限度减少屋盖施工对其他工序的影响，桁架滑移采取了带索滑移的方法。纵向索适度张拉可提高滑移时桁架的刚度，对滑移有利，但带索给滑移增加了难度和工作量。首先要增加安装撑杆和穿索的操作平台，本工程是在拼装平台的前面（西侧）设置的，安装撑杆和穿索需在桁架滑移出拼装平台后进行。因为撑杆和索的存在，中间滑道要降低，所以又需要采用滑移胎架。预应力索撑杆最长为 9.248m，滑移胎架的高度定为 11m。这样中间支撑变成了由 26m 高的滑道支撑架和 11m 高的滑移胎架两部分组成。此种状态下的支撑计算分析比较困难。最后结合现场条件，用标准件将滑道支撑架拼成 2×8m，滑移胎架为 2×6m。

由于中间滑道降低 11m，使本工程的滑移轨道为 26.754m（北）、26.100m（中）、33.850m（南）三个不同标高，且差别很大。轨道标高的不同及高滑移胎架的出现给滑移增加了很多困难。

在中滑道，爬行器推力作用点的标高为 26.100m，拼装平台上对应支撑点（短滑道）的标高为 36.949m，很显然在滑移时存在令桁架转动的力偶。为解决这一难题，首先是增加了辅助滑移胎架，并加强前部几个滑移胎架的纵向整体刚度，使其能较好地向上传递水平推力，同时在组装平台处增加了同步助推千斤顶，有效地避免了滑移中的上翘，保持滑移的稳定，如图 4 所示。

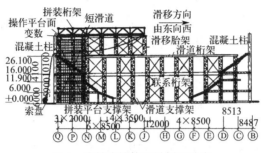

图 4　⑯轴支撑体系纵剖面示意

体育馆屋盖因为滑移轨道标高不等（南高北低），桁架不对称，所以滑移保持同步比较困难。我们采用了计算机控制液压滑移设备，液压牵引作业由计算机通过行程传感器进行闭环控制，实现牵引的同步和负载的均衡。在滑移过程中出现滑道不同步时，我们通过单独加压顶推滞后滑道的控制油泵方法，确保滑移至预定距离时，最大不同步距离控制在 5mm 以内；另外为防止桁架结构侧向位移，将滑靴与南、北轨道间的挡块间隙控制在 10mm 以内。

4.3　预应力张拉

国家体育馆的双向张弦桁架结构形式新颖，在国内是首次应用，且国内在这方面的相关试验研究很少，所以不仅缺少可借鉴的类似工程也缺少参考资料。因此需要对桁架结构静力力学性能和基本动态力学性能、结构承载力、张拉对结构形态变化的影响及控制方法，对在不能双向各索同时张拉的情况下，分步张拉索间相互影响及补偿方法等进行模型试验研究。

通过 1:10 模型试验，对理论分析进行了验证，对几个不同预应力张拉方案进行了对比筛选，确定了双向索分级张拉施工工艺：预应力施加分 3 级，第 1 级施加至设计值的 80%，第 2 级施加至设计值的 100%，并超张拉至设计值的 105%（每级还要细分若干个小级），第 3 级进行微调。张拉时纵向和横向拉索对称同步张拉，第 1 级张拉千斤顶由两侧轴线到中间轴线，第 2 级张拉千斤顶由中间轴线到两侧轴线移动。预应力钢索的张拉控制采用张拉力和伸长值同时控制，其中张拉力作为主要控制要素，伸长值作为辅助控制要素。张拉时最多需要同时张拉纵、横向各两个轴线的索（6 根索、12 个千斤顶）。

模型试验对特殊工况也进行了研究：结构超载试验表明，结构有很好的安全储备；换索试验结果显示双向张弦结构具有很好的抗突发事件能力，不会因个别拉索出现紧急情况而影响整体结构的安全。

通过模型试验验证，预应力施加过程中桁架反拱是明显的，接近理论分析值。即滑移用的中滑道在预应力施加完成后，能完全与桁架脱离，因此中滑道不需要增加主动卸载设施。

5　结语

国家体育馆钢屋盖工程采用"带索累积滑移"方案，屋盖施工期间其他工序按计划实现了交叉，保证了施工总体部署的实现。通过施工实践证明方案是科学合理的，所采取的一系列措施为施工提供了必要的技术保证。特别是对于不等高、不对称桁架的同步控制积累了有益的经验。在钢屋盖施工过程中，为了控制钢结构的施工精度和施工安全，对结构形态、就位精度、应力应变等进行了实时监测，已完成工序的监测数据显示，监测结果与理论分析基本吻合，处于预控范围之内，钢屋盖施工达到了预期目标。

国家奥林匹克体育中心
综合训练馆张弦结构施工技术

摘要： 奥体中心综合训练馆为 2008 奥运会训练场馆之一，采用结构形式为变跨度单向张弦结构。论述了钢结构和预应力施工技术，结合施工仿真计算结果和现场监测结果，提出了此类结构的预应力及钢结构施工技术和特点。

1 工程概况

奥体中心综合训练馆工程（图1～图3）为国家体育总局奥运会场馆和国家队训练设施建设管理办公室投资建设。工程位于奥体中心总体规划的东北部，与原有的比赛馆、游泳馆、训练馆沿弧线组成同圆心的系列。本工程平面尺寸约为 116.7m×134.3m，房屋檐口高度为 24m，由附属用房和训练馆两部分组成，平面呈扇形布置。

图 1　奥体综合训练馆工程效果

图 2　奥体综合训练馆结构透视

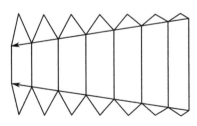

图 3　奥体综合训练馆屋盖结构平面

2 结构体系

训练馆采用钢框架和 V 形钢支撑组成的框架—支撑结构体系，地上共两层，其中，

文章发表于《工业建筑》2007 年第 37 卷第 1 期，文章作者：徐瑞龙、秦杰、李国立、覃阳。

36m×70m 场馆（男、女柔道训练馆）的一层层高为 11m，二层男女摔跤馆，屋面檐口标高为 19.5m；43m×70m 场馆（男子网球训练馆）的一层层高为 14.5m，二层女子网球训练馆，屋面檐口标高为 23.4m。

训练馆二层大跨楼面采用在短跨方向设置焊接工字钢主梁与钢柱刚接，长跨方向设置多榀钢桁架小次梁支撑楼板，楼板采用压型钢板和钢筋混凝土组合楼板；二层大跨屋面采用预应力索（钢）桁架，板式节点或铸钢节点，球形抗震支座，索桁架与钢柱和屋面钢次檩条共同作用，组成钢结构受力体系，屋面板采用轻型金属保温板，附属用房和训练馆间采用钢梁（板）结构连接。

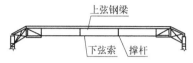

图 4　奥体综合训练馆屋盖单榀剖面

训练馆跨距分 43、36m 两种，柱距最大为 12m，最小为 3.6m。柱顶标高最高为 24.446m。屋架共计 18 榀，其中各榀水平段最长为 36.2m，单榀屋架最大用钢量为 18.779t（图 4）。

3　节点设计

此桁架内预应力拉索的相关节点主要有两部分，一部分为索端与钢结构的连接，一部分为索与撑杆的连接。由于建筑上要求索体的选型为两端带叉耳的热铸锚具，因此索端与钢结构的连接采用一块耳板加两块焊接补强板。下弦拉索沿一个方向布置，撑杆在荷载情况改变时，主要沿一个方向发生转动，因而撑杆上端与矩形钢管间采用双耳板加销轴的连接方式，撑杆与拉索间为了美观及受力要求采用了单独设计的索夹节点。索端耳板与撑杆下端索夹节点示意见图 5、图 6。

图 5　索端节点

图 6　索夹节点

4　预应力施工方案

钢结构的安装比选方案主要有两种，第一种方案是先进行结构柱的安装，然后在地面拼装屋顶张弦梁，在张弦梁进行第一次张拉后将桁架吊装到柱顶，然后安装二层钢结构；第二种方案是首先进行结构柱的安装，其次安装二层钢结构，最后在屋面上进行屋顶张弦梁的安装。

第一种方案钢结构安装比较方便，所有钢结构的安装都可以采用履带起重机在地面吊装完成；第二种方案中结构柱和二层屋面的钢结构可以采用履带吊车在地面吊装完成，屋顶张弦结构的安装需要将汽车起重机先吊装到屋面上，因此需要对结构的混凝土楼板进行加固处理。经综合比较认为，第一种方案在钢结构施工过程中其他土建混凝土工序很难插入到结构施工中，同时由于三个场馆为整体受力，对结构的受力不利；第二种方案虽然增加了对二层混凝土楼板的加固工作量，但是其对结构的施工质量更有保证，同时可以增加土建施工的作业面，形成流水施工，可节省工期一个月。最终确定采用第二种方案进行施工。

根据钢结构第二种施工方案，确定预应力的施工程序见图7。

1）张拉设备的选用

计算索张拉时，张拉力为 82～165kN，每个张拉端需要 2 台 100t 千斤顶，每次张拉一根索。张拉设备见图8。

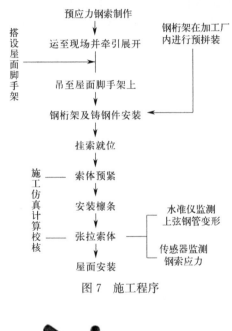

图 7　施工程序

图 8　张拉设备

2）预应力钢索张拉前标定张拉设备

张拉设备采用北京市建筑工程研究院研制的预应力钢结构用千斤顶和配套油泵、油压传感器及千斤顶支撑架。根据设计和预应力工艺要求的实际张拉力对油压传感器进行标定。标定书在张拉资料中给出。

3）张拉时的技术参数及控制原则

施工控制原则为：张拉时以张拉力控制为主，伸长值控制为辅。主索张拉力和伸长值为预应力钢索施工记录内容。张拉的同时监测钢结构的反拱、支座位移和钢结构应力。

4）张拉的分级及张拉顺序

张拉分成两级完成，第一级张拉 80%，第二级张拉至 100%。张拉顺序为先张拉最长的一根索到80％，然后由长到短依次张拉每根索到80％；在第一级张拉完成后，从最短的索逐步张拉到最长的索直到100％。最后根据监测的结果进行微调。

5 施工仿真模拟与监测

张弦结构是一种柔性体系，实际的结构与理论计算模型（图9）会有所差别，因此实际结构在施加的预应力作用下，受力性能会与理论计算有所不同，因此对张弦结构施工最重要的技术措施为在施工前进行施工仿真模拟计算，充分理解结构的受力性能，包括变形规律、钢结构应力状况等，以此作为指导施工的重要依据。在安装完檩条后结构的竖向变形、支座水平位移和钢结构应力如图10所示。

图9 计算模型

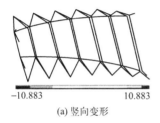 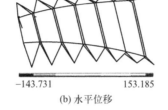 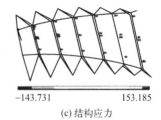

−10.883　　10.883	−143.731　　153.185	−143.731　　153.185
(a) 竖向变形	(b) 水平位移	(c) 结构应力

图10 结构竖向变形（mm）、支座水平位移（mm）和钢结构应力（MPa）

基于上述计算对实施大吨位张拉的屋顶张弦梁，需要进行张拉监测。张弦梁张拉阶段的监测，一部分为预应力钢索的受拉应力及主桁架应力监测，一部分为结构的变形监测。

预应力钢索拉力监测采用油压传感器测试。油压传感器安装于液压千斤顶油泵上，通过专用传感器显示仪器可随时监测到预应力钢索的拉力，以保证预应力钢索施工完成后的应力与设计单位要求的应力吻合。

在预应力钢索进行张拉时，钢结构部分会随之变形。钢结构的位移和应力与预应力钢索的拉力是相辅相成的，即可以通过钢结构的变形计算出预应力钢索的应力。基于此，在预应力钢索张拉的过程中，结合施工仿真计算结果，对钢结构采用水准仪及百分表进行变形监测可以保证预应力施工安全、有效，同时在有代表性的主桁架上安装振弦式应变计监测实际的桁架内力。水准仪的测点位于每个桁架跨中上侧，振弦式应变计安装在桁架跨中及索端节点上，钢管上弦每一个测点安装两个振弦式应变计，分别位于钢梁的上下侧。钢结构上的振弦式应变计安装部位见图11；钢结构上的变形监测点见图12。支座的位移也是反映结构受力特性的一个重要方面，因此对具有代表性的桁架也进行支座位移的监测，具体布置位置见图12。

在张拉过程中对钢桁架的这些受力特性进行了测量，实测结果如图13～图15所示。

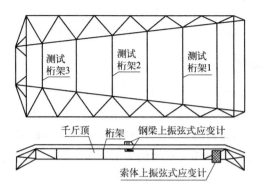

图11 钢结构每榀桁架振弦式应变计安装位置

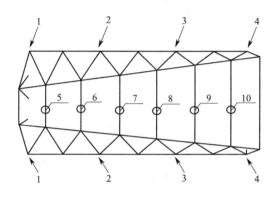

图12 钢结构变形监测点

1—支座位移监测点1（百分表）；2—支座位移监测点2（百分表）；
3—支座位移监测点3（百分表）；4—支座位移监测点4（百分表）；
5—起拱监测点1（水准仪）；6—起拱监测点2（水准仪）；7—起拱监
测点3（水准仪）；8—起拱监测点4（水准仪）；9—起拱监测点5（水
准仪）；10—起拱监测点6（水准仪）

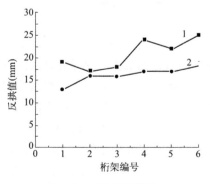

图13 反拱监测结果

1—实测；2—理论计算

从图13～图15可以看出，结构的实测反拱变形及支座位移比理论计算值稍大一些，钢结构实测应力比理论计算值稍小（与图10比较），钢结构的应力和整个结构的变形都满

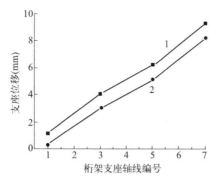

图 14　支座位移监测结果

1—实测；2—理论计算

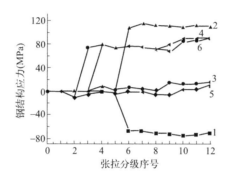

图 15　钢结构应力随张拉过程变化曲线

1—1 榀上；2—1 榀下；3—3 榀上；4—3 榀下；5—4 榀上；6—4 榀下

足相关规范要求。

6　结语

1）奥体中心综合训练馆选择了张弦结构作为其主结构形式，但同时又有一定的创新。其创新之处在于：通过张弦结构的跨度变化，实现建筑平面和空间的要求，在张弦结构的应用上有所突破；2）作为一种比较新颖的结构形式，预应力张弦梁结构对施工提出了较高的要求，需要在施工前准确把握结构的受力性能，根据理论计算结果指导施工，同时需要在现场配备必要的监测仪器进行监测；3）本工程的监测很好地验证了理论计算的结果，说明有限元软件在模拟预应力钢结构施工仿真方面有较高的可信度，在进行施工方案比选时其计算结果可作为评判依据之一。

参考文献

［1］　陆赐麟，尹思明，刘锡良．现代预应力钢结构［M］．北京：人民交通出版社，2003.

［2］　黄明鑫．大型张弦梁结构的设计与施工［M］．济南：山东科学技术出版社，2005.

大跨度弦支穹顶结构预应力施工技术研究

摘要： 本文以 2008 年奥运会国家羽毛球馆比赛馆屋盖施工为例，详细介绍了大跨度弦支穹顶结构预应力施工中的一些关键技术，这些技术对其他类似工程有一定的参考价值。

弦支穹顶结构体系由单层网壳、撑杆和索三部分组成，见图1～图3。各层撑杆的上端与单层网壳对应的各层节点径向铰接，下端与径向拉索（Radial Cable）下端相连，同层撑杆下端被环向箍索（Hoop Cable）连接在一起，使整个结构形成一个完整的结构体系。当结构受外荷载作用时，内力通过上端的单层网壳传到下端的撑杆上，再通过撑杆传给索，索受力后，产生对支座的反向拉力，使整个结构对下端约束环梁的横向推力大大减小。与此同时，由于撑杆的作用，也大大减小了上部单层网壳各层节点的竖向位移和变形，较大幅度地提高了结构的稳定承载能力。与单层网壳结构及索穹顶等柔性结构相比，该体系具有简单高效，结构形式多样，受力直接明确，使用范围广泛，能够充分发挥刚柔两种材料的优势，制造、运输、施工简洁方便，支座水平推力小等优点。

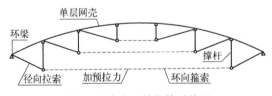

图 1　弦支穹顶结构体系简图

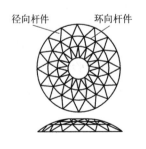

图 2　弦支穹顶上部

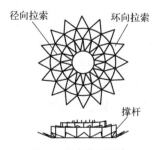

图 3　弦支穹顶下部

1　工程概况

2008 年奥运会羽毛球馆比赛馆屋盖结构形式为弦支穹顶结构，见图 4、图 5。环向预应力索规格为：$\phi7mm\times199mm$、$\phi5mm\times139mm$、$\phi5mm\times61mm$ 三种，索体由多根直径为 7mm、5mm 的高强度普通松弛冷拔镀锌钢丝束组成，外包双层 PE 保护套，锚具采用热铸锚具的索头和调节套筒，调节套筒的调节量不小于±300mm；径向钢拉杆规格为：$\phi60$ 和 $\phi40$。环向索和径向拉杆详细参数见表 1、表 2。

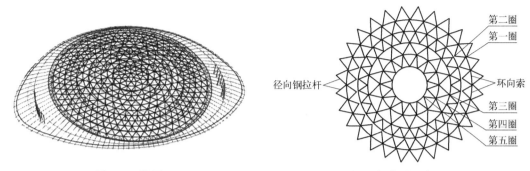

图 4　三维图　　　　　　　　　　图 5　钢索平面布置图

环向索基本参数　　　　　　　　　　表 1

索编号	规格	屈服强度（MPa）	预张力（kN）	长度 A（mm）	长度 L（mm）	数量（根）	合计索长（mm）	说明
HS01	$\phi7\times199$		3800	8723.8	61066.7	4	244266.8	每圈环索分 4 段
HS02	$\phi5\times139$		1756	7169.9	50189.3	4	200757.2	
HS03	$\phi5\times139$	≥1410	1394	5596.7	39176.9	4	156707.6	
HS04	$\phi5\times61$		723	7963.8	55746.6	2	111493.2	每圈环索分 2 段
HS05	$\phi5\times61$		561	4785.4	33497.8	2	66995.6	
合计						16	780220.4	

径向拉杆基本参数　　　　　　　　　　表 2

索编号	规格	屈服强度（MPa）	预张力（kN）	销孔中心距离 L（mm）	数量（根）	合计长度（mm）	说明
XS-01	$\phi60$		0	7611	56	426216	
XS-02	$\phi40$		0	7529	56	421624	
XS-03	$\phi40$	≥835	0	7474	56	418544	
XS-04	$\phi40$		0	8300	28	232400	
XS-05	$\phi40$		0	7850	28	219800	
合计					224	1718584	

2　施工难点

由于本工程结构形式新颖，且可借鉴的施工经验少，使得该工程具有以下施工难点：

（1）布索阶段。本工程钢索长度较长，最外圈总长为 244m，总重约 4.8t；分为四段后，每段长度也有 61m，每段重约 1.2t。因屋盖跨度较大，现场的吊装设备只能将钢索吊至第一圈环杆处，除第一圈钢索能够使用吊装设备外，其他各圈的环向索，只能通过人力及其他工具来布索，所以环向布索比较困难。

径向拉杆刚性较大、长度较长，安装时，在脚手架间隙穿过也有一定的困难。

（2）挂索阶段。由于环向索具有重量较重、径向拉杆具有刚性较大的特点，且要求钢索和钢拉杆挂完后要保证撑杆有一定的向外偏转角度，给挂索也带来一定的困难。

（3）钢索张拉阶段。要保证张拉结束后索内应力及结构所有杆件位形符合设计要求，就要对张拉方案进行详细研究，以便制定合理的张拉方案，即便如此，由于实际情况与理论存在差别，要想达到设计要求也有很大的难度。

（4）施工监测。在张拉过程中，结构都要经历一个内力重分布的过程，形状也要随之改变；因此要对钢结构的变形和索内力进行实时监测，以确保结构施工期间的安全，并保证结构的初始状态与原设计相符。由于需监测的项目及监测点繁多，要做好整个项目的监测工作也有很大的难度。

3 施工方案

根据本工程结构形式特点，需先安装上部单层网壳，然后再施工预应力索。在安装单层网壳的同时将索放开，等单层网壳全部安装完毕后，再安装径向钢拉杆、撑杆及撑杆下节点，同时进行索就位。全部连接完毕后，开始索张拉，直至符合设计要求。

环向索和径向拉杆依次从外环向内环安装；同一环内，先将各圈环向索放置在撑杆下节点的下方，再安装径向拉杆，最后安装环向索。

网壳安装结束后，在脚手架支撑作用下的位形要跟设计图纸相吻合。施加预应力的方法为张拉环向索，并且分三级张拉，张拉采用以控制张拉力为主、监测伸长值为辅的双控原则；张拉顺序为：第一级由外向内张拉至设计张拉力的70%，第二级由外向内张拉至设计张拉力的90%，最后由内向外张拉至设计张拉力的110%。

4 布索

由于环向索较重（约1.2t）而且较长（约61m），为了现场施工方便，在索体制作时，每根索体都单独成盘，布索时用吊车先将环向索放置在放索盘上，然后整体吊至搭设好的放索操作平台上，再通过平板车和捯链将环向索慢慢放开，为防止索体在移动过程中与脚手板接触，索头用布包住，并在沿放索方向铺设一些滚子，以保证索体不与平台接触。索放开后，先用吊带将钢索悬挂在网壳上，同时将撑杆下方的平台拆低5m，最后将钢索整体放至预先搭好的放索马道上，见图6、图7。

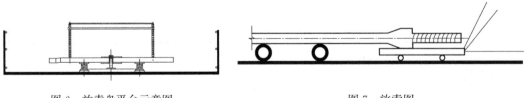

图6 放索盘平台示意图   图7 放索图

径向钢拉杆重量比较轻，安装钢拉杆相对容易一些。直接用人工搬运的方式进行安装就位。

5 挂索

挂索时，从钢索一端开始，采取四点同时安装，每个点通过四个捯链慢慢将钢索提起，提至标定的位置后进行安装。捯链悬挂在上部网壳节点上。

6 预应力张拉

（1）张拉设备选用

经计算，环向索最大张拉力约 266t，因此同一张拉点需两台 150t 千斤顶。由于同一圈环向索四段同时张拉，故选用 8 台 150t 千斤顶，使用 4 套张拉设备。

（2）同步张拉要求

为满足同一圈的钢索和径向拉杆均匀受力，张拉环向索时采用四个点同步张拉，4 台油泵（附带 4 个油压传感器）、八个千斤顶同时使用，保证张拉同步，环向索分三级张拉，每级又分为 4～10 小级，确保张拉均匀同步。

（3）施工仿真分析

张拉前模拟张拉过程进行施工全过程力学仿真分析，为后续施工提供参考值。

（4）确定撑杆张拉前初始位置

张拉前撑杆都是向外偏斜的，图中虚线位置为撑杆张拉前状态，张拉结束后撑杆竖直，具体参数见图 8 及表 3。

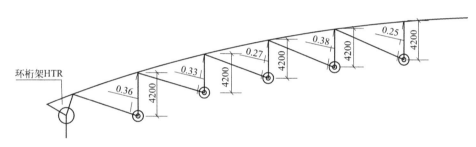

图 8 撑杆初始偏位图

撑杆下端偏移距离（mm） 表 3

第 1 圈撑杆	第 2 圈撑杆	第 3 圈撑杆	第 4 圈撑杆	第 5 圈撑杆
28	33	34	28	17

（5）张拉技术参数

根据张拉过程仿真计算，确定环向索预应力张拉值，见表 4。

环向索预张力 表 4

环向索	第 1 圈环向索	第 2 圈环向索	第 3 圈环向索	第 4 圈环向索	第 5 圈环向索
第 1 级张拉力值（70%设计张拉力）	1693kN	860kN	534kN	249kN	118kN
第 2 级张拉力值（90%设计张拉力）	2177kN	1106kN	687kN	320kN	152kN
第 3 级张拉力值（110%设计张拉力）	2661kN	1351kN	839kN	392kN	185kN

（6）张拉

张拉前先用计算机仿真模拟张拉工况，以此得出的数据作为指导张拉的依据。张拉时逐级张拉，施加预应力的方法为张拉环向索，并且分三级张拉，张拉采用以控制张拉力为主、监测伸长值为辅的双控原则；张拉顺序为：第一级由外向内张拉至设计张拉力的70%，第二级由外向内张拉至设计张拉力的90%，最后由内向外张拉至设计张拉力的110%。在70%设计张拉力完成后，拆除所有脚手架支撑。

（7）张拉操作要点

①张拉设备安装：由于本工程张拉设备组件较多，因此在进行安装时必须小心安放，使张拉设备形心与钢索重合，以保证预应力钢索在进行张拉时不产生偏心；

②预应力钢索张拉：油泵启动供油正常后，开始加压，当压力达到钢索张拉力时，超张拉5%左右，然后停止加压。张拉时，要控制给油速度，给油时间不应低于0.5min。

（8）张拉同步控制措施

张拉时，每圈有8个千斤顶同时工作，因此控制张拉同步是保证撑杆竖直及结构受力均匀的重要措施。控制张拉同步有两个步骤。首先，在张拉前调整环向索连接处的螺母，使螺杆露出的长度相同，即初始张拉位置相同。其次，在张拉过程中将每级的张拉力（70%、90%、110%）在张拉过程中再次细分为4~10小级，在每小级中尽量使千斤顶给油速度同步，在张拉完成每小级后，所有千斤顶停止给油，测量索体的伸长值。如果同一索体两侧的伸长值不同，则在下一级张拉的时候，伸长值小的一侧首先张拉出这个差值，然后另一端再给油。通过每一个小级停顿调整的方法来达到整体同步的效果。

（9）张拉测量记录

张拉前可把预应力钢索在10%的预紧力作用下作为原始长度，当张拉完成后，再次测量调节头部分长度，两者之差即为实际伸长值。

除了张拉长度记录，还应该把油压传感器测得的拉力记录下来，以便对结构进行监测。

7 张拉监测

每次张拉后，结构都要经历一个自适应的过程，结构会经过自平衡而使内力重分布，形状也随之改变，所以张拉过程的监控是十分重要的，必须采取可靠的监测手段，对钢结构的变形和预应力钢索的受力进行适时监测，以确保结构施工期安全，保证结构的初始状态与设计相符。

（1）索力监测点布置

即张拉端油压传感器布置、径向钢拉杆及撑杆测点布置。

①张拉端油压传感器布置：在张拉每圈环向索时，每个张拉端处都跟油泵一起配备一个油压传感器，能够读出在张拉过程中施加的预应力。张拉端布置见图9。

图9 张拉端布置图

②径向钢拉杆及撑杆测点布置：为满足在千斤顶撤去后能够监测出环向索索力值的大小，在径向钢拉杆和撑杆上布置振弦应变计监测其应力变化，同时对整个张拉过程进行全过程索力监测。

环向索力可通过节点力的平衡方程联立求解得到,见图 10。

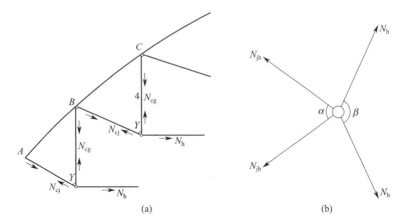

图 10　索力求解计算简图

$$N_{\mathrm{h}} = \frac{N_{\mathrm{cj}} \sin\gamma \cos\dfrac{\alpha}{2}}{\cos\dfrac{\beta}{2}}$$

环向索力可以通过径向拉杆力来计算

$$N_{\mathrm{h}} = \frac{N_{\mathrm{cg}} \tan\gamma \cos\dfrac{\alpha}{2}}{2\cos\dfrac{\beta}{2}}$$

环向索力可以通过撑杆轴力来计算

式中　N_{cj}——径向索的索力在水平面 XOY 的分量;

　　　N_{h}——环向索的预拉力;

　　　N_{cg}——撑杆的轴力;

　　　α——两根径向拉索在水平面上投影间的夹角;

　　　β——相邻环向索之间的夹角;

　　　γ——径向索与竖向 Z 轴的夹角。

运用上面公式,通过监测径向钢拉杆和撑杆轴力即能监测环向索索力。径向钢拉杆上布置振弦应变计不但可以监测环向索索力值,而且还能够监测钢索索力的不均匀性。径向钢拉杆及撑杆振弦应变计测点布置位置见图 11、图 12,第 1、2、3 圈径向钢拉杆和撑杆上都对称粘贴 2 个振弦应变计。

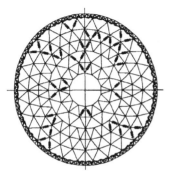

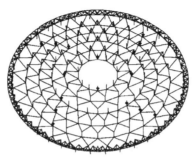

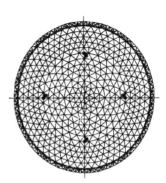

图 11　径向钢拉杆　　　图 12　撑杆内力监测点布置图　　　图 13　网壳应力监测点布置图
　　内力监测点布置图

每段索中间的径向拉杆和撑杆都布置了测点，既可以监测环向索索力也可以判断环向索索力是否能够传递。

（2）网壳应力监测布置

为了监测张拉过程中网壳杆件应力变化情况，根据仿真计算结果，选取了第 8 圈环向杆（由中心向外）上杆件应力比较大的几个点作为监测对象，在所选杆件中间左右对称地粘贴两个振弦应变计。具体布置位置见图 13。

（3）支座处应力监测布置

为了监测张拉过程中支座反力的变化情况，根据仿真计算结果，选取了支座反力比较大的几个点和应力比较大的几根杆件作为监测对象，在所选杆件中间左右对称地粘贴两个振弦应变计。具体布置位置见图 14。

（4）起拱值监测点

为了监测在张拉过程中结构竖向位移（即起拱值）和支撑脚手架的变形情况，需布置一定数量的竖向位移监测点来满足施工需要，具体布置见图 15。

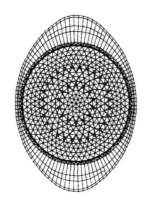

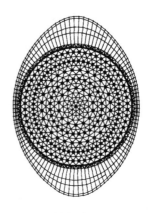

图 14　支座处应力监测点布置图　　　　　图 15　结构变形监测点

（5）钢索张拉伸长值监测

张拉过程中，每步张拉完成后应对该圈全部张拉端进行伸长值测量，每级张拉完成后最终测得伸长值即为该级张拉伸长值。每圈张拉到设计张力后，进行最终伸长值测量，测得值即为该圈环向索最终伸长值，张拉端位置图见张拉端油压传感器布置图。

（6）撑杆偏移量监测

五圈环向索在每级张拉完成后，应对全部撑杆进行偏移量测量；全部最终张拉完成后，再对全部撑杆偏移量进行测量，撑杆布置图见图 16。

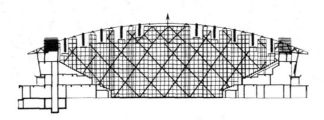

图 16　撑杆布置图

（7）监测点布置数量

应力监测位置一共78个，振弦应变计总数量为132个，变形监测点一共183个，伸长值监测点16个，撑杆偏移量监测点112个，既能够很好地满足预应力施工张拉的需要，也能保证施工安全，见表5。

监测点布置数量 表5

监测位置	径向钢拉杆应力	撑杆应力	变形监测	网壳杆件应力及支座处应力	伸长值监测	撑杆偏移量监测
监测点数量(个)	80	28	183	24	16	112

（8）监测点理论数值

根据现场施工条件和设计要求，进行模拟张拉施工仿真计算，计算过程考虑了以下因素：

①钢结构焊接初始缺陷：钢结构完成焊接并且将所有的环向索和径向钢拉杆安装就位后，通过经纬仪将钢网壳进行重新定位，其仿真计算是在新的测量定位坐标基础上进行的；

②根据钢网壳合拢温度与张拉温度差，计算考虑温度差为20°；

③计算模型约束条件为36根混凝土柱子为刚接，斜钢柱为 XYZ 三个方向固定铰支；中间所有球支墩处为 Z 方向约束；

④计算过程中考虑了铸钢节点及焊接球节点的自重。

（9）监测点采集方法

①杆件应力采集方法：每圈每级张拉完成，过1h后进行全部应力数据采集（包括钢拉杆、撑杆、网壳杆件、支座杆件）；

②竖向位移采集方法：每圈每级张拉完成，过1h后进行起拱值测量，监测21个点的起拱值；全部环向索每级张拉完成后，进行全部监测点（183个）起拱值测量。

8　质量控制关键点

①张拉时按标定的数值进行张拉，用伸长值和油压传感器数值进行校核。

②认真检查张拉设备和与张拉设备相接的钢索，以保证张拉安全、有效。

③张拉时要严格按照操作规程进行张拉，确保同步张拉，张拉不同步，可能使结构异常变形。张拉时可以通过调节油泵给油速度来解决张拉同步的问题，对于索力小的千斤顶可以加快给油，对于索力大的千斤顶可以减慢给油，通过这种措施可以达到同一圈环向索索力相同的目的。

④张拉设备形心应与预应力钢索在同一轴线上。

⑤实测伸长值与计算伸长值相差超过20%时，应停止张拉，报告工程师进行处理，待查明原因，并采取措施后，再继续张拉。

⑥保证撑杆张拉后竖直的措施是：首先，在工厂生产时，在张拉状态下要在索体上作好撑杆的安装位置标记，保证现场撑杆安装位置准确。其次，在张拉前要调整索体的螺母长度使螺杆露出的长度相同，即初始张拉位置相同。最后，在张拉过程中要将每级的张拉力（70%、90%、110%）在张拉过程中再次细分为4～10小级，在每小级中尽量使千斤

顶给油速度同步，在张拉完每小级后，所有千斤顶要停止给油，以便测量索体的伸长值；如果同一索体两侧的伸长值不同，则在下一级张拉的时候，伸长值小的一侧首先张拉出这个差值，然后另一端再给油；通过这种每一个小级停顿调整的方法来达到张拉后撑杆最终竖直的效果。

9　结束语

　　大跨度弦支穹顶结构是单层网壳结构与索穹顶结构杂交而成的新型结构，这种结构形式具有很多优点，但因其技术含量较高，掌握该技术的设计人员、施工人员较少，因而应用不多，尤其是类似本工程这样的大跨度（达 93m）工程应用就更少，致使在实际应用中没有类似工程经验可以参考。本工程在施工过程中通过各方的共同努力，最终较好地完成了施工任务。但仍有一些需要完善提高的地方。本文的总结希望给以后类似工程提供一些参考。

参考文献

［1］　陆赐麟，尹思明，刘锡良，等 . 现代预应力钢结构［M］. 北京：人民交通出版社，2003.

［2］　葛家琪，张国军，王树 . 弦支穹顶结构预应力施工过程仿真分析［J］. 施工技术，2006，（12）：10-13.

［3］　鲍广鑑等 . 钢结构施工技术及实例［M］. 北京：中国建筑工业出版社，2005.

［4］　周观根，方敏勇 . 大跨度空间钢结构施工技术研究［J］. 施工技术，2006，（12）：82-85＋92.

2008 年奥运会乒乓球馆预应力施工技术

摘要： 北京大学乒乓球馆用于第29届奥运会乒乓球比赛，该场馆屋盖采用预应力张弦桁架结构，预应力作用于钢结构辐射桁架的下弦。结合施工仿真计算和现场实测结果，介绍了此类结构的预应力施工技术和特点。

第29届奥运会乒乓球馆位于北京大学校园内，紧邻中国硅谷中关村。总建筑面积约2万 m²。本结构屋盖为新型复杂钢结构体系，其屋盖体系由中央刚性环、中央球壳、辐射桁架、拉索和支撑体系组成。建筑效果如图1所示。

图1 北京大学乒乓球馆建筑效果

1 结构体系

本屋盖钢结构平面尺寸为 92.4m×71.2m，采用预应力张弦桁架结构。共有32榀辐射桁架，每榀辐射桁架下设置有预应力拉索，为自平衡体系。辐射桁架上弦为受压圆钢管，下弦为型号 $\phi5\times151$ 的预应力拉索，直径79mm，拉索一端固定一端可调。

2 预应力施工方案

2.1 结构施工流程

总体安装顺序：先安装球壳、中央刚性环、辐射桁架等钢结构构件，后安装钢索，再进行张拉。具体施工流程如图2所示。

2.2 预应力张拉过程

1) 张拉方式的确定 本结构为复杂预应力钢结构体系，32榀辐射桁架呈180°反对称布置，张拉端均编号，如图3所示。根据其特殊的结构形式，采用反180°对称进行预应力张拉。同时施工前仿真模拟张拉工况，以此作为指导张拉的依据。分3个阶段对称张拉，分别为20%设计张拉力、100%设计张拉力、逐根进行索力调整。根据设计要求的张拉力大小及分布情况，采用4端同时张拉，通过仿真计算分4步进行张拉：第1步 张拉

文章发表于《施工技术》2007年11月第36卷第11期，文章作者：吕李清、仝为民、周黎光、杜彦凯、秦杰。

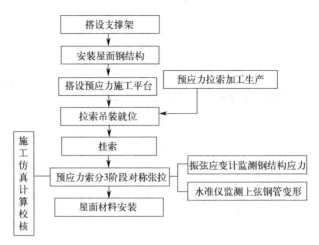

图 2　施工流程示意

HJ-1，HJ-5，HJ-9，HJ-13；第 2 步　张拉 HJ-2，HJ-8，HJ-10，HJ-16；第 3 步　张拉 HJ-3，HJ-7，HJ-11，HJ-15；第 4 步　张拉 HJ-4，HJ-6，HJ-12，HJ-14。

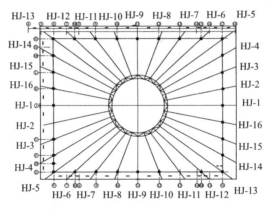

图 3　张拉端编号示意

2）张拉设备的选择　根据设计要求，本钢结构预应力索的张拉力为 308、350、385kN。每根预应力索配 2 台 60t 的千斤顶。张拉设备采用预应力钢结构专用千斤顶和配套油泵、油压传感器、读数仪。根据设计和预应力工艺要求的实际张拉力，对油泵、油压传感器及读数仪进行配套标定。标定书在张拉资料中给出。张拉时必须配套使用。

张拉时采取双控原则：索力控制为主，伸长值控制为辅，同时考虑结构变形。

3　施工仿真计算

由于在施加预应力完成前结构尚未成形，预应力钢结构整体刚度较差，因此必须使用有限元计算软件进行施工仿真计算，以保证施工过程中及使用期结构安全。本工程采用大型有限元计算软件 ANSYS 为计算工具，对预应力张拉过程进行仿真计算，计算模型如图 4 所示。

经计算，张拉完成后结构中心点起拱值为 6mm，结构最大竖向变形发生在辐射桁架的中间位置，最大为 15mm。钢索轴力最大值为 549kN，发生于对角线处（对应张拉端 HJ-13）。钢结构最大应力为 183MPa，发生在 4 个角点的固定铰支座处，另外拉索节点处杆件应力也较大。

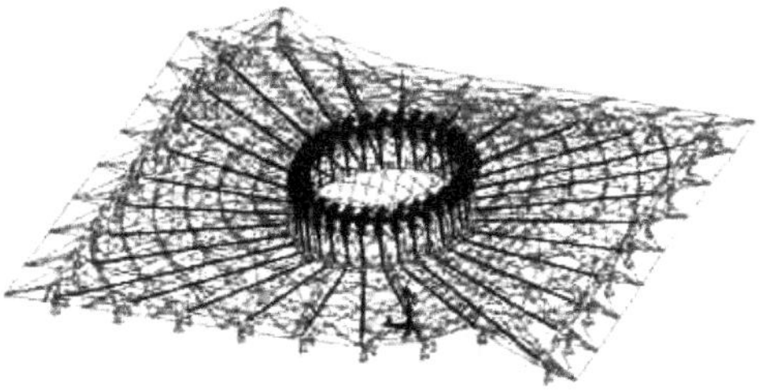

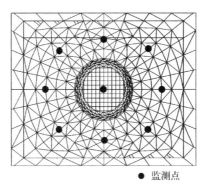

图 4　有限元计算模型

4　施工监测

为保证钢结构的安装精度以及结构在施工期间的安全，并使钢索张拉的预应力状态与设计要求相符，必须在张拉过程中对钢结构的应力与变形进行施工监测。本工程主要有索力、应力监测和起拱值监测两部分。

4.1　监测点布置

1）竖向位移监测点布置　通过水准仪监测在钢结构屋面张拉过程中结构竖向位移变化。竖向位移监测点位置如图 5 所示。

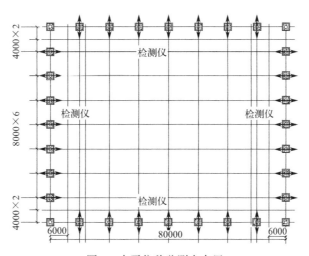

● 监测点

图 5　竖向位移监测点布置

2）水平位移监测点布置　通过百分表监测在钢结构屋面张拉过程中结构滑动支座的水平位移变化。水平位移监测点位置如图 6 所示。

图 6　水平位移监测点布置

3）钢结构应力监测点布置　在应力较大位置布置振弦应变计，监测张拉过程中钢结构应力变化，主要对中央刚性环的环梁进行监测，具体监测点位置如图 7 所示。

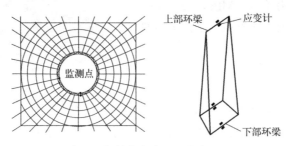

图 7　钢结构应力监测点布置

4.2　监测结果

张拉过程中及张拉完成后对监测点都进行了监测，张拉结束后，实测结果如图 8 所示。

由图 8 可以看出，实测钢结构应力值比理论计算值小，竖向变形实测值比理论计算值略小，水平变形实测值比理论计算值稍大，钢结构应力和整体结构变形满足相关规范的要求。

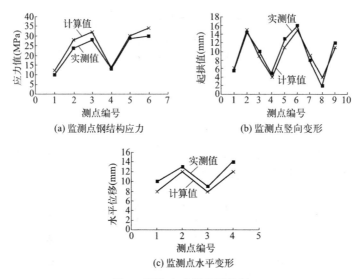

图 8　张拉完成后监测结果

5　结语

1）2008 年奥运会乒乓球馆钢结构屋面为预应力钢结构体系，结构新颖、形式复杂。预应力拉索设置合理，能够有效增加结构的刚度、降低结构竖向变形。

2）根据结构形式和张拉力大小制定合理的放索、张拉等施工方案。

3）对制定的施工方案进行施工仿真模拟计算十分必要，同时应根据计算结果布置相应的应力和变形监测点。

4）施工时应将施工模拟计算和施工过程紧密联系在一起，随时监控应力和变形，确保理论和实际相符。

参考文献

［1］ 黄明鑫．大型张弦梁结构的设计与施工［M］．济南：山东科学技术出版社，2005．

［2］ 陈广峰，李继雄，林浩，等．北京农展馆张弦梁施工技术［J］．施工技术，2005，（07）：7-9．

［3］ 吕晶，徐国彬．鞍山体育中心劲柔索张拉穹顶屋盖设计与施工［A］//第十届空间结构学术会议论文集［C］．北京：中国建材工业出版社，2002：759-763．

［4］ 陆赐麟，尹思明，刘锡良．现代预应力钢结构［M］．北京：人民交通出版社，2003．

2008 年奥运会羽毛球馆弦支穹顶结构预应力施工技术

摘要： 北京工业大学羽毛球馆为 2008 年奥运会比赛场馆之一，采用弦支穹顶结构。详细介绍了该工程的预应力施工技术，结合施工仿真计算和实测结果，提出了结构的预应力施工技术和特点。

2008 年奥运会羽毛球馆位于北京工业大学校内，总建筑面积 24383m²，屋盖最大跨度 93m，矢高 9.3m，下部为钢筋混凝土框架结构，上部采用新型空间结构体系——弦支穹顶结构。建筑效果如图 1 所示。

1 结构体系

本工程屋顶为弦支穹顶结构，上层为单层网壳，下部为索杆结构。下部结构主要由环向索和径向拉杆组成。环向索采用预应力钢索，规格为：$\phi7\times199$、$\phi5\times139$、$\phi5\times61$ 3 种类型，缆索材料采用包双层 PE 保护套，锚具采用热铸锚具的索头和调节套筒，调节套筒的调节量 ±300mm；钢索内钢丝直径 7、5mm，采用高强度普通松弛冷拔镀锌钢丝，抗拉强度 ≥1670MPa，屈服强度 ≥ 1410MPa，钢索抗拉弹性模量 $\geq1.9\times10^5$MPa。径向索采用

图 1 2008 年奥运会
羽毛球馆建筑效果

钢拉杆，规格为：$\phi60$mm 和 $\phi40$mm，屈服强度 ≥835MPa，抗拉强度 ≥1030MPa，理论屈服荷载 1775kN。

2 预应力施工技术

2.1 施工流程

搭设球承重支墩和满堂红支撑架进行网壳安装→搭设 2 个 5m×5m 操作平台→将预制的环向索及径向钢拉杆运至现场→将环向索和放索盘吊至操作平台→在撑杆下部铺设脚手板作为放索马道→放索（环向索）→安装径向钢拉杆→挂索（环向索）→第 1 级张拉环索到 70% 设计张拉力（由外向里）→第 2 级张拉环索到 90% 设计张拉力（由外向里）→第 3 级张拉环索到 110% 设计张拉力（由里向外）→调整索力。在张拉过程中，通过仿真计算进行校核，并用全站仪监测结构变形，用振弦应变计监测结构应力。

2.2 预应力施加方案

弦支穹顶结构拉索预应力的建立通常有 3 种基本方法：

1）通过径向索施加预应力 调整好环向索初始索长和撑杆长度后，直接对径向索建

文章发表于《施工技术》2007 年 11 月第 36 卷第 11 期，文章作者：王泽强、秦杰、徐瑞龙、张然、李国立、陈新礼。

立预应力。本工程径向钢拉杆轴力适中，伸长量也较小，因此对张拉设备要求不高。但是，径向钢拉杆数量比较多，若每环同步张拉，需要多套张拉设备；受张拉设备数量限制，采取拉索成对循环张拉与调整则工作量大，工期较长，且钢拉杆轴力不易控制。

2）通过调节撑杆长度施加预应力　是一种间接施加预应力的方法。本工程撑杆数量较多，其需设备较多，并且该方法要求拉索预先精确确定初始索长，并根据现场钢结构安装误差，确定拉索初始无应力长度，技术难度比较高。

3）通过环向索施加预应力　此方法可以保证施工进度，通过对撑杆下节点进行处理后，能够保证环向索索力很好传递，且尽量均匀。

通过对比，本工程弦支穹顶拉索预应力采用张拉环向索的方法来建立。合理设计张拉工装，张拉过程中合理分级，使张拉完成后钢结构各项指标满足设计要求。张拉前将各圈环向索进行预紧，然后进行正式张拉。

2.3　预应力施工技术要点

1）预应力设备选用　本工程通过环向索施加预应力，经过仿真计算，环向索最大张拉力约 2660kN，需要 2 台 150t 千斤顶，同一圈环向索有 4 个张拉端，故选用 8 台 150t 千斤顶，即同时使用 4 套张拉设备。张拉设备如图 2 所示。

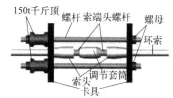

图 2　张拉设备示意

张拉设备采用预应力钢结构专用千斤顶和配套油泵、油压传感器、读数仪。根据设计和预应力工艺要求的实际张拉力对油压传感器及读数仪进行标定。标定书在张拉资料中给出。

2）预应力控制参数　张拉时采取双控原则：索力控制为主，伸长值控制为辅，同时考虑网壳变形。

3）预应力操作要点　张拉前将各圈环向索进行预紧，然后进行正式张拉。总体张拉过程分为 3 级：分别张拉到设计张拉力的 70%、90%、110%。总体张拉顺序为：前 2 级张拉都是由外圈向内圈依次张拉，第 3 级是由内圈向外圈依次张拉完成。

由于本工程张拉设备组件较多，在进行安装时必须小心安放，使张拉设备形心与钢索重合，以保证预应力钢索在张拉时不产生偏心；预应力钢索张拉要保证油泵启动供油正常后开始加压；张拉时，要控制给油速度，给油时间应≥0.5min；每圈环向索在张拉过程中要保证同步性。

3　预应力施工仿真计算

3.1　仿真计算目的

在施加预应力完成前结构尚未成形，弦支穹顶的结构整体刚度较差，因此必须使用有限元计算软件进行弦支穹顶结构的施工仿真计算，以保证结构施工及使用安全。

3.2　施工仿真计算结果

本工程采用 ANSYS 软件对该结构张拉过程进行仿真计算，计算模型如图 3 所示。

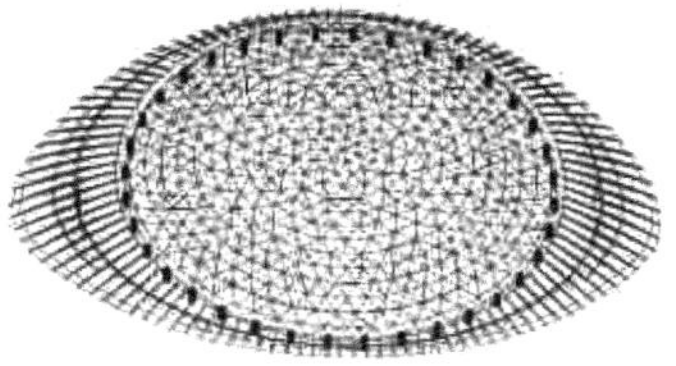

由仿真计算，张拉完成后结构最大起拱值为 79mm；

图 3　有限元计算模型示意

钢索及钢拉杆最大轴力 2661kN，发生于屋盖边缘；钢结构最大压应力 148MPa，最大拉应力 96MPa，均发生在屋盖边缘部位。

根据张拉过程仿真计算结果，确定环向索预应力张拉值如表1所示。

					表 1
			环向索张拉力(kN)		
位置	第 1 圈	第 2 圈	第 3 圈	第 4 圈	第 5 圈
70%设计张拉力	1693	860	534	249	118
90%设计张拉力	2177	1106	687	320	152
110%设计张拉力	2661	1351	839	391	185

4 施工监测

4.1 施工监测目的

在未施加预应力之前，结构还不具有稳定的刚度。为使结构受力均匀，并且满足设计要求，使得同一圈的每段环向索都能够施加上相同的预应力值，必须在张拉过程中进行施工监测。

4.2 测点布置

本工程监测主要有索力监测和起拱值监测。其中索力监测时，张拉端的油压传感器、径向钢拉杆、撑杆 3 种监测索力的方法同时使用。使用全站仪监测结构变形，应力和变形监测点布置如图 4 所示。

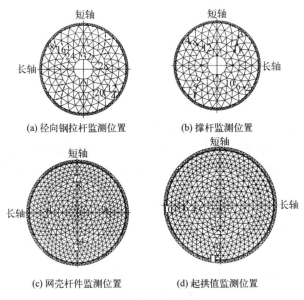

(a) 径向钢拉杆监测位置　　　(b) 撑杆监测位置

(c) 网壳杆件监测位置　　　(d) 起拱值监测位置

图 4　测点布置示意

4.3 监测结果

在张拉过程及完成后对监测点进行了监测，实测结果如图 5 所示。起拱值是从设计张拉力 70%张拉到设计张拉力 110%的起拱变化量。

从图 5 可以看出，钢拉杆实测轴力值比理论计算值小，撑杆和网壳杆件实测应力在理论计算值附近，起拱的实测值比理论计算值小。其主要原因是撑杆下节点存在索力损失，理论计算模型刚度小于实际网壳刚度等。

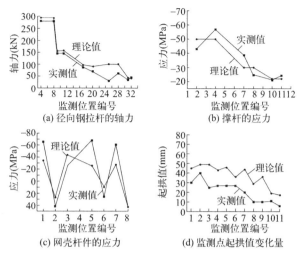

图5　张拉完成后监测结果

5　结语

1）2008年奥运会羽毛球馆为弦支穹顶结构，结构新颖，构思巧妙，受力合理，但是跨度较大，没有现成的工程经验可以借鉴，所以施工难度较大。

2）本工程选择环向索来施加预应力，技术上较合理，施工周期较短，工程造价较低，是较合理的方案。

3）预应力施加过程分为3级，降低了预应力损失，对设备要求相对较低，比1级张拉到位要合理。

4）由于本工程的特殊性，在施工前进行了充分的准备工作，对结构在张拉过程进行了施工仿真计算，同时布置了大量的应力和变形监测点，以保证工程的顺利进行。

5）预应力施工仿真计算采用ANSYS进行，并采用APDL语言编写仿真计算程序，能够很好地模拟该类结构的施工过程。

6）从监测结果来看，实测结果很好的验证了理论计算结果，同时说明了通过有限元计算软件进行施工仿真计算是比较可信的。本工程的施工方法可以为同类工程施工提供借鉴。

参考文献

［1］　陆赐麟，尹思明，刘锡良．现代预应力钢结构［M］．北京：人民交通出版社，2003．

［2］　吕晶，徐国彬．鞍山体育中心劲柔索张拉穹顶屋盖设计与施工［A］//第十届空间结构学术会议论文集［C］．北京：中国建材工业出版社，2002：759-763．

［3］　王泽强．双椭圆形弦支穹顶张拉成形试验研究［D］．北京：中国矿业大学（北京校区），2005．

［4］　边广生，郭正兴．广州大学城中心体育场斜拉网格屋盖张拉施工［J］．施工技术，2007，（06）：50-52．

国家体育馆双向张弦结构预应力施工技术

摘要： 国家体育馆屋面采用双向张弦网格结构，其预应力施工具有一定的难度。介绍了预应力施工方案及施工前期的一些准备工作，如施工仿真模拟计算、张拉工装的设计。简单介绍了预应力施工监测方案和张拉过程中的同步控制措施，并结合仿真计算结果和现场监测结果，提出了此类结构的预应力施工技术和特点。

国家体育馆由比赛馆和热身馆两部分组成。两个馆的屋顶平面投影均为矩形，其中比赛馆平面尺寸 114m×144m，热身馆平面尺寸 51m×63m，整个屋顶投影面积约为 23700m^2。屋面结构为双向张弦空间网格结构，其上弦为由正交桁架组成的空间网格结构，下弦为相互正交的双向拉索。

下弦拉索的平面布置如图 1 所示，横向拉索从⑨轴到㉒轴，共 14 榀，纵向拉索从Ⓔ轴到Ⓜ轴，共 8 榀。结构的横向为主受力方向，因而横向索采用双索，纵向索采用单索，网格平面尺寸 8.5m×8.5m。钢索的预张力由设计院提供，为预应力施工完成后钢索的拉力。

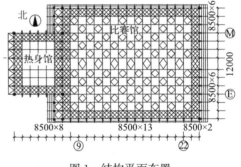

图1 结构平面布置

国家体育馆所采用的双向张弦结构是一种新型的结构形式，其受力性能与单向张弦结构有很大不同，空间作用明显。在预应力施工过程中，钢索之间的张拉力会互相影响，因而预应力施工的复杂性和难度均比单向张弦结构有所提高。

1 张拉方案

对于单向张弦结构来说，由于各榀拉索之间相互作用比较小，同时张拉或者分批张拉对最终的预应力状态影响比较小。但是对于双向张弦结构来说，由于各榀拉索之间空间作用明显，后批张拉的钢索会对先前张拉的钢索的内力产生影响，所以最好所有钢索同步进行张拉。在实际施工中，受到张拉设备及其他施工条件的限制，对所有钢索同时进行张拉较难，一般采用分批张拉。为了保证张拉完成后的预应力状态与设计要求的预应力状态一致，需对每一步的张拉力进行精确的模拟计算，并在施工过程中进行严格的控制。

本工程采用对钢索分批张拉的方式。预应力施加分 2 级，第 1 级张拉到控制应力的 80%，第 2 级张拉到控制应力的 100%，达到设计要求的预应力状态。

文章发表于《施工技术》2007 年 11 月第 36 卷第 11 期，文章作者：徐瑞龙、秦杰、张然、李国立、王泽强、陈新礼。

张拉过程考虑了 2 种方案：①方案 1，第 1 级张拉千斤顶由两边往中间移动，对称张拉，前 4 步每次同步张拉 4 根索（2 根横向索，2 根纵向索），在第 4 步张拉完成后，纵向索张拉完毕，5～7 步分别张拉 2 根横向索；第 1 级张拉完成后，千斤顶移到结构中部，然后进行第 2 级张拉，第 2 级张拉千斤顶由中间往两边移动；②方案 2 与方案 1 相反，第 1 级张拉千斤顶由中间往两边移动，第 2 级张拉千斤顶由两边往中间移动。

2 张拉过程仿真模拟计算

国家体育馆各榀钢索的张拉力互相影响，施工过程复杂。为了保证施工质量，需对张拉过程进行精确的施工仿真模拟计算，可达以下目的：①验证张拉方案的可行性，确保张拉过程安全；②给出每张拉步钢索张拉力的大小，为实际张拉力值的确定提供理论依据；③给出每张拉步结构的变形及应力，为张拉过程中的变形及应力监测提供理论依据；④根据计算出来的张拉力的大小，选择合适的张拉机具，并设计合理的张拉工装；⑤对两种张拉方案进行比较，确定合理的张拉顺序。

根据上文所描述的张拉顺序，对两种张拉方案用 MIDAS Gen 进行了模拟计算。经计算⑯轴拉索张拉力如图 2 所示。

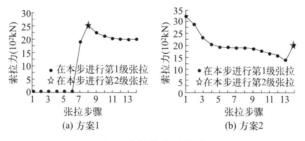

(a) 方案1　　　　(b) 方案2

图 2　⑯轴拉索张拉力

对计算结果进行分析和总结，可得以下结论：①张拉完成后，结构中部向上竖向位移177mm；②张拉过程中，方案 1 最大拉应力 193MPa，最大压应力 128MPa，方案 2 最大拉应力 199MPa，最大压应力 128MPa，结构应力均在弹性范围之内，两种方案均满足安全要求；③张拉过程中，方案 1 横向双索最大张拉力为 2730kN，纵向单索最大张拉力为1850kN；方案 2 横向双索最大张拉力为 3200kN，纵向单索最大张拉力为 2050kN，方案 2的张拉力比方案 1 大得多，对千斤顶及张拉设备的要求更高；④根据张拉过程曲线，由于方案 2 首先张拉中部钢索，在后续的张拉步骤中先张拉的钢索的应力会受到较大的影响，变化幅度也较大，对索力的控制难度也会相应增加。

综合各种因素，选择方案 1 作为最终张拉方案。

3 张拉工装的设计

张拉工装指预应力施工时所采用的一些张拉机具和设备。张拉工装的设计须考虑索具的形式和索端铸钢结构的形式，结合张拉力的大小进行设计，其设计的合理与否直接影响预应力施工的效率和质量。国家体育馆拉索索体如图 3 所示。

根据索具形式和横向双索索端铸钢节点形式，按照施工仿真计算所提供的拉索张拉力的大小，所设计的张拉工装如图 4 所示。

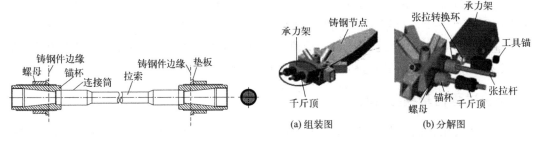

图 3　索体示意　　　　　　　　图 4　张拉工装示意

由图 4 可以看出，张拉工装主要由承力架、千斤顶和张拉杆组成。其受力原理为：千斤顶支承在承力架上，通过千斤顶对张拉杆施加拉力，而张拉杆则通过 1 个张拉转换环（具有内螺纹和外螺纹）与拉索端部索具相连，这样张拉杆中的拉力就可以传递到索端，从而实现对拉索的张拉。本张拉工装的设计充分考虑了索具和铸钢节点的形式，传力过程明确，安装和操作方便。

4　张拉监测

4.1　施工监测目的

在未施加预应力之前，结构不具有稳定的刚度。为使结构受力均匀，并满足设计要求，必须施加预应力，此时需在张拉过程中进行施工监测。对预应力张拉过程中进行监测的目的如下：

1）在未施加预应力之前，结构刚度比较小，因此在张拉过程中要进行施工监测，防止某根杆件出现破坏，甚至整体结构受到较大影响，以保证张拉的安全进行。

2）为保证桁架杆件应力能够在设计允许的范围内，并且满足整体结构的起拱要求，不至于出现个别杆件应力过大或整体结构变形过大的情况，必须对构件应力较大，起拱值较大的部位进行应力监测和变形监测。

4.2　监测点布置

根据张拉施工要求，将监测内容分为 3 部分：拉索应力监测、钢结构应力监测、变形监测（竖向起拱和支座水平位移）。对钢索拉力的监测采用与油泵相连的油压传感器，部分张拉端位置采用双控措施，油压传感器和压力传感器共同使用，每个张拉端都配备一个油压传感器。油压传感器具体布置如图 5(a)所示；对钢结构应力的监测采用振弦式应变计，具体监测点布置如图 5(b)所示；对变形的监测采用全站仪，具体变形监测点布置如图 5(c)、图 5(d)所示。

在预应力施工过程中，根据监测结果，如果发现结构的变形、应力出现异常，应

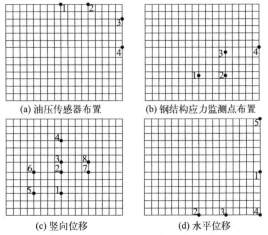

(a) 油压传感器布置　　　(b) 钢结构应力监测点布置

(c) 竖向位移　　　　　(d) 水平位移

图 5　各测点布置示意

立即停止张拉。对出现异常的原因进行分析，对结构进行检查，找出问题并解决后才可继续张拉。

4.3 监测结果

张拉过程进行监测，实际油压传感器和压力传感器读数跟理论张拉力相差很小，都控制在 5% 之内，张拉完成后监测结果如图 6 所示。由图 6 可以看出：

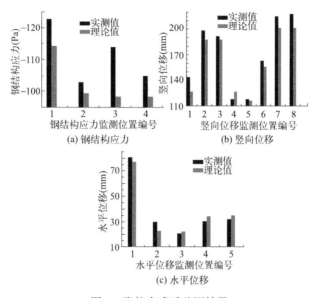

图 6 张拉完成后监测结果

1）总体上钢结构实测应力值在理论计算附近变化，大部分实测应力值比理论计算应力值大。

2）位移实测值在理论计算值附近变化，实测值跟理论计算值变化都在 15% 以内，满足规范和设计要求。

5 张拉过程的同步控制

根据张拉顺序，每次同时张拉 4 榀拉索（2 榀横向索，2 榀纵向索，共 6 根拉索），共有 12 个千斤顶同时工作。如果千斤顶的工作不同步，可能会造成预应力施工完成后撑杆不垂直地面或者结构受力不均匀，因此张拉过程的同步控制是保证预应力施工质量的重要措施。控制张拉过程同步可采取以下措施：

1）在张拉前调整索体锚杯露出螺母的长度相同，即初始张拉位置相同。

2）在张拉过程中，将第 1 级张拉再细分为 10 小级，第 2 级张拉再细分为 4 小级，在每小级中尽量使千斤顶给油速度同步。张拉完成每小级后，所有千斤顶停止给油，测量索体伸长值。如果同一索体两侧的伸长值不同，则在下一级张拉的时候，伸长值小的一侧首先张拉出这个差值，然后另一端再给油。如此通过每一个小级停顿调整的方法来达到整体同步的效果。

6 结语

1）双向张弦结构的空间作用明显，在预应力施工过程中，各榀钢索的拉力相互影响，因而其施工过程与单向张弦结构相比复杂得多。

2）在施工前期需进行大量的计算分析，并与设计院配合进行拉索节点设计和张拉工装的设计等。

3）预应力施工方案的确定需综合考虑结构的特点、施工场地与工期等多种因素，并对多种方案进行比较，选出较优秀的方案。

4）施工仿真模拟计算可以为施工过程提供理论依据，验证施工方案的可实施性，因而对张拉过程进行精确的模拟计算是保证预应力施工质量的重要措施。

5）张拉工装的设计合理与否直接影响预应力施工的效率和质量。设计张拉工装需考虑索具和节点的形式以及张拉力的大小，做到受力合理，操作方便。

6）对施工过程中结构的变形、应力进行监测是保证结构施工安全及预应力施工质量的重要技术措施。

参考文献

［1］ 陆赐麟，尹思明，刘锡良 . 现代预应力钢结构［M］. 北京：人民交通出版社，2003.

［2］ 日本钢结构协会 . 钢结构技术总览-建筑篇［M］. 陈以一，傅攻义，译 . 北京：中国建筑工业出版社，2003.

［3］ 余远逢，李维滨，董军，等 . 烟台世界贸易中心张弦梁预应力拉索施工技术［J］. 施工技术，2007，（03）：28-30.

青岛国际帆船中心预应力施工技术

摘要：青岛国际帆船中心用于第29届奥运会帆船比赛，预应力部分包括媒体中心和运动员中心。前者采用张弦结构，后者采用斜拉网格结构。论述了两部分结构的预应力施工技术，结合施工仿真计算和现场实测结果，提出了此类结构的预应力施工技术和特点。

第29届奥运会国际帆船中心位于山东青岛浮山湾畔，原北海船厂的厂区。总用地面积45万 m^2，奥帆赛用地面积约30万 m^2。整个工程项目包括陆域工程和水工工程两部分，陆域工程主要包括行政与比赛管理中心、运动员公寓、运动员中心、媒体中心、后勤保障与功能中心5个建筑单体以及环境等配套工程；水域工程包括主防波堤，次防波堤，突堤码头，奥运纪念墙码头，护岸改造等水工工程。其中，媒体中心屋盖和运动员中心连廊（图1）采用了预应力技术。

(a) 媒体中心屋盖　　　(b) 运动员中心连廊

图1　国际帆船中心部分建筑效果

1　结构体系

1）媒体中心屋盖采用张弦梁结构，共9榀，最大跨度为13.88m，为自平衡体系。上弦为圆钢管，为受压构件；下弦为预应力拉索，型号为 $\phi5\times19$，受拉构件，拉索一端固定一端可调，屋盖与环梁通过球形支座传递竖向荷载。

2）廊桥为连接奥运村和运动员中心的拉索式桁架连桥，总长65m，总重量为120t。由3部分组成：桁架、立杆和拉索，桅杆为 $\phi600\times20\sim\phi300\times12$ 的变截面圆钢管，拉索规格为 $\phi5\times121$。

2　预应力施工方案

2.1　结构施工流程

1）媒体中心屋盖结构施工流程

文章发表于《施工技术》2007年11月第36卷第11期，文章作者：王泽强、秦杰、许曙东、钱英欣、汤世铂。

总体安装顺序：先安装上弦桁架和撑杆，后安装钢索，再进行张拉。具体施工流程如图 2 所示。

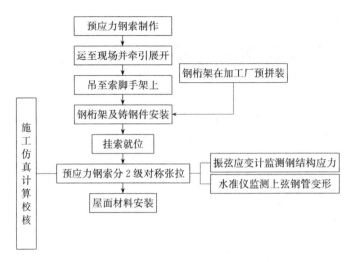

图 2　媒体中心屋盖结构施工流程示意

2）廊桥施工流程

总体安装顺序为：先安装上弦桁架和撑杆，后安装钢索，再进行张拉。具体施工流程如图 3 所示。

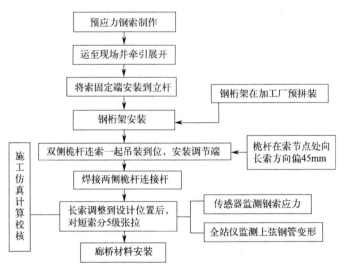

图 3　廊桥施工流程示意

2.2　预应力张拉过程

2.2.1　张拉设备的选用

经过仿真计算，媒体中心屋盖张弦梁张拉时，张拉力约 30～65kN，每根索需要 2 台千斤顶，开始张拉中间 1 榀，然后对称张拉 2 榀；廊桥拉索张拉力约 27kN，每根拉索需要 2 台千斤顶，同时张拉一侧 2 根索；两部分的预应力张拉都是选用 4 台 23t 千斤顶。

2.2.2 预应力钢索张拉前标定张拉设备

张拉设备采用预应力钢结构专用千斤顶和配套油泵、油压传感器、读数仪。根据设计和预应力工艺要求的实际张拉力，对油压传感器及读数仪进行标定。标定书在张拉资料中给出。

2.2.3 控制原则

张拉时采取双控原则：索力控制为主，伸长值控制为辅，同时考虑结构变形。

2.2.4 张拉过程

1）媒体中心屋盖张拉过程，施工前用仿真模拟张拉工况作为指导张拉的依据，分 2 级对称张拉，分别为 80%、105% 设计张拉力。钢索编号如图 4 所示。张拉时千斤顶的移动顺序为：第 1 级张拉顺序 1→2→3→4→5；第 2 级张拉顺序 5→4→3→2→1。

2）廊桥张拉过程 通过张拉短索来施加预应力，张拉过程分为 5 级，每级为 10%～20% 设计张拉力。具体张拉顺序：①把长索调整到设计位置，桅杆水平方向偏向长索 45mm；②张拉立杆同侧的 2 根短索第 1～4 级，分别为 20%、40%、60%、80% 设计张拉力；③张拉完成每 1 级都对各种检测数据进行读数；2 根短索第 5 级 90% 设计张拉力，对各

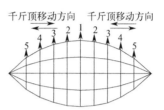

图 4 媒体中心屋盖钢索编号

种检测数据进行读数；④根据检测数据、柱子偏移情况、桁架变形情况调整最终的张拉力，并且决定最后张拉长索或者短索。

3 施工仿真计算

由于在预应力施加完成前结构尚未成形，预应力钢结构整体刚度较差，因此必须应用有限元计算理论，使用有限元计算软件进行施工仿真计算，以保证施工过程中及使用期结构安全。

本工程采用大型有限元计算软件 ANSYS 和 MIDAS Gen 为计算工具，分别对媒体中心屋盖和廊桥张拉过程进行仿真计算，计算模型如图 5 所示。张拉完成后，媒体中心屋盖最大起拱值 5mm，最大钢索轴力 65kN，位于 1 号索，最大钢结构应力 32.8MPa，位于 1 号索中间；廊桥最大起拱值 18mm，位于长、短索连接处，钢索最大轴力为 485kN，发生于长索，钢结构最大压应力为 68MPa，最大拉应力为 87MPa，分别位于短、长索与主桁架连接处。

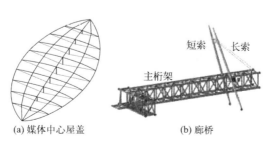

(a) 媒体中心屋盖   (b) 廊桥

图 5 有限元计算模型

4 施工监测

为达到结构受力均匀的目的，并且满足设计要求，必须在张拉过程中进行施工监测。本工程主要有索力、应力监测和起拱值监测两部分。

4.1 监测点布置

1) 钢结构应力监测点布置 为监测张拉过程中钢结构应力变化，在应力较大位置布置振弦应变计，具体监测点位置如图 6 所示。

2) 竖向位移监测点布置，通过水准仪监测在媒体中心屋盖张拉过程中结构竖向位移变化（图 7），未对廊桥竖向位移进行监测。

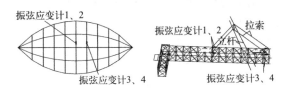

图 6 钢结构应力监测点布置示意   图 7 竖向位移监测点布置

4.2 监测结果

张拉过程中及张拉完成后对布置监测点都进行了监测，张拉结束后，实测结果如图 8 所示。

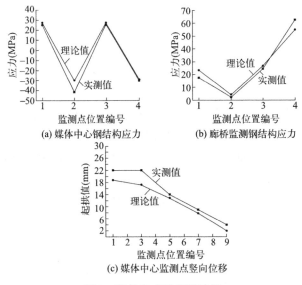

图 8 张拉完成后监测结果

由图 8 可以看出，实测钢结构应力值比理论计算值小，竖向变形实测值比理论计算值要稍大，钢结构应力和整体结构竖向变形满足相关规范的要求。

5 结语

1) 2008 年奥运会国际帆船中心的媒体中心屋盖采用张弦梁结构，廊桥采用斜拉索结构形式，结构新颖，构思巧妙，受力合理。

2）对两种结构的张拉过程进行了施工仿真计算，同时布置了应力和变形监测点，保证了工程安全、顺利进行。

3）媒体中心屋盖张拉过程分为 2 级，并超张拉到 105％设计张拉力，廊桥分为 5 级张拉，从钢结构应力和竖向变形监测结果看，采用分级张拉是合理的。

4）从监测的结果来看，实测结果很好地验证了理论计算结果的正确性，同时说明了通过有限元计算软件进行施工仿真计算是比较可行的。

参考文献

[1] 陆赐麟，尹思明，刘锡良 . 现代预应力钢结构 ［M］. 北京：人民交通出版社，2003.
[2] 黄明鑫 . 大型张弦梁结构的设计与施工 ［M］. 山东：山东科学技术出版社，2005.
[3] 陈广峰，李继雄，林浩，等 . 北京农展馆张弦梁施工技术 ［J］. 施工技术，2005，（07）：7-9.
[4] 王泽强 . 双椭形弦支穹顶张拉成形试验研究 ［D］. 北京：中国矿业大学（北京校区），2005.
[5] 吕晶，徐国彬 . 鞍山体育中心劲柔索张拉穹顶屋盖设计与施工 ［A］//第十届空间结构学术会议论文集 ［C］. 北京：中国建材工业出版社，2002：759-763.

2008 奥运会羽毛球馆预应力施工监测研究

摘要：详细介绍了 2008 奥运会羽毛球馆的预应力施工监测方案。通过模拟预应力张拉施工过程计算得到的理论值与施工监测值对比，两者总体上是吻合的，验证了仿真模拟预应力施工过程的计算模型和方法的合理正确性；但是施工过程中理论计算值与施工监测值相比，数值上比常规钢结构体系验收标准偏大，经有关方多次分析论证，主要是由于本工程索撑节点的加工制作精度不够高、安装难度大，达不到设计理想状态，造成预应力损失（达 6％以上）比理论计算值（＜2％）偏大很多；应用施工监测数据分析得出的预应力损失、起拱值等偏差结果，对模拟预应力张拉施工过程的计算模拟进行修正后，得到的施工过程结构响应结果与实测结果基本吻合，满足相关施工验收标准要求。

1 施工监测目的及测点布置

1.1 监测目的

2008 奥运羽毛球馆采用新型弦支穹顶预应力大跨钢结构体系[1]。弦支穹顶在索撑体系施加预应力前，结构刚度小，实际是处于准机构状态[2-5]。预应力施加过程实际上是结构由准机构变为可承担设计荷载的结构体系过程[2-3]。因此，对于弦支穹顶结构预应力张拉施工过程中的结构力学性能进行全过程监控是保证结构施工安全的重要环节和有力措施。

羽毛球馆为跨度 93m 的大跨度弦支穹顶体系[1]，国内没有成熟的工程经验可以借鉴。通过施工监测，对撑杆上下节点构造设计的实际工作效率与安全、预应力损失程度及其对结构安全的影响、结构起拱值等预应力大跨钢结构关键设计进行验证，并积累了宝贵的重大工程经验。

1.2 监测点布置

本工程主要采用的预应力钢结构施工监测方法为：以索力监测为主，钢索伸长值和结构变形监测为辅。其中索力监测点布置在张拉端的油压传感器、径向拉杆、撑杆，三种直接或间接监测索力的方法同时使用：采用钢结构专用应力监测仪器、振弦应变计、使用全站仪监测结构变形。应力和变形监测点布置如图 1～图 6 所示。

（1）张拉端的油压传感器布置：在张拉每圈环索时，每个张拉端处都跟油泵一起配备一个油压传感器，能够读出在张拉过程中施加的预应力，它只能够在张拉过程中对被张拉的钢索起到监测索力的作用，当千斤顶撤掉后就失去作用了。具体张拉端位置（即油压传感器位置）如图 1 所示（其中 1、2、3、4 表示每圈环索油压传感器布置位置）。

文章发表于《建筑结构学报》2007 年 12 月第 28 卷第 6 期，文章作者：秦杰、王泽强、张然、李国立、张爱林。

（2）径向拉杆和撑杆监测点布置：为满足在千斤顶撤去后能够监测出环索索力值的大小，在径向拉杆和撑杆上布置振弦应变计监测其应力变化，同时也可以对预应力张拉全过程进行应力监测。每个张拉单元之间的两根径向拉杆和一根撑杆布置了测点，既可以监测环索索力变化，也可以判断环索索力是否能够很好的传递。具体监测点位置如图2～图4所示。

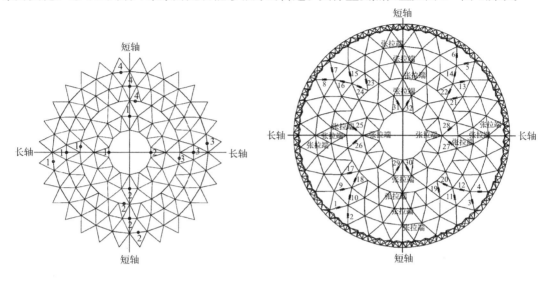

图1　索端油压传感器布置图　　　　　　图2　径向拉杆应变计布置图（第1级）

（3）网壳杆件监测点布置：为了监测张拉过程中，网壳杆件应力变化，并且经过仿真计算选取了杆件应力较大几个点布置监测点，具体监测点位置见图5。

（4）起拱值监测点布置：通过全站仪监测在张拉过程中结构起拱值变化，竖向变形（起拱值）监测点位置见图6。

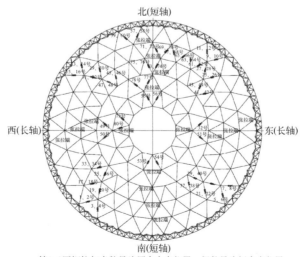

第1～3圈钢拉杆奇数号为原来布点位置，偶数号为新布点位置
以环索圈内为基准，右侧为奇数号，左侧为偶数号

图3　径向拉杆应变测点布置图（第2、3级）

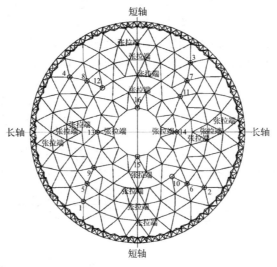

图 4   撑杆应变计布置图

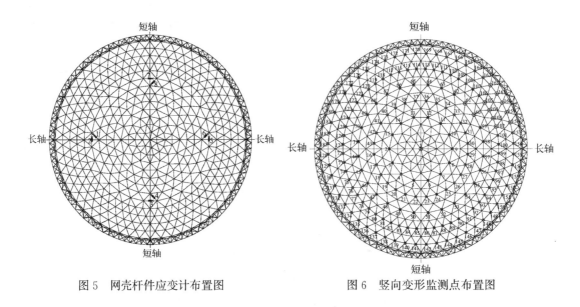

图 5   网壳杆件应变计布置图   图 6   竖向变形监测点布置图

2   施工监测理论值计算

由于在施加预应力完成前结构尚未成形，弦支穹顶的结构整体刚度较差，因此必须应用有限元计算理论，使用有限元计算软件进行弦支穹顶结构的施工仿真计算，以保证结构施工过程安全。

2.1   计算模型

为模拟实际张拉施工过程，通过有限元计算软件 ANSYS 建立弦支穹顶结构的非线性有限元计算模型，同时结合 ANSYS 中的 APDL 语言编写程序对张拉过程进行跟踪计算分析。在建立模型时将上部的弦支穹顶主体部分和悬挑部分作为一个整体进行分析，计算过程中考虑几何非线性。

上部单层网壳部分杆件连接均视为刚性连接，因此环向杆和径向杆均采用梁单元 BEAM188 来模拟，环索为采用只拉不压单元 LINK10 模拟，径向拉杆和撑杆采用拉压单元 LINK180 模拟，撑杆跟上层单层网壳连接为铰接。为了更准确地模拟施工过程，考虑了在实际张拉施工过程中临时支撑的存在，并且根据 COMBIN39 本身的特性，采用 COMBIN39 模拟临时支撑单元，计算模型见图 7。通过降温的方法来模拟环索施加预应力。

2.2 荷载及边界条件

根据现场施工条件和设计要求，进行模拟张拉施工仿真计算，计算过程考虑了以下条件：

（1）考虑钢结构安装和焊接初始缺陷：网壳钢结构拼装和焊接完成，并且将所有的环索和径向拉杆安装就位后，通过全站仪将网壳节点进行重新定位，仿真计算是在新的测量定位坐标基础上进行。

（2）根据钢网壳合拢温度与张拉温度差，本次计算考虑温度差为－20℃。

（3）计算模型约束条件为 36 根混凝土柱子为刚接，斜钢柱为三个方向固定铰支；中间脚手架支撑为竖向的约束。

（4）计算过程中不但考虑了结构杆件的自重，而且还考虑了铸钢节点及焊接球节点的自重。

2.3 理论值确定

根据张拉过程进行施工仿真计算，总体张拉分为 3 级：张拉到设计张拉力的 70％、张拉到设计张拉力的 90％、张拉到设计张拉力的 110％。第 1 和 2 级张拉都是由外向内依次进行，第 3 级是由内向外。

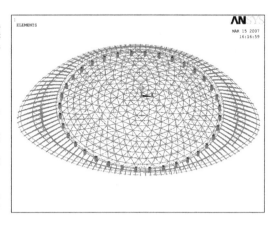

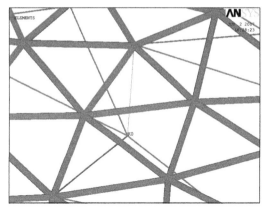

图 7　有限元计算模型

并且每级过程中都分为若干小步。在第 1 级张拉完成后，将脚手架支撑拆除，第 2 和 3 级都是在没有脚手架支撑状态下进行张拉。

2.4 监测值与理论值比较

张拉过程中及张拉完成后对布置监测点进行了监测，油压传感器监测值及钢索伸长值见表 1 和表 2，张拉完成后部分监测杆件应力和变形结果如图 8～图 11 所示，其中起拱值是从设计张拉力 70％张拉到设计张拉力 110％的起拱变化量。

由表 1 和表 2 可以看出，实际张拉力跟每级设计张拉力相差很小，基本都在 2％内，钢索实测伸长值比理论计算伸长值要小，相差在 10％以内。

由图 8～图 11 可以看出，实际监测值跟理论计算值相差较大，并且与同一个撑杆相连的两个径向拉杆应力差别也较大，这也显示出与理论计算结果不符。

索端油压传感器监测结果 表1

监测位置		油压传感器监测值(kN)					
		张拉到设计 张拉力的70%		张拉到设计 张拉力90%		张拉到设计 张拉力的110%	
		监测值	理论值	监测值	理论值	监测值	理论值
第1圈环索	1	1695	1693	2179	2177	2659	2661
	2	1693	1693	2175	2177	2660	2661
	3	1698	1693	2177	2177	2665	2661
	4	1690	1693	2180	2177	2665	2661
第2圈环索	1	862	860	1103	1106	1352	1351
	2	858	860	1109	1106	1355	1351
	3	859	860	1102	1106	1350	1351
	4	865	860	1110	1106	1349	1351
第3圈环索	1	536	534	689	687	838	839
	2	533	534	687	687	835	839
	3	534	534	685	687	840	839
	4	530	534	688	687	839	839
第4圈环索	1	248	249	322	320	390	391
	2	250	249	325	320	390	391
第5圈环索	1	119	118	155	152	187	185
	2	120	118	150	152	185	185

张拉结束后钢索伸长值 表2

比较项目	张拉到110%设计张拉力后钢索伸长值		变化率(%)
	实测值(mm)	理论值(mm)	
第1圈环索	641	696	7.9
第2圈环索	673	736	8.6
第3圈环索	451	496	9.1
第4圈环索	285	310	7.1
第5圈环索	137	152	9.9

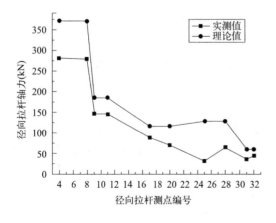

图8 张拉完成后径向拉杆轴力

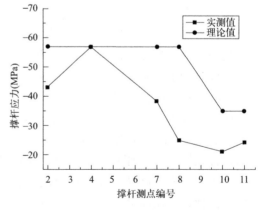

图9 张拉完成后撑杆应力

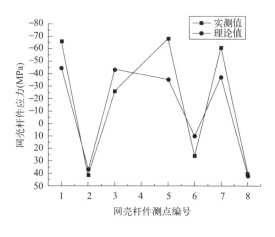
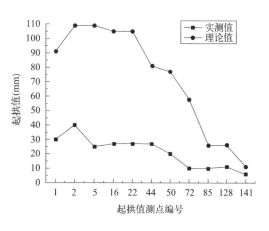

图 10　张拉完成后网壳杆件应力　　　　图 11　张拉完成后竖向变形

3　施工监测理论值修正

3.1　修正的原因——下节点预应力损失的提出

由表 1 和表 2 及图 8～图 11 可以看出，在预应力施工过程中，实测径向拉杆数据与理论值偏差很大；另外一方面，与同一个撑杆相连的两个径向拉杆应力差别也较大，这也显示出实测数据与理论计算数值不符。

经综合分析，下节点预应力损失导致了实际结构内力与原计算模型结果有些出入，需要对计算模型进行修正。

3.2　下节点预应力损失分析

（1）撑杆下节点设计

本工程通过张拉环索来施加预应力。在张拉过程中，环索是可滑动的，张拉结束后将环索锁定，使其不可滑动。为满足以上要求，采用图 12 和图 13 所示的节点形式，在环索与节点之间垫上一层聚四氟乙烯板（10mm 厚），保证张拉过程中环索可滑，侧向板保证使聚四氟乙烯板在节点内滑动；张拉结束后通过节点侧向两个螺母和底板将环索固定，使其不可滑动，并在节点缝隙内填充环氧树脂将其密封并固定。

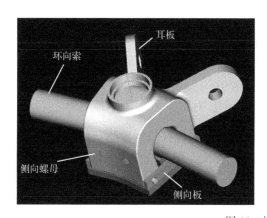

图 12　撑杆下节点

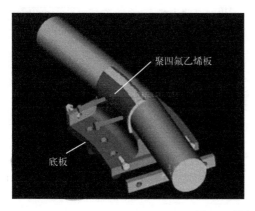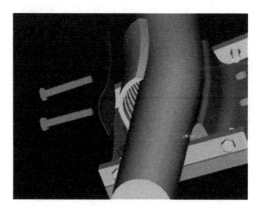

图 13 撑杆下节点构造图

（2）下节点预应力损失计算方法

根据径向拉杆监测数据和环索实测伸长值进行撑杆下节点预应力损失计算，由于第 1 级张拉完成后，将结构脚手架支撑拆除，并且第 2、3 级张拉，增加径向拉杆测点，两次径向拉杆监测布置见图 2 和图 3。本文采用以下 4 种方法进行下节点预应力损失计算。

方法一：从 70% 设计张拉力（拆除支撑后）张拉到 110% 设计张拉力后，根据每段索中间同一个节点上的两根径向拉杆实测轴力值，将同一圈环索上的径向拉杆实测值取平均值，跟理论值对比计算出每个节点平均预应力损失，径向拉杆实测轴力和理论计算轴力见图 14。

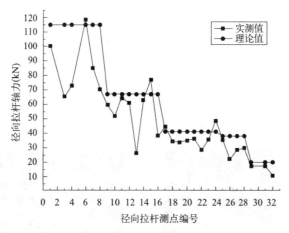

图 14 径向拉杆轴力（方法一）

方法二：从预紧至张拉到 110% 设计张拉力后，对径向拉杆监测点结果进行分析，其计算方法跟方法一相同，计算出每个节点平均预应力损失，径向拉杆实测轴力和理论计算轴力见图 15，径向拉杆监测点布置见图 2。

方法三：通过环索实测伸长值跟理论计算伸长值，计算出每个节点平均预应力损失，张拉完成后计算节点平均预应力损失见表 3。

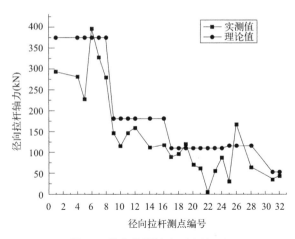

图15　径向拉杆轴力（方法二）

方法三计算节点力损失　　　　　　　　　　　　表3

环索位置	张拉到110%设计张拉力后伸长值(mm)		节点平均 预应力损失(%)
	实测伸长值	理论伸长值	
第1圈	641	696	7.9
第2圈	673	736	8.6
第3圈	451	496	9.1
第4圈	285	310	8.1
第5圈	137	152	9.9

　　方法四：通过从70%设计张拉力（拆除支撑）张拉到110%设计张拉力后，径向拉杆实测数据增量值计算出该节点预应力损失，节点预应力损失计算结果见表4，径向拉杆监测点布置见图3。

　　由图14可以计算出，第1～5圈撑杆下节点平均预应力损失分别为：8.6%、5.9%、3.1%、7.7%、7.7%，第1圈撑杆下节点平均预应力损失最大，第3圈最小；由图15可以计算出，第1～5圈撑杆下节点平均预应力损失分别为：6.6%、8.9%、8.3%、8.1%、8.1%，第1圈撑杆下节点平均预应力损失最小，第2圈最大。

　　由表3可以看出，第1～5圈撑杆下节点平均预应力损失分别为：7.9%、8.6%、9.1%、8.1%、9.9%，第1圈撑杆下节点平均预应力损失最小，第5圈最大。由表4可以看出，撑杆下节点预应力损失在0.2%～15.2%不等，除与79和80号径向拉杆相连的撑杆下节点预应力损失为15.2%外，其他基本小于10%。

方法四计算节点预应力损失　　　　　　　　　　表4

径向拉杆编号		实测轴力变化量(kN)	节点两端索力值(kN)	节点预应力损失(%)
	1、2	100.3	493	
	3、4	49.4	524	5.9
第1圈	5、6	65.4	472	
	7、8	72.9	467	1.0

续表

径向拉杆编号		实测轴力变化量(kN)	节点两端索力值(kN)	节点预应力损失(%)
第1圈	9、10	50.3	593	6.9
	11、12	118.4	552	
	13、14	85.0	524	1.6
	15、16	70.5	532	
	57、58	44.1	589	8.0
	59、60	44.1	542	
第2圈	17、18	59.8	397	1.0
	19、20	52.2	401	
	21、22	64.5	446	0.4
	23、24	60.9	448	
	25、26	26.2	327	5.9
	27、28	62.8	308	
	29、30	76.9	400	4.9
	31、32	38.1	420	
	61、62	59.6	417	0.3
	63、64	57.4	418	
	65、66	48.7	429	2.6
	67、68	70.0	418	
	69、70	48.3	234	6.1
	71、72	19.4	249	
第3圈	33、34	44.6	290	1.5
	35、36	34.4	295	
	37、38	34.0	257	0.2
	39、40	35.2	256	
	41、42	36.3	243	1.2
	43、44	28.6	246	
	45、46	35.6	316	1.8
	47、48	48.8	310	
	73、74	51.7	341	1.4
	75、76	41.1	346	
第4圈	49	35.8	89	8.7
	50	22.3	97	
	51	28.8	94	0.7
	52	29.8	93	
	77	31.1	29	1.6
	78	28.6	31	

径向拉杆编号		实测轴力变化量(kN)	节点两端索力值(kN)	节点预应力损失(%)
第 5 圈	55	17.6	49	6.2
	56	10.9	52	
	79	31.2	63	15.2
	80	7.7	74	

由此看来，撑杆下节点预应力损失在 6%～10% 范围内，个别撑杆下节点预应力损失较大，这是由于该铸钢节点加工粗糙、钢索磨损比较严重及弯折角度较大等原因引起。

（3）考虑下节点预应力损失有限元计算模型

在第 1 和 2 级张拉完成后，通过径向杆拉杆监测结果看出，撑杆下节点存在预应力损失，初步估计每个撑杆下节点平均节点预应力损失为张拉力的 6%。为模拟实际张拉过程，通过 ANSYS 建立有限元模型，并将撑杆节点预应力损失输入计算模型。

为模拟下节点预应力损失，在撑杆下节点采用 COMBIN39 单元，根据实际张拉力，确定实常数，建立此单元，模拟下节点预应力损失值。通过降温的方法来模拟环索施加预应力，为跟实际情况相符合，只在张拉端位置施加张拉力，撑杆下节点跟环索采用耦合方法保证环索可滑动。

采用单元形式、荷载及边界条件等与施工监测理论计算模型相同。

4 施工监测值与修正后理论值比较

修正后理论值，是根据考虑下节点预应力损失有限元计算模型所得到的，部分环索编号见图 16，计算结果见表 5 和图 17～图 22。

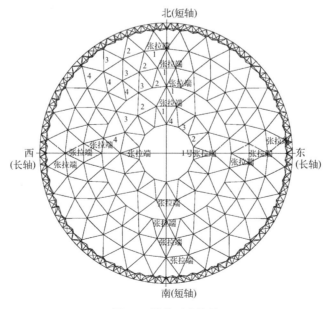

图 16 部分环索编号

每段环索预应力损失　　　　　　　　　　表 5

环索位置及编号		第1级		第2级		第3级	
		每段环索索力(kN)	预应力损失(%)	每段环索索力(kN)	预应力损失(%)	每段环索索力(kN)	预应力损失(%)
第1圈环索	1	1680	0	2140	0	2630	0
	2	1580	6	2010	6	2470	6
	3	1480	6	1880	6	2310	6
	4	1390	6	1750	7	2150	7
第2圈环索	1	870	0	1100	0	1350	0
	2	818	6	1030	6	1270	6
	3	766	6	967	6	1190	6
	4	718	6	905	6	1103	7
第3圈环索	1	533	0	687	0	843	0
	2	501	6	645	6	784	7
	3	469	6	604	6	733	7
	4	440	6	568	6	704	4
第4圈环索	1	249	0	321	0	390	0
	2	233	6	300	7	366	6
	3	218	6	281	6	343	6
	4	206	6	261	7	320	7
第5圈环索	1	117	0	158	0	186	0
	2	109	7	148	6	174	6
	3	102	6	139	6	163	6
	4	96	6	129	7	151	7

　　每级张拉完成后，张拉端索力是按照每级设计张拉力来进行的。由表5可以看出，张拉端索力跟每级设计张拉力相同，每经过一个节点，环索力预应力损失为张拉力的6%左右，由于计算模型是根据现场实际施工条件建立的，所以个别段环索索力损失7%。由此可见采用此种方法进行下节点预应力损失计算是合理的。

　　由表1和表2及图17～图22可以看出：

　　(1) 环索实际张拉力跟理论张拉力相差都在5%之内，环索实测伸长值与理论计算伸长值相差在10%之内，满足验收标准要求。

　　(2) 总体上径向拉杆实测轴力值在理论计算附近变化，大部分实测轴力值小于理论计算轴力，随着张拉力的增大，径向拉杆轴力逐渐增大；撑杆和网壳杆件实测应力在理论计算值附近变化。

　　(3) 起拱实测值比理论计算值小。主要原因是撑杆下节点存在预应力损失，并且理论计算模型刚度小于实际网壳刚度等。

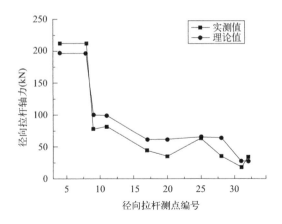

图 17　第 1 级张拉完成后径向拉杆轴力

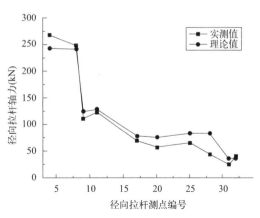

图 18　第 2 级张拉完成后径向拉杆轴力

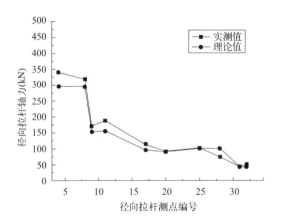

图 19　张拉完成后径向拉杆轴力

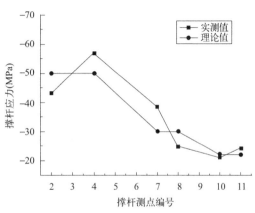

图 20　张拉完成后监测撑杆应力

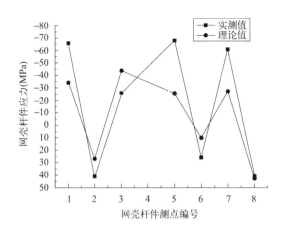

图 21　张拉完成后监测网壳杆件应力

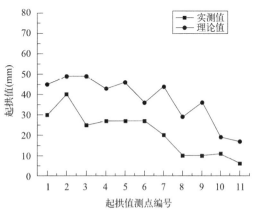

图 22　张拉完成后监测点起拱值

5 结论

通过对施工监测得到的大量数据进行分析研究，得出如下主要结论：

（1）通过模拟预应力张拉施工过程计算得到的结构力学响应理论计算值与施工监测值的对比，可以看出两者总体上是吻合的，验证了仿真模拟预应力施工过程的计算模型和方法的合理性和正确性。

（2）施工过程中结构力学响应理论计算值与施工监测值相比，数值上比常规钢结构体系验收标准偏大。经有关方多次分析论证，主要是由于索撑节点的加工制作精度不高、安装难度大，达不到设计理想状态，造成预应力损失（达 6％以上）比理论计算值（<2％）偏大很多。施工监测结果对预应力损失值的理论设计值进行了实测修正，为超大跨度预应力钢结构体系的预应力损失设计积累了宝贵的工程经验，确保了结构安全。

（3）应用施工监测数据分析得出的预应力损失、起拱值等偏差结果，对模拟预应力张拉施工过程的计算模型进行修正后，得到的施工过程结构响应结果与实测结果基本吻合，满足相关施工验收标准要求。

参考文献

［1］ 张爱林，刘学春，葛家琪，等.2008 年奥运会羽毛球馆预应力张弦穹顶结构整体稳定分析 ［J］. 工业建筑，2007，（01）：8-11＋46.

［2］ 陆赐麟，尹思明，刘锡良. 现代预应力钢结构 ［M］. 北京：人民交通出版社，2003.

［3］ 陈志华. 弦支穹顶结构体系及其结构特性分析 ［J］. 建筑结构，2004，（05）：38-41.

［4］ 崔晓强，郭彦林.Kewitt 型弦支穹顶结构的弹性极限承载力研究 ［J］. 建筑结构学报，2003，（01）：74-79.

［5］ 王泽强. 双椭形弦支穹顶张拉成形试验研究 ［D］. 北京：中国矿业大学（北京），2005.

奥运场馆建设中的大跨度钢结构预应力施工技术

摘要： 2008 年奥运会中有一部分场馆使用了大跨度预应力钢结构这种效率高、现代感强的结构形式，其中一些场馆的施工技术在国际上也属领先水平。预应力施工技术是大跨度预应力钢结构施工的核心技术，本文以作者直接参与施工的 7 个奥运场馆建设为背景，从预应力施工技术的角度对国家体育馆、羽毛球馆、乒乓球馆、奥体中心综合训练馆、青岛帆船中心、奥体中心体育场改造、工人体育场改造 7 个奥运场馆进行了论述，主要阐述了工程概况、预应力施工方案、施工仿真计算及施工监测等四个方面的内容。由于奥运工程所具有的代表性及其推广应用前景，本文所述预应力施工技术将对类似工程的顺利实施提供直接参考。

1 国家体育馆

1.1 概述

国家体育馆是 2008 年奥运会包括"鸟巢""水立方"在内的三大场馆之一，由比赛馆和热身馆两部分组成。比赛馆平面尺寸 114m×144m，热身馆平面尺寸为 51m×63m（图 1）。屋面结构为双向张弦空间网格结构，其上弦为正交桁架组成的空间网格结构，下弦为相互正交的双向拉索，下弦拉索的平面布置如图 2 所示。横向拉索从 ⑨～㉒ 轴，共 14 榀，纵向拉索从 Ⓔ～Ⓜ 轴，共 8 榀。结构的横向为主受力方向，因而横向索采用双索，纵向索采用单索，网格平面尺寸 8.5m。

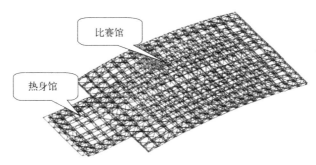

图 1　屋面钢结构轴测图

1.2 预应力施工方案

对于双向张弦结构来说，由于各榀拉索之间空间作用明显，后批张拉的钢索会对先前张拉钢索的内力产生影响，所以最好所有钢索同步进行张拉。但在实际施工过程中，受到

文章发表于《建筑技术》2008 年 3 月第 39 卷第 3 期，文章作者：秦杰、李国立、张然、钱英欣。

张拉设备及其他施工条件的限制，对所有钢索同时进行张拉不易实现，一般采用分批张拉的方式。为保证张拉完成后的预应力状态与设计要求的预应力状态一致，就需要对每一步的张拉力进行精确的模拟计算，并在施工过程中进行严格的控制。

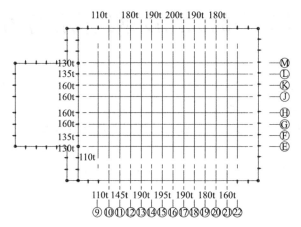

图 2 下弦拉索平面布置及预张力分布示意

国家体育馆采用对钢索分批进行张拉的方式。预应力施加分两级，第一级张拉到控制应力的 80%，第二级张拉到控制应力的 100%，达到设计要求的预应力状态。

张拉过程如下：第一级张拉千斤顶由两边往中间移动，对称张拉，前 4 步每次同步张拉 4 根索（两根横向索，两根纵向索），在第四步张拉完成后，纵向索张拉完毕，5、6、7 步分别张拉两根横向索；第一级张拉完成后，此时千斤顶移到结构中部，然后进行第二级张拉，第二级张拉千斤顶由中间往两边移动（表 1）。

张拉步骤   表 1

张拉步骤	第一级张拉							第二级张拉						
	1	2	3	4	5	6	7	8	9	10	11	12	13	14
轴线号	9	10	11	12	13	14	15	15	14	13	12	11	10	9
	22	21	20	19	18	17	16	16	17	18	19	20	21	22
	E	F	G	H				H	G	F	E			
	M	L	K	J				J	K	L	M			

1.3 施工仿真计算与分析

由于国家体育馆双向张弦结构空间作用大，各榀钢索的张拉力互相影响，施工过程复杂，因而需要对选定的张拉方案进行施工仿真计算（图 3、图 4）。

对计算结果进行分析和总结，可得以下几点结论：

（1）张拉完成后，结构中部向上竖向位移 177mm；

（2）张拉过程中，钢结构最大拉应力为 193MPa，最大压应力为 128MPa，结构应力在弹性范围之内，方案均满足安全要求；

（3）张拉过程中，横向双索最大张拉力为 273t，纵向单索最大张拉力为 185t，需选用与张拉力匹配的千斤顶及张拉设备。

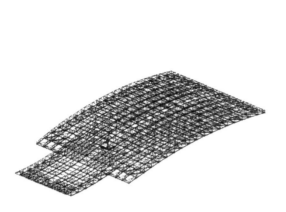

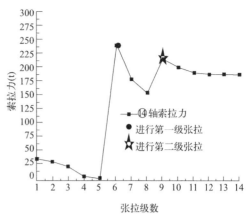

图 3 屋面钢结构计算模型　　　　　图 4 第⑭轴索拉力随张拉级数变化曲线

1.4 施工监测

1.4.1 监测点布置

根据张拉施工要求，监测内容包含三部分：拉索应力监测、钢结构应力监测、变形监测即竖向起拱和支座水平位移监测。图 5 为竖向变形测点布置图。

1.4.2 监测结果

张拉过程进行监测，实际油压传感器和压力传感器读数与理论张拉力相差很小，都控制在 5% 之内，从图 6 可以看出，结构竖向位移和水平位移实测值在理论计算值附近变化，实测值与理论计算值比较，变化都在 15% 以内，满足规范和设计要求。

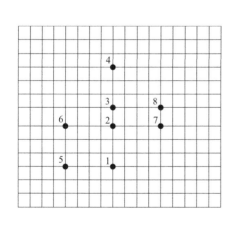

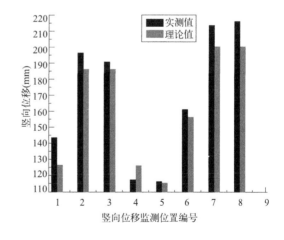

图 5 竖向变形测点布置图　　　　　图 6 竖向位移监测结果与理论值比较图

1.5 小结

（1）国家体育馆采用双向张弦结构，空间受力作用明显，在预应力施工过程中，各榀钢索的拉力相互影响，因而预应力控制难度远大于单向张弦结构。

（2）双向张弦结构节点类型多，且没有类似工程可供借鉴，因此预应力施工单位需在前期与设计院密切配合，进行拉索节点设计和张拉工装的设计等。这部分工作量大，设计难度高，设计好坏与否将直接影响结构受力和现场施工难易程度。

（3）施工仿真模拟计算可以为施工过程提供理论依据，验证施工方案的可实施性，因而对张拉过程进行精确的模拟计算，是保证预应力施工质量的重要技术措施。

（4）对施工过程中结构的变形、应力进行监测是保证结构在施工期间的安全及预应力施工质量的重要技术措施。

2 奥运会羽毛球馆

2.1 概述

2008 年奥运会羽毛球馆位于北京工业大学校内，总建筑面积 24383m^2，屋盖最大跨度 93m，矢高 9.3m，上部采用新型空间结构体系——弦支穹顶结构（图 7）。弦支穹顶结构上层为单层网壳，下部为索杆结构。本工程下部结构部分主要由两部分组成：环向索和径向拉杆。环向索采用预应力钢索，规格为 $\phi 7 \times 199$、$\phi 5 \times 139$、$\phi 5 \times 61$ 三种类型，采用高强度普通松弛冷拔镀锌钢丝，抗拉强度不小于 1670MPa；径向索采用钢拉杆，规格为 $\phi 60$ 和 $\phi 40$，屈服强度不小于 835MPa。

图 7 2008 年奥运会羽毛球馆效果图

2.2 预应力施工方案

2.2.1 总体安装顺序

总体安装顺序为：先搭设满堂脚手架，安装上层单层网壳，后安装环向索和钢拉杆。具体施工流程见图 8。

2.2.2 预应力设备选用

本工程是通过环向索施加预应力的，经过仿真计算，环向索最大张拉力约 266t，因此需要 2 台 150t 千斤顶，并且同一圈环向索有 4 个张拉端，故选用 8 台 150t 千斤顶，即同时使用 4 套张拉设备（图 9）。

2.2.3 预应力控制参数

张拉时采取双控原则：索力控制为主，伸长值控制为辅，同时考虑网壳变形。

2.2.4 预应力操作要点

张拉前将各圈环向索进行预紧，然后进行正式张拉。总体张拉过程分为 3 级，分别为：张拉到设计张拉力的 70%、张拉到设计张拉力的 90%、张拉到设计张拉力的 110%。总体张拉顺序为：前两级张拉都是由外圈向内圈依次张拉，第三级是由内圈向外圈依次张拉完成。

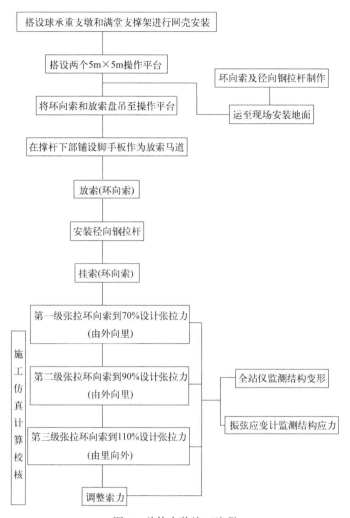

图 8　总体安装施工流程

图 9　张拉现场照片

由于本工程张拉设备组件较多，因此在进行安装时必须小心安放，使张拉设备形心与钢索重合，以保证预应力钢索在进行张拉时不产生偏心；预应力钢索张拉开始要保证油泵启动供油正常后开始加压；张拉时要控制给油速度，给油时间不应低于 0.5min；每圈环向索在张拉过程中要保证同步性。

2.3　施工仿真计算与分析

由于在施加预应力完成前，结构尚未成形，弦支穹顶的结构整体刚度较差，因此必须应用有限元计算理论，使用有限元计算软件进行结构的施工仿真计算，以保证结构施工过程中及结构使用期安全。本工程采用大型有限元计算软件 ANSYS 为计算工具，对该结构张拉过程进行仿真计算，计算模型如图 10 所示。图 11 为张拉完成后结构竖向变形。

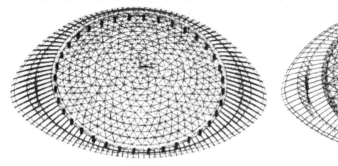

图 10　有限元计算模型　　　　　　图 11　结构竖向变形（最大起拱值为 79mm）

2.4　施工监测

2.4.1　施工监测点布置

本工程主要有索力监测和起拱值监测两部分。其中索力监测点布置为：张拉端的油压传感器、径向钢拉杆、撑杆三种监测索力的方法同时使用。使用全站仪监测结构变形，应力和变形监测点布置如图 12～图 15 所示。

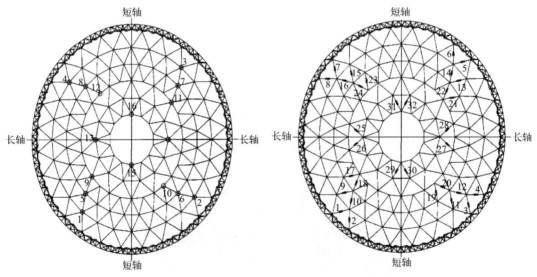

图 12　径向钢拉杆监测位置示意　　　　　图 13　撑杆监测位置示意

2.4.2　施工监测结果

在张拉过程及完成后对布置监测点进行了监测，实测结果如图 16～图 19 所示。起拱值是从设计张拉力 70%张拉到设计张拉力 110%的起拱变化量。

从图 16～图 19 可以看出，钢拉杆实测轴力值比理论计算值小，撑杆和网壳杆件实测应力在理论计算值附近，起拱的实测值比理论计算值要小。其中主要原因是撑杆下节点存在索力损失，理论计算模型刚度小于实际网壳刚度等。

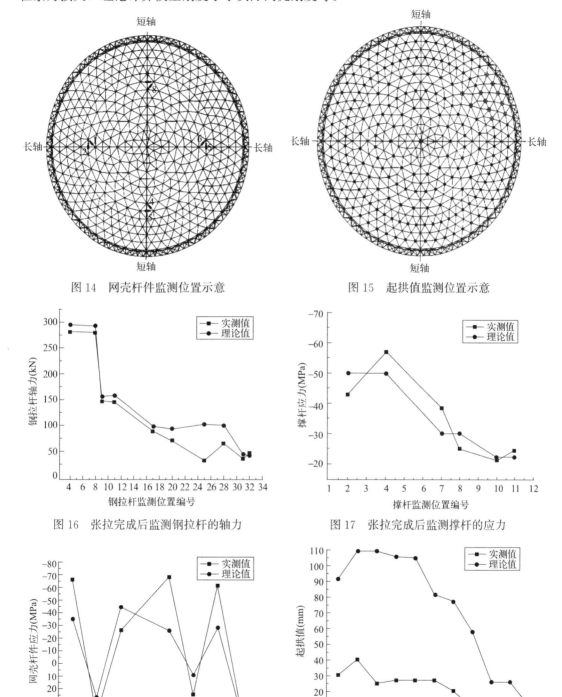

图 14 网壳杆件监测位置示意

图 15 起拱值监测位置示意

图 16 张拉完成后监测钢拉杆的轴力

图 17 张拉完成后监测撑杆的应力

图 18 张拉完成后监测网壳杆件的应力

图 19 张拉完成后监测点起拱值

2.5　小结

（1）羽毛球馆采用了先进的结构体系——弦支穹顶结构。预应力施加的方式选择了环向索施加预应力的方法。环向张拉技术上比较合理，施工周期比较短，工程造价比较低。

（2）预应力施加过程分为3级，降低了预应力损失，能够精确控制拉索和拉杆的预应力，同时实现预应力对钢结构缓慢施加荷载的目标，对设备要求相对较低。

（3）由于本工程的特殊性，所以在施工前进行了充分的准备工作，对结构在张拉过程进行了施工仿真计算，同时布置了大量的应力和变形监测点，以保证工程的顺利进行。

（4）预应力施工仿真计算采用有限元计算软件，并采用 APDL 语言编写仿真计算程序，能够很好地模拟该类结构形式的施工过程。

（5）从监测的结果来看，实测结果很好地验证了理论计算结果，同时说明了通过有限元计算软件进行施工仿真计算是比较可信的。本工程的施工方法可以为同类工程施工提供借鉴。

3　奥运会乒乓球馆

3.1　概述

第 29 届奥运会乒乓球馆位于北京大学校园内，总建筑面积约 2 万 m^2。本结构屋盖为新型复杂钢结构体系，其屋盖体系由中央刚性环、中央球壳、辐射桁架、拉索和支撑体系组成（图 20）。屋面钢结构采用张弦梁结构，本屋盖钢结构平面尺寸为 92.4m×71.2m，共有 32 榀辐射桁架，每榀辐射桁架下设置有预应力拉索。本结构为自平衡体系。辐射桁架上弦为圆钢管，为受压构件；下弦为预应力拉索，采用规格为 $\phi25×151$ 的钢索，直径 79mm，拉索一端固定一端可调。

图 20　北京大学乒乓球馆效果图

3.2　预应力施工方案

3.2.1　屋面钢结构预应力施工流程

总体安装顺序为：先安装球壳、中央刚性环、辐射桁架等钢结构构件，后安装钢索，再进行张拉。具体施工流程如图 21 所示。

3.2.2　制定张拉方式

本结构为复杂预应力钢结构体系，32 榀辐射桁架成 180°反对称布置。张拉前必须对结构进行有限元仿真计算。根据其特殊的结构形式，采用反 180°的对称进行预应力张拉。同时施工前用仿真模拟张拉工况，以此作为指导张拉的依据。分 3 个阶段对称张拉，分别为 20%

设计张拉力、100%设计张拉力、逐根进行索力调整。根据设计要求的张拉力大小及分布情况，采用4端同时进行张拉，同时通过仿真计算分四步进行张拉，具体张拉过程见图22。

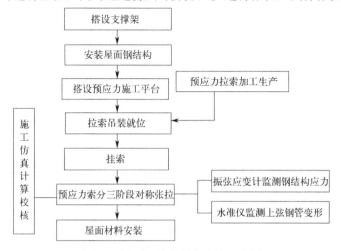

图 21 屋面钢结构预应力施工流程

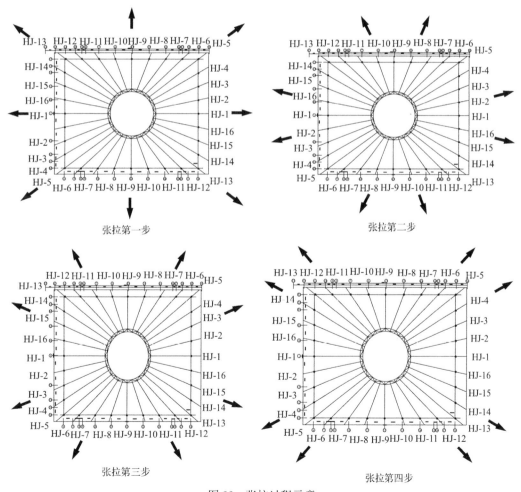

图 22 张拉过程示意

3.2.3 选择张拉设备

根据设计要求，本钢结构预应力索的张拉力为 308kN、350kN、385kN。每根预应力索配两台 60t 的千斤顶。

3.2.4 预应力钢索张拉前标定张拉设备

张拉设备采用预应力钢结构专用千斤顶和配套油泵、油压传感器、读数仪（图 23、图 24）。根据设计和预应力工艺要求的实际张拉力对油泵、油压传感器及读数仪进行配套标定。标定书在张拉资料中给出，张拉时必须配套进行使用。

图 23　张拉设备一　　　　　　　　　　　图 24　张拉设备二

3.2.5 控制原则

张拉时采取双控原则：索力控制为主，伸长值控制为辅，同时考虑结构变形。

3.3 施工仿真计算与分析

本工程采用大型有限元计算软件 ANSYS 为计算工具，对预应力张拉过程进行仿真计算，计算模型如图 25 所示。张拉完成后结构竖向变形、钢索轴力、钢结构应力分别见图 26～图 28。

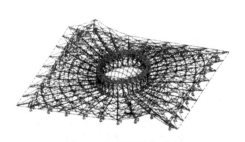
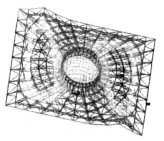

图 25　有限元计算模型　　　　　　　　　图 26　结构竖向变形

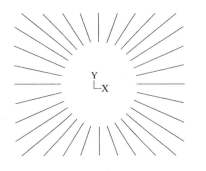
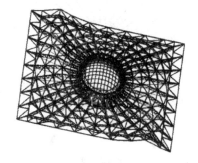

图 27　钢索轴力　　　　　　　　　　　图 28　钢结构应力

张拉完成后结构中心点起拱为 6mm，结构最大竖向变形发生在辐射桁架的中间位置，最大为 15mm。钢结构最大应力发生在四个角点的固定铰支座处，另外拉索节点处杆件应力也较大。

3.4 施工监测

为保证钢结构的安装精度以及结构在施工期间的安全，并使钢索张拉的预应力状态与设计要求相符，必须在张拉过程中对钢结构的应力与变形进行施工监测（图29～图31）。本工程主要有索力、应力监测和起拱值监测两部分。

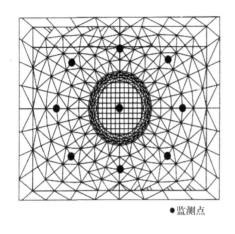

●监测点

图29　竖向位移监测点布置图

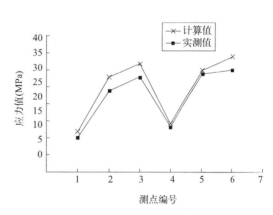

图30　水平位移监测点布置图

张拉过程中及张拉完成后对布置的监测点进行了监测，张拉结束后，实测结果如图32～图34 所示。

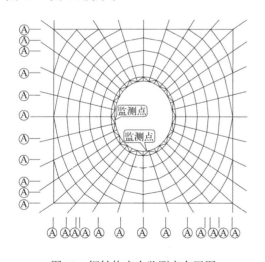

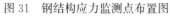

图31　钢结构应力监测点布置图

图32　张拉完成后监测钢结构应力

从图中可以看出，实测钢结构应力值比理论计算值小，竖向变形实测值比理论计算值要略小，水平变形实测值比理论计算值要稍大，钢结构应力和整体结构变形满足相关规范的要求。

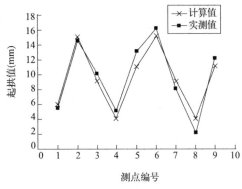

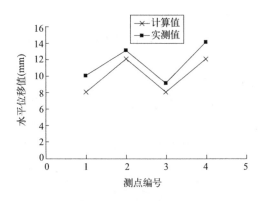

图 33　张拉完成后监测点竖向变形　　　　图 34　张拉完成后监测点水平变形

3.5　小结

（1）2008 年奥运会乒乓球馆钢结构屋面属预应力钢结构体系，结构新颖、形式复杂。预应力拉索设置合理，有效增加结构的刚度，降低结构竖向变形。

（2）根据结构形式和张拉力大小制定合理的放索、张拉等施工方案。

（3）对制定的施工方案进行施工仿真模拟计算是十分必要的，同时应根据计算的结果布置相应的应力和变形监测点。

（4）预应力张拉施工时应将施工模拟计算和施工过程紧密联系，全过程监控整体结构应力和变形，随时检验理论和实际是否一致，以便保证施工质量。

4　奥体中心综合训练馆

4.1　概述

奥体中心综合训练馆工程位于奥体中心总体规划的东北部，与原有的比赛馆、游泳馆、训练馆沿弧线组成同心圆的系列。本工程平面尺寸约为 116.7m×134.3m，房屋檐口高度为 24m，由附属用房和训练馆两部分组成，平面呈扇形布置。训练馆大跨屋面采用预应力索（钢）桁架，桁架的节点采用板式节点或铸钢节点，支座采用方向球形抗震支座，索桁架与钢柱和屋面钢次檩共同作用，组成钢结构受力体系，屋面板采用轻型金属保温板，附属用房和训练馆之间采用钢梁（板）结构连接。训练馆跨距分 43m、36m 两种，柱距最大为 12m，最小为 3.6m，柱顶标高最高为 24.446m。屋架共计 18 榀，其中各榀水平段最长为 36.2m，单榀屋架最重为 18.779t（图 35、图 36）。

图 35　奥体综合训练馆单体建筑效果图　　　图 36　奥体综合训练馆结构透视图

4.2 预应力施工方案

根据钢结构整体施工方案，确定预应力的施工程序如图 37 所示。

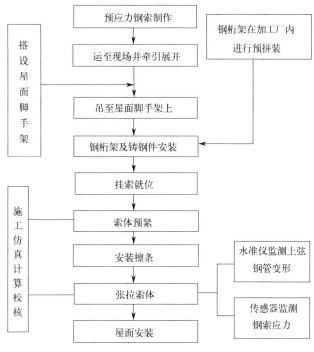

图 37 预应力施工流程

4.2.1 张拉设备的选用

计算索张拉时，张拉力为 82～156t，每个张拉端需要 2 台 100t 千斤顶，每次张拉一根索。

4.2.2 预应力钢索张拉前标定张拉设备

张拉设备采用预应力钢结构用千斤顶和配套油泵、油压传感器及千斤顶支撑架。根据设计和预应力工艺要求的实际张拉力对油压传感器进行标定。标定书在张拉资料中给出。

4.2.3 张拉时的技术参数及控制原则

施工控制原则为：张拉时以张拉力作为主要控制要素，伸长值控制为辅。主索张拉力和伸长值为预应力钢索施工记录内容。在张拉时同时监测钢结构的反拱、支座位移和钢结构应力。

4.2.4 张拉的分级及张拉顺序

张拉分两级完成，第一级张拉 80％，第二级张拉至 100％。张拉顺序为先张拉最长的一根索到 80％，然后由长到短依次张拉每根索到 80％；在第一级张拉完成后，从最短的索逐步张拉到最长的索到 100％。最后根据监测的结果进行微调。

4.3 施工仿真计算与分析

张弦结构是一种半刚性受力体系，在施工前需对张弦结构施工预应力张拉模拟计算，充分了解结构的受力性能，包括变形规律、钢结构应力状况等，作为指导施工的重要依据。在安装完成檩条后，结构的竖向变形、支座位移和钢结构应力如图38～图41所示。

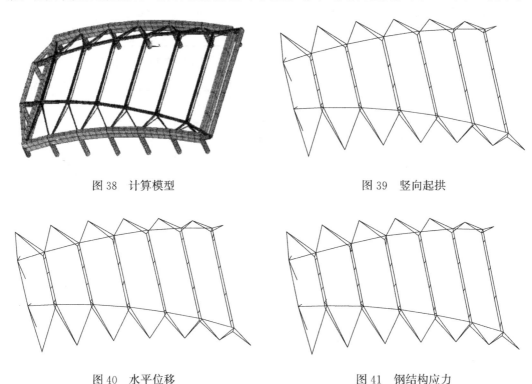

图 38　计算模型　　　　　　　　　　　　图 39　竖向起拱

图 40　水平位移　　　　　　　　　　　　图 41　钢结构应力

4.4　施工监测

4.4.1　测点布置

　　本工程张弦梁张拉阶段的监测，部分为预应力钢索的受拉应力及主桁架应力监测，一部分为结构的变形监测。

　　预应力钢索拉力监测采用油压传感器测试。油压传感器安装于液压千斤顶油泵上，通过专用传感器显示仪器可随时监测到预应力钢索的拉力，以保证预应力钢索施工完成后的应力与设计单位要求的应力吻合。

　　在预应力钢索进行张拉时，钢结构部分会随之变形。钢结构的位移和应力与预应力钢索的拉力是相辅相成的，即可以通过钢结构的变形计算出预应力钢索的应力。基于此，在预应力钢索张拉的过程中，结合施工仿真计算结果，对钢结构采用水准仪及百分表进行变形监测可以保证预应力施工安全、有效，同时在有代表性的主桁架上安装振弦式应变计监测实际的桁架内力。水准仪的测点位于每个桁架跨中上侧，振弦式应变计安装在桁架跨中及索端节点，钢管上弦每一个测点安装两个振弦式应变计，分别位于钢梁的上下侧。支座的位移也是反映结构受力特性的一个重要方面，因此也对具有代表性的桁架进行支座位移的监测，具体布置位置见图42。

4.4.2　监测结果及分析

　　从监测结果可以看出，结构的反拱变形及支座位移比理论计算数值稍大一些，钢结构应力比理论计算稍小，钢结构的应力和整个结构的变形都满足规范要求（图43、图44）。

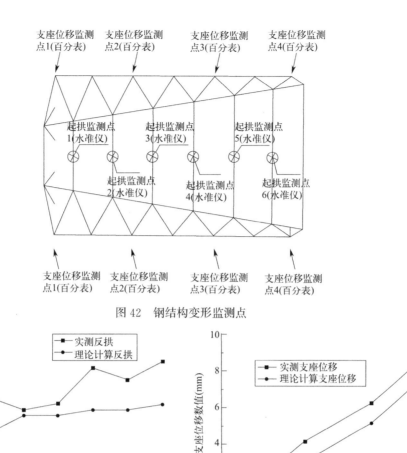

图 42　钢结构变形监测点

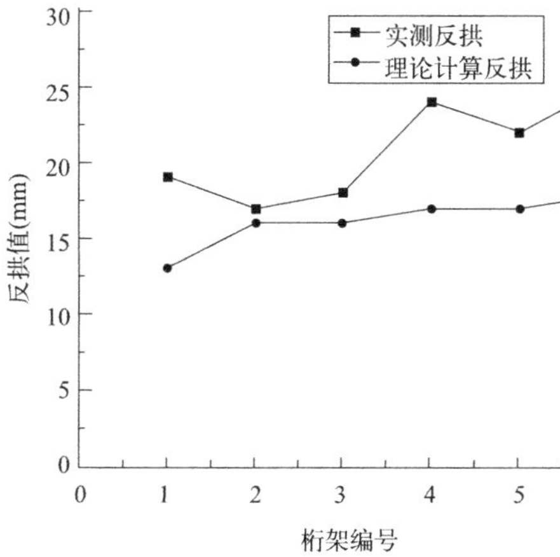

图 43　反拱监测结果 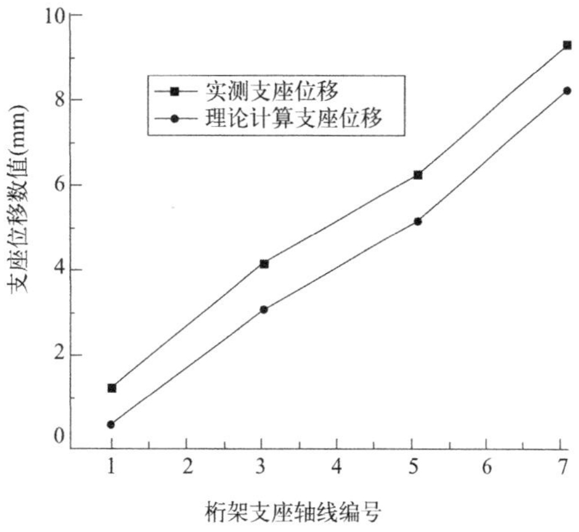　　　　　　图 44　支座位移监测结果

4.5　小结

张弦梁结构是近年来快速发展的一种新型的大跨度预应力钢结构。通过奥林匹克中心综合训练馆工程的施工，有以下几点体会。

（1）奥体中心综合训练馆选择了张弦梁结构作为其主结构形式，并有一定的创新。其创新之处在于：通过张弦梁结构的跨度变化，实现建筑平面和空间的要求，在张弦梁结构的应用上有所突破。

（2）作为一种比较新颖的结构形式，预应力张弦梁结构对施工提出了较高的要求，需要在施工前准确把握结构的受力性能，根据理论计算结果进行指导施工，同时需要配备必要的监测仪器在现场进行监测。

（3）随着我国经济水平的发展，相信会有更多的大跨张弦梁结构进行工程应用，希望奥林匹克中心训练馆工程的设计和施工经验能对这些结构的设计和施工有一定借鉴作用。

5 青岛帆船中心

5.1 概述

第 29 届奥运会国际帆船中心位于山东青岛浮山湾畔，原北海船厂的厂区。总用地面积 45hm², 奥帆赛赛时用地面积约 30hm²。媒体中心屋盖和运动员中心廊桥采用了预应力技术（图 45）。

(a) 媒体中心屋盖

(b) 运动员中心廊桥

图 45　国际帆船中心部分效果图

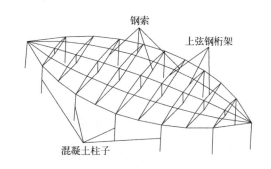

图 46　媒体中心屋盖示意

（1）媒体中心屋盖采用张弦梁结构，一共九榀，最大跨度为 13.88m，为自平衡体系。上弦为圆钢管，为受压构件；下弦为预应力拉索，型号为 $\phi5 \times 19$，受拉构件，拉索一端固定一端可调，屋盖与环梁通过球形支座传递竖向荷载（图 46）。

（2）廊桥为连接奥运村和运动员中心的拉索式桁架连桥，总长 65m，总重量为 120t。基本由三部分组成：桁架、立杆和拉索，桅杆为 D600×20～D300×12 的变截面圆钢管，拉索规格为 $\phi5 \times 121$（图 47）。

(a) 示意图

（图中标注：拉索、立杆、桁架）

（b) 效果图

图 47　廊桥

5.2　预应力施工方案

5.2.1　结构施工流程

（1）媒体中心屋盖结构施工流程

总体安装顺序为：先安装上弦桁架和撑杆，后安装钢索，再进行张拉。施工流程如图 48 所示。

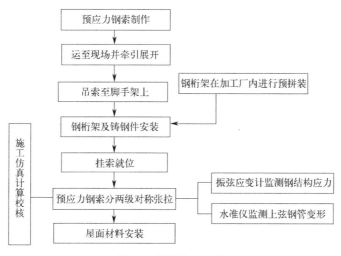

（流程图：预应力钢索制作 → 运至现场并牵引展开 → 吊索至脚手架上 → 钢桁架及铸钢件安装 ← 钢桁架在加工厂内进行预拼装 → 挂索就位 → 预应力钢索分两级对称张拉 → 屋面材料安装；左侧：施工仿真计算校核；右侧：振弦应变计监测钢结构应力、水准仪监测上弦钢管变形）

图 48　结构施工流程

（2）廊桥施工流程

总体安装顺序为：先安装上弦桁架和撑杆，后安装钢索，再进行张拉。具体施工流程如图 49 所示。

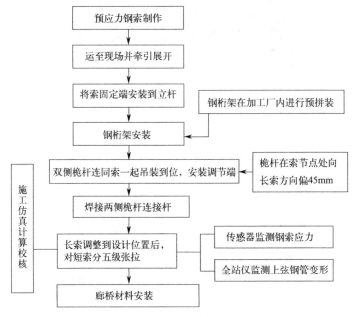

图 49　廊桥结构施工流程

5.2.2　选用张拉设备

经过仿真计算，媒体中心屋盖张弦梁张拉时，张拉力为 30～65kN，每根索需要两台千斤顶，开始张拉中间 1 榀，然后对称张拉两榀；廊桥拉索张拉力约 27kN，每根拉索需要两台千斤顶，同时张拉一侧两根索；所以，两部分的预应力张拉都是选用 4 台 23t 千斤顶。

5.2.3　控制原则

张拉时采取双控原则：索力控制为主，伸长值控制为辅，同时考虑结构变形。

5.2.4　张拉过程

（1）媒体中心屋盖张拉过程

施工前用仿真模拟张拉工况，以此作为指导张拉的依据，分两级对称张拉，分别为80％设计张拉力、105％设计张拉力。

（2）廊桥张拉过程

通过张拉短索来施加预应力。张拉过程分为 5 级，每级为 10％～20％设计张拉力。具体张拉顺序如下：先把长索调整到设计位置，桅杆水平方向偏向长索 45mm；张拉立杆同侧的两根短索第 1～4 级，分别为 20％、40％、60％、80％设计张拉力；每一级张拉完成均分析监测数据；当两根短索张拉至第 5 级 90％设计张拉力时，根据检测数据、柱子偏移情况、桁架变形情况等因素调整最终张拉力。

5.3　施工仿真计算与分析

本工程采用大型有限元计算软件分别对媒体中心屋盖和廊桥张拉过程进行仿真计算，计算模型如图 50 所示。张拉完成后结构竖向变形、钢结构应力如图 51、图 52 所示。

5.4 施工监测

本工程监测项目为拉索索力、钢结构应力和起拱值三部分。

5.4.1 监测点布置

监测点布置见图 53。

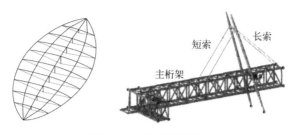

图 50　有限元计算模型

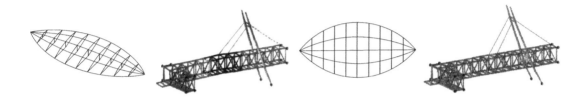

图 51　结构竖向变形　　　　　　　　　图 52　钢结构应力

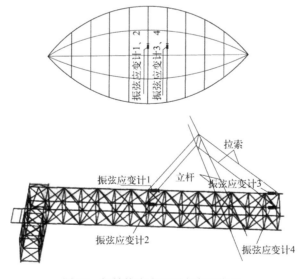

图 53　钢结构应力监测点布置位置

5.4.2 监测结果及分析

张拉过程中及张拉完成后对布置监测点都进行了监测，张拉结束后，实测结果如图 54～图 56 所示。

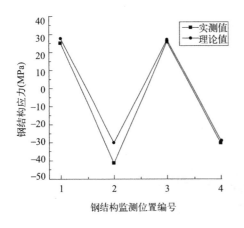

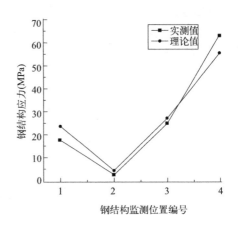

图 54　媒体中心张拉完成后监测钢结构应力　　　图 55　廊桥张拉完成后监测钢结构应力

通过图 54～图 56 可以看出，实测钢结构应力值比理论计算值小，竖向变形实测值比理论计算值要稍大，钢结构应力和整体结构竖向变形满足相关规范的要求。

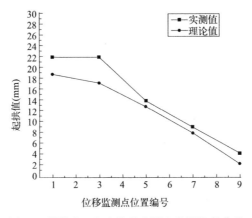

图 56　媒体中心竖向位移监测点监测结果曲线

5.5　小结

（1）2008 年奥运会国际帆船中心的媒体中心屋盖采用张弦梁结构，廊桥采用斜拉索结构形式，结构新颖，构思巧妙，受力合理。

（2）对两种结构的张拉过程进行了施工仿真计算，同时布置了应力和变形监测点，保证了工程安全顺利进行。

（3）媒体中心屋盖张拉过程分为两级，并超张拉到 105％设计张拉力，廊桥分为 5 级张拉，从钢结构应力和竖向变形监测结果看，采用分级张拉合理可行。

6　奥体中心体育场改造

6.1　概述

奥体中心体育场位于北京市朝阳区国家奥林匹克体育中心园区北部，与原有的体育馆、游泳馆等沿同心圆弧线组成序列。总建筑面积 $36053m^2$，其中改扩建面积 $34975m^2$，新建面积 $1078m^2$，由体育场和附属用房两部分组成。体育场地上五层，体育场罩棚高度为 43.0m，附属用房高 10.43m，结构形式为钢筋混凝土框架及钢结构。体育场看台钢结构分为两部分：东看台和西看台，并呈双轴对称，共有 40 根拉索，拉索规格为 $\phi 5 \times 301$（图 57）。

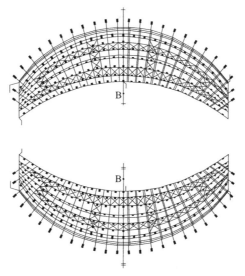

图 57　奥体中心体育场平面布置示意

6.2　预应力施工方案

总体上分为三级张拉，第一级为预紧，第二级为张拉到 70%，第三级为张拉到 100%，并且超张拉至 105%。三级张拉都是从南到北张拉，前一级与后一级间隔二榀桁架，具体张拉过程见图 58。

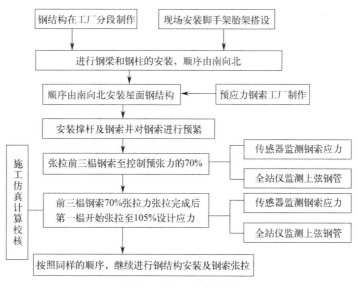

图 58　预应力张拉过程

6.3　施工监测

每侧看台挑棚钢结构由互相联系的 20 榀主钢梁结构组成，对每一榀主钢梁结构在施工期间的变形和应力均进行监测，监测点布置如图 59 所示。

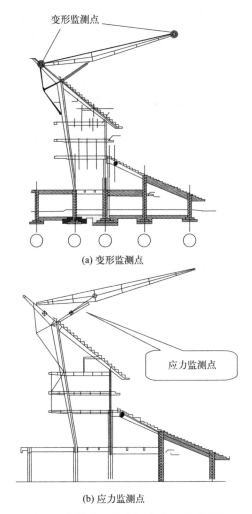

(a) 变形监测点

(b) 应力监测点

图 59　奥体中心体育场改造工程监测点

对钢结构的应力监测采用振弦式应变计。通过现场监测的结构可以看出结构的反拱为理论计算的 90％ 左右，钢结构的应力与理论计算比较接近。

6.4　小结

（1）为减小张拉钢索导致的结构变形对钢结构所产生的不利影响，钢结构的安装分三级进行张拉，各榀间相对变形较小，钢结构应力在控制范围之内。

（2）张拉完成后，屋面钢梁前部向上翘起最大位移 68mm。

（3）张拉过程中，钢结构的应力较小，在张拉过程中，结构最大压应力为 143MPa，结构最大拉应力 85MPa，结构始终在弹性范围内。

（4）张拉过程中，钢索最大张拉力 1047kN，后批张拉的钢索对已经张拉完的钢索的索力影响比较小。

7　奥运会工人体育场改造

7.1　概述

北京工人体育场位于北京市朝阳门外三里屯，原北京工人体育场院内，是我国在 20

世纪 50 年代兴建的一座大型体育建筑。在 1988 年经过了一次改建，在看台上面增加了钢结构挑棚。现在为迎接 2008 年奥运会，改善体育场内的照明效果，需要在钢结构挑棚上增加灯架。

灯架结构采用预应力钢结构，分布在大挑棚和小挑棚上。大挑棚上灯架结构分为两个区域，分别位于⑰轴～㉜轴、㉕轴～㉚轴之间。小挑棚上灯架结构分为四个区域，分别位于⑦轴～⑩轴、㊴轴～㊷轴、㊺轴～㊻轴、㊲轴～㊵轴之间（图 60）。

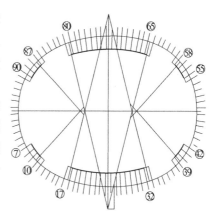

图 60　工人体育场灯架示意

7.2　预应力施工方案

（1）梭形柱在现场进行拼装；

（2）将 3 根拉索不可调节端与梭形柱上部连接，利用吊车将拉索与梭形柱作为一个吊装单元吊装到位；

（3）安装拉索可调节的下端，接着在梭形桁架上端中点处挂铅垂，然后采用力矩扳手对前拉索进行预紧，保证铅垂在挑棚钢梁的中点，然后进行第一级张拉，张拉拉索至 80%；

（4）重复上面的步骤，逐榀进行安装与张拉；

（5）梭形柱和拉索安装完成，第 1 级张拉完成；

（6）依次安装灯具马道；

（7）进行第 2 级张拉，依次对称张拉拉索至 100%；

（8）灯安装完毕后，对前拉索进行微调；

（9）以上是大挑棚灯架结构的安装和张拉顺序，小挑棚灯架结构的安装和张拉顺序与大挑棚类似。

7.3　施工监测

7.3.1　监测点布置

对大灯架和小灯架竖向位移进行监测，同时对三个截面处的钢结构进行应力监测，部分轴线的变形监测点布置图和应力监测点布置图如图 61 和图 62 所示。

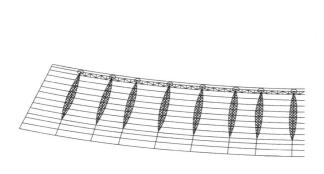

图 61　变形监测点布置示意

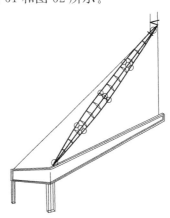

图 62　钢结构应力监测点布置示意

7.3.2 施工监测结果

（1）位移监测结果见图 63、图 64。

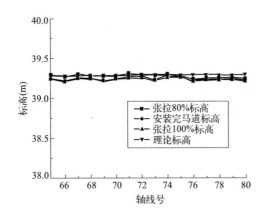
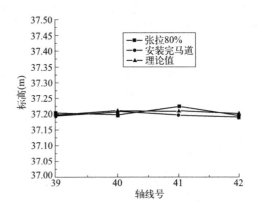

图 63 大灯架部分轴线竖向位移监测曲线　　图 64 小灯架部分轴线竖向位移监测曲线

（2）应力监测结果见图 65。

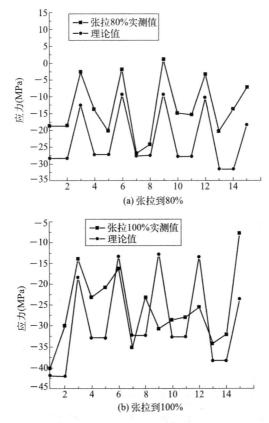

图 65 张拉到 80％和 100％时钢结构应力监测曲线

（3）与原来结构雨棚相对标高比较，取㉕～㉘轴的后端柱和中间柱的相对标高进行比较后的结果见表 2。

张拉前后的⑥⑤～⑥⑧轴中间柱和后端柱的相对标高　　　　　　表 2

轴线号	中柱		后柱	
	张拉前	张拉后	张拉前	张拉后
65	0	0	0	0
66	0.011	0.014	−0.023	−0.004
67	0.011	0.024	0.01	0.024
68	0.001	−0.009	0.004	−0.014

7.4　小结

工人体育场高空灯架项目属改造工程，所有后加的荷载均作用于原结构，因此其设计和施工难度都大于新建工程。在实际施工过程中，需要进行翔实的理论计算和周密的方案部署，同时配合精密的监测仪器，才能完成类似的工程。

参考文献

［1］　陆赐麟，尹思明，刘锡良 . 现代预应力钢结构［M］. 北京：人民交通出版社，2003.

［2］　陈志华 . 弦支穹顶结构体系及其结构特性分析［J］. 建筑结构，2004，(05)：38-41.

［3］　崔晓强，郭彦林 . Kewitt 型弦支穹顶结构的弹性极限承载力研究［J］. 建筑结构学报，2003，(01)：74-79.

［4］　王泽强 . 双椭形弦支穹顶张拉成形试验研究［D］. 北京：中国矿业大学（北京），2005.

北京工人体育场改造工程高空灯架拉索结构施工技术

摘要： 为了改善北京工人体育场照明效果，在原钢结构雨棚上增加灯架，灯架形式选用梭形桁架和拉索组成的悬索结构。详细介绍了预应力灯架的施工流程和索长的确定方法、张拉设备选用以及预应力张拉操作要点。采用 MIDAS 有限元分析软件进行施工仿真计算。同时对张拉过程进行施工监测，为梭形桁架柱的稳定研究提供数据支持。

北京工人体育场位于北京市朝阳门外三里屯，原北京工人体育场院内，是我国在 20 世纪 50 年代兴建的一座大型体育建筑。在 1988 年经过了一次改建，在看台上面增加了钢结构雨篷。为了迎接 2008 年奥运会，改善体育场内的照明效果，需要在钢结构雨篷上增加灯架。

灯架结构采用预应力钢结构，分布在大雨篷和小雨篷上。大雨篷上灯架结构分为两个区域，分别位于⑰～㉜轴、㊽～㊼轴之间。小雨篷上灯架结构分为 4 个区域，分别位于⑦～⑩轴、㊴～㊷轴、㊺～㊾轴、㊼～㊼轴之间。灯架结构的平面布置如图 1 所示。

图 1　灯架结构平面布置示意

1　结构体系

本工程最初结构方案设计是在雨篷前端直接设置钢架，后面采用钢索的结构形式，如图 2(a)所示。由于此结构形式支座受压作用点在结构前端的最不利位置，因此结构的变形较大，无法满足规范要求。经过优化设计，最终结构形式确定为悬索结构，如图 2(b)所示，将支座受压作用点移到柱子顶端，充分利用了原有结构体系。

最终结构方案灯架由梭形桁架柱、水平连接马道和预应力钢拉索组成。梭形桁架柱断面为倒三角形，上下弦采用 $\phi150\text{mm}\times7\text{mm}$，腹杆采用 $\phi133\text{mm}\times4\text{mm}$；水平连接马道弦管采用 $\square120\text{mm}\times6\text{mm}$，腹杆采用 $\square60\text{mm}\times3\text{mm}$；预应力拉索分为前端水平稳定钢拉索和后端主受力钢拉索，前端水平稳定钢拉索规格为 $\phi5\text{mm}\times19$，后端主受力钢拉索规

文章发表于《施工技术》2008 年 3 月第 37 卷第 3 期，文章作者：司波、秦杰、李国立、李开国。

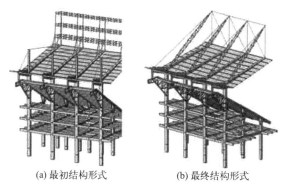

(a) 最初结构形式　　　　　(b) 最终结构形式

图 2　结构形式示意

格为 $\phi 5mm \times 61$，其抗拉强度为 1670MPa，钢拉索结构形式均为一端固定一端可调节。

2　预应力施工技术

2.1　施工流程

总体安装顺序：每榀梭形桁架柱在工厂分 2 段进行加工，在现场胎架上进行对接，然后在地面将对应的 3 根钢拉索的固定端安装在梭形桁架柱的上端，同时在拉索上端系 2 根钢丝绳用于临时替代前钢拉索，接着采用 100t 的吊车在看台的外周将梭形桁架柱吊装就位，就位时先安装梭形柱的柱脚节点，再安装后拉索下端的可调节头，然后通过捯链固定前端保持稳定的钢丝绳。此时应注意通过调节钢丝绳长度，使后钢拉索受力后再摘取吊车吊钩，紧接着安装前钢拉索，对单榀灯架梭形柱进行第 1 级张拉，只张拉后端主受力钢拉索到设计值的 80%，让前端钢拉索被动受力；当所有单榀灯架梭形柱第 1 级张拉完毕后，开始进行水平连接的马道安装，最后由灯架中间往两边对称进行第 2 级张拉到设计值。施工流程如图 3 所示。

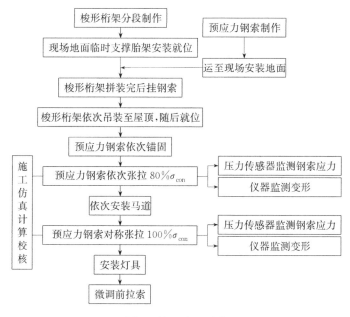

图 3　施工流程示意

2.2 预应力施工的技术要点

1) 索长的确定方法

北京工人体育场由于使用年代久远，加之当时施工技术条件的局限性，因此结构发生了不同的沉降，理论标高相同的柱子实际标高最大相差约 200mm，柱距也与理论值相差较大，直接影响索长的计算。经过研究分析，所有拉索均为一端固定一端可调节，后端主受力钢拉索为定长尺寸，前端水平稳定钢拉索长度按照现场柱子实际测量标高进行放样计算，同时将前端水平稳定钢拉索的连接耳板加长 100mm，安装时根据现场实际尺寸对连接耳板进行切割。

2) 张拉设备选用

本工程最大张拉力约为 230kN，通过张拉后端钢拉索对结构施加预应力，前端钢拉索被动受力，张拉设备选用 2 台 23t 千斤顶。

3) 预应力张拉操作要点

本工程由于其结构形式的独特性，在未安装水平连接马道前结构刚度较差，3 根钢拉索的索力直接影响梭形桁架柱的理论位置，因此张拉前应利用 3 根钢拉索的索力将梭形桁架柱的标高调至理论计算值，并且由于每榀柱子标高相差较大，在调整梭形桁架柱的标高时，后端主受力钢拉索的索力不能超过第 1 级张拉到 80% 的张拉力。此外在安装完灯具后，由于拉力传递的不均匀会导致前端水平稳定钢拉索出现个别松弛现象，最后应对其进行微调。

3 施工仿真计算

北京工人体育场灯架的结构属于柔性结构，后端主受力钢拉索为主要承重构件，钢拉索不受力时，梭形桁架柱将无法直立就位。为了保证在施工过程中结构的安全可靠，施工后结构满足设计的要求，必须对结构进行施工仿真计算，同时将施工仿真计算的结果用来指导施工过程。

本工程采用 MIDAS Gen 软件对灯架结构的施工过程进行了仿真计算，大小雨篷灯架的计算模型如图 4 所示。

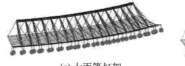

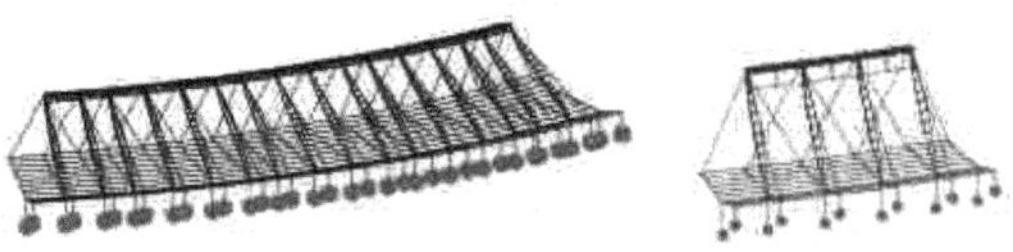

(a) 大雨篷灯架　　　(b) 小雨篷灯架

图 4　计算模型

灯架结构在张拉过程中大、小雨篷最大起拱值分别为 16mm 和 44mm，大、小雨篷钢结构最大应力分别为 51MPa 和 60MPa，都发生在雨篷钢梁与柱子连接处。

4 施工监测

4.1 监测目的

本工程为含有索单元的悬索结构，在未施加预应力之前，结构还不具有稳定的刚度。

为了使每榀梭形桁架柱都能够施加上预应力设计值，进而必须在张拉过程进行施工监测。对预应力张拉过程中进行监测的目的主要有：①由于在未施加预应力之前，结构不能自成体系，因此在张拉过程中一定要进行施工监测，以保证预应力施加的大小以及施加过程的安全；②为保证梭形桁架的顶端竖向位移能够在规范允许的范围内，并且保证灯具在同一个标高处，不至于出现梭形桁架应力过大或者整体结构变形过大的情况，必须对梭形桁架柱的应力和竖向位移分别进行应力监测和位移监测。

4.2 监测点布置

1）梭形桁架柱应力监测点布置 为监测张拉过程中梭形桁架柱的应力变化，其中在⑨轴、㉔轴和㊿轴的梭形桁架柱的中点布置了振弦应变计。为了更加具体地得到梭形桁架柱应力的连续性变化，在㊂轴梭形桁架柱从顶端到底端约5分点位置布置了15个测点，每个测点布置了2个振弦应变计，共计30个振弦应变计。具体监测点如图5所示。

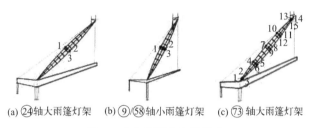

(a) ㉔轴大雨篷灯架　(b) ⑨㊿轴小雨篷灯架　(c) ㊂轴大雨篷灯架

图5　应力监测点布置示意

2）梭形桁架柱竖向位移监测点布置，通过全站仪监测在灯架梭形桁架柱张拉过程中灯架结构的竖向位移变化，竖向位移监测点为每榀梭形桁架柱前端拉索的上部销孔中心，竖向位移监测点布置如图6所示。

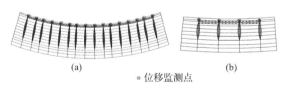

(a)　　　　　　　　　　　(b)

⊗ 位移监测点

图6　竖向位移监测点布置

4.3 监测结果

张拉过程中及张拉完成后对监测点都进行了监测，竖向位移监测值取每榀梭形桁架柱两点的平均值进行计算，竖向位移值是第2级张拉的变化量，即从设计张拉力80%张拉到设计张拉力100%的变化量，实测结果如图7所示。

由图7可以看出，实测梭形桁架柱的应力值与理论计算值相差不大，竖向位移实测值比理论计算值相差较大，尤其是小雨篷竖向位移相差较明显，主要原因是由于小雨篷刚度较柔，张拉时产生向上的位移，导致上面灯架竖向位移较大。由监测结果可知梭形桁架柱的应力和竖向变形满足相关规范的要求。

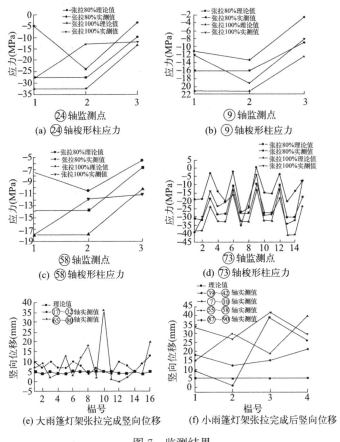

图 7　监测结果

5　结语

1）北京工人体育场场地照明高空灯架预应力钢结构为改建工程，其结构体系合理充分地利用了原有的结构形式，设计新颖独特，体系简约而不简单，造型简洁而不复杂，充分体现了建筑设计师的意图。

2）根据结构的形式，制定了合理的安装和张拉施工方案，为同类体育场灯架的施工提供了借鉴。

3）对制定的施工方案进行施工仿真模拟计算，依据计算结果确定对结构的监测方案。

4）通过对梭形桁架柱的监测数据，可为梭形桁架柱的稳定研究提供数据支持。

5）施工时应将施工模拟仿真计算和施工过程紧密结合在一起，理论指导实际，实际检验理论。

参考文献

［1］　陆赐麟，尹思明，刘锡良 . 现代预应力钢结构 [M] . 北京：人民交通出版社，2003.

［2］　日本钢结构协会 . 钢结构技术总览－建筑篇 [M] . 陈以一，傅攻义译 . 北京：中国建筑工业出版社，2003.

［3］　边广生，郭正兴 . 广州大学城中心体育场斜拉网格屋盖张拉施工 [J] . 施工技术，2007，(06)：50-52.

上海源深体育馆预应力施工技术

摘要：上海源深体育馆采用单向张弦结构，介绍了结构施工流程。运用 MIDAS 有限元分析软件进行施工仿真计算，并根据计算结果，对产生的预应力损失部分进行超张拉，使结构的最终受力和变形控制在设计要求的范围内。同时对整个结构的索力、应力和起拱值进行全面的监测。实践表明施工中必要的监测对保证施工质量至关重要。实测钢结构应力值比理论值偏差小，竖向起拱值与理论计算偏差在 3mm 以内，满足相关规范和设计的要求。

上海源深体育馆为配套特奥会在浦东源深体育中心新建的体育馆，由体育馆和游泳馆两部分组成。源深体育馆主要由地下 2 层，地上 3 层及局部 4 层组成。地下 1 层为停车库及游泳馆更衣室和部分设备房，地下 2 层为停车库，地上 1 层为游泳馆和活动大厅、新闻中心、贵宾室、会议室、记者休息室等。游泳馆内有 50m×25m 标准池，25m×11m 训练池及儿童戏水池各一个。其中体育馆采用了预应力张弦梁技术。建筑效果如图 1 所示。

图 1　源深体育馆效果示意

1　结构体系

源深体育馆主体屋面结构的平面投影为 72m×63m 的矩形，主要受力构件为 8 榀互相联系的张弦梁。张弦梁的上弦采用 600mm×400mm×18mm×18mm 的矩形钢管，下弦采用钢索为 SNS/S-5×163，外包双层 PE，强度为 1670MPa，拉索为两端调节，两榀张弦桁架的间距为 9m，张弦梁一侧 B 轴的支座为固定支座，另一侧①轴为滑动支座。具体布置形式如图 2 所示。

文章发表于《施工技术》2008 年 3 月第 37 卷第 3 期，文章作者：徐瑞龙、秦杰、陈新礼、周关根。

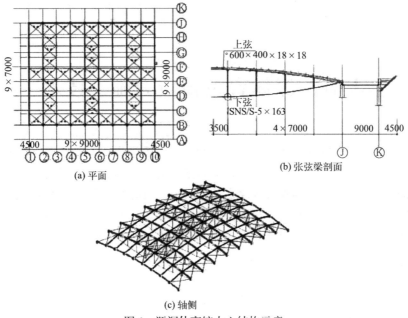

(a) 平面　　　　　　　　　　(b) 张弦梁剖面

(c) 轴侧

图 2　源深体育馆中心结构示意

2　预应力施工方案

2.1　结构施工流程

　　总体安装顺序为：先搭设脚手架，然后安装钢结构上弦桁架和撑杆，再安装钢索，接着进行张拉。张拉结束后进行檩条的安装。具体施工流程如图 3 所示。

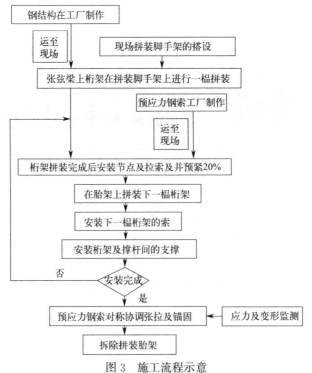

图 3　施工流程示意

2.2 预应力张拉过程

1）张拉设备的选用 经过仿真计算，源深体育馆张弦梁张拉时，张拉力约 420kN，每根索每端需要 2 台千斤顶，两端同时张拉，一次张拉 2 根索。所以，预应力张拉选用 8 台 60t 千斤顶。

2）预应力钢索张拉前标定张拉设备 张拉设备采用预应力钢结构专用千斤顶和配套油泵、油压传感器、读数仪。根据设计和预应力工艺要求的实际张拉力对油压传感器及读数仪进行标定。标定书在张拉资料中给出。

3）控制原则 根据设计院预应力张拉控制指标如下：①本工程张弦梁上弦梁部分区域需在张拉完成后灌注混凝土，混凝土容重 $18kN/m^3$；②张拉控制指标以变形为主，张拉力为辅，变形计算值为向上 7cm，有效张拉力为 420kN；③张拉顺序从中间向两侧两榀同时双向对称张拉；④张拉分级由施工单位与监测单位协商调整，以满足监测结果准确性为前提，张拉过程中，保证相邻两榀张弦梁相对高差不超过 1cm；⑤施工方需考虑支撑胎架不能阻碍张弦梁支座自由滑移。

4）张拉过程 施工前用仿真模拟张拉工况，以此作为指导张拉的依据。屋面结构安装完成后，对结构施加预应力。预应力的施加分 3 级，第 1 级施加到控制应力的 60%，第 2 级施加到控制应力的 90%，第 3 级施加到控制应力的 100%，使预应力值及结构的变形符合设计要求的状态。张拉顺序从中间往两边，每次张拉 2 个轴线的拉索，如图 4 所示。

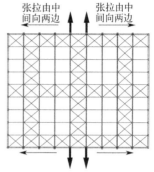

图 4 预应力张拉顺序

3 施工仿真计算

对于预应力钢结构来说，在预应力施加过程中，结构的形状和内力分布不断发生变化，为了验证施工方案的合理性并保证结构在施工过程中的安全，需对张拉过程进行精确的模拟计算。张拉过程仿真模拟计算目的如下：①验证张拉方案的可行性，确保张拉过程的安全；②给出每张拉步钢索张拉力的大小，为实际张拉力值的确定提供理论依据；③给出每张拉步的结构变形及应力分布，为张拉过程中的变形监测及索力监测提供理论依据；④根据张拉力大小，选择合适的张拉机具，并设计合理的张拉工装。

本工程采用有限元计算软件 MIDAS Gen，对整个张拉过程进行仿真计算。根据施工仿真计算，在施工结束后整个钢结构起拱 70mm，钢结构最大拉应力 67MPa，最大压应力 86MPa，钢索拉力 420kN。

4 施工监测

为保证预应力钢结构的安装精度以及结构在施工期间的安全，并使张拉完成后的预应力状态与设计要求相符，必须对张拉过程中结构的整体变形、上弦钢结构的应力及下弦钢索的索力进行监测，下面分别对这三方面的监测设备和监测方案进行介绍。

本工程主要有索力、应力监测和起拱值监测两部分。

4.1 监测点布置

1）竖向及支座位移监测点布置

在预应力钢索张拉过程中，结合设计院的计算结果，对结构的整体竖向位移和支座位移进行监测可以保证预应力施工期间结构的安全以及预应力施加的质量。对变形的监测采用全站仪和百分表。监测点布置如图 5 所示。

2）钢结构应力监测点布置

为监测张拉过程中钢结构应力变化，对钢结构应力选取有代表性的⑥、⑨轴张弦梁进行结构的应力监测，每个测点在钢结构的上下表面各布置 1 个传感器。具体监测点位置如图 6 所示。

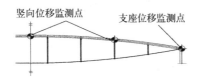

图 5　竖向位移和支座监测点布置　　　图 6　⑥、⑨轴钢结构应力测点

4.2 监测结果

张拉过程中及张拉完成后对监测点进行了变形和应力监测，张拉结束后，实测结果如图 7 所示。

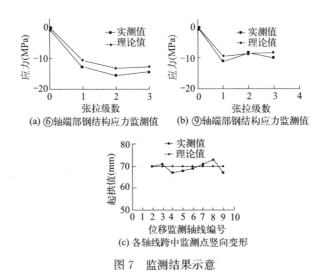

(a) ⑥轴端部钢结构应力监测值　　(b) ⑨轴端部钢结构应力监测值

(c) 各轴线跨中监测点竖向变形

图 7　监测结果示意

从图 7 可以看出，实测钢结构应力值比理论计算值偏差较小，竖向变形实测值与理论计算偏差在 3mm 以内，钢结构应力和整体结构竖向变形满足相关规范和设计的要求。

5　结语

1）源深体育馆采用了单向张弦梁结构，结构形式新颖，受力合理，节省钢材，是一种先进的结构形式。

2）由于各榀张弦梁间有互相联系的斜撑，因此在张拉时对旁边各榀受力和变形有一定的影响，通过前期的施工仿真计算，对产生的预应力损失部分进行超张拉，使结构的最终受力和变形都控制在设计要求的范围。

3）张弦结构是一种相对柔性的结构，施工中必要的监测对保证施工质量至关重要，在本工程中我单位和同济大学对整个结构进行了全面的监测，通过监测有效地保证了钢结构的施工质量，对其他工程具有一定的借鉴作用。

参考文献

［1］ 陆赐麟，尹思明，刘锡良 . 现代预应力钢结构［M］. 北京：人民交通出版社，2003.
［2］ 黄明鑫 . 大型张弦梁结构的设计与施工［M］. 山东：山东科学技术出版社，2005.
［3］ 王泽强，秦杰，许曙东，等 . 青岛国际帆船中心预应力施工技术［J］. 施工技术，2007，（11）：14-16.

山西寺河矿体育馆预应力钢结构施工技术

摘要： 晋城寺河矿多功能报告厅屋盖采用张弦结构，介绍了该工程采用单榀张弦梁在地面组装进行预张拉，采用累积滑移的方法将每榀桁架安装到位的预应力施工技术。经过大量仿真计算和方案比较分析，选用索力控制为主，伸长值控制为辅的双控原则，并对钢索张拉力、伸长值和钢结构应力及变形进行施工监测，保证了工程的顺利进行。实践表明实测结果较好的验证了理论计算结果，施工仿真计算正确可靠。

寺河矿多功能报告厅轴线南北长 95.1m，东西长 65.7m，屋脊处标高约 25m，占地面积约 6000m^2，主要包括篮球场、会议室、进厅及各种功能用房。其中张弦梁结构共计 10 榀。建筑效果如图 1 所示。

1 结构体系

单榀张弦桁架部分上弦为焊接箱梁□400mm×350mm×16mm×20mm，下弦张拉索为 φ5mm×85 高强度低松弛热浸镀锌钢丝（外设 PE 防护层），上弦和下弦之间采用 φ219mm×16mm 钢管撑杆连接，形成稳定的受力体系，单榀重约 16t。每榀张弦梁之间采用冷弯薄壁 C 形檩条相连接，张弦梁支座采用两端铰接，置于混凝土柱顶，一端采用固定铰支座，另一端采用单向滑动铰支座，以减小屋盖对下部结构产生的水平推力。张弦梁钢索张拉完成后总长为 40.818m。单榀张弦桁架剖面如图 2 所示。

图 1 多功能报告厅建筑效果

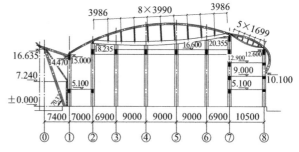

图 2 单榀张弦桁架剖面示意

2 预应力施工

2.1 工程施工难点及措施

1）张弦梁现场组装 单榀张弦梁上弦长达 50.572m，需在工厂分段加工后送现场组

文章发表于《施工技术》2008 年 3 月第 37 卷第 3 期，文章作者：王泽强、秦杰、李开国。

装。张弦梁采用在多功能报告厅北侧地面搭设组装胎架进行组装，组装完成后在地面组装胎架上完成张弦梁的第1次张拉（图3）。

2）张弦梁吊装　张弦梁组装完成后重达16t，跨度达40.8m，由于场地及土建等施工原因，所有张弦梁吊装采用双机抬吊安装成滑移单元。本工程采用2台120t汽车起重机分别站位于Ⓠ轴线外双机抬吊到滑移位置，然后安装张弦梁之间的撑杆及檩条，使之形成刚性框架（图4）。

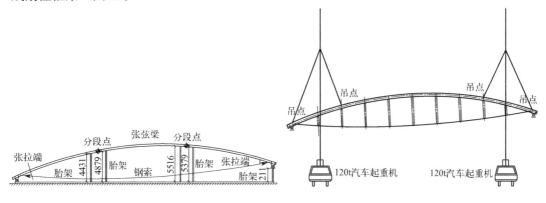

图3　第1次张拉示意　　　　　　　　　图4　结构滑移示意

3）张弦梁滑移　在吊装完一个张弦梁滑移单元后，必须及时开始整体滑移，以便组织下一组滑移单元的吊装。本工程采用分段滑移的施工方法，滑道利用②轴线和⑦轴线混凝土框架梁布置。具体滑移过程如图5所示。需注意当第3、4榀张弦梁滑移到设计位置后，立即连接第2、3榀张弦梁之间的支撑杆件，依此类推。

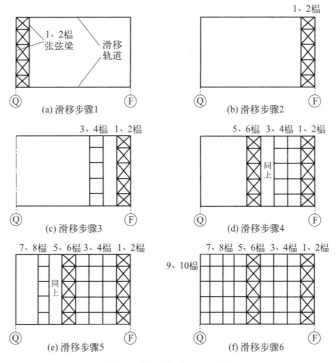

图5　结构滑移过程示意

4）张弦梁张拉　预应力张拉分为 2 次完成，第 1 次在地面张拉到设计张拉力的 30%，保证吊装过程中单榀桁架稳定，第 2 次对称分批张拉到设计张拉力。

2.2　预应力施工过程

1）预应力钢索安装

预应力钢索安装具体分为以下过程：放索、索头安装、中间节点安装。将运至现场的钢索吊至放索盘上，借助放索盘将钢索放开；索头安装过程中，使用捯链等工具将索头位置吊起，微调至耳板孔内，同时使用另一个捯链慢慢牵引索头，当索头孔与耳板孔重合时，将销轴插入并使用丝钉固定即可；拉索索头固定后，将两端套筒拧紧至两端索体拉杆最边缘到支座的距离相等，沿索体设置若干个捯链，具体位置在相应撑杆附近，利用捯链将索吊起至各撑杆节点下，按索体上标识的位置进行索体就位并安装撑杆下节点（具体位置经过计算，在出厂前已标识在索体上）。

2）预应力设备选用

经过仿真计算，拉索最大张拉力约 150kN，因此需要 2 台 23t 千斤顶，并且在第 2 次张拉过程中，需要 2 根索同时张拉，并且两端同时张拉，故选用 8 台 23t 千斤顶，即同时使用 4 套张拉设备。

3）预应力控制参数

张拉时采取双控原则：索力控制为主，伸长值控制为辅，同时考虑结构变形。预应力钢索张拉完成后，应立即测量校对。如发现异常，应暂停张拉，待查明原因，并采取措施后，再继续张拉。

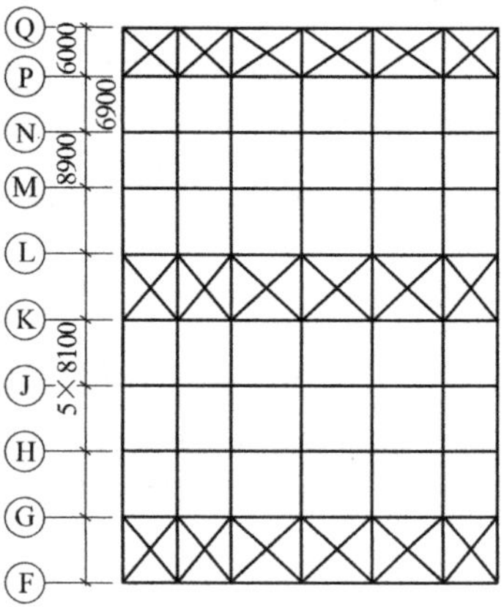

4）张拉力及张拉顺序

根据设计要求的预应力钢索张拉控制应力取值，并进行钢索伸长值计算，钢索各步张拉力及伸长值见表1～表3。钢索编号如图6所示。

图 6　钢索编号

Ⓗ～Ⓝ钢索张拉力　（kN） 表 1

钢索编号	Ⓗ	Ⓙ	Ⓚ	Ⓛ	Ⓜ	Ⓝ
第 1 级	124	124	124	124	124	124
第 2 级	149	149	161	161	149	148

Ⓕ、Ⓖ、Ⓟ、Ⓠ钢索张拉力　（kN） 表 2

钢索编号	Ⓕ	Ⓖ	Ⓟ	Ⓠ
第 1 级	124	124	124	124
张拉到控制应力的 50%	146	179	179	144
张拉到控制应力的 70%	184	152	149	184
张拉到控制应力的 90%	157	190	190	155
张拉到控制应力的 100%	175	159	157	176

钢索最终张拉力及伸长值 表 3

钢索编号	Ⓕ	Ⓖ	Ⓗ	Ⓙ	Ⓚ	Ⓛ	Ⓜ	Ⓝ	Ⓟ	Ⓠ
钢索最终索力(kN)	160	159	150	150	160	160	150	150	157	158
钢索伸长值(mm)	50	50	50	50	50	50	50	50	50	50

单榀张弦梁安装完成后，进行第 1 次张拉，张拉力值如表 1 所示；进行第 2 次张拉过程中，满足结构变形和钢结构应力不能过大，以保证整体张拉过程的安全，采用全部吊装、滑移到位，并且檩条安装完成后对称进行第 2 次张拉，第 2 次张拉过程分为 11 步张拉完成。

3 施工仿真计算

本工程采用有限元计算软件 ANSYS，对该结构张拉过程进行仿真计算。根据施工顺序，仿真模拟计算分为两部分：单榀张拉的模拟计算和屋面钢结构安装完成后第 2 次张拉模拟计算。计算模型如图 7 所示。

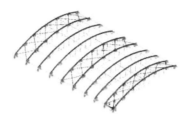

图 7　计算模型

经计算，结构最大竖向位移为 55.77mm，钢结构最大应力 33.7MPa，钢索最大索力 162.09kN，钢索最大应力 97.1MPa。

4 施工监测

为保证张拉过程中的安全性，对整个过程进行监测控制。本工程主要控制措施：钢索张拉力和伸长值控制、钢结构应力控制、结构变形控制。

1）钢索张拉力控制为主，以钢索伸长值控制为辅。通过油压传感器的数据反映钢索张拉力。实际张拉完成后，钢索张拉力和钢索伸长值误差都在理论计算张拉力和伸长值 5% 以内，满足相关规范的要求。

2）监测钢结构应力和结构变形作为该工程张拉过程的辅助监测手段。选择钢结构应力较大的杆件，使用振弦应变计监测应力变化，每榀张弦桁架中间选择一点，进行变形监测控制，使用水准仪监测钢结构竖向变形。实际监测结果跟理论计算数据吻合较好。

3）张拉完成后，应立即测量校对钢索伸长值。如发现异常，应暂停张拉，待查明原因并采取措施后，再继续张拉。处理措施：如果发现钢索伸长值过大或者钢结构起拱值过大（跟仿真计算值比较），应立即停止张拉，检查张拉力是否正确，并且检查钢结构节点焊接位置是否开裂等。

5 结语

1）本工程结构体系比较新颖，而且由于索体结构性能的充分发挥，降低了用钢量和成本。

2）施工过程选择了采用单榀张弦梁在地面组装，并进行预张拉，采用累积滑移的方法将每榀桁架安装到位，不但技术上比较合理，而且节约了成本。

3）在施工前进行了充分的准备工作，对结构张拉过程进行了施工仿真计算，同时采用了有效的监测手段，保证了工程的顺利进行。

4）从监测的结果来看，实测结果很好的验证了理论计算结果，同时说明了通过有限元计算软件进行施工仿真计算是比较可信的。本工程的施工方法可以为同类工程施工提供借鉴。

参考文献

［1］ 陆赐麟，尹思明，刘锡良．现代预应力钢结构［M］．北京：人民交通出版社，2003．

［2］ 黄明鑫．大型张弦梁结构的设计与施工［M］．济南：山东科学技术出版社，2005．

［3］ 徐瑞龙，秦杰，李国立，等．国家奥林匹克体育中心综合训练馆张弦结构施工技术［J］．工业建筑，2007，（01）：26-29．

［4］ 王泽强，秦杰，许曙东，等．青岛国际帆船中心预应力施工技术［J］．施工技术，2007，（11）：14-16．

［5］ 石开荣，郭正光．预应力钢结构施工的虚拟张拉技术研究［J］．施工技术，2006，（03）：16-18．

金沙遗址采光屋顶预应力悬索结构施工技术

摘要： 金沙遗址采光屋顶采用预应力悬索结构。论述了该工程分级对称张拉的预应力施工技术，结合施工仿真计算和现场实测结果，分析了在预应力施工过程中结构目标预应力和最终索力之间的差异，介绍了结构钢索相关节点设计和张拉技术参数控制原则、钢索安装顺序。实践表明索力和变形满足相关规范及设计要求，最终索力值与目标预应力值相差比较小，施工仿真计算分析可保证设计和施工的准确性、安全性。

成都金沙遗址博物馆位于成都市城西金沙遗址路 2 号，属遗址类博物馆，是国务院公布的第六批全国重点文物保护单位。总建筑面积约 $38000m^2$，主要由遗迹馆、陈列馆、文物保护中心、生态环境园林区、游客接待中心等部分组成。采光屋顶预应力悬索属于陈列馆的屋顶部分，其跨度为 23m。

1 结构体系

该工程采用结构形式为悬索结构，屋顶平面近似为圆形，直径约为 23m，矢高为 2m。上层索网和下层索网之间通过不锈钢撑杆相连，中间设置 1 个不锈钢内环梁和三圈环索，形成一个稳定的受力体系。径向索由上、下层两部分，均有 24 根，采用索型为 BRUGG Spiral Strand1×61 型，$\phi26mm$，强度 1450MPa，固定端采用 OPEN SWAGED SOCKET Stainless Steel，调节端采用 TURNBUCKLE WITH OPEN SOCKET Stainless Steel。环向索采用索型为 BRUGG Spiral Strand1×61 型，$\phi20mm$，强度等级 1450MPa，索端采用 OPEN SWAGED SOCKET Stainless Steel 的压接头，索端连接处采用调节套筒。结构如图 1 所示。

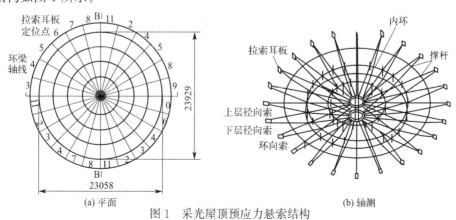

(a) 平面   (b) 轴测

图 1 采光屋顶预应力悬索结构

文章发表于《施工技术》2008 年 3 月第 37 卷第 3 期，文章作者：王泽强、秦杰、陈新礼、李国立、葛家琪。

2 节点设计

结构钢索相关节点主要有3部分，第1部分为上层径向索、上层环索及撑杆的连接；第2部分为下层径向索、下层环向索及撑杆的连接；第3部分为内环梁节点，如图2、图3所示。采光屋顶屋面悬索结构所有撑杆及节点配件均采用不锈钢，节点构造简洁明快、精致美观，构造形式采用一字形和十字形两种。为满足建筑设计要求，撑杆上节点玻璃屋面与索网之间的连接采用与点支玻璃幕墙相同的方式：在每个不锈钢撑杆的位置都伸出一个驳接爪，用以支撑上面的玻璃。由于钢索采用一端张拉，一端固定，所以径向索与外环梁连接采用1块耳板加2块焊接补强板，如图3所示。

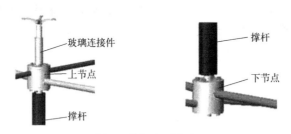

图2 撑杆上下节点

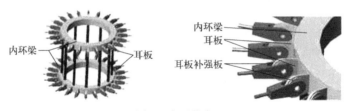

图3 内环节点

3 预应力施工方案

3.1 施工流程

该工程总体施工流程如图4所示。

3.2 张拉设备的选用

根据仿真计算，径向索张拉力最大为180kN，并且是4个点同时张拉。所以需要8台23t千斤顶，即需要4套张拉设备。张拉设备如图5所示。

3.3 预应力钢索张拉前标定张拉设备

张拉设备采用预应力钢结构专用千斤顶和配套油泵、油压传感器、读数仪及千斤顶支撑架。根据设计和预应力工艺要求的实际张拉力，对油压传感器及读数仪进行标定。标定书在张拉资料中给出。

3.4 张拉技术参数及控制原则

施工控制原则：张拉过程中以张拉力控制为主，伸长值控制为辅。径向索张拉力和伸长值为预应力钢索施工记录内容。张拉的同时通过索力测力仪和油压传感器监测钢索的索力。

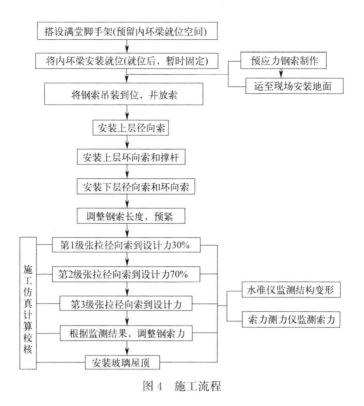

图 4　施工流程

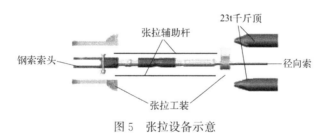

图 5　张拉设备示意

3.5　钢索安装及张拉顺序

张拉前，将内环梁搁置在脚手架上，并进行简单的固定，由于屋顶平面倾斜，所以内环梁很难准确定位。通过径向钢索定长对内环梁进行定位。对称同步安装径向索，同时将对应的撑杆安装完成，将撑杆按照预先做标记的位置进行暂时固定；按照标记的位置由内向外进行环向索的安装，安装结束后，将撑杆节点进行固定。

本工程是通过张拉径向索，来达到施加预应力的目的，整体分为三级张拉。在张拉前将各种类型的钢索调到初始位置，并且每次同时对称张拉 4 根径向索。第 1 级张拉：先张拉上层径向索到设计力的 30% 后，再张拉下层径向索到设计力的 30%；第 2、3 级张拉：根据监测结果，按照第 1 级张拉的顺序，分别张拉到设计力的 70% 和 100%。最后根据监测结果进行微调索力，最终达到设计力的要求。每级具体张拉顺序（图 6）为：径向索 1→径向索 2→径向索 3→径向索 4→上层径向索 5→径向索 6。

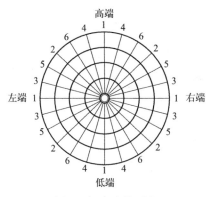

图 6 钢索张拉顺序

4 施工仿真模拟与结果分析

4.1 施工仿真计算

在张拉过程中索力之间相互影响比较大，钢索设计张拉力与施工张拉预应力值不同。因此必须对整个施工过程进行施工模拟分析，以准确确定张拉过程和张拉力值，再根据张拉力值选择合适的设备。整个施工张拉力过程分为 36 步，每 1 步的施工张拉力值都是通过计算确定。通过 Combin39 模拟内环梁脚手架，未张拉前脚手架对内环梁有一定的支撑力，随着张拉的进行，支撑力越来越小，经过第 1 级张拉结束后，脚手架支撑力变为零，此时内环梁脱离脚手架。采用 ANSYS 模拟分析张拉施工过程，并计算结构的竖向位移、钢索轴力、内环梁应力。

4.2 结果分析

在张拉过程中，通过油泵带动的千斤顶进行施加预应力，水准仪观测结构特征点标高，并采用了索力测定仪和油压传感器两种方法来监控钢索索力。由于技术准备比较充分，因此张拉结束后，径向索最终索力值与目标预应力值相差比较小，上层径向索张拉预应力误差控制在 5% 以内；下层径向索索力比较小，因此其张拉预应力误差控制在 10% 以内。

5 结语

1）该工程结构形式比较新颖，预应力悬索结构对施工提出了较高的要求，施工前结构还未成形，结构刚度比较小，因此要进行施工仿真计算分析，根据仿真计算结果指导施工。

2）张拉工装的设计合理与否直接影响预应力施工的效率和质量，对张拉工装的设计，须考虑索具和节点的形式，一级张拉力的大小，做到受力合理，操作方便。

3）本工程采用了合理的张拉方法，分级对称张拉；并且采用了两种监控索力的方法，保证施工过程安全顺利完成，施工完成后，索力和变形等满足相关规范及设计要求。

4）通过最终索力和目标预应力值的比较，可以看出最终索力值与目标预应力值相差比较小，这也证明采用 ANSYS 模拟该结构类型施工过程是可行的。并为类似的工程在施工和设计方面提供借鉴。

参考文献

［1］ 陆赐麟，尹思明，刘锡良.现代预应力钢结构［M］.北京：人民交通出版社，2003.

［2］ 黄明鑫.大型张弦梁结构的设计与施工［M］.济南：山东科学技术出版社，2005.

［3］ 徐瑞龙，秦杰，李国立，等.国家奥林匹克体育中心综合训练馆张弦结构施工技术［J］.工业建筑，2007，（01）：26-29.

［4］ 王泽强，秦杰，许曙东，等.青岛国际帆船中心预应力施工技术［J］.施工技术，2007，（11）：14-16.

天津滨海国际会展中心（二期）预应力钢结构施工技术

摘要： 天津滨海国际会展中心（二期）屋盖采用斜拉索结构。拉索张拉原则为在正常使用荷载状况下，网架跨中位置挠度值为 0。根据上述原则确定了三级张拉的张拉方案。采用有限元软件 ANSYS，根据施工顺序，对该结构张拉过程进行了仿真计算，同时对整个张拉过程进行了监测控制，实际监测结果跟理论计算数据吻合较好。

1 工程概况

天津滨海国际会展中心在原有场馆基础上启动二期工程，向东南方向延伸建设 3 个展馆，竣工时会展中心将具备 9 个展区，接待能力提高 1/3。该工程于 2006 年 10 月开工，2008 年建成投入使用，滨海会展中心整体展览面积将达到 4 万 m^2，并增加 780 个地下停车位。

2 结构形式

天津滨海国际会展中心二期钢结构工程，其中预应力部分主要由两部分组成：综合楼桁架中为每股 10 根 ϕ15.2mm 钢绞线，每榀桁架穿 1 股钢绞线，共 26 榀桁架。展览大厅屋面为钢网架，整体为典型斜拉索结构。其中 6 根 45m 钢柱穿过钢网架，每根钢柱斜拉 4 根拉索，拉住钢网架。拉索共有 3 种型号：S1（ϕ5mm×127）、S2（ϕ5mm×163）、S3（ϕ5mm×151），拉索数量为 36 根。展览大厅结构形式如图 1 所示。

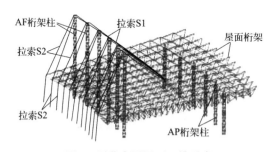

图 1 展览大厅屋面三维示意

3 预应力施工方案

3.1 张拉方案

拉索张拉的原则为：在正常使用荷载状况下，结构网架跨中位置挠度值为 0。按照上

文章发表于《施工技术》2008 年 4 月第 37 卷第 4 期，文章作者：沈斌、秦杰、钱英欣、李国立、陈志华、黄明鑫。

述原则，提出预紧拉索 AB 段，张拉拉索 BC、CD 段，分 3 级张拉的张拉方案。各段拉索位置如图 2 所示。

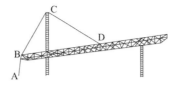

图 2　拉索位置示意

3.2　施工流程

拉索结构施工流程如图 3 所示。

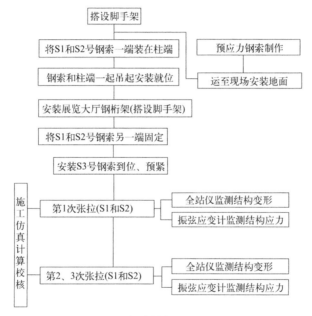

图 3　拉索结构施工流程

3.3　张拉设备的选用

根据仿真计算，拉索张拉力最大为 118kN，并且是 4 个点同时张拉，所以需要 8 台 60t 千斤顶，即需要 4 套张拉设备，张拉设备如图 4 所示。

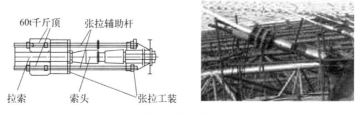

图 4　张拉设备

3.4　张拉设备标定

张拉设备采用预应力钢结构专用千斤顶和配套油泵、油压传感器、读数仪及千斤顶支

451

撑架。根据设计和预应力工艺要求的实际张拉力对油压传感器及读数仪进行标定。

3.5 张拉技术参数及控制原则

施工控制原则：张拉过程中以张拉力控制为主，伸长值为辅。拉索张拉力和伸长值为预应力拉索施工记录内容。张拉的同时通过索力测力仪和油压传感器监测拉索的索力。

3.6 张拉力及张拉顺序

3.6.1 张拉力

根据设计要求的预应力拉索张拉控制应力取值，并进行拉索伸长值计算。

3.6.2 张拉顺序

通过张拉 S1 和 S2 拉索来施加预应力，同时张拉 4 根拉索（跟同一根桁架柱相连的 4 根拉索），拉索编号如图 5 所示。

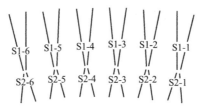

图 5　张拉示意

拉索分 3 级张拉，第 1 级张拉顺序如下：S1-1、S2-1→S1-6、S2-6→S1-5、S2-5→S1-2、S2-2→S1-3、S2-3→S1-4、S2-4。第 2 级张拉顺序与第 1 级相反，第 3 级张拉顺序与第 1 级相同。

4　施工仿真计算

采用大型有限元计算软件 ANSYS，根据施工顺序，对张拉过程进行仿真计算，计算模型如图 6 所示。

图 6　有限元计算模型

5　施工监测

为保证张拉过程中的安全性，对整个过程进行监测控制。本工程主要控制措施有如下 3 个方面：拉索张拉力和伸长值控制、钢结构应力控制、结构变形控制。

1）拉索张拉力控制为主，伸长值控制为辅。通过油压传感器的数据反映拉索张拉力。实际张拉完成后，拉索张拉力和拉索伸长值都在理论计算张拉力和伸长值 5% 以内，满足相关规范的要求。

2）监测钢结构应力和结构变形作为该工程张拉过程的辅助监测手段。选择钢结构应力较大的杆件，使用振弦应变计监测应力变化，每榀张弦桁架中间选择一点，进行变形监测控制，使用水准仪监测钢结构竖向变形。实际监测结果跟理论计算数据吻合较好。

3）张拉完成后，应立即测量校对拉索伸长值。如发现异常，应暂停张拉，待查明原因，并采取措施后，再继续张拉。处理措施：如果发现拉索伸长值过大或者钢结构起拱值过大（跟仿真计算值比较），应立即停止张拉，检查张拉力是否正确，并且检查钢结构节点焊接位置是否开裂等。

6 结语

1）本工程采用斜拉索结构体系，结构体系比较新颖，而且由于索体结构性能的充分发挥，大大降低了用钢量，降低了成本。

2）施工过程选择了采用拉索随立柱组装，并且随立柱累积滑移的方法，将拉索安装到位，不但技术上比较合理，而且节约了成本。

3）在施工前进行了充分的准备工作，对结构张拉过程进行了施工仿真计算，同时采用了有效的监测手段，保证了工程的顺利进行。

国家奥体中心体育场改扩建工程预应力施工技术

摘要： 为满足奥运需求，对国家奥体中心体育场进行改扩建。该工程悬挑看台后部采用拉索平衡。介绍了该预应力施工相关节点的设计，制定合理的预应力施工方案。采用ANSYS对结构进行施工仿真计算，并对结构竖向位移和钢结构应力进行监测。通过计算结果和实测结果对比分析，证明实测钢结构应力与理论计算值偏差较小，结构竖向变形实测值比理论值偏小。钢结构应力和整体竖向变形满足相关规范和设计的要求。

国家奥体中心体育场位于北京市朝阳区国家奥林匹克体育中心园区北部，与原有的体育馆、游泳馆等沿同心圆弧线组成序列。其现有建筑面积 20000m^2，可容纳观众 18000人，设有 2 块满足国际田径比赛标准的比赛和训练场地。改造后的体育场将增加 1 层看台，建筑面积增至 37000m^2，可容纳观众 40000 人，保留现有田径功能，并新增加约 50间包厢，承担着 2008 年奥运会的足球和现代五项的马术、跑步比赛任务。其中，两侧新增加的看台采用了拉索。建筑效果如图 1 所示。

1 结构体系

体育场地上 5 层，罩棚高度为 43.0m，附属用房高 10.43m，结构形式为钢筋混凝土框架及钢结构。体育场看台钢结构分为两部分：东看台和西看台，并呈双轴对称，共有40 根拉索，拉索规格为 $\phi 5 \times 301$。一侧看台的三维结构透视图和单榀结构的典型剖面如图 2 所示。

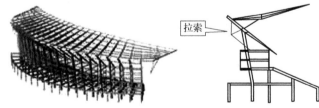

图 1　国家奥体中心改扩建工程建筑效果　　　　图 2　结构透视图和典型剖面示意

2 预应力相关节点设计

拉索典型相关节点主要有 3 个，拉索与钢结构连接的上下节点及中间撑杆处的拉索转弯节点，如图 3 所示。

文章发表于《施工技术》2008 年 4 月第 37 卷第 4 期，文章作者：徐瑞龙、秦杰、陈新礼、李国立、陈华周。

结构拉索建筑上要求采用双耳叉耳，拉索与钢结构常规的连接方法为双耳叉耳连接到钢结构的单耳板上。在本工程中，钢结构柱由 2 个焊接的槽钢背对背通过 2 个钢板连接到一起，此处拉索的拉力巨大，若采用钢结构单耳板的连接方式，其节点处理十分复杂，且受力不均。经过认真比选，采用了将拉索的连接销轴加长，而在钢结构上焊接出 2 个耳板的方式进行节点的设计（图4）。

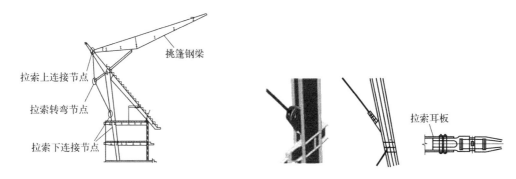

图 3　索体相关节点位置示意　　　　　　图 4　索体与钢结构连接节点

拉索与撑杆的连接是本工程的一个设计难点，首先拉索在此处转弯需要做成圆弧进行过渡，在此处节点受力很大，同时建筑对此处的外观要求也很高，需要认真进行设计。通过综合考虑加工、结构和建筑要求，最终采用将 $\phi168\times24$ 的钢管从中间割开，弯曲成半径 2674mm 的弧形，然后在上面焊接耳板及肋板。具体构造如图 5 所示。

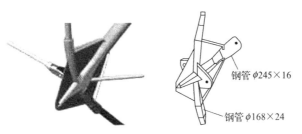

图 5　索体与撑杆连接节点示意

撑杆节点是受力非常关键的一个节点，同时也是在整个结构中受力最为复杂的地方，在设计状态下索力达到 394.8kN，为了解撑杆下节点的受力性能，分析其在使用期间的安全性，需要对其进行有限元分析。分析软件为 ANSYS，选用的单元为三维实体单元 SOLID45，每个单元有 8 个节点，每个节点有 3 个自由度。分析时采用的单位制为国际单位制，力的单位为 N，长度单位为 m。网格划分采用的是 ANSYS 程序的单元划分器中的自由网格划分技术，自由网格划分技术会根据计算模型的实际外形自动地决定网格划分的疏密。分析模型及结果如图 6 所示。

通过以上分析可以看出，节点 x 方向最大位移 0.8mm，等效应力为 78MPa，节点的刚度及安全性能都能满足要求。

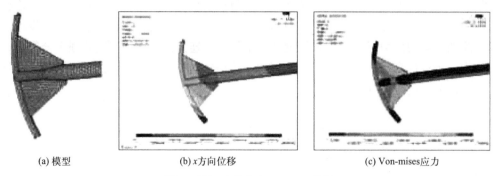

| (a) 模型 | (b) x 方向位移 | (c) Von-mises 应力 |

图 6　撑杆连接节点 ANSYS 分析

3　预应力施工方案

3.1　结构施工流程

总体安装顺序为：搭设脚手架→安装钢结构上弦桁架和撑杆→安装钢索→张拉→檩条安装。具体施工流程如图 7 所示。

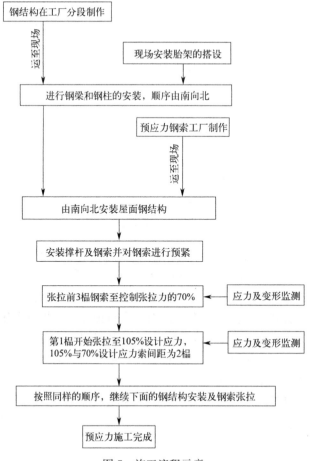

图 7　施工流程示意

3.2 预应力张拉过程

1）张拉设备的选用　经过仿真计算，张拉时，张拉力约 1047kN，每根索每端需要 2 台千斤顶，单端张拉，一次张拉 3 根索，所以预应力张拉选用 6 台 60t 千斤顶。

2）预应力钢索张拉前标定张拉设备　张拉设备采用预应力钢结构专用千斤顶和配套油泵、油压传感器、读数仪。根据设计和预应力工艺要求的实际张拉力对油压传感器及读数仪进行标定。标定书在张拉资料中给出。

3）控制原则　预应力钢索的张拉控制采用张拉力为主，伸长值控制为辅的方法。

4）张拉过程　施工前仿真模拟张拉工况，以此作为指导张拉的依据。预应力施加分 3 级进行：第 1 级进行预紧，预紧力 100kN；第 2 级施加至设计值的 70%；第 3 级施加至设计值的 100%，并超张拉至设计值的 105%。3 级张拉都是从南到北，前一级与后一级间隔 2 榀桁架。

4　施工仿真计算

对于预应力钢结构来说，在预应力施加过程中，结构的形状和内力分布不断发生变化，同时对本工程分 3 级张拉时，后张拉的对前面张拉的拉索具有一定的影响，因此需要进行全过程施工仿真计算，来确定每一步的具体张拉力及张拉过程中的应力及变形监测内容。

图 8　有限元计算模型

本工程采用大型有限元计算软件 MIDAS Gen 为计算工具，对整个张拉过程进行仿真计算，计算模型如图 8 所示。

根据施工仿真计算，在施工结束后整个钢结构起拱 68mm，最大拉应力 85MPa，最大压应力 −143MPa，钢索拉力为 1047kN。

5　施工监测

为保证预应力钢结构的安装精度以及结构在施工期间的安全，并使张拉完成后的预应力状态与设计要求相符，必须对张拉过程中结构的整体变形、上弦钢结构的应力及下弦钢索的索力进行监测。本工程主要有索力、应力监测和起拱值监测两部分。

5.1　监测点布置

1）竖向位移监测点布置

每侧看台罩棚钢结构由相互联系的 20 榀主钢梁结构组成，对每一榀主钢梁结构在施工期间的变形均进行监测，监测点布置如图 9 所示。

2）钢结构应力监测点布置

为监测张拉过程中钢结构应力变化，对钢结构应力选取有代表性的西看台⑫⑧、⑫⑩轴和东看台的⑯⑩轴和⑯⑥轴进行监测，测点布置如图 10 所示，每个测点在钢结构的上下表面各布置一个传感器。

5.2　监测结果

张拉过程中及张拉完成后对监测点都进行了变形和应力监测，张拉结束后，实测结果如图 11 所示。

从图 11 可以看出，实测钢结构应力值与理论计算值值偏差较小，最终竖向变形实测值比理论计算值偏小，钢结构应力和整体结构竖向变形满足相关规范和设计的要求。

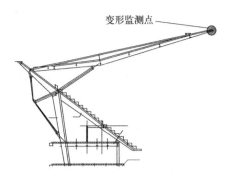

图 9　竖向位移监测点布置示意

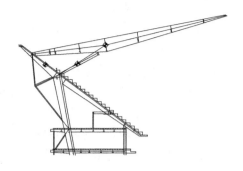

图 10　每个轴线上钢结构应力监测点

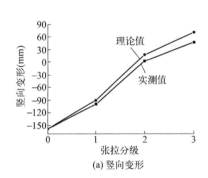

(a) 竖向变形

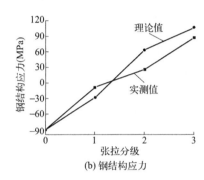

(b) 钢结构应力

图 11　张拉过程中⑳轴监测结果

6　结语

1）奥体中心改造工程采用了拉索悬挂结构，结构形式新颖美观，受力合理。

2）作为一个结构整体，预应力需要分级分批张拉，因此存在张拉顺序对结构最终成形的影响，这就需要在正式施工前进行详尽的施工仿真计算，来确保最终的施工结果与设计相符。

3）张拉过程中结构有很大的变形，随之的钢结构应力等都存在张拉前后的改变，施工中必要的监测对保证施工质量至关重要，在本工程中对整个结构进行了全面的监测，通过监测有效地保证了钢结构的施工质量，对其他工程具有一定的借鉴作用。

参考文献

[1]　陆赐麟，尹思明，刘锡良．现代预应力钢结构［M］．北京：人民交通出版社，2003．

[2]　黄明鑫．大型张弦梁结构的设计与施工［M］．济南：山东科学技术出版社，2005．

[3]　王泽强，秦杰，许曙东，等．青岛国际帆船中心预应力施工技术［J］．施工技术，2007，（11）：14-16．

[4]　边广生，郭正兴．广州大学城中心体育场斜拉网格屋盖张拉施工［J］．施工技术，2007，（06）：50-52．

[5]　陈广峰，李继雄，林浩，等．北京农展馆张弦梁施工技术［J］．施工技术，2005，（07）：7-9．

正六边形平面弦支穹顶结构施工技术

摘要：安徽大学体育馆屋盖为弦支穹顶结构，环向拉索和径向拉杆采用预应力技术。通过张拉径向钢拉杆的方法施加预应力。根据径向拉杆的张拉力值选用不同的千斤顶进行张拉，保证了张拉精度，减少了施工操作的难度。采用有限元分析软件 ANSYS 对整个施工过程进行了仿真分析，同时对整个张拉过程中的结构应力和变形进行了监测控制，以保证施工安全。

安徽大学体育馆位于安徽大学新校区内，建筑造型呈钻石形，平面为正六边形，柱网外接圆直径为 87.757m，高度为 14.5m，矢跨比约为 1/6。下部为钢筋混凝土框架结构，屋盖为钢结构，结构形式为弦支穹顶，屋面局部突出，屋盖中央设置正六边形的采光玻璃天窗，其外接圆直径 24m。建筑效果如图 1 所示。

图 1 安徽大学体育馆建筑效果

1 结构体系

本工程屋盖为弦支穹顶结构，屋盖结构主要由 8 部分组成：外桁架、内桁架、主脊梁、径向梁、环向梁、局部突出屋面钢结构、中央采光顶钢结构和预应力杆件。屋盖结构体系主要受力构件采用 Q345 方钢管，主要构件的截面尺寸为：主脊梁□750×350×12×16 环向梁□500×300×8×10、径向梁□600×300×8×10、采光顶脊梁□500×200×8×10、采光顶其他构件截面为□300×100×6×8。预应力杆件主要由两部分组成：环向拉索和径向拉杆。环向拉索采用钢拉索，规格为 $\phi5×199$、$\phi5×109$、$\phi5×55$、$\phi5×31$；径向拉杆采用钢拉杆，规格为：$\phi90$、$\phi65$、$\phi45$、$\phi35$ 4 种。预应力拉索材料屈服强度不小于 1670MPa；预应力拉杆材料采用合金结构钢，屈服强度不小于 550MPa，抗拉强度不小于 750MPa；预应力拉索和拉杆抗拉弹性模量不小于 $1.9×10^5$ MPa。

2 预应力施工技术

2.1 施工流程

总体安装顺序：在六角形主脊梁与内环梁交接处和中心点位置搭设 7 处支撑胎架→高空拼装外桁架和内桁架→拼装主脊梁、径向钢梁和中间采光顶区域钢梁→拼接环向钢梁→

文章发表于《施工技术》2008 年 4 月第 37 卷第 4 期，文章作者：司波、秦杰、张然、沈斌、黄明鑫。

安装屋面突出部分钢梁→安装钢拉索→安装钢拉杆→由外圈向里圈进行第 1 级张拉径向钢拉杆到 30％设计张拉力→由外圈向里圈进行第 2 级张拉径向钢拉杆到 70％设计张拉力→由外圈向里圈进行第 3 级张拉径向钢拉杆到 100％设计张拉力。

2.2 预应力施加方案

弦支穹顶结构预应力的施加一般有 2 种方法，即张拉环向索和张拉径向索。安徽大学体育馆弦支穹顶环向由 4 圈钢拉索组成，各圈钢拉索的设计张拉力由外到内依次为 1720、954、476 和 238kN；径向由 5 圈钢拉杆组成，各圈钢拉杆的设计张拉力由外到内依次为 1800、1000、500、250 和 100kN。假定张拉环向拉索，由于第 5 圈没有环向拉索，则第 5 圈必须改为张拉径向拉杆，因此直接采用张拉径向钢拉杆的方法施加预应力。

该结构平面为正六边形，考虑施加预应力应该对称的原则，径向钢拉杆的张拉可采用 2 种方法：①同时张拉对称的 3 个轴线的径向钢拉杆，这样张拉 1 圈径向钢拉杆就需分 2 步完成；②同时张拉 6 个轴线的径向钢拉杆。假定结构为一级张拉成形，则 2 种张拉方法的优缺点见表 1。由表 1 可知，第 1 种张拉方法比较经济，但是本工程由于工期要求，采用第 2 种张拉方法。

2 种张拉方法比较 表 1

张拉方法	张拉次数（次）	最多需千斤顶数量（个）	最多需油泵数量（台）	最多需人工数量（个）	工期
第 1 种方法	10	6	3	15	长
第 2 种方法	5	12	6	30	短

考虑施加预应力应该分批次、分阶段的原则，将预应力的施加分为三级：第 1 级张拉到设计值的 30％，第 2 级张拉到设计值的 70％第 3 级张拉到设计值的 100％，使之符合设计要求的预应力状态。这样整个张拉过程共分为 15 步。

2.3 预应力施工技术要点

1）张拉设备选用

该结构的径向拉杆的张拉力值为 5 组，分布范围较广，从 100kN 到 1800kN，最大张拉力比较大，为了保证张拉的精度，减少施工操作的难度，选用了 23t、60t 和 150t 三种千斤顶进行张拉。由于每个张拉点需要 2 台千斤顶，每次都是 6 个张拉点同时张拉，这样 3 种规格的千斤顶分别需要 12 台，总计共使用张拉设备千斤顶 36 台。

2）张拉工装的设计

对应 3 种张拉设备设计了 3 种张拉工装，其中最外两圈张拉力较大，使用同一种工装，如图 2 所示，中间两圈使用第 1 种工装的锥套部分，最内圈预应力值较小，采用夹板式工装，使用钢绞线进行张拉。

3）张拉控制参数选取

在张拉过程中采用何种方法控制施加的张拉力是施工中一个重要的环节。通常有 3 种控制方法：①张拉力控制法。直接拉到所需要的力，这种方法简单易操作，但由于各个点张拉操作速度很难保证同步，如果某点张拉速度过快就有可能造成结构整体偏移。②伸长值控制法。理论上材质、长度相同的钢拉杆的伸长值相同，那么施加的预应力也是一样的，但是实际上由于钢结构的安装误差以及测量误差，张拉完后各个钢拉杆的拉力不完全相同。③综合控制法。即 2 种控制方法同时采用。本工程结构形式为正六边形，在张拉过程中，如果结构变形不对称，整个结构将会发生扭转变形，则增大了结构的初始缺陷，因此在张拉过程中采用第 3 种控制方法。张拉时先采用伸长值控制，在最后阶段采用张拉力控制，这样最后施加的预应力和结构的位移变形值都可以控制在规范允许的误差范围之内。

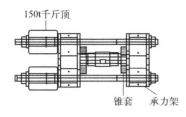

150t千斤顶

锥套　承力架

图 2　1800kN 张拉工装

3　预应力施工仿真计算

弦支穹顶结构是由上层的单层网壳结构和下层的拉索结构组成，结构在没有施加预应力之前，上层的单层网壳结构的刚度较弱，施工时为了确保安全应采用胎架支撑。随着预应力的施加，结构会产生向上的位移，当这种向上的位移大于由结构自重产生的向下的位移时，结构便会脱离胎架。根据胎架的搭设位置，可通过弹簧单元来模拟胎架的作用。

确定了张拉顺序后，采用 ANSYS 软件对整个张拉施工过程进行了施工仿真分析，以确定每步的张拉值和结构的变化情况。ANSYS 施工仿真分析模型如图 3 所示。

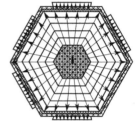

图 3　施工仿真分析模型

经过计算分析，每级张拉完成后各预应力杆件的预应力值见表 2，张拉完成后最外圈环向索 HS1 的预应力值与设计值误差最大为 1.2%。在张拉过程中，结构的最大向上位移为 30.3mm，最大向下位移为 22.3mm；钢结构最大应力 255MPa，满足安全要求；在第 2 级第 4 步张拉后的支撑胎架轴力全部为零，说明结构此时已经完全脱离胎架，因此可以安全地拆除胎架。根据以上计算结果，说明张拉方案是可行的，张拉过程满足安全要求。

4　施工监测

4.1　监测目的

预应力杆件的预应力值　（kN）　　　　表 2

张拉级数	XS1	XS2	XS3	XS4	XS5	HS1	HS2	HS3	HS4
1	590.0	321.5	153.4	70.3	19.7	565.5	307.5	146.4	67.0
2	1300.0	717.9	355.9	176.0	65.4	1250.0	688.9	340.5	167.9
3	1800.0	999.9	500.3	250.2	100.6	1740.0	962.0	479.6	239.1

注：XS1 表示最外圈径向钢拉杆，HS1 表示最外圈环向钢拉索，其余编号由外圈到内圈依次类推。

在未施加预应力之前，结构的整体刚度较差，为了使结构的预应力施加均匀，满足设计要求，即同一圈的径向钢拉杆和钢拉索都能施加上相同的预应力值，就必须在张拉过程中进行施工监测。

4.2 监测点布置

本工程监测包括两个方面的内容：应力和起拱值。应力监测主要包括径向钢拉杆和撑杆的应力，共布置了 42 个监测点。起拱值主要是指结构向上的反拱位移，共监测了 19 个点。监测点布置如图 4 所示。

(a) 径向钢拉杆应力监测点　　　　(b) 撑杆应力监测点　　　　(c) 起拱值监测点

图 4　监测点布置示意

4.3 监测结果

在张拉过程中及张拉完成后对监测点都进行了监测，张拉完成后部分实测结果与理论计算值如图 5 所示。

由图 5 监测结果可见：通过张拉径向钢拉杆对结构施加预应力，径向钢拉杆的拉力比理论计算值小，撑杆压力实测值在理论计算值附近，起拱的实测值比理论值大。

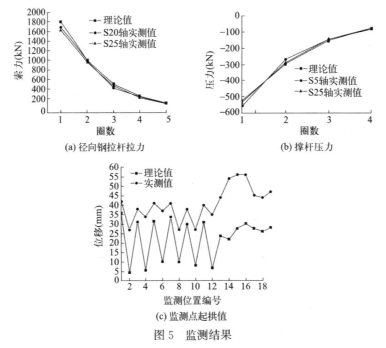

(a) 径向钢拉杆拉力　　　　(b) 撑杆压力

(c) 监测点起拱值

图 5　监测结果

5　结语

1）安徽大学体育馆屋盖为六边形的弦支穹顶结构，在屋脊处对称设置 6 道钢梁，沿脊梁从外到内按间距递增 10%的规律设置 5 道环梁、斜拉杆及撑杆。布索方式与屋盖的平面形状协调一致，简洁明了。

2）工装的设计应做到有效、方便操作。工装的设计合理与否将直接影响工程的施工进度，因此在预应力钢结构工程中工装的设计尤为重要。

3）根据结构的形状，制定了合理的张拉控制方法，既确保了结构形状的同时，又保证了施加的张拉力的大小。

4）预应力没有施加前，结构的刚度较差。施工前必须要对施工过程进行仿真计算，确保施工过程中的安全性，以计算结果指导施工，保证结构安装完毕后达到设计要求。

5）施工监测也是预应力钢结构施工的重要环节，通过对结构应力和变形的监测，能提前发现施工过程中的安全隐患，寻找原因，分析解决问题。同时还可积累资料，充分扩展对预应力钢结构特性的认识，推动预应力钢结构的发展。

参考文献

[1] 陆赐麟，尹思明，刘锡良．现代预应力钢结构［M］．北京：人民交通出版社，2003.

[2] 日本钢结构协会．钢结构技术总览—建筑篇［M］．陈以一，傅攻义译．北京：中国建筑工业出版社，2003.

[3] 王泽强，秦杰，徐瑞龙，等．2008 年奥运会羽毛球馆弦支穹顶结构预应力施工技术［J］．施工技术，2007，（11）：9-11.

北京金融街活力中心空间张弦结构施工技术

摘要： 北京金融街活力中心工程中的购物中心屋顶采用了空间张弦结构形式。这种结构体系受力复杂，设计和施工都存在一定难度。论述了此工程中的预应力钢结构施工技术，并通过施工实时监测的结果进一步验证了施工仿真模拟计算的可行性。

北京金融街活力中心 F7/9 工程于 2006 年 11 月竣工，地处北京市西城区，分为酒店、游泳馆、网球馆、购物中心等 11 项子工程。项目总建筑面积为 8.9 万 m^2，地下 3 层，地上 5 层，拥有停车位 961 个。整个建筑采用超高挑空设计，大跨度空间张弦结构屋顶为购物中心内部引入充足的自然光，使建筑内部空间宽敞明亮，如图 1 所示。

图 1　北京金融街购物中心模型效果

1　结构形式

北京金融街购物中心屋顶采用大跨度空间张弦结构。地上至屋顶的最高点为 36.25m，整个屋顶向上倾斜约 17.2°，长约 243.00m，最大跨度 34.6m，屋顶平面投影为 ϕ232m 的标准弓形，由沿中心线对称的 26 榀空间张弦桁架构成。因其体积巨大，整个屋顶以抗震缝为边界分割为 5 个独立的子结构。

张弦梁上弦为圆形钢梁，下弦采用预应力钢索，撑杆呈倒三角形，撑杆下部采用了特殊的铸钢蝶形节点。为增加屋盖的稳定性在钢梁顶部布设了小直径稳定索。下弦共 60 根预应力钢索，分别采用直径为 30、36、42 和 46mm 的碳钢 Z 形钢丝截面 VVS-2 全封闭型钢索，长度 13.3~34.4m。屋面稳定索共 296 根，采用 ϕ20mm 镀锌钢索。

文章发表于《施工技术》2008 年 5 月第 37 卷第 5 期，文章作者：李政、徐瑞龙、秦杰、李国立、钱英欣、赵庆立。

2 预应力施工方案

2.1 施工流程（图2）

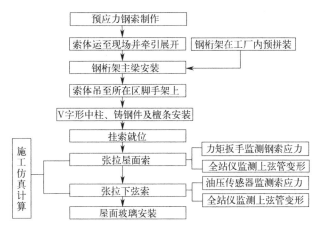

图2 屋盖钢结构施工工艺流程

2.2 预应力索对钢结构的安装要求

由于索体的安装精度很高，索体长度的调节量只有3～4cm，因此为了保证整个结构的安装精度，需要把分段制作完成的桁架在工厂内进行预拼装。同时到现场后主桁架及中柱在复核完节点板销孔间索体实际长度前严禁进行最终焊接。钢结构的制作误差应该控制在±5mm。

2.3 预应力索的安装

安装钢桁架主梁→桁架主索吊装到脚手架上→安装中柱及铸钢件→复核索体长度后进行钢桁架主梁及中柱的最终焊接→安装下弦索→安装屋面索→施工分区的索体及钢桁架全部安挂完毕→张拉完成分区内的索、安装其他分区索。

2.4 预应力索张拉

钢桁架安装每完成一个分区即可张拉该分区索，先张拉屋面索再张拉下弦索。分区的原则是以抗震缝为分区边界，共分为5个区，如图3所示。

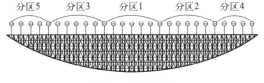

图3 屋盖分区

2.4.1 中庭索桁架屋面索张拉

屋面索主要承担连系的作用，设计计算要求通过张拉使索调直、不松弛，张拉力为(5 ± 0.5)kN；使用专用力矩扳手完成。张拉控制原则是张拉力达到设计值，力矩扳手显示控制张拉力的大小。张拉分3次，第1次按张拉设计值依设计顺序拧紧，由于各索之间的相互影响，全部拧紧一遍后，进行第2次张拉，第2次主要是微调为主，第3次张拉为中庭下弦主索张拉完成后，对屋面索按设计值进行校核。张拉时从中间向两端对称顺序张拉。

2.4.2 中庭索桁架下弦索张拉

1）张拉设备的选用

索张拉时，最大计算张拉力约 260kN 左右，每根索需要 2 台千斤顶，4 榀（8 根索）同步，故选用 16 台 23t 千斤顶。采用预应力钢结构专用千斤顶和配套油泵、油压传感器及千斤顶支撑架，根据设计和预应力工艺要求的实际张拉力对油压传感器进行标定。

2）张拉时的技术参数及控制原则

下弦主索张拉时的控制原则：在张拉施工时以张拉力作为主要控制要素，伸长值控制为辅。主索张拉力和伸长值为预应力钢索施工记录内容。

根据结构设计图纸及施工详图的结构与索体参数，经过计算得出的结构预应力张拉值和变形伸长值如表 1 所示。表 1 中 δ 为综合考虑钢结构安装及施工误差因素而导致的伸长值改变，参照钢结构施工有关规定，定为 $\delta = \pm 13\text{mm}$。

预应力张拉值和变形伸长值　　　　　　　　表 1

桁架编号	索体编号	索长(mm)	张拉力(kN)	伸长值(mm)
1	1A	34384	222±12	(49±6)+δ
	1B	34299	222±12	(49±6)+δ
2	2A	34095	220±12	(49±6)+δ
	2B	33843	220±12	(48±6)+δ
3	3A	33441	217±12	(47±6)+δ
	3B	33020	217±12	(47±6)+δ
4	4A	32444	165±10	(46±5)+δ
	4B	31853	165±10	(46±5)+δ
5	5A	31022	152±10	(44±5)+δ
	5B	30262	152±10	(44±5)+δ
6	6A	29245	120±8	(42±5)+δ
	6B	28310	120±8	(42±5)+δ
7	7A	27120	120±6	(42±5)+δ
	7B	26010	120±6	(42±5)+δ
8	8A	24556	118±6	(40±5)+δ
	8B	23271	118±6	(40±4)+δ
9	9A	21603	118±6	(38±4)+δ
	9B	20145	118±6	(38±4)+δ
10	10A	18839	74±4	(31±3)+δ
	10B	17197	74±4	(28±3)+δ
11	11A	15121	74±4	(23±2)+δ
	11B	13339	73±4	(21±2)+δ
12	12A	6248	68±4	(5±1)+δ
	12B	4209	72±4	(4±1)+δ

桁架编号	索体编号	索长(mm)	张拉力(kN)	伸长值(mm)
12	12C	6288	72±4	(5±1)+δ
	12D	2435	72±4	(3±1)+δ
13	13A	2521	55±3	(2±1)+δ
	13B	3547	65±3	(3±1)+δ
	13C	2531	55±3	(2±1)+δ
	13D	1760	55±3	(2±1)+δ

3）张拉的防护

为了防止在张拉时对中柱产生的附加弯矩的不利作用，在高端主梁与中柱间设置临时约束，在张拉下弦主索完成后去除。

4）张拉顺序

张拉逐级加载分成3级，分别为 $0.3\sigma_{con}$、$0.65\sigma_{con}$、$1.05\sigma_{con}$。

第1分区张拉时千斤顶的移动顺序如下：张拉中间4榀（8根索，图4中1和2位置处索）→在张拉力达到第1级张拉值后将2位置处的千斤顶移动到3位置处→进行3位置处索第1级张拉→在3位置处索张拉完成后将3位置处的千斤顶移动到2位置→对各种检测仪器进行读数→进行中间4榀（8根索，图4中1和2位置处索）的第2级张拉→如此反复完成3级张拉。

第2~第5分区的张拉顺序参照第1分区的张拉顺序，具体如图4所示。

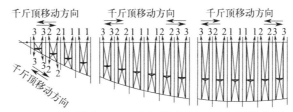

图4 各分区张拉顺序示意

3 施工仿真模拟计算

中庭索桁架部分，由于在预应力钢索张拉完成前结构尚未成形，结构整体刚度较差，因此必须应用有限元计算理论，使用有限元计算软件进行预应力钢结构的施工仿真计算，以保证结构施工过程中及结构使用期安全。施工仿真计算是预应力钢结构施工方案中极其重要的工作，因为施工过程会使结构经历不同的初始几何态和预应力态，这样实际施工过程必须和结构设计初衷吻合，加载方式、加载次序及加载量级应充分考虑，且在实际施工中严格遵守。理论上将概念迥异的两个阶段或两个状态分别称为初始几何态和预应力态，这两个状态的分析理论和方法是不同的。在施工中严格地组织施工顺序，确定加载、提升方式，准确实施加载量、提升量等是必要的。与施工方案相对应，施工仿真计算完成了结构三阶段计算。

4　施工监测方案

根据设计计算，对实施大吨位张拉的中庭屋顶下弦受力主索，要求进行张拉监测。钢索张拉阶段的监测，一部分为预应力钢索的受拉应力及主桁架应力监测；另一部分为结构的变形监测。

1）预应力钢索拉力监测采用油压传感器及振弦式应变计测试。油压传感器安装于液压千斤顶油泵上，通过专用传感器显示仪器可随时监测到预应力钢索的拉力，以保证预应力钢索施工完成后的应力与设计应力吻合。同时在每个分区具有代表性的预应力钢索上安装振弦式应变计监测实际的索力。实际张拉完成后，实测钢索张拉力和钢索伸长值都在允许的范围内，符合设计要求。

2）在预应力钢索进行张拉时，钢结构部分会随之变形。钢结构的位移和应力与预应力钢索的拉力是相辅相成的，即可以通过钢结构的变形计算出预应力钢索的应力。基于此，在预应力钢索张拉的过程中，结合施工仿真计算结果，对钢结构采用全站仪及百分表进行变形监测可以保证预应力施工安全、有效，同时在一区主桁架上安装振弦式应变计监测实际的桁架内力。全站仪的测点位于每个桁架三角撑上侧，振弦式应变计安装在距离中柱 50cm 靠近低端柱处，钢管上弦每一个测点安装两个振弦式应变计，分别位于钢管的上下侧。实际监测结果跟理论计算数据吻合较好。

5　结语

北京金融街活力中心工程中的购物中心屋盖采用了空间张弦梁结构，结构新颖美观且受力合理，充分发挥了预应力空间结构的优越性，降低了用钢量，降低了成本。施工过程中油压传感器、振弦式应变计和全站仪等监测设备的使用有效地保证了钢结构的施工质量。同时，监测结果也进一步证实了有限元计算软件在施工仿真模拟计算时的可行性。

北京南站无柱雨篷拉索施工技术

摘要： 北京南站站房外形为椭圆形，雨篷采用新颖的拉索结构。介绍了预应力施工流程及技术要点，并采用有限元计算软件 MIDAS Gen 对整个张拉过程中索力的变化进行施工仿真计算。为研究温度对索力的影响程度，对拉索索力进行测量，得到全天索力变化情况。结合施工仿真计算和实测结果，提出了结构的预应力施工技术和特点。

北京南站作为奥运工程中重要标志性建筑之一，建成后将成为亚洲最大的火车站，是集普通铁路、高速铁路、市郊铁路、城市轨道交通与公交、出租等市政交通设施于一体的大型综合交通枢纽。

北京南站站房经过改扩建后总建筑面积 $226333m^2$，地下 3 层，地上 2 层，同时配合有 $31500m^2$ 的高架环形车道。站房外形为椭圆形，椭圆长轴 500m，短轴 350m，屋面最高 40m，椭圆檐口高 20m，包括能容纳 10500 人的候车区域、铁路公安综合区域、地下换乘大厅、地下汽车库、地铁 4 号线及 14 号线车站，其中还有 $98000m^2$ 的站台雨篷，其建筑效果如图 1 所示。

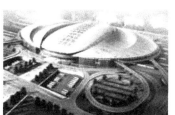

图 1　北京南站建筑效果示意

1　结构体系

北京南站共分为 3 个区，中间椭圆部分为 Ⅱ 区，两边月牙形部分为 Ⅰ 区和 Ⅲ 区，Ⅰ 区和 Ⅲ 区部分分别由 15 榀预应力钢结构桁架悬垂梁组成，两区沿轴线对称布置。全部 30 榀悬垂梁桁架均为两跨，最大跨度约为 66m，每跨配置 12～24 根钢拉索。钢结构桁架悬垂梁主要由弧形 H600×350×10×20 和 H450×200×8×12 组成，每榀悬垂梁桁架都由 3 个 A 形的柱子支撑，为了解决结构受风吸力的影响，在悬垂梁桁架两端与 A 形柱上端采用拉索连接。钢拉索布置平面如图 2 所示。

索体采用两种规格：①$\phi22mm$、强度等级为 1570MPa 的 6×37＋1WS 钢丝绳，最小破断力为 217.8kN；②$\phi32mm$、强度等级为 1670MPa 的 6×37＋1WS 钢丝绳，最小

文章发表于《施工技术》2008 年 5 月第 37 卷第 5 期，文章作者：司波、秦杰、吕学政、蔡蕾。

破断力为 490kN。索体都外包 PE 保护层。拉索一端为固定端，一端为调节端，调节范围±150mm。

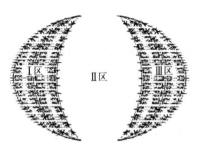

图2　站房雨篷钢拉索布置平面示意

2　预应力施工技术

2.1　施工流程

首先进行钢结构的安装，然后进行钢拉索的安装与张拉，张拉时由每跨的外侧往里侧对拉索进行张拉，同时张拉位置对称的 2 根拉索到设计张拉力，第 1 跨张拉完毕后张拉第 2 跨。以一跨外面 2 排拉索为例，张拉顺序如图 3 所示，图中粗实线表示每次张拉的拉索。

图3　张拉过程示意

2.2　预应力施工技术要点

1）张拉设备的选用　本工程张拉力较小，最大张拉力仅为 50kN，为了方便高空操作和不使用电源，采用手动液压油泵和 5t 千斤顶进行张拉。

2）张拉工装的设计　本工程所使用的钢丝绳拉索直径分别为 32mm 和 22mm，为了保证预应力可靠、有效，张拉工装利用了杠杆原理的设计概念，其工作原理为：张拉时通过手动液压油泵加压，千斤顶油缸出缸，顶压传动杆，使传动杆挤压钢拉索调节端，从而将预应力施加在钢拉索上，张拉工装如图 4 所示。

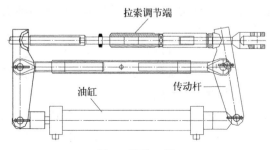

图4　张拉工装

3）预应力张拉操作要点　本工程最理想的张拉方式为同时张拉 6 根拉索，即同时张拉分别位于同跨度两边 A 形柱的 3 根拉索，由于操作平台空间的局限性，改为同时张拉 2 根索。由于较多钢拉索汇集于一点，钢拉索的索力相互影响较大，并且张拉力比较小，很难精确控制索力，每榀钢结构桁架悬垂梁张拉过程中和张拉完毕后，采用频率原理的索力动测仪对钢拉索的索力进行复测和校核。

3　施工仿真计算

北京南站钢拉索的主要作用是保证在有风吸力的工况下，钢结构桁架悬垂梁向上的位移变形满足规范要求。钢拉索的索力计算成为本工程难点之一，索力选取过大会增大悬垂梁向下的位移，同时增大了钢结构的应力，对结构产生负面影响；若索力选取过小，当屋面板、管道等安装完毕后，部分钢拉索将松弛。经过研究分析，索力的确定原则为：①拉索的最大索力不大于 50kN；②钢结构的应力控制在 50MPa 以内；③张拉完毕后悬垂梁整体向下的位移变形应保持光滑。

采用 MIDAS Gen 软件对每榀钢结构悬垂梁拉索的张拉过程进行了仿真计算，中间跨度最大的Ⅲ区Ⓚ轴的计算模型如图 5 所示。

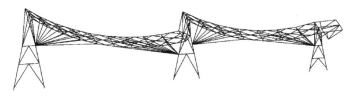

图 5　Ⓚ轴计算模型示意

经过对每榀钢结构桁架悬垂梁施工仿真计算，钢结构张拉完毕后悬垂梁最大向下位移为 58mm，钢结构最大应力为 68MPa，发生在①轴边侧悬挑部分的水平支撑部位。同跨度拉索的索力相互影响较大，不同跨度的拉索索力基本没有影响，以Ⅲ区Ⓚ轴第 1 跨张拉过程中的索力变化为例，Ⓚ轴拉索布置如图 6 所示。

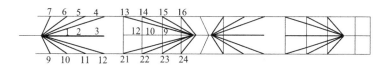

图 6　Ⓚ轴拉索平面布置示意

Ⅲ区Ⓚ轴第 1 跨拉索共计 24 根，每次张拉 2 根拉索，第 1 步张拉拉索 5 和 20，第 2 步张拉拉索 1 和 16，第 3 步张拉拉索 9 和 24，依次类推，共分 12 步张拉完毕。拉索 1、5、9 和拉索 2、6、10 在张拉过程中索力变化的计算结果如图 7 所示。

从图 7 可以看出，索力在张拉过程中的变化规律为：外侧竖向第 1 排拉索 1、9 的索力主要受竖向第 2 排拉索 2、6、10 的张拉影响，竖向第 3、4 排拉索的索力对其影响较小。同理，竖向第 2 排拉索的索力主要受竖向第 3 排拉索的张拉影响。即后排拉索在张拉过程中对前排的拉索的索力影响较大。通过对结构的仿真分析发现温度对拉索索力的影响也不能忽视，同样以Ⅲ区Ⓚ轴为例，当结构环境温度改变时，拉索 3、6、9 的索力变化如

图 8 所示。

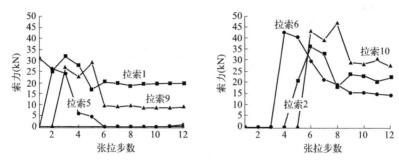

图 7 索力在张拉过程中变化示意

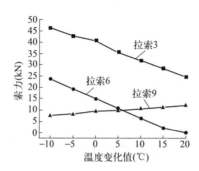

图 8 索力受温度影响的变化示意

由图 8 可以看出，拉索索力受温度的影响较大，温度变化 10℃，索力最大变化约 10kN，因此在张拉时应注意施工的温度。

4 施工监测

由施工仿真计算可知，本工程钢拉索索力在张拉过程中相互影响较大，同时温度对拉索索力的影响也不容忽视，因此本工程中对索力的控制就显得格外重要。为了确保张拉完毕后索力达到设计要求，张拉施工时温度应控制在 20℃ 左右，张拉完毕后采用索力动测仪对索力进行复测。

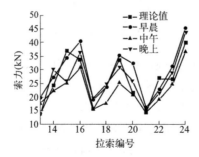

图 9 Ⓚ轴实测索力受温度影响的变化

为了监测温度对索力的影响程度，张拉完毕后分别在早中晚对拉索索力进行了测量，以Ⅲ区Ⓚ轴第 1 跨右半跨的拉索索力为例，温度对索力的影响如图 9 所示。从图 9 可以看出，温度对索力的影响较大，应在合适的环境温度情况下进行张拉操作，才能保证张拉完成后索力满足设计要求。

5 结语

1）北京南站新站建成后将成为亚洲最大的火车站，拉索的设置赋予了结构形式的现代美，使北京南站充满了现代气息。

2）根据结构形式，制订了合理的张拉施工方案，保证了预应力张拉的顺利进行。

3）根据现场施工条件，设计了轻巧的张拉工装，节省了施工工期。

4）确定了合理的索力施加原则，可为同类结构索力的施加提供借鉴。

参考文献

［1］陆赐麟，尹思明，刘锡良 . 现代预应力钢结构［M］. 北京：人民交通出版社，2003.

［2］日本钢结构协会 . 钢结构技术总览-建筑篇［M］. 陈以一，傅攻义译 . 北京：中国建筑工业出版社，2003.

［3］边广生，郭正兴 . 广州大学城中心体育场斜拉网格屋盖张拉施工［J］. 施工技术，2007，（6）：50-52.

预应力钢结构节点制作工艺研究

摘要： 预应力钢结构主要是由柔性索和刚性梁、拱、桁架和撑杆等钢构件组成，具有受力合理，刚柔相济的优点。本文介绍了 3 种预应力钢结构，结合工程实例，探讨了节点深化设计、强度校核及其制造工艺方面的问题。

预应力钢结构是施加预应力的拉索与钢结构组合而成的一种新型结构体系，其组成元素为：高强拉索，主要为高强度金属或非金属拉索，目前国内普遍采用的是强度超过 1280MPa 的不锈钢拉索和强度超过 1670MPa 的镀锌钢拉索；钢结构，包括各种类别的钢结构形式，如钢网架、钢网壳、平面钢桁架、空间钢桁架、钢拱架等。这种结构形式充分利用材料的弹性强度潜力以提高承载能力；改善结构的受力状态以节约钢材；提高结构的刚度和稳定性，调整其动力性能；创新结构承载体系、达到超大跨度和保证建筑造型的目的。其结构形式主要有张弦梁结构，弦支穹顶结构，吊挂结构，拉索结构，悬索结构等形式。下面对国内应用较为广泛的张弦结构、弦支穹顶和吊挂结构 3 种结构形式的拉索相关节点形式进行探讨。

1 张弦梁结构节点

张弦梁结构（beam string structure，简称 BSS）主要是由柔性索和刚性梁、拱或桁架组成。其中梁作为结构上弦，索作为结构下弦。对下弦索施加预应力并锚固在上弦梁的两端，上下弦之间通过竖向撑杆相连。典型的预应力张弦梁结构如图 1 所示。

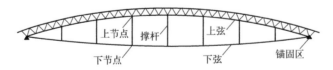

上节点　撑杆　上弦
下节点　　下弦　　锚固区

图 1　预应力张弦梁结构示意

张弦结构预应力拉索相关节点主要包括：撑杆上端节点、撑杆下端节点、拉索与桁架连接节点 3 种。根据结构的布置不同，张弦结构分为单向张弦结构、双向张弦结构和多向张弦结构，布索也有单根和两根索的不同，针对这些特点，相应的节点也有所不同。其中撑杆上节点一般布置成可以转动的铰节点，如图 2 所示。

撑杆下节点与拉索相连，根据下方通过拉索根数，及通过单双向拉索的不同，主要节点形式如图 3 所示。

拉索与钢结构锚固连接节点是整个结构中至关重要的节点，施加的预应力通过这个节

文章发表于《施工技术》2008 年 5 月第 37 卷增刊，文章作者：吕学政、徐瑞龙、秦杰、陈新礼。

(a) 单向转动节点　　　　　　　(b) 万向转动节点

图 2　撑杆上节点示意

(a) 单向单索节点　　　(b) 单向双索节点　　　(c) 双向双索节点

图 3　撑杆下节点示意

点传递到钢结构上，因此该节点在整个结构中受力最大。根据拉索端部锚具的不同，节点形式也有所不同。一般冷铸墩头锚具需要穿过节点锚固到后边，构造复杂，因此常用铸钢节点。热铸叉耳式锚具需要连接到耳板上，一般采用在钢结构上焊接出耳板或者铸钢节点中铸出一个耳板作为锚固点。两种锚具常用节点如图 4 所示。

(a) 冷铸锚单索节点　　　(b) 冷铸锚双索节点　　　(c) 热铸叉耳锚节点

图 4　端部锚固节点示意

2　弦支穹顶结构节点

典型的弦支穹顶结构体系由一个单层网壳和下端的撑杆、索组成的体系（图 5）。其中各层撑杆的上端与单层网壳相对应的各层节点单向铰接，下端由径向拉索（radial cable）与单层网壳的下一层节点连接，同一层的撑杆下端由环向箍索（hoop cable）连接在一起，使整个结构形成一个完整的结构体系。结构拉索施加适当的预拉力后，可以减少上部单层网壳结构在正常使用荷载作用下对支座的水平推力。在结构受外荷载作用的时候，内力通过上端的单层网壳传到下端的撑杆上，再通过撑杆传给索，索受力后，产生对支座的反向拉力，使整个结构对下端约束环梁的横向推力大大减小。与此同时，由于撑杆的作用，大大减小了上部单层网壳各层节点的竖向位移和变形，较大幅度地提高了结构的稳定承载能力。

北京工业大学内的羽毛球和艺术体操馆、安徽大学体育馆、连云港体育中心体育馆都采用弦支穹顶结构。由于拉索一般布置成环形或者椭圆形，因此其相应的节点与张弦结构也有一定的不同，对于弦支穹顶的撑杆上节点构造与张弦结构类似，需要做成单向或双向铰，节点不再叙述；对于撑杆下节点，根据索体在此部位是否穿过采用两种构造形式，一种是耳板式，一种是穿孔式，由于此节点受力较大且构造复杂，一般都采用铸造的方法来制作。节点形式如图 6 所示。

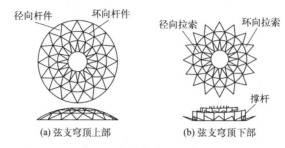

(a) 弦支穹顶上部   (b) 弦支穹顶下部

图 5 弦支穹顶结构示意

(a) 索体在撑杆下部断开   (b) 索体在撑杆下部通过

图 6 弦支穹顶撑杆下节点示意

3 吊挂结构节点

吊挂结构是以只能受拉的索作为基本承重构件，并将拉索按照一定规律布置所构成的一类结构体系。该体系通称为用高强钢索吊挂屋盖的承重结构体系，是在斜拉桥形式中引入建筑结构后，又在"暴露结构"潮流中发展起来的有高耸于屋面之上的结构与索系，造型奇异，挺拔刚劲（图 7）。

吊挂结构由支撑结构、屋盖结构及吊索 3 部分组成。支撑结构主要形式有立柱、钢架、拱架或悬索。吊索分斜向与直向两类，索段内不直接承受荷载，故呈直线或折线状。吊索一端挂于支撑结构上，另一端与屋盖结构相连，形成弹性支点，减小其跨度及挠度。被吊挂的屋盖结构常有网架、网壳、立体桁架、折板结构及索网等，形式多样。

图 7 吊挂结构示意

吊挂结构的节点分为拉索上节点和拉索下节点。根据采用的拉索锚具形式不同，对应于冷铸锚采用穿过式锚具，对应于热铸锚一般采用耳板连接方式。由于上节点一般都会有多根索交叉，构造复杂且受力很大，所以一般都采用铸钢节点，下节点则根据节点处钢结构的复杂程度选用铸钢或耳板节点。典型吊挂结构的节点如图 8 所示。

(a) 吊挂结构上节点　　　(b) 拉索下节点与　　　(c) 拉索地面锚固节点
桁架连接节点

图 8　吊挂结构节点示意

4　预应力钢结构节点强度校核

由于拉索为高强材料，预应力钢结构节点受力为整个结构中最大的部位，大部分都在千牛，这时制作工艺上通常采用铸钢节点，为了解铸钢节点的受力性能，分析其在使用期间的安全性，需要对其进行有限元分析。如果设计有明确的节点设计荷载，则根据此荷载进行计算，如果没有，通常取索体破断荷载的 0.4 倍，进行节点强度计算。分析软件通常采用由美国 ANSYS 公司开发的大型通用有限元分析程序 ANSYS，选用的单元为 AN-SYS 程序单元库中的三维实体单元 SOLID45，每个单元有 8 个节点，每个节点有 3 个自由度。网格划分采用的是 ANSYS 程序的单元划分器中的自由网格划分技术，自由网格划分技术会根据计算模型的实际外形自动地决定网格划分的疏密。某工程的节点计算荷载如图 9 所示。

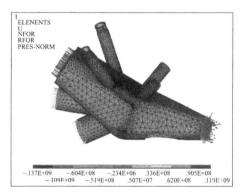

图 9　某工程荷载及约束示意

进行节点校核验算时，主要有变形验算和强度验算。节点总位移不能过大，节点刚度要大。节点强度一般采用 Mises 应力进行校核，最大应力要小于所选材质的设计强度，同时高应力区域不要太多，使节点具有较大的安全储备，防止节点先于结构破坏。某工程拉索节点的位移及强度复核结果如图 10 所示。

通过计算可以看出，拉索端部节点的最大变形 0.53mm，变形很小，说明铸钢节点具有很好的刚度。同时拉索端部铸钢节点内部的等效应力不超过 100MPa，应力不大，应力较大部位位于各个腹杆处，同时腹杆与铸钢节点相交部位存在一定的应力集中，此节点总体应力水平较低，节点的强度能够保证其不先于结构破坏，满足安全要求。

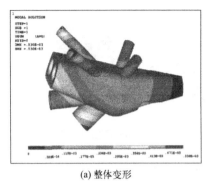
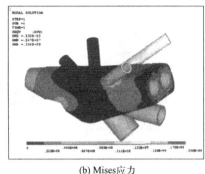

(a) 整体变形　　　　　　　　　　　　　　(b) Mises应力

图 10　节点变形及应力

5　加工工艺流程

上述各类节点及焊接耳板式节点应按照国家各类标准设计制作和焊接。铸钢节点除了前述强度校核外，还应考虑铸钢流动性较差、热效应影响以及模具制作特点，避免不合理的设计，铸钢材料一般参照德国标准 DIN17182 及《铸钢件通用技术条件》JG/T 5000.6—1998 等相关标准。

以图 3(a)单向单索节点为例，其加工工艺流程：

1）锥度套　铸造→化验及检验→划线→车加工→检验探伤→涂装→组装。

2）高强度螺栓　锯床下料→粗车→热处理→精车→铣槽→表面处理→组装。

3）上半球　铸造→化验及检验→划线→铣平面→钻孔→攻丝→检验→涂装→组装。该件加工难点在于不同位置的节点，需加工出相应的角度，操作相对麻烦。

4）下半球　铸造→化验及检验→划线→铣平面→钻孔→检验→涂装→组装。加工过程要求提供相应的检验试验报告，材质证明，产品合格证，及各种质量证明文件。

铸钢节点为空间结构，铸造和加工时，其加工基准和设计基准往往不能重合，加工中要保证各个空间角度是其难点。

6　结语

1）预应力钢结构的特点是其能够提高建筑使用功能，适用于超大跨度的体育场馆、会议展览馆、机场航站楼、剧院等大型社会公共建筑屋盖体系的工程应用，也是一个国家建筑业水平的衡量标准之一。

2）预应力钢结构节点设计应根据钢结构的特点，拉索锚具形式及建筑外观要求，设计形式多种多样，需要根据具体工程，参考以往节点，针对每个工程具体进行设计。

3）预应力钢结构节点为结构中受力的关键节点，受力复杂，外形构造设计完成后，需要进行三维有限元分析，以确定其安全性能。

4）节点加工应采取工艺措施保证加工质量。

参考文献

[1]　陆赐麟，尹思明，刘锡良．现代预应力钢结构［M］．北京：人民交通出版社，2003.

［2］ 黄明鑫．大型张弦梁结构的设计与施工［M］．济南：山东科学技术出版社，2005.

［3］ 徐瑞龙，秦杰，李国立，等．国家奥林匹克体育中心综合训练馆张弦结构施工技术［J］．工业建筑，2007，（01）：26-29.

［4］ 王泽强，秦杰，许曙东，等．青岛国际帆船中心预应力施工技术［J］．施工技术，2007，（11）：14-16.

北京北站无柱雨棚预应力钢结构施工技术

摘要：北京北站无柱雨棚结构采用单向张弦结构。经过大量仿真计算和方案比较分析，施工过程中首先进行单榀桁架空中榀装，并预张到设计张拉力的 70%，吊装到位后，通过滑移的方法将整体结构安装完成，然后进行第 2、3 次预应力施加工作。提出的张弦结构的施工方法，不但在技术上十分合理，而且降低了成本。

北京北站原名西直门站，站址位于北京市西城区，紧邻西直门轻轨站和西直门地铁站，始建于 1905 年，是北京市重要交通枢纽之一。其原有雨棚（图 1）历经多年风雨，已经相当陈旧，因此车站于 2007 年 10 月开始进行改建工作，将原有旧式雨棚改为张弦桁架结构形式的无站台柱雨棚。通过站台无柱化、少障碍化设计和结构的适度优化，使站台轻盈通透、宏伟壮观，新的无站台柱雨棚如图 2 所示。

图 1　原有车站雨棚　　　　　　　　　　　　图 2　北京北站效果

1　结构体系

北京北站改造工程站台无柱雨棚采用预应力张弦桁架结构体系。雨棚平面投影面积 $58950\mathrm{m}^2$，南北纵向长度 541.2m，东西横向宽度为 115.5m，末段宽度缩至 80.9m。张弦桁架下部采用钢管混凝土柱支承。张弦桁架上弦采用三角形钢管桁架，桁架支管与主管之间采用相贯焊接，下弦采用预应力双索体系，拉索规格 2—$\phi 7 \times 127$，上弦和下弦之间采用撑杆进行连接，形成稳定的空间受力体系。张弦桁架共有 28 榀，各榀之间有纵向桁架进行连接，以增加桁架的侧向刚度和受力的整体性。雨棚沿纵向设置 3 条温度缝，将屋面钢结构分成 4 个区。雨棚高度 16～20m。雨棚平面布置及单榀桁架示意如图 3、图 4 所示。

文章发表于《工业建筑》2008 年第 38 卷第 12 期，文章作者：沈斌、秦杰、李国立、钱英欣、杨志明。

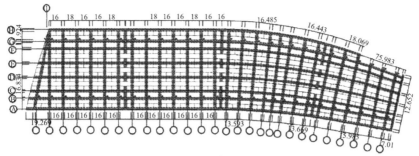

图 3　平面布置（m）

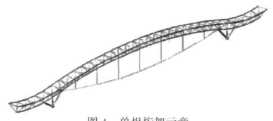

图 4　单榀桁架示意

2　预应力施工方案

2.1　施工工艺流程（图 5）

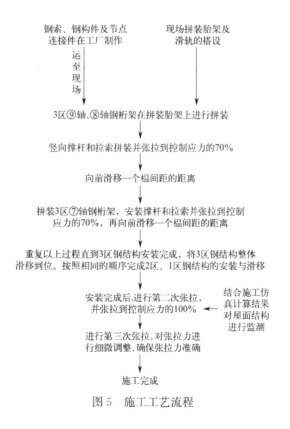

图 5　施工工艺流程

2.2　钢结构施工过程其他说明

1）3 区钢结构滑移到位后，对钢索进行再次张拉，张拉到控制应力的 100％。张拉顺序（图 6）从⑨轴到②轴。2 区、1 区的张拉顺序与 3 区相同。

2）施工完成后，拆除滑道和拼装胎架（图 7）。

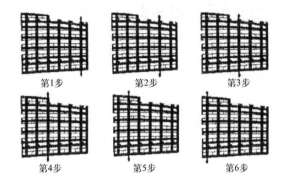

第1步　　　　第2步　　　　第3步

第4步　　　　第5步　　　　第6步

图 6　3 区钢索张拉顺序

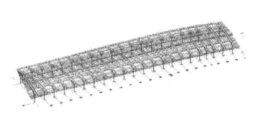

图 7　施工完成后拆除滑道和拼装胎架

2.3　工程施工难点及措施

1）预应力钢结构从结构的拼装，到预应力张拉完成以及最后支撑架的拆除，其间经历很多受力状态，为了保证工程质量能够符合设计要求，必须进行大量的施工模拟计算，预应力钢结构工程施工前期准备工作量大。

2）对制作和安装的精度要求比较高，钢索的下料长度必须根据节点及钢索的工作载荷进行精确计算，并在制作过程中严格控制。钢结构的安装精度也必须在施工过程中进行监控，只有制作和安装的精度满足要求，张拉完成后的工程质量才能达到设计要求的预应力状态。

2.4　预应力施工过程

1）预应力钢索安装。预应力钢索安装具体分为以下几个过程：放索、索头安装、中间节点安装。将运至现场的钢索吊至放索盘上，借助放索盘将钢索放开；索头安装过程中，使用捯链等工具将索头位置吊起，微调至耳板孔内，同时使用另一个捯链慢慢牵引索头，当索头孔与耳板孔重合时，将销轴插入并使用丝钉固定即可；拉索索头固定后，将两端套筒拧紧至两端索体拉杆最边缘到支座的距离相等，沿索体设置若干个捯链，具体位置在相应撑杆附近，利用捯链将索吊起至各撑杆节点下，按索体上标志的位置进行索体就位并安装撑杆下节点（具体位置经计算在出厂前已标志在索体上）。单榀安装中张弦梁见图 8。

2）预应力设备选用。经过仿真计算，拉索最大张拉力约 930kN，因此需要两台 60t 千斤顶，并且在张拉过程中，需要两端同时张拉，故选用 4 台 60t 千斤顶，即同时使用 2 套张拉设备。

图 8　安装中张弦梁

3) 预应力控制参数。张拉时采取双控原则：索力控制为主，伸长值控制为辅，同时考虑结构变形。预应力钢索张拉完成后，应立即测量校对。如发现异常，应暂停张拉，待查明原因，并采取措施后，再继续张拉。

4) 张拉力及张拉顺序。根据设计要求的预应力钢索张拉控制应力取值，钢索各步张拉力及伸长值见表1。

单榀张弦梁空中安装完成后，进行第一次张拉，张拉力值见表1；第二次张拉过程中，应满足结构变形和钢结构应力不能过大，以保证整体张拉过程的安全。采用檩条安装完成、全部滑移到位后，进行第二、三次张拉，张拉力值见表1。

1～3区钢索张拉力（kN）　　　　　　　　　　　　　　表1

区域	对应轴线名	第一级索张拉力	第二级索张拉力	第三级索张拉力
1区	①轴	731	930	930
	①轴	432	594	400
	②轴	423	635	540
	③轴	415	655	570
	④轴	404	650	560
	⑤轴	413	656	560
	⑥轴	787	650	590
2区	⑦轴	526	590	590
	⑧轴	524	638	560
	⑨轴	418	649	560
	⑩轴	421	654	560
	⑪轴	426	655	560
	⑫轴	423	662	560
	⑬轴	542	645	580
3区	②轴	516	570	570
	③轴	503	592	540
	④轴	495	583	530
	⑤轴	477	565	510
	⑥轴	473	564	500
	⑦轴	466	570	500
	⑧轴	472	570	510
	⑨轴	581	565	530

3　施工仿真计算

本工程采用大型有限元计算软件Midas为计算工具，对该结构张拉过程进行仿真计算，根据施工顺序，仿真模拟计算分为两部分：单榀张拉的模拟计算和屋面钢结构安装完成后第2次张拉模拟计算。计算模型如图9所示。全部张拉完成后结构竖向变形、钢结构应力、钢索轴力和应力见图10。

图9　计算模型

4　施工监测

为保证张拉过程中的安全性，对整个过程进行监测控制。本工程主要控制措施有：钢索张拉力和伸长值控制、钢结构应力控制、结构变形控制。

1) 以钢索张拉力控制为主、钢索伸长值控制为辅，通过油压传感器的数据反映钢索

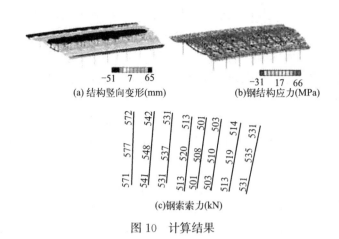

(a) 结构竖向变形(mm)　　　(b)钢结构应力(MPa)

(c)钢索索力(kN)

图 10　计算结果

张拉力。实际张拉完成后，钢索张拉力和钢索伸长值都在理论计算张拉力和伸长值5％以内，满足相关规范的要求。

2）监测钢结构应力和结构变形作为该工程张拉过程的辅助监测手段。选择钢结构应力较大的杆件，采用振弦应变计监测应力变化，每榀张弦桁架中间选择一点，进行变形监测控制，使用水准仪监测钢结构竖向变形。实际监测结果与理论计算数据吻合较好。

3）张拉完成后，应立即测量校对钢索伸长值。如发现异常，应暂停张拉，待查明原因，并采取措施后，再继续张拉。处理措施：如果发现钢索伸长值过大或者钢结构起拱值过大（与仿真计算值比较），应立即停止张拉，检查张拉力是否正确，并且检查钢结构节点焊接位置是否开裂等。

5　小结

1）本工程采用大跨度张弦结构体系，结构体系比较新颖，而且由于索体结构性能的充分发挥，大大降低了用钢量，降低了成本。

2）采用单榀张弦梁在空中组装，并进行预张拉，采用累积滑移的方法将每榀桁架安装到位，不但技术上比较合理，而且节约了成本。

3）在施工前进行了充分的准备工作，对结构张拉过程进行了施工仿真计算，同时采用了有效的监测手段，保证了工程的顺利进行。

4）从监测的结果来看，实测结果很好地验证了理论计算结果，同时说明了通过有限元计算软件进行施工仿真计算是可信的。本工程的施工方法可以为同类工程施工提供借鉴。

参考文献

[1]　陆赐麟，尹思明，刘锡良．现代预应力钢结构［M］．北京：人民交通出版社，2003.

[2]　黄明鑫．大型张弦梁结构的设计与施工［M］．济南：山东科学技术出版社，2005.

[3]　徐瑞龙，秦杰，李国立，等．国家奥林匹克体育中心综合训练馆张弦结构施工技术［J］．工业建筑，2007，(01)：26-29.

第十一届全运会比赛训练馆及配套设施四号楼田径馆工程预应力施工技术

摘要：第十一届全运会比赛训练馆及配套设施——四号楼田径馆工程作为 2009 年全国第十一届全运会的使用场馆之一，采用了大跨度的张弦桁架结构。工程中采用分块累计滑移的施工方法，对其施工技术进行详细介绍，并结合施工仿真计算和实测结果，提出此类结构的预应力施工技术和特点，为同类结构形式的施工提供借鉴。

第十一届全运会比赛训练馆及配套设施项目工程位于济南经十东路，其中四号楼将作为 2009 年全运会田径比赛的训练馆，总建筑面积 8069m² 下部为混凝土框架结构，上部屋盖结构形式为大跨度张弦桁架结构。

1 结构体系

本工程跨度方向共有 12 榀张弦桁架，跨度约为 73m，上弦为倒放三角形桁架，三角形桁架上下弦杆件截面均为 $\phi245mm \times 12mm$，拉索采用 $\phi5mm \times 199mm$，索体带双层 PE 保护层，直径为 94mm，拉索采用两端可调的冷铸锚索头。沿横向方向有 4 榀联系次桁架，分别位于张弦桁架的两端和 1/3 位置处。屋盖的整体结构模型见图 1 所示。

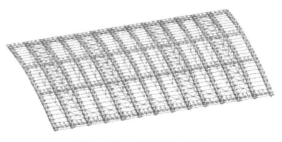

图 1 屋盖结构整体模型

2 预应力施工技术

2.1 施工流程

本工程屋盖结构安装采用"分块累计滑移为主、吊装为辅"的安装方案，整个屋盖结构体系分成四大区域：两个滑移区域、一个补缺区域和一个吊装区域，如图 2 所示。滑移部分采用在操作平台安装，然后滑移进行施工；补缺部分可采用吊车进行高空散装。

总体安装顺序：首先在Ⅰ、Ⅴ两个轴线施工区域搭设脚手架操作平台，操作平台包括高空散装桁架平台和拉索安装平台；其次，搭设 5 条滑移轨道，其中 2 条滑移轨道沿张弦桁架两端支座通长搭设，另外 3 条在跨中⑥～⑨轴仅在操作平台上搭设；然后在平台上搭设拼装胎架同时拼装两榀张弦桁架及联系次桁架，接着安装第一榀张弦桁架的拉索，并张

文章发表于《工业建筑》2008 年第 38 卷第 12 期，文章作者：司波、秦杰、钱英欣、李国立、周观根。

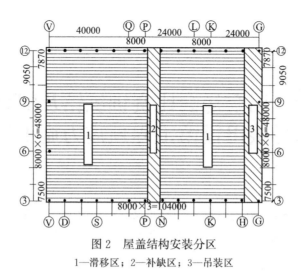

图 2 屋盖结构安装分区

1—滑移区；2—补缺区；3—吊装区

拉到设计值的 40%，使得第一榀张弦桁架脱离中间支撑的 3 条轨道，此时可将安装完成的单元滑移一个柱距（即 8m），依次循环完成第一个滑移区域的安装，待第一个滑移区域滑移到位后，与山墙桁架连接完毕后，由Ⓝ轴往Ⓗ轴依次进行第二次张拉到设计值的 100%；同理，进行第二个滑移区域的安装，最后采用高空散装的方法安装补缺区域。整个施工流程如图 3 所示。

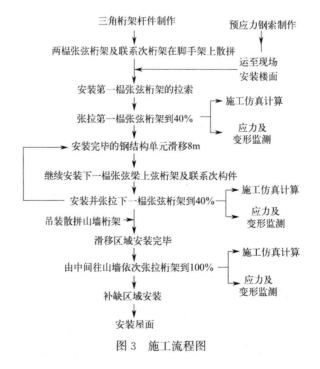

图 3 施工流程图

2.2 预应力施加方案

本工程为大跨度张弦桁架结构，此类结构的特点为：结构的刚度是由上弦桁架和下弦拉索在张紧后共同提供的，因此结构在未施加预应力之前，刚度较差。根据张弦梁结构的这一特点，通常在施工过程中采用三种施工方案。

1）方案一：沿跨度方向搭设支撑脚手架和安装拉索的操作平台，将桁架分段加工制作，然后利用吊车和支撑脚手架进行桁架拼接，接着安装拉索，最后分次对拉索进行整体张拉，张拉完毕后拆除支撑脚手架和操作平台。此方案使用脚手架数量较多，且占用时间较长。

2）方案二：桁架在地面胎架上拼装完毕后，进行第一次张拉，保证张弦桁架具有一定的刚度，然后采用吊车将单榀张弦桁架吊装就位，桁架就位时应采用临时侧向构件支撑，待与相邻榀桁架连接构件安装完毕后，拆除临时侧向支撑构件。整个结构安装完毕后，再对结构由中间往两边对称进行下一次张拉。由于本工程跨度较大约为73m，若采用此方案至少需要两台吊车抬吊，并且需要设置临时侧向支撑，因此施工具有一定的危险性。

3）方案三：滑移方案，此方案又可分为整体滑移和分块滑移。整体滑移时，结构自重较大，需要较大的牵引设备，反之将整体分为几个单元进行滑移，则可减小滑移单元的自重。本工程就是采用分块累积滑移的施工方案。

3 预应力施工仿真模拟计算

为了比较三种施工方案中结构的反应情况，采用 Midas Gen 有限元软件对三种施工方案都进行了施工仿真模拟计算。假定第一、第二种方案沿跨度方向搭设 4 个支撑点，三种施工方案均为两次张拉。在第一种方案中整个结构安装完毕后先由中间往两边张拉到设计值的 40%，再由两边往中间张拉到设计值的 100%；在第二种方案中，先在地面张拉到 40%，然后进行吊装安装，所有结构安装完毕后由中间往两边张拉到 100%；第三种方案即本工程实际采用的方案，经计算选取中间跨Ⓝ轴桁架中点的位移、下弦杆的应力以及索力在施工过程中的变化见图 4。

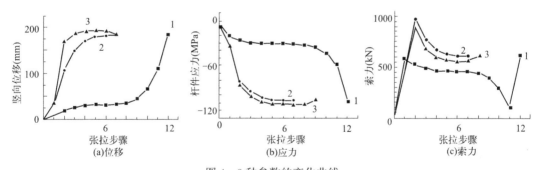

图 4 3 种参数的变化曲线
1—方案一；2—方案二；3—方案三

由图 4 可知：3 种张拉施工方案最后都可达到一个状态，即结构的设计状态。由于方案三不仅大大节约了施工费用，而且还节省了工期，因此对于大跨度张弦梁结构宜采用滑移施工的方法。

4 施工监测

4.1 监测目的

本工程为大跨度张弦梁结构，在未施加预应力之前，结构的刚度较差。为了保证每榀张弦桁架都能够满足设计要求的预应力值，确保在张拉施工过程中结构的安全可靠性，因此在张拉过程中应进行施工监测。

4.2 监测点布置

1）竖向位移监测点布置。每榀桁架都进行了竖向位移的监测，选取每榀桁架的中点为监测点（图5）。

2）应力监测点布置。由于每榀张弦桁架的跨度，截面形式均相同，因此选取有代表性的边榀①轴和中间榀Ⓝ轴张弦桁架进行监测，监测点位置如图5所示。

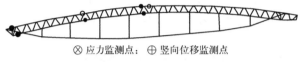

⊗ 应力监测点：⊕ 竖向位移监测点

图5　钢结构应力和竖向位移监测点

4.3 监测结果

在张拉过程中及张拉完成后对监测点都进行了监测，选取Ⓝ轴监测结果与理论计算值的对比见图6。

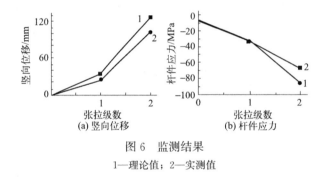

图6　监测结果

1—理论值；2—实测值

由图6可以看出：竖向位移实测值略小于理论计算值，最终实测钢结构应力值小于理论计算值，结构竖向位移和钢结构应力均满足相关规范和设计的要求。

5　结语

1）第十一届全运会田径比赛训练馆的结构形式合理地利用了大跨度张弦桁架结构受力的优越性，结构造型美观轻巧。

2）根据结构形式，分析了此类结构宜采用滑移的施工方法，制定了合理的安装和张拉施工方案，为同类结构的施工提供了借鉴。

3）对制定的施工方案进行施工仿真模拟计算，依据计算结果确定对结构的监测方案。

4）施工时应将施工模拟仿真计算和施工过程紧密结合在一起，理论指导实际，实际检验理论。

参考文献

［1］ 陆赐麟，尹思明，刘锡良．现代预应力钢结构［M］．北京：人民交通出版社，2003．

［2］ 范峰，支旭东，沈士钊．黑龙江国际会议展览中心主馆大跨度钢结构设计［A］//第十届空间结构

学术会议论文集［C］.北京：2002，806-811.

［3］ 卫东，王志刚，刘季康，等.全国农业展览馆中西广场展厅张弦桁架屋盖结构设计与分析［A］//
第十一届空间结构学术会议论文集［C］.南京：2005，500-504.

［4］ 杨叔庸，孙文波，诸福华.广州国际会议展览中心张弦桁架结构节点设计［J］.建筑结构，2004
（11）：28-29＋46.

［5］ 王泽强，秦杰，许曙东，等.青岛国际帆船中心预应力施工技术［J］.施工技术，2007，（11）：
14-16.

［6］ 司波，秦杰，陈新礼，等.涿州凌云机械厂职工活动中心张弦桁架屋盖设计与施工［J］.建筑技
术，2007，38（增刊）：6-9.

［7］ 徐瑞龙，秦杰，陈新礼，等.上海源深体育馆预应力施工技术［J］.施工技术，2008，（03）：
15-17.

东北师范大学体育馆预应力施工技术

摘要： 东北师范大学体育馆采用预应力空间钢结构体系。从预应力施工模拟和施工两个方面进一步论证了此项技术在工程中的成功应用。根据结构特殊性，提出相应的预应力施工技术和特点，推广了此类技术的应用，并为其他类似工程提供依据。

张弦梁结构因其有着可以加大结构空间，改善钢结构的受力，提高结构整体刚度，节约用钢量的优点得到了广泛应用。目前，国内外张弦梁结构主要还是采用体外预应力的形式，其抗拉构件使用预应力拉索。然而，采用此形式仍存在一定的局限性，如：预应力拉索材料昂贵，预应力拉索须根据设计长度，张拉力大小进行定做，加工周期长，目前没有统一的规范用于预应力拉索的施工，也没有统一的工装规格，必须根据拉索定制张拉工装，加大了施工难度和施工成本，预应力拉索长期暴露，易遭受腐蚀。然而，同为预应力施工材料的预应力钢绞线，经过近 20 年的发展形成了一个完整的设计、施工体系。结合两者的优点，设计了大跨度体内预应力张弦结构，并在中国国际展览中心得到了成功的应用。为进一步推广此项技术，又参与设计并施工东北师范大学体育馆的大跨度体内预应力工程。本文将从预应力施工角度，论述此大跨度体内预应力张弦梁结构的设计和施工特点。

1　工程概况及结构形式

东北师范大学体育馆采用预应力空间钢结构体系，其主馆部分采用的是大跨度体内预应力钢结构体系。主馆屋面是标高逐渐变化的空间曲面，屋面结构主要承力构件是沿横向布置的 16 榀截面为三角形的空间桁架，桁架最大跨度接近 70m，最小跨度也接近 40m。为了增加桁架的刚度，减小屋面结构的变形，沿桁架下弦钢管内通长设置预应力钢绞线。主馆屋面结构布置如图 1、图 2 所示。

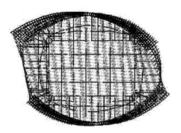

图 1　平面结构布置

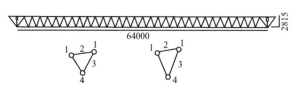

图 2　主桁架示意
1—上弦杆；2—上腹杆；
3—斜腹杆；4—下弦杆

文章发表于《工业建筑》2008 年第 38 卷第 12 期，文章作者：吕李青、全为民、秦杰、李国立、朝朋。

2 节点构造

由于体内预应力结构的特殊性，需要相应地对节点构造进行设计，使其能满足设计、预应力施工要求。设计时首先要满足结构受力要求。作为预应力部分，要充分考虑有效地施加预应力荷载。故与新国展项目类似，本工程也将下弦杆设计成内外两层，内管用于预应力钢绞线的穿束，外管与桁架撑杆连接形成整体。同时内外管在张拉端处用钢板焊接在一起形成整体，使预应力通过两端张拉而传递到桁架，从而使体内预应力钢结构也能达到预应力拉索的效果。

为保证预应力钢丝束从桁架下弦钢管中顺利穿过，并满足钢丝束与下弦钢管共同受力的要求，须进行节点的深化设计（图 3）。屋架端部支座节点是一个关键节点，杆件相交比较多，并且预应力钢丝束的拉力也作用在此节点上，节点受力非常复杂，所以此节点的深化设计、加工工艺、安装顺序等处理起来具有比较大的难度。同时为防止预应力钢绞线日后失效，在下弦杆的两端约 1.5m 的范围设置灌浆段。在此范围内将无粘结预应力筋制作成有粘结预应力段，等张拉完成后进行灌浆。这样不但有效防止了日后预应力失效，也起到了防腐的作用。同时，为了防止日后夹片可能产生松动，根据夹片的位置制作并安装了夹片放松板，并在锚具夹片端设置了密封盒，进行灌装密封。

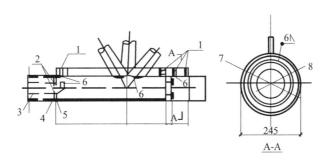

图 3　节点构造

1—灌浆管，浆体达到强度后将其切除，焊接封闭；2—打磨光滑；
3—钢管 $\phi114\times4$；4—钢管 $\phi245\times14$；5—20mm 厚钢板；6—灌浆孔；$\phi20$；7—$\phi194$；8—孔 $\phi125$

3 预应力施工方案

由于施工的场地、材料等原因，本工程预应力的施工均在钢结构屋面进行，故施工难度大，相应对预应力施工要求更严格。

3.1 屋面钢结构预应力施工流程

预应力施工是整个钢结构屋面施工的重要组成部分之一，所以必须做好预应力施工的组织设计，以确保不影响施工工期。本工程施工场地紧张，且施工操作面小，不同于其他类似工程，为此设计了 3 榀桁架张拉施工的方案，即施工 3 榀桁架，再张拉 3 榀桁架的预应力。具体的屋面钢结构施工工艺流程如图 4 所示。

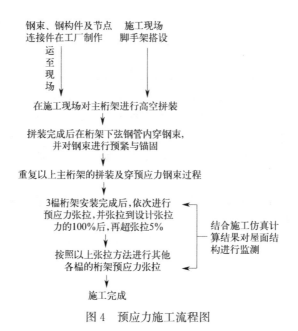

图 4　预应力施工流程图

3.2　预应力张拉过程

3.2.1　张拉方式的制定

由于主桁架在地面拼装，并在空中进行对接，故只能在高空穿下弦预应力钢绞线。穿束完成后，安装锚具。待连续 3 榀的主桁架及檩条安装完成后，再逐根两端对称张拉，对结构施加预应力。整体张拉一次完成，施加到控制应力的 100%。由于张拉位置较高，油管较长，张拉数值会比实际张拉力要小，故超张拉至 105%，使预应力值及结构的变形符合设计要求的状态。具体的张拉过程及完成情况如图 5、图 6 所示。

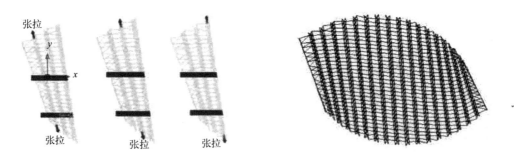

图 5　张拉过程示意　　　　　　　　　　　图 6　张拉完成示意

3.2.2　张拉设备

根据设计要求，本钢结构预应力钢绞线的张拉力单榀为 1500kN、1200kN。张拉时采用 25t 千斤顶，逐根进行张拉。预应力张拉前必须标定张拉设备。

张拉设备采用预应力钢结构专用千斤顶和配套油泵、油压传感器、读数仪。根据设计和预应力工艺要求的实际张拉力对油泵、油压传感器及读数仪进行配套标定。标定书在张拉资料中给出。张拉时必须配套使用。

3.2.3 控制原则

张拉时采取双控原则：以张拉力控制为主，伸长值控制为辅，同时考虑结构变形。

4 施工仿真计算

由于在预应力张拉完成前结构尚未成形，结构整体刚度较差，盲目的施工可能导致结构的变形和应力发生变化，严重时可能引发事故。通过对新国展体内预应力的施工认识到了有限元模拟分析的必要性，同时由于本工程的施工方式较为特殊，因此在本工程中也应用了有限元计算理论，使用有限元计算软件进行预应力钢结构的施工仿真计算，以保证结构施工过程中及结构使用期的安全。

施工仿真计算实际上是预应力钢结构施工方案中极其重要的工作。因为施工过程会使结构经历不同的初始几何态和预应力态，这样实际施工过程必须与结构设计初衷吻合，加载方式、加载次序及加载量级、施工顺序应充分考虑，且在实际施工中严格遵守。

施工仿真计算采用有限元计算软件 Midas，根据东北师范大学体育馆的建筑结构图，建立三维有限元模型（图 7）。

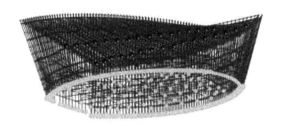

图 7　仿真计算模型

通过有限元模拟计算，最终的模拟分析结果见图 8、图 9。

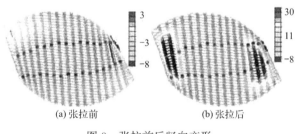

(a) 张拉前　　　　　　(b) 张拉后

图 8　张拉前后竖向变形

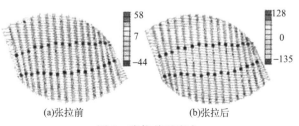

(a)张拉前　　　　　　(b)张拉后

图 9　张拉前后应力

根据有限元模拟计算，整体张拉完成后结构最大竖向变形发生在桁架的中间位置，最大约为 30mm。桁架应力最大部位在下弦管的张拉端处，为－161MPa。

5 施工监测

张拉过程中对钢结构的应力与变形进行施工监测。监测的目的有以下几点：

（1）由于在未施加预应力之前，结构整体刚度还比较小，因此在张拉过程中一定要进行施工监测，防止某根杆件出现破坏，甚至整体结构受到很大的影响，以保证张拉过程的安全进行。

（2）为保证结构中杆件应力能够在设计允许的范围内，并且满足整体结构的起拱要求，不至于出现杆件应力过大或者整体结构变形过大的情况，必须对构件应力比较大、起拱值比较大的部位进行应力监测和变形监测。

5.1 竖向位移监测点布置

根据仿真计算结果，选取主馆每榀中间进行变形监测，具体测点如图 10 所示。

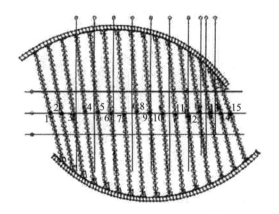

图 10　竖向位移监测点布置

注：1～15 为对应的测点号。

5.2 钢结构应力监测点布置

根据仿真计算结果，主馆在最先安装完成的 3 榀桁架中选取 2 榀桁架进行应力监测，具体测点如下：每榀桁架选取离支座附近处两根腹杆进行应力监测，每根杆件截面对称布置两个振弦应变计，每榀桁架总共布 4 个振弦应变计，具体位置见图 11。

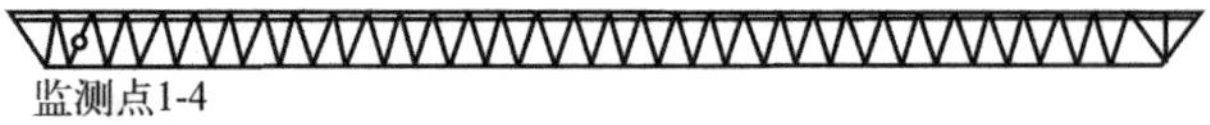

监测点1-4

图 11　钢结构应力监测点布置

5.3 应力和位移监测仪器

BGK-4000 振弦式应变计安装在钢结构杆件的表面，测量结构的应变，数据采集使用与振弦应变计配套的 BGK-408 振弦读数仪，竖向位移监测采用 GTS-332 型全站仪。水平位移监测采用百分表。

6 结语

（1）通过对本工程大跨度体内预应力的施工，说明此项技术完全可以用预应力钢绞线代替预应力拉索进行张弦梁的设计和施工。但必须根据结构的特殊性在前期做好设计，建立合理有效的预应力张弦梁体系。

（2）大跨度的预应力结构中施工仿真模拟十分关键，必须根据结构形式、施工特点进行仿真模拟计算，仿真计算结果将直接决定施工方法与施工技术的选用。

（3）此类结构跨度大，故预应力张拉控制必须严格。预应力穿筋和张拉都要分类分号做好标记，两端张拉按号对称进行，防止张拉引起不必要的损失。

金融街 F3 区张弦屋顶与索网幕墙综合施工技术

摘要：F3 大厦又称金祺大厦，位于金融街 F 区 3 号地块，中庭屋盖采用单向张弦结构，屋盖东西两侧为双向单层索网幕墙。对该工程施以专项预应力施工技术，结合施工前期深化设计、预应力施工仿真结果以及施工过程现场监测，提出了此类结构的预应力及钢结构施工方案。

北京金融街位于北京市西二环东侧，复兴门内大街和阜成门内大街之间，南北长约 1700m，东西宽约 600m，总占地面积约 103hm²。F3 大厦又称金祺大厦，位于金融街 F 区 3 号地块，项目建筑面积 107400m²，办公用建筑面积为 71283m²。

1 结构体系

北京金融街 F3 大厦工程，中庭屋顶在标高 17.770m 处的屋盖采用单向张弦结构，北、南两侧分别与 A 楼水平滑动连接，与 B 楼水平固接相连。整个张弦结构屋面由 11 榀张弦梁组成，结构净跨度为 23.15m，间距为 3m，由张弦梁、撑杆、檩条和预应力索组成。跨中设 12 个撑杆。

屋盖东西两侧为两片相同的双向单层索网幕墙，主要均由 6 根横索和 15 根竖索组成。全部的竖索及横索通过不锈钢调节拉杆与主体结构及上下钢梁连接，与主体结构相连的横索一端与钢柱相连，竖索上部与采光顶张弦梁连接，下部与钢梁连接。横竖索的交叉点处安装面索索夹。

本工程中庭屋顶张弦结构的预应力索有两种规格，两侧的两榀张弦梁下弦采用国产 1670 级 ϕ90mm 钢索，理论破断力值不小于 3000kN，其余 9 榀张弦梁下弦采用国产 1770 级 ϕ32 钢索，理论破断力值不小于 645kN。所有钢索锚具采用叉耳式锚头，表面镀锌处理，且索头及其连接件的强度不低于索体标称破断力。索网幕墙横竖索体均采用不锈钢索，横竖索由两种规格钢索组成，规格分别为：横索 ϕ26mm，截面积 399.84m²，最小破断拉力为 421.66kN；竖索

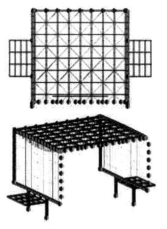

图 1　北京金融街 F3 大厦
中庭有限元模型

ϕ28mm，截面积 463.72mm²，最小破断拉力为 484kN。北京金融街 F3 大厦中庭张弦梁及索网幕墙结构如图 1 所示。

文章发表于《工业建筑》2008 年第 38 卷第 12 期，文章作者：李玫、杜彦凯、秦杰、李国立、钱英欣、赵庆立。

2 预应力施工方案

2.1 施工工艺流程

张弦梁和屋面钢拉杆施工工艺流程如图 2 所示，幕墙索网施工工艺流程如图 3 所示。

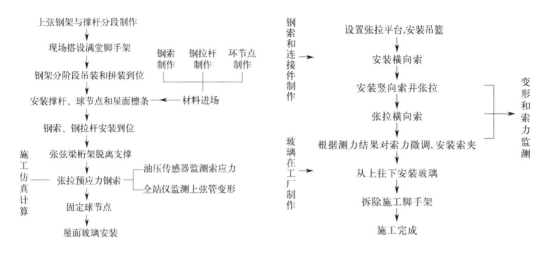

图 2 张弦梁和屋面钢拉杆施工工艺流程　　　图 3 幕墙索网施工工艺流程

2.2 预应力钢结构钢索张拉

2.2.1 中庭张弦结构钢索张拉

本工程预应力钢结构为单向张弦结构，先搭设满堂红支撑脚手架，然后吊装和拼装钢结构，拼装完毕后，安装钢索拉索，卸掉支撑脚手架，靠结构自身承受自重。钢索张拉应在整个钢桁架脱离下部支撑后进行，对钢索拉索进行张拉给结构施加少许预应力，尽量避免构件因张拉产生附加内力。各钢索的张拉力不等，最小 9.4kN，最大则为 64.1kN。

张拉操作一次到位，按照自西向东或者自东向西的顺序逐榀张拉。

张拉控制依据：以张拉时的钢索索力作为张拉控制原则。在进行预应力钢索张拉时，采用专业预应力钢结构工程使用的预应力张拉及配套数字显示系统，以解决预应力钢索张拉困难、张拉力难以判断的难点。张拉施工前根据设计和预应力工艺要求的实际张拉力对千斤顶、油泵进行标定。

2.2.2 幕墙索网张拉

竖索张拉分三级进行。第一级：将所有钢索张拉到 70% 控制应力；第二级：将所有钢索张拉到 100% 控制应力；第三级：将索内力微调至 103% 控制应力。

横索张拉分两级进行。第一级：将所有钢索张拉到 100% 控制应力；第二级：将索内力微调至 103% 控制应力。

张拉顺序：先张拉竖向索，再张拉横向索。竖向索第一级和第二级张拉时都由两边向中间张拉，第三级微调时，根据索力测量结果选择合理的顺序。横向索张拉顺序由上往下进行。

2.3 工程施工难点及措施

(1) 预应力钢结构从结构的拼装，到预应力张拉完成，幕墙索网安装张拉，幕墙玻璃安装以及最后支撑架的拆除，其间经历很多受力状态。为了保证工程质量能够符合设计要求，必须进行大量的施工模拟计算，预应力钢结构工程施工前期准备工作量大。

(2) 对制作和安装的精度要求比较高，钢索的下料长度必须根据节点及钢索的工作载荷进行精确计算，并在制作过程中严格控制，钢结构的安装精度也必须在施工过程中进行监控，只有制作和安装的精度满足要求，张拉完成后的工程质量才能达到设计要求的预应力状态。

(3) 中庭张弦结构和索网幕墙两部分从设计和施工都需要紧密配合。张弦梁的设计和索网幕墙的设计分别由建筑设计院和幕墙公司负责。两部分分开计算很难准确模拟相互之间的影响，计算表明张弦梁和索网幕墙相互影响很大。本单位作为张弦梁和索网幕墙预应力施工单位，建立了整体模型进行校核计算，效果较好。

3 施工仿真计算

本工程张弦梁部分，由于在预应力钢索张拉完成前结构尚未成形，结构整体刚度较差，因此必须应用有限元计算理论，使用有限元计算软件进行预应力钢结构的施工仿真计算，以保证结构施工过程中及结构使用期的安全。

施工仿真计算实际上是预应力钢结构施工方案中极其重要的工作。因为施工过程会使结构经历不同的初始几何态和预应力态，这样实际施工过程必须与结构设计初衷吻合，加载方式、加载次序及加载量级应充分考虑且在实际施工中严格遵守。理论上将概念迥异的两个阶段或两个状态分别称为初始几何态和预应力态，这两个状态的分析理论和方法是不同的。在施工中必须严格地组织施工顺序。

3.1 张弦结构钢索和幕墙索网索力确定原则

先搭设支撑脚手架，然后拼装钢结构，拼装完毕后，安装钢索拉索，再卸掉支撑脚手架，靠结构自身承受自重，最后对钢索拉索进行张拉（给结构施加少许预拉力，尽量避免构件因张拉产生附加内力）。

索网幕墙要保证在极限状态下满足受力要求，在标准荷载下满足变形要求，利用倒推法确定出索网张拉完成时的索力。索力的分布要尽量均匀，保证结构受力，提高拉索的利用率。

张弦梁和索网幕墙要建立整体模型进行计算，张弦梁和索网幕墙有各自的荷载组合，在整体计算时，要分清各自的有利荷载和不利荷载，有利荷载的分项系数应取 1.0。分别确定张弦梁的最不利荷载工况和索网幕墙的最不利荷载工况。

3.2 张弦结构钢索张拉力计算

由张拉力确定原则可知，结构首先在自重情况下变形即下挠完毕后，再进行张拉，经计算，结果如图 4～图 7 所示。

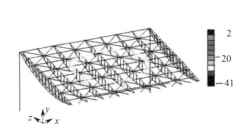

图 4　竖向位移（mm）

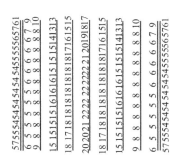

图 5　索力（kN）

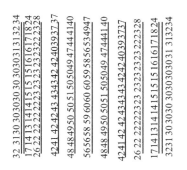

图 6　索应力（MPa）

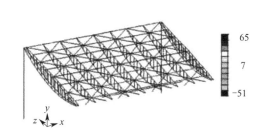

图 7　钢结构应力（MPa）

3.3　幕墙索网张拉力计算

图 8、图 9 为幕墙索网变形及索力值。

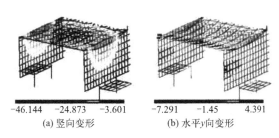

(a) 竖向变形　　　　　(b) 水平 y 向变形

图 8　索网变形（mm）

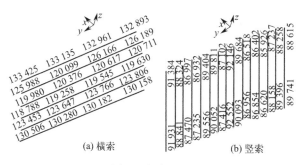

(a) 横索　　　　　(b) 竖索

图 9　索力（N）

4 施工监测

为保证钢结构的安装精度以及结构在施工期间的安全，并使钢索张拉的预应力状态与设计要求相符，必须对钢结构的安装精度、张拉过程中钢索的拉力及钢结构的变形进行监测。

钢索的拉力可以通过油压传感器进行监测。油压传感器安装于液压千斤顶油泵上，通过专用传感器读数仪可随时监测到预应力钢索的拉力。

在预应力钢索进行张拉时，钢结构部分会随之变形。在预应力钢索张拉的过程中，结合施工仿真计算结果，对钢结构变形监测可以保证预应力施工安全、有效。对变形的监测采用 DZS3—1 型自动安平水准仪或 Leica TCR402 全站仪。

为监测张拉过程中钢结构应力变化，选取中庭两侧最大截面的张弦梁和支座钢柱作为监测对象，在各构件的 1/3 和 1/2 处的钢结构上下表面分别布置传感器。

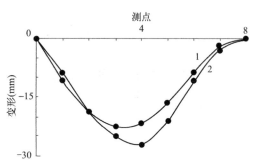

图 10 索网张拉完成后上横梁变形值
1—理论值；2—实测值

索网幕墙张拉过程中，对拉索索力、钢结构变形和钢结构应力进行监测。竖索张拉过程中监测上下横梁变形，各监测 7 个点；横索张拉过程中监测立柱变形，监测 4 个点。监测点布置见文献 [1]。索网张拉完成后，上横梁的变形实测值与理论值对比，见图 10。

5 小结

（1）本工程采用大跨度张弦结构体系，结构体系比较新颖，而且由于索体结构性能的充分发挥，大大降低了用钢量，降低了成本。

（2）施工过程选择了采用单榀张弦梁在空中组装，并进行预张拉，采用累积滑移的方法将每榀桁架安装到位，不但技术上比较合理，而且节约了成本。

（3）在施工前进行了充分的准备工作，对结构张拉过程进行了施工仿真计算，同时采用了有效的监测手段，保证了工程的顺利进行。

（4）从监测的结果来看，实测结果很好地验证了理论计算结果，同时说明了通过有限元计算软件进行施工仿真计算是可信的。本工程的施工方法可以为同类工程施工提供借鉴。

参考文献

[1] 杜彦凯，仝为民，秦杰，等.索网幕墙预应力控制技术 [J].工业建筑，2008，38 (12)：1-4.

厦门会展中心二期张弦结构预应力施工技术

摘要： 厦门会展中心二期屋面结构体系采用张弦梁结构，其预应力施工具有一定的难度。对预应力施工方案及施工前期的一些准备工作，如施工仿真模拟计算、张拉工装的设计进行详细介绍。结合仿真计算结果和现场监测结果，提出了此类结构的预应力施工技术和特点。

1 概述

厦门国际会展中心二期工程，建设面积 6.6 万 m^2，包括展厅 3 万 m^2、报到大厅和库房 1 万 m^2、商务写字楼 1 万 m^2、商业配套及餐饮 1.6 万 m^2。二期工程中的展厅区域共分为 4 个展厅和 1 个中央服务区，其屋盖结构形式都为张弦梁结构，其中 4 个展厅的跨度为 81m，张弦梁上弦为箱形钢梁，下弦为 $\phi 7mm \times 151mm$ 拉索，初始预拉力为 2070kN；中央服务区的跨度 45m，张弦梁上弦为箱形钢梁，下弦为 $\phi 5mm \times 139mm$ 拉索，初始预拉力为 950kN；拉索都为两端调节，索体保护为双层白色 PE，强度 1670MPa，两端的锚具均采用单螺杆式可调节锚具。平面见图 1，三维轴测图见图 2。

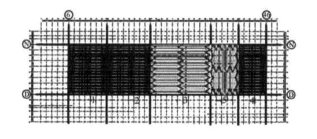
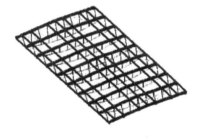

图 1　屋面平面

1—1 号展厅；2—2 号展厅；3—3 号展厅；

4—4 号展厅；5—中央服务区

图 2　中央服务区三维轴测图

2 安装张拉方案的确定

2.1 结构施工流程

结合本工程的结构特点及钢结构吊装需求，钢结构吊装分为两大施工区域，一区～三区为第一施工区域，四区、五区为第二施工区域。第一施工区域钢结构施工顺序应为三区→二区→一区，最终吊装设备从西侧通道处退出；第二施工区域钢结构施工顺序应为

文章发表于《工业建筑》2008 年第 38 卷第 12 期，文章作者：徐瑞龙、尤德清、秦杰、蒋振彦。

四区→五区，最终吊装设备从东侧通道处退出。第一施工区域从三区往一区施工及从㉞轴往⑥轴吊装；第二施工区域从四区往五区施工，四区从①列往Ⓝ列吊装，五区从㊻轴往㊶轴吊装。每个轴线张弦梁在地面进行拼装，然后吊到支撑胎架上，同时与其相连的屋面梁与支撑紧随其后安装，以保证安装分段张弦梁的侧向稳定性。按以上顺序进行下一榀张弦梁和相关屋面梁、支撑的吊装，两个轴线张弦梁都焊接完毕、相关屋面梁与支撑全部安装到位后进行第一个轴线张弦梁的张拉，张拉完成两个轴线后，进行第一个轴线的张弦梁的灌砂工作，两榀张弦梁灌砂完成后即可进行檩条和屋面的安装。具体施工流程见图 3。

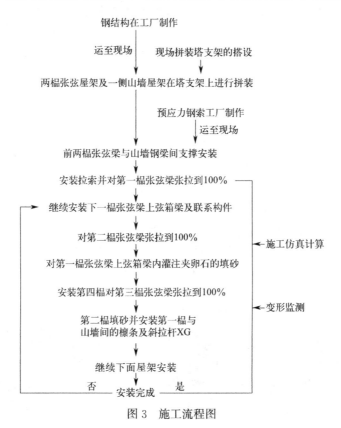

图 3　施工流程图

2.2　预应力张拉过程

2.2.1　张拉时机的选择

本工程张弦梁安装后，需进行拉索张拉、上弦梁内灌砂石、安装檩条和屋面板等工序。理论上，拉索张拉时机有以下几种：

（1）张弦梁安装后，在上弦梁灌入砂石之前，进行拉索张拉；

（2）在上弦梁灌入砂石之后檩条和屋面板安装之前，进行张拉；

（3）在安装檩条和屋面板后，进行张拉。

在上述时机张拉都能满足设计要求，同时张拉时机越靠后索力控制越精确，但是张拉时间越靠后则支撑胎架周转时间越长，同时索力也越大，对张拉机具的要求也越高。综合考虑，为了减少施工工期和费用，加快支撑胎架的周转使用，减小拉索张拉力，同时保证结构稳定，选择在张弦梁及屋面支撑梁安装完成后，上弦梁灌入砂石和檩条安装之前进行张拉。为了减少相邻张弦梁间张拉时的互相影响，相邻轴线间的屋面支撑梁高强螺栓安装后先不紧固，屋面支撑梁上下翼缘也不进行焊接，张拉完成后再进行紧固和焊接。这样在张拉时屋面支撑梁只对张弦梁侧向稳定提供支撑，不约束竖向变形，也减少了相邻两榀间的互相影响。

2.2.2 张拉设备的选用

设计图纸中给定跨度 81m 张弦梁初始预张力为 2070kN；中央服务区跨度 45m 张弦梁初始预张力为 950kN。经过仿真计算，81m 张弦梁张拉力约 1010kN，45m 张弦梁张拉力约 580kN，超张拉 5% 后，分别为 1060kN 和 609kN。每根索两端需要两台千斤顶，同时张拉，一次张拉 1 根，所以，预应力张拉选用 4 台 60t 千斤顶。

2.2.3 预应力钢索张拉前标定张拉设备

张拉设备采用预应力钢结构专用千斤顶和配套油泵、油压传感器、读数仪。根据设计和预应力工艺要求的实际张拉力对油压传感器及读数仪进行标定。标定书在张拉资料中给出。

2.2.4 控制原则

预应力钢索的张拉控制采用张拉力和结构编写同时控制方法，其中张拉力作为主要控制要素，81m 张弦梁张拉力控制在 1010～1060kN，45m 张弦梁张拉力控制在 580～609kN，结构变形作为辅助控制要素，相邻各榀起拱偏差控制在 10mm 之内。

3 张拉过程仿真模拟计算

由于设计给定的是初拉力，根据施工方案选择张拉时机，同时为了保证预应力施工的质量，需对张拉过程进行精确的施工仿真模拟计算，以验证张拉方案的可行性，确保张拉过程的安全；同时给出每根钢索张拉力的大小，并为张拉过程中的变形监测提供理论依据。

计算软件选用结构分析与设计软件 Midas Gen。计算模型如图 4 所示。张拉完成后结构竖向变形、钢索轴力分别见图 5。

对计算结果进行分析和总结，超张拉完成后，结构中部向上竖向位移为 176mm；81m 张弦梁张拉力控制在 1010～1060kN，45m 张弦梁张拉力控制在 580～609kN。

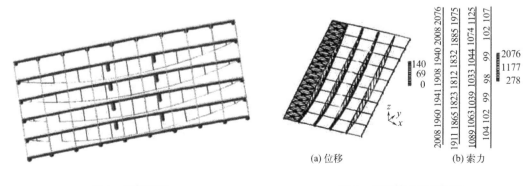

图 4 计算模型

(a) 位移　(b) 索力

图 5 四区第 4 榀张拉前
位移及索力等值线

4 张拉监测

为保证预应力钢结构的安装精度以及结构在施工期间的安全，并使张拉完成后的预应力状态与设计要求相符，必须对张拉过程中结构的整体变形进行监测。

4.1 监测点布置

在预应力钢索进行张拉时，钢结构部分会随之变形。在预应力钢索张拉的过程中，结合施工仿真计算结果，对钢结构变形监测可以保证预应力施工安全、有效。对结构竖向变形的监测采用全站仪，在每一榀桁架都布置反拱变形监测点，每榀布置位置如图6所示。

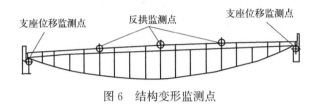

图6 结构变形监测点

4.2 监测结果

张拉过程中及张拉完成灌浆后对布置监测点都进行了变形监测，实测结果如图7所示。

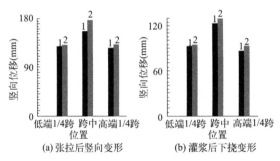

图7 ⑭轴竖向变形
1—实测值；2—理论值

从图7可以看出，实测钢结构变形值比理论计算值偏差较小，最终竖向变形实测值比理论计算值偏小，钢结构整体结构竖向变形满足相关规范和设计的要求。

（1）81m张弦梁张拉力控制在 1010～1060kN，45m张弦梁张拉力控制在 580～609kN。

（2）结构竖向位移和水平位移实测值在理论计算值附近变化，实测起拱变形值和灌浆后下挠值都比理论计算偏小，最终控制相邻两榀位移值偏差在10mm以内。

5 结语

（1）单向张弦结构如果梁间连系梁较大则具有一定的空间作用，张拉时为了消除这些空间作用，使安装张拉简便，连系梁安装可以采用先铰接后固接的施工方法。

（2）在施工前期需进行详尽的施工仿真计算分析，掌握设计意图，并与设计院配合进行拉索节点设计和张拉工装的设计等。

（3）预应力施工方案的确定需综合考虑结构的特点、施工场地与工期等多种因素，并对多种方案进行比较，选出较优秀的方案。

（4）对张弦梁这种柔性结构，施工过程中要加强对结构的变形等监测，这是保证结构在施工期间安全及预应力施工质量的重要技术措施。

参考文献

［1］ 陆赐麟，尹思明，刘锡良 . 现代预应力钢结构［M］. 北京：人民交通出版社，2003.

［2］ 王泽强，秦杰，许曙东，等 . 青岛国际帆船中心预应力施工技术［J］. 施工技术，2007，36（11）：14-17.

［3］ 徐瑞龙，秦杰 . 2008 年奥运会国家体育馆双向张弦结构预应力施工技术［J］. 施工技术，2007，36（11）：6-9.

印度尼西亚全运会主体育场预应力钢结构施工技术

摘要：该体育场是印度尼西亚 2008 年全运会主体育场，屋盖采用预应力斜拉网格结构。通过 Midas Gen 软件分析得到设计张拉索力，并且对施工过程进行了详细的施工仿真计算分析。介绍钢结构安装、预应力拉索安装及张拉等施工过程。根据工程特点，提出对同一根柱子采用前后拉索同时张拉的施工方法，并对张拉过程中钢结构应力、拉索索力、结构竖向变形等进行施工监测，结合施工仿真计算结果，验证了监测结果的合理性和正确性。

1 工程概况

三马林达体育场位于印度尼西亚的加里曼丹岛，体育场长约 265m，宽约 201m，建筑面积约为 4500m²，该体育场为 2008 年印度尼西亚全国运动会的主会场，可容纳 3 万人。屋顶采用预应力斜拉索结构，整体结构分为东西两部分，如图 1 所示。

图 1 印尼全运会主会场

2 结构体系

三马林达体育场分为东西两部分，东侧部分有 7 根柱子，共有 56 根拉索；西侧部分有 10 根柱子，共有 80 根拉索，其中柱子下部为混凝土柱，上部为钢柱。同一根柱子上有四种形式的拉索：前—下拉索（3 根拉索与同一根柱子相连）、前—上拉索（3 根拉索与同一根柱子相连）、后—上拉索（1 根拉索与同一根柱子相连）、后—下拉索（1 根拉索与同一根柱子相连），结构平剖面如图 2 所示。本工程拉索采用预应力钢索规格为：ϕ7mm×121mm、ϕ7mm×73mm、ϕ5mm×55mm 三种类型，缆索材料采用包双层 PE 保护套，钢索内钢丝直径为 7.5mm，采用高强度普通松弛冷拔镀锌钢丝，抗拉强度不小

文章发表于《工业建筑》2008 年第 38 卷第 12 期，文章作者：王泽强、秦杰、李国立、陈新礼、Tekky Ⅰ、Budisetia。

于 1670MPa。

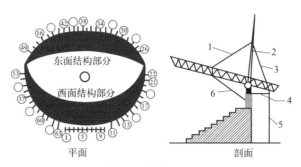

图 2　结构平剖面

1—前一上拉索（3 根）；2—柱子；3—后一上拉索（1 根）；

4—撑杆；5—后一下拉索（1 根）；6—前一下拉索（3 根）

3　钢结构节点设计

拉索分别与柱子、桁架及楼面相连接，相应的拉索与钢结构锚固节点设计为以下 4 种形式：拉索与柱子相连节点、拉索与主桁架相连节点、撑杆端部拉索节点、后一下拉索连接节点。节点设计除满足索头与连接构件几何空间要求外，还要满足受力要求。由于大部分节点有多个杆件相交于此，因此构件几何空间设计是十分重要的，必须画出三维图确定各种构件的实际位置。拉索节点都是采用耳板式连接方法，并且拉索与钢柱相连耳板、其他耳板及拉索锚具都为工厂制作，因此制作比较精确，且焊接质量比较好。设计中考虑到施工便利，张拉端位置处留有足够的张拉操作空间，以保证张拉工序正常进行。各种节点见图 3。

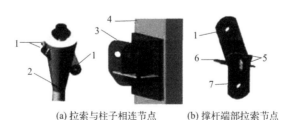

(a) 拉索与柱子相连节点　　　(b) 撑杆端部拉索节点

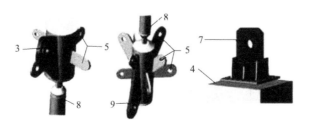

(c) 拉索与主桁架相连节点　　　(d) 后下拉索相连节点

图 3　各种节点设计示意

1—后一上拉索耳板；2—钢柱；3—前一上拉索耳板；

4—混凝土柱；5—桁架耳板；6—撑杆耳板；

7—后一下拉索耳板；8—桁架杆件；9—前一下拉索耳板

4　预应力钢结构施工

4.1　工程施工难点及措施

（1）钢结构安装。由于钢结构采用杆件种类比较多，因此下料尺寸要求比较精确，而且为高空作业，定位要精确，操作比较困难。本工程钢结构部分的加工、安装采用如下方法：工厂精确下料、局部地面拼装、整体高空安装。并且搭设了两排支撑，具体支撑点布置见图 4，支撑搭设可以保证结构安装过程中结构变形较小，容易安装；第 2 排支撑点在第 1 批拉索张拉到设计张拉力的 60％就可以拆掉，第 1 排支撑点在第 1 批拉索张拉完成、第 2 批拉索未张拉前拆除。

（2）拉索安装。由于工程进度等原因，钢柱安装完成后再进行拉索的安装，由于拉索与钢柱、主桁架、撑杆等构架连接位置比较高，其中拉索与钢柱连接节点位置标高最大约为 40m，拉索与撑杆相连节点位置标高约为 21m，而且拉索比较重，最重拉索为 30kN 左右，因此安装前—上拉索、后—上拉索及后—下拉索都比较困难。本工程采用制作吊篮高空操作的方法来解决与钢柱相连拉索安装问题，采用搭设脚手架平台的方法来解决与撑杆相连拉索安装问题。两种解决方案的实际操作见图 5。

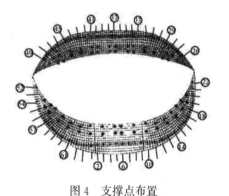

图 4　支撑点布置

注：〇为第 1 排支撑，●为第 2 排支撑。

（a）安装后-上拉索与
柱子相连的一端

（b）安装后-上拉索与
撑杆相连的一端

图 5　拉索安装

（3）预应力张拉。与同一根柱子相连或间接相连的拉索一共有 8 根，张拉过程中，拉索索力相互之间影响比较大，这样会使主桁架产生较大的应力和相对位移，因此要求与同一根柱子相连的拉索尽量同步张拉。本工程采用如下两种方法解决此问题：与同一根柱子相连的 5 根拉索同时张拉（3 根前—上拉索、1 根后—上拉索、1 根后—下拉索），作为第一批张拉的拉索，全部张拉完成后，再把前—下拉索作为第二批张拉的拉索进行张拉；在第一批 5 根拉索同时张拉过程中，分 2 级张拉完成，第 1 级张拉到设计张拉力的 60％，第 2 级张拉到设计张拉力的 100％，并且每一级张拉过程分为 4～10 个小步，达到张拉同步的目的。

4.2　施工过程

4.2.1　钢结构安装

（1）钢构件加工质量的控制。现场钢结构的安装进度及安装质量受构件的加工质量影响大，钢结构的施工质量必须从钢结构所用材料进厂构件到成品出厂全过程进行严格把关控制，钢结构构件在工厂进行数控切割，严格控制下料误差，以满足安装要求。

（2）结构的测量、放线和校正。为达到屋盖整体曲面效果，各构件的安装定位、标高测量控制及安装校正是现场安装能够满足设计要求的前提。拼装、安装测量定位是本工程的重点，需高度重视，精心施测，测量工作贯穿于施工过程始终。

（3）桁架现场安装。本工程构件种类比较多，因此在出厂时对各构件要进行详细编号，地面拼装时严格控制误差，为高空对接创造条件；屋面桁架选用两台大型履带吊从厂内立体分段吊装同时结合高空分段散装的安装方法，采用分区安装，齐头并进的原则。桁架吊装见图6。

4.2.2 预应力拉索施工

（1）预应力设备选用。经过仿真计算，拉索最大张拉力约1100kN，因此需要两台60t千斤顶，并且第一批拉索张拉过程中5根拉索同时张拉，根据张拉力值，故选用4台60t千斤顶和6台25t千斤顶，即同时使用五套张拉设备。

（2）预应力控制参数。张拉时采取双控原则：索力控制为主，伸长值控制为辅，同时考虑结构整体变形。预应力拉索张拉完成后，应

图6　桁架吊装

立即测量校对，如发现异常，应暂停张拉，待查明原因，并采取措施后，再继续张拉。

（3）张拉顺序及张拉力。结构总体张拉顺序为：第一批先张拉后—下、后—上、前—上拉索，即5根拉索同时张拉，第1级张拉到控制应力的60%，顺序是由中间向两侧张拉，第2级张拉到控制应力的100%，顺序是由两侧向中间张拉；第2批张拉前—下拉索，即3根拉索同时张拉，1级张拉到控制应力的100%，是由中间向两侧张拉。表1和表2只列出后—上拉索和后—下拉索部分的张拉力。

西面拉索张拉力（kN）　　　　　　　　　　　　　　　　表1

后—上拉索编号	56—56	19—19	59—59	16—16	62—62	13—13	01—01	10—10	04—04	07—07
张拉到控制应力的60%	314	314	569	574	712	717	686	688	651	631
张拉到控制应力的100%	481	480	859	855	1115	1109	1090	1085	988	1008
后—下拉索编号	56—56	19—19	59—59	16—16	62—62	13—13	01—01	10—10	04—04	07—07
张拉到控制应力的60%	288	288	526	530	667	672	526	529	490	457
张拉到控制应力的100%	445	444	798	794	1050	1044	851	844	714	748

东面拉索张拉力（kN）　　　　　　　　　　　　　　　　表2

后—上拉索编号	46	29	43	32	40	35	37a
张拉到控制应力的60%	658	661	681	683	638	632	422
张拉到控制应力的100%	1025	1026	999	992	935	937	576
后—下拉索编号	46	29	43	32	40	35	37a
张拉到控制应力的60%	607	610	638	639	497	490	346
张拉到控制应力的100%	950	950	938	932	668	669	407

5　预应力施工计算分析

5.1　拉索节点计算分析

与拉索相连的耳板有五种形式，具体如图 7 所示。由于拉索节点的构造和受力均比较复杂，因此通过 ANSYS 对节点进行有限元分析，荷载组合为：1.2 恒荷＋1.4 活荷，通过分析对节点的承载性能进行评价，充分了解节点的受力性能，对节点的外形及构造的改进提出科学、合理的建议。部分节点计算结果如图 8 所示。

通过有限元计算结果可以看出：最大变形为 2mm，说明节点刚度比较好；节点最大应力为 183MPa，应力不是很大，节点强度满足要求。

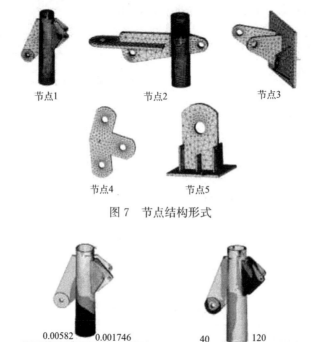

图 7　节点结构形式

图 8　节点 1 变形及应力

5.2　施工仿真计算分析

本工程采用有限元计算软件 Midas，对该结构张拉过程进行仿真计算，计算模型如图 9 所示。张拉完成后结构竖向变形、拉索索力、钢结构应力见图 10（选取西侧结构计算结果）。

图 9　计算模型

6　施工监测

为保证张拉过程的结构安全，对整个施工过程进行监测控制。本工程主要控制措施：拉索张拉力和伸长值、拉索索力监测、钢结构应力控制、结构变形控制。

（1）索力控制：以钢索张拉力控制为主，以伸长值控制为辅，并且随时进行索力监控，本工程通过JMM—268索力动测仪随时监控索力变化。实际张拉完成后，监测仪器测量索力与实际钢索张拉力误差都控制在8%范围内，钢索伸长值误差在理论计算伸长值5%以内。

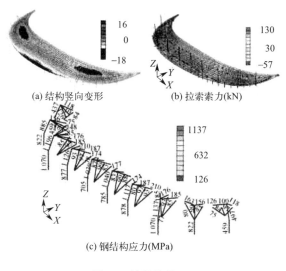

(a) 结构竖向变形

(b) 拉索索力(kN)

(c) 钢结构应力(MPa)

图10　计算结果

（2）监测钢结构应力和结构变形作为该工程张拉过程的辅助手段。选择钢结构应力较大的杆件，采用振弦应变计监测应力变化；使用全站仪监测结构竖向变形变化。实际监测结果与理论计算数据吻合较好。

7　小结

（1）通过采用有限元分析软件进行全过程模拟计算分析，准确获得了拉索索长、各个施工阶段拉索索力及变形等施工参数，并据此制定了切实可行的施工方案，确定了合理的张拉方案，确保了工程施工质量满足设计及相关规范要求。

（2）本工程钢结构安装、拉索安装及张拉均为高空作业，并且拉索安装和张拉难度较大，通过设计专用工装及工具，并精心组织施工，顺利完成了此难度极大的预应力斜拉网格结构工程。

（3）对索结构等非线性很强的结构，必须对其施工过程的结构和构件变形进行全过程监测和控制。如果发现偏差较大，则应立即停止，并分析原因，准确评估偏差对结构功能的影响，然后采取确保这种复杂结构的施工质量和满足安装精度要求的措施。本工程通过测量控制结构安装过程，保证了钢结构及拉索施工安全，确保工程施工精度满足要求。

参考文献

［1］　陆赐麟，尹思明，刘锡良.现代预应力钢结构［M］.北京：人民交通出版社，2003.

［2］　司波，秦杰，李国立，等.北京工人体育场改造工程高空灯架拉索结构施工技术［J］.施工技术，2008，37（3）：12-14.

［3］　沈斌，秦杰，钱英欣，等.天津滨海国际会展中心（二期）预应力钢结构施工技术［J］.施工技术，2008，37（4）：59-60.

复杂钢结构施工技术研究及工程应用

摘要：大跨度空间钢结构和多高层钢结构等复杂钢结构体系是目前建筑钢结构的主要应用形式，适用于各种大型体育场馆和标志性建筑。钢结构与混凝土结构相比，在施工周期、抗震性能方面均具有明显的优势。但对于体系复杂的空间钢结构和多高层钢结构等，由于其复杂多变的体型及受力特点，其施工安装技术面临了前所未有的挑战。本文介绍了有关大跨预应力空间钢结构、钢结构施工全过程仿真技术、钢结构工具式临时支承体系以及钢结构施工现场信息化编码技术等方面的最新研究成果以及有关工程应用情况，可供相关工程参考。

1 前言

近年来，随着新材料、新技术的突破性发展，各种大跨度或超高层复杂空间钢结构在世界各国得到了广泛应用，无论是在大型公共建筑、会馆，还是在体育场馆的建设中，为了满足充分利用空间和发挥建筑的功能性等方面的要求，已经建成了并正在兴建许多典型的标志性建筑。仅以北京为例，除了 2008 奥运大型体育场馆外，另外一些配套建筑，如中央电视台新台址、北京电视中心、首都机场新航站楼等，都采用了大型复杂的钢结构体系，其建筑跨度和高度都达到了前所未有的水平。

复杂钢结构通常采用复杂无固定模式的新型造型以及新型结构形式，有些还使用了预应力拉索，这就需要采用全新的结构分析技术与施工方法。由于结构体系较为复杂，这些大型钢结构在施工安装过程中的受力特点与正常使用状态有很大不同，不同的施工工艺和方法将显著影响结构的变形和受力性能，不恰当的施工工艺可能使结构处于不安全状态，过于谨慎的施工方法又将导致工期和造价的不经济。复杂钢结构在施工阶段所采用的预应力施工工艺、临时支承体系、吊装方案、安装顺序、焊接工艺以及构件现场管理等方面，目前都存在需要解决的技术难题。

为使复杂钢结构的施工安装达到安全、经济的统一，迫切需要解决好施工中存在的关键性问题，包括计算模型、施工仿真、支承体系、吊装和安装顺序、施工工艺，以及现场信息化管理等。为此，我们开展了"复杂钢结构施工关键技术攻关"项目的研究工作，对包括大跨预应力钢结构施工技术、钢结构施工全过程仿真技术、钢结构工具式临时支承体系以及钢结构施工现场信息化编码技术等方面进行了系统的研究。

本文对项目的主要研究成果及工程应用情况进行了概要介绍。

文章发表于《全国钢结构学术年会论文集》2009 年第 10 期，文章作者：刘航、李晨光、秦杰、游大江、乔聚甫、常乃麟。

2　大跨预应力钢结构施工技术研究

大跨预应力钢结构是指将预应力技术与空间钢结构结合所创造出的多种新型的、杂交的大跨预应力空间钢结构新体系，包括张弦梁结构、弦支穹顶结构、预应力网架结构、预应力索网结构、预应力索拱结构、斜拉体系等，其最大的优点就是充分利用了预应力拉索的高抗拉强度，通过对索施加预应力使结构产生与外荷载作用反向的变形，同时也使受拉构件在受荷前受到预压作用，从而可以部分或全部抵消外荷载作用下的挠度或拉应力，改善结构的整体受力性能。

课题对目前工程应用较多的，同时也是最具代表性的几种大跨预应力钢结构的施工技术进行了系统的研究，包括双向预应力张弦梁结构、弦支穹顶结构、大跨度索网结构以及悬挂结构等。

2.1　试验研究

2.1.1　双向张弦桁架试验研究

制作了1∶10比例的双向预应力张弦桁架结构的缩尺试验模型，模型沿纵、横两个方向跨度分别为14.4m和11.4m。表1列出了缩尺后的试验模型杆件及拉索型号。

<table>
<tr><td colspan="4" align="center">试验模型杆件</td><td>表1</td></tr>
<tr><td align="center">构件</td><td align="center">截面</td><td align="center">构件</td><td colspan="2" align="center">截面</td></tr>
<tr><td align="center">桁架上弦杆</td><td align="center">圆管
φ42×2</td><td align="center">桁架
下弦轩</td><td colspan="2" align="center">矩形铜管
φ50×30×2×2</td></tr>
<tr><td align="center">桁架腹杆</td><td align="center">圆管
φ22×2</td><td align="center">撑杆</td><td colspan="2" align="center">圆管
φ22×2</td></tr>
<tr><td align="center">索体型号</td><td colspan="4" align="center">φ5×8　φ5×5　φ5×4　φ5×3</td></tr>
</table>

对试验模型进行了模拟张拉施工状态的试验研究，对比了一级张拉和多级张拉两种张拉方案，分析了张拉过程中预应力筋之间的相互影响，以及不同张拉顺序对预应力建立的影响。并进一步进行了模拟竖向荷载下全过程加载的试验研究，分析了双向张弦桁架结构在竖向荷载下的受力和变形特点（图1、图2）。

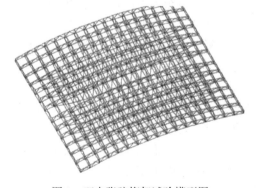

图1　双向张弦桁架试验模型图

图2　双向张弦桁架试验现场照片

模拟张拉施工状态的试验结果表明：多级张拉方案较一级张拉方案对结构预应力的建立更为有效，索内力受到影响相对较小，先张拉索的预应力损失较小，同时，多级张拉方案中，预应力张拉对结构的卸载效果也更为稳定，结构卸载及脱离支承体系是逐步的、渐变的。不同张拉方案引起的结构最终反拱变形基本一致。

模拟竖向荷载作用下的试验结果表明：在竖向荷载作用下，短跨方向的横向索为主受力索，其应力增量较纵向索大得多，同方向拉索中，屋盖中部拉索的应力增量明显大于屋盖边部拉索。当竖向荷载施加到相当于标准效应组合时，拉索应力普遍未超过其极限应力的 30%，挠度约为短跨的 1/957，当竖向荷载施加到相当于标准效应组合的两倍时，拉索应力最大值仅为其极限应力的 43%，挠度为短跨的 1/358，表明结构有较高的安全储备。

2.1.2 椭圆形弦支穹顶试验研究

设计制作了 1∶10 比例的椭圆形弦支穹顶缩尺试验模型，缩尺后的模型如图 3 所示，其平面为 12m×8m 的椭圆形，矢高为 2.145m。

对试验模型进行了模拟张拉施工状态以及在竖向荷载下全过程加载的试验研究，对比了张拉环索、先张拉环索再张拉径索两种张拉方案，分析了张拉过程中预应力筋之间的相互影响，不同张拉顺序对预应力建立的影响，研究了椭圆形弦支穹顶结构在竖向荷载下的受力和变形特点（图 3、图 4）。

模拟张拉施工状态的试验表明：当采用张拉环索的方案时施工非常简便，环索之间

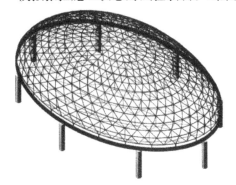

图 3　椭圆形弦支穹顶试验模型　　　　图 4　椭圆形弦支穹顶试验现场照片

的相互影响较小，且环索的张拉只影响该圈径索应力和杆件应力，张拉环索可以较好地保证环索索力达到设计值状态，但是却很难保证径索索力的均匀性。当采用先张拉环索后张拉径索的方案时，从施工角度看，其工作量大于只张拉环索的方案一，但是该方法是对方案一的一种改进，方案一的主要问题是无法获得较合理的径索索力，因此本方法在张拉环索的基础上，增加了对径索索力直接张拉的调节环节，从而可以保证在环索索力误差不大的情况下照顾到径索索力，是一种比较理想的张拉方式。

模拟竖向荷载作用下的试验结果表明：在竖向荷载作用下，结构拉索的内力有所增加，但增速较缓。达到承载力极限状态时，最外圈的第 1 层环索对承载力的贡献最大，其他各层环索索力增量较小。本试验弦支穹顶由外而内包括 5 层径向拉索，在承载力极限状态，第 1 圈径向拉索应力增量最大，高于环向拉索的应力增量，第 2、3 圈径向拉索应力增量较小，第 4、5 圈径向拉索应力增量小于第 1 圈，但高于第 2、3 圈径向拉索的应力增量。综合来看，径向索对承载力的贡献高于环向索。随着外荷载的增加，弦支穹顶结构最外层短轴和长轴方向水平位移均出现向外扩张（数值由负到正）的变化趋势。相比之下，短轴方向变形更为显著，这表明：在外荷载作用下，椭圆形弦支穹顶的主受力方向在短轴方向。另外，随着外荷载的增加，结构的竖向位移不断增大。从位移的分布情况看，越接近于穹顶中心，位移越大，这也是与结构的约束条件相一致的。

2.2 理论分析

2.2.1 张弦梁结构力学性能研究

对预应力张弦梁结构进行了全面的理论分析，提出了单向和双向张弦梁结构下弦索合理预应力的概念，并得出了合理预应力的理论计算公式。对于张弦梁结构，在给定荷载作用下，使支座水平位移为零的下弦拉索的内力值为合理预应力。

平面张弦梁结构的合理预应力可以按下式计算：

$$H_2 = \frac{ql^2}{8(f_1 + f_2)} \tag{1}$$

式中，f_1 为拱的高度，f_2 为索的垂度，l 为拱的跨度。

双向张弦梁结构由多榀平面张弦梁结构正交而成，各榀平面结构在平面外相互约束，互为支撑，结构的承载性能和整体稳定性得到显著增强，弥补了平面结构的不足，但由于属于多次超静定结构，其合理预应力的确定相对来说较为复杂，可采用下述近似计算方法：

双向张弦梁结构中任一榀结构的合理预应力按下式计算

$$H_i = \frac{q_i l_i^2}{8(f_{1i} = f_{2i})} \tag{2}$$

式中，H_i 为第 i 榀张弦梁结构的合理预应力；f_{1i} 为第 i 榀结构上弦拱高度，f_{2i} 为第 i 榀结构下弦索垂度；l_i 为第 i 榀结构跨度；q_i 为第 i 榀结构所受均布线荷载，按下述步骤计算：

(a) 假定竖向均布荷载按分配面积均匀作用在双向张弦梁结构的各交叉点上；

(b) 某一交叉点所受竖向荷载按两方向张弦梁结构的等效刚度的比例进行分配，换算成两方向各自所受荷载；

(c) 算出某一榀张弦梁结构所受各点荷载后，按总荷载等效的原则换算成均布荷载 q_i。

在此基础上，应用 ANSYS 通用有限元分析软件对单向张弦梁结构进行了变参数分析，总结出了有关参数的变化规律。提出了单向和双向张弦梁结构形状比和刚度比的合理取值以及双向张弦梁结构的跨度比的建议等。其中高跨比为整体结构跨中上下弦间距离与跨度之比，按下式计算：

$$\kappa = \frac{f_1 + f_2}{l} \tag{3}$$

刚度比为上下弦截面刚度之比，可按下式计算：

$$\alpha = \frac{E_B I_B}{E_s A_s l^2} \tag{4}$$

式中，E_B、I_B 分别为上弦梁的弹性模量和截面惯性矩；E_s、A_s 分别为下弦索的弹性模量和截面面积。

分析表明，上弦梁所承受的弯矩随刚度比的增大而增大，但当刚度比为 10^{-3} 左右时，内力将发生显著的转折，因此，单向张弦梁结构的刚度比取为 $10^{-4} \sim 10^{-3}$ 左右是较为合适的，过大则上弦梁弯矩和变形过大，过小则下弦索的内力增长迅速。图 5 为刚度比 α 和高跨比 κ 对张弦梁结构中下弦索力的影响曲线。从图中可以看出，当刚度比为 10^{-3}

左右或更大时，索内力随 κ 的变化相对较为平缓，当上下弦刚度比 α 为 10^{-4} 时，索内力先随 κ 的增加而增加，后随 κ 的增加而下降，且索内力的变化相当显著，但即使如此，当 $\kappa=0.1$ 左右时，索内力可以降到较低的程度，因此，单向张弦梁结构的高跨比取为 0.05 ～0.1 左右是较为合适的。

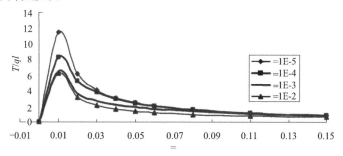

图 5　刚度比及高跨比与下弦索力曲线

双向张弦梁结构与平面张弦梁结构相比，由于有着类似井字梁的空间协同作用，如果结构的材料、截面等相同，其合理高跨比应进一步降低。其降低程度与结构两方向的跨度比以及交叉结构榀数相关，两方向跨度相差越大，降低幅度越小，交叉结构榀数越多，降低幅度越大。对于实际工程，应具体问题具体分析。

2.2.2　弦支穹顶结构力学性能研究

对弦支穹顶结构的静力性能、动力性能和稳定性能进行了理论分析，提出了矢跨比、撑杆高度、环索布置方式等对静力性能的影响，分析了自振频率和地震响应的有关影响因素，总结了弦支穹顶结构的稳定模态及其影响因素。

图 6 和图 7 为矢跨比对结构部分静力性能的影响曲线，可以看出，矢跨比对结构的静力性能影响较大。弦支穹顶结构有利于改善矢跨比较小的单层网壳的静力性能。综合考虑各种因素，为了设计更合理，更经济的结构，建议选用矢跨比为 $1/8$、$1/6$。

图 8 和图 9 为撑杆高度对结构部分静力性能的影响曲线，可以看出，撑杆高度对结构的挠度影响不大，但对结构杆件受力影响较大。为了防止可能会导致拉索的松弛和由于撑杆压力过大所致的撑杆失稳破坏，所以撑杆高度也不易取得过大。综合考虑，建议撑杆高度范围为 $(1/16 \sim 1/12)L$，L 表示结构的跨度。

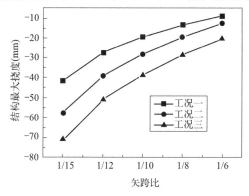

图 6　矢跨比-结构最大挠度曲线

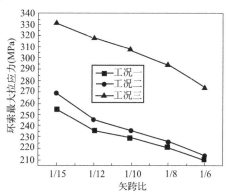

图 7　矢跨比-环索最大拉应力曲线

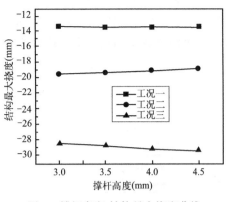

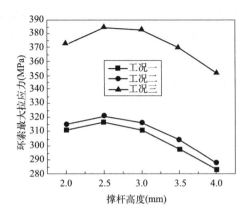

图 8　撑杆高度-结构最大挠度曲线　　　　图 9　撑杆高度-环索最大拉应力曲线

环索布置方式对静力性能影响不大。只是对结构上层网壳杆件的内力有一些影响，下部索杆体系满布索的时候，并不能最好地改善结构的受力性能。对于大跨度的弦支穹顶，选择合理的隔圈布置环索对结构受力性能有很大的好处。从经济和适用方面考虑，连续布置环索时不满跨布置环索优于满跨布置环索，隔圈布置环索优于连续布置环索。

拉索预应力的大小对弦支穹顶整体刚度几乎没有影响，对结构受力性能影响较大。合理的拉索预应力大小可以有效地减小结构对周边构件的约束，但预应力的增大会增加上部杆件的负担。预应力取值并不是越大越好。建议对不同跨度的本文所研究的弦支穹顶结构预应力取值在 $200 \sim 300$MPa 之间较好。

矢跨比、撑杆高度和环索数的变化对结构用钢量的影响幅度不大，其中撑杆高度的变化对结构用钢量的影响稍微大些，设计时应注意考虑。

3　复杂钢结构施工仿真技术研究

复杂钢结构施工仿真技术研究工作中，开展了施工力学仿真和施工工艺仿真两个方面的研究工作。

3.1　施工力学仿真

施工力学仿真技术研究方面，主要以 ANSYS 有限元软件为平台，开发了针对大跨预应力钢结构的施工力学仿真软件，包括圆形弦支穹顶结构计算程序、双向和单向张弦结构计算程序等。程序通过人机交互式输入的方法可实现结构快速建模、求解以及结果后处理等一系列功能（图 10）。

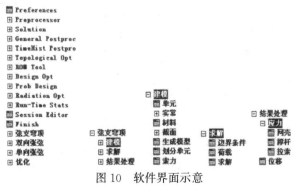

图 10　软件界面示意

图 11 三维建模的操作界面

通常的有限元分析软件，需要由几何模型到分析模型的全过程建模，当模型为空间预应力钢结构等较复杂体系时，点、线、面、体的几何建模过程就变得相当繁琐且容易出错，另外，有限元软件通常只是对结构进行受力分析，不具备经济性分析功能。该软件的编制，可针对特定的结构形式，大幅度提高有限元分析工作的效率，减少建模过程中的出错概率，同时也增加了工程量计算等经济分析模块，进一步增强了有限元分析的辅助设计功能。

3.2 施工工艺仿真

施工工艺仿真技术研究方面，主要以 CATIA 软件为开发平台，完成了以下两个方面的工作。

3.2.1 钢结构三维模型的建立（图 11）

成功开发了从 AutoCAD 数据到 CATIA 软件的三维实体模型的生成。三维实体模型快速建模已具备了主要功能如下：

（1）实体造型。在读取 DXF 文件时，取得相关的数据，能快速生成三维钢结构模型。

（2）型材参数管理。系统配备了相应的标准型材参数库，可以直接从中选择所需的类型和规格，并生成相应的型材元件。

（3）对象的编辑。对象包括点、线、实体三个方面，用户可以通过自己的需要进行编辑。

（4）对象的查询。用户可以根据需要进行对象的查询来得到相应的信息。

（5）杆件端面的处理。完成了杆件的端面处理。

3.2.2 施工工艺仿真

施工工艺仿真具备的主要功能如下：

（1）施工状态及其过程模型的建立。研究施工过程的计算机表示模型是施工工艺仿真模块开发的基础，通过施工过程的形式化表示并采用面向对象的方法对施工过程进行抽象和分解。

（2）施工路径的交互指定方法。施工路径可以划分为施工对象、运动基点、路径点以及与路径点相对应的运动变换形式四个组成部分。在二次开发的基础上，通过人机交互的手段可以对组成施工路径的各个部分进行方便的交互拾取和添加。

（3）施工路径的编辑方法。路径编辑是施工工艺仿真中最关键的部分，其目的在于解决多个施工对象同时以不同方式进行运动时的运动顺序安排问题，以满足较复杂的施工过程仿真。采用了字符串编辑及解析的方法来实现对施工路径的编辑。

（4）施工对象的运动姿态计算。利用位置插值的方法来计算施工对象在各个关键位置的姿态矩阵，首先在计算插值点的基础上构造运动变换矩阵，然后利用运动变换矩阵与初始姿态矩阵相乘的方法来计算施工对象在插值点的当前姿态矩阵。

（5）系统重放（Replay）的生成。为保存用户设定的施工仿真过程，提供了将可执行路径转变为 CATIA 系统重放（Replay）的功能。在重放播放的过程中，可以对施工仿真过程进行干涉检查，并可以将重放输出为动画视频文件。

（6）单体滑移和累积滑移施工仿真。根据单体滑移和累积滑移施工方法的特点，专门开发了相应的功能，使用户能够快速、便捷地得到所要求的施工仿真，免除创建一般施工仿真时的大量交互操作。

该系统中，三维快速建模部分很好地解决了从 AutoCAD 软件数据 DXF 文件到 CATIA 系统的一个转化过程，使得在提取钢结构信息的基础上可以在 CATIA 系统中自动和快速地生成整个建筑钢结构三维实体模型。同时能够对钢结构实体模型中的杆件端头进行一定自动化的处理，并提供杆件查询、编辑和修改等维护功能。为进一步方便用户的使用，还建立了常用建筑钢材料的型材库，这样用户可以根据要求方便地选择具有特定截面参数的型材。施工工艺仿真部分允许用户在建筑钢结构快速三维建模（整体和局部）的基础上，根据施工的实际要求，通过施工路径的交互选择及编辑，生成钢结构施工过程仿真。并针对单体滑移和累积滑移这两种常用的施工工艺，分别开发专用的相应施工仿真程序，尽量减少用户的交互操作。施工过程仿真可以较真实地反映实际的施工过程，清晰地表达设计要求的施工工艺，并通过观察和测量等手段对施工工艺进行评价和优化。

4 钢结构工具式临时支承系统研制

目前国内很多大型钢结构工程中，临时支承的用钢量经常高达钢结构用钢量的 10%，而自制临时支承有时不考虑其通用性与经济性，无法应用于其他工程，造成了很大浪费。因此迫切需要开发出工具式临时支承体系，以适应各种钢结构体系的施工。

本项目开发了一套完整的支承工装体系，整个系统包括梁式临时支承系统与竖向临时支承系统两部分，可满足构件分段吊装、分区或整体提升、分段或累积滑移等多种施工工法需要，支承系统适用范围广，可重复使用（图 12）。

图 12 典型支撑系统示意

对于典型支承系统，进行了实地试验检测，结合有限元方法对该支承体系的受力状态、边界条件进行分析和设计优化，为其他类似工程的设计计算以及建立分析模型的方法提供参考。在工程应用中对支承系统均通过分析计算，为工程提供了安全可靠的保证。

绘制了完整的支承系统图册，便于其他工程参考施工，也便于工装的加工制造。图册列举了钢结构安装施工工具式临时支承的主要构造形式和多种组合方式；提供了多种施工工法的临时支承的图例和方法。该体系可以反复使用，便于拆卸、组装和运输。

这些支承系统在国家会议中心工程、首都国际机场 1 号 A380 机库工程、东北师范大学体育馆工程、国航国内货运站钢结构工程、东方艺术中心工程等重点工程中均得到很好的应用，满足多种施工方法的要求。

5 钢结构构件现场信息化编码管理技术研究

目前国内钢结构工程的施工现场管理还处于较低水平。对于大型复杂的钢结构，构件和节点的种类繁多，有时能达到数十万计，同时工序繁多，包括加工厂制造、除锈、油漆、运输、现场堆放、安装等，如果没有一套完善的管理方法，势必造成施工现场的混乱。

为此，开发了一套钢结构现场构件编码管理系统，包括软件及配套条码打印机、手持终端等硬件。主要功能如下：

（1）能把标准的构件清单导入系统，并自动生成条形码，条形码中可以显示构件的各种基本信息（构件号、构件名称、场地、加工单位等）。

（2）构件进场时利用采集器接收，采集器操作命令简单，易于人工操作。

（3）按照各种查询条件对构件信息进行综合查询及分类查询，所有构件数量及各构件基本信息均可显示，既可进行模糊查询，也可进行精确查询。分类统计中可以对同种构件进行数量、重量统计。

（4）对构件进场、安装状态进行查询统计，明确显示构件进场及安装进度，便于整体施工进度的安排工作。

（5）所有查询信息均可生成 Excel 表格形式，进行其他复杂运算工作。

该套系统的采用，将大大缩短钢结构施工现场用工时间，提高工作效率，并大幅度减小出错率，将会取得事半功倍的效果。将条形码技术运用到钢结构的安装现场管理工作中，是我国钢结构工程发展的大势所趋，将会推动钢结构技术的进一步发展。

6 工程应用

项目研究成果在大量工程中获得应用，限于篇幅，择其要者简单介绍。

国家体育馆（图 13）建于 2006 年，为北京 2008 年奥运会三大主场馆之一，其屋盖采用了大跨度双向张弦桁架结构，两个方向的跨度分别达 114m 和 144.5m。张弦桁架上弦采用倒三角形立体桁架，下弦拉索采用高强度低松弛镀锌钢丝束，短方向采用双索，截面从 $2 \times 109\phi5 \sim 2 \times 367\phi5$ 不等，长方向为单索，截面分 $253\phi5$ 和 $367\phi5$ 两种，撑杆采用 $\phi219 \times 12$ 的圆钢管。该工程屋盖上弦钢桁架采用累积滑移的安装方法，下弦纵索随檩安装预紧，横索随着滑移与撑杆下节点逐点就位，全部桁架滑移就位后，再进行预应力索的张拉。

北京奥运羽毛球馆为北京 2008 年奥运会羽毛球比赛和艺术体操比赛场地（图 14）。总建筑面积 24383m^2，总座席数 7508 席。比赛馆屋顶钢结构形式为弦支穹顶结构，投影平面为直径 93m 的圆形，弦支穹顶结构上层为单层网壳，下部为钢索，钢索主要是由径向索和环索构成，并通过撑杆与单层网壳相连接。结构共设 5 道环索，径向索采用钢拉杆。环向预应力钢索截面包括 $199\phi7$、$139\phi5$、$61\phi5$ 三种，径向索采用钢拉杆，直径包括 $\phi60$ 和 $\phi40$ 两种，抗拉强度不小于 1030MPa。钢网壳通过搭设满堂脚手架安装完成，采用张拉环向索的方法建立预应力，预应力分三级张拉。

图 13　国家体育馆　　　　　　　　　　　　　　　图 14　奥运羽毛球馆

北京奥运 0829 训练场为北京奥运会重要训练场地之一，模拟国家体育场开口部分，按 1:1 比例建造了大型滑行索网钢结构体系（图 15）。该工程沿椭圆形场地的周边布置了 31 根钢结构柱，钢结构柱间通过钢桁架连接。空中索网由呈辐射状排列的 18 根拉索汇交而成，18 根拉索中，东西向的 14 根和南北向中间的 2 根各自的一端共同连接于场地中间的大型钢管连接件上（连接件标高 36m），另一端通过场地周围的钢结构柱顶（柱顶标高 38.8~47.0m）发生转折，锚固于柱外侧地面。空中拉索主要用作表演用小车的滑行索道，采用 $6\times19S+IWR$ 系列线接触镀锌钢芯钢丝绳。柱稳定索由 $9\times\phi15.2$ 预应力钢绞线组成，$f_{ptk}=1860MPa$。施工时首先安装柱外稳定索，将钢管连接件提升至场地中心搭设的临时平台上，对称安装空中拉索，全部拉索安装完毕后，张拉各拉索使钢管脱离临时平台至设计标高。

图 15　奥运 0829 训练场　　　　　　　　　　　　图 16　国家会议中心工程

国家会议中心位于北京奥林匹克公园西北侧，在奥运会期间担当着击剑比赛等功能，为国家奥运重点工程。展厅屋顶平面尺寸为 192m×118m，采用大跨度钢桁架结构，整个展厅钢结构工程量约为 5000t（图 16）。施工时，工具式竖向临时支承系统被成功地用于展览区屋盖 190.8m 长主桁架的整体提升吊装。在整体提升中，钢桁架全部荷载通过竖向支承系统传递至楼面。同时，对已建楼面进行承载力验算和加固，配合传统脚手架加固楼板。工具式梁式支承系统则成功地用于展览区 2 台行走式塔式起重机的楼面行走，大大节省了施工费用和安装时间，取得了良好的效果。

7　结束语

本文介绍了大型复杂钢结构工程中有关大跨预应力空间钢结构、钢结构施工全过程仿真技术、钢结构工具式临时支承体系以及钢结构施工现场信息化编码技术等方面的最新研究成果以及工程应用情况，其成果可供相关工程参考。

随着我国经济建设的进一步发展，首都北京以及国内大中型城市的建设日新月异，在此进程中，大量的公共建筑和各种标志性建筑将要兴建，而大型钢结构以其良好的受力性能，合理的经济效益指标，必将在工程建设中获得广泛的应用。

参考文献

[1]　北京市科技项目研究报告，复杂钢结构施工关键技术攻关，2008.06.

[2]　刘航．孙巍，李晨光．体外预应力空间双弦钢结构张拉状态试验研究［J］．钢结构，2003.05.

[3]　刘航．体外预应力空间双弦结构非线性分析［J］．钢结构，2004.04.

[4]　刘航．李晨光．体外预应力空间双弦结构几何非线性分析［C］．第十二届全国混凝土及预应力混凝土学术交流会论文集，2003.10. 兰州．

[5]　刘航．体外预应力空间双弦钢结构在竖向荷载下的试验研究［J］．钢结构，2005.03.

[6]　刘航．张弦梁结构受力性能研究［J］．建筑技术开发，2005.12.

[7]　李晨光，刘航，段建华，等．体外预应力结构技术与工程应用［M］．北京：中国建筑工业出版社，2008.

[8]　王泽强，秦杰，徐瑞龙等．2008 年奥运会羽毛球馆弦支穹顶结构预应力施工技术［J］．施工技术，2007，11.

[9]　徐瑞龙，秦杰，张然等．国家体育馆双向张弦结构预应力施工技术［J］．施工技术，2007，11.

[10]　李国立，王泽强，秦杰等．双椭形弦支穹顶张拉成型试验研究［J］．建筑技术，2007，05.

[11]　日本钢结构协会．钢结构技术总览［M］．北京：中国建筑工业出版社，2004.

[12]　陈以一，沈祖炎，赵宪忠，等．上海浦东国际机场候机楼 R2 钢屋架足尺试验研究［J］．建筑结构学报，1999.02.

[13]　孙文波．广州国际会展中心大跨度张弦梁的设计探讨［J］．建筑结构，2002.02.

基于整体提升技术的火灾后网架结构拆除方法研究

摘要： 整体提升施工技术逆向运用于达到使用年限或灾后受损需要拆除的结构中，将高空的整体结构逆向提升至地面完成拆除，此施工方法具有施工占地面积小、高空作业量小、安全性高等优点。以四川省某批发市场火灾后的屋面网架结构为例，针对基于整体提升技术的网架结构拆除方法进行研究。通过有限元软件 MIDAS Gen，依次选取 4 组、5 组、6 组提升支架方案，分别按照吊上弦螺栓球和下弦螺栓球进行模拟计算，对比不同提升支架布置方案和吊点方案的变形和内力情况。计算结果表明，为减小结构变形和应力变化，在对称网架结构逆向提升施工中，应优先设置双数提升支架组数。同时，对网架进行了不同步逆向提升模拟计算，得出为避免结构显著不均衡变形，逆向提升施工时应将不同步量严格控制在 15mm 以内。工程实例应用结果表明，整体提升技术在屋面网架空间结构拆除施工中效率高，安全可靠，建议同类型工程施工使用此项技术。

0 引言

随着经济的快速发展和社会需求的不断提高，大跨度空间结构凭借其受力合理、自重轻、造型优美、结构类型丰富以及经济性好等优点迅速发展，并得到广泛应用。近年来，空间结构形式日趋复杂，设计跨度、高度值不断被刷新，无疑对施工技术提出了更高更严格的要求。

整体提升技术是指在地面完成结构的拼装，通过提升机械将结构整体同步提升至设计位置进行就位安装。该方法可以大幅度减少场地占用和高空作业，具有使用设备简单、地面拼装高效、安全性能好等优点，是大跨度钢结构安装的主要方法之一[1-5]。首都国际机场 A380 机库屋盖[6]、国家会展中心（天津）二期展厅部分桁架[7]、青岛火车西站屋盖桁架[8]、西安东航维修基地机库钢屋盖[9] 等都采用了此类施工方法。整体提升技术可以有效解决跨度大、高度高、面积大等空间结构施工安装难度大的问题。对于达到使用年限或灾后受损需拆除的大跨度空间结构，可以逆向运用整体提升技术，将整体结构从高空提升下放至地面进行拆除。国内东莞海德广场项目首次逆向采用整体提升技术，拆除了高度为 138m 的施工临时操作平台网架结构[10]。

本文以四川省达州市某批发市场火灾后的屋面网架结构为实例，对基于液压同步提升技术的网架结构拆除方法进行了研究，并利用有限元软件对提升支架的布置、提升吊点的选取、不同步提升进行了模拟计算，验证了液压同步提升施工技术在网架结构整体逆向提升拆除施工中的可行性，希望为类似工程提供参考。

文章发表于《建筑结构》2023 年 1 月第 53 卷第 2 期，文章作者：秦杰、张发强、鞠竹、孙忠凯。

1 工程背景

四川省达州市某批发市场为框架结构，地下一层，地上五层，拆除部位位于中间大厅屋面，为螺栓球节点正放四角锥网架结构，如图 1 所示。网架平面尺寸为 62.04m×52.7m，水平投影面积 3269m²，网架矢高 3.4m，最低点和最高点相差 9m，支承形式为柱点支承，支座就位柱顶标高 20.4m。网架杆件材料为 Q235B 钢，螺栓球节点为 45 号钢，与之配套的封板锥头均采用 Q235B 钢材。屋面主檩条采用 B80×80×3 矩管，次檩条采用 B50×50×3 矩管，材料为 Q235B 钢。屋面玻璃采用 5mm＋0.76mm＋6mm 夹胶钢化玻璃。屋面网架（含檩条、玻璃）总重量为

图 1　屋面网架

1784.8kN，其中网架重 788.5kN、檩条重 224.5kN、玻璃重 771.8kN。

该市场于 2007 年 5 月建成并投入使用，2018 年 6 月 1 日发生火灾，火灾持续 60 多个小时。火灾后经勘查，屋面网架结构基本完好，屋面玻璃除火灾时周边受到破坏，其余部分均保持原状，无明显结构变形。火灾后至今，网架结构未发生变化，也未采取任何加固措施，需要对网架结构进行保护性拆除，拆除后网架及屋面报废。

2 液压同步提升技术

2.1 液压提升原理

"液压同步提升技术"采用穿芯式液压提升器作为提升机具，以柔性钢绞线作为承重索具。液压提升器两端的楔形锚具有单向自锁功能。当锚具工作时，会自动锁紧钢绞线；锚具不工作时，则松开钢绞线，钢绞线即可上下活动。液压提升过程如图 2 所示，一个提升过程为液压提升器的一个行程。当液压提升器周期重复动作时，被提升重物即一步步向前移动，下降过程则相反。

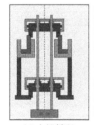 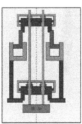 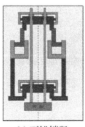 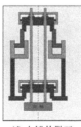 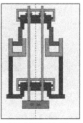 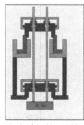

(a) 上锚锁紧　　(b) 提升重物　　(c) 下锚锁紧　　(d) 上锚片脱开　　(e) 上锚缸上升　　(f) 主油缸缩回原位

图 2　液压提升器工作流程

2.2 主要设备

液压同步提升技术采用的设备主要包括液压提升设备、液压泵源系统和液压同步控制系统。

液压提升设备：TS120D-300 型穿芯式液压提升器，如图 3 所示，额定提升能力为 120t。提升器配套钢绞线为预应力混凝土用钢绞线，详见规范《预应力混凝土用钢绞线》

GB/T 5224—2014[11]，其直径为 15.2mm，抗拉强度为 1860MPa。

液压泵源系统：CPDY7-4D 型液压泵源系统，如图 4 所示。模块化的结构提高了液压提升设备的通用性和可靠性，根据提升器数量及型号配置泵源系统数量，可进行多个模块的组合，每一套模块以一套泵源系统为核心，可独立控制一组液压提升器，同时可进行多吊点扩展，以满足实际提升工程的需要。

图 3　穿芯式液压提升器

图 4　液压泵源系统

液压同步控制系统：液压同步控制系统主要由动力控制系统、功率驱动系统、计算机控制系统等组成，计算机控制系统如图 5 所示。同步控制系统利用行程及位移传感监测和计算机控制，通过数据反馈和控制指令传递，可全自动实现一定的同步动作、负载均衡、姿态矫正、应力控制、操作闭锁、过程显示和故障报警等多种功能。操作人员可在中央控制室通过液压同步计算机控制系统人机界面进行液压提升过程及相关数据的观察和控制指令的发布。

图 5　计算机控制系统

3　逆向提升施工前计算分析

3.1　网架现状分析

利用有限元软件 MIDAS Gen 对网架进行模拟计算，了解网架现状。网架共计 2153 个单元，材料为 Q235B 钢，截面设置为 P140×6、P95×5、P68×3.5、P76×5、P60×3.5。网架设置 23 个支座，其中 4 个角端部支座设置三向约束，其余 19 个支座释放 X 向约束。经分析，在自重条件下，网架最大应力约为 60.9MPa，位于支座连接处的上弦杆，最大位移约为 10mm，如图 6、图 7 所示。

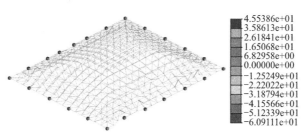

图 6　网架应力云图（MPa）

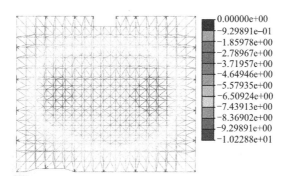

图 7　网架位移云图（mm）

3.2　提升支架设置

提升支架的设置和吊点的选择，直接关系到施工部署、逆向提升过程网架的稳定性。本文分别按照提升支架为 4 组、5 组和 6 组三种提升支架设置方案（图 8）以及吊上弦螺栓球和吊下弦螺栓球两种吊点方案，进行了模拟计算。施工时，原网架四周及提升支架处部分杆件需拆除。计算时仅考虑自重，系数取 1.5，取消了原网架周边约束，仅在吊点处施加弹性约束，同时删除相应的杆件，取逆向提升方向为 Z 轴负向。

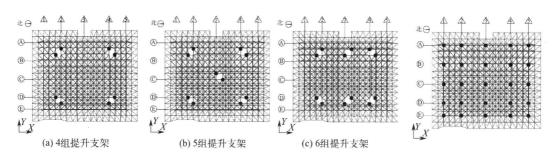

(a) 4组提升支架　　　(b) 5组提升支架　　　(c) 6组提升支架

图 8　提升支架布置示意图　　　　　　　　　　图 9　网架节点布置图

在Ⓐ～Ⓔ轴每根轴线上选取 5 个节点，分别从左至右依次编为 1～5 号，如图 9 所示。对所选节点进行数据分析，图 10、图 11 为各节点在不同设置方案下的竖向位移。分析可知：（1）在设置不同组数提升支架的情况下，吊点为上弦螺栓球（简称上吊点）与吊点为下弦螺栓球（简称下吊点）的结构整体变形一致，但网架各节点处的位移值下吊点方案均大于上吊点方案；（2）当提升支架设置为 5 组时，Ⓒ轴处节点 3 的位移相对原结构变化最大，其他轴线上节点的变形与4组支架时基本吻合。这是由于在网架中部增设了一组提升支架，而ⓒ轴节点3刚好位于网架中心，受到提升反力的作用，所以在中心处挠度变化较大。设置5组支架与4组支架相比整体变化并不大，所以对于对称的网架结构提升施工，应优先设置双数提升支架组数；（3）当提升支架设置为6组时，网架相对原结构的变形情况有较大的变化。原网架在中部位置向下的挠度略大于两端处，设置6组支架时，网架相对原结构的变形变化为中部位置大于两端处。这是由于提升支架的增多，且支架间距过小，布置过于集中，网架中部受到了较大的提升反力。

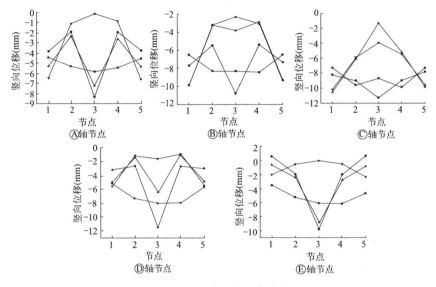

图10 上吊点方案下各节点位移对比

—■—原网架 —▲—4组支架上 —●—5组支架上 —★—6组支架上

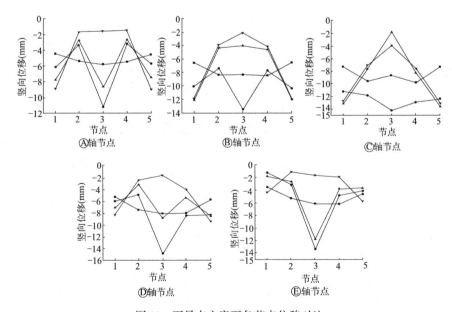

图11 下吊点方案下各节点位移对比

—■—原网架 —▲—4组支架下 —●—5组支架下 —★—6组支架下

图 12 为不同施工方案下Ⓐ～Ⓒ轴杆件单元沿各轴线的应力与原网架结构应力的差值分布，其中横坐标杆件单元号沿 X 轴正向依次顺序编号。对比可知，Ⓑ轴左侧单元应力差值均较大，是由于此处离提升点较近，因此在提升施工时应力变化较大。

根据上述计算模拟分析，最终确定本工程采用 4 组提升支架、上吊点方案。考虑到提升支架位置的布置方案亦有多种，又进一步对 4 种不同的提升支架方案进行了模拟计算分析，各方案的布置情况如图 13 所示。

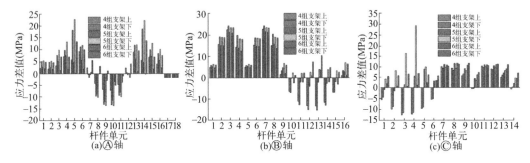

图 12　沿各轴线杆件单元应力与原结构应力差值分布

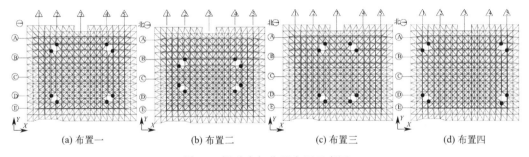

图 13　提升支架位置布置示意图

不同提升支架布置下各轴节点位移对比见图 14，不同提升支架布置下各轴单元应力与原结构应力差值见图 15。由图 14、图 15 可知，布置四的结构变形和应力变化均最大，其各轴上的节点 3 位移均达到了 30mm 以上，在网架左右两端和上下两端为上挠，最大位移差达到了 40mm 以上，这是由于提升支架之间的布置间距过大，导致吊点处的反力增大，不利于逆向提升过程施工控制。与之相反，布置三的网架中部上挠、两端下挠，两者最大位移差达到了 35mm 以上，这是由于提升支架间的间距过小，提升反力集中在网架中部。在保持长轴处提升支架布置间距不变，缩短短轴处提升支架间距，如布置一与布置二所示，在靠近中部提升支架的Ⓑ、Ⓒ轴处，布置二的变形小于布置一；而在端部的Ⓐ、Ⓔ轴处，布置二的变形大于布置一；在Ⓓ轴处，两者变形较为一致，布置二略大；布置一与布置二的网架变形总体上较为相似，而缩短长轴间提升支架间距的布置三相较于布置一的变形变化则较大，缩短短轴间提升支架间距的影响相对较小。在实际工程中，提升支架的布置平面应尽量与网架结构平面相似，但提升支架不宜如布置四所示布置间距过大，也不宜如布置三所示布置间距过小，短轴处的间距可以适当缩小。

3.3　提升支架计算

提升支架为格构式支撑架，主肢规格为 P140×6，缀杆规格为 P60×3.5，分配梁规

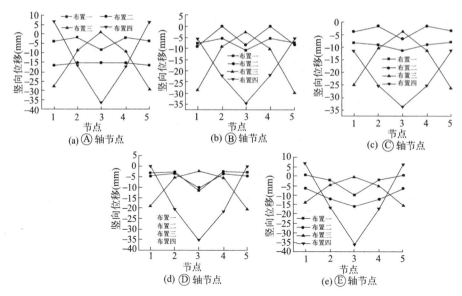

图 14　不同提升支架布置下各轴节点位移对比

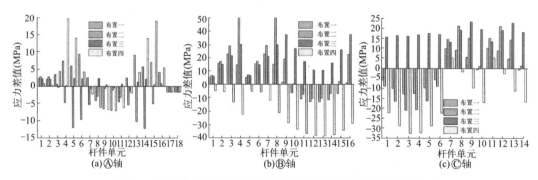

图 15　不同提升支架布置下各轴单元应力与原结构应力差值

格为 HW250×250×9×14，提升梁规格为 B350×300×12，加固斜撑规格为 P140×6，加劲板厚度 t 为 16mm，所有临时措施材料均采用 Q345B 钢。对提升支架进行模拟计算，荷载组合为 1.3 自重＋1.5 提升平台最大反力＋1.0 风荷载。分析得到提升支架最大竖向位移 10.9mm、最大应力 92MPa（图 16），满足规范要求。

4　不同步逆向提升计算

在逆向提升过程中，由于设备故障等因素影响，可能出现各吊点逆向提升不同步的问题，导致网架原有受力体系变化，增大施工过程安全风险。通过对提升点施加强制位移，对网架进行不同步逆向提升模拟计算。提升点分别编号为 a、b、c，如图 17 所示。考虑单点和组合出现不同步两种情况，最小不同步提升量为 15mm，最大不同步提升量 90mm。

4.1　单点不同步

由于所研究网架为对称结构，故只需对 1 组提升点进行不同步分析。选取 a 提升点，对各不同步量下的网架结构位移数据进行整理，得到如图 18 所示单点不同步提升时各轴节点位移。分析可知，随着不同步量的增加，各节点的位移变化均在增大，其中，靠近不同步提升点的Ⓐ、Ⓑ轴位移变化最为显著，位于中部的Ⓒ轴次之，远离不同步提升点的Ⓓ、Ⓔ轴位移变化相对较小，且在不同步量超过 15mm 后，结构位移变化迅速。同时，越靠近不同步提升点的节点向下位移变化越明显，最远侧的节点向上的位移变化则较为缓慢。对于单点不同步情况，结构的变形主要集中在靠近不同步提升点的半跨结构中，即向一侧倾斜。

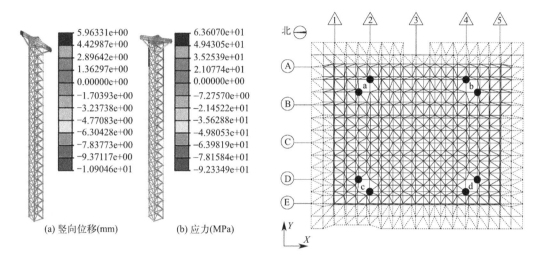

(a) 竖向位移(mm)   (b) 应力(MPa)

图 16 提升支架计算结果   图 17 不同步提升点示意图

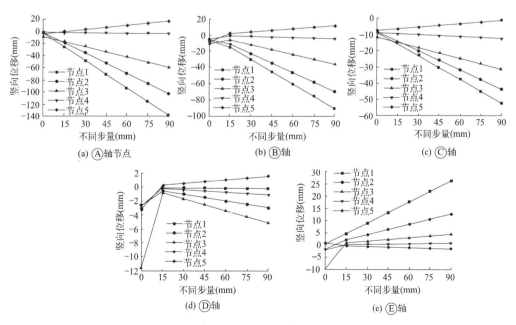

(a) Ⓐ轴节点   (b) Ⓑ轴   (c) Ⓒ轴

(d) Ⓓ轴   (e) Ⓔ轴

图 18 单点不同步提升时各轴节点位移

4.2 组合不同步

组合不同步情况设置时，考虑 a 和 c 提升点提升过快（工况一）、a 和 b 提升点提升过快（工况二）和 a 和 d 提升点提升过快（工况三）共 3 种工况。如图 19 所示，对 ⓒ 轴的 5 个节点竖向位移数据进行分析可知，在组合不同步情况下，各节点的位移均与不同步量成正比关系。各节点之间的位移变化在工况一下随着不同步量的增大在增大，而工况二下的各节点位移变化保持不变，当同一侧两组提升点比另一侧提升过快或过缓时，会导致网架的变形向提升过快的一侧倾斜，在施工过程中应避免出现同侧提升过快或过缓的现象。

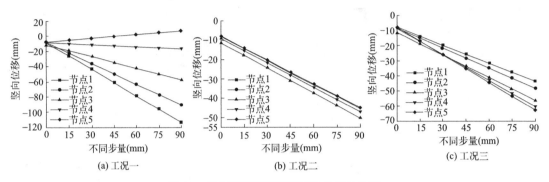

图 19　组合不同步工况下 ⓒ 轴各节点位移

5　施工方案

本工程中，网架的最大安装高度约 30m，现场无法进入大型吊车作业。若采用高空散件拆除，所需高空组拼胎架难以搭设，施工的难度大，存在很大的安全、质量风险。由于现场网架区域开阔，无影响网架拆除的建筑物、高低压线路等设施。结合有限元软件计算分析结果，网架满足整体逆向提升拆除施工要求，故采用"超大型构件液压同步提升技术"的逆向整体提升拆除法。利用格构式支撑架设置提升平台作为上吊点，网架上弦球安装专用锚具作为下吊点，上下吊点间通过专用底锚和专用钢绞线连接。利用液压同步提升系统将网架结构整体逆向提升至地面，并完成拆除。

如图 20 所示，网架逆向提升拆除主要步骤如下：（1）安装 8 组格构式支撑架作为临时支撑及加固杆件，其中 4 组为提升用格构式支架；（2）拆除网架上部的玻璃，4 组提升用支架卸载，拆除局部网架杆件及螺栓球节点；（3）顶升格构式支撑架至一定高度，安装液压提升器及提升下吊点，安装液压同步提升系统设备，包括液压泵源系统、传感器等，并在提升上下吊点之间安装专用底锚和专用钢绞线；（4）调试液压同步提升系统，张拉钢绞线，使得所有钢绞线均匀受力，按照计算反力数值进行预提升；（5）拆除网架支座周边杆件，拆除格构式支撑架上与网架相连的杆件；（6）提升器同步提升网架约 50mm，暂停提升，拆除 4 组格构式支撑架；（7）微调提升单元的各个吊点的标高，使其处于水平，并静置 2～4h，检查网架结构提升单元以及提升临时措施有无异常；（8）确认无异常情况后，开始正式提升拆除，直至网架结构整体逆向提升至地面；（9）在地面完成网架拆除并清理，拆除格构式支撑架及液压提升设备，提升拆除作业完成。

(a) 提升支架   (b) 提升吊点

(c) 逐级提升下放   (d) 提升下放至地面

图 20   网架拆除施工过程

6 结论

通过对火灾后网架拆除项目的整体提升拆除方法进行研究，结合有限元软件 MIDAS Gen 模拟计算分析，得出以下结论：

（1）提升支架应根据网架结构进行设计布置，数量设置、间距分布应合理；对于对称网架结构，在结构中心处增设一组支架，对提升施工帮助有限；支架布置靠近两侧端部会导致结构中心向下挠度增加，同时长轴处的支架布置间距也不宜过于靠近中心处。

（2）当出现吊点提升不同步现象时，会导致结构向提升过快的一侧变形，提升施工时应将不同步量严格控制在 15mm 以内。

（3）液压同步提升技术不仅可以应用于新建工程的提升施工，在灾后或老旧结构的逆向提升拆除中也可发挥良好的作用。

参考文献

［1］ 郭彦林，邓科，王宏，等.广州新白云国际机场维修机库钢屋盖整体提升技术［J］.工业建筑，2004，34（12）：6-11.

［2］ 赵建华，李东，何旭，等.三角锥焊接球网架楼面拼装与整体提升技术［J］.广东土木与建筑，2021，28（11）：57-61.

［3］ 杨贺龙，刘文超，张克胜，等.某异形曲面大跨度钢结构连廊液压整体提升施工技术研究［J］.建筑结构，2020，50（S2）：861-864.

［4］ 张丽梅，梁小勇，陈务军，等.索穹顶结构整体提升张拉逆向模拟分析施工全过程研究［J］.建筑结构，2010，40（10）：74-77.

［5］ 甄伟，盛平，陶福兵，等.大跨度重型桁架屋盖整体提升施工方法研究［J］.建筑结构，2017，47（18）：51-56.

［6］ 郭彦林，王永海，刘学武，等．首都国际机场 A380 机库屋盖整体提升一体化建模分析［J］．工业建筑，2007，37（9）：35-40，15.

［7］ 周磊，李晨，马艳飞，等．国家会展中心（天津）工程二期 13—16 展厅部分桁架整体提升卸载模拟技术［J］．建筑结构，2021，51（S2）：1755-1758.

［8］ 余传波，沙学勇，马森波．青岛火车西站屋盖桁架结构整体提升施工关键技术［C］//第二十一届全国现代结构工程学术研讨会论文集，石家庄，2021：53-58.

［9］ 田黎敏，郝际平，李存良，等．西安东航维修基地新机库钢屋盖结构整体提升若干关键技术研究［J］．建筑结构，2015，45（5）：54-58，68.

［10］ 冯晨．海德广场超大构件液压同步升降施工技术［J］．中华建设，2015，22（6）：154-156.

［11］ 预应力混凝土用钢绞线：GB/T5224—2014［S］．北京：中国标准出版社，2015.

大跨度封闭料场空间结构带 Y 形中柱滑移施工技术

摘要： 某铸管综合料场封闭工程为两跨连续布置结构体系，中间布置 Y 形柱作为支撑，两跨总跨度达到 330m。与常规屋盖滑移施工不同，本项目经综合比选后采用带 Y 形中柱累积滑移的施工方案，对此施工方案进行了详细介绍，结合计算结果对结构局部位置进行了加强设计，以保证结构体系在滑移全过程的施工安全。同时，滑移施工过程中也对结构关键变形和应力进行了施工监测。结果表明，对于带中部支撑柱的空间结构体系，带柱滑移施工效率高，可供同类型工程施工参考。

1 工程概况

本工程为厂内烧结、高炉供料的机械化综合料场，总面积约为 124300m^2，位于安徽省芜湖市。主体大棚采用预应力拉索管桁架的结构形式，平面跨度尺寸约为 330m；主跨跨中设管桁架 Y 形中柱，中柱以下 12m 为钢筋混凝土柱；主跨桁架下部中柱两侧对称设置预应力张弦索，通过 V 形撑杆相互连接；主桁架柱脚及中柱柱脚支撑方式均为球铰支座。

2 滑移施工

2.1 滑移方案比选

（1）高空拼装法。高空拼装法是将下好料的散件或事先在地面拼装好的单元，利用架设好的支撑架在高空进行对接拼装的施工方法。可分为散件拼装和分段拼装。而散件拼装法完全是在高空中进行施工作业，施工难度较大。分段拼装在现场划分好吊装区和拼装区，通过吊装机械将单元吊至高空设计好的位置进行对接拼装，所要求的精度较高。

图 1 某滑移施工现场

（2）整体提升法。整体提升法是利用液压提升设备将在地面拼装好的整体或一部分从下向上提升，到设计位置就位。这种施工方法在地面已完成拼装，没有在空中拼装的难度大，大幅减少了支撑架、脚手架的搭建，但对于提升的同步性要求较高。

（3）滑移施工法。滑移施工法通过将结构划分为多个单元，在选定的区域或范围内完成一个稳定单元的拼装后，利用液压爬行器或卷扬机，通过设置好的轨道，将结构顶推或

文章发表于《建筑技术》2022 年 12 月第 53 卷 第 12 期，文章作者：柳明亮、秦杰、张发强、刘聪、惠存、党伟。

牵引到特定位置，某滑移施工现场如图 1 所示。根据滑移时结构是整体或局部，可分为整体累积滑移和分片累积滑移。本项目料场大棚跨度大，根据目前施工现场的实际情况和业主要求，施工期间料场内沿纵向贯通正常生产，每个料池仅保证施工材料运输通道。

2.2　带中柱累积滑移

本工程采用带中柱的累积滑移方法，累积滑移施工均采用落地柱脚滑移，边柱在滑移梁上铺设轨道，支座半球下方布置滑靴，与轨道面接触爬行器顶推滑动。将桁架结构分成 7 个标准滑移单元（图 2），一榀主桁架及次结构为一个滑移单元。在 K 轴和 J 轴上设置支撑胎架，并在其上完成单榀桁架的吊装，累积滑移最大重量约 4400t。

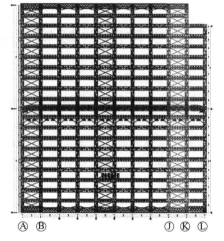

图 2　滑移单元划分

滑移通道布置。沿支座位置处的轴线通长布置 4 条滑移通道，其中两端支座各布置 1 条，中柱支座处布置 2 条，滑移通道包括承载滑移梁及滑移轨道。根据原结构受力特性，两边支座处采用斜面混凝土梁作为滑移梁，中柱部分将钢结构中柱临时延长至承台面，在承台上设置 2 根混凝土梁作为滑移梁，如图 3、图 4 所示。

2.3　滑移施工技术

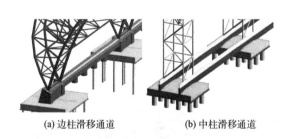

(a) 边柱滑移通道　　　　(b) 中柱滑移通道

图 3　滑移通道示意

图 4　滑移轨道

2.3.1　主要设备配置

（1）TJG-1000 型液压爬行器（图 5）。最大重量顶推力为 $\sum F = 4 \times 3 \times 100 = 1200t$，取摩擦系数 0.2，则总的水平反力为 $0.2 \times 4800 = 960t < 1200t$。液压爬行器配置满足滑移要求。

（2）TJV-30 型液压泵源系统（图 6）。依据顶推力的大小及爬行器数量，共配置 2 台 30kW 液压泵站，每台泵站驱动 6 台爬行器。液压泵站的布置原则是尽可能靠近液压爬行器，液压泵源安装在结构上随着桁架一起前行。

（3）YT-2 型计算机同步控制系统（图 7）。滑移过程中液压爬行器和液压泵源的数量随着滑移过程的进展而增加，同时电脑控制系统也需做相应的调整和变化。

图 5　TJG-1000 型液压爬行器　　　　图 6　液压泵源系统　　　　图 7　计算机同步控制
　　　　　　　　　　　　　　　　　　　　　　　　　　　　　　　　　系统主控制器

2.3.2　滑移同步控制

大跨度钢结构滑移施工过程中，若出现不同步现象，会导致结构内力增大，影响结构稳定性，增大安全风险。液压同步滑移施工技术可通过同步控制系统、同步监测控制达到施工过程中的同步控制。

2.3.3　滑移过程质量控制

（1）分级加载滑移。经过计算，确定液压爬行器所需的伸缸压力（考虑压力损失）和缩缸压力。开始滑移时伸缸压力逐级上调，在一切正常后可继续加载直至满载。

（2）正式滑移。正式滑移过程中密切关注滑移轨道、液压爬行器、液压泵源系统、计算机同步控制系统、传感检测系统等的工作状态。

3　仿真计算与深化设计

3.1　计算模型

采用通用有限元软件 Midas Gen 对滑移过程进行模拟分析，滑移方向为 x 向负向，轨道平面外为 y 向，竖直方向为 z 向，所有支座 z 向均固定，x 向释放，顶推点处 x 向固定。滑移过程分析工况仅考虑自重和预应力下，系数取 1.3。不同步控制累积滑移通过对顶推点处施加强制位移来模拟。第 5 次滑移计算模型如图 8 所示。

图 8　第 5 次滑移计算模型

3.2　滑移全过程计算

滑移单元在 K 轴和 J 轴处进行拼装，沿 A 轴方向进行滑移，对 7 次滑移进行分步模拟计算，模拟均为同步滑移，得到最大位移和最大应力见表 1。结构滑移阶段竖向下挠度最大105.74mm，小于 L/200，满足滑移要求。

同步滑移过程数据　　　　　　　　　　　　　　　　　　　　　　　表 1

滑移次数	1	2	3	4	5	6	7
竖向位移(mm)	92.59	96.74	96.93	100.63	106.09	105.93	105.74
应力(MPa)	63.92	64.69	65.14	138.11	135.96	134.78	133.59

3.3 不同步控制累积滑移

对第 3 次滑移和第 5 次滑移进行不同步控制累积滑移分析，假定不同步滑移出现在 B 轴顶推点处。不同步滑移分为 3 种工况，工况一为 Y 形中柱柱脚处滑移出现过快现象；工况二为结构两端柱脚处滑移出现过快现象；工况三为一端柱脚处滑移过快，Y 形中柱柱脚处次之，另一端柱脚处最后，不同步滑移量取 50mm，100mm，150mm，200mm，250mm，300mm，400mm，500mm。对 B 轴选取了 3 个节点进行了位移分析，分别为 Y 形柱柱顶，右跨跨中和右跨肩部，节点号分别为 6464，4658，2388；选取 5 个单元进行了应力分析，分别为 Y 形柱柱脚、Y 形柱柱顶、右跨跨中、右跨肩部和端部柱脚处，单元号分别为 28247，19270，19157，10478，88。

3 种工况下 x 向位移变化、z 向位移变化、应力变化如图 9～图 17 所示。从计算模拟结果可以看出，z 向的位移变化较小，在第 5 次滑移工况三下，z 向的位移有一定变化，其中 Y 形柱柱顶向上变形，肩部和右跨中向下变形。x 向位移变化均随着不同步滑移量的增大而增大，在第 5 次滑移工况一下，x 向的位移是朝滑移方向的反方向，其他情况均是朝滑移方向；在工况一下，Y 形柱柱顶的 x 向位移变化最大，在工况二、工况三下，肩部的 x 向位移变化最大，且第 5 次滑移随着不同步滑移量的增大，x 向位移的变化幅度大于第 3 次滑移。

工况一下，Y 形柱柱脚应力变化与不同步滑移量成正比，其余位置均无明显变化。在工况二、工况三下端部柱脚处的应力变化与不同步滑移量成正比，且第 3 次滑移时，应力变化十分明显，在不同步滑移量 500mm 时，应力达到了 702MPa，而第 5 次滑移时，应力变化幅度在 50MPa 以内，这说明随着滑移单元的增加，出现不同步滑移时，结构有一定的稳定性。第 5 次滑移工况二、工况三下，Y 形柱柱脚的应力变化大于端部柱脚，在此结构中，滑移过程需对 Y 形柱进行加强。

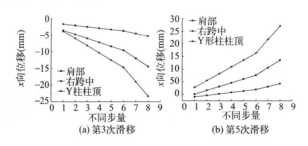

图 9　Y 形柱滑移过快 x 向位移变化

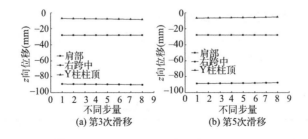

图 10　Y 形柱滑移过快 z 向位移变化

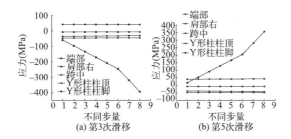

图 11　Y 形柱滑移过快应力变化

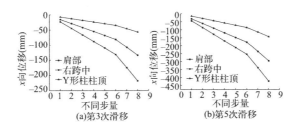

图 12　两端滑移过快 x 向位移变化

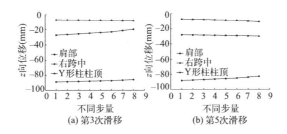

图 13　两端滑移过快 z 向位移变化

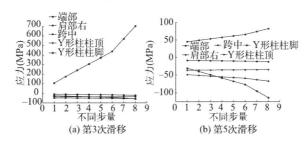

图 14　两端滑移过快应力变化

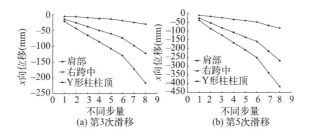

图 15　一端滑移过快 x 向位移变化

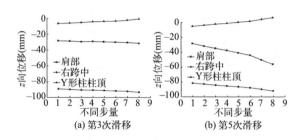

图16　一端滑移过快 z 向位移变化

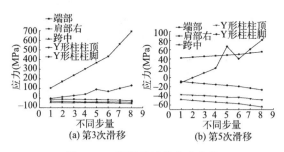

图17　一端滑移过快应力变化

3.4　加强设计

（1）滑移结构加强。对两端柱脚进行加强，在 B～H 轴之间两端柱脚分别增加一道加强桁架，滑移结束后拆除此加强桁架。对 Y 形中柱进行加强，在纵向增加中柱柱脚加强桁架，此加强桁架为平面桁架，桁架上下弦杆采用 200mm×200mm×8mm×12mm 的 H 型钢，直腹杆和斜腹杆采用 100mm×10mm 的角钢，以提高 Y 形中柱柱脚刚度。

（2）滑移质量控制加强。液压滑移同步控制应尽量保证各台液压爬行器均匀受载，尽量保证各个滑移顶推点保持同步。

4　滑移施工监测

钢结构滑移前，在已完成拼装焊接的钢桁架下弦中间位置粘贴测量反光贴，利用全站仪以监测滑移出平台的每榀桁架的变形。进行变形监测点布置（图18），变形监测点布置的原则如下：

图18　变形监测点布置

（1）理论计算位移较大点。

（2）重要的节点。

（3）监测控制点要具有代表性和规律性。对滑移前后各测点位变形测数据整理见表 2。最大变形为上挠 174mm，满足施工要求。

滑移前后结构竖向位移变化　　　　　　　　　　　　表 2

测点	位移变化(mm)								
	B 轴	C 轴	D 轴	E 轴	F 轴	G 轴	H 轴	J 轴	K 轴
Z02	−16	−20	−14	−31	−27	−22	−33	—	0
S01	−28	−18	−18	−35	−47	−29	−34	−32	0
S02	−29	−7	1	−34	−32	−32	−51	−18	65
S03	−29	−8	6	−36	−29	−25	−80	−16	61
Z03	−28	−4	−9	—	−27	−42	—	—	0
S04	−30	−1	13	−29	−8	−30	−77	−5	36
S05	−34	8	10	−20	−1	−14	−58	2	32
S06	—	174	−6	−16	4	−5	−48	−14	—
S07	0	−9	−10	−28	−9	−12	−39	−24	57
Z04	−42	−14	−18	11	8	0	−34	−35	29
Z05	−43	−14	−21	−10	−6	−3	—	−30	−41
Z06	−42	−16	6	0	−13	−5	−95	−9	0
Z07	−46	−21	0	−11	−16	0	−15	−12	107
Z08	0	−30	−8	−33	−25	−34	−20	−14	−112
S08	−55	−30.5	−25	−44	−32	−27	−29	−15	−23
S09	−58	−16	−19	−45	−35	−43	−28	—	—
S10	−30	−15	−16	−40	−38	−43	−45	23	−2
S11	−57	−21	−24	−66	−57	−51	−58	15	−8
Z09	−24	−23	−25	−63	−59	−61	—	−7	−3
S12	—	−22	−26	−64	−59	−60	−68	−8	−21
S13	—	−23	1	−54	−52	−24	−56	−19	−37
S14	—	−21	−20	−42	−41	−47	−36	−11	−36
Z10	—	−20	−16	−29	−31	−36	−28	−24	0

5　结束语

本项目预应力拉索管桁架综合料场跨度大，两跨总跨度达 330m，采用带 Y 形中柱累积滑移施工方法具有施工效率高的优点，但是对于滑移施工技术要求较高。

本项目设置了 4 条轴线滑道，由于滑移重心较高因而同步滑移施工难度极大。利用通用有限元软件 Midas Gen 对滑移施工进行了模拟计算，验证了带 Y 形中柱的累积滑移法的可行性。

同时也针对滑移不同步易导致结构变形和应力变化较大的问题提出了加强措施和同步控制方案。液压同步滑移技术采用计算机控制，同步进行滑移变形和应力监测，保证滑移过程安全，最终保证整体项目的安全顺利实施。

参考文献

[1] 曹正罡.大跨度预应力钢结构干煤棚设计与施工 [M].北京：中国建筑工业出版社，2019.

[2] 金亮亮.大跨度球形网架结构高空拼装施工及吊装技术 [J].绿色环保建材，2019 (11)：136-139.

[3] 吴艳丽，尹素花，阴钰娇.大跨度干煤棚预应力管桁架结构施工全过程仿真分析与施工监测 [J].空间结构，2021，27 (1)：37-43，66.

[4] 陈志华，李毅，闫翔宇，等.一种索穹顶结构的新型张拉施工成形方法的试验研究与模拟分析 [J].空间结构，2019，25 (3)：51-59.

[5] 高磊.建筑屋面平台钢网架高空拼装法施工技术建议 [J].建筑技术开发，2020，47 (23)：50-51.

[6] 刘中华，李建洪，苏英强，等.现代空间钢结构施工方法综述 [J].空间结构，2016，22 (3)：70-76，26.

第五篇

应急建筑

大跨度空间悬浮结构

提要： 为满足不同工程领域对空间结构跨度、净空及拆装方便性、经济性的新要求，借鉴大型飞艇和浮空器受力原理，提出了一种新型结构体系——大跨度空间悬浮结构。本文通过系列探索性模型试验，对空间悬浮结构的制作及安装等过程进行了摸索，对空间悬浮结构成形过程和力学性能进行了检验。模型试验结果表明，大跨度空间悬浮结构是一种发展前景的新型空间结构体系，本文成果可作为大跨度空间悬浮结构研究的基础和借鉴。

1 空间悬浮结构的提出

伴随着我国经济持续三十年的快速增长，环境问题已经成为越来越突出的矛盾，其中各类垃圾处理、污染土壤修复等环保类工程量越来越大。鉴于垃圾处理及土壤修复过程中产生的二次污染问题，迫切需要一种全新的建筑结构以满足环境工艺要求，归纳起来此类建筑结构应具备四个特点：（1）大跨度；（2）全封闭；（3）易拆装；（4）造价低。

现阶段此类建筑物主要采用的结构形式为：（1）充气膜结构，见图1；（2）轻型钢结构，见图2。这两种结构体系均基于建筑物为永久性结构物进行设计，因而也不考虑建筑物的可拆装性能，因此导致此类建筑物造价过高、可移动性差，同时这两类结构形式也很难适应超大跨度要求。

图1　充气膜结构

图2　轻型钢结构

综合分析传统大跨度结构，要同时满足上述四种要求难度很大，因此在借鉴航空航天领域大型浮空器（图3）基础上，提出了一种全新的空间结构形式——大跨度空间悬浮结构（图4）。

文章发表于《第十五届空间结构学术会议论文集》，文章作者：秦杰。

图 3　飞艇结构　　　　　　　　　　图 4　空间悬浮结构

大跨度空间悬浮结构是在封闭结构体内部充满密度低于空气的轻型气体，依靠轻型气体产生的浮力抵消结构自重，使主体结构在零弯矩或微反向弯矩下工作，从而实现超大跨度结构和超大密闭空间。

2　空间悬浮结构模型试验

空间悬浮结构是一种全新的结构体系，对于如何构建这种结构体系缺乏最基础的感性认识，因此需要从模型试验角度进行系列探索性研究。

2.1　模型试验设计

模型试验定位于探索性模型试验，因此在试验设计时主要考虑两个阶段试验，第一阶段进行结构构件层次试验，第二阶段进行结构体系试验。构件层次试验主要解决三个方面的基础问题：（1）材料选取；（2）制作工艺；（3）基本性能。结构体系试验主要解决两个方面的问题：（1）结构成形可行性；（2）结构体系基本力学性能。

首先进行空间悬浮结构构件层次试验，设计完成基本构件形式——单囊体构件（图 5）。囊体采用圆柱形，两端半球形。选定囊体直径为 2m，长度为 10m，其中直筒段为 8m，内充轻型气体。

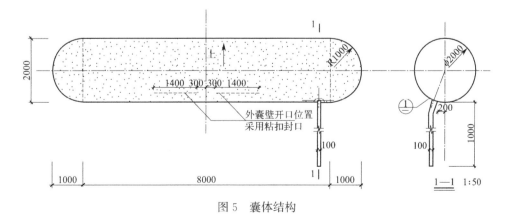

图 5　囊体结构

下部围护结构与单囊体构件（图 6）直接相连，围护结构重力荷载由单囊体构件自身的上浮力提供，水平荷载传至地面锚固系统（图7）。

图6　单囊体

图7　单囊体带围护结构

作为基本构件形式的单囊体有两种用途，一是作为水平构件即梁或板使用，一是作为竖向构件即柱或墙使用，因此对单囊体作为竖向构件的力学性能也进行了测试，如图8所示。四根单囊体充满不同比例的空气与轻型气体的混合气体，竖向放置作为竖向受力构件。通过风力荷载作用下可以发现，单囊体作为竖向构件使用是可行的，同时由于囊体上浮力的存在，在大风作用下其水平晃动幅度和次数均大幅度减小，力学性能优于普通充气柱。

图8　竖向构件风荷载试验

2.2　模型试验结论

通过第一阶段空间悬浮结构构件层次模型试验可以看出，单囊体作为基本受力构件是成立的，其自身强度和提供的上浮力能够满足临时结构使用要求。经过适当布置的单囊体既可以作为水平构件使用，也可以作为竖向构件使用。

3　空间悬浮结构体系

第二阶段模型试验围绕结构体系为目标进行，考虑未来试验工程的净空及围护要求，设计了满足环保工艺要求的空间悬浮结构体系，首先进行单囊体即10m跨度结构体系试验，然后再进行多囊体跨度即35m跨度结构体系试验。

3.1　10m跨度空间悬浮结构体系

根据未来试验工程的工艺要求，设计了跨度为10m、净空为12m的单囊体跨度模型，见图9。在综合考虑下部围护结构重力荷载和结构体系抵抗水平荷载能力情况下，采用了双囊体和三囊体的两套方案进行比较，试验结果表明三囊体布置并没有显著改善体系抵抗水平荷载的能力，因此最终采用双气囊方案对结构体系的基本力学性能进行检验。

图 9　10m 跨度空间悬浮结构

3.2　35m 跨度空间悬浮结构体系

在完成 10m 跨度模型试验后，按照未来试验工程厂房设想，设计完成一个 35m 跨度、12m 净空单向双榀空间悬浮结构体系，立柱和横梁均采用单气囊构件。其成形过程参见图 10。

图 10　双榀 35m 跨度空间悬浮结构成形过程

该结构模型经历了两周左右的风吹日晒、大风暴雨，结构形体基本保持原状，表现出了良好的自恢复能力及力学性能。

3.3　设想中的大跨度空间悬浮结构体系

完成 10m 跨度及 35m 跨度空间悬浮结构体系试验后，探索性模型试验基本结束。根据模型试验中该结构体系表现出的基本力学性能，设想出若干不同的大跨度空间悬浮结构体系，（图 11）为设想中的一类大跨度空间悬浮结构体系。该体系最基础的构件是单囊体，通过单囊体或多囊体的组合，水平使用作为结构体系的梁和板，竖向使用作为结构体系的柱和墙，与其他轻型材料形成密闭超大空间，能够满足不同跨度、不同空间高度的工程要求。

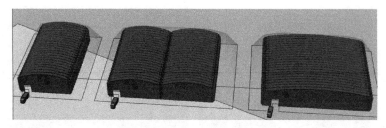

图 11　大跨度空间悬浮结构体系之一

4　结语

本文通过系列模型试验对大跨度空间悬浮结构进行了探索性研究，基于试验结论提出了大跨度空间悬浮结构体系。大跨度空间悬浮结构可广泛应用于环保类大型场地的临时隔离和围护，同时也可拓展至其他对跨度和净空有较高要求的临时性和永久性建筑。与传统结构体系相比，空间悬浮结构能够大幅度降低建设成本、大幅度提高建设速度，因而该类结构还可以用于军事伪装设施、飞行器临时机库等军事设施，在抗震救灾时还能够作为救援人员和受灾群众的临时住所。

大跨度空间悬浮结构目前尚处于构想阶段，前期所进行的探索性试验也仅仅证明了该体系的可行性，后续工作量是巨大的，需要解决大量理论和实践难题。然而，只要踏踏实实一步一步解决这些理论障碍、制作难题、安装技术，同时通过试验工程和实际工程不断修正与完善，大跨度空间悬浮结构有朝一日一定会成为空间结构大家族中的正式一员。

致谢：感谢研究过程中张毅刚教授、向阳博士给予的指导和帮助！

参考文献

[1]　G. A. 库利 J. D. 吉勒特（著），王生（译），姜鲁华（校）. 飞艇技术［M］. 北京：科学出版社，2008.

应急指挥高空舱研究综述

摘要： 地震、洪涝、泥石流等自然灾害破坏力强，基础通信与电力等设施破坏后难以快速修复，给应急救援造成了极大困难。对飞艇、浮空器和扁圆形、流线形、混合形三类典型系留气球研发进行归纳总结，提出了应急指挥高空舱相关概念及研发方向。应急指挥高空舱是基于系留气球、飞艇、浮空器高空平台提出的新型应急救援装备，可灵活搭载各类设备实现实时传输或辅助灾害现场应急救援。应急指挥高空舱主要由空中平台系统、系留缆绳系统、地面系统三个子系统组成，具有工作时间长、通信覆盖范围大、机动部署能力强、载荷能力强、使用成本低、生存能力强的特点，是极具发展潜力的应急救援装备。

0 引言

应急指挥高空舱（以下简称高空舱）是依靠浮空器飞行原理，即利用轻于空气（lighter-than-air，LTA）气体产生浮力升空，通过系留绳栓系固定于地面，可定高度，长时间驻留，灵活搭载通信、探测和照明等设备，服务于应急救援的系留气球系统。浮空器分为飞艇和气球，气球又可分为自由式和系留式气球，系留气球的体积可从小型的几十立方米到特大型的几万立方米，升空高度可从几十米到数千米[1]。

1709 年，在葡萄牙升空了第一艘热气球；1852 年第一艘飞艇升空；1870 年 9 月 24 日，在法国斯特拉斯堡，飞艇第一次被应用于军事部署，这个时期浮空器主要是利用氢气产生浮力升空，由于氢气是极易燃的，1922 年和 1937 年发生过两起氢气飞艇的重大事故；随着氢气开发技术在世界范围内的普遍应用及其他相关学科技术的发展，美国及其他各国对浮空器进行了大量的研究和开发，在美国的带领下，系留气球技术得到了迅速的发展，如已被美军应用的机动式侦察监视系统（RAID）、系留式浮空器雷达系统（TARS）、联合对地攻击巡航导弹防御空中联网传感器系统（JLENS）和快速升空气球平台预警系统（REAP）等，早期的系留气球主要应用于军事侦察、信号中继及消防等领域[1-3]。

自然灾害的发生，通常会对通信基础设施造成巨大的破坏，对应急救援和灾后恢复重建都造成了极大的困难，传统的应急通信设备，如卫星接入站、卫星通信终端、应急通信车等，在一定程度上可以解决通信问题，但复杂的灾害环境使得这类装备难以在灾害现场及时发挥作用，利用浮空器或无人机平台的空间通信技术是在应急情况下可靠的通信解决方案之一，是应急通信发展的重要方向[4-7]。浮空器凭借其续航时间长，停留高度高，覆盖范围广，部署灵活简便等优势，在应急通信中发挥着重要作用。2016 年，日本熊本县曾发生两次大地震，通信设施受损严重，日本电信运营商 SoftBank 将气球形空中基站升

文章发表于《建筑结构》2022 年 6 月第 52 卷增刊 1，文章作者：张发强、秦杰、柳锋、江培华、卫赵斌。

上天空，解决了方圆 10km 的受灾民众手机通信服务；2017 年 3 月，秘鲁持续遭遇强降雨侵袭，引发了 20 年来最严重的洪水灾害，谷歌的 Loon 团队在灾区上空部署 Loon 气球网络，以"空对地"的方式向受灾区域提供网络服务；2017 年 9 月，波多黎各受到了飓风 Maria 的袭击，谷歌的 Loon 团队同样利用气球网络提供了援助[8]。高空舱的发展可以为应急救援提供技术保障，更加科学、及时、有效地应对和处置各类灾害险情。

本文对飞艇、浮空器和系留气球进行了综述研究，提出高空舱的相关概念及研发方向。第一部分主要描述了高空舱的基本概念及国内外研究现状。第二部分介绍了飞艇及浮空器相关内容。第三部分介绍了三种不同类型的系留气球平台。第四部分介绍了高空舱的主要应用场景。第五部分对高空舱的主要性能特点进行了归纳总结。第六部分为结论。

1 高空舱概述及研究现状

高空舱与系留气球系统类似，主要可分为空中系统、系留缆绳系统、地面系统三个子系统。空中系统包括提供升力的气囊、工作载荷、任务载荷；系留缆绳系统包含光电复合缆绳、连接构件和系留构件；地面系统包括锚泊设备、充气装置、工作电源和绞车[1,9-10]。高空舱系统组成如图 1 所示。

1.1 高空舱囊体

高空舱囊体通常由复合材料通过热合焊接制成，内充 LTA 气体（主要为氦气）。球形或扁球形（Spherical）是最常见的气囊形状，这种形状具有最低的表面积与体积比，从而使其轻量化以达到最好的升重比；其他常见类型的囊体还有带有尾翼的流线形（Streamlined）、带有升力面的混合型（Hybrid Shape）[9]。ZHAI 和 EULER 研究了囊体蒙皮材料面临的主要挑战，高性能纤维具有重量轻的优点，可以减轻系统重量，提升有效载荷能力，但仍需考虑应力集中、蠕变、疲劳、潮湿和抗紫外线等问题[11]。

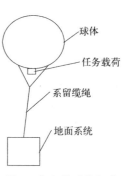

图 1　高空舱系统组成

CHATTERJEE 等研究了热塑性聚氨酯（TPU）纳米复合材料配方的优化设计方法，以提高囊体蒙皮材料的紫外线防护性能和降低氦气的渗透率[12]。DHAWAN 和 JINDAL 综述分析了聚氨酯（PU）作为囊体蒙皮材料的应用特性，在低温稳定性、力学性能、气体阻隔性能、粘接性能和热学性能上 PU 材料有着优越的性能表现[13]。SHI 等研究了平流层飞艇气囊辐射特性，在白色的 Tedlar 膜、白色的 PU 膜、镀银的 Teflon 膜、镀铝的 PET 膜以及白色的 PVF 膜中，镀铝的 PET 膜更有利于控制氦气温差，减小囊体体积变化[14]。KANG 等研究了 Vectran 织物复合层压材料在不同温度下的单轴拉伸力学性能，其刚度变化随着温度的变化明显[15]。MENG 等研究了囊体材料有初始缺口和无初始缺口在单轴拉伸和双轴拉伸条件下的力学性能，初始损伤对失效强度的影响主要由截断纱线的数量决定，与初始缺口的形状没有太大的相关性[16]。颜标利用大应变应变片对囊体材料进行测试，研究了应变片在非线性应变中的表现特性，验证了应变片在囊体材料中测试应用的可行性[17]。张云浩等通过试验揭示了短期老化与折皱损伤对飞艇囊体材料空气泄漏率的影响规律，并从宏观和微观损伤机理解释了该试验规律，短期老化对囊体材料空气泄漏率几乎无影响，而折皱损伤会严重影响囊体材料泄漏性能[18]。程书通等研究了老化与折皱损伤对飞艇囊体材料单轴拉伸力学性能影响，老化时间和揉搓次数的增加，材料单轴拉伸强度降低，老化和揉搓共同作用时，揉搓次数的增加，老化时间的影响逐渐减弱[19]。

气囊的蒙皮材料是多层的复合材料，包括粘结层、承力层、阻氦层和防护层。气囊作为提升气体的围护结构，其蒙皮材料还应当具备以下特点[13]：

（1）重量轻：轻质材料可以减轻囊体自重，提高系统的有效载荷能力；

（2）强度高：材料需具有良好的强度以克服结构上的不同应力，强度重量比也是囊体尺寸的重要参考因素；

（3）阻氦性强：氦气分子很小，可以透过材料逃逸，良好的阻氦性可以提升在空中的驻留时间，减少补气，降低成本；

（4）抗揉搓性强：材料在揉搓后可能会产生裂隙，降低材料的强度和阻氦性，威胁到系统的工作安全；

（5）耐候性强：材料在紫外线的照射、温度变化、风吹雨淋等外界条件的影响下，会出现老化而影响系统的工作性能。

1.2 工作载荷

工作载荷是保障高空舱在空中正常工作的一系列设备，如防雷设施、球载应急电源和球载变压器等。笼式避雷网是常见的防雷设计之一，就是在球体外表设计一层金属网架，使用绝缘支座将避雷网与球皮表面之间支离适当距离，这样避雷网可以使来自气球上方的雷电先行直接附着，从而保护暴露在球皮表面的金属件免于雷电直接附着[20]。

1.3 任务载荷

任务载荷是挂载在球体腹部下方的设备，根据任务的需求可选择不同的设备，如应急通信基站、应急照明装置、应急广播装置、红外热成像搜查装置等。ALSAMHI 等研究了应急通信、网络在灾害中的应用[6,21-24]。ZHANG 等研究了基于系留气球的视频监控系统[25-29]。BARRADO 等研究了飞机、系留气球、个人电子设备组成的空地网络在野火监测中的应用[30]。

1.4 系留缆绳系统

系留缆绳系统主要构成为光电复合缆绳，系留缆绳中心是导线和光纤，承担电力和信号传输；导线外包 Kevlar 等纤维，外层为避雷的金属编织套，最外层是橡胶保护套[31]。RAINA 等提出了一种多功能系绳的概念，第一层为 UHMW-PE 材料制成承载构件，第二层为铜纤维编织而成，最后一层为玻璃纤维和 UHMW-PE 混合纱，以及绳索有一个用于输送 LTA 气体的通道[32]。何小辉和王立祥研究了芳纶缆绳与金属接头的胶结工艺，通过有限元分析和试验验证了金属接头和芳纶纤维粘接强度高于芳纶缆绳本身的强度极限[33]。李新等研究了系留缆绳环氧树脂灌胶接头结构，胶体高度对接头强度的影响最大，胶体底面圆直径次之，胶体锥角影响最小[34]。

系留缆绳是球体与地面的连接线，用于气球的收放，也是防止气球逃逸的关键因素，因此需具备良好的抗拉性能、较好的柔软性，同时还要保证较轻的重量。连接构件是连接系留缆绳和系留拉索之间的重要部件，在气球升空及滞空时将系留缆绳的集中载荷均匀分散传递至球上拉索，球体在空中受到风的作用时，气球会发生横向和侧向翻转，连接构件可以旋转，抵消气球在空中转动时所产生的弯曲应力[35]。系留拉索一端通过连接构件连接系留缆绳，一端通过系留构件和球体连接，可以把拉索传递的载荷分配到球体上。连接构件和系留构件可以避免因应力集中而对系留缆绳产生损伤，保证了高空舱工作的安全性。

1.5 地面系统

地面系统通常是一个集成的系统，主体为一辆特种车辆，可以方便地在两地之间转运以达到快速部署气球的目的，内部集成了充气装置、锚泊设施、工作电源和担负气球升放和回收的绞车等；一些复杂的系留气球系统还配有地面控制单元，负责整个系统的操作控制[1]。气球的锚泊还可通过舰船，以满足海上任务的需要。

2 飞艇及浮空器

1852 年，法国工程师 Henri Giffard 制造了第一艘飞艇；1870 年 9 月 24 日，在法国斯特拉斯堡，飞艇第一次被应用于军事部署；飞艇先驱 Zeppelin 先生于 1900 年 7 月研制了自己第一款刚性飞艇 LZ-1，于 1908 年创立了 Luftschiffbau Zeppelin 公司，该公司成为 20 世纪初主要的飞艇制造商，在第一次世界大战期间及其后数十年间，飞艇在欧洲（德国、英国、法国、意大利）取得了巨大的发展，1929 年 8 月 15 日，LZ-127 实现了从德国佛雷德利西港至东京、旧金山的环球飞行，1931年 8 月，LZ-127 实现从德国经日本、美国至巴西的定期航行，以及从法兰克福至纽约的航行；早期的飞艇主要是利用氢气产生浮力升空，而氢气是非常不稳定的，1922 年美军的 Roma 飞艇撞上高压电线起火坠毁和 1937 年 Zeppelin 的 Hindenburg 飞艇爆炸是历史上两起重大的氢气飞艇事故，此后，氢气飞艇时代终结，飞艇发展也进入到了缓慢阶段；美军在飞艇事故后近三十年来致力于设计和制造简单、可靠、充氦、非刚性的飞艇，在第二次世界大战之后，Goodyear 公司利用最新的材料和电子技术建造了几艘非刚性飞艇[2,36-38]。如今，飞艇已应用于军事、航空测绘、载人观光、货运运输等多个领域。

图 2　风能发电浮空器系统

随着世界各国对可再生能源越来越重视，浮空器的发展日益的成熟，一种被用于风能发电的浮空器系统被提出，图 2 为一种高空风力发电系统，其基于一个圆环状的浮空器，在圆环的中心有一部用于风能发电的涡轮，通过电缆将电能传输至地面，整个系统通过多根系留缆绳系留于地面，由于高空的风力较强，因此其相比于塔式的风力发电机能收集到更多的能量，且造价更便宜[39]。

3 高空舱的主要类型

3.1 扁球形

扁球形是最常见的系留气球形状，这种形状受温度、压力和高度变化的影响最小[40]，且易于制造，所需的成本较低，一般常见于小型系留气球。部分扁球形的系留气球底部还设有风帆，以提高在有风环境下的工作性能。Drone Aviation 公司研制的可快速部署的小型战术系留气球装备（WASP）、以色列 RT LTA 公司研制的 Skystar 系列系留气球装备、中国航空工业的 JL-5 灵巧型球载视频监控系统、JL-10 可移动式系留气球和 JL-100 车载机动式系留气球均采用的是扁球形的设计，如图 3 所示为 Skystar180 型系留气球，这类形状的系留气球体积一般不大于 $200m^3$，驻空高度在 $100\sim500m$，驻空时间在 $6\sim72h$，具有机动性强、保障要求低、操作便捷等优点[41]。这几类系留气球装备均主要应用于监视侦察、通信中继等军事领域，由于其体积较小、放飞回收简单、易于部署等特点，同样非常适合民用领域，扁球形是高空舱的一种理想形状，是高空舱发展的重要方向之一。

3.2 流线形

流线形系留气球和飞艇类似，内部有调压的副气囊，尾部有保障稳定性的尾翼，拥有最佳的抗风性能。其表面积与体积比较大，比扁球形系留气球重，因此这类形状的系留气球体积设计得比较巨大，是一种能够承受高风速、携带重载荷、在高空保持作业的高性能平台。

图 3 Skystar 180 型系留气球

美国的 TCOM 公司生产的战术级、战役级、战略级各级型号；洛马公司的 56K 型、74K 型、275K 型、420K 型；俄罗斯 Augur-RosAerosystems 公司的 Irbis、Lynx、Gepard 系列、Puma 系列；中国航空工业 Y-400 系列气球侦察监视系统均采用了流线形的设计。大型的流线形系留气球主要装备预警雷达、光电载荷等应用于对空监视、边境防卫中。

图 4 所示为 TCOM 战术级的最新型 12M，TCOM 公司为提升小型电子有效载荷的需求而研制，是 TCOM 产品中最小、最灵活的系留气球，整个系统可以通过单个集装箱完成运输。其长度约 12m，总体积略大于 $170m^3$，初始氦气充气量约 $127m^3$，在上升和下降过程中，内部的副气囊通过鼓风机可以补偿氦气的膨胀和压缩。可携带有效载荷 27kg 上升到 300m 高空，雷达探测覆盖面积可达 $16000km^2$，驻空时间可达 5d，并仍保持足够的自由升力，通过不同的任务载荷，可以满足当地的监视和通信需求[42]。

3.3 混合形

混合形是气球和类似风筝的升力面结合的系留气球结构，氦气为其提供静态升力，而风筝结构为其提供动态升力。两种升力的结合使其相较于其他尺寸相近的气球，所需要的氦气量减少，拥有更高的经济效益。这类结构最早是英国 Sandy ALLsopp 公司于 1993 年设计并获得专利的 Helikite[2]（图 5）。拥有升力面的设计能让其在遭遇强风时，也能保持稳定性，适合全天候任务需求。

4 高空舱应用场景

高空舱在应急救援中应用场景主要有：

（1）应急通信：地震、洪水、泥石流等自然灾害的发生，往往会对地面通信基站造成破坏，受损的通信无法在短期内有效恢复，灾害的发生也会让通信需求激增，高空舱能够及时地为灾区提供应急通信服务，可靠、高效和快速的应急通信系统可以方便受灾群众对外求救，减少救援人员搜救的时间，同时还可以保障救援人员之间的指挥联络，提高了救援行动的效率，降低人民群众的生命财产损失[6,21-24,43]。

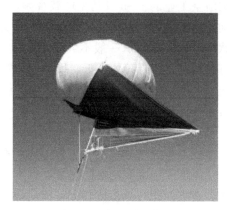

图 4　12M 战术级系留气球　　　　　　　图 5　Helikite 系留气球

（2）搜救任务：在荒漠或山区，针对失踪人员的搜救，高空舱可以利用光学设备对区域展开搜查，利用自身的驻空高度，可以极大地扩大搜查范围，提高搜救任务的效率[25]。

（3）灭火及火情监测：森林火灾等野外火灾的发生，高空舱利用红外成像等光学设备可以对火灾区域进行实时监测，捕捉火场图像及温度，对于火情变化或复燃等情况消防指挥人员可以实时掌握，有助于指挥员的进一步部署决策[30]。

（4）应急照明：针对夜间救援任务，在灾害现场或荒漠地区，高空舱可以携带照明载荷为宽广的范围提供夜间照明，有效保障夜间救援任务顺利进行[44-45]。

5　性能特点分析

根据高空舱的应用场景和工作模式，高空舱主要有以下特点[1,3,41,46-47]：

（1）工作时间长。高空舱利用轻于空气气体产生浮力，相比较重于空气的飞行器（如无人机），无需消耗额外的能源来克服重力，可以长时间的停留在空中执行任务，小型的系留气球（如 Skystar 180）一次部署的驻空时间可达 3 天，通过 20 分钟的回收补气操作，还可以重新升空继续执行任务，非常适合需要长时间的应急搜索救援任务。

（2）通信覆盖范围大。相较于桅杆式、塔式高空基站，高空舱可以轻易地上升到数百米至数千米高空，大大提升了通信范围。系留气球在 300m 的驻空高度，就可覆盖半径 20km 的区域，为区域内的受灾群众或救援人员提供通信保障。

（3）机动部署能力强。高空舱为软式结构，在未充气状态下占用空间小，地面锚泊系统通常都为车载式，可方便快速机动至受灾地区完成部署。小型的高空舱还能集成至单兵背包中，对于复杂的地形环境，也能完成部署。

（4）载荷能力强。高空舱可以灵活选择不同类型的任务载荷，满足各种应急救援任务，搭载通信基站可以保障灾区通信，搭载照明设备可以保障夜间救援照明，搭载探测监测设施可以完成大范围探测搜索救援任务。对于大型高空舱，其拥有更强的载荷能力，可以同时集成各类设备。

（5）使用成本低。高空舱的寿命一般可达 7～10 年，日常使用成本低，保养维护要求低，可重复多次使用。

（6）生存能力强。当高空舱发生意外破损泄气时，其升力会缓慢减小，而不会直接坠毁，地面人员可以通过及时回收修补，重新完成任务部署。

6 结论

面对自然灾害事故突发性、不确定性、复杂性的特点，应急指挥高空舱具有工作时间长、通信覆盖范围大、机动部署能力强、载荷能力强、使用成本低、生存能力强的性能优势，能够适用于自然灾害发生后，解决灾区临时通信保障、监测、照明、搜救等应急救援任务。未来随着囊体膜材料等其他关键技术的突破和提升，应急指挥高空舱性能将得到更大的提升，发挥更积极的作用。

参考文献

[1] 钱洁，刘志高，皇甫流成，等. 系留气球平台及其可靠性技术研究探索 [J]. 电子产品可靠性与环境试验，2012，30（6）：35-39.

[2] KRISZTIÁN K. Military ballooning in point of hungari-an defense force's communication support [J]. Repüléstudományi Közlemények，2016，28（1）：27-40.

[3] 潘峰，王林强，袁飞. 美国系留气球载预警系统的发展现状及趋势分析 [J]. 舰船电子对抗，2010，33（5）：32-35.

[4] 郝昱文，李晓雪，赵喆，等. 突发公共事件天地一体化应急通信技术综述 [J]. 信息技术，2016（4）：84-87，91.

[5] ALSAMHI S H，ALMALKI F A，MA O，et al. Perfor-mance optimization of tethered balloon technology for public safety and emergency communications [J]. Telecommunication Systems，2020，75（2）：235-244.

[6] ALSAMHI S H，ANSARI M S，MA O，et al. Tethered balloon technology in design solutions for rescue and relief team emergency communication services [J]. Disaster medicine and public health preparedness，2019，13（2）：203-210.

[7] ZHOU J，ZHOU C，KANG Y，et al. Integrated satellite-ground post-disaster emergency communication networking technology [J]. Natural Hazards Research，2021，1（1）：4-10.

[8] 黄宛宁，张晓军，祝榕辰，等. 浮空器在应急通信中的应用 [J]. 科技导报，2018，36（6）：55-64.

[9] MAHMOOD K，ISMAIL N A，SUHADIS N M. Tethe-red aerostat envelope design and applications：A review [C] //AIP Conference Proceedings. AIP Publishing LLC，2020，2226（1）：050003.

[10] 张永刚. 浮空器的结构组成与发展现状 [J]. 科技创新与应用，2021（1）：62-64.

[11] ZHAI H，EULER A. Material challenges for lighter -than - air systems in high altitude applications [C] //AIAA 5th ATIO and16th Lighter-Than-Air Sys Tech. and Balloon Systems Conferences. 2005：7488.

[12] CHATTERJEE U，BUTOLA B S，Joshi M. Optimal designing of polyurethane-based nanocomposite system for aerostat envelope [J]. Journal of Applied Polymer Science，2016，133（24）.

[13] DHAWAN A，JINDAL P. A review on use of polyurethane in Lighter than Air systems [J]. Materials Today：Proceedings，2021，43：746-752.

[14] SHI H，CHEN J，GENG S，et al. Envelope radiation characteristics of stratospheric airship [J]. Advances in Space Research，2021，68（3）：1582-1590.

[15] KANG W，SUH Y，WOO K，et al. Mechanical property characterization of film-fabric laminate for stratospheric airship envelope [J]. Composite structures，2006，75（1-4）：151-155.

[16] MENG J，LV M，QU Z，et al. Mechanical properties and strength criteria of fabric membrane for

the stratospheric airship envelope [J]. Applied Composite Materials, 2017, 24 (1): 77-95.

[17] 颜标. 浮空器囊体材料力学性能实时测定 [J]. 实验科学与技术, 2012, 10 (1): 27-30.

[18] 张云浩, 阿力木·安外尔, 米翔, 等. 短期老化与折皱损伤对飞艇囊体材料空气泄漏性能的影响 [J]. 上海交通大学学报, 2020, 54 (11): 1189-1199.

[19] 程书通, 张云浩, 杜嘉豪, 等. 老化与折皱损伤对飞艇囊体材料单轴拉伸力学性能影响 [J]. 东华大学学报 (自然科学版): 1-8.

[20] 毛伟文. 系留气球雷电防护设计 [J]. 科技创新与应用, 2016 (25): 12-13.

[21] VALCARCE A, RASHEED T, GOMEZ K, et al. Air-borne base stations for emergency and temporary events [C] //International conference on personal satellite services. Springer, Cham, 2013: 13-25.

[22] QIANTORI A, SUTIONO A B, HARIYANTO H, et al. An emergency medical communications system by low altitude platform at the early stages of a natural disaster in Indonesia [J]. Journal of medical systems, 2012, 36 (1): 41-52.

[23] ALSAMHI S H, ANSARI M S, RAJPUT N S. Disaster coverage predication for the emerging tethered balloon technology: capability for preparedness, detection, mitigation, and response [J]. Disaster medicine and public health preparedness, 2018, 12 (2): 222-231.

[24] HARIYANTO H, SANTOSO H, WIDIAWAN A K. Emergency broadband access network using low altitude platform [C] //International Conference on Instrumentation, Communication, Information Technology, and Biomedical Engineering 2009. IEEE, 2009: 1-6.

[25] ZHANG W. The Integrated panoramic surveillance system based on tethered balloon [C] //2015 IEEE Aerospace Conference. IEEE, 2015: 1-7.

[26] 程士军. 一种用于视频监视的系留气球系统 [J]. 科学技术与工程, 2011, 11 (32): 7991-7994.

[27] 王鑫, 段晓超. 视频监控系统在系留气球中的应用 [J]. 计算机光盘软件与应用, 2014, 17 (23): 80-82.

[28] 黄伟良, 李琦. 基于系留气球的空中视频监控在城市反恐中的应用研究 [J]. 西安航空学院学报, 2016, 34 (1): 50-54.

[29] 陈斌. 基于快速升空浮空器视频监视系统研究 [J]. 科技展望, 2016, 26 (2): 124-126.

[30] BARRADO C, MESSEGUER R, LÓPEZ J, et al. Wildfire monitoring using a mixed air-ground mobile network [J]. IEEE Pervasive Computing, 2010, 9 (4): 24-32.

[31] 张志富, 肖益军, 王平安. 系留气球空中系留系统研究 [J]. 西安航空技术高等专科学校学报, 2011, 29 (3): 12-14, 18.

[32] RAINA A, KOLLOCH M, GRIES T. Preliminary Design of a Multi-Functional Textile based Tether for High Altitude Aerostat Systems [J]. Journal of Textile Engineering and Fashion Technology.

[33] 何小辉, 王立祥. 系留气球缆索连接结构分析与工艺研究 [J]. 科学技术与工程, 2014, 14 (30): 263-266.

[34] 李新, 张金奎, 王雪明. 几何尺寸对系留缆绳接头强度影响的正交有限元分析 [J]. 玻璃钢/复合材料, 2016 (10): 38-41.

[35] 费东年, 程少杰. 系留气球拉索汇流装置结构设计 [J]. 电子机械工程, 2020, 36 (5): 7-10, 31.

[36] 李万明, 陶威. 我国浮空器的发展与标准现状 [J]. 航空标准化与质量, 2012 (4): 18-20.

[37] 陈务军, 董石麟. 德国 (欧洲) 飞艇和高空平台研究与发展 [J]. 空间结构, 2006 (4): 3-7.

[38] LIAO L, PASTERNAK I. A review of airship structural research and development [J]. Progress in Aerospace Sciences, 2009, 45 (4-5): 83-96.

［39］ VERMILLION C，GLASS B，REIN A. Lighter-than-air wind energy systems ［M］. Airborne wind energy：Berlin，Heidelberg. Springer，2013.

［40］ SHARMA V，DUSANE C R，VERMA R，et al. Design，Fabrication and Testing of an Aerostat System for Last Mile Communication ［C］//AIAA Aviation 2019 Forum. 2019：2979.

［41］ 邓小龙，麻震宇，罗晓英. 国外系留气球装备发展与应用启示 ［J］. 飞航导弹，2020（6）：76-82.

［42］ KRAUSMAN J A，MILLER D A. The 12M^{TM} Tether -ed Aerostat System：Rapid Tactical Deployment for Surveillance Missions ［C］//22nd AIAA Lighter-Than-Air Systems Technology Conference. 2015：3351.

［43］ ALSAMHI S H，ALMALKI F A，Ma O，et al. Perfo-rmance optimization of tethered balloon technology fo-r public safety and emergency communications ［J］. Telecommunication Systems，2020，75（2）：235-244.

［44］ 曾清德，曾任平. 无人机通用的快插卡及 LED 照明模块的设计应用 ［J］. 科技创新导报，2018，15（10）：128-131.

［45］ 蓝伟松. 基于多旋翼无人机的系留照明系统研究 ［J］. 机电信息，2019（36）：12-13.

［46］ 李迪. 对适合空中监测载体的对比分析综述 ［J］. 信息系统工程，2020（7）：151-152.

［47］ 卢斌，王斌，吴兆彬，等. 美军 JLENS 系统研制现状综述 ［J］. 飞航导弹，2013（5）：50-54.